Herbert Bernstein
Elektronik
De Gruyter Studium

Weitere empfehlenswerte Titel

Elektrotechnik in der Praxis
Herbert Bernstein, 2016
ISBN 978-3-11-044098-0, e-ISBN 978-3-11-044100-0,
e-ISBN (EPUB) 978-3-11-043319-7

Bauelemente der Elektronik
Herbert Bernstein, 2015
ISBN 978-3-486-72127-0, e-ISBN 978-3-486-85608-8,
e-ISBN (EPUB) 978-3-11-039767-3, Set-ISBN 978-3-486-85609-5

Informations- und Kommunikationselektronik
Herbert Bernstein, 2015
ISBN 978-3-11-036029-5, e-ISBN (PDF) 978-3-11-029076-6,
e-ISBN (EPUB) 978-3-11-039672-0

Analoge, digitale und virtuelle Messtechnik
Herbert Bernstein, 2013
ISBN 978-3-486-70949-0, e-ISBN 978-3-486-72001-3

Grundgebiete der Elektrotechnik 1, 12. Auflage
Ludwig Brabetz, Oliver Haas, Christian Spieker, 2015
ISBN 978-3-11-035087-6, e-ISBN 978-3-11-035152-1,
e-ISBN (EPUB) 978-3-11-039752-9

Grundgebiete der Elektrotechnik 2, 12. Auflage
Ludwig Brabetz, Oliver Haas, Christian Spieker, 2015
ISBN 978-3-11-035199-6, e-ISBN 978-3-11-035201-6,
e-ISBN (EPUB) 978-3-11-039726-6

Herbert Bernstein

Elektronik

Grundlagen

DE GRUYTER
OLDENBOURG

Autor
Dipl.-Ing. Herbert Bernstein
81379 München
Bernstein-Herbert@t-online.de

ISBN 978-3-11-046310-1
e-ISBN (PDF) 978-3-11-046315-6
e-ISBN (EPUB) 978-3-11-046348-4

Library of Congress Cataloging-in-Publication Data
A CIP catalog record for this book has been applied for at the Library of Congress.

Bibliografische Information der Deutschen Nationalbibliothek
Die Deutsche Nationalbibliothek verzeichnet diese Publikation in der Deutschen National-
bibliografie; detaillierte bibliografische Daten sind im Internet über http://dnb.dnb.de abrufbar.

© 2016 Walter de Gruyter GmbH, Berlin/Boston
Coverabbildung: AndreyPopov/iStock/thinkstock
Satz: PTP Protago-TEX-Production GmbH, Berlin
Druck und Bindung: CPI books GmbH, Leck
♾ Gedruckt auf säurefreiem Papier
Printed in Germany

www.degruyter.com

Vorwort

Das vorliegende Buch gibt einen Überblick über das umfangreiche Gebiet der analogen Schaltungen mit deren Anwendungen. Dem Leser werden Kenntnisse über Wirkungsweise, Eigenschaften, Dimensionierungsrichtlinien und Einsatzmöglichkeiten analoger Schaltungen vermittelt. Das Buch wendet sich sowohl an Studenten als auch an Meister, Techniker, Ingenieure und Naturwissenschaftler, die in der Praxis tätig sind.

Das vorliegende Buch verfolgt das Ziel,

- Grundkenntnisse der wichtigsten analogen Schaltungen und Schaltkreise, ihrer Wirkprinzipien sowie ihrer Zusammenschaltung zu komplexen Funktionseinheiten zu vermitteln,
- die Funktionsprinzipien, die Leistungsfähigkeit und den zweckmäßigen Einsatz analoger Schaltkreise kennen und einschätzen zu lernen,
- theoretische und praktische Kenntnisse zur Analyse und zum Entwurf moderner Schaltungen und Funktionsgruppen zu vermitteln.

Ein wesentliches Anliegen des Buches besteht darin, das methodische und technischmäßige Denken zu fördern. Besondere Sorgfalt wurde auf die methodische, möglichst unkomplizierte Stoffdarstellung sowie auf eine zweckmäßige und übersichtliche Systematik und Gliederung verwendet. Die physikalisch anschauliche Darstellungsweise wird bevorzugt. Sie ermöglicht einen schnellen Überblick über die Wirkungsweise und das Verhalten der Schaltungen sowie eine „Einsicht" in ihr Wirkungsprinzip. Die Beispiele wurden so gewählt, dass sie die in der Praxis üblichen Arbeitsmethoden erkennen lassen und mit typischen Zahlenwerten vertraut machen.

Die einzelnen Teilgebiete sind in einführender Weise so dargestellt, dass ihre Schaltungen nicht nur nachgerechnet, sondern selbst entworfen werden können. Von dem Gedanken geleitet, dass alles, was man durch- und nachzurechnen vermag, besser beherrscht wird als das, was man nur in seiner Wirkungsweise beschreiben kann, wird besonderer Wert auf die analoge PC-Simulationstechnik zur interaktiven Lernunterstützung gelegt. Aus diesem Grunde wurde zum Teil auf höhere Mathematik verzichtet und dafür der PC als praktisches Arbeitsmittel stärker einbezogen. Gleichzeitig wird auf die praktische Umsetzung großer Wert gelegt, denn was nützt die Theorie, wenn es dann in der Praxis nicht funktioniert? Schließlich handelt es sich in der analogen Schaltungstechnik – im Gegensatz zur Digitaltechnik – um Präzisionselektronik. Hier bedeuten geringste Unregelmäßigkeiten im Schaltungsentwurf, wie unterschiedliche Temperaturkoeffizienten von Widerständen, Dioden im Glasgehäuse, gemeinsame Masseleitung, bereits erhebliche Fehlerquellen, die in der digitalen Elektronik und Computertechnik nicht vorhanden sind.

Das Buch ist während des Unterrichts an einer Technikerschule und in Kursen der beruflichen Weiterbildung der HPI-Kurse bzw. der Meisterschule der IHK München entstanden. Nach Form und Inhalt handelt es sich um die theoretischen und praktischen Erfahrungen, die Dozent und Studierende im gemeinsamen Wirken erarbeitet haben.

Multisim kann kostenlos unter der URL http://www.mouser.de/MultiSimBlue heruntergeladen werden.

Mit diesem Buch habe ich mir das Ziel gesetzt, mein gesamtes Wissen an den Leser weiterzugeben, das ich mir im Laufe der Zeit in der Industrie und im Unterricht angeeignet habe.

Meiner Frau Brigitte danke ich für die Erstellung der Zeichnungen.

Wenn Fragen auftreten: Bernstein-Herbert@t-online.de

Herbert Bernstein

Inhaltsverzeichnis

1 Halbleitertechnik

Halbleiter sind durch folgende Eigenschaften gekennzeichnet:
- Die Leitfähigkeit liegt zwischen der von Leitern und Nichtleitern
- Der Widerstand nimmt bei Zufuhr von Wärme- oder Lichtenergie ab

1.1 Grundsätzliche Eigenschaften von Halbleiterstoffen

Untersucht man alle Stoffe bezüglich ihrer Leitfähigkeit für den elektrischen Strom, so kann man sie drei Gruppen zuordnen:

a) Leiter, das sind vor allem Metalle und Metalllegierungen mit sehr guter Leitfähigkeit

b) Nichtleiter, das sind die für Isolationszwecke verwendeten Kunststoffe (z. B. PVC und PET) sowie Porzellan, Glas, Hartgummi usw. Ihre Leitfähigkeit ist praktisch gleich Null,

c) Halbleiter, das sind Stoffe – wie Germanium und Silizium –, deren Leitfähigkeit zwischen der eines Leiters und eines Nichtleiters liegt.

Die Grenze zwischen diesen drei Gruppen ist jedoch äußerst ungenau, zumal das Leitverhalten der Stoffe auch von einer Vielzahl äußerer Einflüsse (z. B. Wärme und Licht) mit bestimmt wird. Um also ganz eindeutige Halbleitereigenschaften zu erkennen, genügt es nicht, nur die Leitfähigkeit zu untersuchen. Die Halbleiter unterscheiden sich nämlich von den metallischen Leitern durch ihr Temperaturverhalten viel eindeutiger. Der Widerstand der metallischen Leiter nimmt mit steigender Temperatur zu. Sie zählen zu den Kaltleitern, denn sie leiten im kalten Zustand besser als im warmen. Im Gegensatz dazu wird der Widerstand der meisten Halbleiterstoffe mit zunehmender Erwärmung immer geringer. Nahezu alle Halbleiterstoffe sind also Heißleiter.

Betrachtet man das Leitvermögen bei Abkühlung, so zeigen sich bei beiden Gruppen ebenfalls Besonderheiten. Sinkt nämlich die Temperatur bis in die Nähe des absoluten Nullpunkts $(-273\,°C)$, so fällt der Widerstand reiner Metalle auf $0\,\Omega$, während der Widerstand eines reinen Halbleiterstoffs dabei unendlich groß wird. Damit man dieses Verhalten etwas besser versteht, soll hier kurz auf den Aufbau der Halbleiterstoffe eingegangen werden. Obgleich es noch weitere Halbleitergrundstoffe gibt, werden hier nur die am meisten verwendeten Grundstoffe Germanium und Silizium berücksichtigt.

Diese Eigenschaften ergeben sich aus dem Atomaufbau und dem Kristallgitter der Halbleiter.

Alle Atome weisen das Bestreben auf, dass auf ihrer äußeren Schale acht Elektronen vorhanden sind. Daraus entsteht der Antrieb für die Atome, miteinander chemische Verbindungen einzugehen. Ein Beispiel soll das erläutern:

Beispiel: Kochsalz ist die chemische Verbindung aus Natrium und Chlor. Das Natriumatom hat auf der äußeren Schale nur ein Elektron, das Chloratom sieben. Das Natriumatom gibt sein

Elektron der äußeren Schale an das Chloratom ob. Das Chloratom hat dadurch die gewünschten acht Elektronen auf der äußeren Schale, das Natriumatom hat auf der nächstfolgenden Schale, die jetzt die äußere ist, ebenfalls acht Elektronen.

Die Metallatome erfüllen sich dieses Bestreben dadurch, dass sie ihre wenigen Elektronen der äußeren Schale an die Umgebung abgeben. Diese bewegen sich als freie Elektronen zwischen den Atomresten und dadurch entsteht die gute elektrische Leitfähigkeit der Metalle.

Die Atome der Halbleiterelemente besitzen vier Elektronen auf der äußeren Schale. Abb. 1.1 zeigt das Modell eines Siliziumatoms. Wie jedes Atom ist auch das Siliziumatom nach außen elektrisch neutral, denn im Kern befinden sich ebensoviel Protonen wie Elektronen, die den Kern umkreisen.

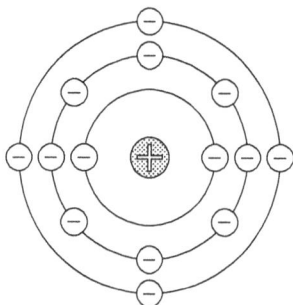

Abb. 1.1: Aufbau eines Siliziumatoms

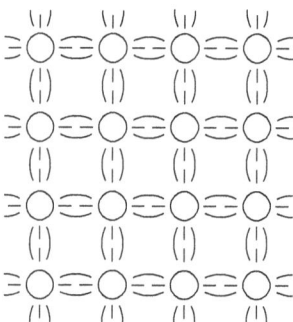

Abb. 1.2: Aufbau eines Siliziumkristalls

In Abb. 1.2 ist vereinfacht dargestellt, wie die Siliziumatome im Kristallgitter angeordnet sind. Hier sind neben dem Atomkern nur die vier Elektronen der äußeren Schale angedeutet. Jedes Atom ist von vier anderen umgeben. Die wirkliche Anordnung der Atome ist so, dass nicht in der Ebene, sondern im Raum jedes Siliziumatom von vier anderen umgeben ist. Die Siliziumatome erfüllen ihr Bestreben, auf der äußeren Schale acht Elektronen zu besitzen, dadurch, dass jeweils ein Valenzelektron (so werden die Elektronen der äußeren Schale bezeichnet) eines Atoms und ein Valenzelektron des Nachbaratoms beide Atome gemeinsam umkreisen. Jedes Siliziumatom wird daher auf der äußeren Schale nicht von vier Elektronen, sondern von vier Elektronenpaaren, also von acht Elektronen, umkreist. Die Kristalle der anderen Halbleiterelemente sind genauso aufgebaut.

Silizium wäre demnach ein idealer Nichtleiter, weil alle Elektronen an die Atome gebunden sind und daher keine freien Elektronen existieren. Dieser Zustand besteht jedoch nur am absoluten Nullpunkt (0 K $\hat{=}$ 273,15 °C). Aber die Wärmeenergie bewirkt, das jeder Körper oberhalb des absoluten Nullpunktes ist, dass die Atome Schwingungen um ihre Ruhelage ausführen, die umso größer sind, je höher die Temperatur ist. Wegen dieser Temperaturschwingungen der Atome verfehlen die Elektronen beim Übergang von einem Atom zum anderen manchmal das Nachbaratom. Sie fliegen dann als freie Elektronen durch das Kristallgitter. An der Stelle, wo das Elektron jetzt fehlt, verbleibt ein sogenanntes Loch, und wird auch als Fehlstelle oder Defektelektron bezeichnet. An diesem Loch tritt eine positive Ladung auf, da hier wegen des fehlenden Elektrons die Zahl der Protonen im Atomkern größer ist als die Zahl der Elektronen. Die Löcher können stark vereinfacht als positive Ladungsträger betrachtet werden. Den Vorgang, dort ein freies Elektron und ein Loch entstehen, wenn ein Elektron das Nachbaratom verfehlt, bezeichnet man als Paarbildung.

An jedem Loch besteht also eine positive Ladung. Wenn ein freies Elektron in den Einflussbereich der positiven Ladung eines Loches kommt, kann es von diesem eingefangen werden. Das Elektron umkreist dann wieder zwei Atome. Bei diesem Vorgang verschwinden also ein Loch und ein freies Elektron und man bezeichnet den Vorgang als Rekombination.

Die Paarbildung und Rekombination treten insbesondere an den sogenannten Rekombinationszentren auf. Rekombinationszentren sind die Stellen, an denen sich im Halbleiterkristall durch Verunreinigungen andere Atome als die des Halbleitermaterials befinden, insbesondere Schwermetallatome. Die Zahl der Rekombinationszentren hat aber keinen Einfluss auf die Zahl der gleichzeitig vorhandenen freien Elektronen und Löcher, also keinen Einfluss auf die Leitfähigkeit, da sie sowohl die Paarbildung wie die Rekombination beschleunigen.

Von der Anzahl der Rekombinationszentren ist aber die Lebensdauer der Ladungsträger, also die Zeit von der Paarbildung bis zur Rekombination, abhängig.

Man hat gesehen, dass die Paarbildung durch die Temperaturschwingungen der Atome eintritt. Je höher die Temperatur ist, desto stärker schwingen auch die Atome und umso mehr Elektronen verfehlen das Nachbaratom, desto mehr freie Ladungsträger entstehen also. Mit steigender Temperatur nimmt der Widerstand der Halbleiter daher ab. Deswegen ist jeder Halbleiter ein Heißleiter, auch NTC-Widerstand (Negativer Temperaturkoeffizient) bezeichnet.

1.1.1 Eigenleitung

Unter Eigenleitung, auch i-Leitung (intrinsic-Leitung) genannt, versteht man die Vorgänge, die in reinem Halbleitermaterial beim Fließen eines Stroms auftreten. Das Besondere des Leitungsmechanismus bei Halbleitern besteht darin, dass neben den freien Elektronen auch die Löcher zur Leitfähigkeit beitragen (Abb. 1.3). Die Löcher wandern dabei scheinbar von Plus nach Minus. In Wirklichkeit gehen aber Elektronen von einem Atom zum nächsten über, angetrieben von der außen angelegten Spannung und der positiven Ladung des benachbarten Loches. An der an Minus liegenden Seite des Halbleiters werden die Löcher dann von Elek-

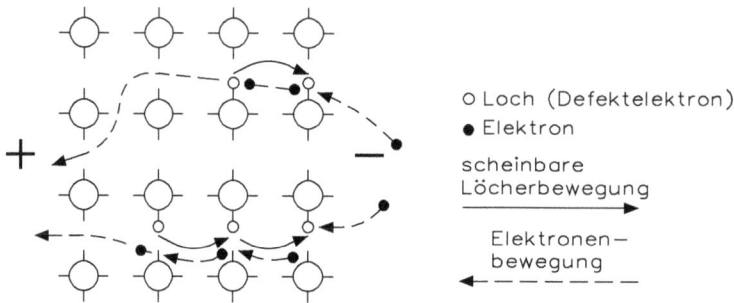

Abb. 1.3: Bewegung in der Eigenleitung

tronen ausgefüllt. Der Löcherstrom setzt sich also im Anschlussdraht als Elektronenstrom in Gegenrichtung fort.

Obwohl in reinem Halbleitermaterial die Zahl der Löcher gleich der Zahl der freien Elektronen ist, ist der Anteil der freien Elektronen an der Leitfähigkeit größer als der der Löcher. Der Grund liegt in der größeren Beweglichkeit der freien Elektronen.

Die am Beispiel Silizium geschilderten Vorgänge treffen ebenso auf das Halbleiterelement Germanium zu. Abweichungen werden später noch besonders behandelt.

1.1.2   Dotierung mit Akzeptoren und Donatoren

Die Leitfähigkeit eines reinen Halbleitermaterials ist sehr gering. Germanium z. B. hat bei Raumtemperatur einen spezifischen Widerstand von ca.

$$500\,000\ \frac{\Omega \cdot mm^2}{m}$$

d. h, also, dass ein Draht aus reinem Germanium bei einem Querschnitt von einem Quadratmillimeter je Meter Länge bei Raumtemperatur einen Widerstand von $0{,}5\,M\Omega$ hat. Man vergleiche den Wert mit dem spezifischen Widerstand von Kupfer und dieser beträgt nur

$$0{,}018\ \frac{\Omega \cdot mm^2}{m}$$

Um die Leitfähigkeit zu vergrößern, muss die Zahl der freien Ladungsträger erhöht werden, da sich die Beweglichkeit bei konstanter Temperatur nicht beeinflussen lässt. Die Zahl der freien Ladungsträger lässt sich durch gezieltes Verunreinigen, durch das sogenannte Dotieren beeinflussen.

Dotiert man ein Halbleitermaterial mit dreiwertigen Atomen – das sind Atome mit drei Elektronen auf der äußeren Schale –, so fehlt bei jedem eingebauten Fremdatom ein Elektron für die Bindung an die vier Nachbaratome. Mit jedem dreiwertigen Fremdatom entsteht also ein zusätzliches Loch (Abb. 1.4). Durch die Dotierung mit dreiwertigen Atomen wird die Anzahl der Löcher stark erhöht. Gleichzeitig nimmt die Zahl der freien Elektronen ab, weil die freien Elektronen wegen der größeren Anzahl von Löchern häufiger in den Einflussbereich eingefangen werden.

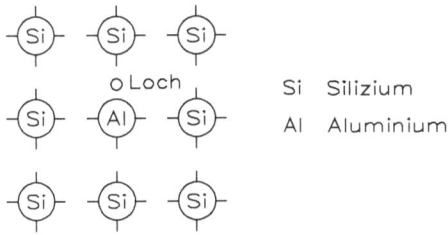

Abb. 1.4: Aufbau des P-Materials

In einem derartig verunreinigten Halbleitermateriel beruht die Leitfähigkeit daher überwiegend der Leitfähigkeit durch die sich wie positive Ladungsträger verhaltenden Löcher. Ein mit dreiwertigen Fremdatomen verunreinigtes Halbleitermaterial wird daher als P-Material bezeichnet. Das P kennzeichnet dabei nicht einen Ladungszustand des Halbleiters, sondern nur die Art des Leitungsmechanismus. Wenn ein Elektron ein durch die Dotierung entstandenes Loch ausfüllt, entsteht dort ein negatives Ion und das gesamte Material bleibt aber elektrisch neutral, weil durch das an anderer Stelle dann vorhandene ausgeglichen wird.

Ein P-Material ist also ein Halbleiter, bei dem die Zahl der Löcher durch Dotierung mit dreiwertigen Fremdatomen stark erhöht wurde. Die dreiwertigen Fremdatome bilden zusätzliche Löcher und entziehen dadurch dem Halbleiter freie Elektronen. Man bezeichnet sie deshalb als Akzeptoren. Dreiwertige Atome, die in Halbleitern als Akzeptoren wirken, sind z. B. Indium, Gallium, Bor und Aluminium.

Die Stärke der Dotierung kann stark schwanken. Bei starker Dotierung kommen auf ein Fremdatom ungefähr tausend Halbleiteratome, bei schwacher Dotierung mehrere Millionen. Je stärker die Dotierung ist, desto größer wird die Leitfähigkeit des Halbleiters.

Wird ein Halbleitermaterial mit fünfwertigen Atomen, also mit Atomen mit fünf Elektronen auf der äußeren Schale, dotiert, so bleibt bei jedem eingebauten Fremdatom ein Elektron übrig, das nicht für die Bindung an die vier Nachbaratome benötigt wird. Dieses Elektron löst sich sehr leicht vom Atom und bewegt sich als freies Elektron durch das Kristallgitter. Mit jedem also ein zusätzliches freies Elektron (Abb. 1.5). Durch die starke Erhöhung der Anzahl der freien Elektronen wird gleichzeitig die Zahl der Löcher verringert, weil wegen der größeren Zahl der freien Elektronen häufiger Elektronen in den Einflussbereich der Löcher kommen und diese ausfüllen. In einem mit fünfwertigen Atomen dotierten Halbleitermaterial ist die Zahl der freien Elektronen daher bedeutend größer als die Zahl der Löcher und die

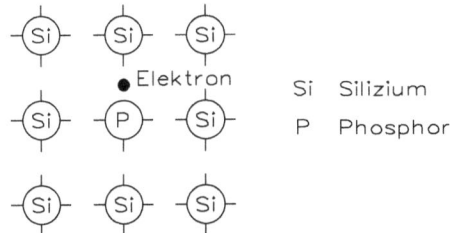

Abb. 1.5: Aufbau des N-Materials

Leitfähigkeit beruht überwiegend auf der Leitfähigkeit durch die negativen freien Elektronen. Derartig verunreinigtes Halbleitermaterial wird als N-Material bezeichnet. Ebenso wie das P beim P-Material keinen Ladungszustand, sondern die Art des fünfwertigen Fremdatom entsteht kennzeichnet das N beim N-Material überwiegenden Leitungsmechanismus. Die positive Raumladung der Ionen der Fremdatome wird ausgeglichen durch die größere Anzahl der freien Elektronen.

Im N-Material ist die Zahl der freien Elektronen bedeutend größer als die Zahl der Löcher, d. h. die Leitfähigkeit wird überwiegend durch die negativen freien Elektronen bewirkt. Die fünfwertigen Fremdatome bezeichnet man als Donatoren. Elemente, deren Atome als Donatoren verwendet werden, sind Arsen, Antimon und Phosphor.

Die Ladungsträger, die im jeweiligen Halbleitermaterial in der Überzahl vorhanden sind, bezeichnet man als Majoritätsträger, die in der Minderheit als Minoritätsträger. In einem P-Material sind daher die Löcher Majoritätsträger, die freien Elektronen Minoritätsträger und in einem N-Material die freien Elektronen Majoritätsträger und die Löcher Minoritätsträger.

1.1.3 Störstellenleitung im N- und im P-Material

Legt man an ein mit Fremdatomen gezielt verunreinigtes Halbleitermaterial eine Spannung, so besteht der Strom praktisch nur aus der gerichteten Bewegung der Majoritätsträger, also der Löcher im P-Material und der freien Elektronen im N-Material. Der Anteil der Minoritätsträger an der Leitfähigkeit ist sehr gering, und zwar umso kleiner, je stärker die Dotierung ist.

Es wäre falsch sich vorzustellen, die Ladungsträger würden ohne eine angelegte äußere Spannung ruhen. Sie vollführen vielmehr – angeregt durch die schon frühere Bewegung ohne anliegende Spannung erwähnten Wärmeschwingungen der Atome – ungeordnete Bewegungen in allen Richtungen innerhalb des Kristalls. Eine angelegte Spannung überlagert hierzu eine zusätzliche Bewegung in einer Hauptrichtung, der die Ladungsträger zu ihrer eigenen Zickzackbewegung folgen. Dies ist vergleichbar mit einem Fisch, der in einem Fluss in beliebiger Richtung hin und her schwimmt, die Strömung des Flusses aber seine eigene Bewegung in der Strömungsrichtung versetzt. Man bezeichnet den Vorgang als „Drift". Handelt es sich um Elektronen, spricht man von der Elektronendrift, sind es Löcher, von der Löcherdrift.

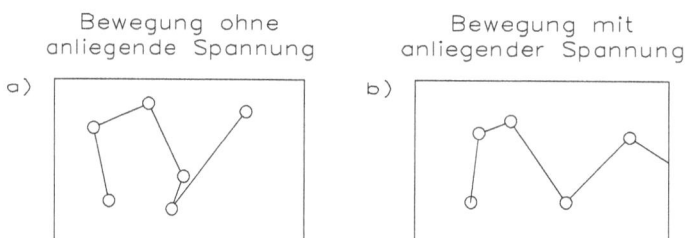

Abb. 1.6: Drift mit Bewegung (a) ohne und (b) mit angelegter Spannung

1.1.4 PN-Übergang als Prinzip der Halbleiterdiode

Ein PN-Übergang entsteht immer dann, wenn P- und N-Material direkt in Berührung kommen, z. B. also dann, wenn ein Halbleitermaterial auf der einen Seite mit Akzeptoren und auf der anderen mit Donatoren dotiert wird. In den Abb. 1.7 a) bis c) sind die Vorgänge dargestellt, die bei der Bildung eines PN-Übergangs auftreten. Wie man weiß, sind im P-Material überwiegend Löcher vorhanden, im N-Material überwiegend freie Elektronen (Abb. 1.7 a). Die positive Ladung der Löcher wird im P-Material ausgeglichen durch die negativen Ionen, die entstehen, wenn ein freies Elektron das Loch bei einem Akzeptor ausfüllt. Beim N-Material wird die negative Ladung der freien Elektronen durch die positiven Ionen ausgeglichen, die bei den Donatoren durch die Abgabe eines Valenzelektrons entstehen. In Abb. 1.7 a) bis c) sind neben den Löchern und Elektronen nur die Ionen dargestellt, nicht aber die Halbleiteratome.

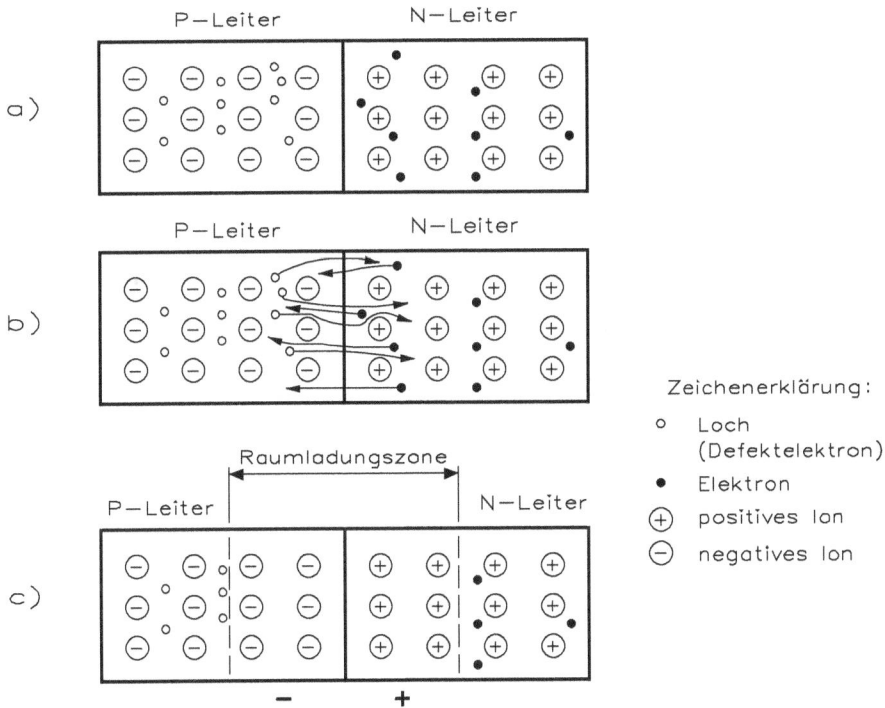

Abb. 1.7: Entstehung der Raumladungszone

Unterschiedliche Konzentrationen versuchen sich auszugleichen. Bei ihren ungeordneten thermischen Bewegungen wandern daher freie Elektronen aus dem N-Material, das eine hohe Konzentration von freien Elektronen aufweist, in das P-Material, das eine sehr geringe Konzentration von freien Elektronen hat.

Umgekehrt wandern Löcher aus dem gleichen Antrieb vom P- ins N-Material (Abb. 1.7 b). Die thermischen Bewegungen der freien Elektronen und Löcher ermöglichen diese Wanderung, die als Diffusion bezeichnet wird. Durch diesen Diffusionsstrom wandern also Löcher vom P- ins N-Material und freie Elektronen vom N- ins P-Material. Da durch den Diffusionsstrom Elektronen im N-Material und Löcher im P-Material fehlen und umgekehrt im P-Material zu viele Elektronen, im N-Material zu viele Löcher sind, hat das P-Material jetzt eine negative, das N-Material eine positive Ladung.

Die positive Ladung im N-Material und die negative Ladung im P-Material verhindern, dass der Konzentrationsausgleich zwischen Löchern und Elektronen über den ganzen Halbleiter stattfindet.

Die negative Ladung im P-Material stößt die freien Elektronen des N-Materials ab, so dass ab einer bestimmten Größe der negativen Ladung keine Elektronen mehr in das P-Material gelangen können.

Umgekehrt gilt das gleiche für die Löcher.

Wenn die Löcher in das N-Material eindringen, werden sie dort von den in großer Zahl vorhandenen freien Elektronen ausgefüllt. Die in das P-Material wandernden freien Elektronen werden dort von den Löchern eingefangen. In der Umgebung des PN-Übergangs entsteht daher eine Schicht, in der praktisch keine freien Ladungsträger vorhanden sind. Dieser Bereich, der im P-Material durch die negativen Ionen negativ, im N-Material durch die positiven Ionen positiv geladen ist, wird als Raumladungszone bezeichnet (Abb. 1.7 c).

Da sich P- und N-Material aufladen, entsteht zwischen ihnen eine Spannung, die man, weil sie durch den Diffusionsstrom entsteht, Diffusionsspannung nennt. Sie beträgt je nach dem verwendeten Halbleitermaterial und der herrschenden Temperatur zwischen 0,2 V und 0,8 V.

Diese Diffusionsspannung lässt sich nicht direkt messen. Schaltet man nämlich ein Voltmeter an den PN-Übergang, so entstehen zwischen den Prüfspitzen und dem P- bzw. N-Material auch Diffusionsspannungen. Die Summe der drei Diffusionsspannungen ist Null.

Die Breite der Raumladungszone hängt von der Stärke der Dotierung ab. Je stärker die Dotierung ist, desto dichter liegen die negativen Ionen im P-Material und die positiven Ionen im N-Material zusammen. Eine Raumladungszone mit geringerer Breite enthält daher genügend Raumladung, um den freien Elektronen aus dem N-Material und den Löchern aus dem P-Material das Diffundieren durch den PN-Übergang zu verwehren. Die Raumladungszone ist daher umso schmaler, je stärker die Dotierung ist.

1.1.5   Schwellenspannung und Durchbruchspannung

Schaltet man eine äußere Spannung so an den PN-Übergang, dass der Pluspol am P-Material und der Minuspol am N-Material liegt, so werden die Löcher im P-Material vom Pluspol und die freien Elektronen im N-Material vom Minuspol der außen angelegten Spannung in die fast ladungsträgerfreie Raumladungszone gedrückt (Abb. 1.8). Da man jetzt auch in der Raumladungszone freie Ladungsträger hat, kann ein Strom über den PN-Übergang fließen. Liegt Plus am P- und Minus am N-Material, so ist ein PN-Übergang in Durchlassrichtung vorgespannt.

Die von außen angelegte Spannung muss die Ladungsträger gegen die Wirkung der Diffusionsspannung in die Raumladungszone drücken. Daher wird ein PN-Übergang in Durchlassrichtung erst niederohmig, wenn die außen angelegte Spannung größer ist als die Dif-

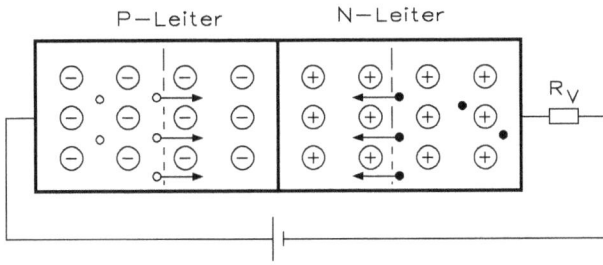

Abb. 1.8: PN-Übergang in Durchlassrichtung

fusionsspannung. Die angelegte äußere Spannung, bei der der PN-Übergang niederohmig wird, heißt Schwellenspannung, Schleusenspannung oder Kniespannung. Sie hat den gleichen Wert wie die Diffusionsspannung. Mit steigender Temperatur sinkt die Schwellenspannung.

Legt man die äußere Spannung mit dem Pluspol an das N-Material und den Minuspol an das P-Material, so zieht die angelegte Spannung die Löcher aus dem P-Material und die freien Elektronen aus dem N-Material von der Raumladungszone weg (Abb. 1.9). Die sehr hochohmige Raumladungszone wird dadurch verbreitert, und es fließt praktisch kein Strom durch den PN-Übergang. Liegt Plus am N-Material und Minus am P-Material, so ist ein PN-Übergang in Sperrrichtung vorgespannt.

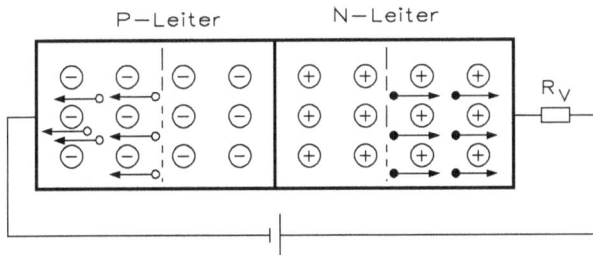

Abb. 1.9: PN-Übergang in Sperrrichtung

Vereinfacht ausgedrückt bedeutet dies, dass die. beiden Ladungsträgerarten von der Grenzschicht zurückgezogen worden sind und nun die Grenzschicht (nahezu) einen Isolator darstellt. Modellhaft gesehen bietet sich der Vergleich mit einem Kondensator an, der beiderseitig einer isolierenden Schicht (das Dielektrikum) mit gegensätzlichen Ladungen behaftet ist.

In der Praxis wirkt eine in Sperrrichtung vorgespannte Diode wie eine Kapazität, deren Größe einerseits vom Aufbau der Diode, andererseits von der Höhe der angelegten Sperrspannung abhängt.

Über einen gesperrten PN-Übergang fließt nur der sehr kleine Sperrstrom. In der Raumladungszone entstehen durch die Temperaturschwingungen der Atome ständig einige Löcher und freie Elektronen. Die Löcher werden vom Minuspol, die freien Elektronen vom Pluspol der angelegten Spannung abgesaugt. Dieser Sperrstrom ist sehr stark temperaturabhängig.

Erhöht man die angelegte Spannung in Sperrrichtung, so beginnt ab einer bestimmten Spannung ein großer Strom zu fließen. Der PN-Übergang bricht durch und kann bei längerem Betrieb in diesem Bereich zerstört werden. Dieser Durchbruch kann die nachfolgend beschriebenen Ursachen haben.

- Wärmedurchbruch: Bei steigender Sperrspannung steigt die Leistung, die am PN-Übergang in Wärme umgesetzt wird. Wird die durch diese Leistung erzeugte Wärme so groß, dass sie nicht mehr vollständig an die Umgebung abgegeben werden kann, so erhöht sich die Temperatur des PN-Übergangs stark. Damit steigt zusätzlich der Sperrstrom an, was wiederum eine Leistungserhöhung zur Folge hat. Die höhere Leistung lässt die Temperatur weiter steigen. Wird der Strom nicht durch einen Widerstand im äußeren Kreis begrenzt, so steigt die Temperatur über die maximale Sperrschichttemperatur (750 °C bei Germanium, 1500 °C bei Silizium) an, und der PN-Übergang wird zerstört.

- Avalanche-(Lawinen-)Durchbruch: Je größer die Sperrspannung ist, desto stärker werden die in der Raumladungszone entstehenden freien Elektronen beschleunigt. Ab einer bestimmten Größe der Sperrspannung reicht ihre Bewegungsenergie aus, um beim Anstoßen an ein Atom aus diesem weitere freie Elektronen herauszuschlagen. Diese werden durch die äußere Spannung wieder so stark beschleunigt, dass sie aus den Atomen, gegen die sie stoßen, wieder freie Elektronen herausschlagen. Dadurch entstehen in der Raumladungszone plötzlich sehr viele freie Ladungsträger, so dass der PN-Übergang niederohmig wird. Bei höherer Temperatur, also bei größeren Temperaturschwingungen der Atome, stoßen die Elektronen schon nach einem kürzeren Weg gegen ein Atom. Damit sie auf dieser kürzeren Strecke genügend beschleunigt werden, ist eine höhere Sperrspannung erforderlich. Bei steigender Temperatur steigt also auch die für den Lawinendurchbruch erforderliche Spannung.

- Z-(Feld-)Durchbruch: Bei sehr starker Dotierung am PN-Übergang entsteht wegen der großen Raumladungsdichte eine sehr schmale Raumladungszone. Dadurch besteht in der Raumladungszone eine sehr große elektrische Feldstärke, die beim Anlegen einer Sperrspannung noch erhöht wird. Übersteigt die Feldstärke den Wert von ca. 20 kV/cm, so werden durch sie Elektronen der äußeren Schale aus den Atomen gerissen. Dadurch steigt die Zahl der Ladungsträger wiederum stark an. Der Z-Effekt hat keinen Lawineneffekt zur Folge, da die herausgerissenen Elektronen wegen der sehr schmalen Raumladungszone erst außerhalb der Raumladungszone auf Atome treffen. Sie schlagen zwar auch hier Elektronen heraus, diese werden aber weniger stark beschleunigt, da die hohe Feldstärke nur in der Raumladungszone besteht. Bei höherer Temperatur sinkt die Stärke der Bindung der Valenzelektronen an die Atome. Daher werden sie schon bei kleineren Feldstärken aus diesen herausgerissen. Bei steigender Temperatur sinkt daher die für den Z-Durchbruch erforderliche Spannung.

1.2 Temperaturverhalten von Halbleitern

Halbleiter zeigen im Vergleich zu metallischen Leitern eine viel stärkere Abhängigkeit ihres elektrischen Leitvermögens von der Temperatur. Wie schon festgestellt wurde, müssten reine Halbleiterstoffe wie Germanium und Silizium eigentlich Isolatoren sein. Dass sie trotzdem den elektrischen Strom leiten, hängt mit der Wärmebewegung im Kristallgitter der Halbleiter zusammen, denn man betrachtet die Vorgänge ja üblicherweise bei der normalen Raumtemperatur von $+20\,°C$. Diese Temperatur liegt aber schon sehr weit über dem absoluten Nullpunkt von $-273\,°C$. Beim absoluten Nullpunkt wären reine Halbleiterstoffe tatsächlich Isolatoren.

Man kann auf folgende Kenntnisse zurückgreifen: Wenn ein Stoff sein Leitvermögen bei einer Erwärmung vom absoluten Nullpunkt auf die Raumtemperatur vom Nichtleiter sich bis zu einer gut messbaren Leitfähigkeit verändert, dann muss sein Leitvermögen für den elektrischen Strom stärker temperaturabhängig sein als bei üblichen Isolatoren. Man kennt in der allgemeinen Elektrotechnik den sogenannten Temperaturbeiwert α für die temperaturabhängige Widerstandsänderung eines Leitermaterials. Für metallische Leiter beträgt α im Mittel $+0,004$ je Grad; d. h., bei Erwärmung eines Metalldrahts mit einem Widerstand von $1\,\Omega$ um $1\,°C$ vergrößert sich sein Widerstand um $0,004\,\Omega$, also um $0,4\,\%$.

Bei Halbleitern nimmt der Widerstand mit steigender Temperatur ab. Die Widerstandsänderung verläuft bei Halbleitern nicht linear mit der Temperatur. Der Temperaturbeiwert beträgt im Mittel etwa $\alpha = -0,04$ je Grad, also $-4\,\%$. Gegenüber dem Temperaturbeiwert der Metalle ist er also 10mal so groß. Eine Temperaturerhöhung um etwa $9\,°C$ kann bereits zur Verminderung des Widerstands auf den halben Wert führen. Sinngemäß würde eine Temperaturerhöhung um $18\,°C$ bereits zu einer Widerstandsverminderung auf $1/4$ des ursprünglichen Wertes führen. Bei Halbleiterschaltungen kann dies zu schwerwiegenden Folgen führen.

Die Erwärmung von Halbleiterbauelementen kann auf zwei Arten vorsichgehen:
- Die Erwärmung von außen, z. B. durch die umgebende Luft oder benachbarte Bauteile. Man spricht dabei von Fremderwärmung.
- Infolge Stromdurchgang treten an einem Widerstand Verluste auf, die sich als Wärme äußern. Diese Art wird als Eigenerwärmung bezeichnet, da sie im Bauelement selbst entsteht.

Halbleiterbauelemente sind äußerst empfindlich gegen zu hohe Temperaturen. Die zulässige obere Grenztemperatur beträgt für Bauelemente auf Germaniumbasis im Mittel $75\,°C$, für Bauelemente auf Siliziumbasis etwa $150\,°C$.

Es soll dazu ein sehr anschaulicher Versuch durchgeführt werden. Nach Abb. 1.10 wird mit einem Transformator eine Spannung von etwa 440 Volt erzeugt. Diese Spannung wird über ein Amperemeter (Messbereich ca. 2 A) an ein Röhrchen aus Laborglas gelegt. Man weiß, dass Glas zu den Isolatoren zählt; beim Anlegen der Spannung fließt also auch kein Strom. Der Zeiger des Amperemeters schlägt nicht aus. Wird jedoch das Glasröhrchen mit einem Gasbrenner auf einige $100\,°C$ erhitzt, so zeigt sich folgendes: Der Strommesser zeigt plötzlich einen zunehmend stärkeren Strom an. Das Glasröhrchen glüht dabei immer heller auf und wird schließlich so heiß, dass es wie ein Sicherungsdraht durchschmilzt. Die Stromstärke beträgt dabei ca. 1 A bis 2 A.

Wie ist das zu erklären? Nun, im Glas geht an sich das gleiche vor wie in einem Halbleiterstoff. Durch die bei Erwärmung zunehmende Bewegung der Atome werden Elektronen freigesetzt und diese freien Elektronen durch die angelegte Spannung bewegt (elektrischer Strom). Infolge des Stromflusses wird aber elektrische Energie verbraucht und in Wärme umgewandelt. Das Glasröhrchen erwärmt sich stärker; damit werden zusätzliche Elektronen frei und die Stromstärke wächst weiter.

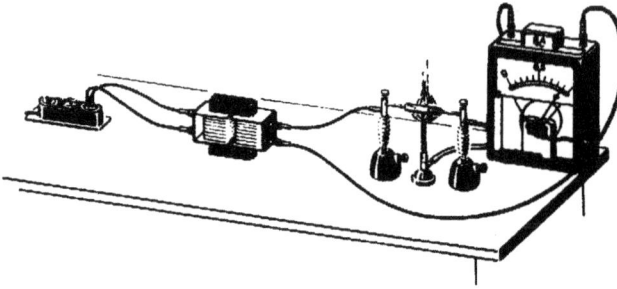

Abb. 1.10: Leitfähigkeit von Glas in Abhängigkeit von der Temperatur

1.2.1   Temperaturverhalten

An diesem Versuch kann man erkennen, dass ein Isolator nur bei normaler Raumtemperatur als Nichtleiter anzusehen ist. Die Zahl der freien Elektronen in Isolatoren ist bei Raumtemperatur noch so gering, dass man beim Anlegen einer Spannung mit üblichen Messinstrumenten keinen Strom nachweisen können. In Halbleiterstoffen reicht aber die Erwärmung vom absoluten Nullpunkt auf die Raumtemperatur 20 °C bereits aus, um eine messtechnisch nachweisbare Zahl Elektronen frei werden zu lassen.

Um das Temperaturverhalten von Halbleitern zu untersuchen, hier ein weiterer Versuch. Dazu verwendet man eine Universaldiode auf Germaniumbasis, z. B. AA118 oder eine ähnliche Diode, und schließen sie an ein Ohmmeter oder Vielfachinstrument, dessen Widerstandsmessbereich auf × 1k geschaltet ist. Die Diode soll so an das Messinstrument geschaltet werden, dass sie mit der im Instrument eingebauten Stromquelle in Sperrrichtung betrieben wird. Die Sperrrichtung ist an der Anzeige eines hohen Widerstandswertes erkennbar. Der Sperrwiderstand einer Germaniumdiode beträgt etwa $1\,M\Omega$ bis $2\,M\Omega$. Danach hält man die Diode im eingeschalteten Zustand in den warmen Luftstrom eines Haartrockners oder Heizlüfters. Die Diode darf nicht zu stark erwärmt werden, da sonst die Diode zerstört wird. Der Widerstandswert nimmt ab und sinkt schnell auf ca. $100\,k\Omega$ oder weniger, also auf $1/10$ bis $1/20$ des Widerstands bei normaler Umgebungstemperatur. Lassen wir die Diode wieder abkühlen, steigt der Widerstand langsam wieder auf den ursprünglich hohen Wert.

Eine Erwärmung von Halbleiterbauelementen muss aber nicht nur von außen durch eine hohe Umgebungstemperatur bedingt sein. Sie kann vielmehr auch durch die im Betrieb erzeugte Verlustwärme im Bauelement selbst hervorgerufen werden.

Stellt man sich doch einmal vor, ein Halbleiterbauelement z. B. eine Diode, wird an einer festen Gleichspannung von 10 V betrieben und sie besitzt bei Raumtemperatur einen bestimmten Wert. Der messbare Widerstand beträgt beispielsweise $100\,\Omega$. Über die Diode fließt jetzt ein Strom von

$$I = \frac{U}{R} = \frac{10\,V}{100\,\Omega} = 0{,}1\,A$$

Am Diodenwiderstand wird aufgrund der Verlustleistung eine Wärme erzeugt von

$$P = I^2 \cdot R = (0{,}1\,A)^2 \cdot 100\,\Omega = 1\,W$$

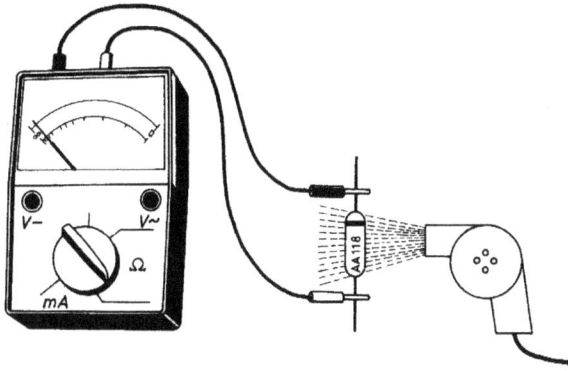

Abb. 1.11: Versuch für die Untersuchung des Temperaturverhaltens der Diode AA118

Diese Wärme setzt aber – wenn sie nicht schnell genug abgeführt wird – den Widerstand des Halbleitermaterials herab. Bei halbem Widerstand, also 50 Ω, wird der Strom auf den doppelten Wert, also 0,2 A, ansteigen. Dadurch steigt die Verlustleistung auf

$$P_t = I_t^2 \cdot R_t = (0,2\,A)^2 \cdot 100\,\Omega = 2\,W$$

Größere Verlustleistung bedeutet aber stärkere Erwärmung; sie setzt den Widerstand des Halbleitermaterials herab. Bei weiter verringertem Widerstand fließt ein noch stärkerer Strom, usw. Das Halbleiterbauelement erwärmt sich innerhalb kurzer Zeit so stark, dass es zerstört wird.

Aus diesem Grund muss bei allen Schaltungen mit Halbleiterbauelementen durch besondere Maßnahmen dafür gesorgt werden, dass die Temperatur die für das Bauelement gültige Höchstgrenze nicht überschreiten kann. Ein Mittel zur Herabsetzung der Eigenerwärmung ist die Kühlung mit Hilfe großer Kühlflächen. Als Kühlfläche kann dabei ein besonderes Kühlblech oder ein Kühlkörper oder auch das Chassis oder Metallgehäuse dienen. Da ein schwarzer Körper die Wärme besser abstrahlt als alle andersfarbigen, kann die Kühlung durch eine schwarze Einfärbung der Kühlfläche noch wesentlich gesteigert werden.

Die Eigenerwärmung eines Halbleiterbauelements lässt sich zudem sehr wirksam durch eine Strombegrenzung unter Kontrolle bringen. Einfachstes Mittel zur Strombegrenzung ist ein Vorwiderstand.

Kommt man noch einmal auf das Zahlenbeispiel zurück: Das Halbleiterbauelement hat bei Raumtemperatur einen Widerstand von 100 Ω und liegt an einer Spannung von 10 V. Jetzt schaltet man einmal einen gleich großen Widerstand – also 100 Ω – in Reihe zum Halbleiterbauelement. Damit für das Bauelement gleiche Betriebsbedingungen herrschen, muss die Spannung auf 20 V erhöht werden. Abb. 1.12 zeigt die Schaltung.

Nach dem Ohmschen Gesetz fließt auch in dieser Schaltung zunächst ein Strom von

$$I = \frac{U}{R_{20} + R_V} = \frac{20\,V}{200\,\Omega} = 0,1\,A$$

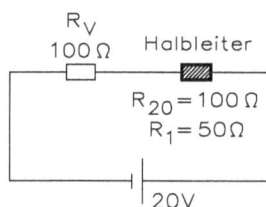

Abb. 1.12: Reihenschaltung eines Schichtwiderstands und eines Halbleiters

Verringert sich der Halbleiterwiderstand durch Erwärmung auf $R_1 = 50\,\Omega$, so beträgt die Stromstärke

$$I_t = \frac{U}{R_t + R_V} = \frac{20\,V}{150\,\Omega} = 0,133\,A$$

Die Verlustleistung am Halbleiterbauelement ergibt sich

$$P_t = I_t^2 \cdot R_t = (0,133\,A)^2 \cdot 50\,\Omega = 0,89\,W$$

Die Verlustleistung ist also anstatt größer, wie im ersten Beispiel, jetzt sogar kleiner geworden. Somit kann sich das Halbleiterbauelement nicht mehr so stark erwärmen. Man kann sagen: Das Halbleiterbauelement ist bei 20 °C leistungsangepasst; denn bei 20 °C ist $R_H = R_V$. Dagegen wird die Leistung an R_H sowohl bei $R_H > R_V$, als auch bei $R_H < R_V$ geringer.

Ein Halbleiterbauelement kann nicht nur durch eine hohe Umgebungstemperatur gefährdet werden, es erwärmt sich auch im Betrieb durch Stromwärme selbst. Diese Eigenerwärmung kann man außer durch schnelle Wärmeableitung mit Hilfe von Kühlflächen auch durch geeignet bemessene Vorwiderstände im Betriebsstromkreis herabsetzen.

Soll auf eine genaue Berechnung des Widerstandswertes verzichtet werden, so wird der Vorwiderstand genauso groß wie der Widerstand des Halbleiterbauelements bei Raumtemperatur gewählt.

Diese Erkenntnis ist für die Herstellung von Halbleiterschaltungen von großer Wichtigkeit. Wird dem Temperaturverhalten der Halbleiterbauelemente zu wenig Beachtung geschenkt, so ist die richtige Funktion einer Schaltung in Frage gestellt und die Bauteile der Schaltung werden im Betrieb sogar schnell zerstört. Auch für die künftigen Schaltungen ist diese Tatsache zu berücksichtigen.

Da vom Hersteller von Halbleiterbauelementen die Höchstwerte für Spannung, Strom und Verlustleistung angegeben werden, sind die Widerstandswerte der erforderlichen Vorwiderstände mit Hilfe der Gesetzmäßigkeiten für den Gleichstromkreis leicht zu errechnen. Am einfachsten wird aber die richtige Auslegung einer Schaltung mit Hilfe der Kennlinien für die verwendeten Bauteile vorgenommen.

1.2.2   Wärmeableitende Kühlkörper

Für die einwandfreie Funktion von elektronischen Halbleiterbauelementen ist die Einhaltung einer vom Hersteller vorgegebenen maximalen Sperrschichttemperatur des Halbleiterkristalls unerlässlich. Diese maximale Sperrschichttemperatur ϑ_J lässt sich ohne zusätzliche Kühlung nur bei geringen Leistungsanforderungen einhalten. Bei höheren Leistungsanforderungen müssen die Halbleiter zusätzlich mit wärmeableitenden Kühlkörpern versehen werden.

Die thermische Leistung der Kühlkörper basiert in erster Linie auf der Wärmeleitfähigkeit des Materials, Größe der Oberfläche und Masse des Kühlkörpers. Die Farbe der Oberfläche, die Einbaulage, der Einbauort, die Temperatur und die Geschwindigkeit der umgebenden Luft sind variable Größen und unterscheiden sich von Fall zu Fall erheblich.

Eine weitere einflussnehmende Größe ist die Art der Montage und die Art der Isolation des Halbleiters auf dem Kühlkörper oder umgekehrt. Diese lässt sich allerdings recht zuverlässig in Versuchen ermitteln. Abb. 1.13 zeigt das Ersatzschaltbild des Wärmewiderstands R_{thJU}.

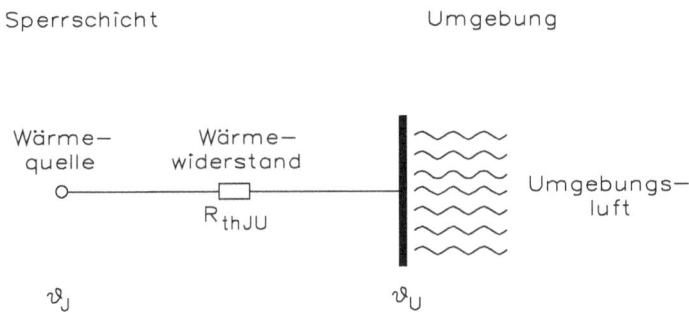

Abb. 1.13: Ersatzschaltbild eines Wärmewiderstands R_{thJU}

Der Transistor ist die Wärmequelle ϑ_J (Junction, Sperrschicht), dann folgt der Wärmewiderstand R_{thJU} (Junction, Umgebung) und der im Betrieb unter ungünstigen Bedingungen auftretende größte Wert ϑ_U der Umgebungstemperatur.

Bei Verwendung eines Kühlbleches oder Kühlkörpers wird R_{KGU} bestimmt von dem Wärmekontakt zwischen Gehäuse und Kühlkörper, von der Wärmeausbreitung im Kühlkörper und von der Wärmeabgabe des Kühlblechs und -körpers an die Umgebung und Abb. 1.14 zeigt verschiedene Kühlkörper.

Abb. 1.14: Verschiedene Kühlkörper

Die maximal zulässige Gesamtverlustleistung lässt sich demnach für ein gegebenes Halbleiterbauelement nur durch Ändern von ϑ_U und R_{thGK} beeinflussen. Der thermische Widerstand
R_{thGU} (Gehäuse, Umgebung) muss den Angaben der Kühlkörperhersteller entnommen oder
durch Messungen bestimmt werden.

Die zwei Diagramme von Abb. 1.15 geben den thermischen Außenwiderstand R_{thU} an, der
bei Verwendung quadratischer Kühlbleche aus Aluminium mit der Kantenlänge α gilt, wenn
das Gehäuse des Bauelements mit einer ebenen Fläche direkt auf dem Kühlblech aufliegt.

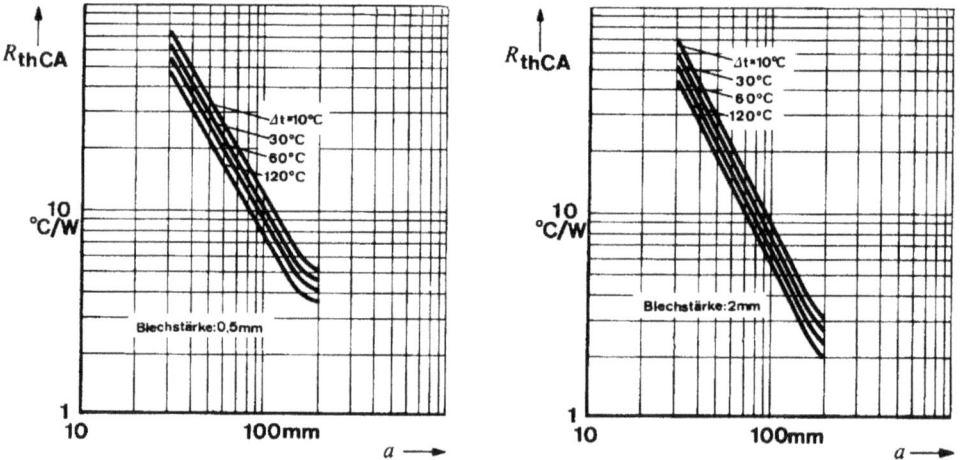

Abb. 1.15: Wärmewiderstand für ungeschwärzte quadratische Kühlkörper in Abhängigkeit der Kantenlänge α

Die aus den zwei Diagrammen gewonnenen Kantenlängen α bei vorgegebenen R_{thGK} werden
je nach Einbaulage und Oberfläche des Kühlblechs mit den Faktoren α und β multipliziert:

$$\alpha' = \alpha \cdot \beta \cdot \alpha$$

$\alpha = 1,00$ bei senkrechter Montage

$\alpha = 1,15$ bei waagerechter Montage

$\beta = 1,00$ bei blanker Oberfläche

$\beta = 0,85$ bei mattschwarzer Oberfläche

1.2.3   Montage eines Transistors mit Kühlkörper

Bei Transistoren mit einer Verlustleistung $P_{tot} > 1$ W reicht im Allgemeinen die Wärmeabfuhr
nur über das Transistorgehäuse nicht aus, weil die Oberfläche zu klein ist. Die abstrahlende
Oberfläche lässt sich jedoch durch Montage auf ein Chassisblech oder durch einen Kühlkörper erheblich vergrößern. Werden Transistoren mit einem zusätzlichen Kühlkörper betrieben,
dann setzt sich der gesamte Wärmewiderstand R_{thJU} aus einer Reihenschaltung von Teilwi-
derständen zusammen und es gilt Abb. 1.16.

Sperrschicht   Gehäuse   Kühlkörper   Umgebung

R_{thJG} R_{thGK} R_{thK}

E B   C
P_V

Wärmefluss

ϑ_J ϑ_U

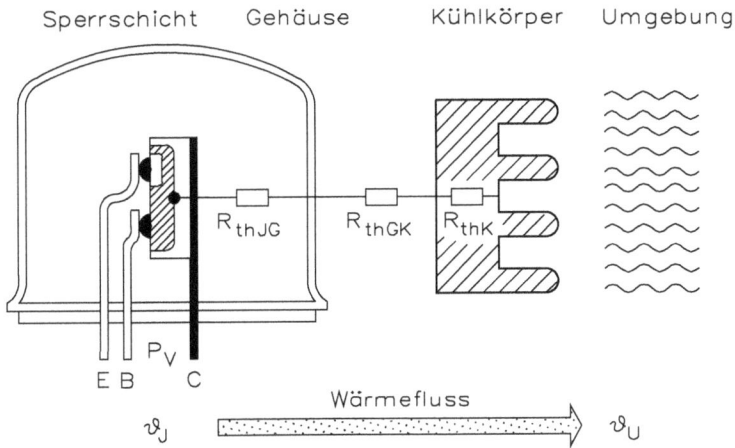

Abb. 1.16: Ersatzschaltbild des Wärmewiderstands bei Transistoren mit Kühlkörper

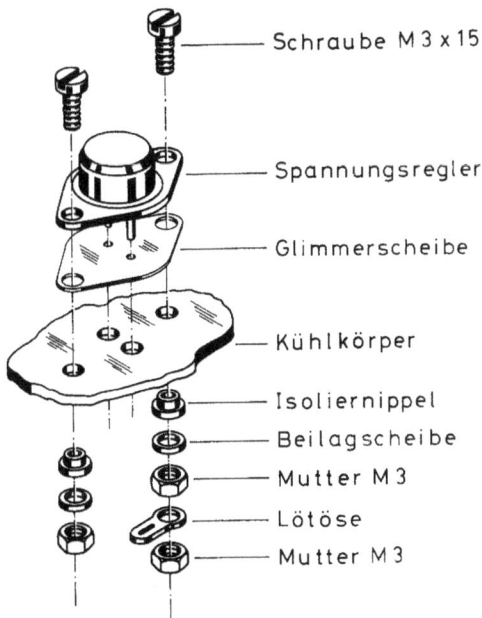

Schraube M 3 x 15

Spannungsregler

Glimmerscheibe

Kühlkörper

Isoliernippel

Beilagscheibe

Mutter M 3

Lötöse

Mutter M 3

Abb. 1.17: Elektrisch isolierte Montage
eines TO3-Gehäuses auf einem Kühlkörper

Die Montage eines TO3-Gehäuses auf einem Kühlkörper ist in Abb. 1.17 gezeigt. Zuerst ist der Kühlkörper mit vier Bohrungen zu versehen oder diese sind vorhanden. Beim Einbau des TO3-Gehäuses sind die mechanischen Abmessungen zu beachten, d. h. Basis und Emitter sind nicht symmetrisch angeordnet. Die beiden Bohrungen für Basis und Emitter sollen einen Durchmesser von ca. 5 mm aufweisen. Bei den beiden anderen Bohrungen muss man den

Durchmesser der Isoliernippel beachten. Dabei sollen die Isoliernippel nach Möglichkeit in den Kühlkörper leicht eingepresst werden.

Die Montage des TO3-Gehäuses auf dem Kühlblech ist kein Problem, wenn man die einzelnen Bauelemente richtig behandelt. Die Glimmerscheibe kann durch mechanische Einwirkung leicht brechen, wenn z. B. die beiden Schrauben (meist Plastikschrauben wegen der Isolierung) zu fest angezogen werden. Man streicht Wärmeleitpaste auf und unter die Glimmerscheibe, damit der Wärmeübergangswiderstand möglichst gering ist. Abb. 1.18 zeigt eine Glimmerscheibe und das erforderliche Montagematerial.

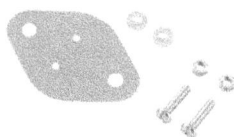

Abb. 1.18: Glimmerscheibe und Montagematerial

Die Lötöse für den Kollektoranschluss oder für die Masse kann man entweder zwischen Beilagscheibe oder Mutter einlegen oder man montiert sie zwischen den zwei Muttern.

Nach der Montage ist mit einem Ohm-Meter der Isolationswiderstand zwischen Kühlkörper und dem TO3-Gehäuse zu messen. Der Widerstandswert muss sehr hoch sein. Somit ist das TO3-Gehäuse elektrisch isoliert auf dem Kühlkörper angebracht.

Es gibt international keine gültige Norm, die ein verbindliches Messverfahren für die Ermittlung von Wärmewiderständen an Kühlkörpern für die Elektronik festlegt. Daher sind die in dem Katalog der Hersteller angegebenen Diagramme und Werte unter praxisnahen Bedingungen ermittelt worden und bieten für den Normalfall die Möglichkeit, ohne weiteres einen geeigneten Kühlkörper auszuwählen.

Es wird von den Herstellern ausdrücklich darauf hingewiesen, dass die Informationen und Angaben nach bestem Wissen erfolgen. Funktion und Einsatz liegen jedoch in der alleinigen Verantwortung des Anwenders, der die einwandfreie Tauglichkeit der Produkte für seine Anwendung vor einem beabsichtigten Gebrauch zu überprüfen hat. Der Hersteller übernimmt keine ausdrückliche oder stillschweigende Gewährleistung für die Eignung, Funktion oder Handelsfähigkeit der Anwenderprodukte bei einem spezifischen oder allgemeinen Gebrauch, und kann bei Nichtbeachtung für keinen zufälligen Schaden oder Folgeschaden haftbar gemacht werden.

Für die Auswahl eines geeigneten Kühlkörpers ist neben der Gehäusebauform und dem zur Verfügung stehenden Raum in erster Linie der Wärmewiderstand des Kühlkörpers ausschlaggebend.

Zur Berechnung des Wärmewiderstandwertes ist aus den verschiedenen gegebenen Werten des Halbleiterherstellers und der Schaltungsanwendung die folgende Gleichung zu erfüllen:

$$R_{thK} = \frac{\vartheta_J - \vartheta_U}{P} - (R_{thG} + R_{thM}) = \frac{\Delta\vartheta}{P} - R_{thGM}$$

Die einzelnen Faktoren hierbei sind:

ϑ_J = Maximale Sperrschichttemperatur in °C (Herstellerangabe) des Halbleiters. Aus Sicherheitsgründen sollte hierbei ein Abschlag von 20 °C bis 30 °C in Anwendung kommen.

ϑ_U = Umgebungstemperatur in °C. Die Temperaturerhöhung durch die Strahlungswärme des Kühlkörpers sollte mit einem Zuschlag von 10 °C bis 30 °C berücksichtigt werden.

$\Delta\vartheta$ = Differenz zwischen maximaler Sperrschichttemperatur und Umgebungstemperatur.

ϑ_G = Gemessene Temperatur am Halbleitergehäuse.

P = Die am zu kühlenden Halbleiter maximal anfallende Leistung in Watt.

R_{th} = Wärmewiderstand allgemein in K/W

R_{thG} = Innerer Wärmewiderstand des Halbleiters (Herstellerangabe)

R_{thM} = Wärmewiderstand der Montagefläche. Für TO3-Gehäuse können die nachstehend aufgeführten Richtwerte eingesetzt werden:

1. Trocken ohne Isolator   0,05–0,20 K/W
2. Mit Wärmeleitpaste WLP/ohne Isolator   0,005–0,10 K/W
3. Aluminiumoxidscheibe mit WLP   0,20–0,60 K/W
4. Glimmerscheibe 0,05 mm stark mit WLP   0,40–0,90 K/W

WLP = Wärmeleitpaste

R_{thK} = Wärmewiderstand des Kühlkörpers. Der Wert ist direkt aus den Diagrammen ablesbar.

R_{thGM} = Summe aus R_{thG} und R_{thM}.

Damit die maximale Sperrschichttemperatur im Anwendungsfall nicht überschritten wird, ist eine Prüfung der Temperatur erforderlich. Die Temperatur der Sperrschicht ist nicht direkt messbar. Nach Messung der Gehäusetemperatur lässt sie sich für die Praxis ausreichend genau berechnen, nach

$$\vartheta_J = \vartheta_G + (P \cdot R_{thG})$$

Bei Parallelschaltungen mehrerer Transistoren berechnet sich der Wert R_{thGM} als Parallelschaltung der einzelnen Werte von $R_{thG} + R_{thM}$ nach der folgenden Formel:

$$\frac{1}{R_{thGMges}} = \frac{1}{R_{thG1} + R_{thM1}} + \frac{1}{R_{thG2} + R_{thM2}} + \cdots + \frac{1}{R_{thGn} + R_{thMn}}$$

Der hierbei errechnete Wert ist dann in die erste Gleichung einzusetzen.

K = Kelvin: Nach den gesetzlichen Regelungen der physikalischen Einheiten werden °C-Temperaturdifferenzen in Kelvin angegeben. (1 °C = 1 K).

K/W = Kelvin pro Watt: Einheit des Wärmewiderstands

Berechnungsbeispiele:

1. Ein TO3-Leistungstransistor (P = 60 W) darf eine max. Sperrschichttemperatur von 180 °C erreichen, der innere Wärmewiderstand beträgt 0,6 K/W. Bei einer Umgebungstemperatur von 40 °C wird eine Montage mit Aluminiumoxidscheibe vorgesehen. Welchen Wärmewiderstand muss der Kühlkörper bieten?

$$P \quad = 60\,W$$
$$\vartheta_J \quad = 180\,°C - 20\,°C = 160\,°C \text{ (Sicherheitsreserve)}$$
$$\vartheta_U \quad = 40\,°C$$
$$R_{thG} = 0,6\,K/W$$
$$R_{thM} = 0,4\,K/W \text{ (Tabellenmittelwert)}$$

$$R_{thK} = \frac{\vartheta_J - \vartheta_{Uu}}{P} - (R_{thG} + R_{thM})$$
$$= \frac{160\,°C - 40\,°C}{60\,W} - (0,6\,K/W + 0,4\,K/W) = 1,0\,K/W$$

Mit diesen errechneten Werten kann anhand der Übersichtstabelle eine Vorauswahl der einsetzbaren Profilkühlkörper getroffen werden, Mit den einzelnen Kühlkörper-Diagrammen kann dann die endgültige Bestimmung des Kühlkörpers erfolgen.

2. An einem Transistor, der mit P = 50 W belastet ist und einen inneren Wärmewiderstand von 0,5 K/W besitzt, wird eine Gehäusetemperatur von 40 °C gemessen. Wie hoch ist die Sperrschichttemperatur?

$$P = 50\,W \qquad R_{thG} = 0,5\,K/W \qquad \vartheta_G = 40\,°C$$

$$\vartheta_J = \vartheta_G + (P \cdot R_{thG}) = 40\,°C + (50\,W \cdot 0,5\,k/W) = 65\,°C$$

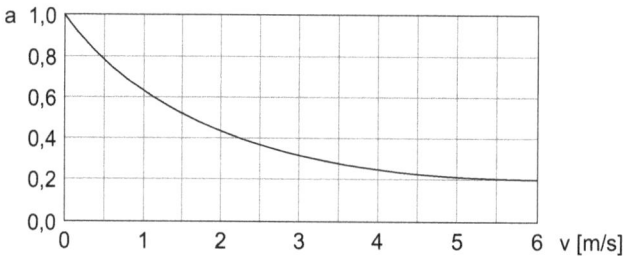

Abb. 1.19: Wärmewiderstände von beliebigen Profilen bei verstärkter Kühlung

Abb. 1.19 zeigt Wärmewiderstände von beliebigen Profilen bei verstärkter Kühlung. Es gelten die nachfolgenden Werte.

$R_{thKf} \approx a \cdot R_{thK}$

R_{thKf} = Wärmewiderstand forcierte Kühlung

R_{thK} = Wärmewiderstand natürliche Kühlung

a   = Proportionalitätsfaktor

Bei den bisherigen Betrachtungen gelten für den statischen eingeschwungenen Zustand. Für das transiente Verhalten sind zusätzlich die entsprechenden Wärmekapazitäten und Laufzeiten zu berücksichtigen. Bei Lastimpulsen, z. B. beim Anfahren von Fahrzeugen oder Aufzügen, können in kurzer Zeit erhebliche Wärmemengen entstehen, die dann zwischengespeichert werden müssen. Hier sind dann vorrangig hohe Wärmekapazitäten mit möglichst geringen Wärmewiderständen notwendig.

1.2.4   Berechnungen von Transistoren mit Kühlkörpern

Für einen Silizium-Leistungstransistor mit $\vartheta_{Jmax} = 150\,°C$ und $R_{thJG} = 5\,K/W$ ist ein quadratisches Kühlblech aus blankem Aluminium, waagerecht angeordnet, mit einer Blechstärke von 2 mm zu berechnen. Die höchstvorkommende Umgebungstemperatur beträgt $\vartheta_U = 50\,°C$ und die Verlustleistung $P_{tot} = 8\,W$.

$$P_{max} = 0,9 \cdot P_{tot} = 0,9 \cdot 8\,W = 7,2\,W$$

$$R_{thGU} = \frac{\vartheta_J - \vartheta_U}{P_{max}} - R_{thJG} = \frac{150\,°C - 50\,°C}{7,2\,W} - 5\,°C/W = 8,9\,°C/W = 8,9\,K/W$$

$\Delta\vartheta = \vartheta_G - \vartheta_U$ lässt sich ermitteln aus der Beziehung

$$P_{tot} = \frac{\vartheta_J - \vartheta_G}{R_{thJG}} = \frac{\vartheta_G - \vartheta_U}{R_{thGU}}$$

$$\vartheta_G - \vartheta_U = \frac{R_{thGU}(\vartheta_J - \vartheta_U)}{R_{thJG} + R_{thGU}} = \frac{8,9\,°C/W \cdot (150\,°C - 50\,°C)}{5\,°C/W + 8,9\,°C/W}$$

Mit $R_{thGU} = 8,9\,°C/W$ und $\Delta\vartheta = 60\,°C$ ergibt sich aus den Kurven für eine Blechstärke von 2 mm eine Kantenlänge $\alpha = 90\,mm$. Dieser Wert muss wegen der waagerechten Anordnung noch mit dem Faktor $\alpha = 1,15$ multipliziert werden, so dass für das Kühlblech eine Kantenlänge von 105 mm vorzusehen ist.

Heute werden für Transistoren auch Feder-Kühlkörper, Finger-Kühlkörper und Rippen-Kühlkörper verwendet.

Feder- und Finger-Kühlkörper werden meistens aus Zinnbronze oder Federmessing, Rippen-Kühlkörper dagegen aus Aluminiumlegierung hergestellt. Rippen-Kühlkörper gibt es sowohl als Einzelstücke wie auch als Meterware. Die Oberfläche ist entweder mattgebeizt oder mattschwarz eloxiert.

Zwischen dem Gehäuse des Transistors und dem Kühlkörper soll ein sehr enger Kontakt bestehen, damit der Wärmewiderstand R_{thGK} möglichst klein wird. Für diesen Wärmewiderstand gelten etwa folgende Werte:

Feder-Kühlkörper: $R_{thGK} \approx 2\,K/W$ bis $5\,K/W$

Finger- und Rippen-Kühlkörper je nach Berührungsfläche: $R_{thGK} \approx 0,5\,K/W$ bis $1\,K/W$

Beispiel für den Transistor BC107: Für den Transistor BC107 werden folgende Werte angegeben: $R_{thJU} = 500\,K/W$; $R_{thJG} = 200\,K/W$; $\vartheta_J = 175\,°C$. Der BC107 soll bei $U_{CE} = 5\,V$ und bei einer Umgebungstemperatur $\vartheta_U = 45\,°C$ betrieben werden.

Welcher Kollektorstrom darf fließen bei
a) Betrieb ohne Kühlkörper
b) Betrieb mit Federkühlkörper mit $R_{thGK} = 5\,K/W$ und $R_{thK} = 60\,K/W$ ohne Wärmeleitpaste?

a)
$$P_V = \frac{\vartheta_J - \vartheta_U}{R_{thJU}} = \frac{175\,°C - 45\,°C}{500\,K/W} = \frac{130\,K}{500\,K/W} = 0,26\,W$$

$$I_C = \frac{P_V}{U_{CE}} = \frac{0,26\,W}{5\,V} = 52\,mA$$

b)
$$P_V = \frac{\vartheta_J - \vartheta_U}{R_{thJG} + R_{thGK} + R_{thK}} = \frac{175\,°C - 45\,°C}{200\,K/W + 5\,K/W + 60\,K/W} = 0,49\,W$$

$$I_C = \frac{P_V}{U_{CE}} = \frac{0,49\,W}{5\,V} = 98\,mA$$

Beispiel am 2N3055: Für den Leistungstransistor 2N3055 werden folgende Werte angegeben: $\vartheta_J = 200\,°C$, $R_{thJC} = 1,5\,K/W$. Der Transistor soll bei einer Umgebungstemperatur $\vartheta_U = 45\,°C$ und einer Verlustleistung $P_v = 30\,W$ betrieben und auf dem Rippen-Kühlkörper nach Abb. 1.20 (Kühlkörper SK28) montiert werden. Durch Verwendung von Wärmeleitpaste ergibt sich dabei ein Wärmewiderstand von $R_{thGK} = 0,25\,K/W$. Aus Sicherheitsgründen soll nicht von $\vartheta_J = 200\,°C$, sondern nur von $\vartheta_J = 175\,°C$ ausgegangen werden. Welche Länge muss der Kühlkörper nach Abb. 1.20 aufweisen, damit die auftretende Wärme abgeführt wird?

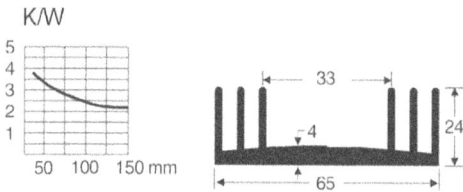

Abb. 1.20: Diagramm und Abmessungen für den Kühlkörper SK28
von $R_{thK} = 1,5\,K/W$ bis $R_{thK} = 3\,K/W$

$$R_{thU} = \frac{\vartheta_J - \vartheta_U}{P_V} = \frac{175\,°C - 45\,°C}{30\,W} = 4,3\,K/W$$

$$R_{thK} = R_{thJU} - R_{thJC} - R_{thJG} = 4,3\,K/W - 1,5\,K/W - 0,25\,K/W = 2,6\,K/W$$

Aus dem Diagramm in Abb. 1.20 lässt sich ablesen, dass der Rippen-Kühlkörper eine Länge von 80 mm aufweisen muss, damit $R_{thK} = 2,6\,K/W$ beträgt.

1.2.5 Berücksichtigung der zulässigen Verlustleistung eines Bauelements im Kennlinienfeld

Die für Bauteile üblichen Kennlinien stellen normalerweise die Abhängigkeit einer Größe (z. B. des Stroms) von einer anderen Größe (z. B. der Spannung) dar. Am gebräuchlichsten ist die Spannungs-Strom-Kennlinie. Sie veranschaulicht, wie sich der durch das betreffende Bauteil fließende Strom verhält, wenn man die anliegende Spannung ändert. Eine solche Kennlinie zeigt damit das Widerstandsverhalten des Bauelements. Sehr einfach ist die Spannungs-Strom-Kennlinie für einen ohmschen Widerstand. Steigert man an einem Widerstand von 10 Ω die angelegte Spannung von 0 bis 10 V, so steigt der Strom von 0 bis 1 A. Die einzelnen Zwischenwerte berechnet man nach dem Ohmschen Gesetz

$$I = \frac{U}{R}$$

und stellt dann die Tabelle 1.1 zusammen.

Tab. 1.1: Spannung und Strom am Widerstand mit R = 10 Ω

U	0	1	2	3	4	5	6	7	8	9	10	V
I	0	0,1	0,2	0,3	0,4	0,5	0,6	0,7	0,8	0,9	1	A

Trägt man die Werte in ein Diagramm ein, ergibt sich die Kennlinie von Abb. 1.21.

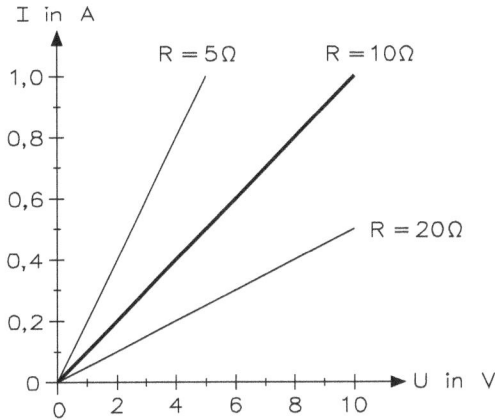

Abb. 1.21: Widerstandskennlinie

Da die Kennlinie geradlinig verläuft, spricht man auch von der linearen Kennlinie eines ohmschen Widerstands. In Abb. 1.21 sind die Werte von 5 Ω und 20 Ω eingezeichnet. Tabelle 1.2 zeigt die Berechnungen für den Widerstand mit R = 5 Ω und Tabelle 1.3 für R = 20 Ω.

Tab. 1.2: Spannung und Strom am Widerstand mit R = 5 Ω

U	0	1	2	3	4	5	6	7	8	9	10	V
I	0	0,2	0,4	0,6	0,8	1,0	1,2	1,4	1,6	1,8	2,0	A

Tab. 1.3: Spannung und Strom am Widerstand mit R = 20 Ω

U	0	1	2	3	4	5	6	7	8	9	10	V
I	0	0,05	0,1	0,15	0,2	0,25	0,3	0,35	0,4	0,45	0,5	A

Aus dem Kennlinienverlauf der drei Widerstände lassen sich folgende Rückschlüsse ziehen: Die Spannungs-Strom-Kennlinie eines ohmschen Widerstands ist linear. Aus der Steigung der Kennlinie kann man auf die Größe des Widerstands schließen. Für einen großen Widerstand ergibt sich eine geringe Steigung (flacher Verlauf), für einen kleinen Widerstand eine große Steigung (steiler Verlauf) der Kennlinie.

Wie kann man nun die zulässige Verlustleistung und damit die Erwärmung des Bauelements im Spannungs-Strom-Diagramm berücksichtigen? Die elektrische Leistung ergibt sich aus dem Produkt Spannung mal Strom. Als Formel geschrieben: $P = U \cdot I$. In einem Spannungs-Strom-Diagramm kann man eine Linie darstellen, die eine bestimmte Leistung – in unserem Fall die zulässige Verlustleistung – kennzeichnet. Wenn nämlich eine bestimmte Leistung gegeben ist, dann gehört zu einem bestimmten Spannungswert ein ganz bestimmter Stromwert. Anders ausgedrückt: Je größer die Spannung wird, desto kleiner muss der Strom werden, damit die Leistung gleichbleibt. Die zugehörigen Werte können mit Hilfe der Leistungsformel

$$I = \frac{P}{U}$$

berechnet werden.

Zur Übung verwendet man das Diagramm mit den Kennlinien der drei Widerstände 5 Ω, 10 Ω und 20 Ω und nehmen an, dass die Widerstände mit höchstens mit $P = 1\,W$ belastbar sind. Für 1 W und Spannungswerte zwischen 0 und 10 V ergibt sich die Tabelle 1.4.

Tab. 1.4: Spannung und Strom am Widerstand mit $R = 5\,\Omega$

U	0	1	2	3	4	5	6	7	8	9	10	V
I	∞	1	0,5	0,33	0,25	0,2	0,167	0,143	0,125	0,111	0,1	A

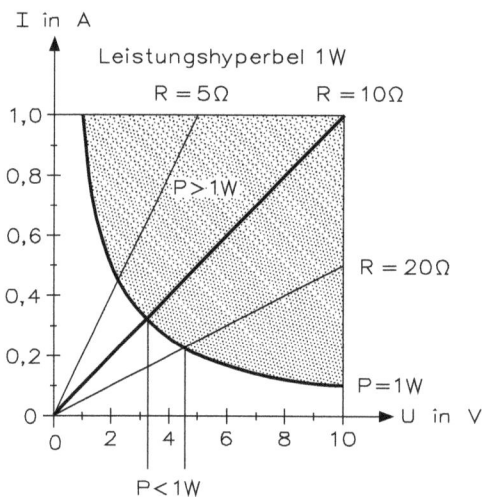

Abb. 1.22: Leistungshyperbel im Widerstands-Kennlinienfeld

Trägt man die zugehörigen Werte der Tabelle in ein Spannungs-Strom-Diagramm und verbinden die Punkte untereinander, so ergibt sich eine Linie in Form einer Hyperbel, d. h. eine Kurve, die zwischen zwei sich schneidenden Geraden – in unserem Fall die Spannungsachse und die Stromachse – verläuft und sich diesen Geraden im Unendlichen nähert. Man spricht daher auch von der Leistungshyperbel. Die Leistungshyperbel im sogenannten Kennlinienfeld macht uns die Einhaltung der zulässigen Verlustleistung sehr einfach. Für alle Punkte des Kennlinienfelds, die unterhalb der Leistungshyperbel für die Verlustleistung liegen, ist die Leistung kleiner als die zulässige Leistung. Dagegen ist die Leistung für alle Punkte oberhalb der Leistungshyperbel zu groß. Das Diagramm von Tabelle 1.4 ist in Abb. 1.22 gezeigt.

Aus dem Widerstands-Kennlinienfeld mit Leistungshyperbel sind jetzt sehr schnell und einfach die Grenzwerte abzulesen. Damit die an den Widerständen wirksame Leistung nicht größer als 1 Watt wird, darf die anliegende Spannung für den

5-Ω-Widerstand   2,23 Volt,

10-Ω-Widerstand   3,16 Volt

20-Ω-Widerstand   4,47 Volt

nicht überschreiten.

Genauso wie mit den Kennlinien für Widerstände wird mit den Kennlinien der Halbleiterbauelemente verfahren und in das jeweilige Kennlinienfeld auch die Leistungshyperbel eingetragen und damit sichergestellt, dass die für das Bauelement zulässige Verlustleistung nicht überschritten wird.

2 Einschichthalbleiter-Bauelemente

Bauelemente aus Einschichthalbleiter sind der NTC-, PTC- und VDR-Widerstand, Temperatursensoren, Dehnungsmessstreifen, Hall- oder Feldplatte und Fotowiderstand.

2.1 Spezifischer Widerstand und Temperaturkoeffizient

Widerstände werden in der Elektronik zur Strombegrenzung oder Spannungsaufteilung eingesetzt. Die Größe des Widerstandswertes ist abhängig vom Material, den Abmessungen und der Temperatur. Tabelle 2.1 zeigt den spezifischen Widerstand ϱ (rho) und den Temperaturkoeffizienten α (alpha).

Tab. 2.1: Spezifischer Widerstand ϱ und Temperaturkoeffizient α

	Material	ρ in $\dfrac{\Omega \cdot \text{mm}^2}{\text{m}}$	α in $\dfrac{1}{\text{K}}$ oder K^{-1}
Metalle	Aluminium	0,0278	0,0038
	Blei	0,21	0,0039
	Eisen	0,13	0,0046
	Gold	0,024	0,004
	Kupfer	0,0178	0,004
	Nickel	0,087	0,004
	Platin	0,108	0,0039
	Quecksilber	0,958	0,00092
	Silber	0,0163	0,0038
	Titan	0,8	0,0055
	Wolfram	0,055	0,0041
	Zink	0,0625	0,0042
	Zinn	0,11	0,0046
Legierungen	Konstantan	0,5	0,000005
	Manganin	0,43	0,000004
	Nickelin	0,4	0,0002
Kohle/Graphit	Graphit	8	−0,0002
	Kohle	40	−0,0003
Schichtwiderstände	Kohleschicht bis $10\,\text{k}\Omega$		−0,0003
	Kohleschicht bis $10\,\text{M}\Omega$		−0,002
	Metallschicht		±0,00005
	Metalloxidschicht		±0,0003

Die ohmschen Widerstände sind temperaturabhängig. Ihre Abhängigkeit wird durch den Temperaturkoeffizienten α gekennzeichnet. Der Temperaturkoeffizient gibt an, um wieviel Ohm ein Widerstand von 1 Ohm bei 1 Grad Temperaturänderung größer oder kleiner wird. Ein Widerstand mit einem positiven Temperaturkoeffizienten, wenn das Bauelement ein PTC-Verhalten hat, bewirkt eine Erhöhung des Widerstandswertes, während ein Widerstand mit negativem Temperaturkoeffizient (NTC-Verhalten) seinen Widerstandswert verringert. Die Maßeinheit ist $1/K$ oder K^{-1} (K = Kelvin). Kelvin ist nach dem heute gültigen Maßeinheitensystem die Maßeinheit für die Temperatur. 0 K entspricht dem absoluten Nullpunkt und es gilt folgende Temperaturumrechnung:

$\quad$ 0 K $\,\hat{=}\,$ $-273\,°C$ absoluter Nullpunkt

273 K $\,\hat{=}\,$ $\quad$ 0 °C

293 K $\,\hat{=}\,$ $\quad$ 20 °C Zimmertemperatur (Bezugstemperatur)

Nach der Gesetzmäßigkeit sind Temperaturdifferenzen auf der Kelvinskala und der Celsiusskala identisch.

Der Temperaturkoeffizient ist außer vom Material des Widerstands auch von der Temperatur und bei Kohlschichtwiderständen zusätzlich vom Widerstandswert abhängig. In Tabellen findet man den Temperaturkoeffizient meistens für die Zimmertemperatur bei 20 °C oder 293 K.

Der Widerstandswert R_T eines Leiters bei einer anderen Temperatur als der Bezugstemperatur von 20 °C ergibt sich aus den nachfolgenden Formeln:

$$R_T = R_{20} + \Delta R$$
$$\quad\;\; = R_{20} + R_{20} \cdot \alpha \cdot \Delta\vartheta$$
$$\quad\;\; = R_{20}(1 + \alpha \cdot \Delta\vartheta)$$

$R_T \;\;$ = Widerstandswert bei T in Ω

R_{20} = Widerstandswert bei 20 °C in Ω

ΔR = Widerstandsdifferenz in K^{-1}

$\alpha \;\;\;$ = Temperaturkoeffizient in K^{-1}

$\Delta\vartheta$ = Temperaturdifferenz in K oder °C

Beispiel: Ein Kohleschichtwiderstand mit einem Temperaturkoeffizienten von $\alpha = -0{,}0003$ K^{-1} hat bei Raumtemperatur einen Wert von $10\,k\Omega$. Wie ändert sich dieser Wert bei 100 °C?

$$R_T = R_{20}(1 + \alpha \cdot \Delta\vartheta)$$
$$\quad\;\; = 10\,k\Omega(1 + (-0{,}0003\,K^{-1} \cdot 80\,K)$$
$$\quad\;\; = 9{,}76\,k\Omega$$

In einer Reihenschaltung mit zwei Widerständen und unterschiedlichen Temperaturbeiwerten kann der Gesamttemperaturbeiwert errechnet werden

$$\alpha = \frac{\alpha_1 \cdot R_1 + \alpha_2 \cdot R_2}{R_1 + R_2}$$

$\alpha \qquad$ = Gesamttemperaturbeiwert in K^{-1}

α_1, α_2 = Temperaturbeiwerte in K^{-1}

R_1, R_2 = Einzelwiderstände in Ω

Beispiel: Eine Reihenschaltung besteht aus $R_1 = 1\,k\Omega$, $\alpha_1 = 0,004\,K^{-1}$, $R_2 = 2\,k\Omega$, $\alpha_2 = 0,02\,K^{-1}$. Wie groß ist der Gesamttemperaturbeiwert α in K^{-1}?

$$\alpha = \frac{\alpha_1 \cdot R_1 + \alpha_2 \cdot R_2}{R_1 + R_2} = \frac{0,004\,K^{-1} \cdot 1\,k\Omega + 0,02\,K^{-1} \cdot 2\,k\Omega}{1\,k\Omega + 2\,k\Omega} = 0,0147\,K^{-1}$$

Die Parallelschaltung von zwei Widerständen mit unterschiedlichen Temperaturbeiwerten kann mit der Formel gelöst werden.

$$\alpha = R\frac{\alpha_1 \cdot R_2 + \alpha_2 \cdot R_1}{R_1 \cdot R_2}$$

α = Gesamttemperaturbeiwert in K^{-1}

R = Gesamtwiderstand in Ω

α_1, α_2 = Temperaturbeiwerte in K^{-1}

R_1, R_2 = Einzelwiderstände in Ω

Beispiel: $R_1 = 1\,k\Omega$, $\alpha_1 = 0,004\,K^{-1}$, $R_2 = 2\,k\Omega$, $\alpha_2 = 0,02\,K^{-1}$, $\alpha = ?$

$$R = \frac{R_1 \cdot R_2}{R_1 + R_2} = \frac{1\,k\Omega \cdot 2\,k\Omega}{1\,k\Omega + 2\,k\Omega} = 667\,\Omega$$

$$\alpha = R\frac{\alpha_1 \cdot R_2 + \alpha_2 \cdot R_1}{R_1 \cdot R_2}$$

$$= 667\,\Omega \cdot \frac{0,004\,K^{-1} \cdot 2\,k\Omega + 0,02\,K^{-1} \cdot 1\,k\Omega}{1\,k\Omega \cdot 2\,k\Omega} = 0,0093\,K^{-1}$$

2.2   NTC-Widerstände (Heißleiter/Thermistoren)

NTC-Widerstände verringern ihren Widerstand mit zunehmender Temperatur und der Widerstands-Temperaturbeiwert α ist also negativ. Die Bezeichnung „NTC-Widerstand" ist aus dem Begriff negativer Temperaturkoeffizient abgeleitet. Der NTC-Widerstand besteht also aus einem Stoff, der im heißen Zustand besser leitet als im kalten, und er führt aus diesem Grund häufig auch die Bezeichnung „Heißleiter" oder „Thermistor". Man könnte nun einfach Germanium oder Silizium als Widerstandsmaterial für Heißleiter verwenden, da sie ja als Halbleiterstoffe einen negativen Temperaturbeiwert, also Heißleitereigenschaften, besitzen. Dem stehen aber zwei Umstände entgegen: Erstens sind Halbleiterstoffe sehr teuer und zweitens können sie wegen ihrer großen Härte und Sprödigkeit nur sehr schwierig zu größeren Bauelementen verarbeitet werden. Daher finden zur Herstellung von Heißleitern Stoffe Verwendung, die preiswerter sind und sich leichter verarbeiten lassen. Hierzu gehören Magnesiumoxid, Titanoxid, oder Magnesium-Nickel-Oxid, und sie werden meistens zur Formgebung gesintert.

NTC-Widerstände (Negativer Temperatur-Koeffizient) sind Bauelemente, bei denen mit steigender Temperatur der Widerstand abnimmt, weshalb diese auch als Heißleiter bezeichnet werden. Bei den NTC-Widerständen erhöht sich mit steigender Temperatur die Zahl der freien

Ladungsträger, wodurch die Leitfähigkeit zunimmt bzw. der Innenwiderstand abnimmt. Heißleiter sind Widerstände mit hohen negativen Temperaturkoeffizienten (3 bis 6 % K^{-1}), und deshalb setzt man diese Bauelemente als Temperatursensoren in der Praxis ein.

Das Diagramm von Abb. 2.1 zeigt die Kennlinie eines NTC-Widerstands mit dem Schaltsymbol. Die beiden gegenläufigen Pfeile definieren die Arbeitsweise eines NTC-Verhaltens, denn mit zunehmender Temperatur wird der Widerstandswert geringer.

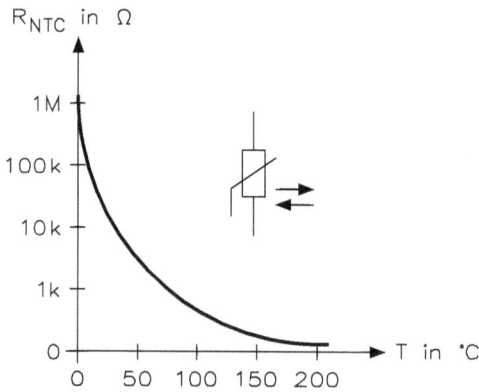

Abb. 2.1: Kennlinie und Schaltsymbol eines NTC-Widerstands

Da man die temperaturabhängige Widerstandsänderung nicht direkt, sondern nur über eine Messspannung auswerten kann, wird man, um eine hohe Messspannung zu erzielen, möglichst hochohmige NTC-Typen bevorzugen. Die erzielbare Messspannung ist umso höher, je größer die Spannung am Heißleiter und je höher seine Belastbarkeit ist. Die Eigenbelastung des NTC-Widerstands erwärmt das Bauelement und verfälscht damit die eigentliche Messtemperatur. Deshalb sollte man die Eigenbelastung nicht zu hoch wählen. Der Wärmeleitwert G_{th} in mW/K gibt an, welche Eigenbelastung den Heißleiter um 1 K erwärmt.

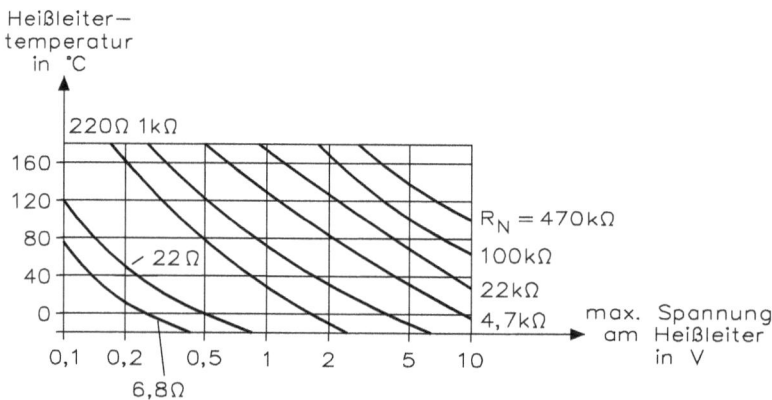

Abb. 2.2: Zulässige Spannung an Heißleitern des Typs K164 mit unterschiedlichen Nennwiderständen R_N bei konstanter Belastung mit $P_{NTC} = 5$ mW

Dieser spezielle Wert ist immer im Datenblatt angegeben. Abb. 2.2 zeigt beispielsweise die Kurven für einen Heißleiter des Typs K164 bei einer Eigenbelastung von 5 mW und der zulässigen Spannung am Bauteil. Man erkennt die großen Unterschiede bei den verschiedenen Nennwiderstandswerten. Die von einem Heißleiter erzielbare Messspannung ist natürlich umso höher, je größer man die angelegte Betriebsspannung wählt.

In der klassischen Messtechnik betreibt man einen NTC-Widerstand in einer Messbrücke, wie die Schaltung von Abb. 2.3 zeigt. Die Temperatur-Messbrücke wird durch den Einsteller R_4 auf 20 °C abgeglichen. Bei der Bezugstemperatur tritt dann zwischen den beiden Punkten a und b keine Spannungsdifferenz auf. Wenn die Umgebungstemperatur steigt, wird der Heißleiter niederohmiger, und die Spannung am Punkt a verringert sich. Es entsteht eine Differenzspannung, die das Messgerät anzeigt. Verringert sich dagegen die Umgebungstemperatur, vergrößert der Heißleiter seinen Widerstandswert und die Spannung am Punkt b steigt an. Die Skala im Messinstrument lässt sich direkt in °C beschriften und man erhält eine analoge Temperaturanzeige, die im Bereich von 0 °C bis 100 °C sehr linear und damit genau arbeitet.

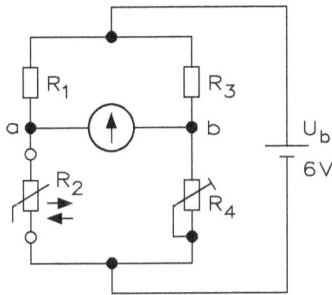

Abb. 2.3: Temperatur-Messbrücke mit NTC-Widerstand

Der NTC-Widerstand hat bei der Umgebungstemperatur von 20 °C einen Widerstandswert von $R_{20} = 50\,\text{k}\Omega$ und $R_{80} = 2\,\text{k}\Omega$. Wie groß ist die Temperaturdifferenz in Abb. 2.3, wenn $R_1 = R_3 = R_4 = 10\,\text{k}\Omega$ ist?

$$\frac{R_1}{R_2} = \frac{R_3}{R_4}$$

Bei einer Betriebsspannung von $U_b = 6\,\text{V}$ beträgt die Spannung am Punkt b gemessene 3 V. Die Spannung am Punkt a beträgt:

$$U_a = U_e \frac{R_2}{R_1 + R_2} \qquad U_{a20} = U_e \frac{R_{20}}{R_1 + R_{20}} = 6\,\text{V}\,\frac{50\,\text{k}\Omega}{10\,\text{k}\Omega + 50\,\text{k}\Omega} = 5\,\text{V}$$

$$U_{a80} = U_e \frac{R_{80}}{R_1 + R_{80}} = 6\,\text{V}\,\frac{2\,\text{k}\Omega}{10\,\text{k}\Omega + 2\,\text{k}\Omega} = 1\,\text{V}$$

Die Spannungsdifferenz ΔU beträgt bei 20 °C errechnete 2 V und bei 80 °C errechnete -2 V, bezogen auf den Punkt b.

Heißleiter werden aus Eisen-, Nickel- und Kobaltoxiden hergestellt, denen man zur Erhöhung der mechanischen Stabilität noch andere Oxide zusetzt. Die Oxidmasse lässt sich zusammen

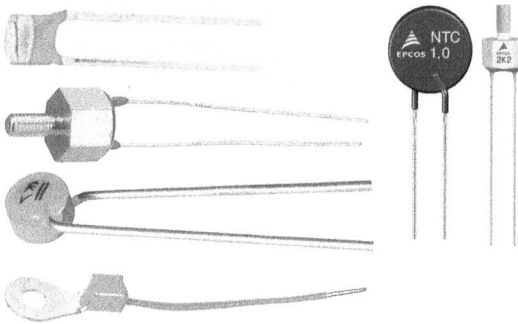

Abb. 2.4: Handelsübliche Bauformen von Heißleitern

mit plastischen Bindemitteln bei hohen Temperaturen und unter hohem Druck zusammenpressen und sintern. Bei Heißleitern kennt man zahlreiche Bauformen, wie Abb. 2.4 zeigt.

Zur Fertigung von Heißleitern sind spezielle Rohmaterialien erforderlich. Diese Metalloxide werden zu einer pulvrigen Masse aufbereitet, mit einem Bindemittel vermischt, in Scheiben oder in andere Formen unter einem Druck von einigen Tonnen pro cm² hydraulisch gepresst und anschließend gesintert. Die fertigen Heißleiter werden dann vermessen und auf enge Toleranzen selektiert. Dabei sind zwei Parameter wichtig:

- Der R_{20}-Wert mit entsprechenden Toleranzen
- der B-Wert mit seiner spezifischen Toleranz

Es genügt also nicht, den Widerstand bei 20 °C zu messen. Einen weit stärkeren Einfluss übt die Toleranz des B-Wertes auf die Genauigkeit des Sensors aus. Der B-Wert ist ein Maß für die Temperaturabhängigkeit des Heißleiters. Beim Heißleiter wird der B-Wert gemäß DIN 44 070 immer auf zwei Messtemperaturen bei 20 °C und 85 °C bezogen. Hieraus ergibt sich also die Steilheit der Kennlinie. Je größer der $B_{20/85}$-Wert ist, gemessen in Kelvin (K), desto empfindlicher ist der Sensor, ausgedrückt im negativen Temperaturkoeffizienten

$$\alpha_R = \frac{B}{\vartheta} \qquad \text{in } \% \text{ K}^{-1}$$

Geht man von einer B-Wert-Toleranz von 5 % aus, wie bei der herkömmlichen Presstechnologie üblich, und selektiert man den Sensor bei 20 °C auf eine R-Toleranz von ebenfalls ±5 %, ergibt sich z. B. bei 85 °C eine Gesamttoleranz von bereits ±17 %.

Zusätzlich bringt das Driftverhalten von Heißleitern unter thermischen Wechselbedingungen recht unterschiedliche Probleme mit sich. Ein Beispiel soll verdeutlichen, welche Veränderungen hier auftreten können. Untersucht wurde ein bereits vorgealterter Standard-Scheibenheißleiter (5 mm ø) mit einer R_{20}-Toleranz und einer B-Wert-Toleranz von je ±5 %. Unter verschiedenen Bedingungen ergeben sich die folgenden Widerstandsänderungen ($\Delta R_{20}/R_{20}$):

- Trockene Hitze (+125 °C, 1000 h)   −2,5 %
- Feuchte Wärme (+40 °C, 95 % relative Luftfeuchte)   −1,5 %
- Temperaturwechsel (+25 °C/+125 °C, 50 Zyklen)   −0,8 %

Die Kennlinie verschiebt sich durch das Driftverhalten deutlich. Dadurch kann sich die Anfangstoleranz (z. B. ±5 %) bereits nach relativ kurzem Betrieb so stark verschlechtern, dass der sich daraus ergebende Messfehler für viele Applikationen, vor allem im Automobilbereich und der Haushalts- und Industrieelektronik, nicht mehr akzeptabel ist.

Bei der Entwicklung der Temperatursensoren wurden deshalb folgende Ziele gesetzt:

- Optimierung der Zusammensetzung der Keramikmasse, so dass sich die B-Wert-Toleranz auf weit unter 5 % reduziert und damit die Messgenauigkeit über den gesamten Temperaturbereich wesentlich verringert wird
- bessere Einhaltung und Reproduzierbarkeit der Nominalkennlinie $R = f(\vartheta)$ in der Serienproduktion
- hohe Langzeitstabilität
- kleine Abmessungen, um kurze Reaktionszeiten zu erreichen

Um diese Forderungen erfüllen zu können, müssen die Grundvoraussetzungen bereits bei der Zusammensetzung der Keramikmasse geschaffen werden. Nur ganz bestimmte Verbindungen lassen sich deshalb zur Herstellung verwenden. Hierzu zählen reinste Metalloxide bzw. oxidische Mischkristalle mit einem gemeinsamen Sauerstoffgitter.

Zum Teil werden noch stabilisierende Eisenoxide beigegeben, die relativ unanfällig gegenüber Temperaturschwankungen während des Fertigungsprozesses (Sinterns) sind. Hiermit lassen sich gut reproduzierbare und stabile elektrische Daten erreichen, so dass sich für jeden Heißleiter mit z. B. einem bestimmten R_{20}-Wert auch bei großen Stückzahlen nahezu identische Widerstands- bzw. Temperaturkennlinien ergeben.

Heißleiter weisen einen stark nicht linearen Widerstandsverlauf auf. Benötigt man zur Temperaturerfassung eines bestimmten Temperaturbereichs einen möglichst linearen Verlauf, z. B. für eine Skala, so lässt sich mit einem Reihen- und/oder einem Parallelwiderstand eine gute Linearität erzielen. Je nach Anforderung an die Linearität sollte der zu erfassende Temperaturbereich 50 K bis 100 K nicht überschreiten.

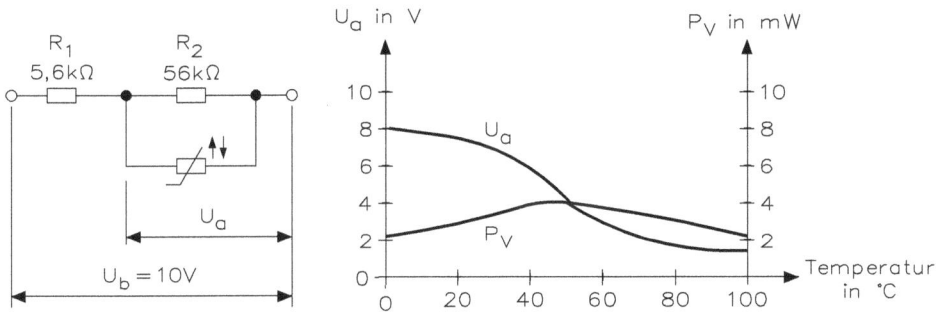

Abb. 2.5: Linearisierung eines Heißleiters durch eine zusätzliche Widerstandsbeschaltung. Das Diagramm zeigt den linearisierten Verlauf der Spannung am Heißleiter und die Verlustleistung

Einen guten Messspannungsverlauf erhält man, wenn der Reihenwiderstand R_1 in der Schaltung von Abb. 2.5 genau so hoch ist, wie der Heißleiterwiderstand R_T in der Mitte des zu linearisierenden Temperaturbereichs. Der dem Heißleiter parallel liegende Widerstand R_2 muss 10mal so hoch sein. In Abb. 2.5 ist auch das Diagramm der Widerstandskompensation für den Heißleiter dargestellt.

Ähnlich wie bei der Verwendung als Anlasswiderstand kann man Heißleiter (und auch Kaltleiter) benutzen, um den Stromanstieg und -abfall in Relaisstromkreisen und damit das Ansprechen oder Abfallen von Relais zu verzögern. Man erzielt dabei bedeutend längere und in weiten Grenzen einstellbare Zeiten als mit sonstigen Mitteln. In solchen Schaltungen ist die thermische Zeitkonstante des Heißleiters zu beachten. Der Heißleiter muss genügend Zeit zum Abkühlen haben, bevor er eine neue Verzögerung bewirken kann.

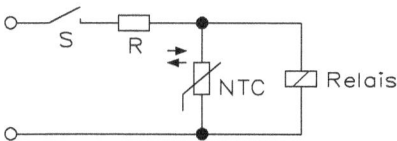

Abb. 2.6: Abfallverzögerung eines Relais

Abb. 2.6 zeigt eine Anordnung, um ein Relais eine bestimmte Zeit nach dem Einschalten selbsttätig wieder abfallen zu lassen. Nach dem Einschalten des Schalters S zieht das Relais zunächst an. Dann erwärmt sich jedoch langsam der NTC-Widerstand und sein Widerstandswert nimmt ab. Dieser niedrige Widerstand schließt die Relaisspule kurz, und das Relais fällt ab. Abb. 2.7 zeigt ein Spannungs-Strom-Diagramm eines NTC-Widerstands.

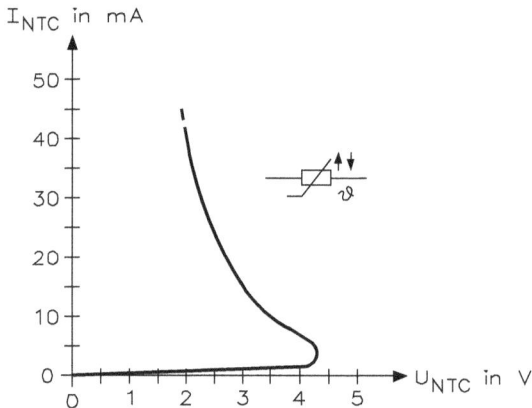

Abb. 2.7: Spannungs-Strom-Diagramm eines NTC-Widerstands

Die Spulen von Messinstrumenten (z. B. Zeigerinstrument mit eingebautem Drehspulmesswerk) werden aus dünnem Kupferdraht gewickelt, und der Temperaturbeiwert für Kupfer ist positiv. Wird das Messinstrument bei unterschiedlichen Umgebungstemperaturen verwendet, so ändert sich der Innenwiderstand des Messwerks und damit die Anzeigegenauigkeit. Eine Temperaturänderung um 3 °C hat bereits eine Widerstandsänderung von mehr als 1 % bei der Kupferdrahtspule zur Folge. Vor allem in Messinstrumenten der Güteklassen 0,1 bis 0,5 schaltet man daher zur Temperaturkompensation NTC-Widerstände ein und gleicht damit die Widerstandsänderungen der Kupferwicklung aus. Da aber NTC-Widerstände viel stärker temperaturabhängig sind als metallische Leiter, muss man die Widerstandsänderung der NTC-Widerstände durch Parallelschalten von Nebenwiderständen eingrenzen!

NTC-Widerstände werden als Kompensations-Heißleiter verwendet und dienen auch zur Stabilisierung von Transistorschaltungen.

Als weitere Anwendungsmöglichkeit bieten sich Heißleiter zur Unterdrückung von Einschaltstromstößen oder zur Anzugs- bzw. Abfallverzögerung von Relais an. Speziell für diese Zwecke hergestellte NTC-Widerstände werden als Anlass-Heißleiter bezeichnet.

Schaltet man Stromkreise mit Glühlampen, Elektronenröhren oder Motoren, so ist der Einschaltstromstoß im Verhältnis zur Betriebsstromstärke sehr groß. Dabei können vorgeschaltete, auf die Nennstromstärke abgestimmte Sicherungen auslösen oder Netzspannungsschwankungen auftreten. Schaltet man in diese Stromkreise NTC-Widerstände mit kurzer Erwärmungszeit, so wird der Einschaltstromstoß wegen ihres hohen Kaltwiderstands stark herabgesetzt. Soll der Heißleiter nicht im Stromkreis belassen werden, so kann man ihn nach dem Einschalten des Stromkreises überbrücken. Glühlampen hoher Leistungsaufnahme werden teilweise mit eingebautem Heißleiter geliefert.

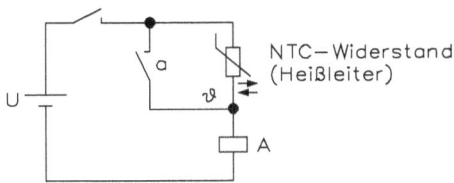

Abb. 2.8: Anzugsverzögerung von Relais

Größere Verzögerungen der Anzugs- oder Abfallzeit eines Relais lassen sich mit den üblichen Mitteln, wie Kurzschlusswicklungen oder Kondensatoren, nur schwierig und aufwendig verwirklichen. Man geht daher in zunehmendem Maße dazu über, eine Verzögerung mit einem NTC-Widerstand zu bewirken, wie Abb. 2.8 zeigt. Wird der Relaisstromkreis in neben NTC-Widerstand stehender Schaltung geschlossen, so erhält das Relais wegen des hohen Kaltwiderstands zunächst Fehlstrom. Erst nachdem sich der Heißleiter erwärmt hat, steigt der Strom und das Relais zieht an. Der Heißleiter wird meistens durch einen Arbeitskontakt des Relais überbrückt, damit er sich bis zum nächsten Einschaltvorgang abkühlen kann.

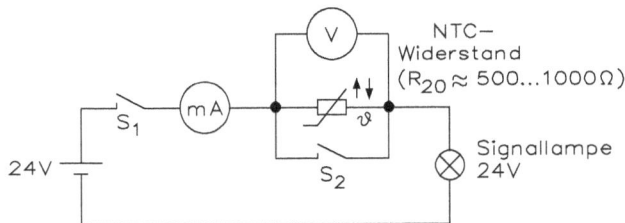

Abb. 2.9: Einschaltverzögerung einer Signallampe durch einen NTC-Widerstand

Das Verhalten eines NTC-Widerstands als Anlass-Heißleiter wird durch folgenden Versuch von Abb. 2.9 veranschaulicht: In einem Stromkreis werden ein NTC-Widerstand und eine Glühlampe hintereinander geschaltet. Der Kaltwiderstand R_{20} des Heißleiters sollte etwa gleich dem Widerstand der Glühlampe im Betriebszustand sein. Der Heißleiter kann durch einen Schalter überbrückt werden. Wird bei geschlossenem Schalter S_2 der Schalter S_1 geschlossen, so leuchtet die Lampe schnell auf. Wird der Schalter S_2 geschlossen, so dauert es einige Zeit, bis die Lampe aufleuchtet. Am eingeschalteten Strommesser kann man das Ansteigen des Stroms, am Voltmeter das Zurückgehen des Spannungsfalls am NTC-Widerstand verfolgen.

Für die Temperaturmessung mit Hilfe von Heißleitern dient die gleiche Anordnung, wie sie bereits dargestellt wurde, ein NCT-Widerstand in Reihe mit einem Amperemeter. Das Amperemeter hat eine Skala in °C. Man benutzt solche Anordnungen beispielsweise zum Anzeigen der Kühlwassertemperatur im Auto. Das Heißleiterelement befindet sich dabei im Kühlwasserkreis und als Spannungsquelle dient die Autobatterie. Bei richtiger Bemessung der Schaltung werden dann die kritischen Kühlwassertemperaturen von 90 °C bis 100 °C sehr genau angezeigt. Der Anfangsbereich dieses elektronischen Thermometers lässt sich dagegen durch geeignete Bemessung der Schaltung zusammendrücken.

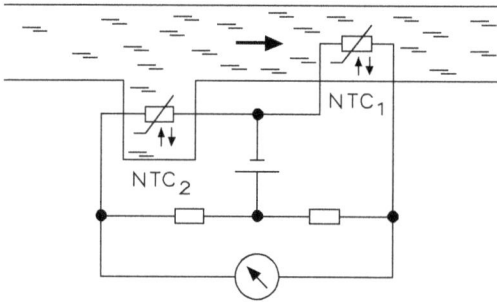

Abb. 2.10: Messbrücke mit zwei NTC-Widerständen zum Messen der Strömungsgeschwindigkeit einer Flüssigkeit

Abb. 2.10 zeigt ein interessantes Prinzip der Anwendung von Heißleitern zum Messen der Strömungsgeschwindigkeit von Flüssigkeiten und Gasen. Der Heißleiter NTC1 liegt direkt im Flüssigkeitsstrom. Seine Stromwärme wird dadurch umso schneller abgeführt, je schneller die Flüssigkeit fließt. Der Heißleiter NTC2 liegt als weiterer Zweig der Brückenschaltung in der gleichen Flüssigkeit, jedoch außerhalb der Strömung. Die Verstimmung der Brücke ist dann ein Maß für die Strömungsgeschwindigkeit. Man ordnet hier beide Heißleiter in der Flüssigkeit an, damit die Temperatur der Flüssigkeit selbst nicht nur den einen Brückenzweig beeinflusst, denn dies würde einen Fehler ergeben. In Abb. 2.10 dagegen heben sich diese Einflüsse auf. Die Heißleiter sprechen nur auf Temperaturunterschiede infolge der verschiedenen Abkühlung an.

2.3 PTC-Widerstände (Kaltleiter)

Grundsätzlich zählen die aus reinen Metallen bestehenden Leiter, wie Kupfer, Aluminium, Silber, Wolfram usw., zu den PTC-Widerständen. Sie leiten bekanntlich im kalten Zustand besser, da ihr Widerstand sich mit zunehmender Temperatur vergrößert. Der Temperatureinfluss auf das Widerstandsverhalten der rein metallischen Leiter ist jedoch verhältnismäßig gering und beträgt im Mittel $+0{,}004\,°C^{-1}$, also $0{,}4\,\%$ je Grad Temperaturänderung. Man hat durch Untersuchungen festgestellt, dass Stoffe, wie z. B. Bariumtitanat, eine erheblich stärkere temperaturabhängige Widerstandsänderung aufweist. Der Temperaturbeiwert beträgt hier etwa bis zu $+0{,}1\,°C^{-1}$, also bis zu $10\,\%$ je Grad Temperaturänderung. Früher wurden PTC-Widerstände in Form von Glühlampen mit Metallwendel, heute fast ausschließlich auf Bariumtitanat-Basis in Stab-, Scheiben- oder Kugelform hergestellt. Die Bezeichnung PTC ist aus dem Begriff „positiver Temperatur-Coeffizient" abgeleitet. Abb. 2.11 zeigt einige Bauformen für PTC-Widerstände.

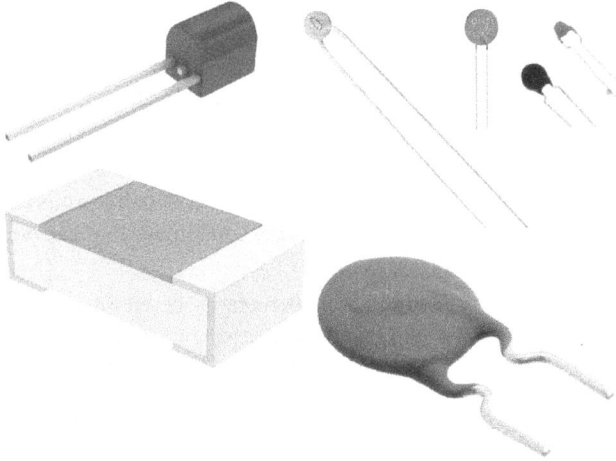

Abb. 2.11: Bauformen von PTC-Widerständen

Der Kaltwiderstand handelsüblicher PTC-Widerstände beträgt bei $20\,°C$ etwa $10\,\Omega$ bis $1\,k\Omega$. Wird ein PTC-Widerstand von Strom durchflossen, erwärmt er sich infolge der Verlustleistung ($P = I^2 \cdot R$). Dabei nimmt der Widerstand zunächst weniger, mit steigender Erwärmung jedoch erheblich schneller zu und steigt bis zur zulässigen Grenztemperatur auf etwa den 100- bis 1000-fachen Wert des Kaltwiderstands an. Die zulässige Grenztemperatur beträgt zwischen $150\,°C$ bis $200\,°C$.

Das Schaltzeichen für PTC-Widerstände ist in Abb. 2.12 abgebildet und es unterscheidet sich von dem eines Heißleiters lediglich durch die Pfeilrichtung. Gleichgerichtete Pfeile bedeuten hier, dass der Widerstand bei Temperaturerhöhung größer wird.

Die Kennlinie und das Temperatur-Widerstands-Diagramm lassen dieses Verhalten deutlich erkennen. Da bei einer kleinen angelegten Spannung nur eine geringe Verlustwärme erzeugt wird, bleibt der Widerstand des Kaltleiters zunächst gering (steiler Verlauf der Kennlinie). Mit

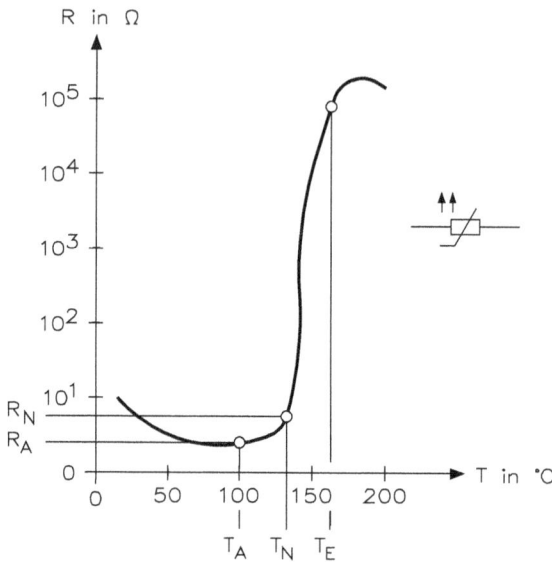

Abb. 2.12: Kennlinie und Schaltsymbol eines PTC-Widerstands

steigender Spannung wird aber der PTC-Widerstand wärmer und vergrößert seinen Wider-
stand. Damit fällt jedoch die Stromstärke. Auch bei PTC-Widerständen stellt sich jeweils ein
Gleichgewichtszustand zwischen erzeugter Verlustwärme und an die Umgebung abgegebener
Wärme ein (stationärer Zustand).

Da PTC-Widerstände teurer als NTC-Widerstände sind und außerdem größeren Fertigungs-
toleranzen unterliegen, werden für elektronische Temperaturregelaufgaben bevorzugt NTC-
Widerstände eingesetzt.

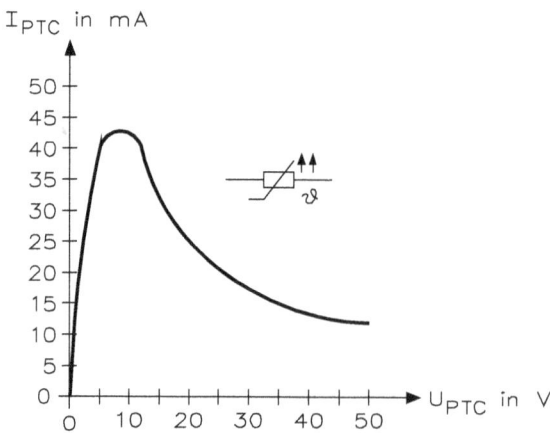

Abb. 2.13: Spannungs-Strom-Diagramm eines PTC-Widerstands

PTC-Widerstände werden überwiegend als sogenannte Temperaturfühler verwendet. Da sie sehr klein herstellbar sind, bereitet ihre Unterbringung keine Schwierigkeiten. Sie sprechen nicht nur auf die Eigenerwärmung (Verlustleistung), sondern ebenso auf eine Fremderwärmung (Umgebungstemperatur) an und können damit als elektronisches Bauelement Mess-, Steuer- und Regelaufgaben übernehmen.

Speziell in der Fernmeldetechnik finden Kaltleiter gewissermaßen als Sicherung oder Überlastungsschutz Verwendung. Soll z. B. ein empfindliches Gerät oder Bauelement vor Überlastung geschützt werden, so schaltet man in Reihe dazu einen Kaltleiter. Steigt jetzt aus irgendeinem Grund der Strom, so vergrößert der Kaltleiter infolge der größeren Verlustwärme seinen Widerstand und setzt damit die Stromstärke im Stromkreis wieder herab. Bisher wurden die älteren Ruf- und Signalgeräte durch Glühlampen vor Überlastung geschützt. Die Lampen übernahmen die Funktion eines PTC-Widerstands. Die Schutzfunktion eines Kaltleiters wird durch folgenden Versuch in Abb. 2.14 deutlich.

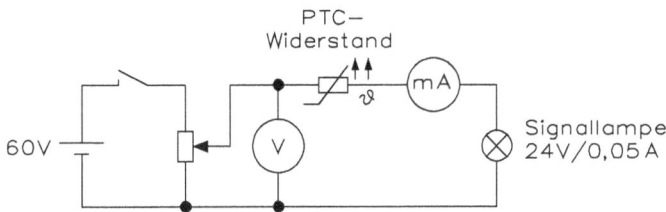

Abb. 2.14: Überlastungsschutz mit Hilfe eines PTC-Widerstands

In Reihe zu einer Signallampe wird ein PTC-Widerstand geschaltet. Die Versorgungsspannung für die Reihenschaltung kann mit einem Potentiometer eingestellt werden. Wird die Spannung mit dem Potentiometer langsam erhöht, so leuchtet die Lampe zunächst auf. Mit zunehmender, langsamer Spannungserhöhung wird ihre Helligkeit geringer, u. U. erlischt sie sogar. Trotz einer für die Lampe zu hohen Spannung wird sie nicht überlastet. Der PTC-Widerstand hat seinen Widerstand stark erhöht und damit den Strom im Lampenstromkreis herabgesetzt. Die größte Teilspannung entfällt in diesem Zustand auf den PTC-Widerstand.

Kaltleiterfühler für den Motor- und Maschinenschutz gibt es als Einzel- und als Drillingsversionen. Erhältlich sind Fühler mit Nennansprechtemperaturen zwischen 60 °C bis 180 °C in Schritten von 10 °C sowie zusätzlich mit Nennansprechtemperaturen von 145 °C bis 155 °C. Alle Versionen erfüllen die geforderte Prüfspannungsfestigkeit von 2,5 kV. Die Keramikpillen sind doppelt isoliert, denn eine Tauchlackumhüllung sowie eine Schrumpfschlauchisolierung ermöglichen die Spannungsfestigkeit nach DIN 44 081 und DIN 44 082 sowie die nötige mechanische Stabilität.

Ein sehr zuverlässiger und wirksamer Schutz für elektrische Maschinen gegen thermische Überlastung lässt sich mit Kaltleitern realisieren, wie Abb. 2.15 zeigt.

Die Motorschutzfühler von Abb. 2.15 werden direkt in die Wicklung eingebracht, so dass die gute Wärmekopplung ein schnelles und zuverlässiges Auswerten einer Fehlfunktion des Motors ermöglicht. Die Ansprechtemperatur wird so gewählt, dass bei Überschreiten der maximal zulässigen Betriebstemperatur des Motors der Kaltleiter sprungartig hochohmig wird. Bei Drehstrommotoren sind drei PTC-Fühler in Reihe geschaltet und die Anschlusslitzen wer-

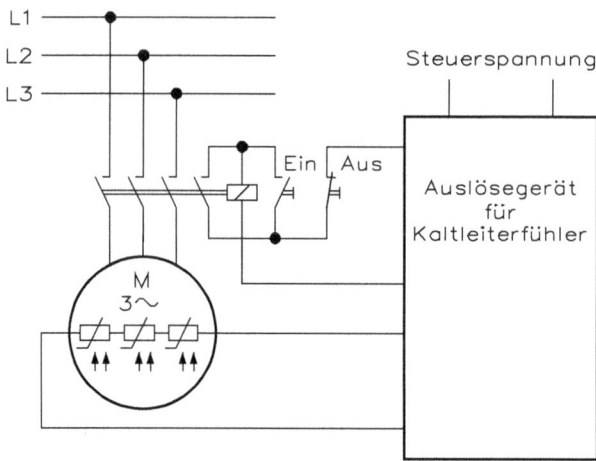

Abb. 2.15: Maschinenschutzfühler für Drehstrommotoren mit PTC-Widerstand

den zum Klemmkasten geführt. Eine angeschlossene Auswerteschaltung trennt den Motor bei thermischer Überlastung durch Abschalten des Motorschützes vom Netz. Durch konstruktive Maßnahmen wird eine hohe Ansprechempfindlichkeit erreicht, die eine einfache Auswerteschaltung ermöglicht.

Mit Kaltleitern lässt sich ein Gerät zuverlässig gegen eine Überlastung schützen. Ein im Störungsfall auftretender Überstrom oder ein Überschreiten der maximal zulässigen Temperatur führt nicht zu einer Zerstörung des Geräts, wenn dieses mit einem passenden Überlastschutz-Kaltleiter versehen ist.

Wird ein Kaltleiter in Reihe mit einem zu schützenden Verbraucher geschaltet, wird die Verlustleistung am Kaltleiter direkt abhängig von der Stromaufnahme des Verbrauchers. Der PTC wird so dimensioniert, dass sich bei einem Nennstrom der Kaltleiter nicht selbstständig erwärmt. Er ist daher bei Nennbetrieb niederohmig, und es liegt nur eine geringe Spannung am Kaltleiter an. In einem Störungsfall erwärmt sich der Kaltleiter über seine Bezugstemperatur hinaus und wird sprungartig hochohmig. Gleichzeitig wird der durch den Verbraucher fließende Strom auf einige mA reduziert und am Kaltleiter fällt fast die gesamte Betriebsspannung der Schaltung ab. Der geringe Reststrom belastet das zu schützende Gerät nicht, reicht jedoch aus, den Kaltleiter hochohmig zu halten. Dieser Zustand bleibt solange erhalten, bis die Spannung abgeschaltet wird und der Kaltleiter abkühlt.

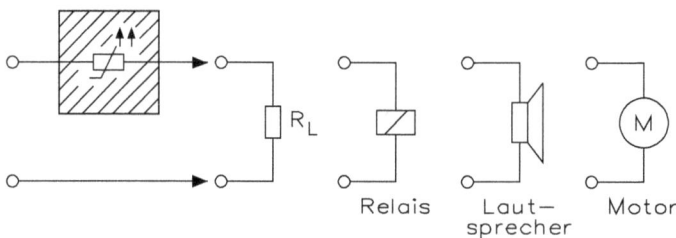

Abb. 2.16: Überstromschutz mittels Kaltleiter

Wie Abb. 2.16 zeigt, lässt sich ein automatischer Kurzschlussschutz oder eine Überstrom-sicherung mit einem PTC-Widerstand auf einfache und wirkungsvolle Weise realisieren. Bei Auftreten eines Überstroms erhitzt sich der Kaltleiter selbsttätig und wird sprungartig um mehrere Zehnerpotenzen hochohmig. Die möglichen Ursachen für das Ansprechen des Kalt-leiters als Schutzelement im Störungsfall können nicht nur Überstrom oder Übertemperatur sein, sondern auch Kombinationen aus unzulässigem Strom und erhöhter Temperatur. Der Kaltleiter ist also ein temperatur- und stromsensibles Schutzbauteil, das effektiv und sicher eine Überlastung eines elektrischen oder elektronischen Geräts ausschließt.

Kaltleiter können aufgrund ihrer spezifischen Widerstands-Temperatur-Charakteristik sehr vorteilhaft als Heizelement verwendet werden. Der positive Verlauf des Temperaturkoeffizi-enten erlaubt es, auf die bei konventionellen Heizsystemen erforderlichen zusätzlichen Ein-richtungen für Regelung und Übertemperatursicherung zu verzichten.

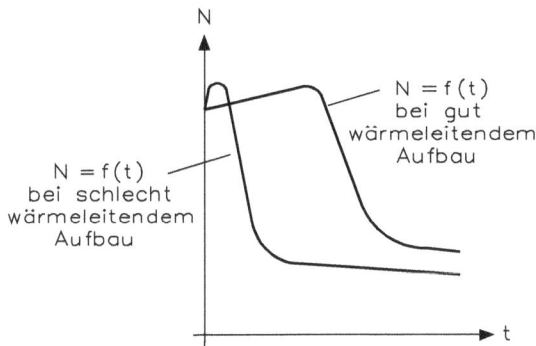

Abb. 2.17: Diagramm für die Kaltleiterleistung N = f(t) in Abhängigkeit der Zeit

Die Kaltleiter werden dabei ohne Vorwiderstand direkt an der zur Verfügung stehenden Span-nung betrieben. Man arbeitet vorzugsweise im niederohmigen Bereich der N/t-Kennlinie von Abb. 2.17, da in diesem Kennlinienbereich besonders hohe Heizleistungen erreicht werden. Um diesen Vorteil zu nutzen, ist es wichtig, Bedingungen für den Kaltleiter zu schaffen, die ihn nicht in den hochohmigen Bereich führen können. Dies wird mit möglichst dünnen Kalt-leitern durch verstärkten Wärmetransport von der Oberfläche sichergestellt. Dazu wird der Kaltleiter zwischen massive wärmeabgebende Körper geklemmt, so dass ein besonders guter Wärmefluss vom Kaltleiter zu der zu beheizenden Umgebung stattfindet. Eine symmetrische Wärmeauskopplung ist dabei besonders vorteilhaft. Einer besonderen Beachtung bedürfen Verarbeitungs- bzw. Einbaumethoden, bei denen man die Kaltleiter zu einer geschlossenen Einheit vergießt.

Bei an Netzspannung betriebenen Kaltleitern treten während des Aufheizens hohe Tempera-turgradienten und zum Teil sehr hohe Betriebstemperaturen auf. In diesen Fällen ist es ratsam, diese nicht zu verlöten, weshalb diese vom Hersteller für die Klemmmontage vorbereitet sind, die auch eine günstige Wärmeauskopplung sicherstellt. Heizkaltleiter können heute für einen weiten Temperaturbereich (bis 360 °C) hergestellt und in unterschiedlichsten Dimensionen geliefert werden, so dass eine Anpassung an den jeweiligen Anwendungsfall leicht möglich ist.

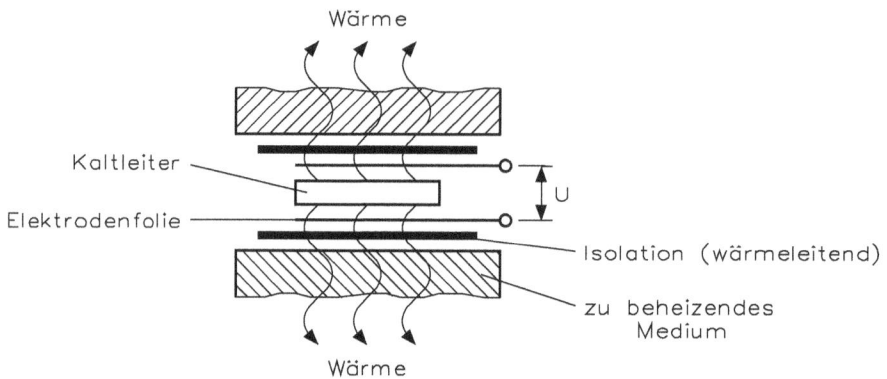

Abb. 2.18: Prinzipaufbau eines PTC-Thermostaten

Die Realisierung eines PTC-Thermostaten ist in Abb. 2.18 gezeigt. Für einen gut wärmeleitenden Aufbau mit symmetrischer Wärmeabgabe ist zu sorgen, damit eine optimale Heizleistung erreicht werden kann.

Zur Beseitigung von Eis und Feuchtigkeit wird in zunehmendem Maße eine Beheizung von Außenspiegeln bei Kraftfahrzeugen gefordert. Bei Beheizung hierzu dienen Kaltleiter, die beim Erreichen der Nenntemperatur die Heizleistung selbsttätig zurückregeln. Wegen der Eigenschaften des Kaltleiters ist keine zusätzliche Regelung nötig. Der Kaltleiter lässt sich mit Hilfe eines Subsystems auf der Rückseite des Spiegels befestigen.

Die konventionellen Düsen für Kfz-Waschanlagen frosten bei kaltem Wetter und verstopfen oder erschweren die notwendige Reinigungsmittelzufuhr. Das Problem lässt sich lösen, indem man einen Heiz-Kaltleiter in den Reinigungsmittelbehälter eintaucht, so dass die Temperatur z. B. über 60 °C gehalten wird. Eine Verbesserung des Systems erreicht man durch direkte Beheizung der Düse mittels eines eingebauten Heizkaltleiters. Der dabei verwendete Kaltleiter ist eine Scheibe mit einer Bezugstemperatur von ca. 100 °C, die eine ausreichende Leistung entwickelt, um die Entfrostung in kurzer Zeit zu gewährleisten.

2.4 Lasergetrimmte Temperatursensoren

Die lasergetrimmten Temperatursensoren arbeiten auf einem $1 \times 1{,}3\,\text{mm}^2$ kleinen Siliziumchip aufgedampften, temperaturempfindlichen, hochohmigen Widerstandsnetzwerk und wurden ursprünglich für die Automobilindustrie entwickelt. Sie erfüllen alle wichtigen Anforderungen bezüglich justagefreiem Einbau, kurzer Ansprechzeit, linearer Ausgangsspannung, hoher Messgenauigkeit, Zuverlässigkeit und Langzeitstabilität, anwendungs- und kundenspezifischer Gehäuse und günstigem Preis. Diese Sensoren findet man auch in allen anderen Bereichen der Technik.

Das Kernstück dieser Sensoren ist ein nur $1 \times 1{,}3\,\text{mm}^2$ großer Siliziumchip mit einem aufgedampften und anschließend fotochemisch geätztem Dünnschicht-Widerstandsnetzwerk. Das Layout für dieses Widerstandsnetzwerk zeigt in der Mitte eine quadratische Spirale, die mit einer Materialdicke von $10\,\mu\text{m}$ den eigentlichen Messfühler bildet. Die vier Bondflächen an

den Ecken ermöglichen eine präzise vierdrahtige Widerstandsmessung während des Laser-
abgleichs und sorgen für redundante Anschlüsse im Gehäuse. Die leiterförmigen Linien des
Layouts sind für den Grob-, Mittel- und Feinabgleich bestimmt und ermöglichen eine auf weniger als 1 Ω genaue Justierung in einem Bereich von 400 Ω. Das verwendete Widerstandsmaterial besteht aus einer Legierung von 80 % Nickel und 20 % Eisen. Diese Legierung besitzt
einen mit Platin vergleichbaren, relativ hohen, positiven Temperaturkoeffizienten, ist aber
wesentlich preisgünstiger.

Die hohe Messempfindlichkeit und der hohe Nennwiderstand von 1 kΩ bei 20 °C ermöglichen
energiesparende Schaltungen und reduzieren die Eigenerwärmung des Fühlers auf einen ver-
nachlässigbar kleinen Wert. Die Messgenauigkeit beträgt bei Raumtemperatur ±0,7 °C und
über den gesamten Messbereich ±2,5 °C. Dank der Lasertrimmung sind die Temperatursensoren ohne jegliche Nacheichung der Folgeschaltung direkt austauschbar. Der Sensorchip
wird zum Schutz gegen Umwelteinflüsse während des Verpackens mit einer aushärtenden
Epoxidschicht bedeckt. Die der Nickel-Eisen-Legierung eigene Magnetfeld-Empfindlichkeit
des Widerstands (Magnetoresistenz) wird durch die spezielle Form der Messfühlerspirale
weitestgehend aufgehoben. Die magnetoresistive Wirkung in dem einen Zweig wird durch
den gegenüberliegenden Parallelzweig ausgeglichen. Bei einer magnetischen Flussdichte von
5 mT (Millitesla) beträgt die Widerstandsänderung somit weniger als 0,1 %, was einem Temperaturfehler von 0,25 °C entspricht.

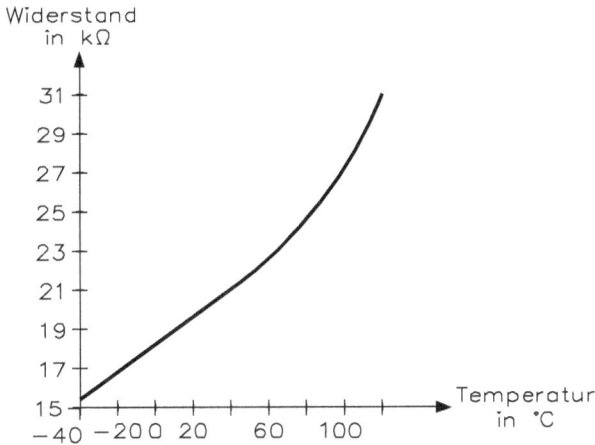

Abb. 2.19: Widerstands-Temperatur-Kennlinie der lasergetrimmten Temperatursensoren

In Abb. 2.19 ist der Verlauf des Widerstands R_t in Abhängigkeit der in °C angegebenen Temperatur ϑ dargestellt. Für 0 °C beträgt der Widerstand $R_0 = 1855\,\Omega$. Für den Widerstandswert
bei beliebigen Temperaturen ϑ gilt allgemein:

$$R_t = R_0(1 + A \cdot \vartheta + B \cdot \vartheta^2)$$

Für alle Sensoren der TD-Serie mit $-40\,°C \leq \vartheta \leq +150\,°C$ gilt:

$$R_t = 1855\,\Omega(1 + 3,83 \cdot 10^3 \vartheta + 4,64 \cdot 10^{-6} \vartheta^2)$$

Somit beträgt der Widerstand im Temperaturbereich von –40 °C bis +150 °C einen Wert von $R = 1584\,\Omega$ bis $3114\,\Omega$.

Die Wahl der optimalen Gehäuseform richtet sich nach der jeweiligen Anwendung. Der TD1A-Temperatursensor ist z. B. auf einem $5,1 \times 5,1\,\text{mm}^2$ großen Keramiksubstrat mit sehr geringer Wärmekapazität befestigt. Die Ansprechzeit beträgt deshalb nur 4 s in bewegter Luft (4 m/s) und 14 s in stiller Luft. Die zwei Anschlussstifte sind steckbar oder auf Leiterplatten montiert und weisen einen Mittenabstand von 2,5 mm auf. Der TD2A-Temperatursensor ist dagegen in einem TO-92-Transistorgehäuse untergebracht. Dieser Sensor spricht mit einer Zeitkonstanten von 9 s in bewegter Luft an und besitzt drei Anschlussstifte mit 1,33 mm Mittenabstand. Der Sensortyp TD3A befindet sich in einem TO-220-Transistorgehäuse. Er wurde speziell zur Messung von Oberflächentemperaturen entwickelt und ist ebenfalls steck- und leiterplattenmontierbar.

Der TD4A ist ein Flüssigkeits-Temperatursensor mit zwei teflonisolierten Anschlussdrähten und einem eloxierten Aluminiumgehäuse mit 38,1 mm langem Außengewinde. Der völlig abgedichtete Sensor lässt sich leicht an der Seitenwand eines Behälters einbauen. In Wasser beträgt die Ansprechzeit nur 5 s.

Der hohe Nennwiderstand, der relativ hohe, positive Temperaturkoeffizient und die lineare Empfindlichkeitskennlinie der Temperatursensoren vereinfachen den Entwurf geeigneter Auswerteschaltungen.

Der Zusammenhang zwischen dem Sensorwiderstand R_t und der Temperatur ϑ verläuft nicht linear, sondern gemäß der Beziehung:

$$R_t = R_0(1 + A \cdot \vartheta + B \cdot \vartheta^2)$$

Nur für kurze Kurvenabschnitte, d. h. für kleine Temperaturbereiche, kann man ein annähernd lineares Verhalten zugrunde legen.

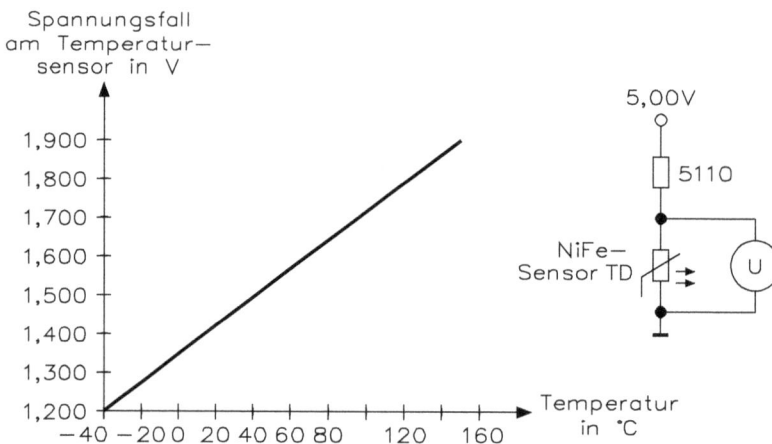

Abb. 2.20: Einfache Linearisierung mit einem Serienwiderstand für eine temperaturproportionale Ausgangsspannung

Eine einfache, aber wirksame Linearisierung der Spannungs-Temperatur-Kennlinie mit einem in Reihe geschalteten Metallschichtwiderstand von $5110\,\Omega$ ist in Abb. 2.20 dargestellt. Bei einer konstanten Betriebsspannung von $+5\,V$ beträgt die Messempfindlichkeit, d. h. eine Spannungsänderung am Temperatursensor, über den gesamten Temperaturbereich von $-40\,°C$ bis $+150\,°C$ genau $386\,mV/°C$. Der Linearitätsfehler dieser Messspannung beträgt über den gesamten Temperaturbereich $\pm0,2\,\%$ des Messbereichs oder $\pm0,4\,°C$. Durch Erhöhung der Betriebsspannung auf $10\,V$ lässt sich die Messempfindlichkeit auf $7,52\,mV/°C$ steigern. Möchte man den Temperatursensor anstelle der Konstantspannung mit Konstantstrom betreiben, so schaltet man den Linearisierungswiderstand von $5110\,\Omega$ parallel zum Sensor. Für einen Konstantstrom von $1\,mA$ ergibt sich dann eine Messempfindlichkeit von $3,84\,mV/°C$.

Abb. 2.21 zeigt verschiedene Bauformen von Temperatursensoren.

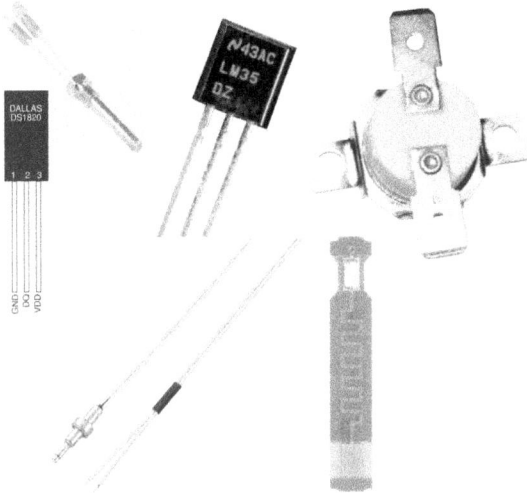

Abb. 2.21: Verschiedene Bauformen von Temperatursensoren

2.5 Varistoren (VDR-Widerstände)

Varistoren sind Halbleiterbauelemente, deren Widerstand richtungsunabhängig mit zunehmender Spannung kleiner wird. Die Bezeichnung ist aus dem englischen Begriff „variable resistor" (veränderlicher Widerstand) entstanden. Daneben findet man sehr häufig die Bezeichnung VDR-Widerstand, abgeleitet aus „voltage dependent resistor" (spannungsabhängiger Widerstand).

Die Varistoren bestehen aus feinkörnigem Siliziumkarbid (SiC), das unter mehr oder weniger hohem Druck zu überwiegend scheibenförmigen Widerstandskörpern zusammengesintert wird. An den Berührungsflächen der nebeneinanderliegenden Siliziumkarbidkörner tritt eine Gleichrichterwirkung auf (PN-Übergang). Da in einem Varistor aber auf kleinstem Raum sehr

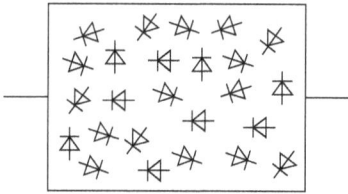

Abb. 2.22: Schematischer Aufbau eines Varistors
(zusammengesetzt aus vielen Dioden mit willkürlicher Lage)

viele Körner nebeneinander und deren Berührungsflächen räumlich ganz willkürlich zueinander liegen, ergibt sich keine eindeutige Sperr- oder Durchlassrichtung. Man kann sich einen Varistor etwa so vorstellen, wie es die Abb. 2.22 zeigt.

Legt man an ein solches Bauelement eine Spannung bestimmter Richtung, so kann der Strom nur über die Kette der zufällig in Durchlassrichtung liegenden Diodenstrecken fließen. Man weiß aber von einem PN-Übergang, dass über ihn in Durchlassrichtung erst ein Strom fließt, wenn die angelegte Spannung größer als die Diffusionsspannung ist. Da im Varistor eine Vielzahl von PN-Übergängen in Reihe geschaltet ist, addieren sich deren Diffusionsspannungen. So kommt es, dass erst bei verhältnismäßig hohen Spannungen ein merklicher Stromanstieg erfolgt. Wird die angelegte Spannung umgepolt, so liegt wieder eine andere Kette von PN-Übergängen zufällig in der Durchlassrichtung. In entgegengesetzter Richtung wiederholt sich der gleiche Vorgang: Erst wenn die angelegte Spannung größer als die Summe der Diffusionsspannungen ist, beginnt der Strom zu fließen.

Als Schaltzeichen für Varistoren findet das nebenstehende Symbol Verwendung. Gegensinnige Pfeilrichtung bedeutet hier, dass der Widerstand mit zunehmender Spannung U kleiner wird.

Das Verhalten eines Varistors wird durch seine Kennlinie anschaulich; sie zeigt einen symmetrischen Verlauf für positive und negative Spannungsrichtung. Abb. 2.23 zeigt die Kennlinie und das Schaltzeichen eines Varistors (VDR-Widerstands).

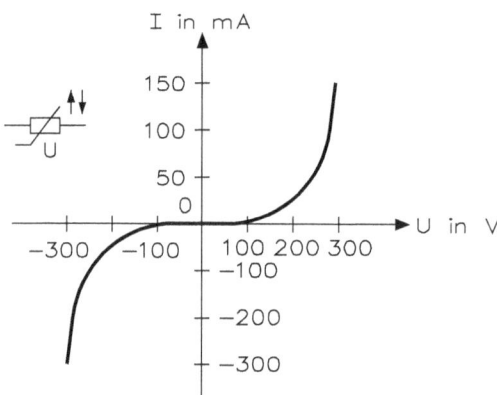

Abb. 2.23: Kennlinie und Schaltzeichen eines Varistors (VDR-Widerstand)

Es liegt nahe, dass man die Spannung, bei der ein Stromanstieg erfolgt, durch die Zahl der PN-Übergänge beeinflussen kann. Verwendet man zur Herstellung von VDR-Widerständen grobkörniges Siliziumkarbid, so sind auf gleichem Raum weniger PN-Übergänge vorhanden. Die Summe der Diffusionsspannungen wird kleiner. Der Strom steigt daher schon bei einer geringeren angelegten Spannung. Ein Varistor besteht aus einer Vielzahl willkürlich zueinanderliegender PN-Übergänge. Sowohl bei positiver als auch bei negativer Richtung der angelegten Spannung beginnt ein merklicher Stromanstieg erst bei einer bestimmten Spannungshöhe. Der Vorteil der VDR-Widerstände liegt darin, dass sie gegenüber Begrenzer- und Z-Dioden richtungsunabhängig sind. Varistoren werden für Spannungen zwischen etwa 10 V bis 1000 V hergestellt.

Wie die Erläuterung der grundsätzlichen Wirkungsweise schon vermuten lässt, werden Varistoren vorwiegend zur Begrenzung von Wechselspannungen bzw. Pulsspannungen oder Spannungsstößen eingesetzt.

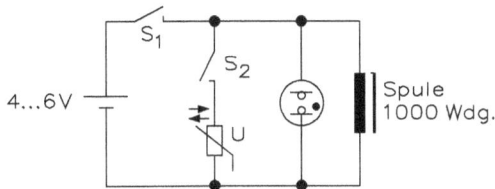

Abb. 2.24: Funkenlöschung mittels Varistor

Beim Unterbrechen eines induktiv belasteten Stromkreises entstehen sehr hohe Selbstinduktionsspannungen, wie Abb. 2.24 zeigt. Diese Induktionsspannungen betragen ein Vielfaches der Betriebsspannung und können zum Durchschlag (Zerstörung von Wicklungen oder Bauelementen), zu starker Funkenbildung an Schalterkontakten (Abbrand) und Geräuschstörungen (Knacken) führen. Die auftretenden Spannungsspitzen lassen sich durch einen Varistor einfach unterdrücken.

Dazu ist folgender Versuch anschaulich, der auch zur Demonstration der Selbstinduktionsspannung an einer Spule üblich ist: Eine Spule (ca. 1000 Windungen) mit Eisenkern wird über einen Schalter S_1 an eine Gleichspannung von etwa 4 V bis 6 V gelegt. Parallel zur Spule ist eine Glimmlampe mit einer Zündspannung von 60 V bis 70 V geschaltet. Solange der Stromkreis geschlossen ist, leuchtet die Glimmlampe nicht; denn die anliegende Spannung liegt weit unter der erforderlichen Zündspannung. Wird der Schalter S_1 jedoch geöffnet, so blitzt die Glimmlampe kurzzeitig auf. Das beweist, dass die Selbstinduktionsspannung mindestens 60 V bis 70 V betragen muss. Wer die Schalterkontakte zufällig berührt, bekommt einen heftigen Schlag. Jetzt schaltet man mit Hilfe des Schalters S_2 parallel zur Spule und zur Glimmlampe einen VDR-Widerstand, der bei etwa 20 V bis 30 V niederohmig wird. Beim Öffnen des Schalters S_1 leuchtet die Glimmlampe nicht mehr auf. Für die hohe Selbstinduktionsspannung stellt der VDR-Widerstand einen niederohmigen Nebenschluss dar. Dieses Verfahren, hohe Spannungsspitzen beim Öffnen eines Schalters zu unterdrücken, ist als Funkenlöschung bekannt. Abb. 2.25 zeigt verschiedene Bauformen von Varistoren (VDR-Widerstände).

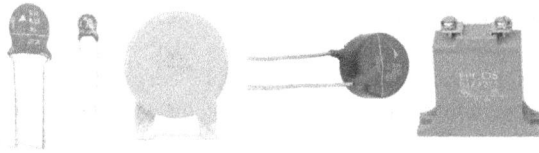

Abb. 2.25: Verschiedene Bauformen von Varistoren (VDR-Widerstände)

Ähnlich wie im vorigen Beispiel liegen die Verhältnisse in induktiv belasteten Stromkreisen, wenn mit Pulsspannungen, z. B. Nadelimpulsen, oder auch Kippschwingungen (Oszilloskop bzw. Fernsehempfänger) gearbeitet wird. Da in diesen Fällen eine sehr schnelle Änderung des magnetischen Flusses in einer Induktivität auftritt, entstehen wie beim Schalten sehr hohe Selbstinduktionsspannungen. Um die Spulen selbst oder auch andere Bauelemente des Stromkreises (Röhren, LCD-Bildschirme, Transistoren, Kondensatoren) vor einer Zerstörung zu schützen, werden Varistoren eingeschaltet. Zur Betrachtung der Arbeitsweise verwendet man die Schaltung eines alten Fernsehgeräts! Sowohl in der Vertikalablenk- als auch in der Horizontalablenkstufe findet man VDR-Widerstände. In Schaltungen, bei denen mit Pulsspannungen gearbeitet wird, dienen VDR-Widerstände häufig auch zum Abflachen der Impulsform.

Neben den aufgezeigten Anwendungsmöglichkeiten für Varistoren bietet sich ihre Verwendung zur Stabilisierung von Spannungen (ähnlich wie Z-Dioden), zur Impulsformung und zum allgemeinen Überspannungsschutz an.

2.6   Hall- oder Feldplatten (Hallsonden)

Dünne Plättchen aus Halbleiterstoffen zeigen die Eigenschaft, ihren Widerstand unter dem Einfluss eines Magnetfeldes zu vergrößern, es handelt sich also um magnetisch steuerbare Widerstände. Diese Plättchen sind maximal 0,1 mm dick und zum Schutz gegen mechanische Beschädigungen meistens mit einem Kunststoffmantel umgeben. Als Halbleiterstoffe werden hauptsächlich Indiumarsenid, Indiumantimonid oder Indium-Arsen-Phosphor-Verbindungen verwendet. Hall- oder Feldplatten sind so klein herstellbar, dass sie sich ohne Schwierigkeiten in den schmalen Luftspalt eines magnetischen Kreises einführen lässt.

Die Wirkungsweise der Hallsonden beruht auf der Tatsache, dass ein Magnetfeld bewegte Elektronen aus ihrer Bewegungsrichtung ablenkt, denn sobald sich Elektronen bewegen, erzeugen sie selbst ein Magnetfeld (Nachweis des Magnetfeldes um einen stromdurchflossenen Leiter). Zwischen zwei Magnetfeldern besteht aber eine Kraftwirkung – Anziehung oder Abstoßung. Die Richtung, in die ein Strom durch ein äußeres Magnetfeld abgelenkt wird, hängt von der Stromrichtung und der Richtung des Magnetfeldes ab. Die Ablenkrichtung lässt sich mit Hilfe der Linken-Hand-Regel (Motorregel) bestimmen. Denkt man sich den Elektronenstrom in eine dünne Platte in eine Vielzahl von parallelen Bahnen zerlegt, so werden die Elektronen unter dem Einfluss eines äußeren Magnetfeldes aus ihrer ursprünglichen Bewegungsrichtung abgelenkt. Abb. 2.26 zeigt die Wirkungsweise einer Feldplatte bzw. -sonde mit Kennlinie und Schaltymbol.

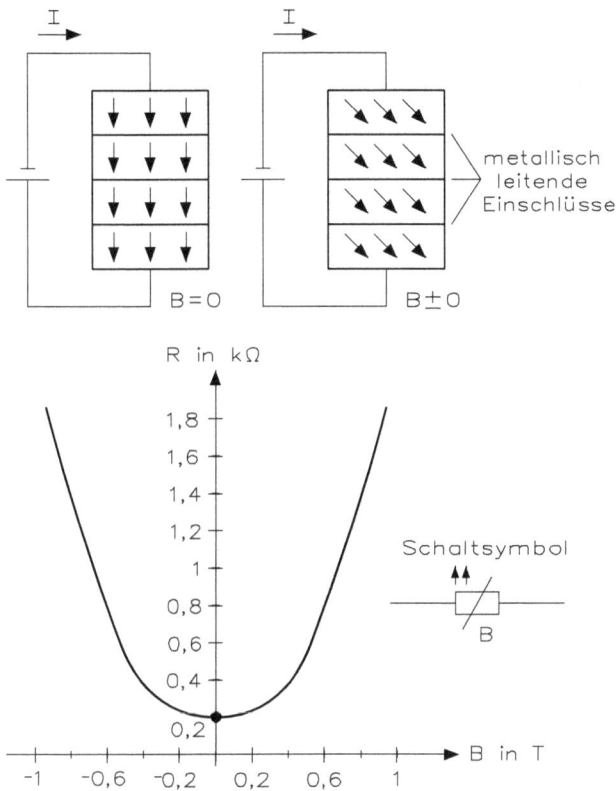

Abb. 2.26: Wirkungsweise einer Feldplatte bzw. -sonde mit Kennlinie und Schaltymbol

Das wirkt sich in dem sehr dünnen Plättchen so aus, als ob der stromführende Querschnitt kleiner geworden wäre. Der Widerstand eines Leiters hängt aber wesentlich von seinem Querschnitt ab: Je kleiner der Querschnitt, desto größer der Widerstand. Der Einfluss des äußeren Magnetfeldes auf den Widerstand ist am größten, wenn es senkrecht zur Feldsondenfläche steht. Er steigt zudem fast linear mit der magnetischen Flussdichte B.

Der Einfachheit halber benutzt man den Spannungsfall an der Feldplatte als Messgröße zur Bestimmung der magnetischen Flussdichte B und man kann also folgern: Je stärker das äußere Magnetfeld, desto höher wird bei konstanter Versorgungsspannung der Spannungsfall an der Feldplatte. Die Feldplatte muss grundsätzlich mit einem Vorwiderstand betrieben werden.

Als Schaltzeichen für eine Hall- oder Feldplatte gilt das Symbol, wobei das Formelzeichen B (magnetische Flussdichte) den Hinweis auf die Beeinflussbarkeit des Widerstands durch eine magnetische Größe gibt.

Hallplatten dienen in erster Linie zur Regelung und Steuerung, wobei als Regel- oder Steuergröße ein Magnetfeld dienen muss und man kann Hallplatten auch zur Strommessung verwenden. Der Vorteil dieses Strommessverfahrens liegt in der galvanischen Trennung zwischen Messstromkreis und Instrumentenstromkreis. Zur Strommessung mit Hallsonden lässt man den zu messenden Strom durch eine Spule fließen und misst mit einer Hallsonde indirekt die

Stärke des Spulenmagnetfeldes. Bei einer eisenlosen Spule steigt die magnetische Flussdichte linear mit der Stromstärke. Aber auch zur Messung der magnetischen Flussdichte selbst leisten die Hallplatten gute Dienste. Sie lassen die Aufnahme von Magnetisierungskurven für ferromagnetische Werkstoffe in einfacher Weise zu: Der zu untersuchende Werkstoff wird durch eine stromdurchflossene Spule zunehmend magnetisiert und in einem feinen Luftspalt mit einer Hallsonde die magnetische Flussdichte B gemessen.

An dieser Stelle sei noch kurz auf eine besondere Bauform der Hallplatten hingewiesen, die sogenannten Hallgeneratoren. Bei einem Hallgenerator sind an den Flanken einer Hallplatte zusätzlich zwei Elektroden angebracht. Wird der Elektronenstrom in der Platte unter dem Einfluss eines äußeren Magnetfeldes zur Seite abgedrängt, so tritt an dieser Seite eine Elektronenanhäufung, an der anderen Seite ein Elektronenmangel auf; was eine elektrische Spannung zur Folge hat. Die Höhe dieser Hallspannung hängt vom Umfang der Elektronenverschiebung ab und kann mit einem Spannungsmesser nachgewiesen bzw. für Steuerungs- und Regelungszwecke ausgenutzt werden. Da die Höhe der Hallspannung nahezu ausschließlich von der magnetischen Flussdichte abhängt und die Betriebsspannung nur einen unwesentlichen Einfluss hat, werden für elektronische Steuerungen Hallgeneratoren bevorzugt eingesetzt.

Im Jahre 1879 entdeckte Edward H. Hall den nach ihm benannten Halleffekt. Dieser Effekt tritt ein, wenn eine stromdurchtlossene Leiterfläche (Hallplättchen) einem dazu senkrecht verlaufenden Magnetfeld ausgesetzt wird. Dabei werden die Ladungsträger durch die elektromagnetische Lorentzkraft an den Rand der Leiterfläche gedrängt, und es entsteht an beiden Rändern, quer zur Stromrichtung und senkrecht zum Magnetfeld, eine Potentialdifferenz U_H. Diese Hallspannung U_H ist der Dicke des Hallplättchens umgekehrt und dem Produkt aus Steuerstrom I und magnetischer Flussdichte B direkt proportional.

Mathematisch wird der dem Magnetfeldhalbleiter zugrunde liegende Mechanismus durch die folgende Vektorgleichung beschrieben:

$$F = e\,(\underline{E} + \underline{v} \cdot \underline{B})$$

F = Kraft auf eine Ladung
e = Elementarladung
E = elektrische Feldstärke
B = magnetische Induktion
v = Geschwindigkeit der Ladungsträger

Die magnetfeldabhängige Komponente der Kraft, die man als Lorentzkraft definiert, ist die Ursache des Halleffekts, aber diese ist auf die beweglichen Ladungsträger eingeschränkt. Abb. 2.27 zeigt das Prinzip des Halleffekts und die Erzeugung der Hallspannung U_H.

Die Berechnung der Hallspannung U_H setzt sich aus dem Steuerstrom I_{St} der magnetischen Induktion B in Tesla, der Dicke des Leiterplättchens d und der Hallkonstanten R_H zusammen. Es gilt:

$$U_H = \frac{R_H \cdot I_{St} \cdot B}{d}$$

Die Ausgangsspannung ist im Wesentlichen vom Material des Hallplättchens abhängig und erst in zweiter Linie vom Steuerstrom, von der magnetischen Induktion bzw. Dicke des Materials. Abb. 2.27 zeigt den Wirkungsmechanismus, der zur Entstehung dieser Spannung führt.

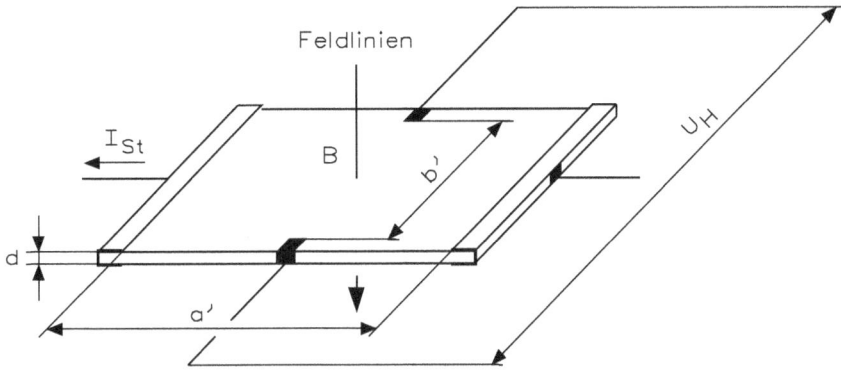

Abb. 2.27: Prinzip und Funktionsweise des Halleffekts

Die ablenkende Kraft des Magnetfeldes wird durch das elektrische Feld der sich in den Rand-
zonen ansammelnden Ladungen kompensiert. Dieses Feld ist die Ursache der an den seitlichen
Kontakten als Hallspannung messbaren Potentialdifferenz. Man kann mit diesen Grundlagen
die Hallkonstante berechnen

$$R_H = \frac{1}{e \cdot n}$$

und die Ladungsträgerkonzentration n bestimmen. Da der Betrag der Lorentzkraft proportional zur Geschwindigkeit der Ladungsträger ist, ist es plausibel, dass die Hallkonstante in
Materialien mit höheren Ladungsträgerbeweglichkeiten auch höhere Werte annimmt.

Die Randregionen eines solchen Hallplättchens weisen eine Potentialdifferenz auf, die sich
aus $\int E \cdot ds$ bestimmen lässt. Die so gewonnene Hallspannung ist stark abhängig vom einge-
setzten Halbleitermaterial. In der Praxis kennt man Werkstoffe aus InSb-, InAs-, GaAs- und
Si-Material. Diese Halbleitermaterialien erzeugen aufgrund der generell hohen Elektronen-
beweglichkeit eine im Vergleich zu Metall sehr hohe Hallspannung U_H.

Silizium weist darüber hinaus den Vorteil auf, dass sich die Auswerteschaltung auf dem Chip
integrieren lässt. Je nach integriertem Auswerteverfahren kann man ein analoges bzw. digitales Ausgangssignal erzeugen. Die Anwendungen bestehen darin, dass magnetische Feld-
stärkeänderungen in entsprechende Werte der Hallspannung transformiert werden. Die magnetische Feldstärkeänderung kann aus einer Positions-, Drehzahl- oder Stromstärkeänderung
resultieren.

Bei dem Schaltzeichen des Hallgenerators von Abb. 2.28 erkennt man die Anschlüsse für
den Steuerstrom I_{St} und für die Elektroden der Hallspannung U_H. Den linearen Zusammenhang zwischen magnetischer Flussdichte und Hallspannung zeigt die Kennlinie. Wirkt das
magnetische Feld von oben nach unten durch das Hallplättchen, ergibt sich z. B. eine positive Ausgangsspannung. Ändert sich die Richtung für das magnetische Feld, ändert sich auch
die Polarität der Hallspannung. In der Praxis erreicht man an den Elektroden die maximale
Hallspannung, wenn das Magnetfeld senkrecht auf den Hallgenerator wirkt. Jede Winkelver-
änderung bewirkt eine Verringerung der Hallspannung, denn unter dem Einfluss eines Magnetfeldes werden die mit einer bestimmten Driftgeschwindigkeit bewegten Ladungsträger
durch die Lorentzkraft in die Y-Richtung abgelenkt und erzeugen ein elektrisches Querfeld.

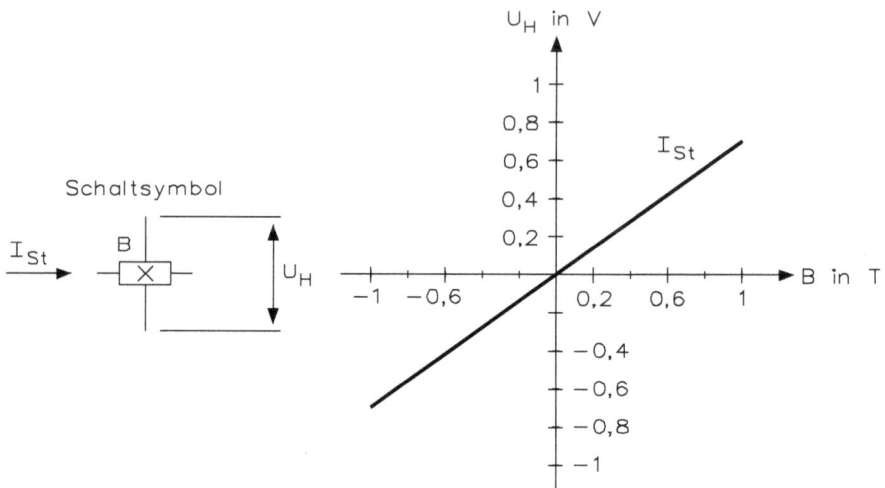

Abb. 2.28: Schaltzeichen und Kennlinie eines Hallgenerators

Das elektrische Querfeld addiert sich vektoriell zum elektrischen Steuerfeld, so dass die Äquipotentiallinien um den Hallwinkel gedreht werden.

Zusammen mit der Verfügbarkeit der GaAs-Technologie findet man auch Hallsensoren aus Gallium-Arsenid, denn GaAs bildet durch die geringe Temperaturabhängigkeit eine Basis für Hallsensoren. Zur Herstellung von Hallsensoren werden derzeit zwei Verfahren in Verbindung mit GaAs-Hallsensoren eingesetzt. Zum einen die Ionenimplantation, bei der die gewünschte Ladungsträgerkonzentration und die Dicke der aktiven Schicht durch Beschuss des semiisolierenden Substrats mit Silizium-Ionen erzeugt wird, zum anderen das MOVPE-Verfahren, bei dem die Hallschicht durch epitaktische Abscheidung aus der Gasphase generiert wird. Strukturiert wird das sogenannte Hallkreuz fotolithografisch, wobei es sich bei den ionenimplantierten Chips um planare, sonst um Mesastrukturen handelt. Aus der Gleichung für die Berechnung der Hallspannung U_H ist ersichtlich, dass das Nutzsignal, die Hallspannung U_H, dem Steuerstrom I_{St} proportional ist. Dieser ist wegen der joulschen Erwärmung des Bauelements auf die im Datenblatt genannten Werte begrenzt. Wird ein Hallelement mit dem Steuerstrom I_{St} und einer magnetischen Induktion B beaufschlagt, so ist bei unbelastetem Ausgang die Hallspannung U_H messbar. Damit verbunden ist die Hallempfindlichkeit K_{B0} des unbelasteten Bauteils gemäß

$$K_{B0} = U_H \, (I_{St} \cdot B)$$

Ein Hallsensor hat im Allgemeinen auch ohne Magnetfeld eine Nullspannung U_0, welche abhängig von der Temperatur innerhalb einer gewissen Bandbreite schwankt. Bei diesem Parameter erreichen die MOVPE-Chips wesentliche Vorteile. Das Nullspannungsverhalten kann mittels eines Temperaturkoeffizienten beschrieben werden, d. h. die Änderung der Nullspannung ist proportional dem Ausgangswert U_0 und der Temperaturänderung $\Delta\vartheta$, und lässt sich somit einfach kompensieren. Die Hallkonstante und die Innenwiderstände des Bauteils zeigen das gleiche Verhalten.

2.7   Fotowiderstände

In Halbleiterstoffen können Elektronen durch Energiezufuhr aus ihren Bindungen (Elektro-nenpaarbindungen) gerissen werden. Am bekanntesten ist die Erhöhung der Zahl an freien Elektronen durch Zufuhr von Wärmeenergie. Da aber Licht ebenso eine Energieform ist, gelingt es auch mit seiner Hilfe, die Leitfähigkeit von Halbleitern beträchtlich zu erhöhen. Deshalb werden Halbleiterbauelemente in Glasgehäusen mit einem lichtundurchlässigen – meistens schwarzen – Lack vor Lichteinwirkung geschützt. Die Steuerung elektronischer Schaltungen durch Licht weist erhebliche Vorzüge auf und wird in zunehmendem Maße aus-genutzt. Als wesentliche Vorzüge sind zu nennen: Das Licht legt in einer Sekunde 300 000 km zurück und die Wirkung des elektrischen Stroms hat nur bei reinem Gleichstrom und sehr kurzen Leitungen die gleiche Ausbreitungsgeschwindigkeit wie das Licht. Zur Übertragung von Licht werden keine Leitungen benötigt; es braucht keine Materie als Übertragungsmit-tel vorhanden zu sein. Licht ist praktisch trägheitslos und man kann also beliebig schnelle Wechselvorgänge mit Hilfe des Lichts übertragen (z. B. Laserübertragung im GHz-Bereich).

Als sehr brauchbare Halbleiterstoffe, deren Leitfähigkeit durch Lichteinwirkung stark erhöht wird, haben sich Cadmiumsulfid (CdS), Cadmiumselenid (CdSe) und Bleisulfid (PbS) er-wiesen. Fotowiderstände enthalten meistens eine dünne mäanderförmige Schicht aus einem dieser lichtempfindlichen Halbleiterstoffe und sind vielfach in Glaskolben eingeschmolzen. Die lichtempfindliche Fläche hat eine Größe zwischen $0{,}01\,\text{cm}^2$ und $3\,\text{cm}^2$; einige Bauformen sind in Abb. 2.29 wiedergegeben.

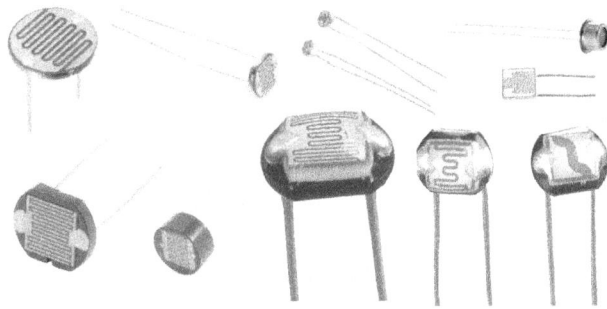

Abb. 2.29: Bauformen von Fotowiderständen

Der Fotowiderstand (LDR, Light Dependent Resistor) ist ein passives Bauelement, das sei-nen Widerstand in Abhängigkeit von der Beleuchtungsstärke ändert. Der Effekt beruht auf der Freisetzung von Ladungsträgern durch das Licht. Je nach Werkstoff ergeben sich sehr unterschiedliche spektrale Empfindlichkeiten. Abb. 2.30 zeigt die spektrale Empfindlichkeit von Fotowiderständen.

Für fotografische Zwecke findet hauptsächlich der CdS-Typ Einsatz, da der spektrale Emp-findlichkeitsverlauf fast genau dem des menschlichen Auges entspricht. Die Kennlinie von Abb. 2.31 zeigt die sehr große Lichtempfindlichkeit eines Fotowiderstands. Der Dunkelwi-derstand ist sehr hoch und liegt je nach Typ zwischen $1\,\text{M}\Omega$ bis $10\,\text{M}\Omega$. Der Hellwiderstand nimmt dagegen Werte von $10\,\Omega$ bis $1\,\text{k}\Omega$ an. Um eine möglichst große Empfindlichkeit zu

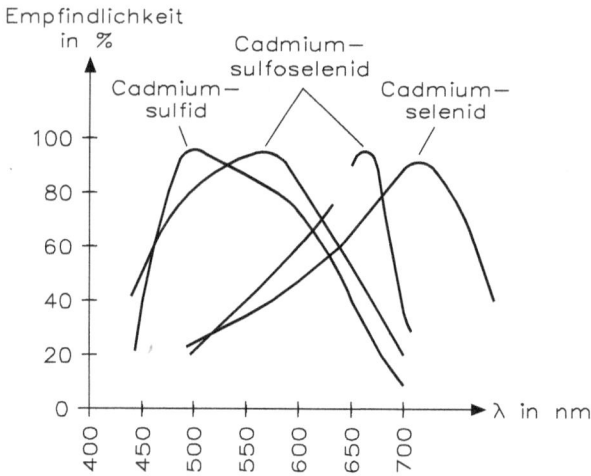

Abb. 2.30: Spektrale Empfindlichkeit von Fotowiderständen

erreichen, wählt man den Widerstand hochohmig, indem man die lichtempfindliche Schicht
mäanderförmig anordnet. Abb. 2.31 gibt die Kennlinie des Fotowiderstands LDR03 und das
Schaltsymbol wieder.

Im unbeleuchteten Zustand ist ein Fotowiderstand sehr hochohmig; sein sog. Dunkelwider-
stand beträgt bis zu einigen Megohm. Schaltet man ihn in einen Gleichstromkreis, so fließt
ein praktisch kaum messbarer Strom. Mit zunehmender Beleuchtung fällt der Widerstand
auf etwa 1/1000 des Dunkelwiderstands. Als Messgröße des Lichts wird die Beleuchtungsstärke E in Lux zugrundegelegt; z. B. ergibt eine klassische Glühlampe 230 V/25 W in 1 m
Abstand bzw. eine 100-W-Lampe in 2 m Abstand eine Beleuchtungsstärke von etwa 50 Lux.

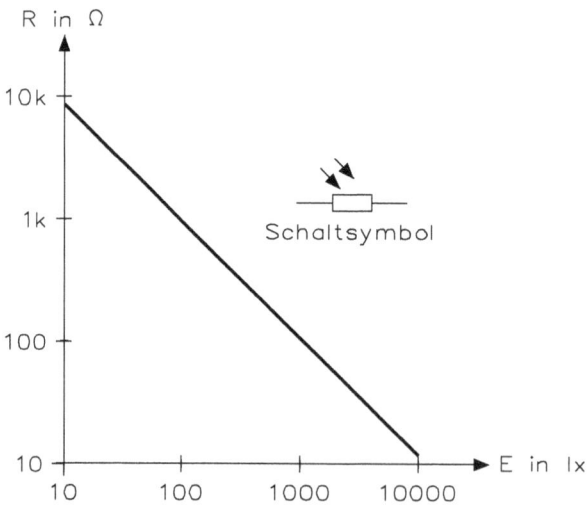

Abb. 2.31: Kennlinie des Fotowiderstands LDR03 mit Schaltsymbol

Die Abhängigkeit des Widerstands von der Beleuchtungsstärke ist im Diagramm Abb. 2.31 dargestellt.

Die größte Empfindlichkeit besitzen CdS-Fotowiderstände für rotes bis infrarotes Licht.

Das Diagramm lässt erkennen, dass bereits verhältnismäßig geringe Beleuchtungsstärken ausreichen, um den Widerstand eines Fotowiderstands stark herabzusetzen oder, wie man auch sagt, den Fotowiderstand durchzusteuern. Im Gegensatz zu anderen fotoelektronischen Bauelementen sind Fotowiderstände verhältnismäßig hoch belastbar. Ihre zulässige Verlustleistung liegt etwa zwischen 0,05 W bis 1,2 W, sie eignen sich daher zur direkten Steuerung von Relaisstromkreisen.

Die einfachste Messschaltung mit einem Fotowiderstand ist in Abb. 2.32 dargestellt. Er liegt in Reihe mit einem Amperemeter und einer Batterie. Durch das einfallende Licht verändert sich der Widerstand, entsprechend stellt sich der Strom ein.

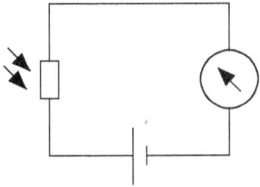

Abb. 2.32: Belichtungsmesser oder Luxmeter

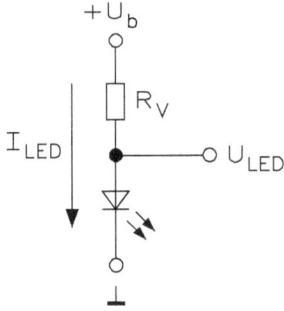

Abb. 2.33: Spannungsteiler mit Fotowiderstand

Diese recht einfache Schaltung lässt sich in Verbindung mit integrierten Schaltungen und Mikrocontrollern kaum verwenden. Hierzu setzt man besser den Spannungsteiler von Abb. 2.33 ein. Aus der Kennlinie eines Fotowiderstands erhält man z. B. die Werte 900 Ω für 100 Lux und 100 Ω für 1000 Lux. Die Ausgangsspannung errechnet sich aus

$$U_{a100} = U \cdot \frac{R_F}{R_V + R_F} = 5\,V \cdot \frac{900\,\Omega}{1\,k\Omega + 900\,\Omega} = 2{,}36\,V$$

$$U_{a1000} = U \cdot \frac{R_F}{R_V + R_F} = 5\,V \cdot \frac{100\,\Omega}{1\,k\Omega + 100\,\Omega} = 0{,}45\,V$$

Die Ausgangsspannung schwankt also je nach Helligkeit zwischen 2,36 V bei 100 Lux und 0,45 V bei 1000 Lux. Mit einem Fotowiderstand lässt sich auch die Trübung von Flüssigkeiten messen. In einem durchsichtigen Behälter oder Rohr befindet sich die zu untersuchende Flüssigkeit. Auf der einen Seite sitzt eine Lampe, auf der anderen der Fotowiderstand. Die Lichtdurchlässigkeit lässt sich als Maß für die Trübung der Flüssigkeit heranziehen, denn der Lichtstrahl muss dieses Medium durchdringen, wobei sich seine Intensität verringert.

2.8   Dehnungsmessstreifen

Klebt man einen elektrischen Leiter auf einen Träger, dessen Form sich ändern kann, entsteht in diesem Leiter eine Formänderung, mit der dieser gestaucht oder gedehnt wird. Dabei ändert sich sein Querschnitt und damit auch der elektrische Widerstand. Diese Widerstandsänderung lässt sich als Messgröße für die Dehnung des Trägers verwenden.

Dehnungsmessstreifen sind nicht nur vielseitig einsetzbar, sie erfüllen auch eine Reihe von Anforderungen an Sensoren, d. h. sie können mit einer hohen Zahl an Lastwechsel belastet werden, ohne dass eine Hysterese auftritt, weisen kaum eigene Masse auf und stellen hoch bewegliche Bestandteile dar. Im Messverhalten sind sie kaum temperatursensibel, messen eindeutig lokal und liefern weitgehend lineare Werte. Dehnungsmessstreifen gehören zu den resistiven Sensoren, d. h. sie arbeiten nach dem Gesetz der Widerstandsänderung eines gedehnten oder gestauchten Drahtes:

$$R = \frac{l \cdot \rho}{A}$$

ρ = spezifischer Widerstand
l = Länge
A = Querschnitt

Unter der Annahme, dass keine Volumenänderung eintritt und der Widerstand konstant ist, ergibt sich folgende Berechnungsformel für die Widerstandsänderung:

$$\frac{\Delta R}{R} = 2 \cdot \frac{\Delta l}{l} = 2 \cdot \varepsilon$$

Daraus erhält man ein festes Verhältnis von 2. Bei einer genaueren Betrachtung ergeben sich andere Faktoren, weil sich der spezifische Widerstand mit der Dehnung ändert. Die K-Faktoren geben das Verhältnis der Widerstandsänderung zur Längenänderung für verschiedene Materialien an. Typische Werte für den K-Faktor sind 2.1 für Konstantan, 2.2 für Nichrome und 3.3 für Isoelastic. Dabei wird der K-Faktor bei der Herstellung für jedes Fertigungslos ermittelt und auf der Packung angegeben.

Die Widerstandsänderung ist etwa doppelt so groß wie die Längenänderung und wird auch als K-Faktor bezeichnet. Die Kenntnis des K-Faktors ermöglicht ein direktes Umrechnen einer Widerstandsänderung in eine Längenänderung und umgekehrt. Das Trägermaterial eines Dehnungsmessstreifens besteht meistens aus einer dünnen Kunststofffolie, worauf der mäanderförmige Messleiter angeordnet wurde. Abb. 2.34 zeigt den typischen Aufbau eines Dehnungsmessstreifens.

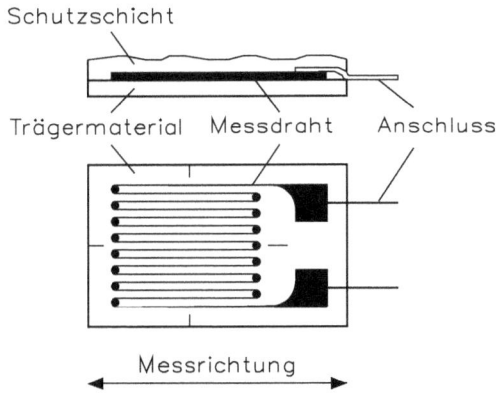

Abb. 2.34: Aufbau eines Dehnungsmessstreifens

Vorzugsweise besteht das Messgitter aus einer Folie eines Widerstandsmaterials (z. B. Konstantan), das durch Ätzen in seine Form gebracht wird und nur wenige μm dick ist. Als Widerstand wird der Wert zwischen $100\,\Omega$ bis $500\,\Omega$ verwendet.

Dehnungsmessstreifen arbeiten nach einem einfachen Prinzip: Belastet man einen Stab mit der Länge l und dem Querschnitt A mit einer Längskraft F, dehnt sich der Stab um Δl. Dabei ist die Dehnung

$$\varepsilon = \frac{\Delta l}{l}$$

und die mechanische Spannung

$$\delta = \frac{F}{A}$$

Solange sich die Dehnung oder Stauchung im Elastizitätsbereich des DMS-Werkstoffs bewegt, besteht die Proportionalität:

$$\delta = \varepsilon \cdot E$$

Typische Werte für das Elastizitätsmodul E sind:

$$E_{Stahl} = 21 \cdot 10^4\,N/mm^2 \qquad und \qquad E_{Al} = 7 \cdot 10^4\,N/mm^2$$

Wird der Bereich der Elastizität überschritten, findet eine plastische bzw. bleibende Dehnung statt oder das Material bricht.

Der K-Faktor wird durch Ermittlung für jedes Exemplar bestimmt und meistens auf den Packungen angegeben. Er stellt das Verhältnis von der Dehnung abhängiger Widerstandsänderungen dar:

$$K = \frac{\Delta R}{R}$$

Abb. 2.35 zeigt das Diagramm für einen Dehnungsmessstreifen, wobei die relative Widerstandszunahme bzw. -abnahme der Dehnung oder Stauchung entspricht.

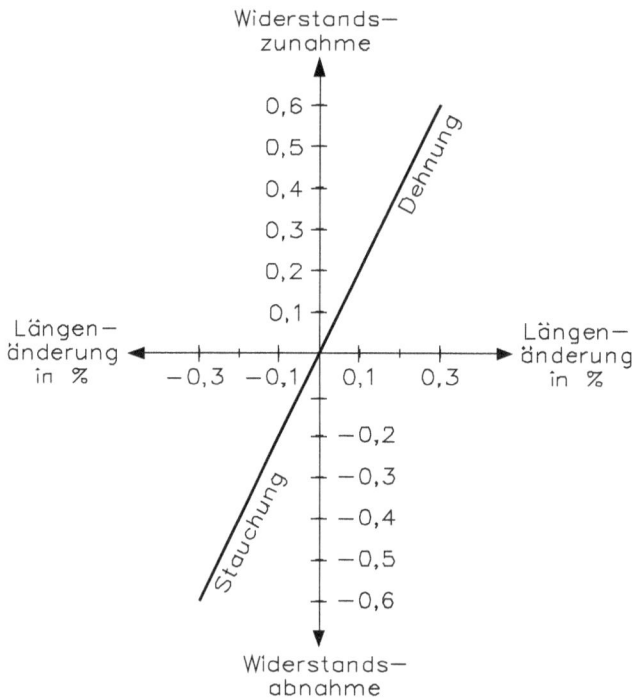

Abb. 2.35: Diagramm für die Widerstandsänderung bei einem Dehnungsmessstreifen, wenn dieser gedehnt oder gestaucht wird

Ein Dehnungsmessstreifen darf nur innerhalb der Elastizitätsgrenze des Widerstandsmaterials betrieben werden, d. h. der Sensor darf nicht überdehnt werden.

Um einen Dehnungsmessstreifen (DMS) optimal einsetzen zu können, sind einige Informationen erforderlich. Die statische Beanspruchung, insbesondere unter Langzeitlastbedingungen, stellt höchste Anforderungen an diese Technik. Die Auswahl von DMS und DMS-Zubehör, wie Klebstoff, Abdeckmittel oder Anschlusskabel, muss für jede Anwendung speziell erfolgen. Das ist notwendig im Hinblick auf die Grenzen einer jeden Anwendung, ebenso wie der Gesamtinstallation. Für statische Messungen wird der DMS so ausgewählt, dass ein Maximum an elektrischer Stabilität und Wiederholbarkeit garantiert wird, und das bei einem minimalen Zeitaufwand für seine Anwendung.

Bei dynamischer Beanspruchung ohne Betrachtung des statischen Anteils (falls vorhanden) werden die Anforderungen an die Stabilität und die Temperaturempfindlichkeit des DMS reduziert. Dadurch lassen sich Gitterwerkstoffe von größter Dehnungsempfindlichkeit verwenden. Für diese Anwendung sind die Dehnungsmessstreifen vom Material und der Konstruktion auf hohe Ermüdungsdauer ausgelegt.

Praktische Einsatzgrenzen sind abhängig von der Gitterauslegung des Trägers, vom Klebstoff und von der Wärmeleitfähigkeit des Materials, auf dem er angewendet wird. Der gewählte Betriebsstrom richtet sich auch nach der gewünschten Einlaufzeit. Auf metallischen Prüfteilen geklebte Dehnungsmessstreifen mit Papierträgern sind im Allgemeinen auf 25 mA begrenzt, während Phenol-Träger bis zu 50 mA zugelassen sind. Werte von 5 mA bis 6 mA könnten bei schlecht wärmeleitenden Materialien, wie Kunststoffen, erforderlich sein.

Der Grenzbereich der Betriebstemperatur von Dehnungsmessstreifen hängt von den verwendeten Materialien ab. Bei der statischen Dehnungsmessung ebenso von der Temperaturkompensation und der elektrischen Stabilität, die sich durch passive Kompensations-Dehnungsmessstreifen oder durch Temperatur-selbstkompensierende Dehnungsmessstreifen erhöhen lassen.

Die allgemein anerkannten statischen Dehnungsgrenzen für die experimentelle Spannungsanalyse basieren auf idealen Voraussetzungen von Kurzzeit-Versuchen, wo kleine Änderungen der Umgebungsbedingungen kleine Ungenauigkeiten oberhalb der akzeptablen Toleranzgrenzen hervorrufen.

Strenge Maßstäbe muss man bei längeren Versuchszeiten und bei der Änderung der Umgebungsbedingungen anlegen. Temperaturgrenzwerte für dynamische Dehnungsmessungen sind im Allgemeinen viel höher als bei statischen Messungen.

Der Dehnungsbereich oder die maximale Dehnbarkeit eines Dehnungsmessstreifens hängt von der Geometrie des Messgitters und von den elastischen Eigenschaften des Trägers und Klebstoffes ab. Die meisten Polyimid- und Papier-DMS mit einer Gitterlänge von mehr als 3,17 mm messen 4 % oder 5 % der relativen Dehnung ($\varepsilon = 40\,000$ bis $50\,000\,\mu\text{m/m}$). Kürzere Folien- oder Draht-Dehnungsmessstreifen erreichen mindestens 2 % bis 3 % der Dehnung. Folien-Dehnungsmessstreifen mit Phenol-Trägern kommen auf mindestens 2 % der Dehnung. Falls die Dehnungsmessstreifen auf plastischen und duktilen Werkstoffen anzuwenden sind, wird ein Dehnungsmessstreifen für hohe Dehnung (Post-Yield) benötigt.

Kupfer-Nickel-Legierungen (Konstantan) lassen sich in erster Linie für statische Dehnungsmessungen verwenden. Der Grund dafür sind die niedrigen und kontrollierbaren Temperaturkoeffizienten bei diesen Messungen. Die Betriebstemperatur dieser Legierung liegt im Bereich zwischen $-73\,°\text{C}$ und $+238\,°\text{C}$. Das gilt für statische Dehnungsmessungen unter idealen Kompensationsbedingungen oder für dynamische Messungen. Die konventionellen Grenzwerte liegen zwischen $-20\,°\text{C}$ und $+205\,°\text{C}$.

Nickel-Chrom-Legierungen (Legierung 800, Stabiloy) decken einen breiten Temperaturkompensationsbereich ab. Die spezielle Behandlung dieser Legierungen garantiert eine exzellente Nullstabilität bis zu $315\,°\text{C}$ und ein Minimum an Abweichung bis zu $426\,°\text{C}$.

Es ist ratsam, einen Leitungswerkstoff zu wählen, der einen niedrigen spezifischen Widerstand besitzt. Gleichzeitig soll dieser mit einem Isolationswerkstoff überzogen sein, der die gleiche elektrische Isolationsqualität aufweist wie DMS-Träger und Kleber.

Die Dreileiterschaltung sollte man immer benutzen, falls selbstkompensierte Dehnungsmessstreifen zum Einsatz kommen.

Die aufgeführten Werkstoffe sind für den Gebrauch mit DMS geeignet. Man beachte, dass bei Temperaturen über $260\,°\text{C}$ der Isolationswiderstand von Glasisolierungen niedriger werden kann.

In der Praxis findet man selbstkompensierende Dehnungsmessstreifen und diese sind über weite Temperaturbereiche für Werkstoffe mit einem großen Bereich thermischer Ausdehnungskoeffizienten einsetzbar. Selbstkompensierende Streifen werden im Allgemeinen dort benutzt, wo ein separater Kompensationsstreifen nicht verwendet werden kann. Grad und Genauigkeit der Temperaturkompensation sind wie folgt definiert: scheinbare Dehnung (pm/m) je Grad-Temperaturänderung über einen spezifizierten Temperaturbereich (z. B. 10 °C bis 205 °C) auf einem Material, das einen spezifischen Dehnungskoeffizienten vom gleichen Bereich hat. Die Kurveneignungstoleranz, die erreicht werden kann, hängt von der DMS-Herstellungsmethode ab.

Die temperaturkompensierten Dehnungsmessstreifen sind aus Ni-Cu- oder Ni-Cr-Legierungen mit einem abgestimmten Widerstandstemperaturkoeffizienten hergestellt. Dieser gleicht die Widerstandsänderung aus, die durch die unterschiedlichen thermischen Ausdehnungskoeffizienten von DMS und Probe erzeugt wurden. Gekennzeichnet sind diese Streifenarten durch den Buchstaben „S", gefolgt von einer Zahl, die den thermischen Dehnungskoeffizienten (μm/m/°C) des Probe-Materials angibt. Die Toleranz des Temperaturkoeffizienten für diese Streifen liegt bei $< +1,8$ (pm/m/°C) über dem spezifizierten Temperaturbereich.

Alle Federwerkstoffe reagieren auf eine sprungartige Belastung mit einer spontanen positiven Dehnung. Bei stetiger Belastung wird sich der Werkstoff langsam in Belastungsrichtung weiterdehnen, d. h. er wird kriechen. Da Aufnehmer nur im streng elastischen Bereich belastet werden, handelt es sich hier um einen reversiblen Vorgang. Man bezeichnet diesen als elastische Nachwirkung, und diese liefert also einen zeitabhängigen Fehler mit positivem Vorzeichen in Richtung der Verformung durch die Messgröße.

Wird ein DMS einer statischen Belastung unterworfen, zeigt er trotz konstanter Bauteildehnung eine langsame zeitliche Veränderung seines Widerstands. Diese Veränderung des Messsignals eines gedehnten oder gestauchten DMS erfolgt in Entlastungsrichtung. Erklären lässt sich dieses Kriechen folgendermaßen, denn das gedehnte Messgitter wirkt ähnlich einer gespannten Feder, die Schubspannungen zwischen Messgitter und Träger erzeugt (hauptsächlich im Bereich der Umkehrstellen des Messgitters). Unter dem Einfluss dieser Spannungen relaxieren die Kunststoffe des DMS und des Klebstoffes. Durch Modifikation der Umkehrstellen lässt sich das DMS-Kriechen gezielt beeinflussen, d. h. dies führt die elastische Nachwirkung des Federkörperwerkstoffs zu einem positiven Fehler, während das DMS-Kriechen einen negativen Fehler verursacht. Im Idealfall werden sich die beiden Fehler kompensieren. Um diesem Idealfall möglichst nahe zu kommen, muss man sich den optimalen DMS-Typ der einzelnen Hersteller aussuchen, wie Abb. 2.36 zeigt.

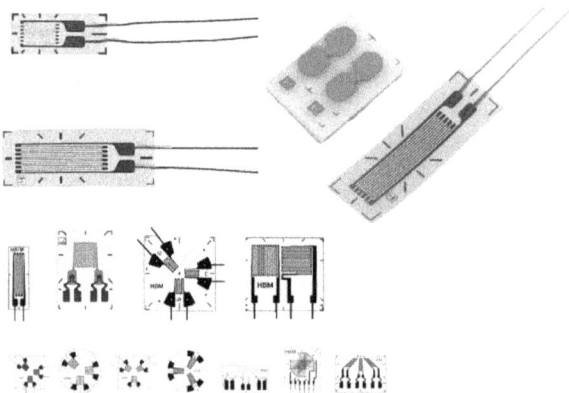

Abb. 2.36: Bauformen von Dehnungsmessstreifen

3 Dioden, Grundlagen und Anwendungen

Hauptmerkmal einer Halbleiterdiode ist das Vorhandensein eines PN-Übergangs und dieser entsteht an der Berührungs- oder Grenzschicht eines P-Leiters mit einem N-Leiter. Man kann einen PN-Übergang herstellen, indem ein Halbleiter-Kristall aus Germanium oder Silizium von einer Seite N-dotiert und von der anderen Seite P-dotiert oder indem ein N-Leiter von einer Seite kräftig P-dotiert wird. Ein Bauelement, das nur einen PN-Übergang enthält, wird allgemein als Diode bezeichnet. An der Grenzschicht zwischen P- und N-Leiter stehen sich unmittelbar Löcher (bewegliche positive Ladungen) und Elektronen (bewegliche negative Ladungen) gegenüber. Abb. 3.1 zeigt verschiedene Dioden.

Abb. 3.1: Verschiedene handelsübliche Dioden

3.1 Funktionsweise des PN-Übergangs

Ein PN-Übergang weist Eigenschaften auf, die ein einfaches aus einheitlichem Stoff aufgebautes Bauelement nicht besitzt. Es soll der Aufbau des PN-Übergangs von Abb. 3.2 erklärt werden, was vorgeht, wenn man an einen PN-Übergang von außen eine Spannung anlegt.

Ursache für das Leitverhalten eines elektrisch leitfähigen Stoffs ist die elektrostatische Kraftwirkung: Gleichnamige elektrische Ladungen stoßen sich ab, ungleichnamige ziehen sich dagegen an. Mit Hilfe dieses einfachen physikalischen Gesetzes kann man das Verhalten nahezu

P−Leiter   N−Leiter
(Löcher)   (Elektronen)

$\oplus$ $\oplus$ $\oplus$ $\oplus$ | $\ominus$ $\ominus$ $\ominus$ $\ominus$
$\oplus$ $\oplus$ $\oplus$ $\oplus$ | $\ominus$ $\ominus$ $\ominus$ $\ominus$

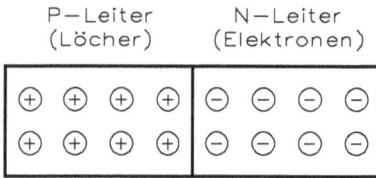

Abb. 3.2: Aufbau des PN-Übergangs

aller Halbleiterbauelemente erklären. Was geht nun vor, wenn an einen PN-Übergang von außen eine Spannung mit Plus am P-Leiter und Minus am N-Leiter angelegt wird?

Die P-Ladungen (Löcher) werden vom Pluspol der Spannungsquelle abgestoßen und ebenso die N-Ladungen (Elektronen) vom Minuspol. Die beweglichen Ladungen werden somit über die Grenzschicht hinweg in das jeweils entgegengesetzt dotierte Gebiet abgedrängt. Abb. 3.3 zeigt die Funktionsweise eines PN-Übergangs in Durchlassrichtung.

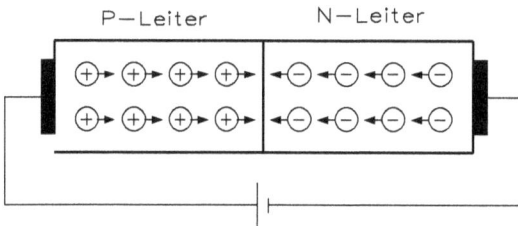

P−Leiter   N−Leiter

$\oplus$► $\oplus$► $\oplus$► $\oplus$► | ◄$\ominus$ ◄$\ominus$ ◄$\ominus$ ◄$\ominus$
$\oplus$► $\oplus$► $\oplus$► $\oplus$► | ◄$\ominus$ ◄$\ominus$ ◄$\ominus$ ◄$\ominus$

Abb. 3.3: PN-Übergang in Durchlassrichtung

So gelangen z. B. die Elektronen über das P-Gebiet zum Pluspol der Spannungsquelle, da Plus gleichbedeutend mit Elektronenmangel ist, findet ein Ausgleich statt, den man üblicherweise als elektrischen Strom bezeichnet. Ebenso wandern die P-Ladungen (Löcher) in Richtung Minuspol; da Minus gleichbedeutend mit Elektronenüberschuss ist, nehmen die Löcher vom Minuspol Elektronen auf. Man kann also bei dieser Schaltung eines PN-Übergangs an sich nichts besonderes feststellen, denn er verhält sich ähnlich wie ein Leiter. In diesem Zustand ist der PN-Übergang stromdurchlässig.

Ein PN-Übergang ist stromdurchlässig geschaltet, wenn der Pluspol der äußeren Spannungsquelle am P-Leiter und der Minuspol am N-Leiter liegt. Dabei muss die angelegte Spannung mindestens die Höhe der sogenannten Diffusionsspannung besitzen.

Die äußere Spannungsquelle wird umgepolt und Abb. 3.4 zeigt den PN-Übergang in Sperrrichtung. Am P-Leiter liegt jetzt der Minuspol der Spannungsquelle. Da sich ungleichnamige Ladungen anziehen, werden die P-Ladungen (Löcher) zum Minuspol, also zum äußeren Anschluss hingezogen. Ebenso zieht der Pluspol die N-Ladungen (Elektronen) über den anderen äußeren Anschluss an. Die im Halbleiter vorhandenen beweglichen Ladungen wandern also von der Grenzschicht, dem eigentlichen PN-Übergang, ab. In der Nähe der Grenzschicht sind somit keine freien Ladungsträger mehr vorhanden. Ein Stoff, der keine freien Ladungsträger besitzt, ist ein Isolator und über diesen kann kein Strom fließen. Der PN-Übergang ist also stromundurchlässig geworden, d. h. er ist gesperrt.

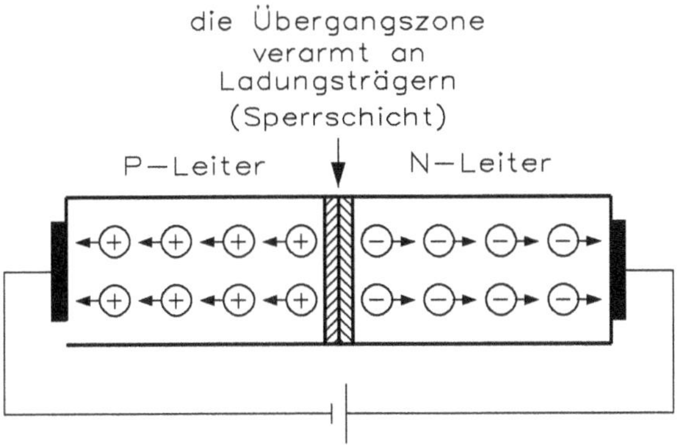

die Übergangszone
verarmt an
Ladungsträgern
(Sperrschicht)

P—Leiter   N—Leiter

Abb. 3.4: PN-Übergang in Sperrrichtung

Der gesperrte PN-Übergang ist mit einem Kondensator vergleichbar, dessen Dielektrikum die an Ladungsträgern verarmte Übergangszone darstellt. Diese Tatsache nutzt man in den sogenannten Kapazitätsdioden aus. Die an Ladungsträgern verarmte Übergangszone ist nur sehr dünn in der Größenordnung von einigen μm. Da jeder Isolierstoff bzw. jedes Dielektrikum eine bestimmte Durchschlagsfestigkeit aufweist, besteht für einen gesperrten PN-Übergang auch eine bestimmte Grenze für die Höhe der angelegten Spannung und diese Spannung wird als Sperrspannung bezeichnet.

Wird der Minuspol einer Spannungsquelle an den P-Leiter, der Pluspol an den N-Leiter eines PN-Übergangs gelegt, so fließt kein Strom und der PN-Übergang ist gesperrt. Mit Rücksicht auf die Durchschlagsfestigkeit darf die in Sperrrichtung angelegte Spannung bestimmte Höchstwerte nicht überschreiten. Eine Überschreitung der Sperrspannung führt fast immer zur Zerstörung einer Diode.

3.1.1 Diffusionsspannung

Ohne dass man es beeinflussen könnte, spielt sich an der Grenzschicht eines PN-Übergangs ein Ladungsaustausch ab. Dieser Ladungsaustausch führt zur Entstehung der sogenannten Diffusionsspannung. Wie kommt es dazu?

P-Leiter und N-Leiter stehen sich an der Berührungsfläche unmittelbar gegenüber. Der P-Leiter hat das Bestreben, Elektronen einzufangen und der N-Leiter dagegen besitzt frei bewegliche Elektronen. Da die kleinen Bauteilchen der Materie bei Erwärmung in ständiger Bewegung sind, geraten die freien Elektronen infolge Diffusion an der Grenzschicht auch in die Nähe der Löcher und werden kurzerhand von diesen eingefangen d. h. man bezeichnet diesen Vorgang als Rekombinieren. Mit diesem Hinüberwechseln von Elektronen aus dem N-Gebiet in das P-Gebiet findet aber gleichzeitig eine Ladungsverschiebung statt, denn Elektronen besitzen eine negative Ladung.

Ein P-Leiter ist ein Halbleiterstoff, der frei bewegliche positive Ladungen in Form der Löcher besitzt. Der N-Leiter dagegen enthält frei bewegliche negative Ladungen in Form der Elektronen. Beide sind jedoch von Natur aus nach außen hin elektrisch neutral, z. B. zeigt ein metallischer Leiter trotz der vielen freien Elektronen nach außen hin keine elektrische Ladung.

Wenn elektrische Ladungen von einem elektrisch neutralen Stoff entfernt und einem anderen elektrisch neutralen Stoff zugeführt werden, entsteht Spannung. Die an der Grenzschicht zwischen P- und N-Leiter durch Diffusion entstehende Spannung bezeichnet man als Diffusionsspannung oder auch Schwellenspannung. Sie ist aber nur in unmittelbarer Nähe der Grenzschicht wirksam und nicht etwa an den Außenelektroden mit einem Spannungsmesser nachweisbar. Abb. 3.5 zeigt die Entstehung der Diffusionsspannung.

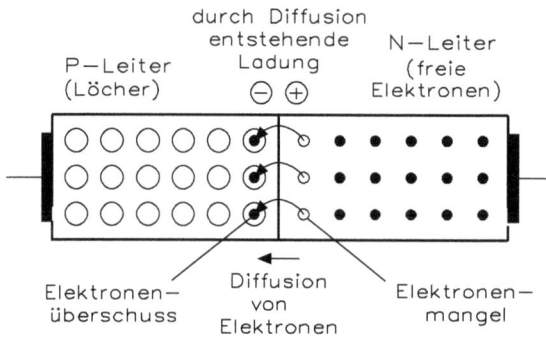

Abb. 3.5: Entstehung der Diffusionsspannung

Sobald nämlich Elektronen über die Grenzschicht hinweg in die nahegelegenen Löcher gewandert sind, ist der N-Leiter wegen Elektronenmangel elektrisch positiv und versucht daher, die Elektronen zurückzuziehen. Jetzt stellt sich ein Gleichgewichtszustand ein zwischen der Kraft, mit der die Löcher die eingefangenen Elektronen festhalten und dem Bestreben des N-Leiters, die fehlenden Elektronen wieder zurückzuziehen. Die Kraftwirkung hängt von der Art des jeweiligen Halbleiterstoffs ab. Somit entsteht eine für den Halbleiterstoff typische Diffusionsspannung bestimmter Höhe. Für PN-Übergänge ergeben sich bei den gebräuchlichen Halbleiterstoffen etwa folgende Diffusionsspannungen:

Germanium: $U_D = 0,2\,V$

Selen: $U_D = 0,4\,V$

Silizium: $U_D = 0,6\,V$

Da der P-Leiter an der Grenzschicht durch Elektronenaufnahme elektrisch negativ geladen ist, verhindert er ein weiteres Eindringen von Elektronen, denn nachfolgende Elektronen müssten ja gegen eine gleichnamige Ladung anlaufen. Das gleiche geht nun vor, wenn an einen PN-Übergang von außen eine Spannung in Durchlassrichtung angelegt wird. Bei einem in Durchlassrichtung geschalteten PN-Übergang müssen die freien Elektronen des N-Leiters in Richtung P-Leiter wandern. Daran werden sie jedoch gehindert, da der P-Leiter an der Grenzschicht eine negative Ladung aufweist. Erst wenn die äußere Spannung und mit ihr die elektrostatische Kraftwirkung größer wird als die der Diffusionsspannung, können die Elektronen des N-Leiters schließlich die Zone der negativen Ladung im P-Leiter überwinden. Die Höhe der Diffusionsspannung ist für einen bestimmten PN-Übergang nur dadurch messbar, dass man ermittelt, bei welcher Höhe der Durchlassspannung ein merklicher Stromfluss einsetzt.

Damit über einen PN-Übergang in Durchlassrichtung ein Strom fließt, muss die angelegte Spannung größer als die Diffusionsspannung (Schwellenspannung) sein. Diese angelegte Mindestspannung wird als Schleusenspannung bezeichnet.

3.1.2 Kennlinie einer Diode

Am anschaulichsten wird das Verhalten eines Bauelements anhand seiner Spannungs-Strom-Kennlinie und sie zeigt, wie schon besprochen, die Abhängigkeit der Stromstärke von der Höhe der angelegten. Um die grundsätzliche Wirkungsweise einer Diode kennenzulernen, genügt die folgende Messschaltung zur Kennlinienaufnahme einer Diode. Wegen der durch Spannungs- und Strommesser bedingten Fehler muss die Messschaltung für die Durchlass- bzw. Sperrrichtung geändert werden.

Wird die Diode in Durchlassrichtung (Vorwärtsrichtung) betrieben, wenn die Anode positiv gegenüber der Katode ist, nimmt der Durchlassstrom I_D oder I_F (Forward) mit zunehmender Durchlassspannung U_D oder U_F zu. Entsprechend nimmt der Wert des Durchlasswiderstands der Diode mit zunehmender Spannung ab.

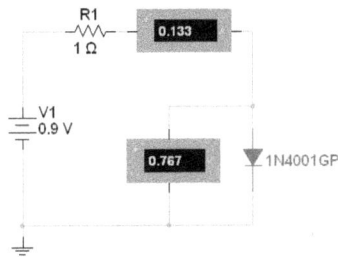

Abb. 3.6: Messschaltung zur statischen Aufnahme der Kennlinie des Diodentyps 1N4001 in Durchlassrichtung

Die Schaltung von Abb. 3.6 dient für die statische Aufnahme der Diodenkennlinie 1N4001 in Durchlassrichtung. Die Messung erfolgt nach Tabelle 3.1.

Tab. 3.1: Tabelle für die Berechnung des Bahnwiderstands der Diode 1N4001 in Durchlassrichtung aus der Diodenspannung und dem Diodenstrom

Spannung in V	0,5	0,55	0,6	0,65	0,7	0,75	0,8	0,85	0,9
Diodenspannung in mV	500	546	633	670	670	700	727	747	767
Diodenstrom in mA	1,96	4,2	8,7	17	30	59	73	102	133
Bahnwiderstand in Ω	255	130	72,8	39,4	22,3	11,9	10	7,3	5,7

Durch die Erhöhung der Spannungsquelle erhält man den jeweiligen Stromwert und hieraus lässt sich der Bahnwiderstand berechnen. Der Bahnwiderstand ist der Widerstand des Halbleiters zwischen der Sperrschicht und den beiden Diodenanschlüssen.

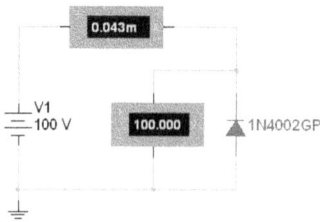

Abb. 3.7: Messschaltung zur statischen Aufnahme der Diodenkennlinie 1N4002 in Sperrrichtung

Die Schaltung von Abb. 3.7 dient für die statische Aufnahme der Diodenkennlinie einer 1N4002 in Sperrrichtung mit der Bezeichnung U_S oder U_R (Reverse Voltage). Die Messung erfolgt nach Tabelle 3.2.

Tab. 3.2: Tabelle für die Berechnung des Sperrwiderstands der Diode 1N4002 aus der Diodensperr-spannung und dem Diodensperrstrom. Über 102 V ist keine Simulation mehr möglich, denn der Strom hat bereits über 26 A.

Diodensperrspannung in V	80	90	100	100,5	101	101,5	102
Diodensperrstrom in A	14 µ	14 µ	43 µ	60 m	5,25 m	15,42	26,38
Sperrwiderstand in Ω	5,7 M	5,7 M	2,3 M	1,67 k	19	6,58	3,86

Bei der Diodenkennlinie ist grundsätzlich zwischen zwei Bereichen zu unterscheiden:
- Durchlassbereich: Solange die Spannung in Durchlassrichtung kleiner als die Schleusen-spannung des PN-Übergangs ist, fließt ein kaum messbarer Strom. Die Kennlinie verläuft noch sehr flach, was gleichbedeutend mit einem hohen Widerstand ist. Wird die Schleu-senspannung überschritten, so steigt der Strom stark an. Der Kennlinienverlauf wird steiler und dies lässt auf einen niedrigen Widerstandswert schließen.
- Sperrbereich: Legt man an eine Diode eine Spannung in Sperrrichtung, so fließt ein – wenn auch geringer – Strom. Er wird durch die Eigenleitung des Halbleiterstoffs bei Raumtemperatur ermöglicht und steigt – wie bereits durch Versuch nachgewiesen – mit zunehmender Erwärmung. Bis zur Höhe der Durchbruchspannung verläuft die Kennlinie sehr flach. Die Diode ist also in diesem Bereich sehr hochohmig. Beim Erreichen der Durchbruchspannung beginnt jedoch der Durchbruch von Ladungsträgern und der Strom steigt auch im Sperrbereich an. Hohe Spannung und zunehmender Strom ergeben aber eine zunehmende Leistung die man als Verlustleistung bezeichnet. Diese führt zu stärke-rer Erwärmung und innerhalb kurzer Zeit zur Zerstörung der Diode. Da die Spannungs-Strom-Kennlinie einer Diode nicht linear verläuft, ist ihr Widerstand nicht konstant. Er hängt von der Größe und Richtung der angelegten Spannung ab. Diese Erkenntnis ist für viele Messungen an Dioden oder PN-Übergängen von großer Bedeutung für die richtige Beurteilung des Messergebnisses.

Der Verlauf einer Diodenkennlinie lässt auch erkennen, dass man für das Verhalten der Diode keine mathematische Formel angeben kann. Eine genaue Beurteilung über das Verhalten einer Diode in einer bestimmten Schaltung ist daher nur mit Hilfe ihrer Kennlinie möglich.

Für die Dioden 1N4001 bis 1N4007 gelten folgende Sperrspannungen:

1N4001 $U_S =$ 50 V
1N4002 $U_S =$ 100 V
1N4003 $U_S =$ 200 V
1N4004 $U_S =$ 400 V
1N4005 $U_S =$ 600 V
1N4006 $U_S =$ 800 V
1N4007 $U_S =$ 1000 V

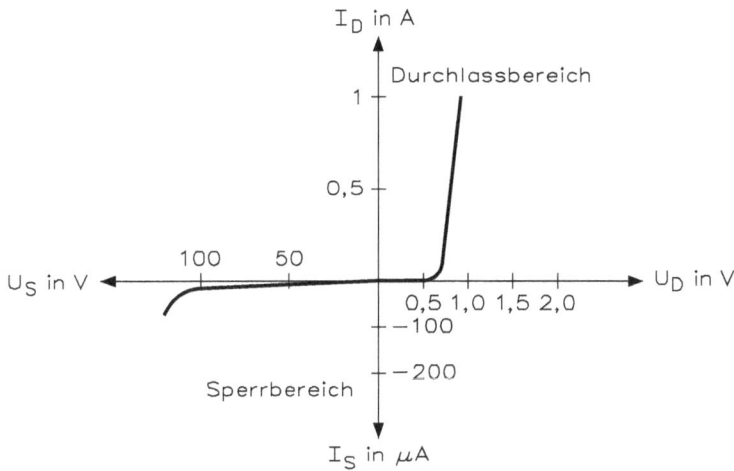

Abb. 3.8: Kennlinie der Diode 1N4002

Die Kennlinie von Abb. 3.8 zeigt das unterschiedliche Verhalten einer Diode im Durchlassbereich und im Sperrbereich. Im Durchlassbereich nimmt der Durchlassstrom I_D mit zunehmender Durchlassspannung U_D zu. Betrachtet man sich den Sperrbereich, hat der Sperrstrom I_S zunächst einen sehr geringen Wert, der sich auch nur wenig mit zunehmender Sperrspannung U_S ändert. Entsprechend hochohmig ist daher auch der Sperrwiderstand. Wenn die Sperrspannung jedoch die Durchbruchspannung überschreitet, erfolgt ein steiler Anstieg des Sperrstroms. Es kommt zum lawinenartigen Durchbruch und häufig zur unweigerlichen Zerstörung der Diode.

Eine weitere Ursache von Durchbrüchen in Sperrrichtung sind Einschlüsse von Verunreinigungen, z. B. von Schwermetallatomen, welche in großer Regelmäßigkeit das Kristallgitter in der Sperrschicht um den PN-Übergang erheblich stören. Man spricht von einem „weichen" Durchbruch oder von einem „Softfehler". Es entsteht eine „Degradierung" der Durchbruchspannung, jedoch ist dabei die Lage des Einschlusses entscheidend. Einschlüsse in der Raumladungszone um den PN-Übergang (ohne diesen zu durchdringen) verursachen „weiche" Durchbrüche, d. h. es fließt bereits ein beträchtlicher Leckstrom in Sperrrichtung, lange bevor die eigentliche Durchbruchspannung erreicht ist. Besonders Einschlüsse von Kupfer- oder Eisenatomen innerhalb der Raumladungszone führen zu weichen Durchbrüchen.

3.1.3   Statischer und dynamischer Innenwiderstand

Setzt man eine Diode in der Praxis ein, unterscheidet man zwischen dem statischen und dem dynamischen Innenwiderstand. Arbeitet man mit Gleichstrom, ergibt sich aus einer Spannungs- und Strommessung der statische Innenwiderstand R_I aus

$$R_I = \frac{U}{I}$$

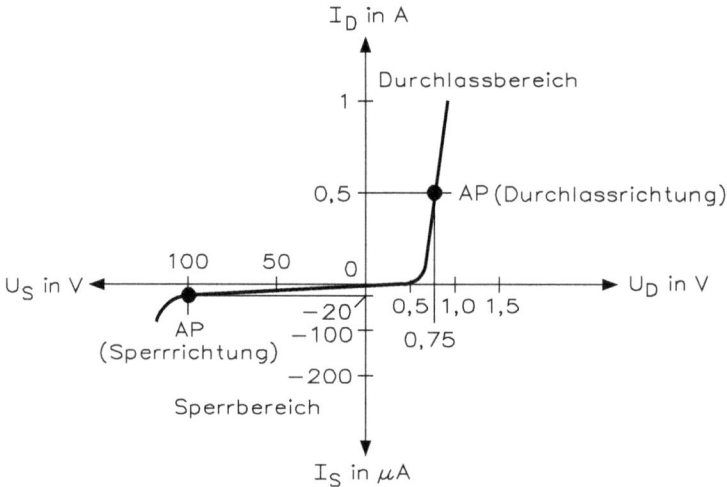

Abb. 3.9: Kennlinie der 1N4002 zur Bestimmung des statischen Innenwiderstands

Aus der Kennlinie von Abb. 3.9 lässt sich aus den beiden Arbeitspunkten AP jeweils der statische Innenwiderstand für den Durchlassbereich und für den Sperrbereich errechnen:

$$R_I = \frac{U}{I} = \frac{0,75\,V}{0,5\,A} = 1,5\,\Omega \qquad R_I = \frac{U}{I} = \frac{-100\,V}{-20\,\mu A} = 5\,M\Omega$$

Betreibt man eine Diode an Wechselspannung, die einer Gleichspannung überlagert ist, lässt sich der dynamische Innenwiderstand bzw. differentielle Widerstand einer Diode bestimmen. Aus der Kennlinie von Abb. 3.10 lässt sich der dynamische Innenwiderstand berechnen aus

$$r_i = \frac{\Delta U}{\Delta I} = \frac{0,81\,V - 0,74\,V}{0,75\,A - 0,25\,A} = \frac{0,07\,V}{0,5\,A} = 0,14\,\Omega$$

Der statische Innenwiderstand ergibt sich aus der Gleichspannung und dem Gleichstrom. Jenachdem, wo man den Arbeitspunkt auf der Kennlinie einträgt, ändert sich entsprechend der Innenwiderstand. Unter dem dynamischen Innenwiderstand versteht man den Widerstandswert, der sich aus der Spannungs- und Stromänderung ergibt. Dieser Wert stellt gewissermaßen den Wechselstromwiderstand des Bauelements dar.

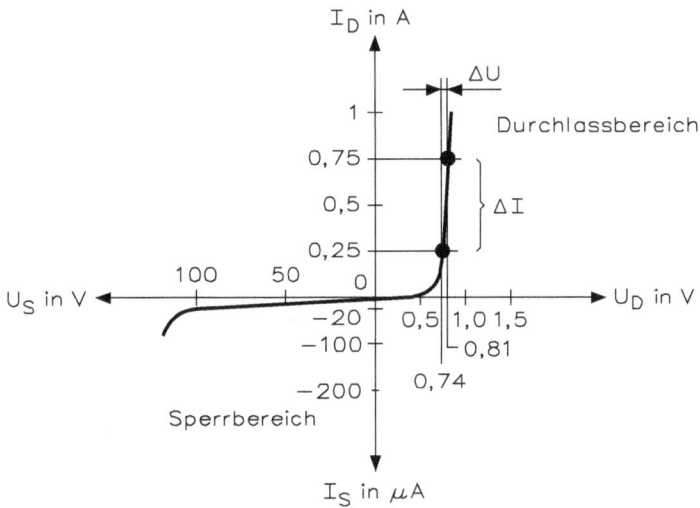

Abb. 3.10: Kennlinie der 1N4002 zur Bestimmung des dynamischen Innenwiderstands

3.1.4   Dynamische Aufnahme der Kennlinie

Für die dynamische Aufnahme einer Kennlinie benötigt man ein Oszilloskop. Ein Oszilloskop ist grundsätzlich ein spannungsempfindliches Messgerät und aus diesem Grunde kann man Ströme und Widerstände nicht direkt messen.

Der Strom (Gleich- oder Wechselstrom) wird normalerweise an dem Spannungsfall gemessen, den er an einem bekannten, induktivitätsfreien Widerstand erzeugt, also durch praktische Anwendung des Ohmschen Gesetzes.

Widerstände lassen sich auf gleiche Weise messen. Zuerst wird der Strom durch ein Bauelement bestimmt und dann der Spannungsfall über den unbekannten Widerstand gemessen. Eine zweite Anwendung des Ohmschen Gesetzes ergibt dann den ohmschen Wert des Widerstands.

Die folgenden Überlegungen zeigen, auf welche Art das gleiche Prinzip angewendet werden kann, um ein Oszilloskop als einfachen Kennlinienschreiber einzusetzen. Das Einfügen eines Widerstands in einen Schaltkreis wird den in diesem Kreis fließenden Strom reduzieren, aber es handelt sich um den reduzierten Stromwert, der tatsächlich gemessen wird.

Ein zweiter Fehler liegt in der Ungenauigkeit beim Ablesen des Oszilloskops vor. Dieser Fehler ist umso größer, je kleiner die Ablenkung des Strahls auf dem Bildschirm ist. Der gewählte Wert des Vorwiderstands muss also niederohmig sein, um eine zu große Reduzierung des Stroms zu vermeiden, und gleichzeitig so hochohmig sein, um eine ausreichende Ablenkung auf dem Bildschirm erzeugen zu können. Es gilt: je niederohmiger der Gesamtwiderstand der Schaltung ist, umso schwieriger wird die Auswahl.

In der Praxis hat sich gezeigt, dass das Verhältnis von Vorwiderstand zu Gesamtwiderstand von 1 : 100 für Gleichspannungsmessungen geeignet ist. Dieses Verhältnis ergibt eine Verfälschung des Stroms um 1 %. Ein solcher Fehler kann bei der Wechselspannungsmessung um den Faktor 10 verkleinert werden und zwar durch die Erhöhung des Verhältnisses auf 1 : 1000 und Wahl der 10-fachen Empfindlichkeit (AC × 10) des Oszilloskops.

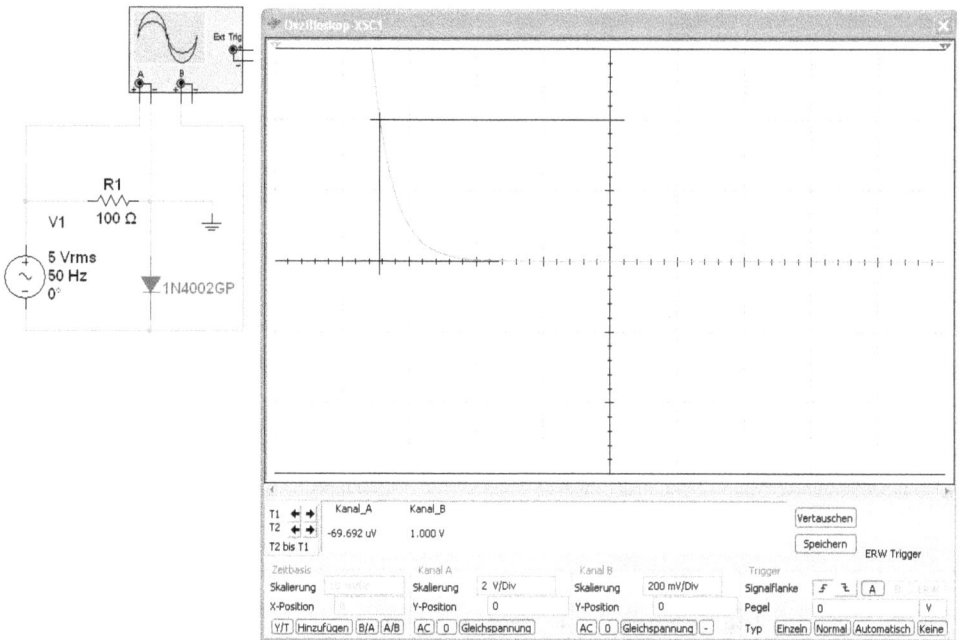

Abb. 3.11: Schaltung zur dynamischen Messung der Diodenkennlinie, wobei die Kennlinie gespiegelt dargestellt ist

Benutzt man das Oszilloskop, um auf der Y-Achse den Strom und auf der X-Achse die Spannung darzustellen, erhält man einen einfachen Kennlinienschreiber, wie Abb. 3.11 zeigt. Wenn die Darstellungen justiert sind, können die Werte des Stroms direkt abgelesen werden. Da dies aber in der Praxis kaum der Fall ist, muss eine Umrechnung erfolgen.

Die Y-Ablenkung, die durch den Spannungsfall über den 100-Ω-Widerstand erzeugt wird, ist proportional dem fließenden Strom, d. h.

$$\text{Y-Ablenkung} = \frac{2\,\text{V/Div}}{100\,\Omega} = 20\,\text{mA/Div}$$

Aus der Y-Ablenkung lässt sich aus der Messung der Innenwiderstand berechnen:

$$R_I = \frac{U}{I} = \frac{0{,}68\,\text{V}}{40\,\text{mA}} = 17\,\Omega$$

Im Arbeitspunkt hat die Diode einen Innenwiderstand von 17 Ω.

Statt dieser dynamischen Aufnahme der Kennlinie kann man mit einem Kennlinienschreiber arbeiten. Abb. 3.12 zeigt eine Kennlinie der Diode 1N4002 mit Aufnahme durch einen Kennlinienschreiber.

Ein Kennlinienschreiber ist relativ einfach aufgebaut und er enthält zwei Stromversorgungen zur Stimulierung des zu prüfenden Bauteils. Ein Spannungsgenerator simuliert den Steuerpin des Bauteils mit Gleichstrom oder -spannung. Zwei Verstärker überwachen den Strom durch

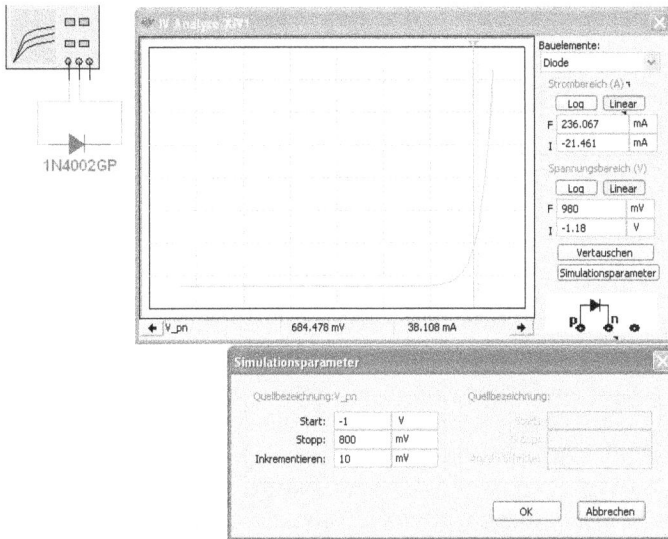

Abb. 3.12: Kennlinie der Diode 1N4002 mit Kennlinienschreiber

das Bauteil und steuern die vertikale und horizontale Ablenkung des Bildschirms, um die verschiedenen Messwerte darzustellen.

Kennlinienschreiber ermöglichen eine rasche Charakterisierung von zwei- und dreipoligen Bauelementen wie Dioden, Transistoren und so weiter. Sie ermöglichen die Erstellung der charakteristischen Strom-Spannungs-Kurven (I-U) des Bauteils mit hohen Spannungen und Strömen. Sobald die Kurven aufgenommen wurden, lassen sich mit Hilfe des Bildschirmcursors die jeweiligen Bauteilparameter extrahieren. Hierzu gehören Parameter, wie z. B. die Durchbruchspannung in Sperrrichtung einer Diode, die Kennlinien von MOSFETs oder die Gleichstromverstärkung eines Transistors. Derartige Parameteranalysen sind bei jeder Stufe des Entwurfs, der Entwicklung und der Herstellung von Halbleiterbauelementen erforderlich. Primär werden Kennlinienschreiber für eine Charakterisierung auf Bauteilebene in der Entwicklung, in der Fehleranalyse und für die Wareneingangsprüfung verwendet.

3.1.5 Einfache Messungen und Prüfungen an Dioden

Eine Diode bietet in der Elektrotechnik und Elektronik eine Vielzahl von Anwendungsmöglichkeiten. Wird sie nicht speziell für einen ganz besonderen Anwendungszweck hergestellt, bezeichnet man sie als Universaldiode. Dabei ist wichtig zu wissen, dass die Pfeilspitze des Symbols immer in die Durchlassrichtung (technische Stromrichtung!) des PN-Übergangs zeigt.

Dioden gehören zu den „Verbrauchern" elektrischer Energie. Über einen Verbraucher fließt der Strom von Plus nach Minus bzw. von der Anode zur Katode. Sinngemäß werden die beiden Anschlüsse einer Diode für die Durchlassrichtung mit Anode und Katode bezeichnet. Zur Kennzeichnung wird bei kleinen Bauformen allgemein die Anschlussseite der Katode mit einem weißen oder roten Farbring oder auch Farbpunkt versehen, auf größere Diodengehäuse wird einfach das Diodensymbol gedruckt. Die Katode einer Diode ist immer die Stromaustrittsstelle für die Durchlassrichtung.

Normalerweise sind die Anschlüsse handelsüblicher Dioden gekennzeichnet. In der Praxis kommt es jedoch vor, dass Farbringe oder -punkte verwischt sind oder die Diodenanschlüsse Anode und Katode äußerlich nicht erkennbar sind. Hier hilft in einfacher Weise ein Widerstands-Messinstrument (Ohmmeter).

Die Anschlussbuchsen bzw. Messschnüre eines Ohmmeters sind mit Ω^+ und Ω^- gekennzeichnet. Die im Ohmmeter vorhandene Batterie (meistens eine Einzelzelle mit 1,5 V) liegt mit ihrem Pluspol an der Ω^+-Buchse des Ohmmeters. Ihre Spannung ist größer als die Diffusions- oder Schwellenspannung der Dioden (Ge = 0,2 V; Se = 0,4 V; Si = 0,6 V).

Man legt eine Diode an die Messleitung eines Ohmmeters und vertauscht anschließend die beiden Messschnüre, wird die Diode mit der im Ohmmeter eingebauten Spannungsquelle einmal in Durchlassrichtung und zum anderen in Sperrrichtung betrieben. Den Durchlassbereich erkennt man an einem niedrig angezeigten Widerstandswert und die Sperrrichtung an einem hohen Widerstandswert. Bei Anzeige eines niedrigen Widerstandswertes ist der mit der Ω^--Buchse bzw. Ω^+-Messleitung des Ohmmeters verbundene Diodenanschluss die Katode.

Werden die Messungen mit einem Vielfachinstrument durchgeführt, so ist zu beachten, dass die Polarität dann umgekehrt ist! Bei Messungen an Halbleiter-Bauelementen mit einem Vielfachinstrument empfiehlt sich, die rot gekennzeichnete Messleitung an die Ω^--Buchse des Vielfachinstruments anzuschließen. Da in Gleichstromnetzen der Plusleiter immer rot gekennzeichnet wird, braucht man sich jetzt bei Messungen nur zu merken:

Rot $\hat{=}$ Ω^+

Zur Messung wird der Widerstandsbereich × 1k eingeschaltet. Bei diesem Messbereich liegt in der Skalenmitte ein Wert von ca. 30 kΩ bis 50 kΩ. Zur Messung benutzt man z. B. die Germaniumdiode AA118 und anschließend die Siliziumdiode, z. B. BA147.

Für die Diode AA118 ergeben sich etwa folgende Messwerte:
a) Durchlassbereich $\approx$ 2,5 kΩ
b) Sperrbereich $\approx$ 2 MΩ

Abb. 3.13 und Abb. 3.14 zeigt die Prüfung einer Diode in Durchlass- und Sperrrichtung.

Schaltet man für den Durchlassbereich den Ohmmeter-Messbereich auf × 10 um, so ergibt sich ein Durchlasswiderstand von etwa 200 Ω.

Dass sich für den Durchlassbereich sehr unterschiedliche Widerstandswerte bei Umschaltung des Messbereichs ergeben, hängt damit zusammen, dass der Innenwiderstand des Ohmmeters bei einer Messbereichsumschaltung ebenfalls geändert wird. Infolge der geänderten Reihenschaltung ist ein anderer Innenwiderstand vorhanden und das Verhalten ändert sich, aber auch die Teilspannung an der Diode. Von der Kennlinie einer Diode her weiß man, dass der statische Widerstand einer Diode sehr stark von der anliegenden Spannung abhängig ist.

Aus den gemessenen Widerstandswerten für den Durchlass- und Sperrbereich kann man aber auch – zumindest grob – auf die Funktionsfähigkeit der Diode schließen. Dafür gilt folgende Richtlinie: Bei einer einwandfreien Diode sollte das Verhältnis von gemessenem Sperrwiderstand zu gemessenem Durchlasswiderstand (im gleichen Widerstandsmessbereich) etwa 100 oder mehr betragen. Dieser Wert ist rein größenordnungsmäßig zu verstehen. Für Si-Dioden

kleiner Widerstandswert

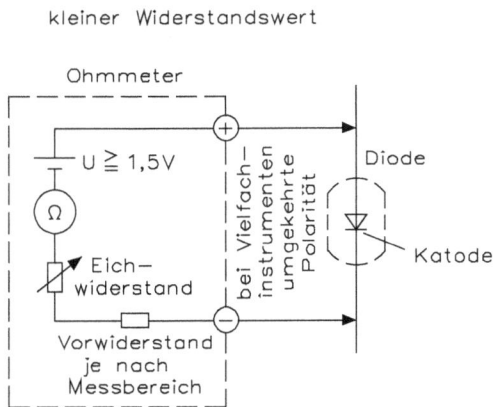

Abb. 3.13: Prüfung der Durchlassrichtung

großer Widerstandswert

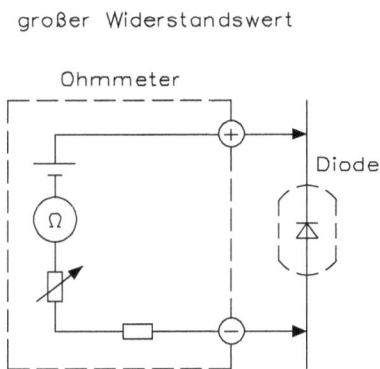

Abb. 3.14: Prüfung der Sperrrichtung

muss dieses Verhältnis größer sein als für Ge-Dioden, da Si-Dioden einen kleineren Durch-lasswiderstand und einen größeren Sperrwiderstand aufweisen.

Die Messungen mit einem Ohmmeter lassen erkennen, dass man Dioden auch mit einfachen Mitteln verhältnismäßig schnell prüfen kann. Solche Messungen kann man später auch an Transistoren und anderen Bauelementen vornehmen.

3.1.6 Kennlinien verschiedener Dioden

Um einen grundsätzlichen Vergleich zwischen Dioden aus den verschiedenen Halbleiter-stoffen zu ermöglichen, sollen die Kennlinien einer Germaniumdiode (AA118) und einer Siliziumdiode (BA147) aufgenommen und in einem Diagramm dargestellt werden. Da die Sperrspannung für Germanium- und vor allem Siliziumdioden schon verhältnismäßig hoch liegt, muss auf die versuchsmäßige Aufnahme (Praxisversuch mit realen Bauteilen) der Sperr-kennlinien bis zum Durchbruch verzichtet werden. Die Sperrkennlinien für die gemessenen Dioden wurden nach Herstellerangaben in das Kennlinienfeld eingetragen. Für den Sperrbereich genügt eine Messung bis etwa 50 V. Zur Kennlinienaufnahme kann man sich der schon bekannten Messschaltungen bedienen.

Wegen des Übergangs von hochohmigem zu niederohmigem Verhalten im Durchlassbereich ergeben sich genaugenommen Messfehler für den Bereich unterhalb der Diffusionsspannung. Da jedoch beide Dioden in der gleichen Messschaltung untersucht werden, ist trotz dieser Messfehler ein Vergleich möglich. Zudem machen sich Messfehler unterhalb der Diffusionsspannung wegen des größeren Maßstabs im Durchlassbereich der Kennlinie praktisch nicht bemerkbar. Zeichnet man die Kennlinien, so ist folgendes zu erkennen:

a) Die Kennlinie der Siliziumdiode verläuft im Durchlassbereich oberhalb der Diffusionsspannung steiler als bei der Germaniumdiode. Die Siliziumdiode besitzt also im Vergleich zur Germaniumdiode den kleineren dynamischen Durchlasswiderstand.

b) Der Kennlinienknick im Durchlassbereich lässt auf die Diffusionsspannungen schließen (ca. 0,2 V für Germanium und ca. 0,6 V für Silizium). Für bestimmte Aufgaben ist die hohe Diffusionsspannung von Si-Dioden ungünstig. Si-Dioden sind nicht als Messgleichrichter oder Hochfrequenz-Gleichrichter geeignet.

c) Im Sperrzustand fließt über die Dioden nur ein sehr geringer Sperrstrom in der Größenordnung von µA, bei der Siliziumdiode sogar nur in der Größenordnung von nA. Das beweist, dass der Sperrwiderstand von Si-Dioden um mehrere Größenordnungen größer sein kann als der von Ge-Dioden. An den Sperrkennlinien zeigt sich auch deutlich der Übergang zum Ladungsträgerdurchbruch in der Nähe der Durchbruchspannung.

d) Kommt es auf eine hohe Durchbruchspannung an, so ist die Siliziumdiode allen anderen Halbleiterdioden weit überlegen.

Da Selenzellen (wurden bis 1970 hergestellt) meistens nur aus Leistungsgleichrichtern verfügbar sind, ist ein unmittelbarer Vergleich in dem für Kleinleistungsdioden dargestellten Kennlinienfeld nicht möglich. Die wichtigsten Eigenschaften der drei Gleichrichterarten sind in Tabelle 3.3 zusammengestellt.

Tab. 3.3: Eigenschaften der drei Gleichrichterdioden

	Durchbruch-spannung	Diffusions-spannung	Strom-belastbarkeit	Zul. Grenz-temperatur	Wirkungs-grad	Verwendung als
	V	V	$\frac{A}{cm^2}$	°C	%	
Selenzelle	20–30	0,45	0,1	80	80	Netzgleichrichter, Gegenzelle, Gehörschutz
Germanium-diode	20–120	0,20	80	75	90	HF-Gleichrichter, Begrenzer, Schalter, Messgleichrichter
Silizium-diode	100–5000	0,65	200	150	99,6	Leistungsgleich-richter, Begrenzer, Schalter, Kapazitätsdiode

3.1.7 Aufbau von Datenblättern

Der Aufbau der Datenblattangaben entspricht folgendem Schema:
- Kurzbeschreibung
- Abmessungen (mechanische Daten)
- absolute Grenzdaten
- thermische Kenngrößen, Wärmewiderstände
- elektrische Kenngrößen.

Falls es in der Praxis erforderlich ist, sind die Datenblätter mit entsprechenden Vermerken zu versehen, die zusätzliche Informationen über den betriebenen Typ vermitteln.

In der Kurzbeschreibung sind neben der Typenbezeichnung die verwendeten Halbleitermaterialien, die Zonenfolge, die Technologie, die Art des Bauelements und gegebenenfalls der Aufbau gezeigt. Stichwortartig werden die typischen Anwendungen und die besonderen Merkmale aufgeführt.

Für jeden Typ sind in einer Zeichnung die wichtigsten Abmessungen und die Reihenfolge der Anschlüsse dargestellt. Ein Schaltbild ergänzt diese Information. Bei den Gehäuseabbildungen werden die DIN-, JEDEC-, bzw. handelsübliche Bezeichnungen aufgeführt. Das Gewicht des Bauelements ergänzt diese Angaben.

Wenn keine Maßtoleranzen eingetragen sind, gilt folgendes: Die Werte für die Länge der Anschlüsse und für die Durchmesser der Befestigungslöcher sind Minimalwerte. Alle anderen Maße sind dagegen Maximalwerte.

Die genannten Grenzdaten sind absolute Werte und bestimmen die maximal zulässigen Betriebs- und Umgebungsbedingungen. Wird eine dieser Bedingungen überschritten, kann das zur Zerstörung des betreffenden Bauelements führen. Soweit nicht anders angegeben, gelten die Grenzdaten mit einer Umgebungstemperatur von 25 °C. Die meisten Grenzdaten sind statische Angaben und für den Impulsbetrieb werden die zugehörigen Bedingungen genannt.

Die Grenzdaten sind voneinander unabhängig, d. h. ein Gerät, das Halbleiterbauelemente enthält, muss so dimensioniert sein, dass die für die verwendeten Bauelemente festgelegten absoluten Grenzdaten auch unter ungünstigsten Betriebsbedingungen nicht überschritten werden. Diese können hervorgerufen werden durch Änderungen
- an der Betriebsspannung (intern durch einen defekten Spannungsregler, nicht richtig dimensionierter Ausgangsleistung oder durch externe Netzstörungen verursacht)
- den Eigenschaften der übrigen elektrischen bzw. elektronischen Bauelemente im Gerät
- den Einstellungen innerhalb des Geräts
- der Belastung am Ausgang oder durch Umwelteinflüsse (Wärme, Feuchtigkeit usw.)
- der Ansteuerung am Eingang und zusätzliche elektrische und mechanische Störungen auf das gesamte System
- den verschiedenen Umgebungsbedingungen
- der Eigenschaften der Bauelemente selbst (z. B. durch Alterung, Verschmutzung oder Verunreinigung durch unsachgemäßen Einbau oder Service, Feuchtigkeit, elektrische bzw. magnetische Einstrahlungen)

Einige thermische Größen, z. B. die Sperrschichttemperatur, der Lagerungstemperaturbereich und die Gesamtverlustleistung, begrenzen den Anwendungsbereich. Daher sind die Werte und Daten im Abschnitt „Absolute Grenzdaten" der Datenblätter aufgeführt. Für die Wärmewiderstände ist ein gesonderter Abschnitt in den Datenblättern vorgesehen. Die Temperaturkoeffizienten sind bei den zugehörigen Parametern unter „Kenngrößen" eingeordnet.

Die für den Betrieb und die Funktion des Bauelements wichtigsten elektrischen Parameter (Minimal-, typische und Maximal-Werte) werden in den Datenblättern mit den zugehörigen Messbedingungen und ergänzenden Kurven aufgeführt. Besonders wichtige Parameter sind mit AQL-Werten (Acceptable Quality Level) ergänzt.

Sind Datenblätter mit „vorläufigen technischen Daten" versehen, so wird mit dieser Angabe darauf hingewiesen, dass sich einige für den betreffenden Typ angegebenen Daten noch geringfügig ändern können. Sind Datenblätter dagegen mit dem Hinweis „nicht für Neuentwicklungen" versehen, sind diese Bauelemente für die laufende Serie erhältlich. Neuentwicklungen sollten damit nicht vorgenommen werden.

3.1.8   Begriffserklärungen zu Dioden

Mittels den Begriffserklärungen zu den Dioden ergeben sich weitere Hinweise für den Einsatz in der Praxis. Die folgenden Werte lassen sich zum Teil in der Simulation einstellen.

- Bahnwiderstand r_b (bulk resistance): Widerstand des Halbleitermaterials zwischen der Sperrschicht und den Diodenanschlüssen.
- Dämpfungswiderstand r_p (parallel resistance): Bei HF-Gleichrichtung durch eine Diode bewirkt dieser Parallelwiderstand, dass mit dieser Gleichrichterschaltung ein vorgeschalteter Schwingkreis bedämpft wird.
- Differentieller Widerstand r_d (differential resistance): Entspricht dem Durchlasswiderstand bzw. dem Sperrwiderstand.
- Diodenkapazität C_D (diode capacitance): Gesamte zwischen den Diodenanschlüssen wirksame Kapazität, die sich aus der Gehäusekapazität, der Sperrschichtkapazität und eventuell zusätzlichen parasitären Kapazitäten zusammensetzt.
- Durchbruchspannung U_{BR} (breakdown voltage): Spannung in Sperrrichtung und von dieser ab wird eine geringe Spannungserhöhung einen steilen Anstieg des Sperrstroms verursachen. Sie wird angegeben als Spannung bei einem bestimmten, in den Datenblättern vermerkten Wert des Sperrstroms.
- Durchlassspannung U_F (forward voltage): Spannung an den Anschlüssen der Diode, die so gepolt ist, dass ein Durchlassstrom fließt bzw. die im Durchlasszustand an den Anschlüssen der Diode auftretende Spannung.
- Durchlassstrom I_F (forward current): Der im Durchlasszustand durch die Diode fließende Strom.
- Durchlassverzögerungszeit: Siehe unter Vorwärtserholzeit.
- Durchlasswiderstand r_F (forward resistance): Quotient von Durchlassspannung und zugehörigem Durchlassstrom.
- Durchlasswiderstand, differentieller Δr_F (forward resistance, differential): Widerstand für kleine Wechselspannungen bzw. Wechselströme in einem Punkt der Kennlinie in Durchlassrichtung.
- Gehäusekapazität C_{Case} (Case capacitance): Kapazität des Gehäuses ohne Halbeiterbauelement.
- Integrationszeit t_{av} (integration time): Die in den „Technischen Daten" unter „Absolute Grenzdaten" genannten Gleichwerte können mit Einschränkung kurzzeitig überschritten

werden. Maßgebend ist der arithmetische Mittelwert von Strom bzw. Spannung, der über ein Zeitintervall mit der Dauer der Integrationszeit gebildet wird. Für jedes Zeitintervall dieser Dauer darf der arithmetische Mittelwert die absoluten Grenzwerte von Strom bzw. Spannung nicht überschreiten.

- Richtstrom I_{FAV} (average rectified output current): Arithmetischer Mittelwert des Durchlassstroms bei Verwendung einer Diode als einzelner Gleichrichter oder innerhalb einer Gleichrichterbrücke. Der maximal zulässige Richtstrom hängt von dem Scheitelwert der in den Stromstoßpausen anliegenden Sperrspannung ab. Unter „Absolute Grenzdaten" sind angegeben der maximal zulässige Richtstrom für Diodenspannung Null in der Stromflussphase oder der maximal zulässige Richtstrom für Belastung der Diode mit einem Scheitelwert U_{RRM} in der Stromflussphase. Bemerkung: I_{FAV} nimmt mit zunehmender Belastung in Sperrrichtung während der Stromflussphasen ab.
- Effektiver Durchlassstrom $I_v = I_{FRMS}$: Es ist in der Praxis üblich, den Quotienten des effektiven Durchlassstroms $I_v = I_{FRMS}$ = (Forward Root Mean Square = quadratischer Mittelwert = Effektivwert in Flussrichtung) zum arithmetischen Mittelwert I_v des Ausgangsstroms anzugeben.
- Richtwirkungsgrad, Spannungsrichtverhältnisse μ_r (rectification efficiency): Maß für den Wirkungsgrad bei der Gleichrichtung von HF-Wechselspannungen. Sie stellt das Verhältnis der Gleichspannung am Lastwiderstand (Richtspannung) zum Scheitelwert der sinusförmigen HF-Eingangswechselspannung dar.

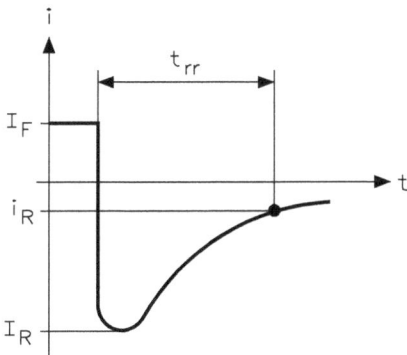

Abb. 3.15: Zeitliche Angaben für den Sperrverzug bei Dioden, wenn der Strom sprungartig geändert wird

- Rückwärtserholzeit, Sperrverzögerungszeit, Sperrverzug t_{rr} (reverse recovery time): Wie Abb. 3.15 zeigt, gibt die Zeitspannung t_{rr} an, die der Strom benötigt, um einen bestimmten festgelegten Sperrstrom i_R zu erreichen, wenn sprungförmig von einem bestimmten Durchlassstrom I_F auf eine angegebene Sperrbedingung (z. B. I_R) umgeschaltet wird.
- Serienwiderstand r_S (series resistance): Der in der Ersatzschaltung angegebene Widerstand, der sich aus dem Bahnwiderstand, dem Kontaktwiderstand und dem Widerstand der Zuleitungen zusammensetzt.
- Sperrschichtkapazität C_J (Junction capacitance): Kapazität zwischen den beiden an die Sperrschicht der Diode angrenzenden Bereichen. Sie nimmt mit steigender Sperrspannung ab.

- Sperrspannung U_R (reverse voltage): Spannung an den Anschlüssen der Diode, die so gepolt ist, dass ein Sperrstrom fließt bzw. die im Sperrzustand an den Anschlüssen der Diode auftretende Spannung.
- Sperrstrom I_R (reverse current): Der im Sperrzustand durch die Diode fließende Strom.
- Sperrverzögerungszeit: Siehe Rückwärtserholzeit.
- Sperrverzug: Siehe Rückwärtserholzeit.
- Sperrwiderstand R_R (reverse resistance): Quotient von Sperrspannung und zugehörigem Sperrstrom.
- Sperrwiderstand, differentieller Δr_r (reverse resistance, differential): Widerstand für kleine Wechselspannungen bzw. Wechselströme in einem Punkt der Kennlinie innerhalb der Sperrrichtung.
- Spitzendurchlassstrom I_{FRM} (peak forward current): Scheitelwert des Durchlassstroms bei sinusförmigem Betrieb für eine Betriebsfrequenz $f \geq 25\,Hz$ bzw. bei nicht sinusförmigem Betrieb für eine Impulsfolgefrequenz $f \geq 25\,Hz$ und für ein Tastverhältnis $t_P/T \leq 0,5$.
- Spitzensperrspannung U_{RRM} (peak reverse voltage): Scheitelwert der Sperrspannung für eine Betriebsfrequenz $f \geq 25\,Hz$ sowohl bei sinusförmiger als auch bei rechteckförmiger Aussteuerung.
- Stoßdurchlassstrom I_{FSM} (peak surge forward current): Höchstzulässiger Überlastungsstromstoß in Durchlassrichtung mit einer maximalen Dauer von 1 s, falls nicht anders angegeben. Der Stoßdurchlassstrom ist kein definierter Betriebswert. Bei Wiederholungen können bleibende Änderungen zum Nachteil der Kennwerte und damit für das Bauteil auftreten.
- Stoßsperrspannung U_{RSM} (peak surge reverse voltage): Höchstzulässiger Überlastungsspannungsstoß in Sperrrichtung. Die Stoßsperrspannung ist kein Betriebswert. Bei Wiederholungen können bleibende Änderungen in den Kennwerten zum Nachteil des Bauelements auftreten.
- Verlustleitung P_v (power dissipation): In Wärme umgesetzte elektrische Leistung. Falls nicht anders angegeben, ist der unter „Absolute Grenzdaten" aufgeführte Wert für den Fall definiert, dass die Diodenanschlüsse in einem definierten Abstand vom Gehäuse auf der Umgebungstemperatur $f_{am} = 25\,°C$ gehalten werden.

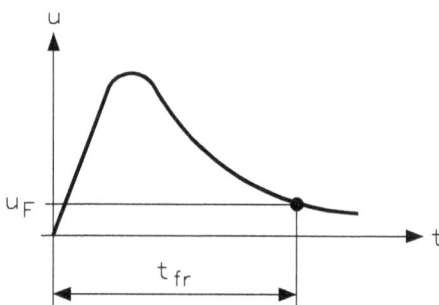

Abb. 3.16: Zeitliche Angaben über die Vorwärtserholzeit, die Durchlassverzögerungszeit und den Durchlassverzug t_{fr} für Dioden

- Vorwärtserholzeit, Durchlassverzögerungszeit, Durchlassverzug t_{fr} (forward recovery time): Abb. 3.16 zeigt die Zeitspanne, die die Spannung benötigt, um einen bestimmten festgelegten Wert u_F zu erreichen, wenn sprungförmig von der Spannung Null oder von einer bestimmten Sperrspannung auf eine angegebene Durchlassbedingung umgeschaltet wird. Diese Verzögerungszeit ist besonders bemerkbar, wenn große Ströme in kurzer Zeit geschaltet werden. Die Ursache ist, dass der Durchlasswiderstand im Einschaltzeitpunkt wesentlich größer sein kann als der Durchlasswiderstand für Gleichstrom (induktives Verhalten). Dieses kann bei Stromsteuerung zu hohen Augenblickswerten der Verlustleistung und damit zur Zerstörung der Dioden führen.

3.2 Gleichrichterschaltungen mit Dioden

Wegen ihres ausgeprägten Durchlass- oder Sperrverhaltens wird die Diode zur Gleichrichtung von Wechselströmen eingesetzt. Schaltet man in einen Wechselstromkreis eine Diode in Reihe zum Verbraucher, so kann der Strom immer nur in einer Richtung – nämlich in Durchlassrichtung der Diode – fließen, denn für die entgegengesetzte Stromrichtung ist die Diode so hochohmig, dass praktisch ein kaum messbarer Strom fließt.

Die Berechnung der Verlustleistung einer Diode ist

$$P_v = U_F \cdot I_F$$

P_v = allgemeine Verlustleistung in W

U_F = Durchlassspannung in V

I_F = Durchlassstrom in A

P_{max} = maximale Verlustleistung in W

P_{tot} = Gesamtverlustleistung in W

Die Gesamtverlustleistung einer Diode beträgt $P_{tot} = 1\,W$, d. h. die maximale oder zulässige Verlustleistung liegt dann bei

$$P_{max} = 0{,}9 \cdot P_{tot}$$

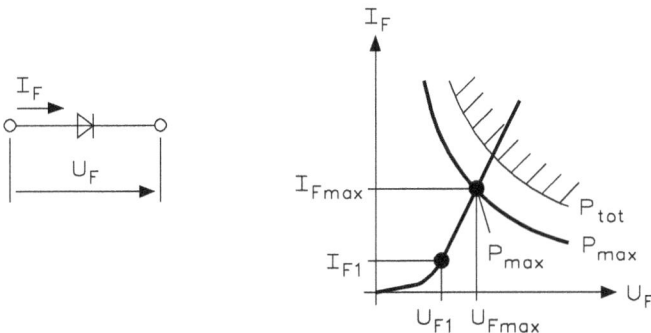

Abb. 3.17: Symbol und die Verlustleistung für eine Diode

Beispiel: Die zulässige Verlustleistung ist zu berechnen mit den Daten für $U_F = 0,7\,V$; $P_{tot} = 1\,W$; $I_F = ?$

$$I_F = \frac{P_{max}}{U_F} = \frac{0,9 \cdot 1\,W}{0,7\,V} = 1,28\,A$$

Abb. 3.17 zeigt das Symbol und die Verlustleistung für eine Diode.

3.2.1 Einweggleichrichtung

Die einfachste Form des Wechselstroms ist der sinusförmige Wechselstrom, d. h., das Spannungs- bzw. Strom-Zeit-Diagramm stellt eine Sinuskurve dar. Im Stromkreis mit einge-schalteter Diode kann aber von den beiden Halbwellen des Wechselstroms nur eine wirklich über den Verbraucher fließen und während der anderen Halbperiode ist die Diode gesperrt. Wenn aber kein Strom über den Verbraucherwiderstand fließt, dann tritt an ihm auch kein Spannungsfall auf. Man erkennt daraus, dass der Verbraucherwiderstand R nur während einer Halbperiode Strom oder Spannung erhält. Wegen dieser Eigenschaft bezeichnet man die ein-fachste Gleichrichterschaltung als Einweggleichrichterschaltung oder kurz Einwegschaltung.

Abb. 3.18 zeigt die Einwegschaltung und diese hat die Kurzbezeichnung M1U oder Einpuls-Mittelpunktschaltung mit Diode. Das Oszilloskop zeigt den zeitlichen Verlauf des Gleich-stroms, der durch eine Einweggleichrichterschaltung aus sinusförmigem Wechselstrom gewonnen wurde. Da der Strom am Widerstand R einen Spannungsfall ohne Phasenverschie-bung verursacht, hat die Spannung am Widerstand R den gleichen zeitlichen Verlauf. Man

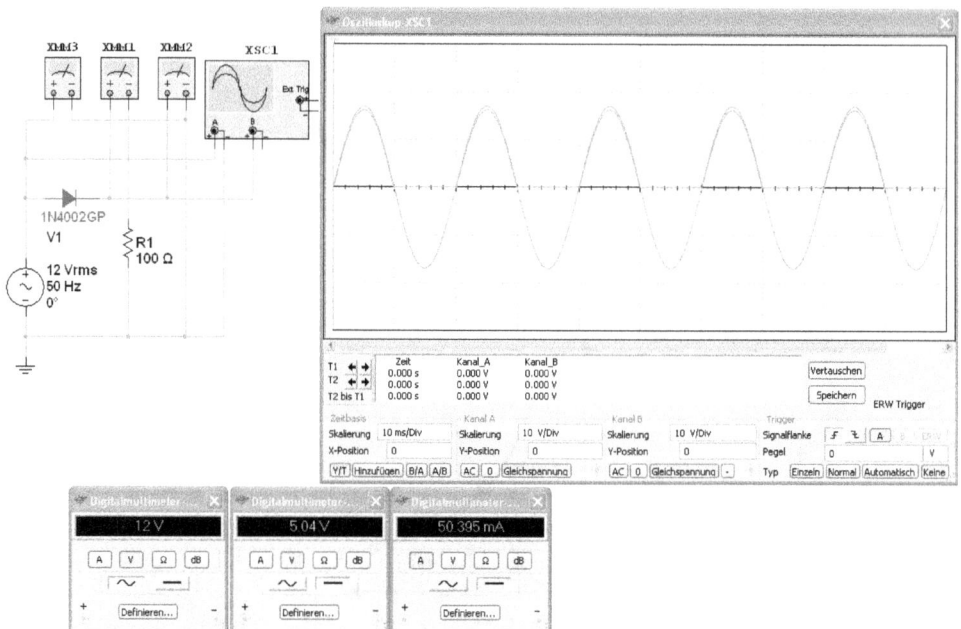

Abb. 3.18: Einwegschaltung mit Diode

bezeichnet diese Stromart in der Stromversorgungstechnik als pulsierenden Gleichstrom. Zur Darstellung des zeitlichen Verlaufs bietet sich das Oszilloskop an.

Der Y_A-Eingang des Oszilloskops ist auf AC und Y_B auf DC zu schalten. Ist der Schalter geschlossen, so zeigt sich auf dem Bildschirm ein sinusförmiges Wechselstromdiagramm. Man erkennt deutlich die Übereinstimmung mit dem in Abb. 3.17 dargestellten Diagramm. Die Ausgangsspannung ist um $U_D = 0,7$ V geringer als die Eingangsspannung. Vom Gleichstrom spricht man noch nicht, sondern von einem pulsierenden Gleichstrom.

In erster Annäherung kann man die Frequenz der Welligkeit mit der Frequenz des gleichgerichteten Wechselstroms gleichsetzen; d. h., ein durch Einwegschaltung gleichgerichteter Wechselstrom mit f = 50 Hz erzeugt in einem Kopfhörer oder Lautsprecher einen tiefen Ton mit f = 50 Hz.

Der zeitliche Mittelwert der pulsierenden Gleichspannung ist bei Einweggleichrichtung verhältnismäßig gering und er beträgt nur 45 % vom Effektivwert der Wechselspannung, d. h. dass – abgesehen von den Spannungsverlusten an der Diode – ein Spannungsmesser vor der Diode eine Wechselspannung von 12 V zeigt, hinter der Diode dagegen nur eine Gleichspannung von 5 V anzeigen wird, und das ist in der Messschaltung mit Hilfe der beiden Spannungsmesser nachweisbar.

Mittels der simulierten Schaltung kann man folgende Schaltungskennwerte berechnen, wobei u_E mit U_E ist

$$u_E = \frac{U_{max}}{\sqrt{2}}$$

- Spitzenwert der Ausgangsspannung: $\quad U_{glmax} = U_{max} = \sqrt{2} \cdot U_E$
- Arithmetischer Mittelwert der Gleichspannung: $\quad U_- = 0,318 \cdot U_{max} = 0,45 \cdot U_E$
- Spitze-Spitze-Wert der Brummspannung: $\quad U_{BrSS} = U_{max} = \sqrt{2} \cdot U_E$
- Frequenz der Brummspannung: $\quad U_{Br} = f_E$, wobei f_E die Frequenz

  der Eingangsspannung u_E ist

- Spitzenwert des Ausgangsstroms: $\quad I_{FM} = \dfrac{\sqrt{2} \cdot U_E}{R_1}$

- Arithmetischer Mittelwert des Gleichstroms: $\quad I_- = 0,318 \cdot I_{FM} = 0,45 \cdot I_E = \dfrac{U_-}{R_1}$

  $$\text{mit } I_E = \frac{U_E}{R_1} = \frac{I_{FM}}{\sqrt{2}}$$

Bei allen Gleichrichterschaltungen ist darauf zu achten, dass die Dioden nicht überlastet werden. Es sind folgende Werte zu beachten:
- Spitzenwert des Stroms in Durchlassrichtung: $\quad I_{FM} = \dfrac{\sqrt{2} \cdot U_E}{R_1}$

- Spitzenwert der Spannung in Sperrrichtung: $\quad U_{BM} = \sqrt{2} \cdot U_E$

Es ergibt sich für die simulierte Schaltung in Abb. 3.18:
- Spitzenwert der Ausgangsspannung: $\quad U_{max} = \sqrt{2} \cdot U_E = 1,41 \cdot 12\,\text{V} = 17\,\text{V}$
- Arithmetischer Mittelwert der Gleichspannung: $U_- = 0,45 \cdot U_E = 1,41 \cdot 12\,\text{V} = 17\,\text{V}$
- Spitze-Spitze-Wert der Brummspannung: $\quad U_{BrSS} = \sqrt{2} \cdot U_E = 1,41 \cdot 12\,\text{V} = 17\,\text{V}$
- Frequenz der Brummspannung: $\quad f_E = 50\,\text{Hz}$

Ein wesentlicher Nachteil der Einwegschaltung ist, dass nur je eine Halbperiode des Wechselstroms ausgenutzt wird. Um aus pulsierendem Gleichstrom reinen Gleichstrom (gleichbleibende Größe) zu gewinnen, muss man hinter den Gleichrichter eine Siebkette schalten.

3.2.2   Zweiweggleichrichter

Die Zweiweggleichrichter-Schaltung wird auch als Zweiwegschaltung bezeichnet oder man verwendet die Kurzbezeichnung M2U. Beide Halbwellen des Wechselstroms in der M2U werden ausgenutzt, aber man benötigt für die Realisierung einen Netztransformator mit zwei Sekundärwicklungen. Die Schaltung wurde früher überwiegend für Netzgleichrichter mit Röhren angewandt.

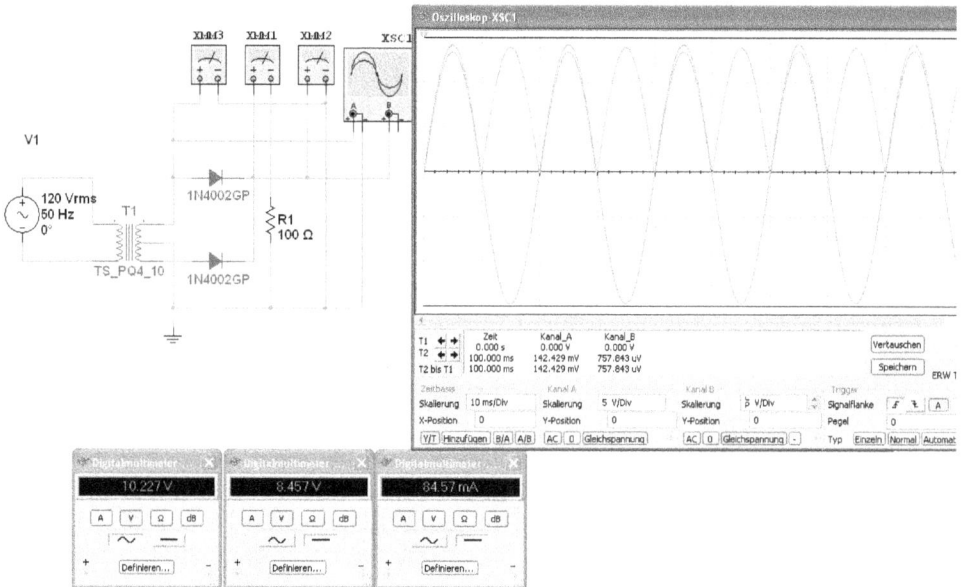

Abb. 3.19: Zweiweggleichrichter

Für die Zweiwegschaltung in Abb. 3.19 wird ein Transformator mit zwei in Reihe geschalteten Sekundärwicklungen benötigt. Wegen dieses Aufwands hat die Zweiwegschaltung in Stromversorgungsanlagen keine Bedeutung mehr. Betrachtet man den Zustand der Gleichrichterdioden, gilt für die positive Halbwelle, dass die obere Diode leitend und die untere gesperrt ist. Dagegen ist für die negative Halbwelle nur die untere Diode durchlässig und die obere gesperrt. Aufgrund der Schaltung werden aber jetzt beide Halbwellen des Wechselstroms in gleicher Richtung über den Verbraucher geleitet. Der Verbraucher erhält pulsierenden Gleichstrom, dessen zeitlicher Verlauf in Abb. 3.19 wiedergegeben ist. In erster Annäherung ergibt sich für die Welligkeit des pulsierenden Gleichstroms die doppelte Frequenz gegenüber dem zugeführten Wechselstrom. Ein nachgeschalteter Kopfhörer würde bei Gleichrichtung eines Wechselstroms mit f = 50 Hz einen Ton mit f = 100 Hz wiedergeben (1 Oktave höher).

Mittels der simulierten Schaltung von Abb. 3.19 kann man folgende Schaltungskennwerte berechnen, wobei u_E mit U_E gleich ist

$$u_E = \frac{U_{max}}{\sqrt{2}}$$

- Spitzenwert der Ausgangsspannung: $U_{glmax} = U_{max} = \sqrt{2} \cdot U_E$
- Arithmetischer Mittelwert der Gleichspannung: $U_- = 0{,}636 \cdot U_{max} = 0{,}45 \cdot U_E$
- Spitze-Spitze-Wert der Brummspannung: $U_{BrSS} = U_{max} = \sqrt{2} \cdot U_E$
- Frequenz der Brummspannung: $U_{Br} = 2 \cdot f_E$, wobei f_E die Frequenz der Eingangsspannung u_E ist

- Spitzenwert des Ausgangsstroms: $I_{FM} = \dfrac{\sqrt{2} \cdot U_E}{R_1}$
- Arithmetischer Mittelwert des Gleichstroms: $I_- = 0{,}636 \cdot I_{FM} = 0{,}45 \cdot I_E = \dfrac{U_-}{R_1}$

$$\text{mit } I_E = \frac{U_E}{R_1} = \frac{I_{FM}}{\sqrt{2}}$$

3.2.3 Brückengleichrichter

Die in Abb. 3.20 wiedergegebene Brückenschaltung verbindet die Vorteile eines einfachen Aufbaus mit der Ausnutzung beider Halbwellen des Wechselstroms, denn hier ist kein teurer Transformator mit zwei Sekundärwicklungen erforderlich. Die Brückenschaltung wird daher zur Wechselstrom-Gleichrichtung am häufigsten angewandt. Sie besteht aus vier zu einer Brücke zusammengeschalteten Dioden. Dieser Brückengleichrichter wird auch als Zweipuls-Brückenschaltung oder mit B2U gekennzeichnet.

Die Wirkungsweise lässt sich am einfachsten erklären, wenn man die Schaltung jeweils bei positiver und negativer Halbwelle des zugeführten Wechselstroms betrachtet. Man nimmt an, dass bei der positiven Halbwelle der Strom vom oberen Anschluss der Wechselstromquelle abfließt. Für diese Stromrichtung sind aber nur zwei Dioden durchlässig, während die anderen zwei Dioden sperren. Den Nachweis für die Richtigkeit dieser Überlegungen lässt sich mit dem Oszilloskop überprüfen.

Auch hier zeigt sich die Übereinstimmung mit dem in Abb. 3.20 dargestellten Diagramm. Da bei der Brückengleichrichtung beide Halbwellen des zugeführten Wechselstroms ausgenutzt werden, ist der zeitliche Mittelwert der am Verbraucher R_1 liegenden pulsierenden Gleichspannung entsprechend doppelt so groß wie bei der Einweggleichrichtung. Er beträgt 90 % vom Effektivwert der angelegten Wechselspannung, was an den simulierten Spannungsmessern abzulesen ist.

Mittels der simulierten Schaltung von Abb. 3.20 kann man folgende Schaltungskennwerte berechnen, wobei u_E mit U_E gleich ist

$$u_E = \frac{U_{max}}{\sqrt{2}}$$

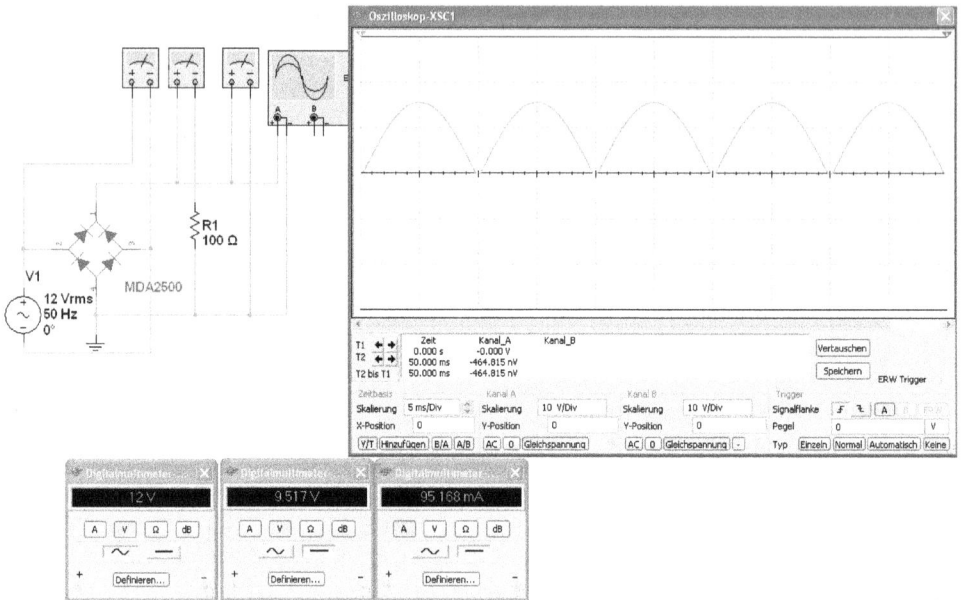

Abb. 3.20: Brückenschaltung

- Spitzenwert der Ausgangsspannung: $\quad U_{glmax} = U_{max} = \sqrt{2} \cdot U_E$
- Arithmetischer Mittelwert der Gleichspannung: $U_- = 0{,}636 \cdot U_{max} = 0{,}45 \cdot U_E$
- Spitze-Spitze-Wert der Brummspannung: $\quad U_{BrSS} = U_{max} = \sqrt{2} \cdot U_E$
- Frequenz der Brummspannung: $\quad U_{Br} = 2 \cdot f_E$, wobei f_E die Frequenz

    der Eingangsspannung u_E ist

- Spitzenwert des Ausgangsstroms: $\quad I_{FM} = \dfrac{\sqrt{2} \cdot U_E}{R_1}$

- Arithmetischer Mittelwert des Gleichstroms: $\quad I_- = 0{,}636 \cdot I_{FM} = 0{,}45 \cdot I_E = \dfrac{U_-}{R_1}$

    mit $I_E = \dfrac{U_E}{R_1} = \dfrac{I_{FM}}{\sqrt{2}}$

3.2.4 Drehstrom-Mittelpunkt-Schaltung

Diese Schaltung besteht aus drei Dioden, die von den drei Strangspannungen des Drehstrom-netzes gespeist werden. Die Anschlüsse L_1, L_2, L_3 und N werden deshalb an einen Dreh-stromerzeuger angeschlossen, wie Abb. 3.21 zeigt.

Drehstrom-Einweggleichrichter werden auch als Drehstrom-Mittelpunkt-Schaltung oder M3U bezeichnet.

Zwischen den einzelnen Leitern L_1 , L_2 und L_3 und dem Nullleiter N liegen die einzelnen Strangspannungen U_{1N}, U_{2N} und U_N, die untereinander eine gegenseitige Phasenverschie-bung von 120° aufweisen.

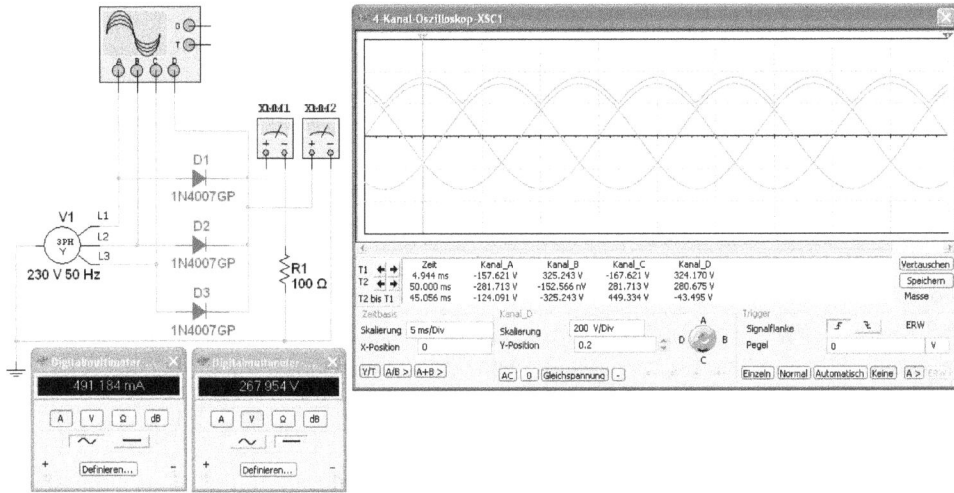

Abb. 3.21: Drehstrom-Einweggleichrichter

Jede der drei Dioden ist immer dann in Durchlassrichtung geschaltet, wenn an der Anode ein positiveres Potential liegt als an der Katode. Während des Zeitraumes von $t = 0$ bis t_1 führt der Leiter L_3 die größte (positive) Spannung U_{3N}. Der durch diese Spannung über D_3 und R_1 fließende Strom ruft an dem Widerstand R_1 eine Spannung hervor, die – unter Vernachlässigung des Spannungsfalls an der Diode D_3 – dem Verlauf von u_{3N} entspricht. Da die Spannung u_{1N} während dieser Zeitspanne kleiner als u_{3N} ist und u_{2N} sogar negativ ist, werden die Dioden D_1 und D_2 gesperrt.

Im Zeitraum $t = 0$ bis t_1 folgt also die Ausgangsspannung u_{g1} der Strangspannung u_{3N} des Leiters L_3. Im Zeitraum t_1 bis t_2 ist u_{1N} die positivste Spannung, damit wird nun u_{g1} der Strangspannung des Leiters L_1 folgen. Ebenso in der Zeitspanne von t_2 nach t_3: Hier ist u_{2N} die größte positive Spannung und damit $u_{g1} = u_{2N}$. In dieser Weise ergibt sich die in der Abb. 3.21 dargestellte pulsierende Gleichspannung U_{g1}.

Der Spitzenwert der Ausgangsspannung wird mit $U_{Str} = U_{1N} = U_{2N} = U_{3N}$ der Effektivwert der Strangspannungen bezeichnet und so ergibt sich für den Spitzenwert der Ausgangsspannung U_{glmax} bei Vernachlässigung der Spannungsfälle an den Dioden folgende Beziehung:

$$U_{glmax} = \sqrt{2} \cdot U_{Str}$$

- Frequenz der Brummspannung: Ist f_E die Frequenz einer Strangspannung, so gilt für die Frequenz f_{Br} der ausgangsseitigen Brummspannung:

$$f_{Br} = 3 \cdot f_E$$

- Bemessung der Dioden: Der Spitzenstrom in Durchlassrichtung ist

$$I_{FM} = \frac{U_{glmax}}{R_1} = \frac{\sqrt{2} \cdot U_{Str}}{R_1}$$

- Spitzenspannung in Sperrrichtung: Betrachtet man im Zeitraum zwischen $t = 0$ und t_1 die Diode D_2, so stellt man anhand von Abb. 3.21 fest, dass an ihrer Katode die positive Strangspannung u_{3N} und an ihrer Anode die negative Strangspannung U_{2N} anliegt, d. h. über der Diode D_2 fällt die Spannung zwischen den beiden Leitern L_2 und L_3, die sogenannte Leiterspannung u_{23} ab.

Hinweis: Zwischen dem Effektivwert einer Strangspannung U_{Str} und dem Effektivwert einer Leiterspannung U_L besteht folgender Zusammenhang:

$$U_L = \sqrt{3} \cdot U_{Str}$$

Um aus dem Effektivwert den Maximalwert der Leiterspannung zu erhalten, muss dieser Wert noch mit $\sqrt{2}$ multipliziert werden. Für die Spitzensperrspannung erhält man demzufolge:

$$U_{RM} = \sqrt{2} \cdot \sqrt{3} \cdot U_{Str}$$

Bei Drehstrom wird die Spannung zwischen einem Leiter und dem Nullleiter als Strangspannung U_{Str} und die zwischen zwei Leitern herrschende Spannung als Leiterspannung U_L bezeichnet. Das Verhältnis zwischen beiden ist der Verkettungsfaktor mit der Größe $\sqrt{3}$.

3.2.5   Drehstrom-Brückengleichrichter

Der Drehstrom-Brückengleichrichter wird auch als Drehstrom-Sechspuls-Brücken-Schaltung oder mit der Abkürzung B6U bezeichnet und die Schaltung ist in Abb. 3.22 gezeigt.

Der Drehstrom-Brückengleichrichter kann mit und ohne Nullleiter ausgeführt werden . Deshalb werden in den folgenden Ausführungen die Leiterspannungen (Spannungen zwischen den Leitern L_1, L_2 und L_3) betrachtet. Der Drehstrom-Brückengleichrichter nutzt im Gegensatz zum Drehstrom-Einweggleichrichter auch die negativen Halbwellen der Eingangswechselspannung aus. Mit dieser Schaltung erreicht man daher eine noch geringere Restwelligkeit

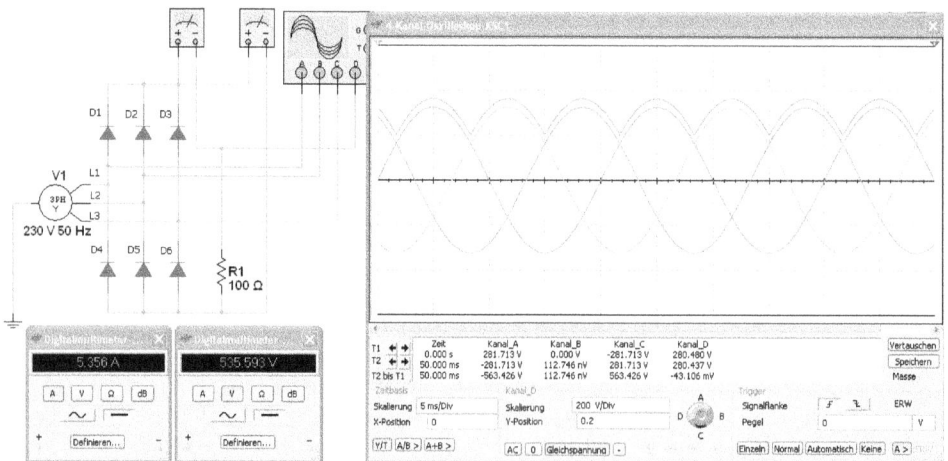

Abb. 3.22: Drehstrom-Brückengleichrichter

bei der ausgangsseitigen Gleichspannung u_{gl}, die am Widerstand R_1 liegt. Die Wirkungsweise ist:

a) Betrachtet wird zunächst nur die Zeitspanne zwischen t_0 und t_1: Die größte positive Strangspannung liegt an L_3, die größte negative Strangspannung an L_2. Die daraus resultierende Leiterspannung u_{23} verursacht einen Stromfluss von L_3 ausgehend über D_3, R_1 und D_5 nach L_2. Vernachlässigt man die Spannungsfälle an den leitenden Dioden D_3 und D_5, so wird am Lastwiderstand R_1 in der Zeit von t_0 bis t_1 die Leiterspannung u_{23} abfallen.

Alle anderen Dioden sind gesperrt und das geht aus folgender Überlegung hervor: Die Anode der Diode D_5 weist ein negatives Potential auf, das sich aus dem Augenblickswert der Strangspannung u_{2N} ergibt abzüglich dem Spannungsfall an D_5 (z. B. 0,7 V). Dadurch sind die Anoden der Dioden D_4 und D_6 ebenso negativ. Die Katode von D_4 ist jedoch positiv durch die Strangspannung u_{1N} und an D_4 liegt also die Leiterspannung u_{12} in Sperrrichtung. Genauso ist die Katode von D_6 positiv durch die Strangspannung u_{3N}. Die Dioden D_4 und D_6 sind somit gesperrt. An der Katode von D_3 liegt das um die Schleusenspannung (z. B. 0,7 V) niedrigere positive Potential der Strangspannung u_{3N}, weil diese Diode leitend ist. Damit sind auch die Katoden von D_1 und D_2 positiv. Da in der betrachteten Zeitspanne die Anodenpotentiale der beiden Dioden niedriger sind, sperren diese. D_1 ist durch die Leiterspannung u_{31} und D_2 durch die Leiterspannumg u_{23} in Sperrrichtung geschaltet.

b) Gemäß Abb. 3.22 war bis zum Zeitpunkt t_1 die Leiterspannung u_{23} am größten und bestimmte dadurch die Ausgangsspannung u_{gl}. Für die nun zu betrachtende Zeitspanne von t_1 bis t_2 ist jedoch u_{12} die größte Leiterspannung. Deshalb stellt sich nun ein anderer Stromweg ein: Von D_1 ausgehend fließt der Strom über D_1, R_1 und D_5 nach L_2. An dem Widerstand R_1 fällt jetzt die Leiterspannung u_{12} ab. Wie unter a) lässt sich nun ermitteln, dass die Dioden D_2 bis D_4 und D_6 gesperrt sind.

c) Führt man diese Überlegungen weiter fort, so ist festzustellen, dass in jeder in Abb. 3.22 angegebenen Zeitspanne jeweils die größte Leiterspannung (positive oder negative) zur Ausgangsspannung u_{gl} wird.

- Spitzenwert der Ausgangsspannung: Wird mit U_{Str} der Effektivwert der einzelnen Strangspannungen, mit U_L der Effektivwert der einzelnen Leiterspannungen und mit U_{Lmax} der Spitzenwert der Leiterspannungen bezeichnet, so ergibt sich, da $U_L = \sqrt{3} \cdot U_{Str}$ ist, für den Spitzenwert der Ausgangsspannung U_{glmax} folgende Beziehung:

$$U_{glmax} \approx U_{Lmax} = \sqrt{2} \cdot U_L = \sqrt{2} \cdot \sqrt{3} \cdot U_{Str}$$

- Frequenz der Brummspannung: Ist f_E die Frequenz einer Strang- bzw. Leiterspannung, so gilt für die Frequenz f_{Br} der Brummspannung

$$f_{Br} = 6 \cdot f_E$$

- Bemessung der Dioden: Der Spitzenstrom in Durchlassrichtung ist

$$I_{FM} = \frac{U_{glmax}}{R_1} = \frac{U_{Lmax}}{R_1} = \frac{\sqrt{2} \cdot U_L}{R_1} = \frac{\sqrt{2} \cdot \sqrt{3} \cdot U_{Str}}{R_1}$$

Aus der Beschreibung der Wirkungsweise geht hervor, dass an den jeweils gesperrten Dioden die Leiterspannung liegt. Damit gilt also für den Spitzenstrom in Sperrrichtung

$$U_{RM} = U_{Lmax} = \sqrt{2} \cdot U_L = \sqrt{2} \cdot \sqrt{3} \cdot U_{Str}$$

Durch die weitverbreitete Drehstrom-Netzversorgung ist auch die Drehstromgleichrichtung in vielen Bereichen eingeführt worden. Das größte Anwendungsgebiet ist die Galvano- und Schweißtechnik, sowie die Netzanlagen der Nachrichtentechnik.

Auch in der Kraftfahrzeugtechnik findet heute die Drehstromgleichrichtung Anwendung, denn im Kraftfahrzeug werden vielfach Drehstromlichtmaschinen zur Stromerzeugung eingesetzt, wobei der Drehstrom durch eine Brückenschaltung gleichgerichtet wird.

3.2.6   Einphasengleichrichter mit Ladekondensator

Will man die Spannungs- und Stromverläufe am Ausgang von Gleichrichtern mit Ladekondensator richtig deuten, so muss man die Vorgänge, die sich in den Gleichrichterschaltungen ablaufen, etwas genauer betrachten als dies in den vorangegangenen Abschnitten der Fall war. Ausdrücklich vernachlässigt wurde dort jeweils der Spannungsfall an den Dioden und außerdem wurde auf den Innenwiderstand R_i der Wechselspannungsquelle nicht eingegangen.

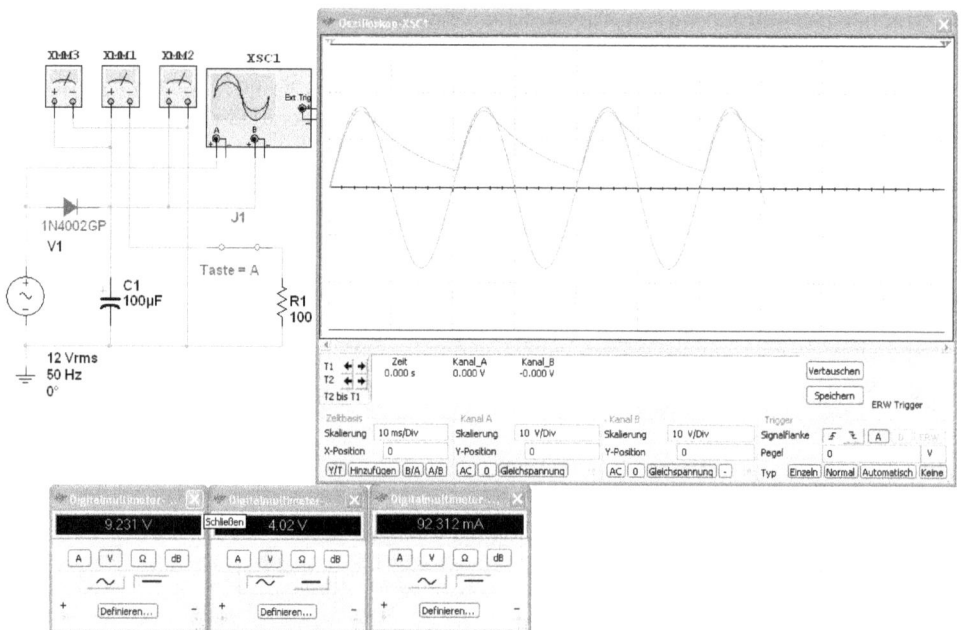

Abb. 3.23: Einweggleichrichter mit Ladekondensator

Für den zu untersuchenden Einweggleichrichter (Abb. 3.23) werden zwei unterschiedliche Fälle angenommen:

a) Ausgang unbelastet ($R_1 = \infty$, Schalter offen): Während der positiven Halbwelle wird sich der Ladekondensator C_1 auf die Leerlaufspannung der Spannungsquelle abzüglich des Spannungsfalls U_D an der Diode aufladen. Sobald die Eingangsspannung unter die Ladespannung des Kondensators absinkt, sperrt die Diode und der Kondensator kann sich somit nicht mehr entladen. Ausgangsseitig ergibt sich demzufolge eine Gleichspannung mit dem folgenden Wert:

$$U_{gl} = U_{max} - U_D$$

Wenn U_D gegenüber U_{max} sehr klein ist – das kann in den meisten Fällen angenommen werden – ergibt sich näherungsweise für U_{gl}

$$U_{gl} \approx U_{max}$$

b) Ausgang belastet ($R_1 = 100\,\Omega$, Schalter geschlossen): Während der Sperrzeiten der Diode entlädt sich der Kondensator C_1 über den Widerstand R_1. Die Größe der Entladung (Abnahme der Ausgangsspannung) hängt hierbei von der Zeitkonstanten dieses Entladestromkreises ab:

$$\tau = R_1 \cdot C_1$$

Je niederohmiger beispielsweise der Widerstand R_1 und je kleiner die Kapazität des Kondensators C_1 ist, umso mehr sinkt die Ausgangsspannung ab. Überschreitet die Eingangsspannung u_E den Wert der Ausgangsspannung U_{gl}, wird der Kondensator C_1 wieder aufgeladen. Welche Spannung U_{glmax} dabei erreicht wird, hängt vom Innenwiderstand R_i der Spannungsquelle und dem Spannungsfall an der Diode ab, da sich die Leerlaufspannung U_{max} entsprechend ändert. Man muss den Innenwiderstand der Spannungsquelle, die Diode und die Parallelschaltung aus dem Kondensator C_1 und dem Widerstand R_1 aufteilen:

$$U_{glmax} = U_{max} - U_{Ri} - U_D$$

Da am Ausgang parallel zur ohmschen Last R_1 der Kondensator C_1 geschaltet ist, demzufolge also eine kapazitive Impedanz vorliegt, die wiederum mit dem Innenwiderstand R_i der Spannungsquelle und dem Widerstand der Diode D_1 in Reihe liegt, wird die Ausgangsspannung u_{gl} der Eingangsspannung u_E nacheilen. Der zeitliche Verlauf von u_E und U_{gl} ist in Abb. 3.23 gezeigt.

Die beiden Voltmeter zeigen eine Gleichspannung mit $U_{DC} = 9,23\,V$ und die Brummspannung mit $U_{AC} = 4\,V$ an. Dabei müssen die beiden Voltmeter im DC- und AC-Messbereich arbeiten.

Eine eingehendere Betrachtung der Kurvenform der Ausgangsspannung während der Aufladephase ist kompliziert und zu weitschweifig. Es wird deshalb hier darauf verzichtet.

Bei der Ausgangsspannung u_{gl} handelt es sich wiederum um eine Mischspannung, die in den Gleichspannungsanteil U_- (arithmetischer Mittelwert) und die Brummspannung U_{Br} zerlegt werden kann. Daraus ist leicht zu entnehmen, dass die Schwingungsdauer T_E der Eingangsspannung gleich der Schwingungsdauer T_{Br} der Brummspannung ist. Für die Frequenz ($f = 1/T$) der Brummspannung ergibt sich somit:

$$f_{Br} = \frac{1}{T_{Br}} = \frac{1}{T_E} = f_E$$

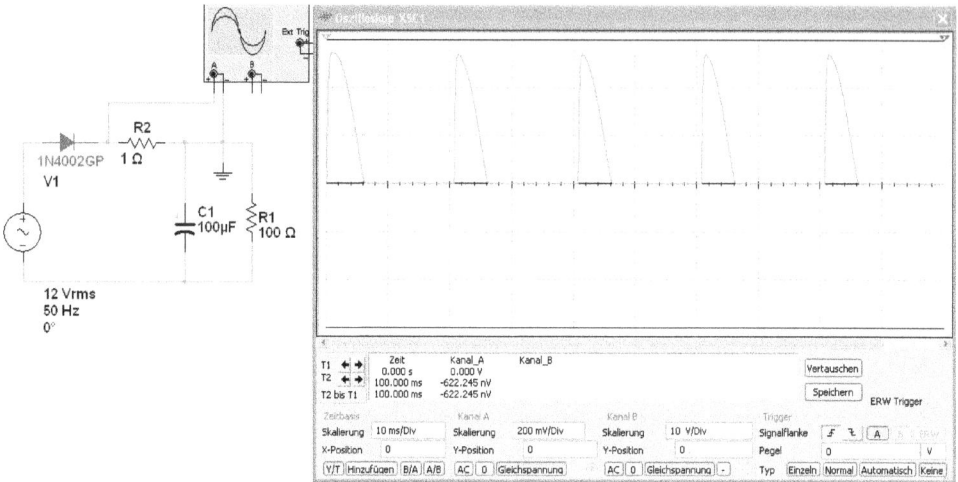

Abb. 3.24: Stromverlauf bei der Einweggleichrichtung

Der Stromverlauf im Lastwiderwiderstand R_1 ist proportional der an diesem Widerstand abfallenden Spannung u_{gl} und wird somit die gleiche Kurvenform wie u_{gl} aufweisen.

$$i_L = \frac{u_{gl}}{R_1}$$

Über die Diode fließt nur immer dann ein Strom i_D, wenn die Ausgangsspannung u_{gl} kleiner als die Eingangsspannung u_E ist und nach Abb. 3.24 ist dies innerhalb des Zeitraums von t_1 bis t_2 der Fall. Der Stromverlauf i_D kann näherungsweise als glockenförmig angenommen werden. Der Ausgangsstrom i_L setzt sich wie u aus dem Gleichstromanteil I_- (arithmetischer Mittelwert) und einem Wechselstromanteil zusammen. Im Einschaltmoment ist der Kondensator C_1 ungeladen. Es kann deshalb zu einer großen Stromspitze kommen, die die Diode zerstören kann. Im ungünstigsten Fall fällt (unter Vernachlässigung des Diodenwiderstandes) am Innenwiderstand R_i die gesamte Leerlaufeingangsspannung U_{max} ab. Daraus ergibt sich für den Einschaltspitzenstrom:

$$I_{FM} = \frac{U_{max}}{R_i}$$

Eine überschlägige Berechnung des Einschaltspitzenstroms kann man dadurch vornehmen, dass man den Spitzenstrom des Einweggleichrichters ohne Ladekondensator berechnet und diesen Wert verzehnfacht.

Die Ausgangswerte sind

- Brummspannung: $U_{Br} \approx \dfrac{4{,}8 \cdot 10^{-3} \cdot I_-}{C_1}$ $U_{BrSS} \approx \dfrac{I_-}{f \cdot C_1}$
- Brummfrequenz: $f_{Br} = f_E$

Beispiel: Wie groß ist die Brummspannung von Abb. 3.23?

$$U_{Br} \approx \frac{4,8 \cdot 10^{-3} \cdot I_-}{C_1} = \frac{4,8 \cdot 10^{-3} \cdot 92,3\,\text{mA}}{100\,\mu\text{F}} = 4,43\,\text{V}$$

Das Ergebnis ist U_{Breff} und für den Spitzenwert gilt $U_{BrSS} \approx 4,43\,\text{V} \cdot 3 \approx 13,3\,\text{V}$

- Bemessung der Diode: Der Spitzenstrom in Durchlassrichtung ist etwa der zehnfache Strom des Einweggleichrichters ohne C_1, also Spitzenspannung in Sperrrichtung:

$$I_{FM} \approx 10 \cdot \sqrt{2} \cdot U_E \cdot \frac{1}{R_1}$$

Bei der Spitzenspannung in Sperrrichtung lädt sich der Kondensator C_1 während der positiven Halbwelle im unbelasteten Fall (R_1 unendlich) fast auf die Leerlaufeingangsspannung U_{max} auf und behält diese Spannung bei. Erreicht nun die Wechselspannung ihren negativen Scheitelwert, so ist die Sperrspannung über der Diode

$$U_{RM} = 2 \cdot U_{max} = 2 \cdot \sqrt{2} \cdot U_E$$

Im belasteten Fall wird, da die Spannung des Kondensators durch die Belastung absinkt, die Spitzensperrspannung etwas geringer sein. Zur Dimensionierung der Diode sollte aber trotzdem der obige Wert angenommen werden.

3.2.7 Doppelweggleichrichter mit Ladekondensator

Die Vorgänge, die sich hier abspielen, entsprechen im Prinzip genau denen des vorher behandelten Einweggleichrichters. Lediglich die Entladezeit des Kondensators C_1 ist hier kürzer, da dieser auch durch die gleichgerichtete negative Halbwelle der Eingangswechselspannung u_E wieder aufgeladen wird. Dies bedingt, dass die Welligkeit der Ausgangsspannung u_{gl} geringer wird.

Die Strom- und Spannungsverläufe sind in Abb. 3.25 dargestellt. Da die gleichrichtende Wirkung bei beiden Schaltungen gleichartig ist, gelten die Kurven sowohl für die Mittelpunktschaltung als auch für die Brückenschaltung.

Die Ausgangswerte sind

- Brummspannung: $\qquad U_{Br} \approx \dfrac{1,8 \cdot 10^{-3} \cdot I_-}{C_1} \qquad U_{BrSS} \approx \dfrac{I_-}{2 \cdot f \cdot C_1}$
- Brummfrequenz: $\quad f_{Br} = 2 \cdot f$
- Bemessung der Diode: Der Spitzenstrom in Durchlassrichtung ist etwa der zehnfache Strom des Einweggleichrichters ohne C_1, also Spitzenspannung in Sperrrichtung:

$$I_{FM} \approx 10 \cdot \sqrt{2} \cdot U_E \cdot \frac{1}{R_1}$$

- Spitzenspannung in Sperrrichtung: Bei der Mittelpunktschaltung im unbelasteten Fall lädt sich der Kondensator während der positiven Halbwelle ungefähr auf die Leerlaufeingangsspannung U_{max} auf und behält diese Spannung bei. Erreicht die Eingangswechselspannung ihren negativen Scheitelwert, ist die Sperrspannung über der Diode

$$U_{RM} = 2 \cdot U_{max} = 2 \cdot \sqrt{2} \cdot u_E$$

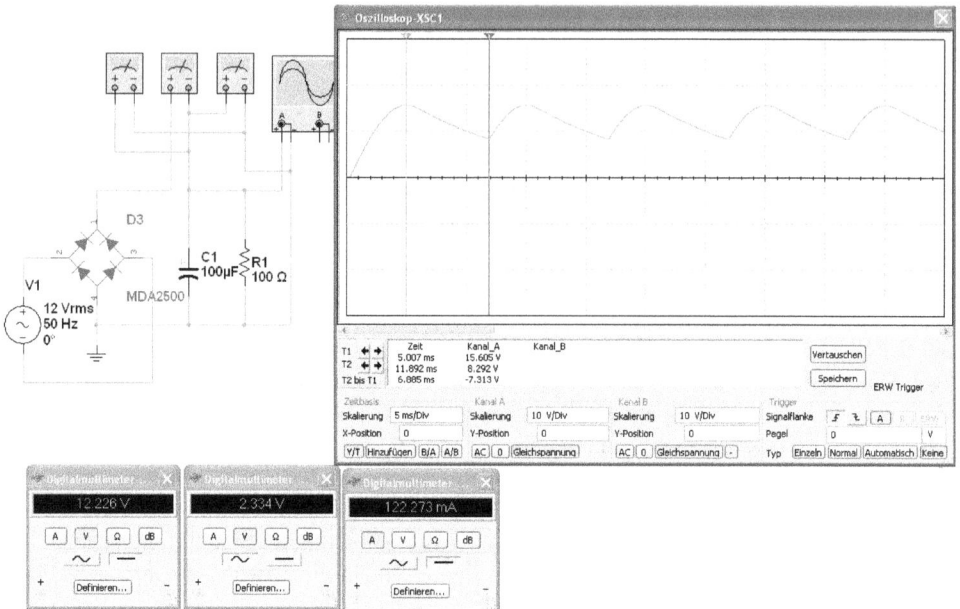

Abb. 3.25: Doppelweggleichrichter in Brückenschaltung

- Brückenschaltung: Während der positiven Halbwelle der Eingangswechselspannung lädt sich auch hier der Kondensator auf etwa U_{max} auf und behält diese Spannung bei, wenn R_1 unendlich groß ist. Hierbei sind die Dioden D_1 und D_4 leitend. Demzufolge wird, sieht man vom Spannungsfall über D_4 ab, die Sekundärseite des Trafos mit ihrem unteren Anschluss auf Masse liegen. Während der negativen Halbwelle sind die Dioden D_2 und D_3 leitend. Demzufolge liegt der Trafoanschluss auf Masse. Über die jeweils in Sperrrichtung gepolte Diode fällt deshalb die Spitzensperrspannung

$$U_{RM} = U_{max} = \sqrt{2} \cdot u_E$$

ab. Bei belasteter Schaltung wird sich dieser Wert etwas verringern.

Beispiel: Wie groß ist die Brummspannung U_{Br} von Abb. 3.25?

$$U_{Br} \approx \frac{1{,}8 \cdot 10^{-3} \cdot I_-}{C_1} = \frac{1{,}8 \cdot 10^{-3} \cdot 122\,\text{mA}}{100\,\mu\text{F}} = 2{,}2\,\text{V}$$

Die Brummspannung ist der Effektivwert und sie beträgt $U_{BrSS} \approx 3 \cdot U_{Br}$, also $U_{BrSS} \approx 6{,}6\,\text{V}$. Die Brummfrequenz am Ausgang ist $f_{Br} = 100\,\text{Hz}$.

3.2.8   Siebschaltungen

Die von Gleichrichterschaltungen gelieferten Ausgangsspannungen und Ausgangsströme enthalten Wechselspannungsanteile (Brummspannung u_{Br}) und Wechselstromanteile. Für viele Zwecke benötigt man jedoch möglichst reine Gleichspannungen und Gleichströme. Mit Hilfe der Siebschaltungen werden die Wechselspannungs- und Wechselstromanteile ausgesiebt, bzw. so weit geschwächt, dass ihre Reste nicht mehr stören. Eine hundertprozentige Aussiebung ist nicht erreichbar. Stets verbleibt eine gewisse Restwelligkeit. Diese kann jedoch auf sehr kleine Werte herabgesetzt werden, so dass am Ausgang der Siebschaltung eine fast reine Gleichspannung zur Verfügung steht.

Siebschaltungen sind RC- oder LC-Glieder, die als Tiefpassfilter wirken. Sie sollen die Gleichspannung möglichst ungehindert passieren lassen, die Wechselspannungsanteile jedoch unterdrücken.

Die beiden häufigsten Varianten des Siebgliedes sind RC- oder LC-Glieder. Die Eingangsspannung u_E ist eine Mischspannung, die aus dem eigentlichen Gleichspannungsanteil U_- und der Brummspannung u_{BrE} besteht. Aufgabe der beiden Siebschaltungen ist also, dafür zu sorgen, dass ausgangsseitig eine reine Gleichspannung ansteht, während die Brummspannung ausgangsseitig nicht vorhanden sein sollte. Die Forderung lautet:

$$u_{BrA} = 0$$

Die Siebwirkung einer Siebschaltung wird durch den Glättungsfaktor G ausgedrückt: Der Glättungsfaktor G gibt an, wieviel mal größer die Brummspannung u_{BrE} am Eingang des Siebgliedes ist als diejenige Brummspannung U_{BrA} am Ausgang. Es ist dabei gleichgültig, ob für beide Werte der Brummspannung der Effektivwert, der Spitzenwert oder der Spitze-Spitze-Wert eingesetzt wird. Es gilt:

$$G = \frac{U_{BrE}}{U_{BrA}}$$

Beispiel: Ein Siebglied weist einen Glättungsfaktor G = 10 auf. Eine eingangsseitige Brummspannung wird dann auf 1/10 herabgesetzt.

Für den Glättungsfaktor kann nach Abb. 3.26 geschrieben werden:

$$G = \frac{U_{BrE}}{U_{BrA}} = \frac{\sqrt{R_2^2 + X_{C2}^2}}{X_{C2}}$$

Um eine möglichst gute Siebung zu erhalten, ist man bestrebt, den Wechselspannungsfall am Widerstand R_2 erheblich zu vergrößern als den am Kondensator C_2. Dazu muss der Widerstand R_2 erheblich hochohmiger sein als der Wechselstromwiderstand X_{C1} des Kondensators.

$$R_2 \gg X_{C2}$$

Unter dieser Voraussetzung kann der kapazitive Blindwiderstand X_{C2}^2 unter der Wurzel in der obigen Gleichung vernachlässigt werden.

$$G = \frac{U_{BrE}}{U_{BrA}} \approx \frac{R_2}{X_{C2}}$$

Mit der Beziehung $X_{C2} = \dfrac{1}{2 \cdot \pi \cdot f \cdot C_2}$ ergibt sich:

$$G = \frac{U_{BrE}}{U_{BrA}} \approx 2 \cdot \pi \cdot f_{Br} \cdot R_2 \cdot C_2$$

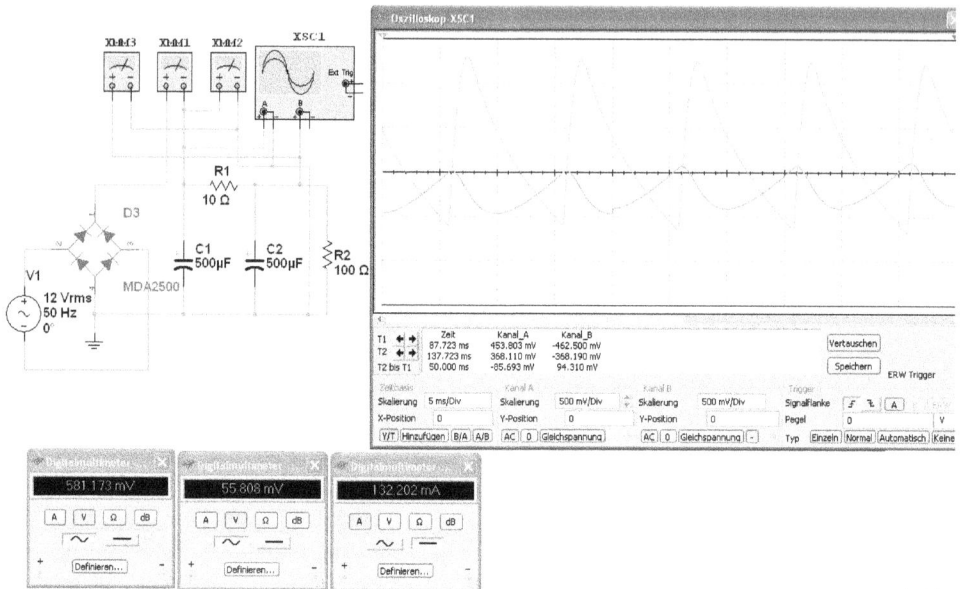

Abb. 3.26: RC-Glied mit Oszilloskop

f_{Br} ist dabei die Frequenz der Brummspannung, beim Einweggleichrichter z. B. $f_E = 50\,Hz$, beim Doppelweggleichrichter $100\,Hz$ und beim Drehstromgleichrichter $300\,Hz$, wenn man von einer Netzfrequenz von $50\,Hz$ ausgeht.

Aus der Gleichung für den Glättungsfaktor kann entnommen werden, dass die Siebwirkung umso besser wird, je höher die Frequenz der Brummspannung ist.

$$G \approx f_{Br}$$

Beispiel: Wie groß ist G und die Ausgangsspannung U_a?

$$X_{C2} = \frac{1}{2 \cdot \pi \cdot f \cdot C_2} = \frac{1}{2 \cdot 3{,}14 \cdot 100\,Hz \cdot 500\,\mu F} = 3{,}18\,\Omega$$

$$G \approx \frac{R_1}{X_{C2}} = \frac{10\,\Omega}{3{,}18\,\Omega} = 3{,}14$$

Durch die Messgeräte lässt sich der Strom ablesen und damit ergibt sich eine Ausgangsspannung von

$$U_a = I \cdot R_2 = 132{,}2\,mA \cdot 100\,\Omega = 13{,}22\,V$$

Da auch hier der weitaus größte Teil der eingangsseitigen Brummspannung an dem Längswiderstand (hier: Spule) abfallen soll, muss der Wechselstromwiderstand der Spule erheblich größer sein als der des Kondensators. Unter der Voraussetzung, dass

$$X_{L1} \gg X_{C2}$$

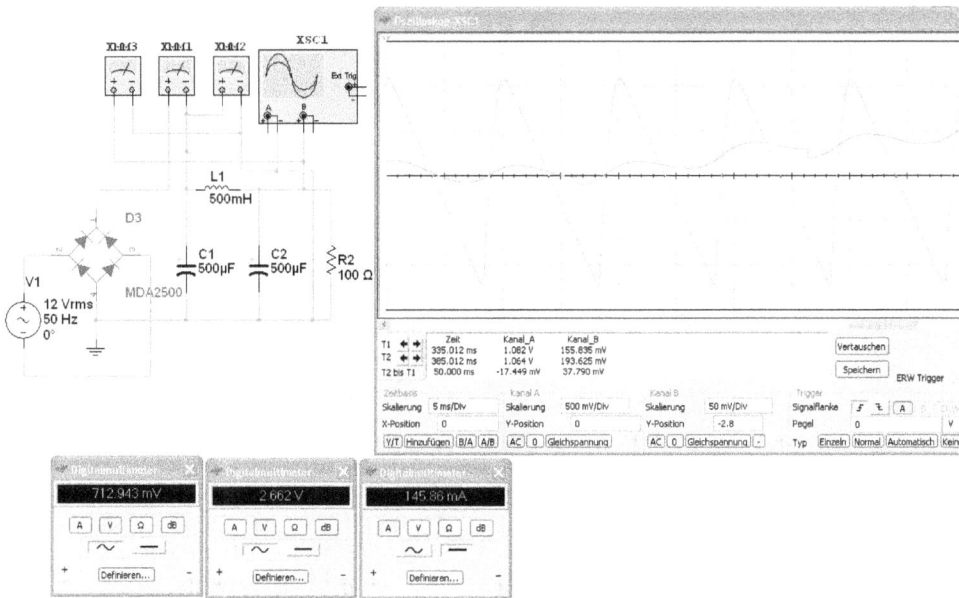

Abb. 3.27: LC-Glied mit Oszilloskop

ist, kann X_{C2} im Zähler der vorherigen Gleichung vernachlässigt werden. Die Gleichung vereinfacht sich dann zu:

$$G = \frac{U_{BrE}}{U_{BrA}} \approx \frac{X_{L1}}{X_{C2}}$$

Mit $X_{L1} = 2 \cdot \pi \cdot f \cdot L_1$ und $X_{C2} \approx \frac{1}{2 \cdot \pi \cdot f \cdot C_2}$ ergibt dies:

$$G = \frac{U_{BrE}}{U_{BrA}} \approx 4 \cdot \pi^2 \cdot f_{Br}^2 \cdot L_1 \cdot C_2$$

Stellt man die Gleichung nach der ausgangsseitigen Brummspannung U_{Br2} um, erhält man

$$U_{Br2} \approx \frac{U_{Br1}}{4 \cdot \pi^2 \cdot f_{Br}^2 \cdot L_1 \cdot C_2}$$

Je größer man die Werte der Induktivitäten und der Kapazitäten wählt, desto besser ist die Siebwirkung einer Siebkette. Bei nur geringem Stromfluss kann die Drossel durch einen ohmschen Widerstand ersetzt werden und man erhält die RC-Siebung.

Dies bedeutet, dass die Brummspannung durch die Siebung mit dem Quadrat ihrer Frequenz abnimmt. Sind Fahrzeuge oder Flugzeuge mit Wechselstrombordnetzen ausgestattet, so verwendet man dabei heute vorwiegend 400 Hz. Bei solchen Netzfrequenzen wird mit LC-Siebgliedern eine hervorragende Siebung erzielt.

Das Problem bei LC-Siebschaltungen ist die Drossel, die auch als Glättungs- und Speicherdrossel bezeichnet wird. Um dem Wechselspannungsanteil, also Brummspannung einen

hohen Widerstand entgegenzusetzen, sind große Werte von Induktivitäten erforderlich. Bei
Spulen ohne Luftspalt bringt die Gleichstromvormagnetisierung das Eisen in die Sättigung
und damit wird sich die Induktivität stark verringern. Durch einen Luftspalt im Eisenkreis
wird der magnetische Widerstand zwar größer und die Induktivität geringer, aber der Einfluss
der Vormagnetisierung reduziert sich erheblich.

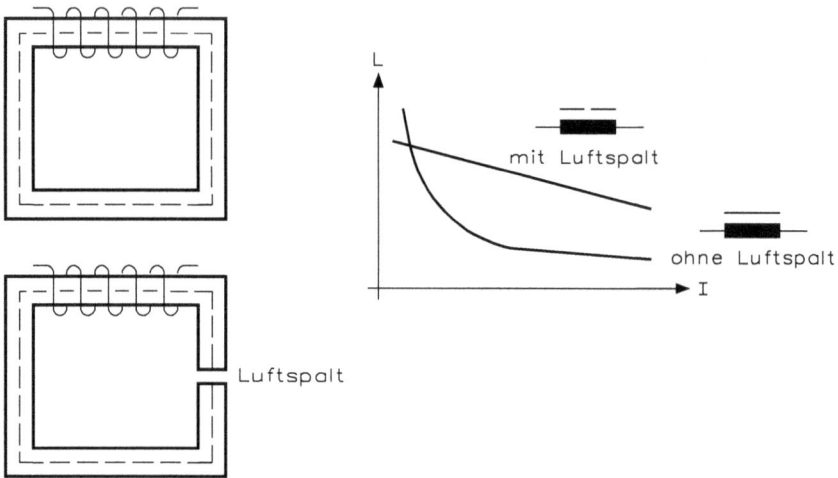

Abb. 3.28: Drossel ohne und mit Luftspalt. Das Diagramm zeigt den Einfluss des Luftspalts auf das
Verhalten einer Drossel.

Verwendet man eine Spule mit einem geschlossenen Eisenkreis als Kern, wie Abb. 3.28 zeigt,
nimmt dieser sämtliche magnetischen Feldlinien auf. Die Spule kann selbst bei sehr geringem
Strom ein großes in sich geschlossenes Magnetfeld aufbauen. Da aber der schnelle Aufbau
eines starken Magnetfelds eine große induzierte Gegenspannung mit sich bringt, wird das
Strommaximum entsprechend spät erreicht. Beim Anlegen einer Wechselspannung an dieser
Art von Spulen kann sich damit der Stromfluss nicht ausbilden, da der schnelle Feldwechsel
hierzu keine Zeit lässt. Diese stromdrosselnde Wirkung führte zur Bezeichnung „Drossel".
Die Drossel sperrt annähernd den Wechselstrom, während der Gleichstrom fast ungehindert
die Drossel passieren kann. Ausgenommen sind hiervor die Ein- und die Ausschaltvorgänge.

Man unterscheidet bei den Drosseln zwischen dem Gleichstromwiderstand und dem induktiven Widerstand. Der induktive Widerstand ist – in Abhängigkeit von der Frequenz – immer
wesentlich größer als der Gleichstromwiderstand. Die aufgedruckten Angaben bei einer Drossel beziehen sich immer auf den Gleichstromwiderstand.

Werden Drosseln in Stromkreisen verwendet, in denen Gleich- und Wechselstrom als Misch-
strom fließt und der Gleichstrom aus schaltungstechnischen Gründen eine bestimmte Größe
aufweisen muss, so würde der Gleichstrom beim Aufbau des Magnetfelds zur Sättigung des
Eisens führen. Der überlagerte Wechselstrom ruft dann nur noch eine kleine Feldänderung
hervor, die ihrerseits eine geringe Gegenspannung induziert. Die Wechselstromsperrwirkung
der Drossel ist damit nicht mehr wirksam. Da Luft den Kraftlinien einen wesentlich größeren Widerstand entgegensetzt als Eisen, verwendet man in wechselstromüberlagerten Gleich-

stromkreisen diverse Drosseln mit unterschiedlichen Größen für den Luftspalt. Der Anteil des fließenden Gleichstroms am Magnetfeld wird durch den zusätzlichen magnetischen Widerstand verbraucht, so dass sich der steil ansteigende Teil der Kurve in den Bereich größerer Windungszahlen verschiebt.

RC- und LC-Schaltungen für die Siebung der Brummspannung sind Tiefpässe. Die Frequenz f_{Br} muss weit oberhalb der oberen Grenzfrequenz f_o des Tiefpasses liegen, da ja die ausgangsseitige Brummspannung U_{BrA} möglichst klein gehalten werden soll.

3.3   Spannungsvervielfacherschaltungen

Die Ausgangsspannung einer Gleichrichterschaltung hängt zunächst von der Sekundärspannung des Netztransfommators ab. Benötigt man sehr hohe Gleichspannungen, dann müssen entsprechend viele Windungen auf der Sekundärwicklung des Transformators aufgebracht werden. Zwischen den einzelnen Wicklungslagen entstehen jedoch dann sehr hohe Spannungen und der Isolationsaufwand wird erheblich. Auch die Baugröße des Transformators wird dadurch beeinflusst. Um den Aufwand in Grenzen zu halten, werden Spannungsvervielfacherschaltungen eingesetzt. Diese Schaltungen sind jedoch sehr lastabhängig, da die Spannung von in Reihe geschalteten Kondensatoren abhängt, die über Gleichrichterzweige aufgeladen werden. Der Einsatz solcher Schaltungen hängt von den jeweiligen Anforderungen ab. Werden nur kleine Ströme benötigt, dann sind solche Schaltungen vielfach wirtschaftlicher.

3.3.1   Delon- oder Greinacherschaltung

Mittels einer Diode kann man aus einer Wechselspannung eine positive oder negative pulsierende Gleichspannung erzeugen. Ordnet man zwei Dioden und zwei Elektrolytkondensatoren richtig an, ergibt sich eine Spannungsverdopplung nach Delon oder Greinacher.

Wie Abb. 3.29 zeigt, erzeugt die obere Diode in Verbindung mit dem Elektrolytkondensator eine positive Ausgangsspannung mit $+U_2 = \sqrt{2} \cdot U_e$, während die untere Diode in Verbindung mit dem Elektrolytkondensator eine negative Ausgangsspannung mit $-U_2 = \sqrt{2} \cdot U_e$ erzeugt. Misst man von Masse (0 V) nach $+U_a$, ergibt sich eine Ausgangsspannung von $+14{,}9\,V$ und von Masse nach $-U_2$ erhält man $-14{,}9\,V$. Betrachtet man die $-U_2$ als Masse (Bezugspunkt) und misst nach $+U_B$, ergibt sich eine Ausgangsspannung von $27{,}5\,V$. Die Messergebnisse zeigen 15 V und 27,5 V, da die Spannungsfälle an den Dioden berücksichtigt werden müssen.

Über die beiden Dioden werden die zwei Kondensatoren auf den Spitzen-Spitzen-Wert der Wechselspannung aufgeladen und damit ergibt sich eine Verdopplung der Ausgangsspannung. Die Ausgangsspannung sinkt aber bei Belastung entsprechend ab. Es tritt eine Brummspannung auf, die sich ähnlich verhält wie bei den Schaltungen mit Einweggleichrichtung.

Hat man eine Netzfrequenz von $f = 50\,Hz$, tritt durch die positive und negative Gleichrichtung eine Brummspannung von $f = 100\,Hz$ auf. Die Dioden müssen eine Sperrspannung von $2 \cdot \sqrt{2} \cdot U$ aufweisen.

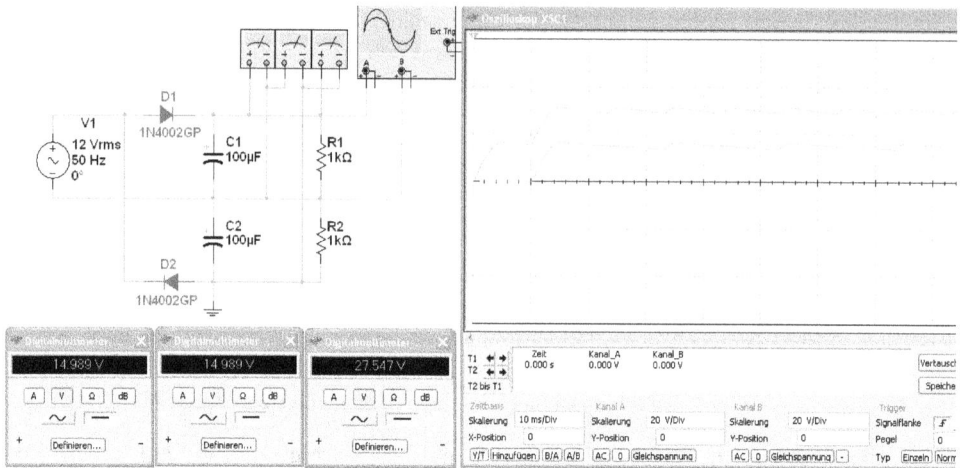

Abb. 3.29: Spannungsverdopplung nach Delon oder Greinacher

3.3.2   Villardschaltung

Die Villardschaltung stellt im Prinzip eine Einweggleichrichterschaltung dar. Jede Diode bildet zusammen mit ihrem Kondensator eine Einweggleichrichtung mit Ladekondensator.

Die Wechselspannungsquelle in Abb. 3.30 wurde auf $U = 12\,V$ (Effektivwert) eingestellt. Nach der ersten Einweggleichrichtung ergibt sich eine Spannung von $U = 26,66\,V$, da der Spannungsfall der Diode berücksichtigt wurde. Der erste Kondensator lädt sich auf die Spannung von $U = 17\,V$ auf und erzeugt die Wechselspannungsquelle wieder eine Sinuskurve, wird die gespeicherte Ladung des ersten Kondensators über die Diode in den zweiten Kondensator übertragen. Ändert sich die Spannung an der Wechselspannungsquelle, schiebt die

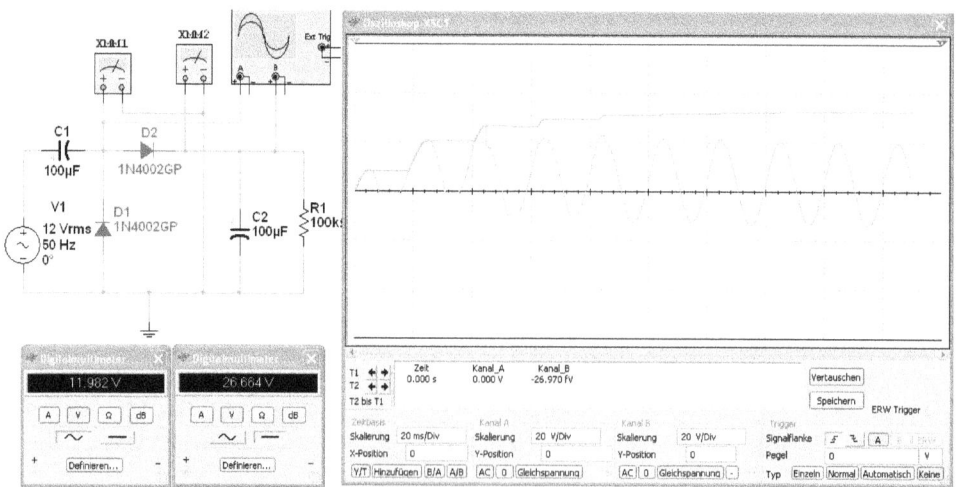

Abb. 3.30: Spannungsverdopplung von Villard

Amplitude wieder die Ladung im ersten Kondensator nach oben. Danach erfolgt die Umladung in den zweiten Kondensator, bis die Ausgangsspannung erreicht worden ist.

Der Augenblick der Umladungen ist im Oszillogramm von Abb. 3.30 festgehalten. Hieraus ist ersichtlich, dass sich die Eingangsspannung und die Spannung am ersten Kondensator addiert. Mit dieser Summenspannung wird dann der zweite Kondensator über die Dioden aufgeladen. Die Ausgangsspannung beträgt dann

$$U_2 = 2 \cdot \sqrt{2} \cdot U_1$$

Die Brummspannung beträgt bei der Villardschaltung $f_{Br} = 50\,Hz$. Die Villardschaltung lässt sich beliebig erweitern, aber die Spannungsfestigkeit der Dioden und Kondensatoren muss im gleichen Maße berücksichtigt werden, da sich die gesamte Schaltung immer auf die gemeinsame Masseleitung bezieht.

3.3.3   Kaskadenschaltung

Bei der Kaskadenschaltung umgeht man das Problem mit der gemeinsamen Masseleitung. Durch die besondere Zusammenschaltung von Diode und Kondensator kommt man wieder auf die Einweggleichrichtung, aber man bezieht sich schaltungstechnisch nicht auf die Masse. Abb. 3.31 zeigt eine dreistufige Kaskadenschaltung, die man auch als erweiterte Villardschaltung bezeichnet.

Betrachtet man sich die einfache und die erweiterte Villardschaltung, erkennt man, dass es sich im Prinzip um die gleiche Schaltung handelt. Lediglich die Lage der zweiten Diode und des Kondensators wurde verändert. Da es sich um sechs Einweggleichrichter handelt, ergibt sich eine Ausgangsspannung von

$$U_2 = 6 \cdot \sqrt{2} \cdot U_1$$

für eine unbelastete Schaltung. Nach der ersten Stufe (zwei Einweggleichrichter) misst man eine Spannung von 26,4 V (theoretisch 28,2 V), nach der zweiten Stufe von 52,4 V (theoretisch 56,4 V) und nach der dritten Stufe 78,4 V (theoretisch 84,8 V).

Das Problem bei der Spannungsverdopplung sind immer die geringen Ausgangsströme. Je größer die Lastströme werden, umso größere Kapazitäten müssen die Kondensatoren aufweisen. Damit ergeben sich zwangsweise für die Praxis gewisse Einschränkungen.

Für Delon- und Villardschaltungen geht man davon aus, dass die Ausgangsspannung bis auf 50 % absinkt, wenn pro Ladekondensator mit 1 µF ein Laststrom von 100 µA entnommen wird. Benötigt man einen Laststrom von 10 mA, müssen die Kondensatoren bereits Kapazitäten von 100 µF aufweisen. Andernfalls bricht die Ausgangsspannung zusammen und es entsteht eine hohe Brummspannung.

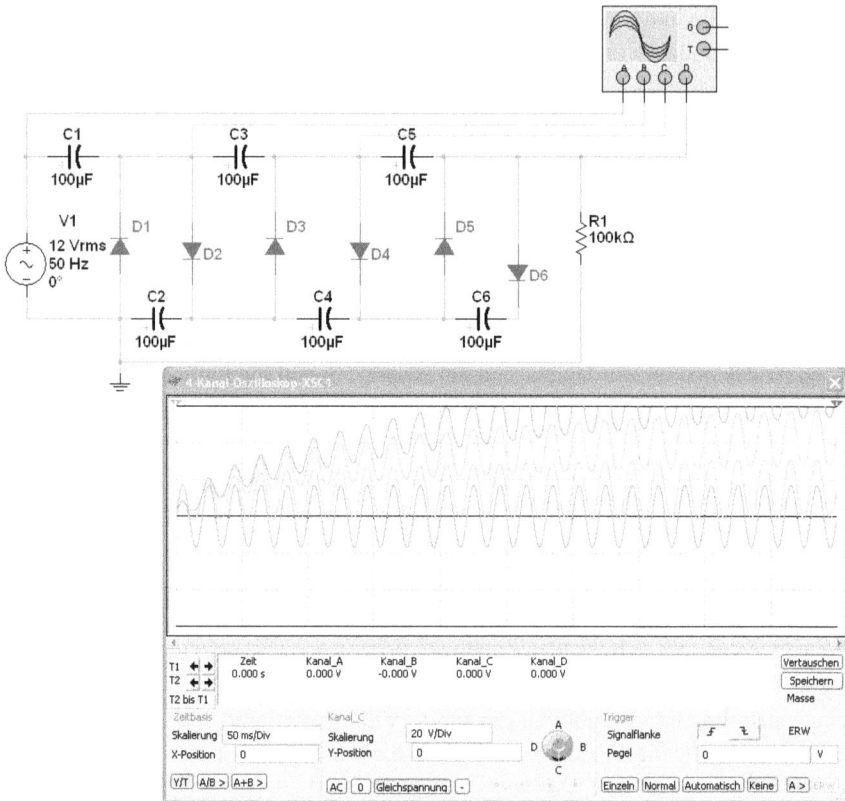

Abb. 3.31: Dreistufige Kaskadenschaltung (erweiterte Villardschaltung)

3.4   Begrenzerschaltungen

Mittels Dioden lassen sich einfache, aber hochwirksame Begrenzerschaltungen realisieren. Aufgabe einer Begrenzerschaltung ist es, eine elektronische Schaltung am Eingang für Überspannungen in positiver und/oder negativer Richtung zu schützen.

3.4.1   Positive Klipperschaltung mit Diode

Die einfache Klipperschaltung lässt sich mittels Dioden und Vorwiderstand realisieren. Dabei bestimmt die Anschlusspolarität der Diode, ob in positiver oder negativer Richtung die Diode leitend ist oder in Sperrrichtung betrieben wird.

In Abb. 3.32 liegt eine sinusförmige Wechselspannung an der Klipperschaltung an. Überschreitet die Spannung einen Wert von +0,7 V (Umschalter offen), wird die Diode leitend und es fließt ein Strom, der an dem Vorwiderstand einen Spannungsfall verursacht. Betätigt man die Leertaste, erfolgt ein Umschalten und die beiden Dioden sind in Reihe geschaltet.

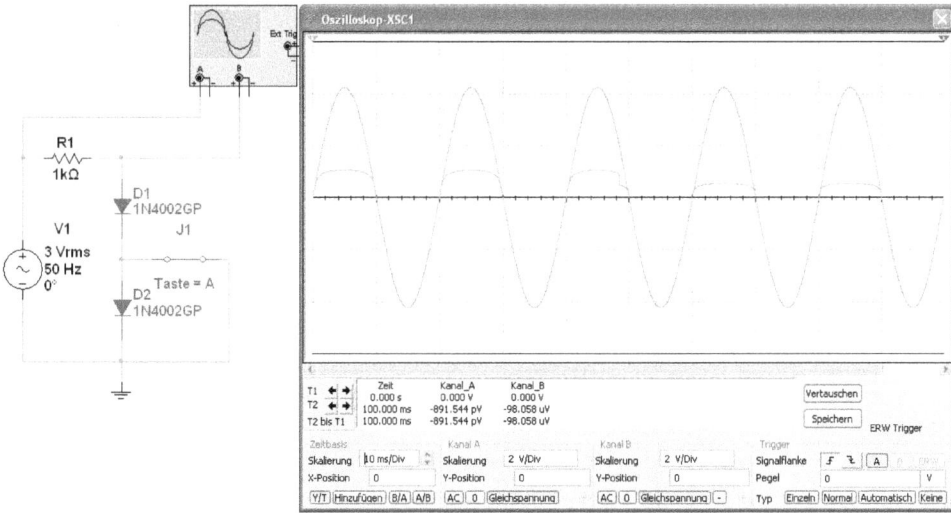

Abb. 3.32: Positive Klipperschaltung mit Diode, wobei die Höhe der Amplitude durch den Umschalter bestimmt wird

Übersteigt die Spannung einen Wert von $+1{,}4$ V, fließt ein Strom und dieser verursacht wieder an dem Vorwiderstand einen entsprechenden Spannungsfall.

3.4.2 Negative Klipperschaltung mit Diode

Die Ansteuerung einer elektronischen Schaltung kann in positiver Richtung beliebige Werte für die Eingangsspannung annehmen. Die Eingangsspannung darf aber keine Werte unter $-1{,}4$ V annehmen. Mittels zwei Dioden in Reihe lässt sich dieses Problem lösen, wie Abb. 3.33 zeigt.

Hat die Eingangsspannung positive Werte, sind die beiden Dioden gesperrt und es fließt kein Strom. Daher tritt an dem Widerstand kein Spannungsfall auf und die positive Spannung kann die Klipperschaltung passieren. Erreicht dagegen die Eingangsspannung einen Wert unter $-1{,}4$ V, fließt ein Strom durch die beiden Dioden und die Ausgangsspannung wird auf diesen Wert begrenzt.

Durch die Reihenschaltung von Dioden lässt sich die Ausgangsspannung entsprechend einstellen. Dies gilt für die positive und negative Klipperschaltung mit Dioden.

3.4.3 Bidirektionale Klipperschaltung mit Dioden

Häufig benötigt man begrenzte Signale in beiden Spannungsrichtungen. Durch Parallelschalten von Dioden erreicht man eine Begrenzung der Eingangsspannung in positiver und negativer Richtung.

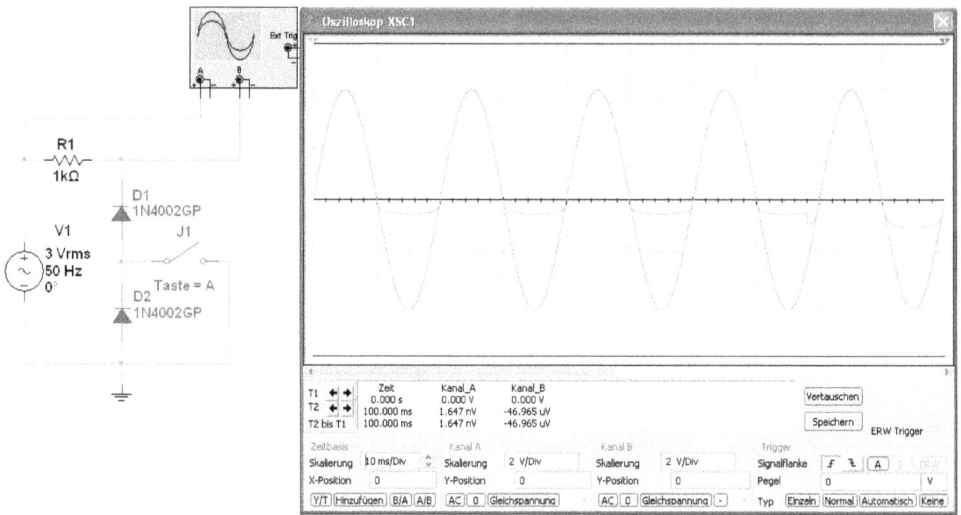

Abb. 3.33: Negative Klipperschaltung mit Diode

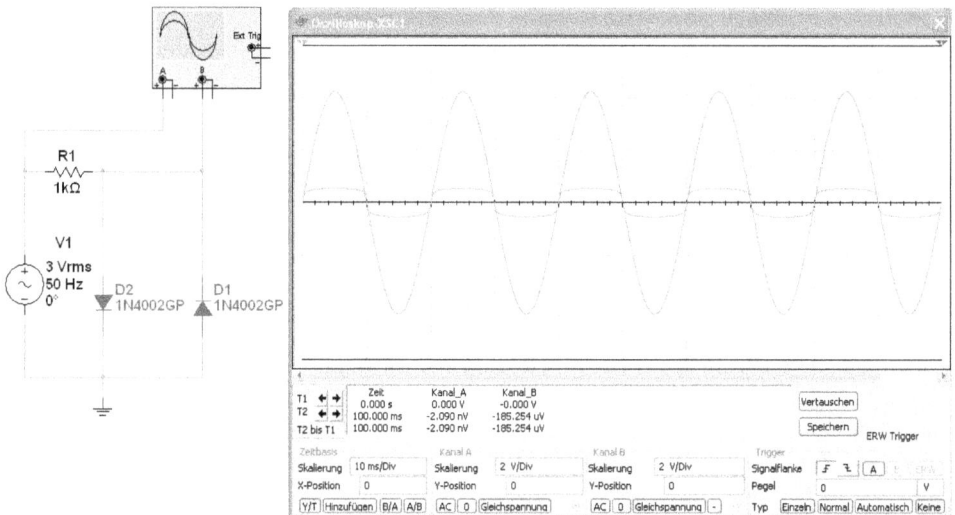

Abb. 3.34: Bidirektionale Klipperschaltung mit Dioden

Bei der Schaltung von Abb. 3.34 sind zwei Dioden antiparallel geschaltet und damit erreicht man eine Begrenzung der Ausgangsspannung von $\pm 0,7\,\text{V}$. Die beiden Dioden sind hochohmig, solange die Eingangsspannung unter $\pm 0,7\,\text{V}$ ist. Erreicht die positive oder negative Eingangsspannung den Wert $U = \pm 0,7\,\text{V}$, wird die entsprechende Diode leitend und die Ausgangsspannung wird auf $U = \pm 0,7\,\text{V}$ begrenzt.

3.5 Elektronische Schalterfunktionen mit Dioden

Eine Diode lässt sich als Schalter betreiben, denn man hat wie bei einem mechanischen Schalter einen niederohmigen Zustand, die Diode arbeitet in Durchlassrichtung oder hat einen hochohmigen Zustand, wenn die Diode in Sperrrichtung betrieben wird. Eine Siliziumdiode geht in den leitenden Zustand über, wenn die Durchlassspannung den Wert von 0,6 V überschreitet. Unterhalb dieser Spannung befindet sich die Diode in Sperrrichtung und es fließt kein Strom, d. h. das Schaltverhalten der Diode ist hochohmig.

3.5.1 Diode als Schalter

Die Wirkungsweise eines elektronischen Schalters mit Diode lässt sich durch eine einfache Schaltung untersuchen, wie Abb. 3.35 zeigt.

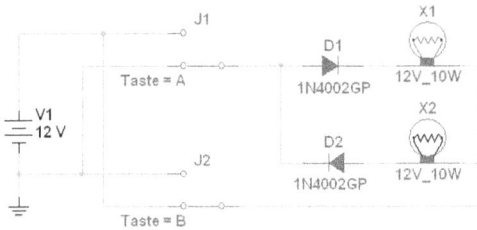

Abb. 3.35: Schaltung zur Untersuchung von elektronischen Schaltern mit Dioden

Die Gleichspannungsquelle erzeugt einen Wert von U = 12 V und diese Spannung liegt an einem Polwechselschalter an. Die Umschaltung erfolgt über die Leertaste des Rechners. Befinden sich die Schalterstellen des Polwechselschalters oben, fließt über die obere Diode und der Signallampe ein Strom zum Minusanschluss der Gleichspannungsquelle. Betätigt man die Leertaste, schaltet der Polwechselschalter um und nun fließt ein Strom von +12 V über den unteren Schalter, der unteren Signallampe über die untere Diode, über den oberen Polwechselschalter zurück zum Minusanschluss der Gleichspannungsquelle.

3.5.2 Diodenschalter Typ I und II

In der digitalen Signalverarbeitung setzt man zwei unterschiedliche Arten von Diodenschaltern ein. Es wird zwischen dem Diodenschalter vom Typ I und II unterschieden. Beim Diodenschalter vom Typ I befindet sich am Ausgang der Schaltung ein Lastwiderstand gegen Masse. Liegt am Eingang eine Spannung an, so wird diese kaum belastet, wenn ein niederohmiger Eingangswiderstand vorhanden ist. Dieser Schaltertyp bildet die Grundlage für ein ODER-Gatter. Anders verhält sich der Diodenschalter vom Typ II, denn hier beeinflusst die Eingangsspannung weitgehend die Ausgangsspannung. Außerdem muss man bei diesem Diodenschalter unterscheiden, ob der Lastwiderstand zwischen Ausgang und Masse oder zwischen der Betriebsspannung und dem Ausgang liegt. Befindet sich der Lastwiderstand zwischen Ausgang und Masse, hat dieser Diodentyp das Verhalten einer Stromquelle, denn es fließt ein Strom aus dem Diodenschalter heraus. Betreibt man den Lastwiderstand zwischen der Betriebsspannung und dem Ausgang, arbeitet die Schaltung als Stromsenke, denn der Strom fließt in den Schalter hinein.

Durch die Schaltung von Abb. 3.36 lässt sich der Diodenschalter Typ I im unbelasteten und im belasteten Zustand untersuchen. Über die Diode 1N4002 liegt die Eingangsspannung von $+12\,\text{V}$ an dem Widerstand mit $1\,\text{k}\Omega$. Es fließt ein Strom von $10{,}9\,\text{mA}$ über die Diode bei einem Spannungsfall von $12\,\text{V} - 10{,}9\,\text{V} = 1{,}1\,\text{V}$. Damit ergibt sich für die Gleichspannungsquelle, die Diode und das Amperemeter ein gesamter Innenwiderstand von $100\,\Omega$. Im unbelasteten Fall misst man dagegen eine Ausgangsspannung von $10{,}9\,\text{V}$.

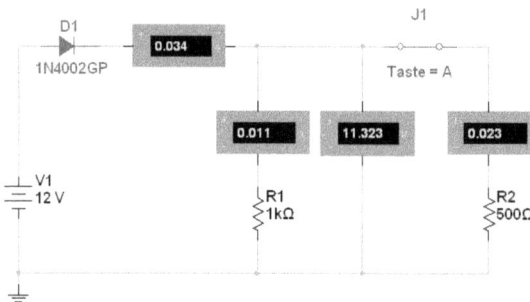

Abb. 3.36: Schaltung zur Untersuchung des Diodenschalters Typ I

Betätigt man die Leertaste, wird zum Widerstand von $1\,\text{k}\Omega$ ein Lastwiderstand von $500\,\Omega$ parallel geschaltet. Damit erhöht sich der Strom durch die Diode von $10{,}9\,\text{mA}$ auf $31{,}8\,\text{mA}$ und die Ausgangsspannung sinkt von $10{,}9\,\text{V}$ auf $10{,}6\,\text{V}$ ab. Damit lässt sich der Innenwiderstand der Ansteuerung berechnen mit

$$r_i = \frac{\Delta U}{\Delta I} = \frac{10{,}9\,\text{V} - 10{,}6\,\text{V}}{31{,}8\,\text{mA} - 10{,}9\,\text{mA}} = \frac{300\,\text{mV}}{20{,}9\,\text{mA}} = 14{,}4\,\Omega$$

Wenn jetzt das Symbol für die Diode 1N4002 zweimal angeklickt wird, erscheint das Fenster für die Diodenmodelle und der Balken kennzeichnet diese Diode. Das Programm gibt die wichtigsten Daten dieser Diode aus, wobei ein Bahnwiderstand von $R_B = 15\,\Omega$ eingestellt worden ist. Das Messergebnis mit der anschließenden Berechnung zeigt, dass dieser Wert mit dem Wert des Bahnwiderstands weitgehend identisch ist.

Da die Gleichspannungsquelle und die verwendeten Amperemeter sehr niederohmige Werte aufweisen, verändert sich die Ausgangsspannung kaum, wenn man den unbelasteten und den belasteten Fall untersucht. In der Praxis können sich dagegen erhebliche Unterschiede am Ausgang der Schaltung ergeben.

Bei der Schaltung von Abb. 3.37 unterscheidet man zwischen dem Betriebsfall 1 (Eingangsspannung $+12\,\text{V}$ oder 1-Signal) und dem Betriebsfall 2 (Eingangsspannung $0\,\text{V}$ oder 0-Signal). Durch das Potentiometer lässt sich für die Schaltung eine Eingangsspannungsänderung von $0\,\text{V}$ bis $+12\,\text{V}$ einstellen. Die Eingangsspannung und der Lastwiderstand lassen sich separat zu- oder abschalten und damit kann man alle Möglichkeiten dieser Schaltung untersuchen.

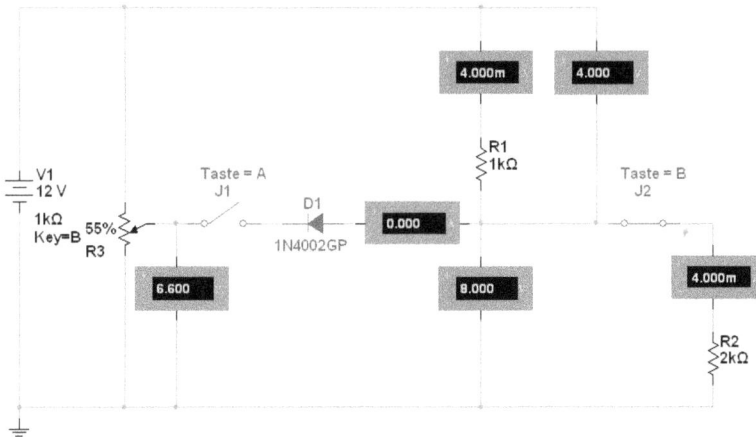

Abb. 3.37: Schaltung zur Untersuchung des Diodenschalters Typ II für den Betriebsfall 1 und 2. Mit der Taste „A" lässt sich die Eingangsspannung und mit der Leertaste der Lastwiderstand zu- oder abschalten.

Ohne Eingangsspannung und ohne Lastwiderstand fließt kein Strom durch die Schaltung und daher zeigt das obere Voltmeter eine Spannung von 12 mV (0 V), das untere Voltmeter dagegen 12 V. Dies ändert sich sofort, wenn man den Lastwiderstand zuschaltet. In diesem Fall hat man einen Spannungsteiler und das obere Voltmeter zeigt 4 V, das untere dagegen 8 V an. Gibt man an eine Eingangsspannung einen Wert von +6 V, misst man an der Anode der Diode eine Spannung von 6 V + 0,7 V (Diffusionsspannung der 1N4002), also 6,7 V. Die Stromverhältnisse am Spannungsteiler ändern sich entsprechend.

Die Schaltung soll im unbelasteten Fall bei einer Eingangsspannung von 0 V untersucht werden. An der Katode liegt eine Spannung von 0 V und über die Diode fließt ein Strom von $I_D = -11,1$ mA. Dieser Strom wird durch den Arbeitswiderstand $R_1 = 1$ kΩ zwischen der Betriebsspannung und der Diffusionsspannung der Diode von $U_D = 0,75$ V bestimmt. Schaltet man den Lastwiderstand von $R_2 = 2$ kΩ zu, ändern sich kaum die internen Stromverhältnisse.

Die Eingangsspannung ist nun auf +3 V einzustellen, was für das Potentiometer eine Angabe von 84 % bedeutet. Im unbelasteten Fall misst man an der Anode eine Spannung von 3,94 V, denn zu der Eingangsspannung von 3,0 V muss man die Diffusionsspannung der Diode hinzuaddieren. Über die Diode und dem Potentiometer fließt ein Strom von $I_1 = -8,06$ mA. Die Diode arbeitet in Durchlassrichtung. Schaltet man den Lastwiderstand zu, reduziert sich die Ausgangsspannung U_1 von 3,94 V auf 3,71 V, da der Widerstand von $R_2 = 2$ kΩ die internen Stromverhältnisse ändert.

Verringert man das Potentiometer auf 50 %, ergibt sich ohne Diodenschalter ein Spannungswert von +6 V. Da aber der Diodenschalter vorhanden ist, erhöht sich durch das ohmsche Gesetz die Eingangsspannung auf $U_1 = 7,02$ V, da der Widerstand zwischen der Anode und der Betriebsspannung einen Strom fließen lässt, der die Eingangsspannung erhöht. Im Belastungsfall ergibt sich durch den internen Spannungsteiler eine Ausgangsspannung von 7,17 V und eine Eingangsspannung von 6,3 V, denn 7 V − 0,7 V = 6,3 V.

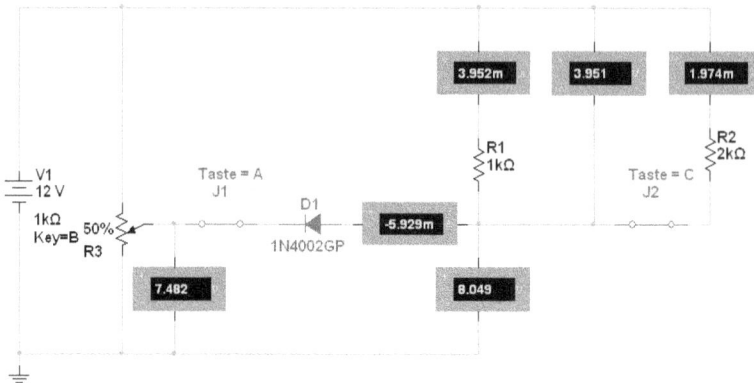

Abb. 3.38: Schaltung zur Untersuchung des Diodenschalters Typ II für den Betriebsfall 3 und 4. Mit der Taste „B" lässt sich die Eingangsspannung und mit der Leertaste der Lastwiderstand zu- oder abschalten.

Bei der Schaltung von Abb. 3.38 befindet sich der Lastwiderstand zwischen der Betriebsspannung und dem Ausgang des Diodenschalters. Trennt man die Eingangsspannung und den Lastwiderstand des Diodenschalters ab, fließt kein Strom. Die Ausgangsspannung der Schaltung beträgt $U_1 = 12$ V und der Spannungsfall an dem Arbeitswiderstand dagegen $U = 0$ V. Dieses Verhalten ändert sich auch nicht, wenn man den Lastwiderstand zuschaltet, denn es ist keine Verbindung zu Masse (0 V) vorhanden.

Die Eingangsspannung ist auf $U_1 = 0$ V einzustellen und der Ausgang soll unbelastet sein. An der Katode der Diode misst man eine Spannung von $U_1 = 0$ V. Zu dieser Spannung addiert sich die Diffusionsspannung der Diode und damit hat der Ausgang $U_2 = 0,7$ V. Selbst im belasteten Zustand, wenn der Lastwiderstand zugeschaltet wird, ändern sich kaum die Spannungen an der Katode bzw. an der Anode der Diode. Nur die Ströme ändern sich.

Die Eingangsspannung ist auf $U_1 = 3$ V einzustellen und der Ausgang soll unbelastet bleiben. Durch die Eingangsspannung ändert sich die Ausgangsspannung auf $U_2 = 3,7$ V, denn zur Eingangsspannung muss man die Diodenspannung wieder hinzuaddieren. Schaltet man den Lastwiderstand zu, ändern sich die Stromverhältnisse in dem Diodenschalter und die Ausgangsspannung erhöht sich auf 4,4 V, während die Eingangsspannung 3,4 V beträgt.

Erhöht man die Eingangsspannung auf $U_1 = 6$ V und misst die Ausgangsspannung, erhält man einen Wert von 7 V, da über den Arbeitswiderstand und über die Diode ein Strom fließen kann. Der Spannungsfall an der Diode hat einen Wert von $U = 0,9$ V, was der Diffusionsspannung entspricht. Schaltet man den Lastwiderstand zu, erhöht sich die Eingangsspannung auf $U_1 = 7,38$ V, da über die beiden Widerstände nun ein erhöhter Strom fließt, der einen größeren Spannungsfall verursacht.

Wenn man eine Eingangsspannung von $U_1 = 9$ V wählt, kann über die Diode kein Strom mehr fließen und man hat den Betriebsfall 4. Immer wenn durch die Diode ein Strom über den Eingang abfließt, spricht man vom Betriebsfall 4. Ab einer Eingangsspannung von $U_1 \approx 7$ V ist kein Stromfluss mehr über die Dioden möglich, da die Eingangsspannung zu groß wird.

3.5.3 Dioden als Entkopplungselemente

In der digitalen Steuerungstechnik lassen sich kleinere Schaltungsprobleme einfach durch Dioden lösen. Dabei arbeiten Dioden als Entkopplungselemente, d. h. trotz galvanischer Verbindung wird verhindert, dass von einer Funktionsschaltung in eine andere ein unerwünschter Strom fließt und damit eine Fehlreaktion ausgelöst wird.

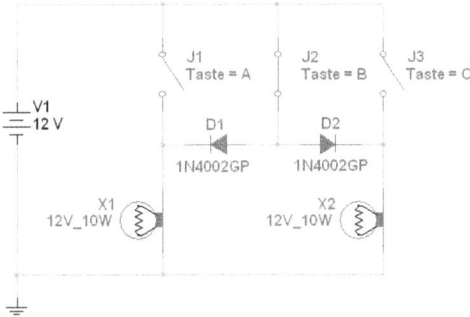

Abb. 3.39: Dioden als Entkopplungselement zwischen drei Funktionsschaltkreisen

In der Schaltung von Abb. 3.39 lassen sich mittels drei Schalter zwei Lampen ansteuern. Betätigt man den linken Schalter, leuchtet die linke Lampe auf. Diese Funktion gilt auch für die rechte Lampe, wenn man den rechten Schalter betätigt. Beide Lampen leuchten jedoch auf, wenn man den mittleren Schalter betätigt. Die zwei Dioden arbeiten als Entkopplungselemente zwischen dem mittleren Schalter und den beiden äußeren Schaltern. Der Strom kann vom mittleren Schalter zu den beiden Leuchten fließen, aber nicht umgekehrt.

3.5.4 Diodendecodierer

In der digitalen Steuerungstechnik und Computertechnik benötigt man Decodierer. Aufgabe eines Decodierers ist beispielsweise die Umsetzung einer dezimalen Zahl in einen Dual- bzw. BCD-Code (binär codierte Dezimalzahl).

Der Diodendecodierer von Abb. 3.40 besteht aus sieben Schaltern für die Eingabe der dezimalen Wertigkeit, einer Diodenmatrix und drei Lampen für die Anzeige des Dual- bzw. BCD-Codes. Tabelle 3.4 zeigt die Wirkungsweise der Diodenmatrix.

Betätigt man keinen Schalter, kann kein Strom fließen und keine der Lampen leuchtet. Schaltet man den Schalter 1 ein, so fließt ein Strom über die Diode zur Lampe 1, während die anderen Dioden in Sperrrichtung betrieben werden. Betätigt man den Schalter 2, so fließt über die fünfte Diode ein Strom und Lampe 2 leuchtet. Die anderen Dioden arbeiten in Sperrrichtung und es fließt kein Strom. Wenn man nun den Schalter 3 betätigt, fließt über die zweite und sechste Diode ein Strom und die beiden Lampen 1 und 2 leuchten, während die Lampe 4 dunkel bleibt. Aus Tabelle 3.4 ergibt sich die Wirkungsweise eines Dezimal-Dual-Decodierers mit Diodenmatrix.

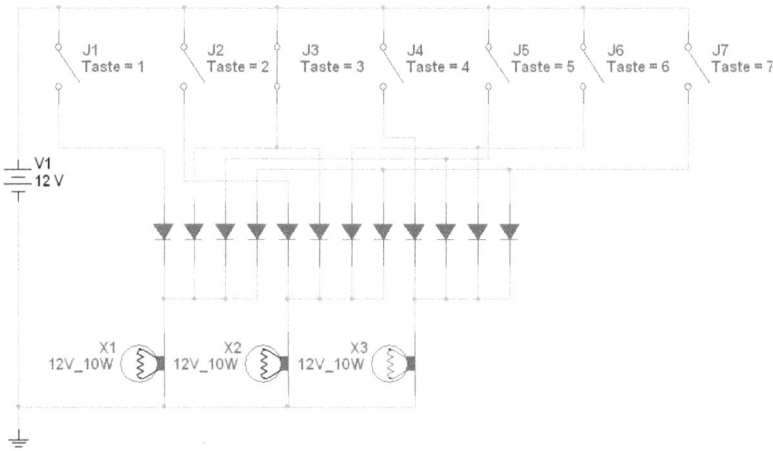

Abb. 3.40: Diodendecodierer zur Umwandlung einer dezimalen Wertigkeit in einen Dual- bzw. BCD-Code

Tab. 3.4: Wirkungsweise eines Dezimal-Dual-Decodierers mit Diodenmatrix

Schalter	Lampen	Dual- oder BCD-Code		
		2^2	2^1	2^0
0	Keine	0	0	0
1	1	0	0	1
2	2	0	1	0
3	1 + 2	0	1	1
4	4	1	0	0
5	1 + 4	1	0	1
6	2 + 4	1	1	0
7	1 + 2 + 4	1	1	1

3.5.5   ODER-Gatter in RDL-Technik

In der digitalen Steuerungstechnik kennt man die drei Verknüpfungen ODER, UND und NICHT. Während man für das NICHT-Gatter einen Transistor für die Negation des Eingangssignals benötigt, sind für die Realisierung eines ODER- oder UND-Gatters nur ein Widerstand (Resistor) und zwei Dioden erforderlich. In der Technik spricht man daher von der „Resistor-Diode-Logic"-Technik.

Im Prinzip arbeiten die Dioden bei dem ODER-Gatter von Abb. 3.41 wieder als Entkopplungselemente. Durch die zwei Eingangsschalter ordnet man aber der Wertigkeit entweder 0 V (0-Signal) oder +12 V (1-Signal) zu. Für die Schaltungsfunktion ergibt sich die Tabelle 3.5.

Aus Tabelle 3.5 wird die Arbeitsweise eines ODER-Gatters ersichtlich. Sind beide Eingänge mit 0 V (0-Signal) verbunden, kann kein Strom fließen und die Leuchtdiode bleibt dunkel. Wird einer der beiden Eingänge mit +12 V (1-Signal) verbunden, fließt über die betreffende Diode ein Strom und der Ausgang hat +12 V (1-Signal), wenn man den Spannungsfall an der Diode vernachlässigt. Die Leuchtdiode emittiert ein Licht.

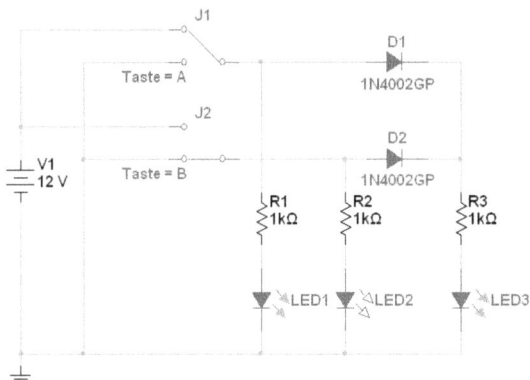

Abb. 3.41: ODER-Gatter in RDL-Technik

Tab. 3.5: Ausgangsfunktion eines ODER-Gatters

Schalter	1	0	Ausgang
Wertigkeit	2^1	2^0	
0	0	0	0
1	0	1	1
2	1	0	1
3	1	1	1

Die Boolesche Gleichung für ein ODER-Gatter lautet:

$$x = a + b \qquad \text{(nach DIN 66 000: Zeichen der Mathematik)}$$

wobei der „+"-Zeichen als ODER gelesen wird. Der Ausgang x hat ein 1-Signal, wenn die Variable a oder b ein 1-Signal hat. In der Praxis verwendet man noch folgende Schreibweisen:

$$x = a \vee b \qquad \text{(nach DIN 5474: Zeichen der mathematischen Logik)}$$
$$x = a \,/\, b \qquad \text{(verwendet man bei einigen Programmiersprachen} \\ \text{zur logischen ODER-Verknüpfung).}$$

Die Schaltung von 3.41 lässt sich ohne Probleme erweitern. Mit zwei Dioden ergeben sich vier Eingangsmöglichkeiten, mit drei Dioden acht Eingangsmöglichkeiten, mit vier Dioden bereits 16 Eingänge usw. Die Anzahl der möglichen Wertekombinationen k und die Anzahl der Eingangsvariablen n lässt sich berechnen aus:

$$k = 2^n$$

Eine ODER-Verknüpfung mit sechs Eingängen bedeutet, dass $2^6 = 64$ Möglichkeiten auftreten können. Hat einer dieser Eingänge ein 1-Signal, ist die ODER-Bedingung bereits erfüllt.

3.5.6   UND-Gatter in RDL-Technik

Während bei einem ODER-Gatter immer nur eine Variable erfüllt sein muss, gilt für ein UND-Gatter, dass alle Variablen ein 1-Signal aufweisen müssen.

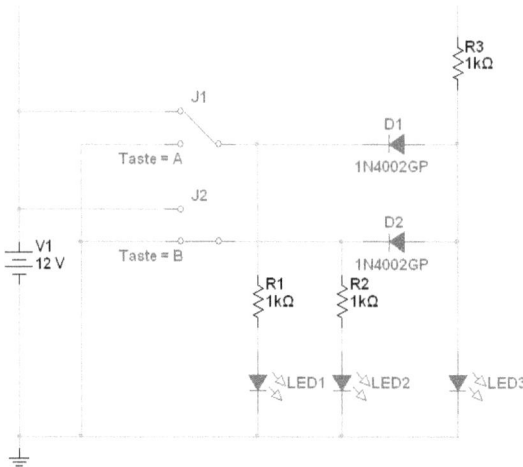

Abb. 3.42: UND-Gatter in RDL-Technik

Im Prinzip arbeiten die beiden Dioden bei dem UND-Gatter von Abb. 3.42 wieder als Entkopplungselemente. Durch die zwei Eingangsschalter ordnet man aber der Wertigkeit entweder 0 V (0-Signal) oder +12 V (1-Signal) zu. Für die Schaltungsfunktion ergibt sich Tabelle 3.6.

Tab. 3.6: Ausgangsfunktion eines UND-Gatters

Schalter	2	0	Ausgang
Wertigkeit	2^1	2^0	x
0	0	0	0
1	0	1	0
2	1	0	0
3	1	1	1

Die Boolesche Gleichung für ein UND-Gatter lautet:

$x = a \wedge b$ (nach DIN 66 000: Zeichen der Mathematik),

wobei der „$\wedge$"-Zeichen als UND gelesen wird. Der Ausgang x hat ein 1-Signal, wenn die Variable a und b ein 1-Signal hat. In der Praxis verwendet man noch folgende Schreibweisen:

$x = a \cdot b$ (nach DIN 5474: Zeichen der mathematischen Logik)

$x = a \,\&\, b$ (verwendet man bei einigen Programmiersprachen zur logischen UND-Verknüpfung).

Die Schaltung von Abb. 3.42 lässt sich ohne Probleme erweitern. Durch diese Diode erhöht sich die Anzahl der Eingangsvariablen wie beim ODER-Gatter.

3.6   Freilaufdiode

Der Einsatz von Induktivitäten (Relais) in der Elektronik ist nicht ohne Probleme realisierbar. Schaltet man ein Relais durch einen elektronischen Schalter ein, ergeben sich in der Praxis kaum Probleme, selbst wenn durch die Induktivität eine Stromverzögerung auftreten sollte.

Eine Änderung des magnetischen Flusses induziert nicht nur in anderen Leitern eine Spannung (Prinzip des Transformators), sondern auch in der das magnetische Feld erzeugenden Spule selbst. Diese Erscheinung bezeichnet man als Selbstinduktion. Unter Selbstinduktion versteht man das Entstehen einer zusätzlichen Induktionsspannung in den eigenen Windungen einer von nicht konstantem Strom durchflossenen Spule. Bestimmt man die Richtung der induzierten Spannung, ergibt sich eine durch Selbstinduktion entstehende Spannung, die verzögernd auf die erzeugenden Stromstärkeänderungen einwirken. Für die in der Spule selbst induzierte Spannung gilt das Induktionsgesetz von Faraday mit

$$U = -N\frac{\Delta\Phi}{\Delta t}$$

Das Minuszeichen bedeutet, dass die Induktionsspannung bzw. der Induktionsstrom der sich erzeugenden Flussänderung entgegenwirken (Lenzsche Regel). Bei einer Zunahme des magnetischen Flusses fließt der induzierte Strom also entgegengesetzt zu der sich aus der Schraubendreherregel ergebenden Richtung. Die Änderung des magnetischen Flusses $\Delta\Phi$ ist aber in jedem Fall der Änderung des Stroms ΔI im Stromkreis proportional. Die induzierte Spannung errechnet sich aus

$$U = -L\frac{\Delta I}{\Delta t}$$

wenn die Änderungsgeschwindigkeit der Stromstärke konstant ist.

Schaltet man den Stromkreis einer Spule aus, entsteht an der Induktivität eine Selbstinduktionsspannung, deren Amplitude weit über der angelegten Betriebsspannung liegen kann, aber mit einer anderen Polarität. Schaltet man ein Relais über einen Schaltkontakt ab, erkennt man an der Funkenbildung am Schaltkontakt, dass eine Selbstinduktion aufgetreten ist. Durch die Funkenbildung am Kontakt verringert sich die Lebensdauer eines mechanischen Schalters erheblich. Bei einem elektronischen Schalter (Transistor) sind die Folgen einer Selbstinduktionsspannung noch gravierender, da der Transistor unweigerlich zerstört wird. Dies gilt auch für die integrierten Schaltungen der digitalen und analogen Technik.

Jede Stromänderung in einer Induktivität hat eine Magnetfeldänderung zur Folge. Das sich ändernde Magnetfeld induziert eine Spannung, die der Stromänderung entgegenwirkt. Die induzierte Spannung ist dabei umso größer, je größer die Induktivität der Spule ist und je schneller sich der Strom ändert. Da sich beim Abschalten der Strom sehr schnell ändern kann, entsteht eine große Spannung, die bis zu einigen kV betragen kann. An einem mechanischen Kontakt entsteht ein unerwünschter Überschlagsfunke. Um diese Selbstinduktion wirksam zu

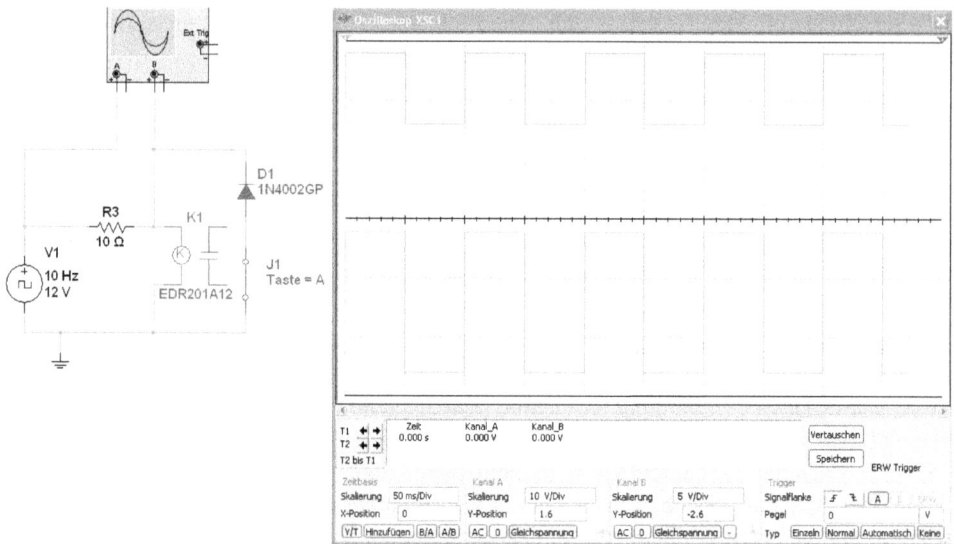

Abb. 3.43: Untersuchung eines Relais mit und ohne Freilaufdiode

unterdrücken, schaltet man parallel zur Induktivität eine Diode, die man als „Freilaufdiode"
bezeichnet.

In der Schaltung von Abb. 3.43 liegt parallel zur Relaisspule eine Freilaufdiode, die sich für
die Simulation zu- und abschalten lässt. Dadurch lässt sich die Wirkungsweise der Freilaufdiode untersuchen.

Hat man keine Freilaufdiode am Relais, tritt eine Überspannung auf, wie das Oszillogramm
zeigt. Beim Abschalten entsteht im Relais eine Selbstinduktionsspannung, die den Stromfluss
aufrechterhalten will. Durch den Spannungsverlauf der Selbstinduktion erkennt man, dass
sich die Polarität geändert hat. Bei mechanischen Schaltern schaltet man parallel zum Kontakt
einen Kondensator, der als Funkenlöschkondensator dient. Hat man dagegen einen Transistor,
ist die Wirkungsweise eines Kondensators zu langsam.

Wenn eine Freilaufdiode parallel zu einer Induktivität geschaltet wird, ergibt sich ein wirksamer Schutz für das Halbleiterbauelement. Tritt eine Selbstinduktion auf, schließt die Diode
sehr schnell diese Spannung kurz und die Selbstinduktion kann nicht größer als 0,7 V werden. Die Freilaufdiode verhindert die Selbstinduktion. Beim Einschalten des Relais wird die
Freilaufdiode in Sperrrichtung betrieben und hat daher keinen Einfluss auf die Schaltung.

4 Dioden mit speziellen Eigenschaften

Folgende Bauelemente in Abb. 4.1 sind in der Dioden-Bauteilbibliothek vorhanden:

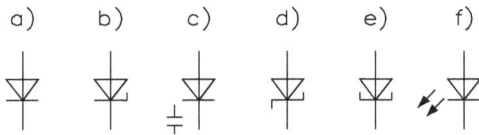

Abb. 4.1: Schaltzeichen von Dioden a) Universal- oder Gleichrichterdiode, b) Z-Diode, c) Kapazitäts-diode (Varaktordiode), d) Schottky-Diode (nicht genormt), e) Tunneldiode, f) Leuchtdiode

Die einzelnen Bauelemente sollen nun untersucht werden. Unter Standard-Dioden versteht man alle Dioden, die sich als Gleichrichter oder Schalter verwenden lassen.

Dioden lassen in der Simulation den Stromfluss in nur einer Richtung zu und können daher in AC-Kreisen als einfache kontaktlose Schalter eingesetzt werden. Eine Diode kann geöffnet (nicht leitend) oder geschlossen (leitend) sein. Anschluss A wird als Anode und K als Katode bezeichnet. Die DC-Charakteristik einer realen Diode in Multisim wird in Durchlass- und Sperrcharakteristik aufgeteilt. Tabelle 4.1 zeigt Diodenparameter und Standardwerte.

Tab. 4.1: Diodenparameter und Standardwerte

Formelzeichen	Parametername	Standard	Typischer Wert	Einheit
I_S	Sättigungsstrom	1e–14	1e–9 bis 1e–18	A
R_S	Bahnwiderstand	0	10	Ω
C_{J0}	Sperrschichtkapazität	0	0,01 bis 1e–12	F
U_J	Sperrschichtpotential	1	0,05 bis 0,7	V
T_T	Transitzeit	0	1e–10	s
M	Dotierungsgrad	0,5	0,33 bis 0,5	—
B_U	Rückwärts-Durchbruchspannung	1e+30	—	V
N	Emissionskoeffizient	1	1	—
E_G	Ablöseenergie	1,11	1,11	eV
X_{TI}	Temperaturexponent für Effekt auf I_S	3,0	3,0	—
K_F	Funkelrauschkoeffizient	0	0	—
A_F	Funkelrauschexponent	1	1	—
F_C	Koeffizient für Gleichung der Sperrschicht-kapazität in Durchlassrichtung	0.5	0.5	—
I_{BU}	Strom bei Rückwärts-Durchbruchspannung	0.001	1e–3	A
T_{NOM}	Parameter-Messtemperatur	27	27 bis 100	°C

Die Z-Diode wird vornehmlich im Z-Bereich (Sperrbereich) betrieben. Im Durchlassbereich beginnt diese Diode wie eine herkömmliche Siliziumdiode bei ca. 0,7 V zu leiten. Im Verlustbereich zwischen Null und Durchbruch fließt nur ein geringer Sperrstrom. Der Durchbruch besitzt ein scharfes Knie (Z-Knick) gefolgt von einem fast vertikalen Stromanstieg. Z-Dioden werden in erster Linie zur Spannungsstabilisierung verwendet, da sie unabhängig von Stromänderungen die Ausgangsspannung konstant halten.

4.1   Z-Dioden

Bei den Z-Dioden handelt es sich um Siliziumdioden, bei denen mit zunehmender Sperrspannung ab einer bestimmten Spannung ein steiler Anstieg des Sperrstroms infolge des Z-Durchbruchs oder des Lawinendurchbruchs eintritt. Die Z-Dioden lassen sich im Betrieb dieses Durchbruchs betreiben. Wegen des steilen Sperrstromanstiegs ändert sich die Durchbruchspannung nur geringfügig in Abhängigkeit von dem die Diode durchfließenden Strom.

4.1.1   Grundsätzlicher Aufbau und Wirkungsweise

Die bisher untersuchten Dioden werden im Sperrzustand sofort zerstört, wenn die zulässige Sperrspannung um einen geringen Betrag überschritten wird. Infolge der im Sperrzustand an der Sperrzone liegenden hohen elektrischen Feldstärke werden dann plötzlich Elektronen aus ihren festen Bindungen gerissen (Z-Effekt). Jedes der so frei gewordenen Elektronen kann unter bestimmten Bedingungen durch das elektrische Feld so stark beschleunigt werden, dass es beim Auftreffen auf andere Atome dort mehrere Elektronen herausschlägt. Die Zahl der freien Elektronen nimmt daher lawinenartig zu. Diesen Prozess des lawinenartigen Durchbruchs bezeichnet man Avalanche-Effekt. Seine Entdeckung wurde irrtümlicherweise dem amerikanischen Physiker Zener zugeschrieben, weshalb Dioden, die diesen Effekt ausgeprägt zeigen, früher als Zenerdioden bezeichnet wurden. Heute hat sich die Bezeichnung Z-Diode durchgesetzt.

Eine Z-Diode ist äußerlich wie eine Universaldiode aufgebaut und enthält einen N-Siliziumkristall, dem Aluminium (dreiwertig) einlegiert ist. Der dabei entstandene PN-Übergang zeigt gegenüber herkömmlichen PN-Übergängen besondere Eigenschaften. Wird die angelegte Spannung einer Z-Diode im Sperrbereich über die Durchbruchspannung hinaus erhöht, so tritt keine Zerstörung auf, solange eine bestimmte zulässige Verlustleistung nicht überschritten wird. Ein weiterer Unterschied zu Universaldioden besteht darin, dass der Stromanstieg beim Überschreiten der Durchbruchspannung sehr stark ist, der Widerstand also plötzlich sehr klein wird. Der Bereich des Stromsteilanstiegs wird als Arbeitsbereich bezeichnet, die Spannung, bei der der Durchbruch erfolgt, definiert man als Arbeitsspannung im Durchbruchgebiet. Es ist im Allgemeinen nur ein kleiner Übergangsbereich zwischen gesperrtem Zustand und dem Arbeitsbereich vorhanden. Das Verhalten einer Z-Diode an ihrer Kennlinie soll Abb. 4.2 veranschaulichen.

Die Kennlinie kann übrigens mit der gleichen Messschaltung wie für den Sperrbereich einer Universaldiode aufgenommen werden. Die Schaltung ist in Abb. 4.2 für eine Z-Diode mit

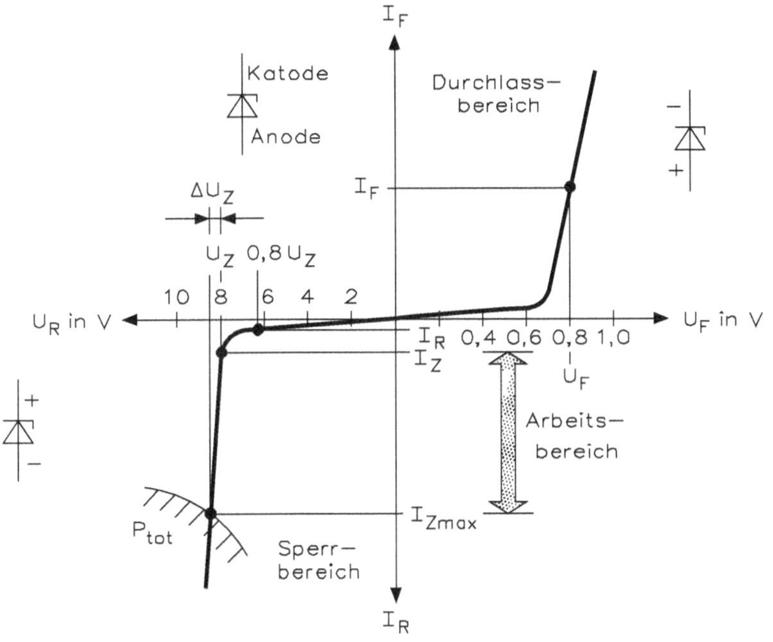

I_F

Katode

Anode

ΔU_Z

U_Z 0,8 U_Z

10 8 6 4 2

U_R in V

Durchlass–
bereich

I_F

I_R 0,4 0,6 0,8 1,0

I_Z

U_F

U_F in V

Arbeits–
bereich

I_{Zmax}

P_{tot}

Sperr–
bereich

I_R

Abb. 4.2: Kennlinie einer Z-Diode

einer Arbeitsspannung von $U_Z = 4{,}7\,V$ und einer zulässigen Verlustleistung von $P_v = 1\,W$ dargestellt und lässt erkennen:

- Bis zur Höhe der Arbeitsspannung fließt ein sehr geringer Strom. Die Z-Diode ist noch sehr hochohmig bis $< 10\,M\Omega$.
- In der Nähe der Arbeitsspannung beginnt der Stromanstieg zunächst nur sehr langsam (Übergangsbereich).
- Beim Erreichen bzw. überschreiten der Arbeitsspannung steigt der Strom stark an. Die große Steilheit der Kennlinie im Arbeitsbereich lässt auf einen sehr kleinen dynamischen Widerstand schließen. Dieser Widerstand wird auch als differentieller Widerstand r_Z bezeichnet und kann bis etwa $1\,\Omega$ absinken.
- Z-Dioden können für Arbeitsspannungen zwischen etwa 3 V und 1000 V hergestellt werden. Zur Lösung von Stabilisierungs- und Begrenzeraufgaben unterhalb 3 V verwendet man normale Dioden im Durchlassbereich (Begrenzerdioden) und für größere Spannungswerte werden je nach Bedarf mehrere Z-Dioden in Reihe geschaltet.

Eine Z-Diode muss grundsätzlich mit einem Vorwiderstand betrieben werden. Legt man an die Schaltung eine Spannung an, die größer als die Arbeitsspannung der Diode ist, so fällt am Vorwiderstand R_1 die Spannungsdifferenz

$$U - U_Z = U_v$$

ab, denn für Spannungen oberhalb der Arbeitsspannung ist die Z-Diode sehr niederohmig. Beim Fehlen des Vorwiderstands würde die Z-Diode die Arbeitsspannung im Durchbruchgebiet überlasten und damit zerstört werden. Das Verhalten lässt sich anhand der Versuchsschaltung in Abb. 4.3 nachweisen.

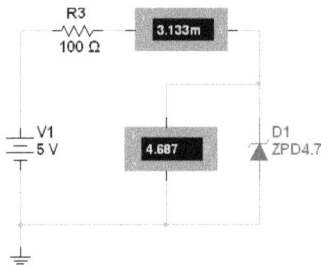

Abb. 4.3: Statische Messschaltung für eine Z-Diode

Z-Dioden werden grundsätzlich in Sperrrichtung betrieben. Sie dürfen im Gegensatz zu anderen Dioden unter Beachtung der zulässigen Verlustleistung auch an Spannungen oberhalb der Durchbruchspannung liegen. Ihr dynamischer Widerstand ist im Arbeitsbereich sehr klein. Zum Betrieb einer Z-Diode gehört immer ein Vorwiderstand.

Folgende Größen kennzeichnen das Verhalten einer Z-Diode:
- die Arbeitsspannung im Durchbruchgebiet U_Z wird für einen bestimmten Wert des Gleichstroms im Durchbruchgebiet, z. B. 5 mA, 25 mA oder 100 mA angegeben.
- der differentielle Widerstand r_Z ist der dynamische Widerstand im Arbeitsbereich und wird meistens bei $I_Z = 5$ mA oder 100 mA gemessen.
- bei zulässiger Verlustleistung P_v lässt sich das Produkt aus anliegender Spannung und fließendem Strom berechnen.
- die zulässige maximale Sperrschichttemperatur und diese beträgt ausschließlich 150 °C.
- der Temperaturkoeffizient der Arbeitsspannung U_Z ist ein Maß für die Temperaturabhängigkeit der Arbeitsspannung.

Die spannungsstabilisierende Wirkung einer Z-Diode ist, wie noch untersucht wird, umso besser, je kleiner ihr dynamischer Widerstand r_Z im Arbeitsbereich ist. Ermittelt man die dynamischen Widerstände einer bestimmten Typenserie mit verschiedener Arbeitsspannung, ergibt sich, dass der dynamische Widerstand r_Z für Z-Dioden mit Arbeitsspannungen zwischen etwa 5 V und 8 V am kleinsten ist. Sowohl für Z-Dioden mit kleineren als auch mit größeren Arbeitsspannungen ergeben sich weitaus größere dynamische Widerstände. Diese Eigenart beruht darauf, dass in Z-Dioden mit Arbeitsspannungen unterhalb von 8 V der Durchbruch überwiegend als Folge des Z-Effekts auftritt, während bei Dioden mit Arbeitsspannungen oberhalb von 5 V hauptsächlich der Avalanche-Effekt (Lawineneffekt) für den plötzlichen Stromanstieg verantwortlich ist. Man erkennt, dass im Bereich 5 V bis 8 V beide Effekte nebeneinander auftreten können. Darum ergibt sich hier beim Erreichen der Arbeitsspannung ein besonders steiler Stromanstieg. Abb. 4.4 zeigt die Abhängigkeit des Widerstands von der Arbeitsspannung.

Wie für die meisten Halbleiter-Bauelemente gibt es auch für Dioden und Z-Dioden Typenbezeichnungen nach bestimmten – meistens regional eingeführten – Schlüsseln. Die heute im Handel erhältlichen Halbleiter-Bauelemente werden im Wesentlichen nach einem der drei Europäischer, USA- oder Japan-Schlüssel – gekennzeichnet.

Wegen ihres besonders kleinen dynamischen Widerstands werden für Stabilisierungsschaltungen bevorzugt Z-Dioden mit Arbeitsspannungen zwischen 5 V und 8 V verwendet. Für höhere Spannungen schaltet man vielfach Z-Dioden in Reihe.

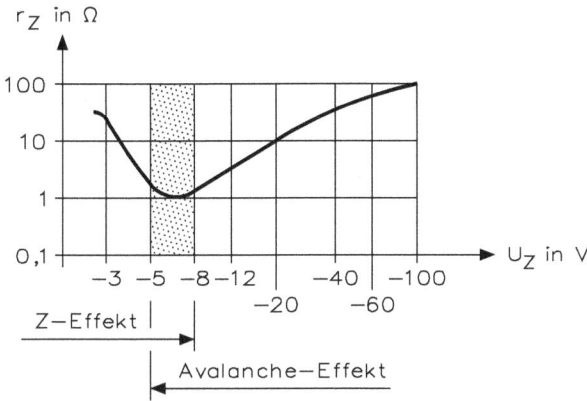

Abb. 4.4: Abhängigkeit des Widerstands von der Arbeitsspannung

Beispiel: Der dynamische Widerstand der Z-Dioden aus der Typenserie BZY92 beträgt bei $U_Z = 6\,V$ etwa $r_Z = 1\,\Omega$, dagegen für $U_Z = 12\,V$ etwa $r_Z = 4\,\Omega$. Soll eine Spannung von 12 V stabilisiert werden, so könnte entweder eine 12-V-Diode oder die Reihenschaltung zweier 6-V-Dioden eingesetzt werden. Dabei ergeben sich folgende dynamischen Widerstände:

- für die 12-V-Diode: $\qquad\qquad\qquad\quad r_Z = 4\,\Omega$
- für zwei in Reihe geschaltete 6-V-Dioden: $\quad r_Z = 2\,\Omega$.

Trotz der Reihenschaltung ist der Widerstand bei Verwendung zweier 6-V-Dioden nur halb so groß wie der einer einzelnen 12-V-Diode.

4.1.2 Statische Kennlinienaufnahme einer Z-Diode

Dioden werden unweigerlich zerstört, wenn man die zulässige Sperrspannung überschreitet. Infolge der im Sperrzustand an der pn-Zone liegenden hohen elektrischen Feldstärke werden schlagartig Elektronen aus ihren festen Bindungen gerissen und man hat den Z-Effekt. Jedes der so frei gewordenen Elektronen wird unter bestimmten Bedingungen durch das elektrische Feld so stark beschleunigt, dass dies beim Auftreffen auf andere Atome dort mehrere Elektronen herausschlägt, d. h. die Zahl der freien Elektronen nimmt lawinenartig zu. Diesen Prozess bezeichnet man als lawinenartigen Durchbruch der Sperrschicht und stellt den „Avalanche"-Effekt dar.

Die Schaltung von Abb. 4.3 dient für die statische Aufnahme der Kennlinie für die Z-Diode ZPD4,7 in Sperrrichtung. Die Messung erfolgt nach Tabelle 4.2.

Tab. 4.2: Tabelle für die statische Aufnahme der Diodenkennlinie ZPD4,7

Eingangsspannung in V	4	4,5	5	5,5	6	6,5	7
Z-Spannung in V	4	4,5	4,68	4,71	4,73	4,74	4,75
Diodenstrom in mA	0,74 µA	0,62 µA	3,13	7,9	13	18	23
Leistung in mW	3 µW	2,8 µW	14,6	37,2	61,5	85,3	109

Durch die Erhöhung der Spannungsquelle erhält man den jeweiligen Stromwert und kann damit die Kennlinie zeichnen.

Für die Z-Diode gelten alle Standard-Diodenmodelle, wobei zusätzlich noch zwei Parameter vorhanden sind, die Z-Testspannung U_{ZT} und der Z-Teststrom I_{ZT}. Diese beiden Parameter bestimmen die Charakteristik der Z-Dioden in Sperrrichtung. Die charakteristische Gleichung lautet:

$$I_Z = I_{ZT} \cdot \exp\left(\frac{-U_D + U_{ZT}}{n \cdot U_T}\right)$$

I_Z = Sperrstrom durch die Z-Diode

I_{ZT} = Z-Teststrom

U_D = Spannung an der Diode

U_{ZT} = Z-Testspannung

U_T = Wärmerauschspannung

n = Emissionskoeffizient (auf 1 gesetzt)

Die Höhe der Durchbruchspannung U_Z kann bei der Herstellung durch die Breite der Dotierung beeinflusst werden. Es gibt Z-Dioden mit Durchbruchspannungen von 2,7 V bis mehreren 1000 V. Bei steigender Dotierung wird die Raumladungszone geringer und damit die Feldstärke in ihr größer, d. h. mit steigender Dotierung sinkt die Durchbruchspannung. Bei Z-Spannungen unter 5 V entsteht der Durchbruch überwiegend durch den Z-Effekt. Der Z-Effekt setzt allmählich ein, so dass das Abknicken der Kennlinie relativ langsam verläuft.

Ab einer Durchbruchspannung von $U_Z \approx 7$ V tritt der Avalanche-Effekt auf. Dieser Effekt bewirkt ein lawinenartiges Anwachsen der Zahl beweglicher Ladungsträger bei Erreichen eines jeweils bestimmten Werts der an eine Sperrschicht in Sperrrichtung angelegten Spannung. Der Lawineneffekt wird dadurch verursacht, dass die Beschleunigung bereits vorhandener beweglicher Ladungsträger durch die angelegte Spannung genügt, um weitere Ladungsträger freizuschlagen. Mit steigender Temperatur nimmt infolge der wärmebedingten, dabei verstärkten Schwirrbewegung der Atomrümpfe die freie Weglänge der beweglichen Ladungsträger ab. Deshalb werden bei höherer Temperatur größere Feldstärken notwendig, um den Avalanche-Effekt hervorzuheben. Das bedeutet einen positiven Temperaturkoeffizienten der Durchbruchspannung für den Gleichstromwiderstand sowie für den differentiellen Widerstand.

Referenzdioden sind Z-Dioden in einem Bereich zwischen 5 V und 7 V. Hierbei handelt es sich um Dioden, bei der sich die Diodenspannung in Abhängigkeit vom Diodenstrom über einen größeren Temperaturbereich nur wenig ändert. Diese Spannung wird als Bezugsspannung in der Praxis verwendet. Referenzdioden weisen weder einen positiven noch einen negativen Temperaturkoeffizienten auf, d. h. sie sind nur geringfügig von der Temperatur abhängig. Diese Dioden verwendet man außerdem, wegen des niedrigen Werts ihres in dem genannten Bereich geltenden differentiellen Widerstands, zum Stabilisieren von Gleichspannungen.

Der Temperaturbereich α der Z-Spannung ist der Bruchteil, um den die Sperrspannung bei konstantem Sperrstrom, bezogen auf einen Temperaturanstieg von 1 °C zunimmt:

$$\alpha = \frac{1}{U_Z} \cdot \frac{dU_Z}{d\vartheta} \qquad \text{bei } I_Z = \text{konstant}$$

Es ist notwendig, hier auf den konstanten Strom hinzuweisen, da die Sperrspannung auch etwas vom Sperrstrom abhängig ist. Der Temperaturkoeffizient der Sperrspannung ist für Z-Dioden mit geringer Z-Spannung (< 5 V) negativ, für Dioden von 5 V bis 7 V beträgt der $\vartheta_K \approx 0$ und für Dioden über 7 V ist er positiv.

4.1.3 Dynamische Kennlinienaufnahme von Z-Dioden

Das Problem bei der dynamischen Kennlinienaufnahme ist die Darstellung durch das Oszilloskop, wie Abb. 4.5 zeigt.

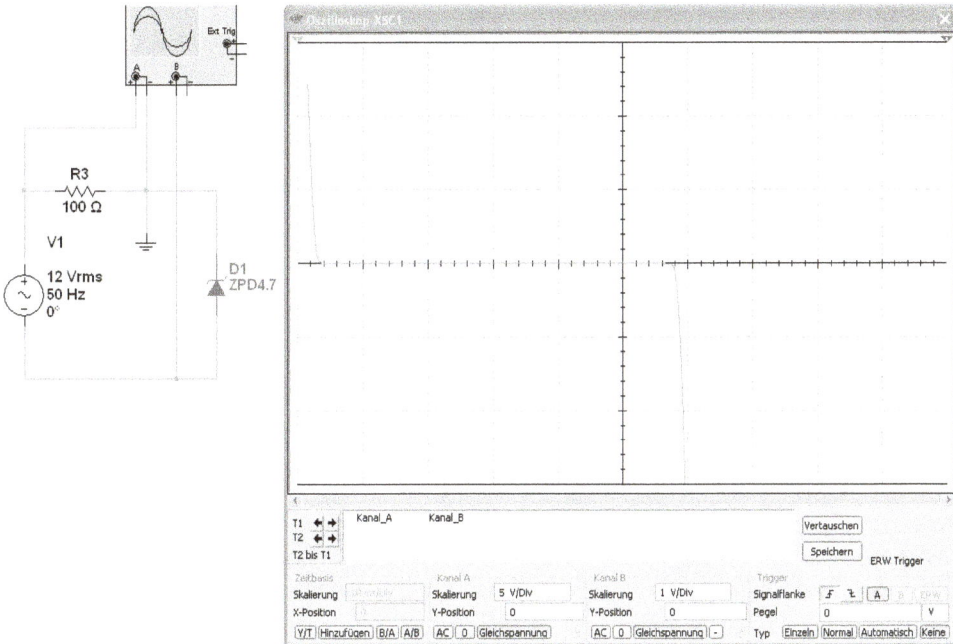

Abb. 4.5: Dynamische Kennlinienaufnahme der Z-Diode ZPD4,7, wobei die Kennlinie gespiegelt dargestellt ist

Aus der Kennlinienaufnahme erkennt man deutlich die beiden Arbeitsbereiche der Z-Diode, den Durchlass- und den Sperrbereich. Betrachtet man die Darstellung mit der statischen Kennlinienaufnahme, kommt man im Wesentlichen zur gleichen Kurvendarstellung. Der dynamische Widerstand errechnet sich aus

$$r_Z = \frac{\Delta U_Z}{\Delta I_Z} = \frac{20\,mV}{5{,}1\,mA} = 3{,}9\,\Omega$$

Hierfür wurden aus Tabelle 4.2 die Spannungswerte für $U_Z = 4{,}71$ V bzw. $U_Z = 4{,}73$ V und Stromwerte für $I_Z = 7{,}9$ mA bzw. $I_Z = 13$ mA entnommen.

Der Z-Widerstand ist der Wert des differentiellen Widerstands in einem bestimmten Bereich des Sperrstrom-Steilanstiegs. Der Z-Widerstand ist das Verhältnis einer kleinen Sperrspannungsänderung zu der damit zusammengehörigen Sperrstromänderung in dem Bereich, der zum steilen Anstieg des Sperrstroms gehört. Der Wert des Z-Widerstands ist umso kleiner, je größer der Sperrstrom mit zunehmender Sperrspannung steigt. Es wird üblicherweise eine Sperrschichttemperatur von 25 °C angegeben. Der Wert des Z-Widerstands ist abhängig von der Z-Spannung. Er hat für Dioden mit Z-Spannungen um 7 V ein Minimum. Der Wert ist außerdem vom Diodenstrom I_Z und von der Sperrschichttemperatur ϑ_j abhängig:

$$r_Z = \left(\frac{\partial U_Z}{\partial I_Z}\right)_{t_j} + \left(\frac{\partial U_Z}{\partial \vartheta_j}\right)_{I_Z} \cdot \frac{d\vartheta_j}{dI_Z} = r_{zel} + r_{zth}$$

r_{zel} = Ohmscher Anteil (elektrischer Anteil) des differentiellen Z-Widerstands für jeweils eine konstante Sperrschichttemperatur

r_{zth} = Thermischer Anteil des differentiellen Z-Widerstands (zusätzlicher Z-Widerstand, der daraus folgt, dass sich die Sperrschicht bei Stromdurchgang erwärmt)

Die Formel

$$\alpha = \frac{\partial U_z}{U_z \cdot \partial \vartheta_j}$$

stellt den Temperaturkoeffizienten α der Z-Spannung und

$$R_{th} = \frac{d\varphi_j}{U_z \cdot dI_z}$$

den Wärmewiderstand der Diode dar. Daraus ergibt sich

$$r_{zth} = U_Z^2 \cdot \alpha \cdot R_{th}.$$

Für Änderungen von U_Z bzw. I_Z bei hoher Frequenz wirkt sich nur der ohmsche (elektrische) Anteil von r_Z, nämlich r_{Zel} aus. Bei langsamen Änderungen der Spannungsamplitude, bei denen die Sperrschichttemperatur ϑ_j den Amplituden folgen kann, wirkt sich auch r_{zth} aus. Der Zahlenwert von r_{zth} hat dasselbe Vorzeichen wie der Temperaturkoeffizient α. Verwendet man eine der zahlreichen Dioden, lassen sich mehrere Versuche zur Kennlinienaufnahme durchführen.

Benutzt man das Oszilloskop, um auf der Y-Achse den Strom und auf der X-Achse die Spannung darzustellen, erhält man einen einfachen Kennlinienschreiber, wie Abb. 4.5 zeigt. Wenn die Darstellungen justiert sind, können die Werte des Stroms direkt abgelesen werden. Da dies aber in der Praxis kaum der Fall ist, muss eine Umrechnung erfolgen.

Die Y-Ablenkung, die durch den Spannungsfall über den 100-Ω-Widerstand erzeugt wird, ist proportional dem fließenden Strom, d. h.

$$\text{Y-Ablenkung} = \frac{1\,\text{V/Div}}{100\,\Omega} = 10\,\text{mA/Div}$$

Aus der Y-Ablenkung der Messung lässt sich der Innenwiderstand berechnen:

$$R_I = \frac{U}{I} = \frac{4,75\,\text{V}}{10\,\text{mA}} = 475\,\Omega$$

Im Arbeitspunkt hat die Diode einen Innenwiderstand von 475 Ω.

4.1.4 Spannungs-Stabilisierungsschaltungen mit Z-Dioden

Ihre verbreitetste Anwendung findet die Z-Diode zur Stabilisierung von Spannungen. Für die folgenden Bemessungsbeispiele wird die Z-Diode BZY92C6V2 zugrunde gelegt und das Datenblatt enthält die folgenden Angaben:

$U_Z = 6{,}2\,V \pm 5\,\%$

$P_v = 1\,W$

$r_Z = 1\,\Omega$

$\vartheta_{zul} = 150\,°C$

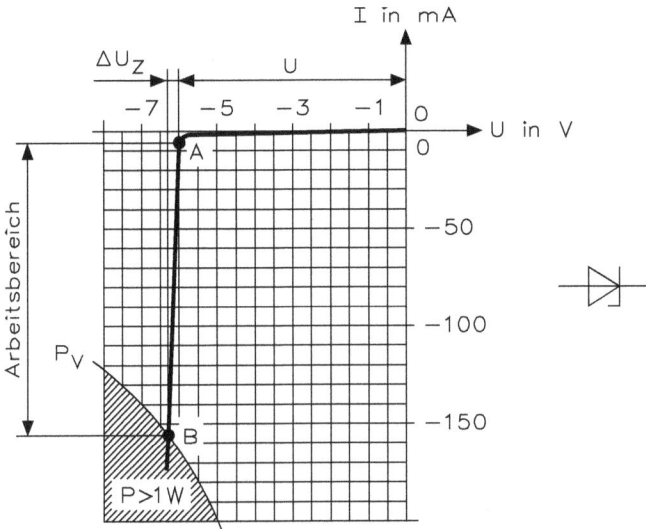

Abb. 4.6: Kennlinie der Z-Diode BZY92C6V2

Um die spannungsstabilisierende Wirkung einer Z-Diode besser zu verstehen, soll ihre Kennlinie von Abb. 4.6 etwas genauer untersucht werden. Die Sperrkennlinie einer Z-Diode zeigt, dass die an ihr liegende Spannung als nahezu konstant anzusehen ist, solange die Z-Diode im Arbeitsbereich betrieben wird. Damit sie jedoch nicht zerstört wird, darf die Diode nur bis zur zulässigen Leistungsgrenze (Leistungshyperbel) belastet werden. Ohne Gefahr für die Z-Diode bleibt die an ihr liegende Spannung nahezu gleich, wenn man dafür sorgt, dass der Arbeitspunkt zwischen den Punkten A und B auf der Kennlinie liegt. Bei der Bemessung von Stabilisierungsschaltungen muss demnach von zwei Grenzfällen ausgegangen werden:

- Grenzfall A: Die Z-Diode nimmt praktisch keinen Strom auf, liegt aber an einer Spannung in Höhe von U_Z.
- Grenzfall B: Die Spannung an der Z-Diode liegt nur geringfügig höher als im Arbeitspunkt A. Jedoch nimmt die Z-Diode hier den maximal zulässigen Strom auf.

Während also die Stromaufnahme von nahezu Null bis I_{Zmax} steigt, ändert sich die Spannung nur um einige zehntel Volt. An der dargestellten Kennlinie ist auch leicht zu erkennen, dass die Spannungsänderung im Arbeitsbereich umso kleiner ist, je steiler die Kennlinie verläuft, d. h. je kleiner also der dynamische Widerstand r_Z ist.

Da die Wirkungsweise einer Spannungs-Stabilisierungsschaltung am einfachsten zu übersehen ist, wenn kein Verbraucher angeschlossen ist, soll zunächst eine einfache Schaltung untersucht werden. Diese Schaltung könnte als Konstantspannungsquelle bezeichnet werden, wobei davon ausgegangen wird, dass sich die Eingangsspannung in weiten Grenzen ändert.

Eine Batterie gilt als entladen, wenn ihre Spannung auf den halben Wert der Nennspannung abgesunken ist. Bei einer batteriebetriebenen Schaltung müssen also Spannungsänderungen im Verhältnis 2 : 1 in Kauf genommen werden, wenn die Batterie bis zur zulässigen Entladegrenze ausgenutzt werden soll. Für den einwandfreien Betrieb eines Transistorverstärkers sind jedoch solche Spannungsunterschiede zu groß. Je weiter die Versorgungsspannung abnimmt, desto stärker werden die im Verstärker auftretenden Verzerrungen. Mit Z-Dioden-Schaltungen gelingt es, selbst große Spannungsänderungen von Batterien oder anderen Stromquellen auszugleichen.

Es wurde bereits festgestellt, dass die Spannung an einer Z-Diode konstant bleibt, solange der Arbeitspunkt zwischen den Grenzfällen A und B liegt. Mit der gewählten Z-Diode BZY92C6V2 liegt die untere Spannungsgrenze mit 6,2 V fest. Um eine Batterie voll ausnutzen zu können, müsste ihre Nennspannung im neuen Zustand 12 V betragen. Im Versuchsaufbau wird zur Spannungseinstellung in Abb. 4.7 die simulierte Gleichspannungsquelle verwendet.

Damit die Z-Diode nicht überlastet werden kann, muss der Vorwiderstand R_1 für den Grenzfall B (I_{Zmax}) bemessen werden. Bei voller Batteriespannung $U = 12$ V muss am Vorwiderstand der Spannungsüberschuss

$$U_v = U - U_Z$$

abfallen. Dabei darf der Strom nicht größer als I_{Zmax} sein.

$$R_1 = \frac{U_v}{I_{Zmax}}$$
$$U_Z = 12\,V - 6{,}2\,V = 5{,}8\,V$$

Aus Sicherheitsgründen rechnet man mit $I_{Zmax} = 0{,}15\,A$.

$$R_1 = \frac{U_v}{I_{Zmax}} = \frac{5{,}8\,V}{0{,}15\,A} = 38{,}7\,\Omega$$

Da die Z-Diode im Grenzfall A praktisch stromlos wird, tritt hier auch am Widerstand R_1 kein Spannungsfall mehr auf. Wird die Eingangsspannung der Stabilisierungsschaltung stufenweise von 12 V auf 6 V gesenkt, so lässt sich anhand der Messwertreihe folgendes Regeldiagramm darstellen:

Ergebnis: Trotz Änderung der Eingangsspannung von 12 V auf 6,2 V (also um 50 %) ist die Ausgangsspannung der Schaltung praktisch konstant 6,2 V geblieben.

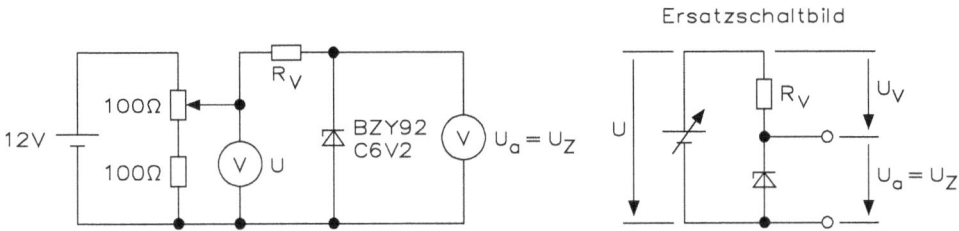

Abb. 4.7: Spannungs-Stabilisierungsschaltung

4.1.5   Klipperschaltungen mit Z-Diode

Liegen am Eingang einer Klipperschaltung nur Signale einer Polarität, genügt in der Schaltung eine Diode. Die Spannung wird begrenzt, wenn die Diode ihren Schwellwert erreicht und einen Strom fließen lässt, der durch den Vorwiderstand begrenzt wird. Bei den Klipperschaltungen mit Dioden hat man dagegen ein- oder zweiseitige Begrenzungen am Ausgang der Schaltung.

Dieses Verhalten ändert sich jedoch, wenn man eine Z-Diode einsetzt. Eine Z-Diode kann als normale Diode in Durchlassrichtung arbeiten, bzw. als Z-Diode, wenn die Eingangsspannung den Z-Bereich überschreitet.

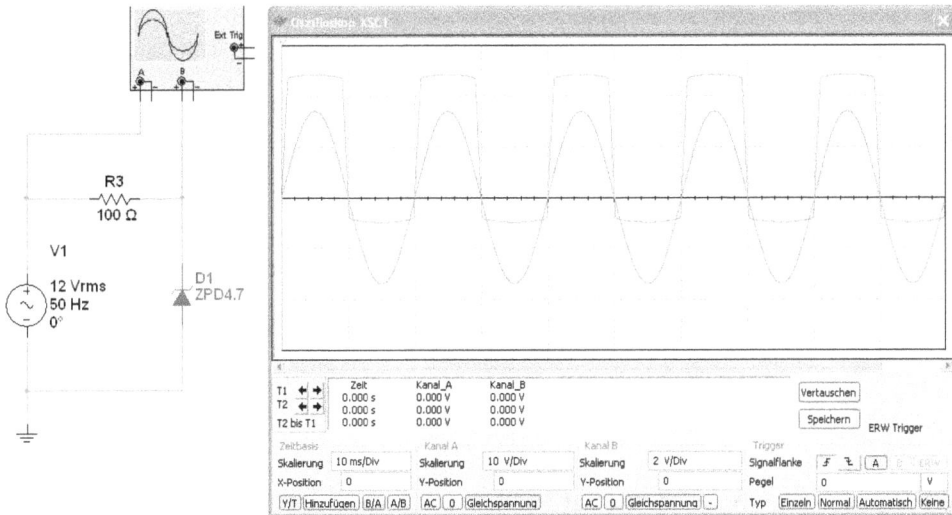

Abb. 4.8: Positive Klipperschaltung mit Z-Diode

Die Schaltung von Abb. 4.8 wird mit einer Eingangsspannung von $U_1 = 12\,V$ angesteuert, d. h. $U_{SS} = \pm 17\,V$. Durch die Verwendung der Z-Diode ZPD4.7 lässt sich die Ausgangsspannung auf $+4,7\,V$ und $-0,7\,V$ begrenzen. Während man bei einer normalen Diode eine einseitige Begrenzung hat, tritt bei der Z-Diode eine zweiseitige Begrenzung auf.

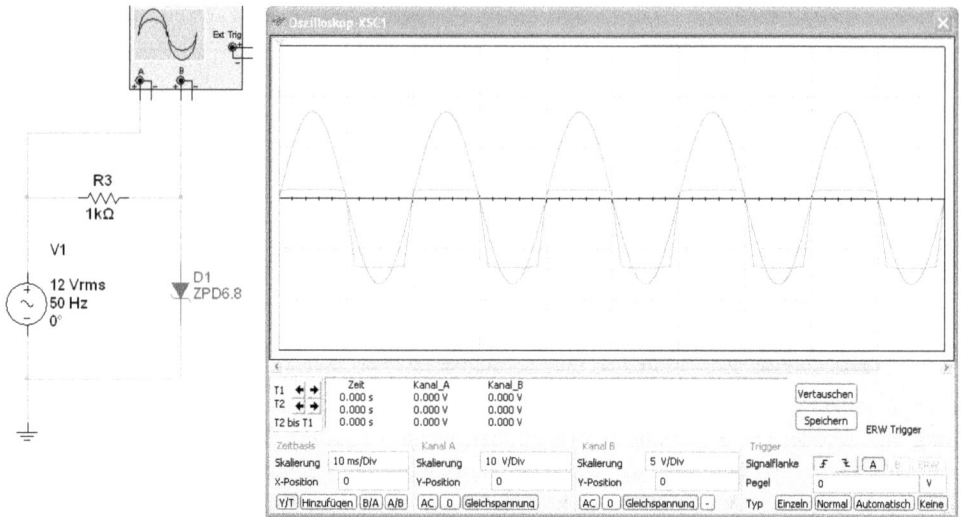

Abb. 4.9: Negative Klipperschaltung mit Z-Diode

Durch Änderung der Polarität der Z-Dioden in der Schaltung von Abb. 4.8 erhält man eine negative Klipperschaltung, wie Abb. 4.9 zeigt.

Die Schaltung von Abb. 4.9 wird mit einer Eingangsspannung von $U_1 = 12\,V$ angesteuert, d. h. $U_{SS} = \pm 17\,V$. Durch die Verwendung der Z-Diode ZPD6.8 lässt sich die Ausgangsspannung auf $-6,8\,V$ und $+0,7\,V$ begrenzen.

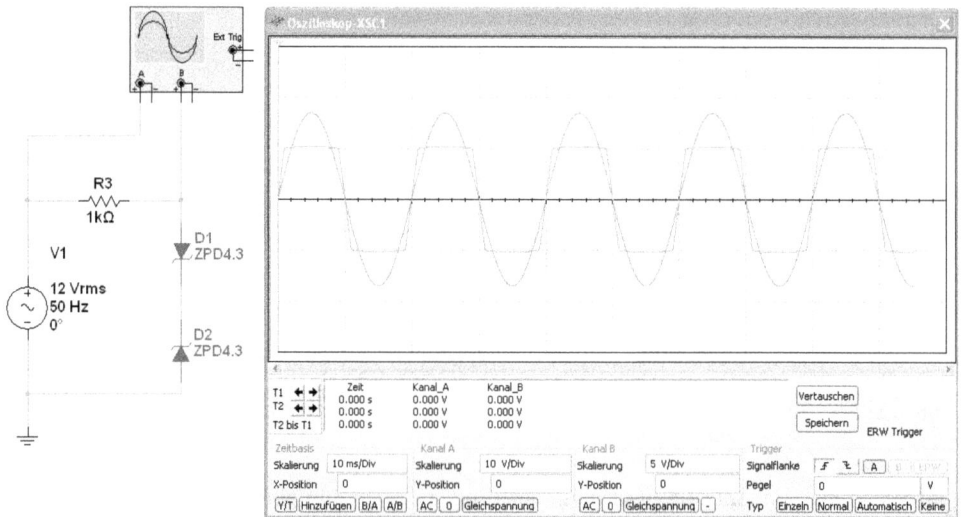

Abb. 4.10: Bidirektionale Klipperschaltung mit Z-Dioden

Zur Begrenzung von Spannungen bei Werten in zwei Spannungsrichtungen, die größer als die Durchlassspannung von Dioden sind, schaltet man zwei Z-Dioden in Antireihenschaltung, wie Abb. 4.10 zeigt.

Die Schaltung von Abb. 4.10 wird mit einer Eingangsspannung von $U_1 = 12\,V$ angesteuert, d. h. $U_{SS} = \pm 17\,V$. Durch die Verwendung der beiden Z-Dioden ZPD4.3 lässt sich die Ausgangsspannung auf $+5\,V$ und $-5\,V$ begrenzen. Wichtig bei dieser Reihenschaltung ist die Beachtung der Polarität bei den beiden Z-Dioden. Zu der Spannung von $U_Z = 4{,}3\,V$ muss noch die Schleusenspannung von $U_D = +0{,}7\,V$ hinzuaddiert werden.

4.1.6   Spannungsstabilisierung mit Z-Dioden

Jedes elektronische Gerät, das der Erzeugung und Übertragung oder Verstärkung von elektrischen Signalen dient, benötigt für den praktischen Betrieb eine spannungsstabilisierte Versorgungsspannung. Die einfachste Art der Spannungsstabilisierung ist die mittels einer Z-Diode. Die Z-Diode selbst bildet die Grundlage für die elektronischen Netzgeräte in Verbindung mit Transistoren.

Eine Z-Diode ist ähnlich wie eine universelle Silizium-Universal-Diode aufgebaut. Es enthält eine N-Siliziumschicht, in dem Aluminium (3-wertig) dotiert ist. Der dabei entstandene PN-Übergang zeigt gegenüber einem herkömmlichen PN-Übergang eine besondere Eigenschaft. Dieser Vorgang ist nur bei Silizium möglich.

Betreibt man eine Z-Diode im Sperrbereich, tritt keine Zerstörung auf, solange die zulässige Verlustleistung P_{max} nicht überschritten wird. Bei den Z-Dioden unterscheidet man zwischen der maximal zulässigen Verlustleistung und P_{tot} (Verlustleistung), die das Bauelement unweigerlich zerstört. In der Praxis ergibt sich ein Wert von $P_{max} = 0{,}9 \cdot P_{tot}$, d. h. hat eine Z-Diode eine Verlustleistung von $P_{tot} = 1\,W$, arbeitet man mit $P_{max} = 0{,}9\,W$. Dabei erreicht man eine maximale Sperrschichttemperatur von $\vartheta \approx 150\,°C$, wenn das Bauelement bei Zimmertemperatur $20\,°C$ betrieben wird.

Für die Simulation der Z-Diode verwendet man das Diodenstandardmodell, wobei man noch zwei Parameter angeben muss. Tabelle 4.3 zeigt die Simulationsparameter.

Tab. 4.3: Simulationsparameter für die Z-Dioden-Reihe ZPDxx

Parameter	Formelzeichen	typischer Bereich
Sättigungsstrom	I_S	$10^{-14}\,A \ldots 10^{-15}\,A$
Bahnwiderstand	R_S	$1\,n\Omega \ldots 1\,\Omega$
Sperrschichtkapazität	C_{J0}	$0{,}1\,pF \ldots 10\,pF$
Sperrschichtpotential	φ	$0{,}3\,V \ldots 1\,V$
Minoritätsträgerlebensdauer	τ	$0{,}1\,ns \ldots 100\,ns$
Dotierungsgrad	m	$0{,}33 \ldots 0{,}5$
Z-Testspannung bei I_{ZT}	U_Z	$1{,}8\,V \ldots 400\,V$
Z-Teststrom	I_{ZT}	$5\,mA \ldots 200\,mA$

Mit der folgenden Gleichung lässt sich der Kurvenverlauf einer Z-Diode für die Simulation berechnen:

$$I_R = I_{ZT} \exp\left(\frac{-U_D + U_{ZT}}{n \cdot U_T}\right)$$

I_R = Sperrstrom durch die Diode

I_{ZT} = Z-Teststrom

U_D = Spannung an der Diode (Diffusions- oder Durchlassspannung)

U_{ZT} = Z-Testspannung bei I_{ZT}

U_T = Wärmerauschspannung

n   = Emissionskoeffizient (auf 1 eingestellt).

Um eine Z-Diode als spannungsstabilisierendes Element einsetzen zu können, sind folgende Größen zu beachten:

- Z-Spannung: Sie wird für einen bestimmten Wert des Z-Stroms angegeben, z. B. 5 mA, 25 mA oder 100 mA bei Raumtemperatur ($\vartheta = 20\,°C$).
- Differentieller Widerstand r_Z: Hierbei handelt es sich um den dynamischen Widerstand im Arbeitsbereich bei Z-Strömen von 5 mA, 25 mA oder 100 mA.
- Zulässige Verlustleistung P_V: Dieser Wert steht im Datenblatt und gilt für eine Sperrschichttemperatur bei $\vartheta \approx 150\,°C$.
- Temperaturkoeffizient α_{UZ}: Er stellt das Maß für die Temperaturabhängigkeit der Z-Spannung dar.

Für eine Z-Diode gelten zwei grundsätzliche Bedingungen:

- Eine Z-Diode muss prinzipiell immer mit einem Vorwiderstand betrieben werden. An diesem Vorwiderstand entsteht ein Spannungsfall, der für den ordnungsgemäßen Betrieb erforderlich ist. Es gilt: $U = U_1 - U_Z$ für eine spannungsstabilisierende Schaltung.
- Eine Z-Diode wird grundsätzlich in Sperrrichtung betrieben.

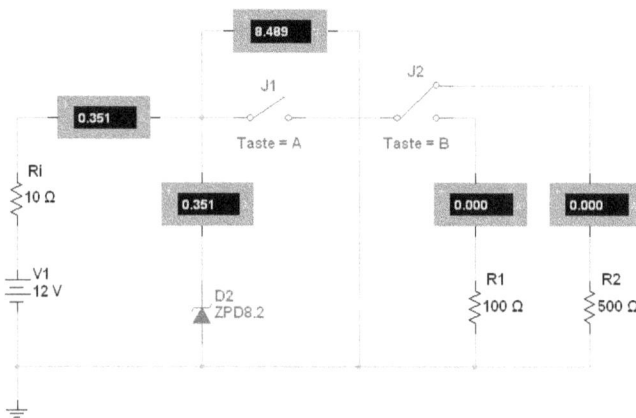

Abb. 4.11: Spannungsstabilisierung mittels Z-Diode ZPD8.2

Die Gleichspannungsquelle liefert in Abb. 4.11 für die nachfolgende Schaltung eine Spannung von $U_1 = 12$ V. Die Z-Diode ZPD8.2 hat eine Z-Spannung von 8,2 V, d. h. an dem Vorwiderstand fällt eine Spannung von 3,8 V ab.

Durch die Z-Diode ZPD8.2 darf ein Strom von

$$I_{max} = \frac{P_{max}}{U_Z} = \frac{1\,W}{8,2\,V} = 122\,mA$$

fließen. Damit errechnet sich der Vorwiderstand aus

$$R_V = \frac{\Delta U}{I} = \frac{12\,V - 8,2\,V}{122\,mA} = 31\,\Omega$$

In der Schaltung von Abb. 4.11 befindet sich daher ein Widerstandswert von $R_i = R_v = 40\,\Omega$. Ohne Belastung kann ein maximaler Strom von 92 mA durch die Schaltung fließen, wobei sich eine Ausgangsspannung von 8,48 V ergibt. Der Wert der Z-Spannung befindet sich laut Datenblatt zwischen 7,7 V und 8,7 V. An der Z-Diode ergibt sich eine umgesetzte Leistung von

$$P = U_Z \cdot I_Z = 8,48\,V \cdot 92\,mA = 780\,mW$$

Der Schalter A wird geschlossen und durch den Umschalter B kann man zwischen zwei Lastwiderständen wählen.

Durch den Schalter B soll der Widerstand von $R_1 = 100\,\Omega$ betrieben werden. Es fließt ein Strom durch den Widerstand von 82 mA und dies ergibt eine Leistung von

$$P_Z = U \cdot I = 8,23\,V \cdot 82\,mA = 675\,mW$$

Über die Z-Diode fließt ein Strom von 12 mA und damit hat die Z-Diode eine Leistung von

$$P_{R1} = U \cdot I = 8,23\,V \cdot 12\,mA = 98,7\,mW$$

Diese Leistung der Z-Diode ist der untere Grenzfall in der Kennlinie.

Durch den Schalter B soll der Widerstand von $R_2 = 500\,\Omega$ betrieben werden. Es fließt ein Strom von 16 mA und dies ergibt eine Leistung von

$$P_{R1} = U \cdot I = 8,3\,V \cdot 16\,mA = 133\,mW$$

Über die Z-Diode fließt ein Strom von $I_Z = 12$ mA und damit hat die Z-Diode eine Leistung von

$$P_Z = U \cdot I = 8,3\,V \cdot 76\,mA = 631\,mW$$

Damit lässt sich der dynamische Innenwiderstand dieser Z-Diode bestimmen:

$$r_Z = \frac{\Delta U}{\Delta I} = \frac{8,3\,V - 8,23\,V}{76\,mA - 12\,mA} = \frac{70\,mV}{64\,mA} = 1,1\,\Omega$$

Laut Datenblatt hat die Diode ZPD8.2 einen Innenwiderstand von 1,1 Ω.

Bei der Spannungsstabilisierung mit Z-Dioden sind im Einzelnen folgende Gesichtspunkte zu beachten:

a) Die spannungsstabilisierende Wirkung einer Z-Diode ist umso besser, je kleiner ihr dynamischer Widerstand r_Z im Arbeitsbereich ist. Den kleinsten dynamischen Widerstand besitzen Z-Dioden einer bestimmten Typenserie für Arbeitsspannungen zwischen 5 V und 8 V.

b) Bei voller Ausnutzung des Arbeitsbereichs lässt sich die Spannungsschwankung am Ausgang von Z-Dioden-Schaltungen auf wenige zehntel Volt begrenzen, selbst, wenn sich die Eingangsspannung in weiten Grenzen ändert.

c) In Stabilisierungsschaltungen tritt wegen des unbedingt erforderlichen Vorwiderstands zwangsläufig immer ein Spannungsverlust auf. Die Eingangsspannung muss daher immer größer als die Ausgangs- bzw. Verbraucherspannung sein. Als Richtwert gilt: Die Versorgungsspannung sollte etwa doppelt so hoch wie die Verbraucherspannung sein.

d) Die für Z-Dioden mit Metallgehäuse angegebenen Herstellerdaten über die zulässige Verlustleistung beziehen sich häufig auf die an ein Kühlblech (z. B. $100 \times 100 \times 2\,mm^3$ Al) montierte Diode. Das gilt vorwiegend für Z-Dioden ab etwa einer Verlustleistung von $P_v = 1\,W$. Diese Tatsache ist beim Aufbau und bei der Bemessung von Stabilisierungsschaltungen unbedingt zu berücksichtigen.

e) Da die obere Leistungsgrenze handelsüblicher Z-Dioden bei etwa $P = 10\,W$ liegt, lassen sich mit Z-Dioden nur Stabilisierungsschaltungen mit verhältnismäßig geringer Strombelastbarkeit (ca. $0{,}5\,A$) verwirklichen. Soll die Spannung für Verbraucher größerer Leistungsaufnahme stabilisiert werden, muss man Stabilisierungsschaltungen mit Transistoren anwenden.

4.1.7   Stabilität bei Eingangsschwankungen

Für die Untersuchung der Stabilisierung bei Eingangsschwankungen soll die Z-Diode ZPD8.2 verwendet werden. Während man bei der Schaltung von Abb. 4.11 davon ausgegangen ist, dass die Eingangsspannung weitgehend stabil ist, hat man bei der Schaltung von Abb. 4.12 eine Gleichspannung von $U_{DC} = 12\,V$, die von einer Wechselspannung von $U_{AC} = 1\,V$ oder $U_{SS} = 2{,}8\,V$ überlagert ist. Durch diese Wechselspannung lässt sich das Verhalten einer Z-Diode erheblich günstiger untersuchen.

Das Oszilloskop zeigt für die Eingangsspannung einen Wert von $U_{1SS} = 2{,}8\,V$ und für die Ausgangsspannung $U_{2SS} = 160\,mV$. Damit ergibt sich ein relativer Stabilisierungsfaktor S von

$$S_1 = S_2 = \frac{\frac{\Delta U_1}{U_1}}{\frac{\Delta U_2}{U_2}} = \frac{\Delta U_1 \cdot U_2}{\Delta U_2 \cdot U_1} = \frac{2{,}8\,V \cdot 8{,}2\,V}{160\,mV \cdot 12\,V} = 12$$

Der relative Stabilisierungsfaktor S ist das Verhältnis der relativen Änderung der Eingangsspannung $\Delta U_1/U_1$ zur relativen Ausgangsspannungsänderung $\Delta U_2/U_2$. Je größer der Faktor S ist, umso wirksamer arbeitet die Schaltung gegenüber Änderungen an der Eingangsspannung.

Die Hersteller von Konstantspannungsquellen verwenden nicht mehr den relativen Stabilisierungsfaktor S als Maßstab für die spezifizierten Netzgeräte, sondern den Glättungsfaktor G.

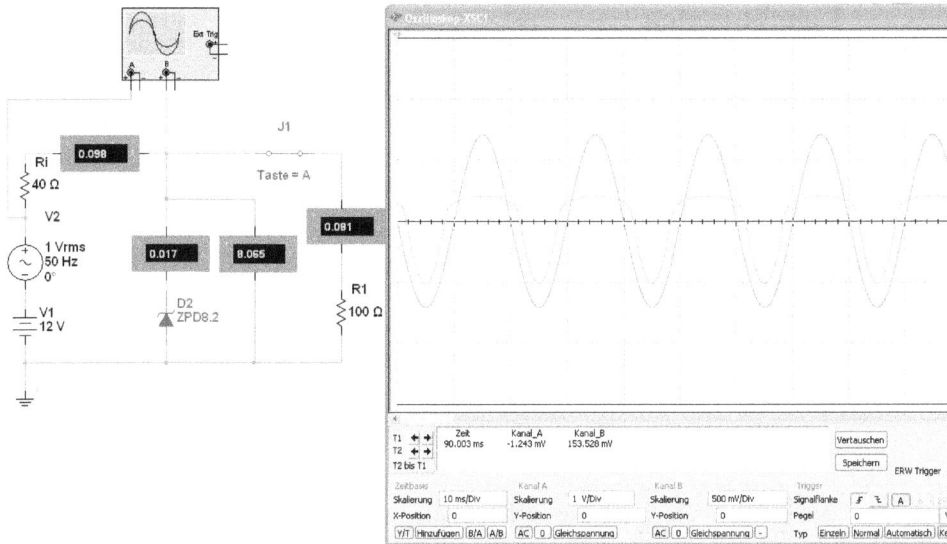

Abb. 4.12: Schaltung zur Untersuchung einer Z-Diode bei Eingangsspannungsschwankungen. Die Eingangs- und Ausgangsspannung wurde in der AC-Einstellung gemessen!

Dieser berechnet sich aus

$$G = \frac{\Delta U_1}{\Delta U_2} = \frac{2{,}8\,V}{160\,mV} = 17{,}5$$

Das Verhältnis von der Eingangsspannungsschwankung ΔU_1 zur Ausgangsspannungsschwankung ΔU_2 definiert man als den Glättungsfaktor G. Je größer der Faktor G ist, umso günstiger reagiert die Schaltung auf Schwankungen der Eingangsspannung.

Zwischen dem Glättungsfaktor und dem relativen Stabilisierungsfaktor S besteht der Zusammenhang

$$G = S \cdot \frac{U_1}{U_2} = 12 \cdot \frac{12\,V}{8{,}2\,V} = 17{,}6$$

Der Glättungsfaktor G definiert auch das Verhältnis zwischen dem Vorwiderstand R und dem dynamischen Innenwiderstand der Z-Diode mit

$$G = \frac{R + r_Z}{r_Z} = \frac{R}{r_Z} + 1$$

Stellt man die Formel nach r_Z um, lässt sich der dynamische Innenwiderstand der Z-Diode berechnen mit

$$r_Z = \frac{R}{G - 1} = \frac{40\,\Omega}{17{,}6 - 1} = 2{,}41\,\Omega$$

Aus dieser Formel ist ersichtlich, dass der Glättungsfaktor umso wirksamer ist, je größer das Verhältnis vom Vorwiderstand zum dynamischen Innenwiderstand der Z-Diode ist. In der Praxis kann man jedoch den Vorwiderstand nicht beliebig hochohmig wählen, denn ist der Vorwiderstand zu hochohmig, kann die Z-Diode nicht mehr im Durchlassbereich arbeiten.

4.2   Leuchtdioden

Lumineszenz-Dioden oder LEDs (Licht emittierende Dioden bzw. light emitting diodes) sind Halbleiterdioden, die elektromagnetische Strahlen im sichtbaren und unsichtbaren Bereich aussenden, wenn man sie in Durchlassrichtung betreibt. Die Wellenlänge der emittierten Strahlung ist dabei abhängig vom verwendeten Halbleitermaterial und von dessen Dotierung.

Abb. 4.13 zeigt den Aufbau des Bändermodells für Leuchtdioden. Fließt durch die PN-Zone eine bestimmter Strom, werden in die P-Zone Elektronen und in die N-Zone Defektelektronen injiziert. Entsprechend dem Stromfluss durch die LED findet eine Rekombination zwischen den einzelnen Ladungsträgern, Elektronen und Defektelektronen, statt. Bei der sogenannten „strahlenden" Rekombination fließen die Elektronen nach dem Bändermodell vom energetisch höherliegenden Leitungsband in das energetisch tieferliegende Valenzband. Dabei gibt die überschüssige Energie eine elektromagnetische Strahlung ab.

4.2.1   Wirkungsweise von Leuchtdioden

Der Anteil der „strahlenden" Rekombination an der gesamten Rekombination ist weitgehend vom Material des Halbleiters abhängig. Ideal sind hier die III-IV-Verbindungshalbleiter:

- GaAs: Gallium-Arsenid
- GaAsP: Gallium-Arsenid-Phosphid
- GaP: Gallium-Phosphid
- GaN: Gallium-Nitrid

Die elektromagnetische Strahlung wird durch direkte Rekombinationsübergänge zwischen dem Leitungs- und Valenzband oder durch die Übergänge von Ladungsträger zwischen den Bändern und den Zwischenniveaus erzeugt. Im ersten Fall wird die Energie und damit die Wellenlänge zwischen den Bändern bestimmt und im anderen Fall geht der Energieabstand der einzelnen Zwischenniveaus vom entsprechenden Energieband in die Berechnung ein.

Wichtig für die Herstellung sind nicht nur die Basiswerkstoffe von Tabelle 4.4, sondern auch Dotierungen von Tabelle 4.5.

Die Wellenlänge (emittierte Strahlung) von den Leuchtdioden wird in erster Linie durch das verwendete Halbleitermaterial bestimmt und erst in zweiter Linie durch die Dotierung des Basismaterials.

Tab. 4.4: Wellenlängenbereiche und Farben von Leuchtdioden

Basiswerkstoffe	Wellenlängenbereich in nm	Farbe
InSb (Indium-Antimon)	6900	infrarot
Ge (Germanium)	1880	infrarot
Si (Silizium)	1140	infrarot
GaAs	910	infrarot
AlSb (Aluminium-Antimon)	775	dunkelrot
$GaAs_{.60}P_{.40}$	650	hellrot
GaP	560	gelbgrün
SiC (Silizium-Kohlenstoff)	413...563	gelbgrün/grünblau/blau

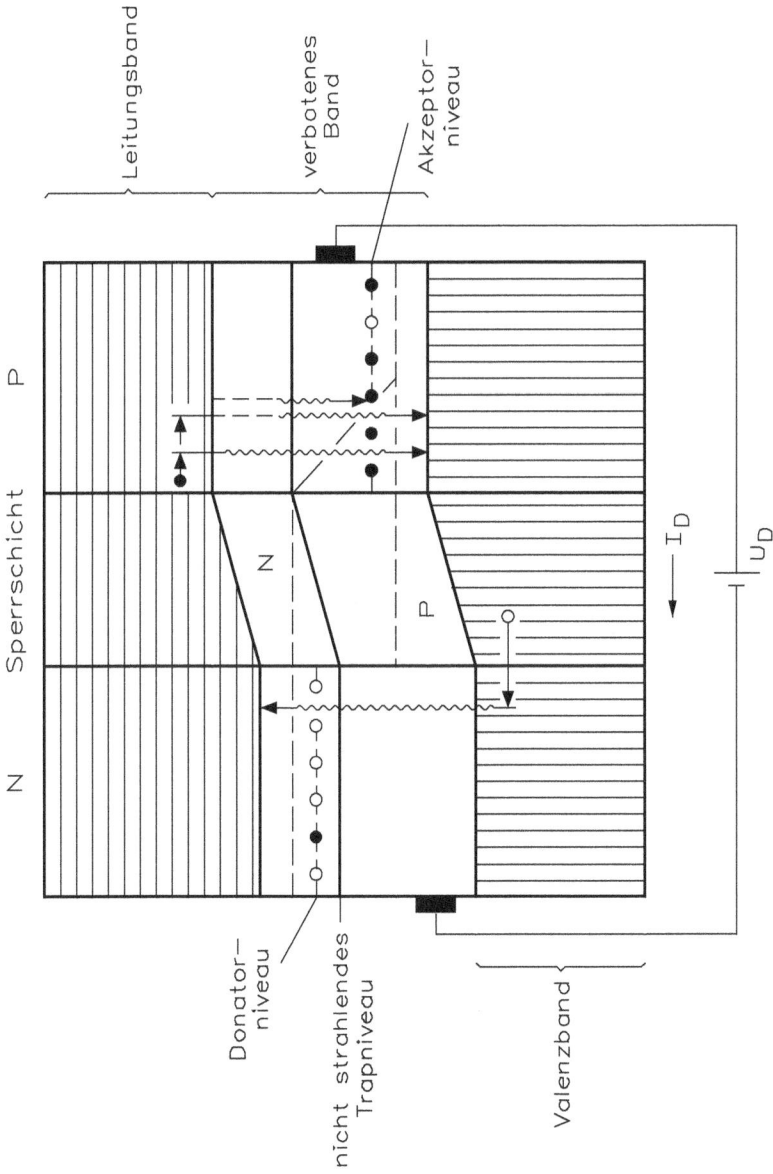

Abb. 4.13: Aufbau des Bändermodells für Leuchtdioden

Tab. 4.5: Dotierungen der Werkstoffe für die Herstellung von Leuchtdioden

Werkstoff: dotiert mit	Farbe	Wellenbereich in nm
GaAs:Si	infrarot	930
GaAs:Zn	infrarot	900
GaAsP	rot	655
GaAsP:N	orange	625
GaAsP:N	gelb	590
GaP:N	grün	555
GaN	blau	465

Durch die einzelnen Halbleitermaterialien entstehen drei unterschiedliche Betriebsarten:
- GaAs-Dioden
- Laserdioden
- Leuchtdioden

Die GaAs-Dioden emittieren ihre elektromagnetische Strahlung im Bereich zwischen 800 nm und 1000 nm, also im infraroten Lichtbereich. Im Wesentlichen gibt es hierfür zwei Herstellungsverfahren, die sich vor allem in der Herstellung des PN-Übergangs unterscheiden. In einkristallinen N-dotierten GaAs-Scheiben wird zur Bildung des PN-Übergangs Zink (Zn) eindiffundiert. Die Diffusion erfolgt entweder ganzflächig oder durch ein fotolithografisches Verfahren (z. B. $Si_3N_4 + SiO_2$) an der Oberfläche der GaAs-Scheiben.

Bei einem anderen Herstellungsverfahren wird auf einkristallinen GaAs-Scheiben durch ein Flüssigphasen-Epitaxie-Verfahren eine dünne einkristalline GaAs-Schicht aus einer siliziumdotierten Schmelze abgeschieden, wobei durch den unterschiedlichen Einbau des Siliziums in das GaAs-Kristallgittter zu Beginn und gegen Ende des Fertigungsprozesses der PN-Übergang entsteht.

Bei den Laserdioden verwendet man einen anderen Aufbau in den Halbleiterschichten. Der GaAlAs-GaAs-Doppel-Hetero-Laser besteht z. B. epitaktisch aus der flüssigen Phase abgeschiedener Schichten. Für einen Dauerstrichlaser werden in den meisten Fällen vier bis fünf Schichten auf einem GaAs-Substrat aufgebracht, z. B. N-$GaAl_xAs_{1-x}$, P-GaAs, P-$GaAl_xAs_{1-x}$ und P-GaAs. Die P-GaAs-Schicht ist das für die Emission verantwortliche Gebiet. Die Eigenschaften und die Dicke dieser Zone von etwa 1 μm muss sehr genau ausgeführt sein.

4.2.2   Aufbau von Leuchtdioden

Leuchtdioden eignen sich für den sichtbaren Bereich und werden aus GaAsP oder GaP hergestellt. Abb. 4.14 zeigt den schematischen Aufbau und das unterschiedliche Schichtenmodell für Leuchtdioden.

Die Herstellung von Leuchtdioden kennt zwei Technologien: Bei roten LEDs verwendet man $GaAs_{.60}P_{.40}$. Hier wird bei der Herstellung eine N-leitende epitaktische GaAsP-Schicht auf ein kristallines GaAs-Substrat abgeschieden. Der Phosphorgehalt wird graduierlich mit der Schichtdicke auf 40 % gesteigert (Wert .40). Bei grünen, gelben und orangen LEDs lassen sich die Epitaxieschichten im gleichen Verfahren herstellen. Das Substrat ist hier ein kristallines

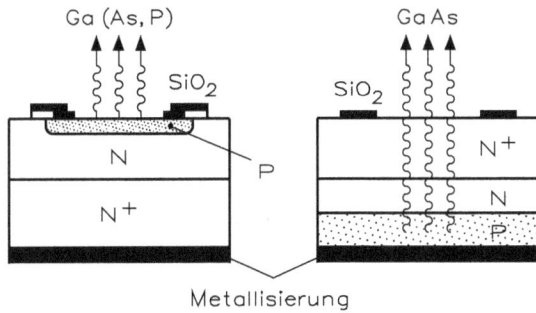

Abb. 4.14: Schematischer Aufbau und Schichtenmodell der GaAsP- und GaP-Leuchtdioden

GaP, das für die emittierte Strahlung transparent ist. Mit einer reflektierenden Rückmetallisierung lässt sich der Wirkungsgrad fast verdoppeln, da im Substrat kein Licht absorbiert wird.

Insgesamt stehen für die farbigen Leuchtdioden drei Materialien zur Verfügung. Diese basieren im Wesentlichen auf einer Stickstoffdotierung. Der Stickstoff steigert die Lichtausbeute enorm. Folgende Schichten werden für diese Farben benützt:

- Grün: $GaP:N$ auf GaP-Substrat
- Gelb: $GaAs_{.15}P_{.85}:N$ auf GaP-Substrat
- Orange: $GaAs_{.35}P_{.65}:N$ auf GaP-Substrat
- Bernstein: $GaAs_{.50}P_{.50}:N$ auf GaP-Substrat

Das früher für rotleuchtende Dioden noch verwendete Zn:0 dotierte GaP hat sich industriell nicht durchsetzen können. Dies hat seinen Grund in der stromabhängigen Reduzierung des Wirkungsgrads und in deren ungünstigen Spektralbereich des emittierten Lichts bezüglich des menschlichen Auges.

Bei den Ausführungsformen von Abb. 4.14 unterscheidet man zwischen zwei Typen: Bei epitaktischen GaAs- oder GaP-Leuchtioden liegt der PN-Übergang nur 2 μm bis 4 μm unter der Oberfläche. Das Licht wird in der dünneren P-Zone erzeugt und verlässt den Kristall durch die nahe Oberfläche. Alles Licht, das sich im Inneren des Kristalls ausbreitet, wird absorbiert. GaAs-Leuchtdioden sind epitaktische Dioden, deren P-Zonen, in der die Strahlung erzeugt wird, die etwa 50 μm hoch sind. Abb. 4.15 zeigt den Unterschied zwischen den einzelnen Leuchtdioden. Während im Abb. 4.15 links die emittierte Strahlung absorbiert wird, erfolgt im Abb. 4.15 rechts die Reflektion.

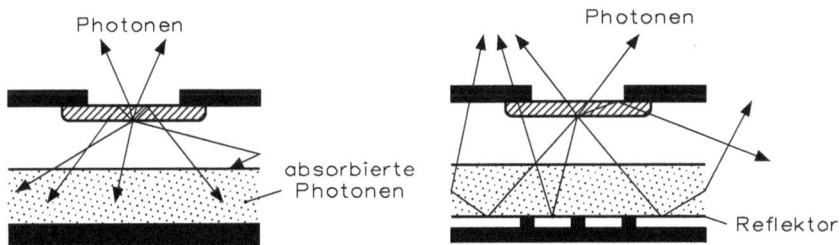

Abb. 4.15: Strahlungsunterschiede zwischen GaAs- und GaP-Leuchtdioden

Da GaAs die infrarote Strahlung nur wenig absorbiert, kann man die Dioden zur besseren Wärmeableitung mit der P-Zone auf einem Metallträger montieren. Diese Leuchtdioden werden ausschließlich in einem Metallgehäuse geliefert und sollen je nach Belastung auf einem Kühlkörper montiert sein.

Das Material GaAlAs wird nur selten verwendet, da es teuer ist und nur IR-Licht aussenden kann. Das GaP-Material strahlt grünes Licht zwischen 520 nm und 570 nm bei einem Höchstwert von 550 nm aus. Der Kurvenverlauf von grünem Licht liegt dicht an der Höchstsensibilität des menschlichen Auges. Dieses GaP-Material kann aber auch rotes Licht zwischen 630 nm und 790 nm bei einem Höchstwert von 690 nm abstrahlen.

$GaAs_{1-x}P_x$-Material strahlt Licht in einem breiten rot-orangen Bereich aus. Dies ist abhängig von dem GaP-Anteil, der in ihm vorhanden ist und daher die Bezeichnung x. Für x = 0,4 ergibt sich ein rotes Licht zwischen 640 nm und 700 nm bei einem Höchstwert von 660 nm. Für x = 0,5 ist das ausgestrahlte Licht bernstein- bzw. amberfarbig mit einem Höchstwert von 610 nm. Ändert man den Anteil x beim GaAs-Material, muss das P-Material entsprechend verändert werden, damit bei der Herstellung immer der Wert 1 erreicht wird. Durch Änderung der Dotierung ergibt sich jeweils eine andere abgestrahlte Wellenlänge und die Dotierung beeinflusst auch wesentlich den Wirkungsgrad.

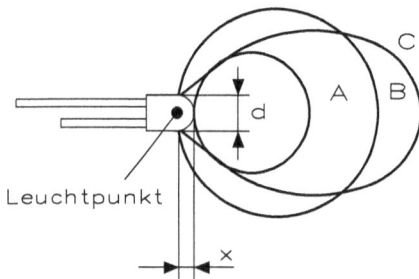

Abb. 4.16: Abstrahlungskeulen bei Leuchtdioden

Wichtig für den Einsatz von Leuchtdioden sind die Abstrahlungskeulen, wie Abb. 4.16 zeigt. Bei der Kurve A befindet sich die Lichtquelle unmittelbar vorne und es ergibt sich eine fast kreisförmige Abstrahlungskeule. Diese Keule ist aber in der Praxis nicht zu erreichen. Befindet sich die Lichtquelle direkt im Mittelpunkt der gewölbten Leuchtdiode, d. h. der Durchmesser d beträgt $2 \cdot x$, entsteht die Keulencharakteristik B. Verschiebt man die Lichtquelle weiter nach hinten, entsteht dagegen die Keulencharakteristik C.

Bei den Leuchtdioden unterscheidet man noch zwischen diffusen und klaren LEDs. Die klaren LEDs strahlen direkt aus. Die diffusen weisen keinen direkten Lichtaustritt auf, sondern werden durch das Plastikmaterial reflektiert.

4.2.3   Simulation von Leuchtdioden

Die Informationen einer simulierten Leuchtdiode basieren auf der Standarddiode von Multisim. Die Leuchtdiode ist ein interaktives Bauelement, d. h. sie steht im Dialog mit dem

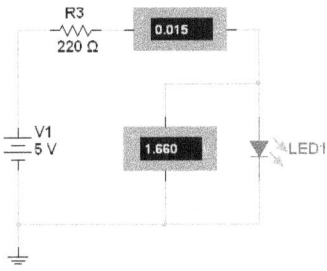

Abb. 4.17: Ansteuerung einer simulierten Leuchtdiode

Anwender. Die Interaktivitäten zeigen sich hierbei durch Aufleuchten aufgrund der Parameterzuweisung des Einschaltstroms I_{Ein}. Abb. 4.17 zeigt die Ansteuerung einer simulierten Leuchtdiode.

Wichtig für den Betrieb einer Leuchtdiode ist der Vorwiderstand R_v, der den Durchlassstrom begrenzt. Dieser Widerstand errechnet sich aus

$$R_v = \frac{U_b - U_F}{I_F}$$

Der Durchlassstrom I_F soll nicht höher als 20 mA bei Standard-Leuchtdioden sein. Die Spannung U_F ist dagegen vom Halbleitermaterial abhängig und es gilt:

- GaAsP: $U_F \approx 1{,}6$ V bei rot und $U_F \approx 2{,}4$ V bei gelb
- GaAsP auf GaP: $U_F \approx 2{,}2$ V bei orange bis rot
- GaP: $U_F \approx 2{,}7$ V bei grün

Die Werte für die Durchlassspannung liegen in einem Bereich von 1,6 V bis 2,7 V. Achtung! Diese Werte weichen aber von Hersteller zu Hersteller stark ab.

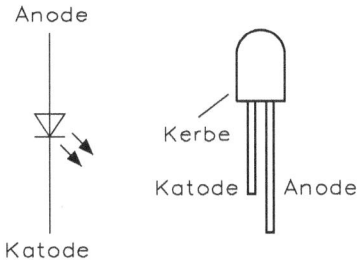

Abb. 4.18: Schaltsymbol und Anschlussschema einer Leuchtdiode

Abb. 4.18 zeigt das Schaltsymbol und das Anschlussschema für eine Leuchtdiode. Beim Anschlussschema erkennt man, dass zwei unterschiedliche Anschlusspins aus dem Plastikgehäuse ragen. Der lange Anschluss ist immer die Anode, der kurze Anschluss oder eine entsprechende Kerbe im Gehäuse die Katode.

Normalerweise ist bei einer rotleuchtenden LED (5 mm) ein eingestellter Strom von 20 mA üblich. Die simulierte Leuchtdiode kann aber nur arbeiten, wenn die Bedingung $I_{LED} \leq I_{ein}$ erfüllt ist.

Um den zweckmäßigen Einsatz der verschiedenen LEDs erkennen zu können, sind die Empfindlichkeitskurven für das menschliche Auge und für Silizium-Fotodioden enthalten. Da das menschliche Auge für gelbes Licht die höchste Empfindlichkeit besitzt, sind für optische Signale Galliumphosphid-Dioden (grün-gelb) am besten geeignet. Dagegen sind z. B. für Lichtschranken mit Fotodioden Galliumarsenid-Dioden (infrarot) vorzuziehen. Interessant ist zum Vergleich die Spektralkurve des Glühlampenlichts. Sie zeigt, dass der überwiegende Anteil des Glühlampenlichts außerhalb des Empfindlichkeitsbereichs des menschlichen Auges oder der Fotodioden liegt. Die Spektralkurven der LED sind so schmal, dass man von praktisch einfarbigem Licht sprechen kann. So lassen sich ganz nach Bedarf durch bestimmte LEDs ganz bestimmte Lichtfarben erzielen, was bei Glühlampen nur mit besonderen Farbfiltern und schlechtem Wirkungsgrad erreicht werden kann.

Die Lebensdauer der LEDs beträgt etwa eine Million (10^6) Stunden gegenüber tausend (10^3) Stunden einer Glühlampe. LEDs sind so trägheitsarm, dass sie sich noch für Wechselvorgänge bis in die Größenordnung von MHz anwenden lassen.

Ihre Anstiegszeit (Zeit zwischen Einschalten und voller Helligkeit) beträgt nur Nanosekunden. Der Wirkungsgrad ist mit etwa 10 % zwar gering, jedoch im Vergleich mit der Glühlampe noch recht gut. Die Verlustleistung liegt zwischen 50 mW und einigen Watt. LEDs sind besonders empfindlich gegen zu hohe Sperrspannungen (ca. 3 V) und müssen daher in vielen Anwendungsbereichen durch besondere Schaltungsmaßnahmen vor zu großer Sperrspannung geschützt werden, was sich vielfach durch Begrenzung mit einer Si-Diode erzielen lässt. Zu den besonderen Eigenschaften der LEDs muss auch ihre lineare Helligkeitssteuerung gerechnet werden; d. h., dass ihre Helligkeit praktisch linear mit der Durchlassstromstärke steigt (Abb. 4.19). Damit lassen sie sich für Regel- und Steuerungsvorgänge anwenden.

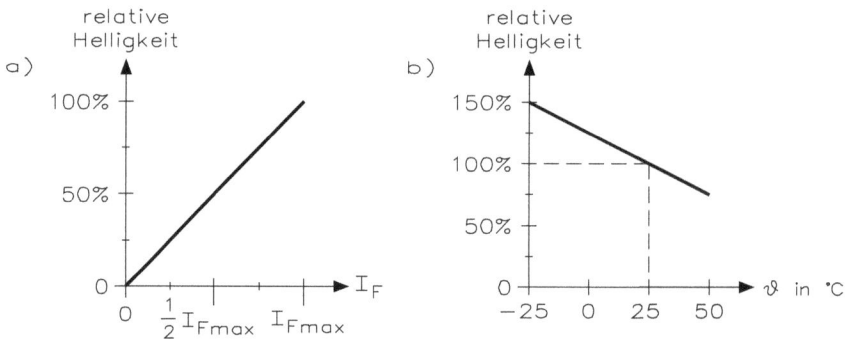

Abb. 4.19: Abhängigkeit der Helligkeit von der Durchlassstromstärke (a) und Abhängigkeit der Helligkeit von der Temperatur (b)

Wie alle Halbleiterbauelemente zeigen leider auch LEDs eine starke Temperaturabhängigkeit. Das Diagramm von Abb. 4.19 lässt erkennen, dass die Helligkeit bei einer Temperaturabnahme um 25 °C auf etwa 125 % steigt, dagegen bei einer Temperaturzunahme um 25 °C auf etwa 75 % des Wertes bei 25 °C fällt.

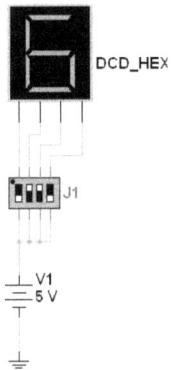

Abb. 4.20: 7-Segment-Anzeige mit sieben LEDs mit Ansteuerung

Die 7-Segment-Anzeige in Abb. 4.20 stellt eine Kombination mehrerer LEDs zu einem Baustein dar. Mit den vier Schaltern lässt sich der interne BCD-zu-7-Segment-Decoder ansteuern. Sind die Schalter oben, ergibt sich ein 1-Signal und sind sie auf unten gestellt, erzeugen sie ein 0-Signal.

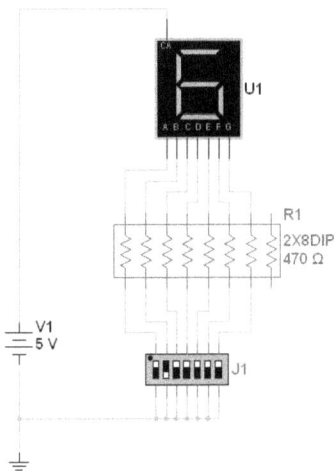

Abb. 4.21: 7-Segment-Anzeige mit sieben LEDs,
sieben Widerständen und einem 7-poligen Schalter

In Abb. 4.21 ist eine 7-Segment-Anzeige mit der Bezeichnung „CA" gezeigt. Prinzipiell unterscheidet man zwischen zwei Typen bei den 7-Segment-Anzeigen:

- CA: Common Anode oder mit gemeinsamer Anode
- CC: Common Cathode oder mit gemeinsamer Katode

Bei den CA-Typen sind die Anoden zusammengefasst zu einem gemeinsamen Anoden-Anschluss und bei den CC die Katoden. Hier muss man immer auf die Typenbezeichnung achten, da sonst die Anzeigen dunkel bleiben. Die Ansteuerung erfolgt bei den CA über die Katode und bei den CC über die Anode. Während bei den CA immer die Betriebsspannung $+U_b$ an der gemeinsamen Anode liegt und die Katode gegen Masse geschaltet wird, liegt bei den CC die Masse an der gemeinsamen Katode und die Anode wird gegen die Betriebsspannung angehoben. Daraus resultiert, dass bei einer Anzeige mit CA der Strom in den Treiber-Baustein hineinfließt, man spricht von einer Stromsenke, und bei einer CC der Strom aus dem Treiber-Baustein herausfließt, d. h. es ist eine Stromquelle vorhanden.

Abb. 4.22 zeigt die Ansteuerung einer Anzeige mit gemeinsamer Anode und gemeinsamer Katode. Bei der Ansteuerung einer Anzeige mit gemeinsamer Anode und hierzu verwendet man den Baustein 7447, einen BCD zu 7-Segment-Decoder/Anzeigentreiber mit offenen Kollektorausgängen. Legt man ein BCD-Datenwort (Binär Codierte Dezimalzahl) an die Eingänge, leuchten die entsprechenden Leuchtdioden am Ausgang auf und man erkennt in der Anzeige eine bestimmte Zahl, die das BCD-Wort wiedergibt.

Abb. 4.23 zeigt verschiedene LEDs und 7-Segment-Anzeigen.

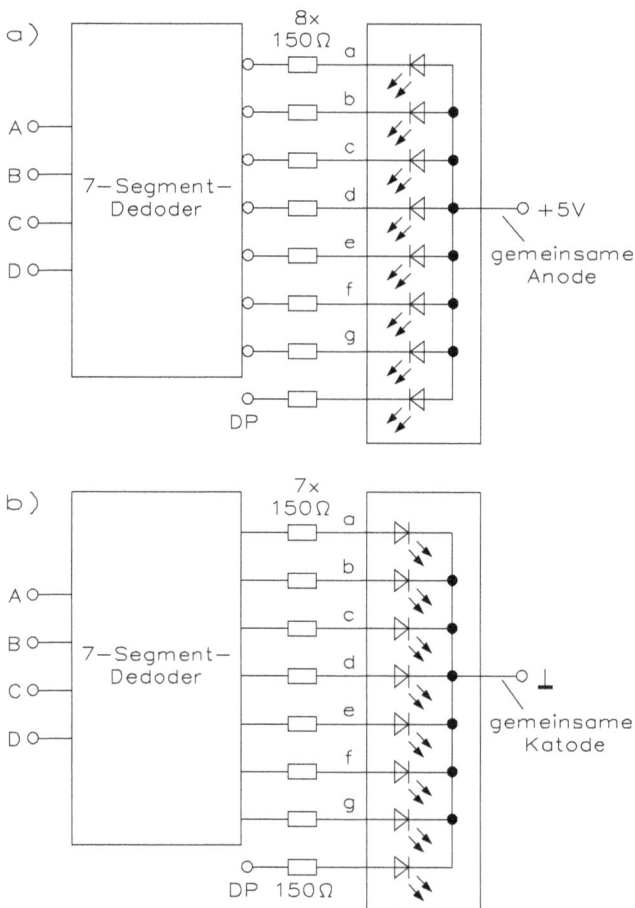

Abb. 4.22: Ansteuerung einer Anzeige mit gemeinsamer Anode (a) und Katode (b)

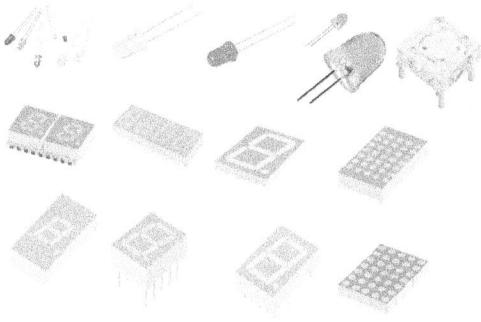

Abb. 4.23: Verschiedene LEDs und 7-Segment-Anzeigen

4.3 Kapazitätsdioden

Kapazitätsdioden werden zur Abstimmung von Schwingkreisen für automatische Frequenz-nachstimmschaltungen, Frequenzvervielfacher, Modulationsschaltungen, Bandbreitenrege-lung in kapazitiv gekoppelten Bandfiltern sowie in dielektrischen und parametrischen Ver-stärkern eingesetzt. Bei allen diesen Anwendungen wird die Abhängigkeit der Sperrschicht-kapazität von der angelegten Sperrspannung ausgenutzt.

Bei der Kapazitätsdiode wirkt ein in Sperrrichtung betriebener PN-Übergang als Kapazität. Betrachtet man sich die schematische Darstellung eines gesperrten PN-Übergangs , so zeigt sich folgendes: Zwischen zwei leitenden Schichten (P- und N-Leiter) ist eine Sperrschicht vor-handen, die praktisch frei von Ladungsträgern ist. Diese Sperrschicht bildet das Dielektrikum, P- und die N-Zone die beiden Beläge eines Kondensators. Die Kapazität eines Kondensators ist nach der Formel abhängig

$$C = \frac{A \cdot \varepsilon}{s}$$

Die Kapazität ist von der Plattenfläche A, der Dielektrizitätskonstante ε und dem Plattenab-stand s abhängig. Bei einer Kapazitätsdiode liegt die Plattenfläche durch die Baugröße und die Dielektrizitätskonstante durch das verwendete Material (Germanium oder Silizium) fest. Der Plattenabstand lässt sich leicht durch die Höhe der Sperrspannung beeinflussen und dies bedeutet:

Geringe Sperrspannung = dünne Sperrschicht, also große Kapazität,

hohe Sperrspannung = dicke Sperrschicht, also kleine Kapazität.

Die Abhängigkeit von der Sperrspannung ist jedoch nicht linear. Das lässt sich leicht erklären: Mit zunehmender Sperrspannung wird die an Ladungsträgern verarmte Sperrzone am PN-Übergang dicker. In der Formel zur Kapazitätsberechnung steht aber der Plattenabstand s im Nenner. Da Plattenfläche A und Dielektrizitätskonstante ε für eine bestimmte Diode konstant sind, kann man auch schreiben

$$C \approx \frac{1}{s}$$

Daraus folgt, dass der doppelte Plattenabstand die Kapazität auf die Hälfte, der vierfache Abstand die Kapazität auf ein Viertel des ursprünglichen Wertes herabsetzt. Der Kennlinienverlauf einer Kapazitätsdiode wird auch noch dadurch beeinflusst, dass die elektrische Feldstärke mit zunehmendem Plattenabstand geringer wird.

Da sich Halbleiterstoffe Germanium und Silizium wegen ihrer großen Härte und Sprödigkeit nicht zu größeren Bauelementen verarbeiten lassen, ist die wirksame Plattenfläche einer Kapazitätsdiode verhältnismäßig gering. Größere Kapazitätswerte lassen sich daher nur durch kräftiges Dotieren und geringe Schichtdicke (geringen Abstand) der Sperrzone erreichen. Die untere Kapazitätsgrenze ist durch die Höhe der zulässigen Sperrspannung gegeben. Kapazitätsdioden können – gleicher Kapazitäts-Änderungsbereich vorausgesetzt – Kondensatoren mit mechanisch veränderbarer Kapazität (z. B. Drehkondensatoren) ersetzen. Die Baugröße ist erheblich geringer als die der Drehkondensatoren. Da zur Beeinflussung der Kapazität die Höhe der Sperrspannung verändert wird, ist sogar eine einfache Ferneinstellung über beliebig lange Leitungen möglich. Resonanzkreise in Funksende- und -empfangsgeräten werden in zunehmendem Maße durch Kapazitätsdioden abgestimmt.

4.3.1   Wirkungsweise von Kapazitätsdioden

Jede Diode, die in Sperrrichtung betrieben wird, arbeitet praktisch mehr oder weniger als Kapazitätsdiode. Während bei Standard-Dioden der in Sperrrichtung betriebene PN-Übergang nur eine geringe Kapazität aufweist, nützt man diese unerwünschte Kapazität bei diesen Dioden praktisch aus.

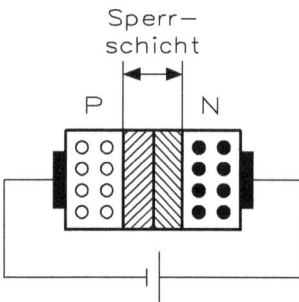

Abb. 4.24: Entstehung einer Kapazität bei einer in Sperrrichtung betriebenen Diode

Die leitfähige P- und N-Zone stellen in Abb. 4.24 die Platten des Kondensators dar. Die Sperrschicht lässt sich als Dielektrikum verwenden. Die Kapazität berechnet sich aus

$$C = \frac{\varepsilon_0 \cdot \varepsilon_r \cdot A}{s}$$

ε_0 = elektrische Feldkonstante

ε_r = Dielektrizitätszahl

A = wirksame Plattenfläche

s = Abstand der Platten

Der Abstand zwischen der P- und der N-Zone ist abhängig von der angelegten Spannung. Eine geringe Sperrspannung bedeutet einen geringen Abstand, also eine große Kapazität. Erhöht sich die Sperrspannung, vergrößert sich der Abstand zwischen den beiden Halbleiterplatten und die Kapazität verringert sich.

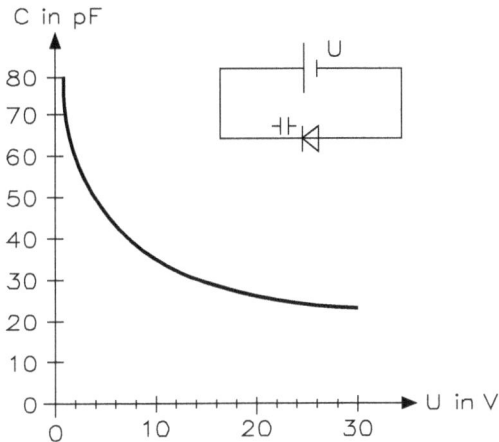

C in pF

80
70
60
50
40
30
20
10
0

0   10   20   30   → U in V

Abb. 4.25: Kennlinienverlauf einer Kapazitätsdiode, wobei die Kapazität in Abhängigkeit der Sperrspannung ist

Wie der Kennlinienverlauf in Abb. 4.25 zeigt, hat man keinen linearen Verlauf. Die Sperrschichtkapazität lässt sich berechnen aus

$$C_j = \frac{C_{j0}}{\left(1 + \frac{U_R}{U_D}\right)^n}$$

C_{j0} = Sperrschichtkapazität bei $U_R = 0\,V$

U_D = Diffusionsspannung, 0,7 V bei Siliziumdioden

n   = Größe, die vom Herstellungsverfahren der Diode beeinflusst wird

    n = 0,33 bei Dioden mit linearem Störstellenübergang

    n = 0,5 bei Dioden mit abruptem PN-Übergang

    n ≥ 0,75 bei Dioden mit hyperabruptem PN-Übergang

Dioden mit hyperabruptem PN-Übergang weisen einen sehr großen Kapazitätshub auf und sind daher besonders für die Durchstimmung großer Frequenzbereiche geeignet. Bei diesen Dioden ist „n" eine Funktion der Sperrspannung. Außer der Kapazität C ist die Güte Q einer Kapazitätsdiode wichtig. Sie lässt sich errechnen aus

$$Q = \frac{1}{2 \cdot \pi \cdot f \cdot C_j \cdot r_S}$$

Der Serienwiderstand r_S nimmt mit wachsender Sperrspannung ab und außerdem ist dieser von der Frequenz f abhängig.

Die Nichtlinearität der Kapazitätskennlinie führt bei allen Anwendungen, bei denen die Signalamplitude nicht klein gegenüber der angelegten Sperrspannung ist, zu Verzerrungen des Signals. Durch Gegentaktanordnung zweier Dioden lassen sich auch bei größerer Ansteuerung die Verzerrungen gering halten, weil das Signal die Dioden gegenphasig ansteuert und sich dadurch die Kapazitätsänderungen in etwa kompensieren.

Der Temperaturkoeffizient der Sperrschichtkapazität beträgt etwa $3 \cdot 10^{-4}/°C$ bei $U_R = 3\,V$. Er wird verursacht durch die temperaturbedingte Änderung der Diffusionsspannung U_D von $-2\,mV/°C$. Der Temperaturkoeffizient der Sperrschichtkapazität nimmt mit steigender Sperrspannung ab. Der Sperrschichtwiderstand r_j verkleinert sich um etwa 6 % und der Serienwiderstand r_s um etwa 1 % bei Erhöhung der Sperrschichttemperatur um 1 °C.

4.3.2   Frequenzabstimmung mit Kapazitätsdiode

Die Berechnung eines Schwingkreises erfolgt nach

$$f_{res} = \frac{1}{2 \cdot \pi \cdot \sqrt{C \cdot L}}$$

Für die Abstimmung eines parallelen Schwingkreises gibt es mehrere Möglichkeiten:
- Bandspreizung durch einen Drehkondensator,
- Bandspreizung durch Parallelschaltung von Festkondensator und Drehkondensator oder
- Bandspreizung durch Serienkondensator

Wenn man eine Kapazitätsdiode einsetzt, kommt nur die Bandspreizung durch einen Serienkondensator in Frage. Während der obere Kondensator einen festen Wert hat, wird die Kapazität des unteren Kondensators durch die Gleichspannung verändert, wie die Schaltung von Abb. 4.26 zeigt.

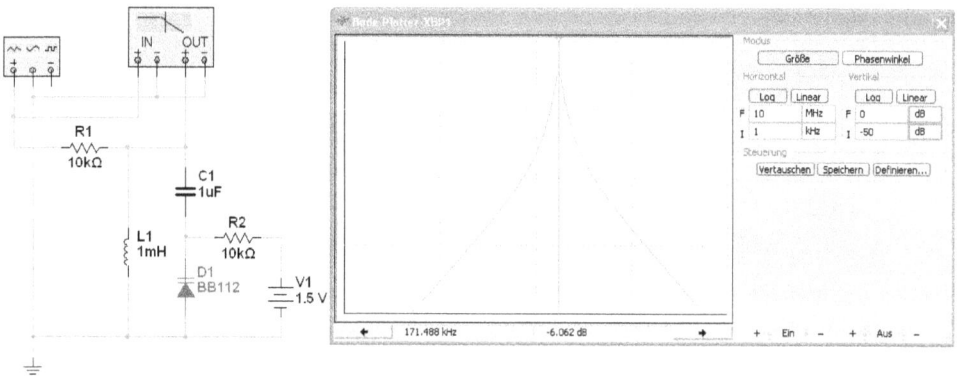

Abb. 4.26: Schwingkreis mit Kapazitätsdiode

Wenn man die Gleichspannung für die Kapazitätsdiode ändert, ergeben sich folgende Resonanzfrequenzen:

$$U = 1\,V \qquad f_{ures} = 174\,kHz$$

$$U = 30\,V \qquad f_{ores} = 283\,kHz$$

d. h. durch die Erhöhung der Gleichspannung tritt eine Änderung der Resonanzfrequenz auf. Die Änderung der Kapazität errechnet sich nach der Kapazitätsvariation V_C aus

$$V_C = \left(\frac{f_{ores}}{f_{ures}}\right)^2 = \left(\frac{283\,kHz}{174\,kHz}\right)^2 = 2,65$$

Die Kapazität hat sich um $V_C = 2,65$ geändert. Die obere Resonanzfrequenz erreicht man mit $C_a + C_S$ und die untere Grenzfrequenz ergibt sich aus $C_e + C_S$. Der Wert C_a ist die Anfangskapazität und C_e die Endkapazität der Kapazitätsdiode. Aus den beiden Resonanzfrequenzen lässt sich die Gesamtkapazität der Reihenschaltung berechnen mit

$$C = \frac{1}{(2 \cdot \pi \cdot f_{res})^2 \cdot L}$$

$$f_{ures} = 174\,kHz: \qquad C_{ges1} = 837\,pF$$

$$f_{ores} = 283\,kHz: \qquad C_{ges2} = 317\,pF$$

Aus der Gesamtkapazität kann man jetzt die Anfangs- und die Endkapazität berechnen mit

$$C_2 = \frac{C_1 \cdot C_{ges}}{C_1 - C_{ges}}$$

Dies ergibt einen Bereich von

$$C_a = 5,13\,nF$$

$$C_e = 0,464\,nF$$

Durch die Änderung der Gleichspannung hat sich die Kapazität von $C_a = 5,13\,nF$ auf $C_e = 0,464\,nF$ verringert. Dies ergibt eine Kapazitätsänderung von $\Delta C = 4,666\,nF$.

Die Kapazitätsdiode soll einen Wert von 100 pF haben. Wie erstellt man die Kapazitätsdiode BB 105?

- Das Fenster für die realen Dioden ist zu öffnen.
- Man klickt beispielsweise die Diode 1BH62 an und setzt die Diode im Schaltplan ab.
- Man schließt das Fenster und klickt das Symbol im Schaltplan an.
- Man klickt den Balken „Edit Component" an und dann definiert man die Kapazitätsdiode BB 105 unter „General". Man klickt das Feld „Symbol" an und die Diode erscheint.
- Man klickt den Balken „Model" an, dann „add from Comp.".
- Man geht zur „Database", öffnet die „User Database" und man erhält die Kapazitätsdiode BB 105. Man klickt „Rename" an und überschreibt die Diode mit „Overwrite". Mit der „Escape-Taste an der PC-Tastatur kann man den Vorgang jederzeit unterbrechen.
- Man betätigt die Tastenkombination „Strg" und „C", und kopiert die Datei, damit man den Inhalt jederzeit mit der Tastenkombination „Strg" und „V" in eine Datei einkopieren kann.
- Der Kapazitätswert ist auf 100 pF einzustellen und dann beendet man den Vorgang.

5 Transistoren

Die Bezeichnung „Transistor" kommt aus der englischen Zusammensetzung „transfer resistor" und ist als „übersetzender Widerstand" zu verstehen. Eine Strom- oder Spannungssteuerung auf der einen Seite des Transistors macht sich als eine Widerstandsänderung auf der anderen Seite bemerkbar.

Es sind grundsätzlich zwei Transistorarten zu unterscheiden. Während die eine Art im Wesentlichen aus einem gesperrten PN-Übergang besteht, der durch eine Injektion von Minoritätsladungsträgern mit Hilfe eines Emitters (Injektors) leitend gemacht werden kann, besitzt die andere einen dotierten Kanal aus einer Schicht, der durch ein elektrisches Feld enger oder aber auch breiter gemacht werden kann und somit Majoritätsladungsträger zum Stromfluss benutzt. Die Transistoren mit einem Emitter werden bipolare Transistoren genannt, weil ihr wirksamer Teil aus einem gesperrten PN-Übergang besteht. Die zweite Art, die sogenannten unipolaren Transistoren, verfügt im Gegensatz dazu über einen über die ganze Länge gleich dotierten Kanal, der beim Anlegen einer Spannung von Hause aus Strom führen kann.

Eine dagegen ganz besondere Art stellt der Unijunktiontransistor (UJT) dar, der auch als Doppelbasisdiode bezeichnet wird.

5.1 Bipolare Transistoren

Bipolare Transistoren bestehen aus drei Schichten, wobei die eine Schicht der Emitter (Injektor) ist und die beiden anderen einen gesperrten PN-Übergang bilden. Es gibt daher zwei Grundformen:

- PNP-Transistor
- NPN-Transistor

Die drei Schichten bipolarer Transistoren lassen nur diese beiden möglichen Schichtenfolgen zu.

Soll nun durch den gesamten Kristall, d. h. durch alle drei Schichten, Strom fließen, so ist immer ein PN-Übergang durchlässig und der andere gesperrt gepolt, wenn Spannung an den gesamten Kristall gelegt wird. Mit Hilfe einer zweiten Spannungsquelle an der mittleren Schicht kann die Dreischichtenfolge dann niederohmig gesteuert werden. Abb. 5.1 zeigt die Schichtenfolge beim NPN- und PNP-Transistor.

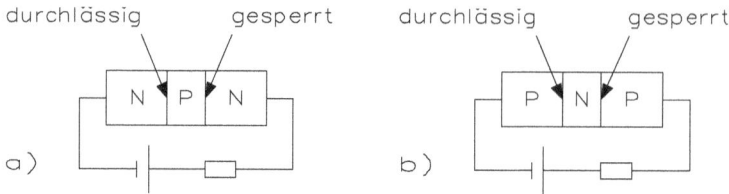

Abb. 5.1: Schichtenfolge beim NPN- (a) und PNP-Transistor (b)

5.1.1   NPN-Transistor

Beim NPN-Transistor bildet die eine äußere N-Schicht den Emitter und die beiden anderen Schichten den gesperrten PN-Übergang. Bei diesem gesperrten PN-Übergang ist die P-Schicht, d. h. die mittlere Schicht des gesamten Kristalls, die Basis und die verbleibende N-Schicht der Kollektor.

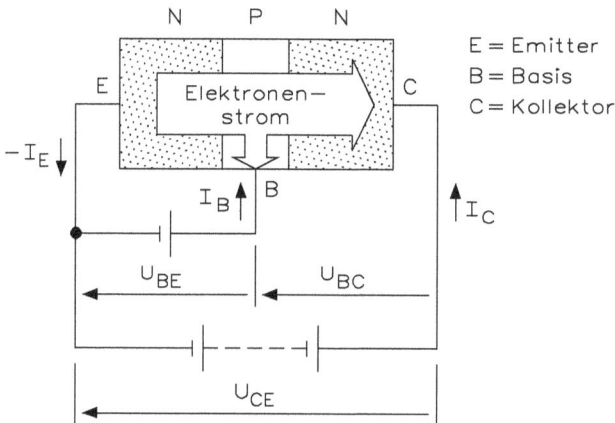

Abb. 5.2: Physikalisches Prinzip eines NPN-Transistors

Legt man an den ganzen Kristall zwischen Kollektor und Emitter eine Spannung U_{CE} an, so kann nur dann Strom durch den Kristall fließen, wenn die Basis-Emitter-Strecke durch eine zweite Spannungsquelle mit der Spannung U_{BE} leitend gemacht wird. Es dringen dadurch aus dem N-dotierten Emitter viele freie Elektronen als negative Ladungsträger in die Basisschicht ein. Da die Basis aber sehr dünn und zudem schwach dotiert ist, können nur wenige der eingedrungenen Elektronen mit den positiv geladenen Löchern der Basisschicht rekombinieren und als Basisstrom I_B abfließen. Es bleiben also viele Elektronen in der Basis als Rest übrig.

Durch das hohe positive Potential am Kollektor werden diese restlichen Elektronen aus der Basis zum Kollektoranschluss hin abgezogen, da sie sich in dem P-Material der Basis Minoritätsladungsträger befinden. Der Emitter hat also eine Ladungsträgerinjektion in Form von Minoritätsladungsträgern in die Basisschicht bewirkt. Abb. 5.3 zeigt die physikalische Funktionsweise eines Transistors (hier am Beispiel eines NPN-Transistors) im Modell.

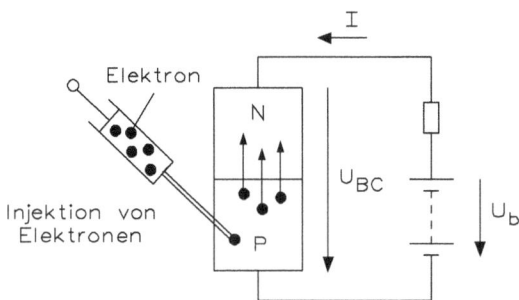

Abb. 5.3: Physikalische Wirkungsweise eines NPN-Transistors mit Hilfe einer Ladungsträgerinjektion als Modell

Vielfach wird die Spannung U_{CB} zwischen Kollektor und Basis, die sich als Differenz zwischen der Kollektor-Emitter-Spannung U_{CE} und der Basis-Emitter-Spannung U_{BE} ergibt, als Kollektorspannung bezeichnet. Um den Effekt zu erhöhen, wird die Kollektorsperrschicht möglichst groß gestaltet.

Der Emitterstrom I_E ist die Summe der beiden anderen Ströme, also des Basisstroms I_B und des Kollektorstroms I_C. Bei den Spannungen am Transistor ergibt sich nach dem physikalischen Prinzip von Abb. 5.3 die Kollektor-Emitter-Spannung U_{CE} als Summe der Basis-Emitter-Spannung U_{BE} und der Kollektorspannung zwischen Basis und Kollektor U_{BC}.

$$I_E = I_B + I_C \qquad U_{CE} = U_{BE} + U_{BC}$$

Da der Basisstrom I_B aber meist kleiner als 1 % des Emitterstroms I_E ist, kann man sagen, dass der Kollektorstrom I_C nahezu gleichgroß mit dem Emitterstrom I_E ist. Der Basisstrom I_B zeigt aber an, wie viele Ladungsträger aus dem Emitter in die Basis eingedrungen sind. Er ist also ein Maß dafür, wie leitend der Transistor zwischen Kollektor und Emitter geworden ist.

Bei den Spannungen am Transistor gilt vergleichbar, dass die Spannung zwischen Basis und Emitter (U_{BE}) klein (etwa 0,6 V bei Silizium und etwa 0,25 V bei Germanium) gegenüber der Kollektorspannung U_{CB} ist.

Zwischen Basis- und Kollektoranschluss fließt aber, von sehr kleinen Restströmen einmal abgesehen, kein Strom. Sowohl der Basisstrom I_B als auch der Kollektorstrom I_C fließen rein physikalisch gesehen ausschließlich vom Emitter ausgehend. Der Basisanschluss und der Kollektoranschluss des Transistors sind also fast vollständig entkoppelt.

Die Bedingungen, um einen Transistor leitend zu steuern, lassen sich in vier Punkten zusammenfassen:

1. Basis-Emitter-Strecke durchlässig (U_{BE}) mit der Folge: Ladungsträgerinjektion in die Basis!
2. Basisschicht dünn und schwach dotiert mit der Folge: kleiner Basisstrom I_B.
3. Kollektor-Basis-Strecke gesperrt (U_{CB}) mit der Folge: Kollektorspannung.
4. Kollektorsperrschicht groß mit der Folge: Alle vom Emitter in die Basis injizierten Ladungsträger, die nicht in der Basisschicht rekombiniert sind, werden von dort zum Kollektor hin abgezogen!

Als Ergebnis ist festzuhalten, dass fast alle vom Emitter injizierten Ladungsträger vom Kollektor als Kollektorstrom I_C abgezogen werden ($I_C \geq 99\,\%$ des I_E) und der Basisstrom I_B nur sehr klein ist ($I_B \leq 1\,\%$ des I_E).

Während der Anwender des Transistors die Punkte 1 und 3 zu erfüllen hat, muss der Hersteller des Transistors die Punkte 2 und 4 beachten, also die Basisschicht dünn halten und schwach dotieren sowie die Kollektorsperrschicht groß gestalten. Der Kristall ist deshalb nicht, wie im Prinzip der Abb. 5.3 dargestellt, symmetrisch aufgebaut, d. h., der Emitter ist klein, während der Kollektor den ganzen wirksamen Teil des Kristalls umschließt. Vertauscht man also den Kollektor- und den Emitteranschluss, so ist die Funktionsweise des Transistors mangelhaft.

5.1.2   PNP-Transistor

Beim PNP-Transistor (Abb. 5.4) ist die eine P-Schicht der Emitter, und bei dem verbleibenden PN-Übergang bildet die N-Schicht die Basis und die P-Schicht den Kollektor. Damit bei diesem Transistor die beiden im vorherigen Abschnitt genannten Punkte 1 und 3 erfüllt sind, also eine Ladungsträgerinjektion des Emitters in die Basis bewirkt und die restlichen, nicht rekombinierten Ladungsträger aus der Basis mit Hilfe einer Kollektorspannung abgezogen werden, müssen die beiden Spannungsquellen für die Basis-Emitter-Strecke U_{BE} und den gesamten Kristall zwischen Kollektor und Emitter U_{CE} umgepolt werden.

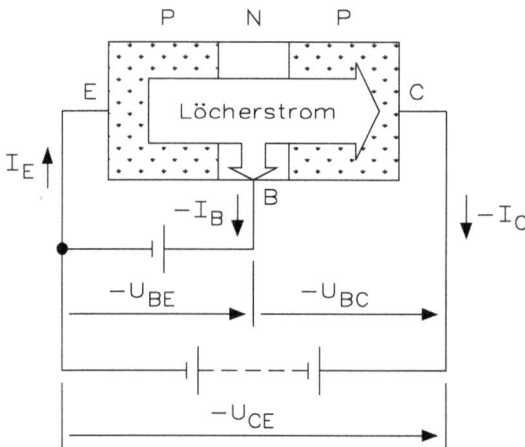

Abb. 5.4: Physikalisches Prinzip des PNP-Transistors

Auch die Bedingungen und die Ergebnisse sind die gleichen wie beim NPN-Transistor, nur alle Spannungen sind gegenüber diesem umgepolt. Aber auch hier gelten die beiden Beziehungen:

$$I_E = I_B + I_C \qquad U_{CE} = U_{BE} + U_{BC}$$

Zusammenfassend gilt: Der PNP-Transistor funktioniert also mit Löcherstrom, während der NPN-Transistor Elektronen als wirksame Ladungsträger benutzt. Dadurch unterscheiden sich auch die Spannungs- und Stromrichtungen beider Transistorarten.

5.1.3 Spannungen und Ströme des Transistors

Die Spannungen und Ströme der beiden Transistortypen PNP und NPN unterscheiden sich – wie schon aus den beiden letzten Abschnitten hervorging – technisch gesehen lediglich in ihrer Richtung. Sollen die Bezeichnungen der Spannungen für beide Typen gelten, so müssen die Spannungen des PNP-Typs mit negativen Vorzeichen versehen werden, weil die Norm vorschreibt, dem ersten Index das höhere Potential zuzuordnen.

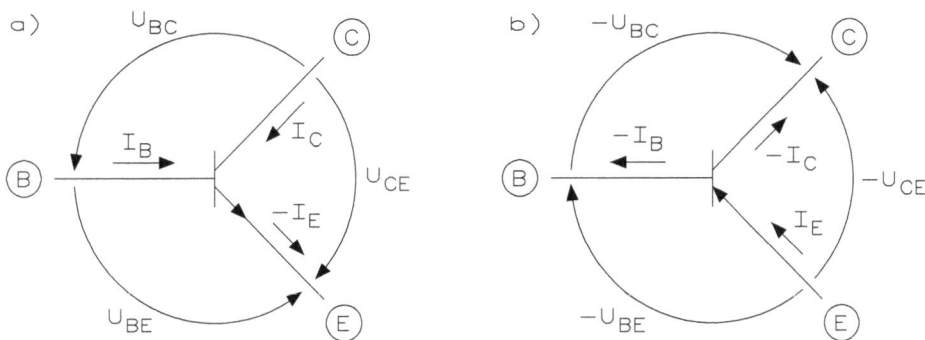

Abb. 5.5: Schaltbild des NPN- (a) und des PNP-Transistors (b) mit Angaben der Spannungen und Ströme

Das Schaltbild des Transistors ist aus seiner ersten Bauform, dem Spitzentransistor, hervorgegangen. Hier waren zwei Spitzen – die eine als Emitter und die andere als Kollektor – auf ein Kristallplättchen, das die Basis des Gebildes darstellte, aufgesetzt.

Der Emitter des Schaltbildes erhält einen Pfeil, der seine technische Stromrichtung angibt. Der Emitterstrom des NPN-Transistors nach Abb. 5.5 trägt ein negatives Vorzeichen, damit zu erkennen ist, dass dieser Strom aus dem Kristall herausfließt. Während der Pfeil am Emitter des NPN-Transistors nach außen zeigt, verläuft er beim PNP-Transistor am Emitter hinein und befindet sich mit seiner Spitze auf der Basisschicht. Zum Kennzeichen der umgepolten Spannungen und Betriebsweise des PNP-Transistors sind die Spannungen zwar genauso bezeichnet wie beim NPN-Transistor, sie verwenden aber negative Vorzeichen. Die beiden Ströme I_B und I_C tragen ebenfalls negative Vorzeichen, um deutlich zu machen, dass sie aus dem Kristall herausfließen.

Verwendet man in einer Schaltung statt eines NPN-Transistors einen PNP-Transistor, so muss lediglich die Versorgungsspannung umgepolt werden, um die gleiche Wirkungsweise zu erzielen. Bei gleichen Daten für die beiden Transistoren wird auch das Ergebnis der Schaltung das gleiche sein. Tabelle 5.1 soll die Bedeutung der Spannungen und Ströme am Transistor verdeutlichen.

Tab. 5.1: Transistorströme und -spannungen

Bezeichnung	Bedeutung
I_E	Emitterstrom ($I_E = I_C + I_B$)
I_C	Kollektorstrom ($I_E \approx I_C$)
I_B	Basisstrom ($I_B \leq 0{,}01 \cdot I_E$)
U_{CE}	Spannung am ganzen Kristall zwischen Kollektor und Emitter ($U_{CE} = U_{BC} + U_{BE}$)
U_{BE}	Basis-Emitter-Spannung (Injektionsspannung)
U_{CB}	Kollektor-Basis-Spannung (Kollektorzugspannung)

5.1.4 Herstellungsverfahren und Bauformen bipolarer Transistoren

Nachdem zunächst Spitzen- und gezogene Transistoren hergestellt worden sind, haben sich nachfolgend drei Technologien durchgesetzt.

- Legierungstechnik (Germanium),
- Diffusionstechnik (Silizium und Germanium) und
- Epitaxie (vorwiegend Silizium).

Diese drei Technologien lassen Flächentransistoren entstehen. Durch die verschiedenen Herstellungsverfahren entstehen Transistoren mit unterschiedlichen Eigenschaften in Bezug auf ihre Widerstandsverhältnisse am Ein- und Ausgang, ihr Frequenzverhalten, ihre höchstzulässige Betriebstemperatur sowie ihre höchstzulässige Belastung.

Beim Legierungsverfahren werden zwei Indiumperlen von weniger als 1 mm Durchmesser von beiden Seiten etwa bei 400 °C auf ein N-dotiertes Germaniumplättchen aufgelegt. Dieses Plättchen bildet später die Basis und ist etwa 0,1 mm dick und hat einen Durchmesser von ca. 2 mm. Der Legierungsvorgang wird so lange fortgesetzt, bis die erforderliche Dicke der N-Schicht als Basis erreicht ist. Nach der Herstellung und Abkühlung des Transistorsystems werden die Gebilde kontaktiert und in ihre Gehäuse montiert, wie Abb. 5.6 zeigt.

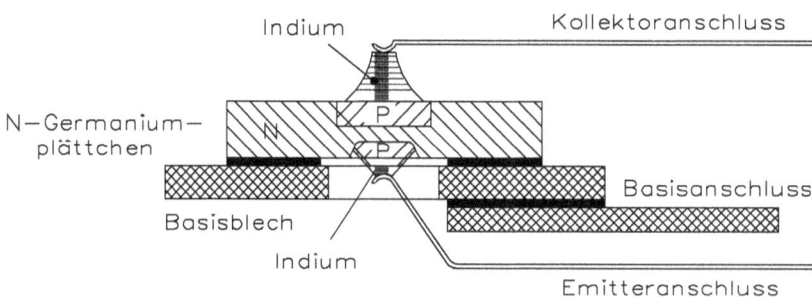

Abb. 5.6: Schnittbild durch das System eines Ge-PNP-Legierungstransistors

Beim Diffusionsverfahren dringen die Dotierungsstoffe in Gasform in die Oberfläche des Trägermaterials ein. Bei Germanium werden so Mesatransistoren (Mesa $\hat{=}$ Tisch oder Tafelberg) hergestellt, die sich wegen ihrer Kleinheit für sehr hohe Frequenzen eignen, wie Abb. 5.7 zeigt.

Gold B E Aluminium

N P

≈ 1 μm

C P

P = Germaniumplättchen

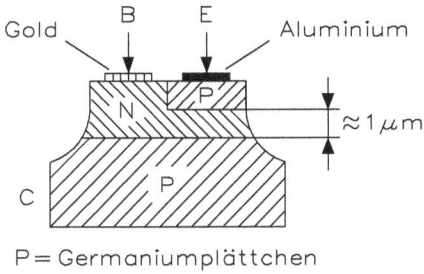

Abb. 5.7: Schnittbild durch das System eines Ge-PNP-Mesatransistors

Ebenfalls im Diffusionsverfahren werden die heute am häufigsten verwendeten Silizium-NPN-Transistoren in Planartechnik hergestellt. Bei dieser Technik werden die Diffusionsmaterialien nacheinander von oben in die Oberfläche der Siliziumscheiben (Wafer) eingelassen. Zu diesem Zweck werden die Scheiben immer wieder von oben durch Oxidation abgedeckt und durch ein Fotoverfahren fensterartig für den nächsten Diffusionsvorgang mit Flusssäure ausgeätzt. Die meisten Hersteller von integrierten Schaltkreisen benutzen heute ebenfalls diese Planartechnologie bei der Herstellung ihrer ICs (Abb. 5.8). Durch eine besondere Formgebung der Schichten zueinander und der Anschlussfenster lassen sich auch hierbei Transistoren für sehr hohe Frequenzen herstellen.

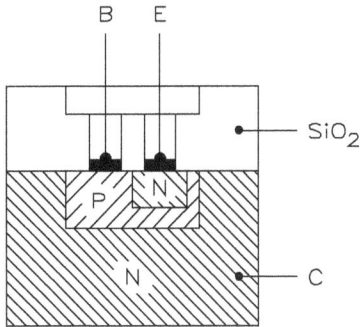

B E

SiO$_2$

P N

N C

Abb. 5.8: Schnittbild durch das System eines Si-NPN-Planartransistors

Eine besondere Herstellungsart stellt die Epitaxie dar. Hierbei lässt man mit Hilfe von Siliziumchloroformdampf und entsprechenden Dotierungsstoffzugaben eine Siliziumschicht oberflächlich, eben epitaxial (epi $\hat{=}$ auf; axial achsengerecht), monokristallin auf die Silizium-Mutterscheibe im Epitaxieofen aufwachsen. Gerade bei der Herstellung moderner integrierter Schaltkreise spielt diese Herstellungsart eine besondere Rolle (Abb. 5.9).

Nachfolgend zeigt Abb. 5.10 die wesentlichsten Technologien zur Herstellung von bipolaren Transistoren.

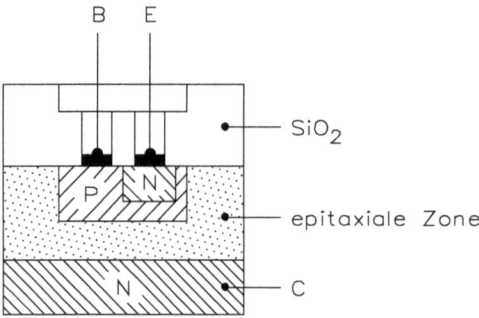

Abb. 5.9: Schnittbild durch das System eines Si-NPN-Epitaxialtransistors

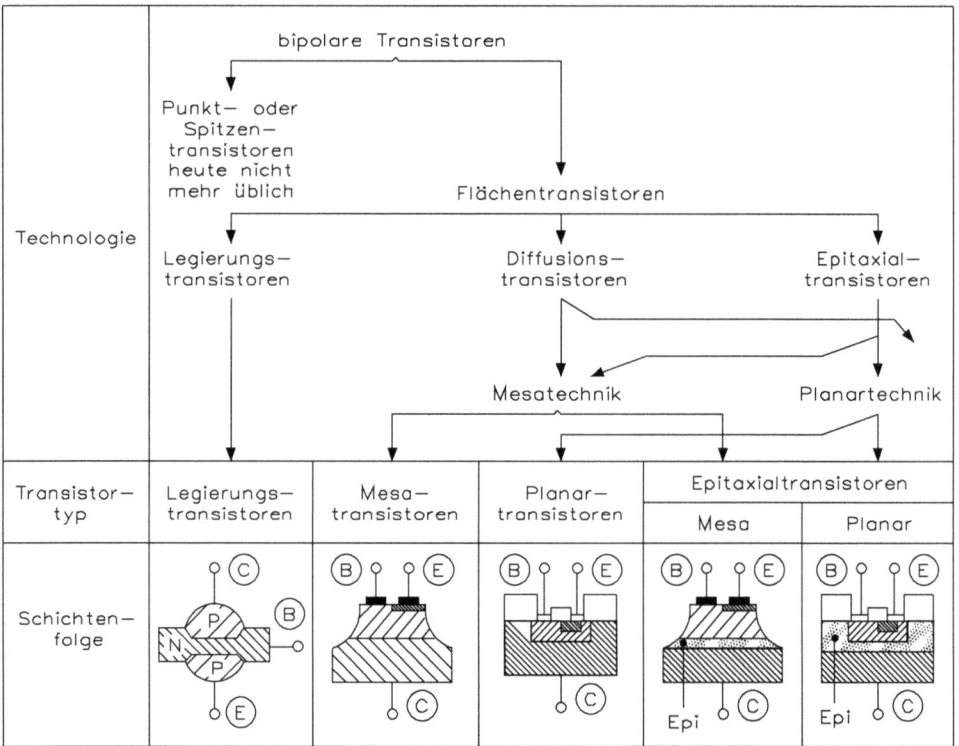

Abb. 5.10: Übersicht über die Herstellungsverfahren bipolarer Transistoren

Bei den Bauformen von Transistoren muss zwischen den einzelnen Anwendungsbereichen unterschieden werden. Während HF-Transistoren kapazitätsarm sein müssen und über eine Schirmungsmöglichkeit verfügen sollten, müssen Leistungstransistoren eine gute Wärmeabfuhr vom Kristall auf das Gehäuse aufweisen.

Bei den normalen Transistoren für die Anwendung im NF-Bereich bis hinauf zu etwa 1 MHz mit einer Verlustleistung am Transistor bis zu 300 mW sind weder Schirmungs- noch besondere Kühlmöglichkeiten erforderlich. Die Bauformen dieser Transistoren sind auszugsweise in Abb. 5.11 dargestellt. Die Ausführungen in Metallgehäusen des Typs TO-18 sind heute nicht mehr üblich. Die meisten modernen Transistorelemente in Epitaxialtechnologie für universelle Anwendungen auf Siliziumbasis werden in den dargestellten SOT-54-Gehäusen montiert. SOT-25- und SOT-33-Gehäuse eignen sich besonders für die automatische Maschinenbestückung der Leiterplatten und werden bei der kommerziellen Elektronik bevorzugt eingesetzt. Miniaturausführungen für die Bestückung von Hybridbaugruppen sind in der Abb. 5.11 nicht dargestellt, wie sie häufig in der Herstellung informationstechnischer Geräte der Trägerfrequenztechnik oder im analogen Teil digitaler Kommunikationseinrichtungen verwendet werden. Da diese Geräte aber in Modulbauweise hergestellt werden, ist auf diese Darstellung verzichtet worden.

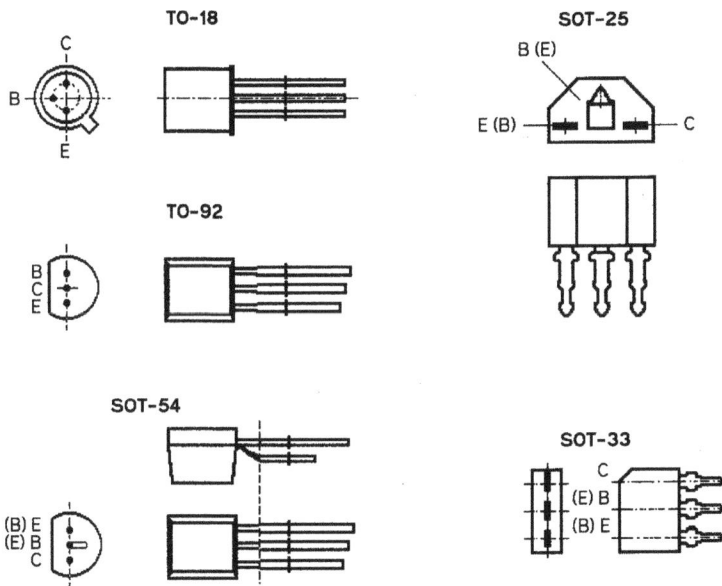

Abb. 5.11: Bauformen normaler Transistoren

Die Abb. 5.12 zeigt Ausführungen von Transistoren für die HF-Technik. Während vor geraumer Zeit die HF-Tronsistorelemente in Metallgehäusen der Ausführung TO-72 mit einem Schirmanschluss S montiert wurden, findet man in modernen HF-Geräten meist Ausführungsformen in SOT-37-Gehäusen. Es sind aber auch HF- Transistoren in SOT-25- und SOT-33-Gehäusen für automatische Maschinenbestückung im Handel erhältlich.

Bei den Leistungstransistoren werden die Transistorelemente in Gehäusen montiert, die über Metallflächen eine gute Wärmeleitung auf Kühlkörper wie Kühlsterne oder zumeist Kühlbleche aus geschwärzten Aluminiumprofilen gewährleisten. Abb. 5.13 zeigt sowohl Bauformen für Kleinleistungstransistoren von 2 W bis 3 W Verlustleistung in den Ausführungen der Gehäuse TO-35 (veraltet) und SOT-32 als auch solche für Hochleistungstransistoren bis zu 115 W mit maximalen Kollektorströmen von bis zu 15 A in den alten TO3- und SOT-9-Gehäusen und den modernen TO-220-Gehäusen.

Abb. 5.12: Bauformen von HF-Transistoren

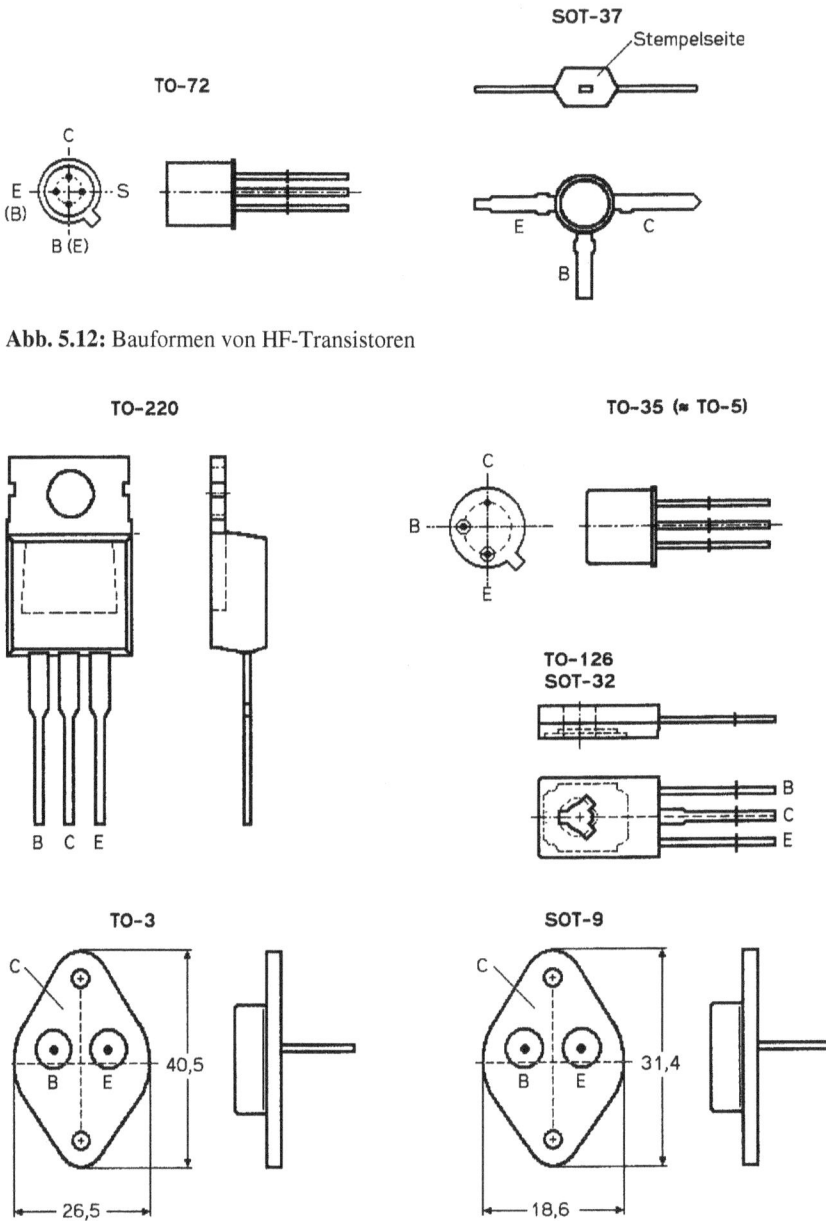

Abb. 5.13: Bauformen von Leistungstransistoren

Die dargestellten Gehäuse der Abb. 5.11 bis 5.13 finden auch für die Montage von Feldeffekt- und besonderen Transistoren wie Unijunktiontransistoren sowie für integrierte analoge Schaltungen und Mehrschichthalbleiterbauelemente ihre Anwendung.

5.1.5 Transistorgrundschaltungen

Bevor ein Transistor durch die Signelquelle gesteuert werden kann, ist es in den meisten Fällen erforderlich, ihn mit Hilfe von Gleichspannungsquellen auf Gleichstromruhewerte einzustellen. Das Signal der Signalquelle kann dann den Transistor leitender und nicht leitender steuern. Einfach ausgedrückt: Der Stromfluss im Transistor kann sich nur dann ändern, wenn zuvor bereits ein Ruhestrom vorhanden ist. Soll nun der Transistor gesteuert werden, so geschieht das durch ein Eingangssignal aus einer Signalquelle. Das Ergebnis der Steuerung wird dann an einem Lastwiderstand im Ausgangskreis erkennbar. Es ist also ein Steuerkreis und ein gesteuerter Kreis notwendig. Dazu benötigt man zwei Eingangsklemmen für den Eingangskreis (Steuerkreis) und zwei Ausgangsklemmen für den Ausgangskreis (gesteuerter Kreis).

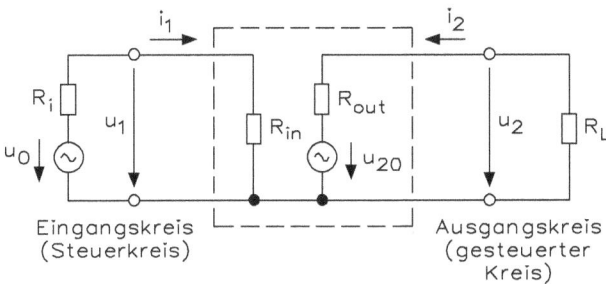

Abb. 5.14: Transistor im Signalweg

Bei dem dargestellten Prinzip (Abb. 5.14) bedeuten:

u_0 = Urspannung der steuernden Quelle (Signalquelle), die im Leerlauf an ihren Klemmen liegt

R_i = Innenwiderstand der Signalquelle

u_1 = Eingangsspannung am zu steuernden Eingang

i_1 = Eingangsstrom am zu steuernden Eingang

R_{in} = Eingangswiderstand des zu steuernden Eingangs

u_{20} = Leerlaufausgangsspannung am Ausgang

R_{out} = Ausgangswiderstand der Ausgangsquelle

u_2 = Spannungsfall am Lastwiderstand im Ausgangskreis, also die Ausgangsspannung unter Last

i_2 = Ausgangsstrom über den Lastwiderstand am Ausgang

R_L = Lastwiderstand im Ausgangskreis

Da der Transistor selbst nur über drei Anschlüsse verfügt, muss ein Anschluss für den Ein- und den Ausgangskreis als gemeinsamer Schaltpunkt benutzt werden. Es gibt dafür im Vorwärtsbetrieb drei Möglichkeiten. Diese drei Möglichkeiten werden als die drei Grundschaltungen des Transistors bezeichnet. Jede der drei Grundschaltungen wird dabei nach dem Anschluss benannt, der als gemeinsamer Anschluss für den Ein- und Ausgang dient.

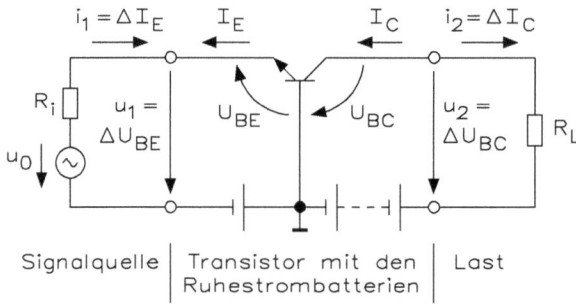

Abb. 5.15: Basisschaltung des Transistors

Bei der Basisschaltung benutzt man den Basisanschluss des Transistors signalmäßig für den Eingangs- und den Ausgangskreis gemeinsam, so ergibt sich die Basisschaltung nach Abb. 5.15.

Für Abb. 5.15 gilt:

I_E = Emitterruhestrom am Eingang

$I_C^{'}$ = Kollektorruhestrom am Ausgang

U_{BE} = Basis-Emitter-Spannung am Eingang

U_{CB} = Kollektor-Basis-Spannung am Ausgang

u_0 = Urspannung der Signalquelle

R_i = Innenwiderstand der Signalquelle

u_1 = Signaleingangsspannung – als Spannungsschwankung ΔU_{BE}

i_1 = Signaleingangsstrom – als Emitterstromschwankung ΔI_E

u_2 = Signalausgangsspannung – als Spannungsschwankung ΔU_{CB}

i_2 = Signalausgangsstrom – als Kollektorstromschwankung ΔI_C

R_L = Lastwiderstand am Ausgang

Rein ruhestrommäßig betrachtet ergibt sich der Gleichstromverstärkungsfaktor A der Basisschaltung aus dem Verhältnis des Ausgangsruhestroms I_C zu dem Eingangsruhestrom I_E.

$$A = \frac{I_C}{I_E} \leq 1$$

Dieser Gleichstromverstärkungsfaktor A muss deshalb etwas kleiner als 1 sein, weil der Ausgangsruhestrom I_C um den Basisstrom I_B kleiner als der Eingangsruhestrom I_E ist.

Der Gleichstromeingangswiderstand $R_{BE(B)}$ als Widerstand zwischen Emitter und Basis bei der Basisschaltung kann errechnet werden, indem die Basis-Emitter-Spannung U_{BE} durch den am Eingang fließenden Ruhestrom I_E geteilt wird.

$$R_{BE(B)} = \frac{U_{BE}}{I_E}$$

Der Gleichstromeingangswiderstand $R_{BE(B)}$ ist klein, da die Basis-Emitter-Spannung U_{BE} nicht groß und der Emitterstrom I_E am Eingang der größte Strom am Transistor ist.

Ausgangsseitig bildet der Transistor zwischen dem Kollektor und der Basis den Gleichstromausgangswiderstand

$$R_{CB(B)} = \frac{U_{CB}}{I_C}$$

Er ist erheblich größer als der Eingangswiderstand, da die Kollektorspannung U_{CB} größer als die Basis-Emitter-Spannung U_{BE} und der Kollektorstrom I_E nahezu gleich groß wie der Emitterstrom I_E ist.

Signalmäßig ergeben sich ähnliche Verhältnisse. Die Signalstromverstärkung α der Basisschaltung, die sich aus der Beziehung

$$\alpha = \frac{\Delta I_C}{\Delta I_E} \leq 1$$

ergibt, also dem Verhältnis der Kollektorstromschwankung ΔI_C am Ausgang zur Emitterstromschwankung ΔI_E am Eingang, ist ebenfalls fast gleich 1, da am Ausgang lediglich die sehr kleine Basisstromschwankung ΔI_B gegenüber dem Eingang fehlt.

Der Signaleingangswiderstand $r_{BE(B)}$ der Basisschaltung ist sehr klein und beträgt im Allgemeinen kaum mehr als $30\,\Omega$. Bei Leistungstransistoren mit einer Steuerung von einigen Ampere kann er sogar kleiner als $1\,\Omega$ werden. Der Signalausgangswiderstand kann dagegen sehr groß werden und liegt im Allgemeinen über $10\,k\Omega$.

Das Ausgangssignal liegt in Phase mit dem Eingangssignal d. h., bei einem Potentialanstieg am Eingang erscheint auch am Ausgang ein Potentialanstieg.

Setzt man die beiden Signalspannungen vom Ausgang $u_2 = \Delta U_{CB}$ und vom Eingang $u_1 = \Delta U_{BE}$ ins Verhältnis, so ergibt sich als Spannungsverstärkung V_u der Basisschaltung ein sehr großer Wert. Sie kann einen Faktor von bis zu 5000 erreichen, da ja bereits sehr kleine Spannungsänderungen $u_1 = \Delta U_{BE}$ am Eingang eine erhebliche Stromänderung $i_2 = \Delta I_C$ am Ausgang der Schaltung hervorrufen und damit am Lastwiderstand eine große Spannungsänderung $u_2 = \Delta U_{CB}$ durch das Produkt $\Delta I_C \cdot R_L$ verursachen.

Die Basisschaltung hat wegen ihres sehr kleinen Eingangswiderstandes $r_{BE(B)}$ eine sehr hohe Grenzfrequenz f_α. Als Grenzfrequenz f_α bezeichnet man die Frequenz, bei der die Stromverstärkung α (für niedrige Frequenzen) um den Faktor $1/\sqrt{2}$ absinkt, d. h. nur noch 0,707 beträgt. In Abb. 5.16 ist die Frequenzabhängigkeit der Signalstromverstärkung α von der Signalfrequenz f dargestellt. Danach ist bei niedrigen Frequenzen α unabhängig von der Frequenz f etwa gleich 1. Erst bei sehr hohen Frequenzen nimmt α ab und erreicht schließlich bei $f = f_\alpha$ den Wert $1/\sqrt{2} = 0,707$.

Bei der Emitterschaltung des Transistors ist der Emitter der gemeinsame Schaltpunkt für den Eingangs- und Ausgangskreis. Abb. 5.17 zeigt die Schaltung.

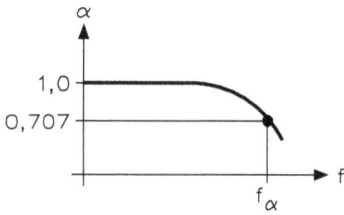

Abb. 5.16: Frequenzabhängigkeit der Signalstromverstärkung α, Grenzfrequenz f_α, der Basisschaltung

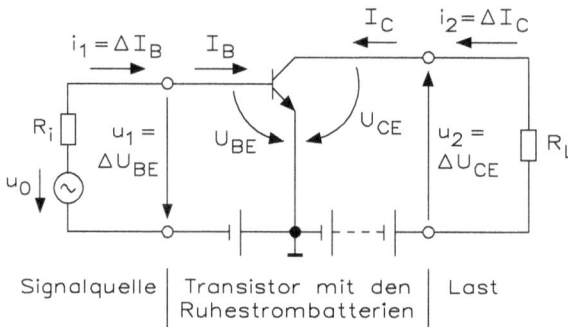

Abb. 5.17: Prinzip der Emitterschaltung

Für Abb. 5.17 gilt:

I_B = Basisruhestrom am Eingang

I_C = Kollektorruhestrom am Ausgang

U_{BE} = Basis-Emitter-Spannung am Eingang

U_{CE} = Kollektor-Emitter-Spannung am Ausgang

u_0 = Urspannung der Signalquelle

R_i = Innenwiderstand der Signalquelle

u_1 = Signaleingangsspannung – als Spannungsschwankung ΔU_{BE}

i_1 = Signaleingangsstrom – als Basisstromschwankung ΔI_B

u_2 = Signalausgangsspannung – als Spannungsschwankung ΔU_{CE}

i_2 = Signalausgangsstrom – als Kollektorstromschwankung ΔI_C

R_L = Lastwiderstand am Ausgang

Der Gleichstromverstärkungsfaktor B der Emitterschaltung ergibt sich aus dem Verhältnis der Ruheströme des Ausgangs I_C zum Eingang I_B.

$$B = \frac{I_C}{I_B}$$

Dieses Verhältnis ist sehr groß, weil bei den meisten Transistoren weniger als 1 % des Emitterstromes I_E an der Basis als Basisstrom I_B abfließt. Die meisten Transistoren verwenden deshalb einen Gleichstromverstärkungsfaktor B von mehr als 100. Lediglich größere Leistungstransistoren weisen einen kleineren Stromverstärkungsfaktor B auf, der dann aber auch

Tab. 5.2: Stromverstärkungsgruppen des Transistors BC237

Gruppe	A	B	C
$B = \dfrac{I_C}{I_E}$ bei $I_C = 2\,\text{mA}$ (typisch)	180	290	520

meistens größer als 30 ist. Dieser Stromverstärkungsfaktor B ist jedoch sehr exemplarabhängig. Die Transistoren eines Typs sind deshalb oft in einzelne Gruppen eingeteilt. Tabelle 5.2 zeigt z. B. die Stromverstärkungsgruppen des Typs BC237.

Der Gleichstromeingangswiderstand $R_{BE(E)}$ der Emitterschaltung zwischen Basis und Emitter ist das Verhältnis zwischen der Basis-Emitter-Spannung U_{BE} und dem Basisstrom I_B am Eingang.

$$R_{BE(E)} = \frac{U_{BE}}{I_B}$$

Der Gleichstromeingangswiderstand $R_{BE(E)}$ liegt im mittleren Bereich. Im Gegensatz zur Basisschaltung ist er um den Gleichstromverstärkungsfaktor B des Transistors größer als der Gleichstromeingangswiderstand $R_{BE(B)}$ der Basisschaltung, weil am Eingang der Emitterschaltung ein um diesen Verstärkungsfaktor B kleinerer Strom als bei der Basisschaltung fließt.

$$I_E \approx B \cdot I_B = I_C$$

Am Ausgang findet man fast die gleichen Verhältnisse wie bei der Basisschaltung wieder. So ist der Gleichstromwiderstand $R_{CE(E)}$ am Ausgang das Verhältnis:

$$R_{CE(E)} = \frac{U_{CE}}{I_C}$$

Er kann in seiner Größenordnung dem Eingangswiderstand $R_{BE(E)}$ ähnlich sein, weil die Spannung U_{CE} größer als die Spannung U_{BE} und der Strom $I_C = B \cdot I_B$ größer als I_B ist.

Die Signalstromverstärkung β der Emitterschaltung – sie wird oft auch als h_{21e} (Hybridparameter, Vorwärtsstromverhältnis) bezeichnet – ist das Verhältnis der Ausgangsstromänderung ΔI_C zur Eingangsstromänderung ΔI_B. Da eine kleine Basisstromänderung eine große Kollektorstromänderung zur Folge hat, ist dieses Verhältnis ebenfalls groß und hat etwa den gleichen Wert wie die Gleichstromverstärkung B.

$$\beta = \frac{\Delta I_C}{\Delta I_B} \approx B$$

Der Signaleingangswiderstand $r_{BE(E)}$ ist um den Stromverstärkungsfaktor β größer als bei der Basisschaltung $r_{BE(B)}$. Aus diesem Grunde ist die Grenzfrequenz f_β der Emitterschaltung auch um diesen Faktor niedriger.

$$r_{BE(E)} = \frac{\Delta U_{BE}}{\Delta I_B} \approx \beta \cdot r_{BE(B)} \qquad f_\beta = \frac{f_\alpha}{\beta}$$

Grundsätzlich gilt natürlich, dass auch hier die Grenzfrequenz die Frequenz ist, bei der die Stromverstärkung gegenüber einer niedrigen Signalfrequenz um den Faktor $1/\sqrt{2} = 0{,}707$ abgesunken ist. Der Ausgangswiderstand R_{out} ist auch bei dieser Grundschaltung sehr groß.

Wie aus dem Prinzip bereits zu erkennen ist, fließt auch der Ausgangsstrom i_2 als Kollektorstromänderung in die Schaltung hinein, so dass die Ausgangsspannung u_2 mit entgegengesetzter Phase zur Eingangsspannung u_1 entsteht; d. h., Ein- und Ausgangsspannung sind phasenverkehrt. Die Emitterschaltung dreht also die Phase der Spannung um 180°.

Bei der Spannungsverstärkung, dem Verhältnis der Ausgangsspannung u_2 zur Eingangsspannung u_1, ergibt sich das gleiche wie bei der Basisschaltung und die Spannungsverstärkung ist sehr groß. Auch hier ergibt sich die Ausgangsspannung mit dem Ausgangsstrom am Lastwiderstand R_L.

Bei der Kollektorschaltung wird der Kollektoranschluss des Transistors als gemeinsamer Anschluss für den Eingangs- und den Ausgangskreis benutzt, so ergibt sich die Kollektorschaltung in Abb. 5.18.

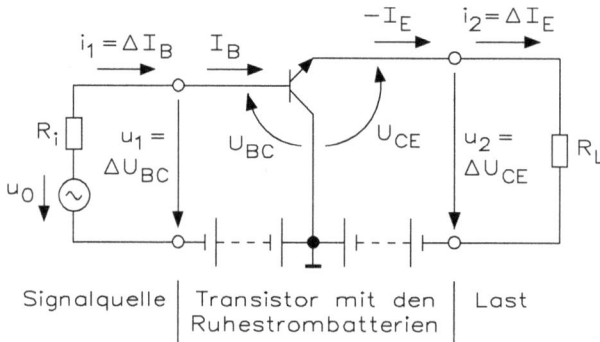

Abb. 5.18: Prinzip der Kollektorschaltung

In Abb. 5.18 bedeuten:

I_B = Basisruhestrom am Eingang

I_E = Emitterruhestrom am Ausgang

U_{CB} = Kollektor-Basis-Spannung am Eingang

U_{CE} = Kollektor-Emitter-Spannung am Ausgang

u_0 = Urspannung der Signalquelle

R_i = Innenwiderstand der Signalquelle

u_1 = Signaleingangsspannung – als Spannungsschwankung ΔU_{CB}

i_1 = Signaleingangsstrom – als Basisstromschwankung ΔI_B

u_2 = Signalausgangsspannung – als Spannungsschwankung ΔU_{CE}

i_2 = Signalausgangsstrom – als Emitterstromschwankung ΔI_E

R_L = Lastwiderstand am Ausgang

Bei diesem Schaltungsaufbau ergibt sich der Gleichstromverstärkungsfaktor C der Kollektorschaltung aus dem Verhältnis der Ruheströme des Ausgangs I_E zum Eingang I_B.

$$C = \frac{I_E}{I_B}$$

Benutzt man die Beziehung $I_E = I_C + I_B$, so ergibt sich der Zusammenhang zwischen den Stromverstärkungen der Emitter und der Kollektorschaltung.

$$C = \frac{I_E}{I_B} = \frac{I_C + I_B}{I_B} = \frac{I_C}{I_B} + 1 = B + 1 \approx B$$

Da der Stromverstärkungsfaktor C nahezu gleichgroß mit B ist, streut auch er in weiten Grenzen, wie das bei der Emitterschaltung bereits deutlich gemacht wurde.

Der Gleichstromeingangswiderstand $R_{CB(C)}$ dieser Grundschaltung zwischen Basis und Kollektor ist das Verhältnis der Kollektor-Basis-Spannung U_{BC} zum Basisruhestrom I_B am Eingang.

$$R_{CB(C)} = \frac{U_{CE}}{I_B}$$

Der Gleichstromeingangswiderstand $R_{CB(C)}$ ist recht groß, weil die Spannung U_{CB} etliche Volt beträgt und der Basisstrom I_B sehr klein ist.

Am Ausgang sind auch bei der Kollektorschaltung nahezu die gleichen Verhältnisse wie bei den anderen beiden Grundschaltungen des Transistors. Der Gleichstromausgangswiderstand $R_{CE(C)}$ ist das Verhältnis:

$$R_{CE(C)} = \frac{U_{CE}}{I_E}$$

In der Praxis wird diese Grundschaltung meist als Emitterfolgerschaltung aufgebaut und dies unterscheidet sich jedoch lediglich durch die Anordnung der Batterien von der echten Kollektorschaltung. Signalmäßig ergeben sich die gleichen Verhältnisse, wie Abb. 5.19 zeigt.

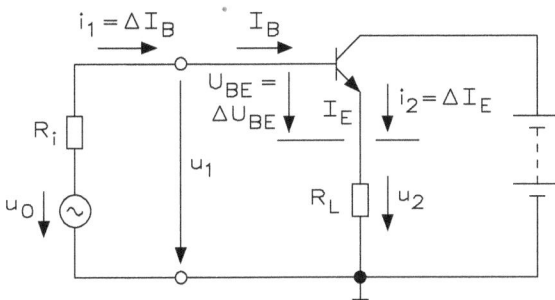

Abb. 5.19: Emitterfolgerschaltung als Ersatz für die Kollektorschaltung

Signalmäßig lässt sich hierbei erkennen, dass die Signalstromverstärkung γ sich aus dem Verhältnis der Ausgangsstromänderung ΔI_E zur Eingangsstromänderung ΔI_B ergibt.

$$\gamma = \frac{\Delta I_E}{\Delta I_B} = \beta + 1 \approx \beta$$

Die Ausgangsspannung u_2 ist jedoch um die den Transistor zwischen Basis und Emitter steuernde Signalspannung $U_{BE} = \Delta U_{BE}$ kleiner, so dass die Spannungsverstärkung nicht ganz 1 beträgt. Es ist $u_1 = U_{BE} + u_2$ und damit

$$V_u = \frac{u_2}{u_1} = \frac{u_2}{u_{BE} + u_2} \leq 1$$

Ein- und Ausgangsspannung sind aber in Phase.

Der Signaleingangswiderstand $r_{CB(C)}$ als Verhältnis der Eingangsspannungsänderung ΔU_{CB} zur Eingangsstromänderung ΔI_B ist sehr groß. Er ist nahezu um den Stromverstärkungsfaktor γ größer als der Lastwiderstand R_L, da am Ausgang nahezu die gleiche Spannung wie am Eingang, der Strom aber um den Stromverstärkungsfaktor größer ist.

$$r_{CB(C)} = \frac{u_1}{i_1} = \frac{u_2}{i_2/\gamma} = \gamma \cdot \frac{u_2}{i_2} = \gamma \cdot R_L$$

Der Ausgangswiderstand R_{out} der Kollektorschaltung ist dagegen wesentlich kleiner als bei den anderen Grundschaltungen, weil bei nahezu gleicher Spannung am Ausgang ein um den Stromverstärkungsfaktor γ größerer Strom fließt. Diese Grundschaltung hat zwar keine Spannungsverstärkung, übersetzt aber den Lastwiderstand R_L mit ihrer Stromverstärkung zum Eingang hin. Sie bildet also einen Impedanzwandler, d. h., mit Hilfe dieser Schaltung lassen sich niederohmige Lastwiderstände an höherohmige Innenwiderstände von Signalquellen anpassen.

Die Grenzfrequenz dieser Grundschaltung ist nahezu gleich der für die Emitterschaltung.

$$f_\gamma \approx f_\beta$$

5.1.6 Zusammenfassung der drei Grundschaltungen

Die typischen Eigenschaften der drei Transistorgrundschaltungen sind in der Tabelle 5.3 zusammengestellt.

Die wesentlichen Eigenschaften sind:
- Gleichstromverstärkung,
- Gleichstromeingangswiderstand und
- Gleichstromausgangswiderstand sowie
- Signalstromverstärkung und
- Signalspannungsverstärkung,
- Signaleingangswiderstand und
- Signalausgangswiderstand,
- Phasenlage zwischen Aus- und Eingangsspannung und
- Grenzfrequenz der Schaltung.

Tab. 5.3: Wesentliche Eigenschaften der drei Transistorgrundschaltungen

Eigenschaften	Basisschaltung	Emitterschaltung	Kollektorschaltung
Gleichstromverstärkung	$A \leq 1$	B groß	$C = B + 1$ groß
Gleichstromeingangswiderstand	$R_{BE(B)}$ klein	$R_{BE(E)}$ mittel	$R_{BE(C)}$ groß
Gleichstromausgangswiderstand	$R_{CB(B)}$ mittel	$R_{CB(E)}$ mittel	$R_{CB(C)}$ mittel
Signalstromverstärkung	$\alpha \leq 1$	β groß	$\gamma = \beta + 1$ groß
Signalspannungsverstärkung	groß	groß	fast 1
Signaleingangswiderstand	sehr klein	mittel	sehr groß
Signalausgangswiderstand	mittel	mittel	mittel
Phasenlage u_2 zu u_1	$0°$	$180°$	$0°$
Grenzfrequenz	f_α hoch	f_β mittel	f_γ mittel

Während die Basisschaltung keine Stromverstärkung hat, verfügt die Kollektorschaltung über keine Spannungsverstärkung. Die Emitterschaltung hat dagegen sowohl eine hohe Strom- als auch Spannungsverstärkung, sie dreht jedoch das Signal um 180°. Die Basisschaltung gestattet den Betrieb auch bei sehr hohen Signalfrequenzen, weil ihr Eingangswiderstand sehr klein ist. Die Kollektorschaltung ist dagegen die typische Widerstandsanpassung bzw. ein Impedanzwandler.

Die meisten Schaltungen mit Transistoren sind Emitterschaltungen. Lediglich bei Ausgangsstufen für niederohmige Lastwiderstände oder bei Eingangstufen für sehr hochohmige Signalquellen findet die Kollektorschaltung Anwendung. Die Basisschaltung ist heute sehr selten geworden. Nur in der Höchstfrequenztechnik mit Transistoren ist der Einsatz dieser Grundschaltungsart wegen des erforderlichen Frequenzverhaltens üblich.

Nimmt man alle Schaltungen mit Transistoren zusammen, so verteilen sich die einzelnen Grundschaltungsarten wie folgt:
- etwa 80 % Emitterschaltungen,
- etwa 18 % Kollektorschaltungen und
- etwa 2 % Basisschaltungen.

5.1.7 Grenz- und Kenndaten bipolarer Transistoren

In den beiden vorangegangenen Abschnitten sind die Funktionsweise bipolarer Transistoren und ihr Verhalten in den drei Grundschaltungsarten beschrieben worden. Welche maximalen Werte mit den einzelnen Transistortypen erreichbar sind, geben die Grenzdaten der Transistoren an. Die Kenndaten beschreiben dagegen das Betriebs- und Frequenzverhalten der betreffenden Transistoren. Man unterscheidet hierbei statische und dynamische Kenndaten. Die statischen Kenndaten beschreiben das Gleichstromverhalten der Transistoren. Die dynamischen Kenndaten geben dagegen über die Signalwirkung der einzelnen Transistoren Auskunft.

Die Hersteller von Halbleiterbauelementen geben in ihren Datenblättern neben einer Allgemeinen Beschreibung zunächst immer die Grenzdaten an. Der Hersteller garantiert dabei, dass kein Transistor des angegebenen Typs beim Betrieb unterhalb dieser Grenzen Schaden nimmt bzw. Durchbruchserscheinungen zeigt. Die Grenzdaten für die Spannungsfestigkeit von Transistoren sind im Einzelnen:

U_{CE0} = maximale Sperrspannung zwischen Kollektor und Emitter bei offener Basis

U_{CES} = maximale Sperrspannung zwischen Kollektor und Emitter bei Kurzschluss zwischen Basis und Emitter

U_{CB0} = maximale Sperrspannung zwischen Kollektor und Basis bei offenem Emitter

U_{EB0} = maximale Sperrspannung zwischen Emitter und Basis bei offenem Kollektor

Hierbei ist zu U_{CE0} und U_{CES} zu bemerken, dass U_{CES} etwas höher liegt als U_{CE0}. Die Spannung U_{EB0} gibt die Durchbruchsspannung zwischen Emitter und Basis an, wenn die Basis-Emitter-Strecke des Transistors gesperrt betrieben wird.

Um die Transistoren nicht strommäßig zu zerstören, werden Grenzdaten für die einzelnen Ströme des Transistors angegeben:

I_C = maximaler Kollektorstrom für den Dauerbetrieb

I_{CM} = maximaler Kollektorspitzenstrom

I_B = maximaler Basisstrom

Der Grenzstrom I_B darf nicht überschritten werden, um die Basis-Emitter-Strecke in Flussrichtung nicht zu zerstören. Dieser maximale Basisstrom fließt bereits bei einer relativ niedrigen Basis-Emitter-Spannung U_{BE}, weil PN-Übergänge oberhalb der Schleusen- bzw. Schwellspannung einen steilen Stromanstieg aufweisen. Es gibt kaum Transistortypen, die mehr Basis-Emitter-Spannung U_{BE} als 5 V aushalten, da dann schon dieser maximale Basisstrom erreicht wird.

Die maximale Sperrschichttemperatur T_j beträgt bei Silizium 150 °C bis 210 °C und hängt vom Grundmaterial und vom Herstellungsverfahren ab.

Wesentlich für die Belastbarkeit eines Transistors ist die Angabe der maximalen Verlustleistung $P_{tot} = U_{CE} \cdot I_C$. Sie orientiert sich an der maximalen Sperrschichttemperatur T_j. Es gibt dabei einen Zusammenhang zwischen dieser Temperatur und der Wärmeleitfähigkeit sowie auch der Wärmeabstrahlfähigkeit des Transistors an die ihn umgebende Luft. Bei kleineren Transistortypen ($P_{tot} = 300\,mW$) wird die Verlustleistung des Transistors ohne Kühlkörper für Umgebungstemperuturen von 25 °C angegeben. Der Hersteller gibt hierzu meist auch einen Wärmeleitwiderstand vom Kristall auf die umgebende Luft R_{thJU} an. Bei Leistungstransistoren wird die maximale Verlustleistung P_{tot} für eine Gehäusetemperatur von 25 °C angegeben, d. h.: P_{tot} beschreibt die Leistung, die der Transistor im Dauerbetrieb aushält, wenn sein Gehäuse auf einer Temperatur von 25 °C gehalten wird. Hier geben die Hersteller auch meist einen Wärmeleitwiderstand vom Kristall auf das Gehäuse R_{thJG} an. Der Wärmewiderstand wird dabei in °C/W gemessen.

In Abb. 5.20 ist der Wärmefluss von der Sperrschicht eines Transistors an die umgebende Luft schematisch dargestellt. Dabei ist R_{thJG} der Wärmeleitwiderstand vom Kristall auf das Transistorgehäuse, R_{thGU} der Wärmeabstrahlwiderstand des Gehäuses auf die umgebene Luft und R_{thK} der Wärmeabstrahlwiderstand eines eventuell vorhandenen Kühlkörpers, der den R_{thGU} ersetzt oder zu ihm parallel liegt.

Die Leistung P_v, die ja die abzuführende Wärme durch das Produkt $P_{tot} = U_{CE} \cdot I_C$ bei Volllast erzeugt, erwärmt den Kristall auf die maximale Sperrschichttemperatur und fließt über die Wärmewiderstände an die umgebende Luft ab. Das Gehäuse des Transistors erwärmt sich dabei auf die Gehäusetemperatur T_G. Die Umgebungstemperatur wird mit T_U bezeichnet.

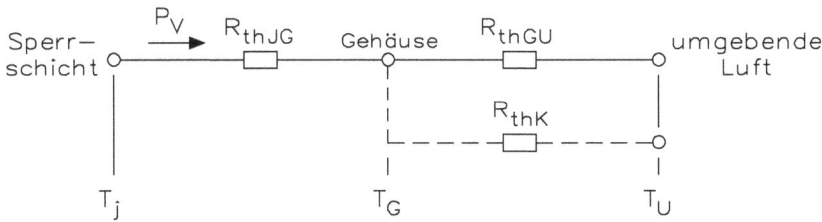

Abb. 5.20: Wärmefluss über die Wärmeleit- und -abstrahlwiderstände eines Transistors

Es gilt:

$$R_{thJG} = \frac{T_j - T_G}{P_v} \qquad \text{in } °C/W$$

$$R_{thGU} = \frac{T_G - T_U}{P_v} \qquad \text{in } °C/W$$

$$R_{thK} = \frac{T_G - T_U}{P_v} \qquad \text{in } °C/W$$

Für die gesamte Wärmeableitung gilt nach Abb. 5.20:

$$R_{thJU} = R_{thJG} + R_{thGU} = \frac{T_j - T_U}{P_v} \qquad \text{in } °C/W$$

Beispiel: Ein Leistungstransistor BD106 wird bei einer Verlustleistung von $P_v = 8\,W$ betrieben. Sein Wärmeleitwiderstand R_{thJG} zwischen Sperrschicht und Gehäuse beträgt 13 °C/W laut Datenblatt. Seine höchstzulässige Sperrschichttemperatur beträgt $T_j = 175\,°C$. Wie lang muss das Kühlblech eines Profils mit einem Wärmeabstrahlwiderstand von 15 °C/W/cm sein?

$$R_{thJG} = \frac{T_j - T_G}{P_v} \qquad \text{bzw.} \qquad T_G = T_j - R_{thJG} \cdot P_v$$
$$= 175\,°C - 13\,°C/W \cdot 8\,W$$
$$= 175\,°C - 104\,°C$$
$$= 71\,°C$$

Bei einer angenommenen Umgebungstemperatur von $T_U = 30\,°C$ ergibt sich der höchstzulässige Wärmeabstrahlwiderstand des Kühlkörpers zu

$$R_{thK} = \frac{T_G - T_U}{P_v} = \frac{71\,°C - 30\,°C}{8\,W} = \frac{41}{8}\,°C/W = 5{,}125\,°C/W$$

Die Mindestlänge des Kühlbleches ergibt sich dann zu

$$l = \frac{R_{thK/l}}{R_{thK}} = \frac{15\,°C/W/cm}{5{,}125\,°C/W} = 2{,}93\,cm$$

Wählt man eine Kühlblechlänge von 5 cm, erwärmt sich das Gehäuse des Transistors und damit der Kühlkörper auf eine niedrigere Temperatur als 71 °C, und zwar auf:

$$R_{thK} = \frac{R_{thK/l}}{l} = \frac{15\,°C/W/cm}{5\,cm} = 3\,°C/W$$

Für die gesamte Wärmeableitung gilt

$$R_{thJU} = R_{thJG} + R_{thGU} = \frac{T_j - T_U}{P_v} \qquad \text{in } °C/W$$

5.1.8   Statische und dynamische Kenndaten

Als ersten statischen Kennwert gibt der Hersteller die Gleichstromverstärkung B des Transistors für die Emitterschaltung an. Sie ist das Verhältnis des Kollektorruhestroms zum Basisruhestrom. Meistens sind die Transistoren wegen der großen Exemplarstreuungen des Stromverstärkungsfaktors B in Gruppen eingeteilt, die sich aus der dynamischen Angabe β als Verhältnis zwischen ΔI_C und ΔI_B ergeben, z. B. für den Transistor BC237 in Tabelle 5.4.

Tab. 5.4: Stromverstärkungsgruppen des BC237

Gruppe	A	B	C	
mittlerer Wert $B = \dfrac{I_C}{I_B}$	90	150	270	bei $I_C = 10\,\mu A$
	180	290	520	bei $I_C = 2\,mA$
	220	320	620	bei $I_C = 20\,mA$

Die Stromverstärkung B hängt, wie das Beispiel des BC237 zeigt auch vom Kollektorruhestrom ab, auf den der Transistor eingestellt ist.

Wesentliche Bedeutung für den Anwender haben die Angaben über die Restströme des Transistors, wenn er ihn als Schalter betreiben will. Ein Schalter soll ja im Zustand „AUS" möglichst keinen Strom fließen lassen. Diese Restströme sind stark temperaturabhängig. Der Hersteller gibt sie deshalb meist für zwei Temperaturen an.

Die wichtigsten Restströme sind:
- I_{CEo} Kollektor-Emitter-Reststrom bei offener Basis
- I_{CES} Kollektor-Emitter-Reststrom bei einem Kurzschluss zwischen Emitter und Basis.

Der Reststrom I_{CES} ist dabei erheblich kleiner als der Reststrom bei offener Basis I_{CE0}. Es gibt auch noch den Reststrom I_{CER} bei dem ein Widerstand zwischen Emitter und Basis geschaltet ist. Er liegt in seiner Größe zwischen I_{CE0} und I_{CES}.

Bei kleineren Transistoren beträgt der Kollektor-Emitter-Reststrom I_{CES} meist nur wenige nA. Bei Leistungstransistoren ist jedoch darauf zu achten, dass mindestens dieser Reststrom als Ruhestrom im Analogbetrieb fließen kann, damit der Transistor ordnungsgemäß funktioniert. Hier kann der Reststrom bis zu 5 mA betragen, gibt es doch Leistungstransistoren bis zu $I_C = 15\,A$. Germaniumtransistoren weisen wesentlich höhere Restströme als die aus Silizium auf.

Sie werden aber heute zumindest für Schalteranwendungen kaum noch benutzt. Ist dies doch der Fall, so werden sie meistens mit einer Hilfsspannung betrieben, die den Transistor im Zustand „AUS" zwischen Basis und Emitter sperrt.

Für Schalteranwendungen ist auch die Angabe der Kollektor-Emitter-Sättigungsspannung U_{CEsat} interessant und sie gibt an, wieviel Kollektor-Emitter-Spannung U_{CE} angelegt werden muss, damit gerade alle vom Emitter in die Basis injizierten Ladungsträger zum Kollektor hin abgezogen werden. Sie ist meist nicht größer als 1 V. kleine Transistoren und vor allem solche für Schalteranwendungen haben Sättigungsspannungen von nur wenigen 10 mV.

Bei den dynamischen Kenndaten der Transistoren sind neben der Signalstromverstärkung β (h_{2le}) als Verhältnis der Kollektorstromschwankung I_C zur Basisstromschwankung I_B die Transitfrequenz f_T und die Schaltzeiten t_{on} (Einschaltzeit) und t_{off} (Ausschaltzeit) von besonderem Interesse.

Die Angaben zur Signalstromverstärkung β sind deshalb von Bedeutung, weil hiernach die meisten Transistoren in Gruppen eingeteilt werden. Die Werte gelten dabei meist für bestimmte Ruhestromangaben I_C. In Tabelle 5.5 sind die β-Werte des Transistors BC237 bei $I_C = 2$ mA, $U_{CE} = 5$ V und $f = 1$ kHz angegeben.

Tab. 5.5: Gruppeneinteilung des BC237 nach der Signalstromverstärkung β

Gruppe	A	B	C
$\beta = h_{2le}$	222 (125–260)	330 (240–500)	600 (450–900)

Unter der Transitfrequenz f_T eines Transistors versteht man die Frequenz, bei der die Stromverstärkung β des Transistors auf den Faktor 1 abgesunken ist.

Die Grenzfrequenz der Emitterschaltung f_β ist die Frequenz, bei der die Signalstromverstärkung β um den Faktor $1/\sqrt{2} = 0{,}707$, d. h. auf 70,7 % des Wertes abgesunken ist, der für untere Frequenzen gültig ist. Das gleiche gilt auch für die Grenzfrequenz der Basisschaltung f_α. Hier ist jedoch die Grenzfrequenz $f_\alpha = 0{,}707$, weil die Stromverstärkung α eines Transistors nahezu 1 ist.

Wie aus Abb. 5.21 der Grenzfrequenzen und der Transitfrequenz f_T deutlich wird, deckt sich f_α fast mit der Transitfrequenz f_T, so dass folgende Behauptungen getroffen werden können:

$$f_\alpha \approx f_T \qquad \text{und} \qquad f_\beta = \frac{f_T}{\beta}$$

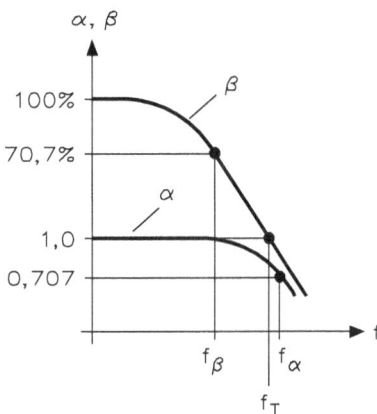

Abb. 5.21: Darstellung der Grenzfrequenzen und der Transitfrequenz f_T

Im Datenblatt des Transistors wird meist nur die Transitfrequenz f_T angegeben. Aus dieser Frequenzangabe lassen sich aber die Grenzfrequenzen der einzelnen Beziehungen errechnen.

Wird ein Transistor im Schalterbetrieb verwendet, so soll er beim Anlegen einer genügend großen Basis-Emitter-Spannung U_{BE} möglichst sofort völlig leiten und beim Abschalten dieser Spannung möglichst ebensoschnell völlig sperren. Dafür sind einerseits die Schaltzeiten des Transistors für das Einschalten t_{on} und das Ausschalten t_{off} sowie die sogenannte Kollektor-Emitter-Sättigungsspannung U_{CEsat} und der Kollektor-Emitter-Reststrom I_{CE0}, der meist als I_{CER} bezeichnet wird, von Bedeutung.

Unter der Einschaltzeit t_{on} versteht man die Zeit, die der Transistor benötigt, um vom Moment der Ansteuerung der Basis an auf 90 % des endgültigen Kollektorstroms durchzusteuern. Die Ausschaltzeit t_{off} ist dagegen die Zeit, die der Transistor vom Moment der Abschaltung der basisseitigen Ansteuerung an benötigt, um den Kollektorstrom bis auf 10 % seines vollen Wertes absinken zu lassen. Sehr schnelle Schalttransistoren benötigen Zeiten von $t_{on} \leq 25$ ns und $t_{off} \leq 150$ ns bei einem Kollektorstrom von 150 mA.

5.2   Vierpolgrößen von Transistoren

Der Entwickler von elektronischen Schaltungen benötigt ein verfeinertes Schema, um die Eigenschaften eines Transistors zu definieren. Da die Bezeichnungen dieses Schemas oft in Datenblättern angewendet werden, soll dieses Verfahren beschrieben werden. Der Ausdruck Matrix (Mehrzahl: Matrizen) bedeutet dabei ein Rechenschema für lineare Gleichungen.

Abb. 5.22: Transistor als aktiver Vierpol

Man kann einen Transistor als aktiven Vierpol nach Abb. 5.22 auffassen. Bei Aussteuerung mit kleinen niederfrequenten Signalen lassen sich seine Eigenschaften durch die vier Kenngrößen der h-Matrix beschreiben.

$$u_1 = h_{11} \cdot i_1 + h_{12} \cdot u_2$$
$$i_1 = h_{21} \cdot i_1 + h_{22} \cdot u_2$$

In Matrizenschreibweise erhält man:

$$\begin{pmatrix} u_1 \\ i_2 \end{pmatrix} = (h) \begin{pmatrix} i_1 \\ u_2 \end{pmatrix} \qquad (h) \begin{pmatrix} h_{11} & h_{12} \\ h_{21} & h_{22} \end{pmatrix}$$

5.2.1 Arbeiten mit h-Parametern

Die Bedeutung der h-Parameter ist

- Eingangswiderstand bei kurzgeschlossenem Ausgang ($u_2 = 0$): $h_{11} = \dfrac{u_1}{i_1}$

- Spannungsrückwirkung bei offenem Eingang ($i_1 = 0$): $\qquad h_{12} = \dfrac{u_1}{u_2}$

- Stromverstärkung bei kurzgeschlossenem Ausgang ($u_2 = 0$): $\quad h_{21} = \dfrac{i_2}{i_1}$

- Ausgangsleitwert bei offenem Eingang ($i_1 = 0$): $\qquad h_{22} = \dfrac{i_2}{u_2}$

Eine häufig benützte Abkürzung ist die Determinante:

$$\Delta h = h_{11} \cdot h_{22} - h_{12} \cdot h_{21}$$

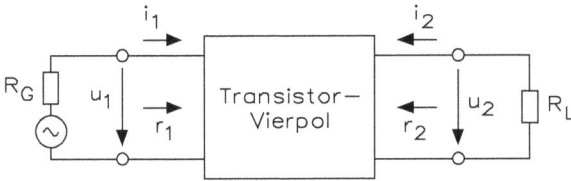

Abb. 5.23: Bezeichnungen für einen Transistor als aktiven Vierpol

Der Transistor-Vierpol wird nach Abb. 5.23 durch eine Steuerspannungsquelle mit dem Generatorwiderstand R_G und durch den Belastungswiderstand R_L zu einer Verstärkerstufe ergänzt.

- Eingangswiderstand: $\qquad r_e = \dfrac{u_1}{i_1} = \dfrac{h_{11} + R_L \cdot \Delta h}{1 + h_{22} \cdot R_L}$

- Ausgangswiderstand: $\qquad r_a = \dfrac{u_2}{i_2} = \dfrac{h_{11} + R_G}{\Delta h + h_{22} \cdot R_G}$

- Stromverstärkung: $\qquad v_i = \dfrac{i_2}{i_1} = \dfrac{h_{21}}{1 + h_{22} \cdot R_L}$

- Spannungsverstärkung: $\qquad v_u = \dfrac{u_2}{u_1} = \dfrac{h_{21} \cdot R_L}{h_{11} + R_L \cdot \Delta h}$

- Leistungsverstärkung: $\qquad v_p = \dfrac{P_{out}}{P_{in}} = \dfrac{h_{21}^2 \cdot R_L}{(1 + h_{22} \cdot R_L)(h_{11} + R_L \cdot \Delta h)}$

- optimale Leistungsverstärkung: $v_{P\,opt} = \left(\dfrac{h_{21}}{\sqrt{\Delta h} + \sqrt{h_{11} \cdot h_{22}}} \right)^2$

- Eingang und Ausgang angepasst:

$$R_{G\,opt} = \sqrt{\dfrac{h_{11} \cdot \Delta h}{h_{22}}} \qquad R_{L\,opt} = \sqrt{\dfrac{h_{11}}{h_{22} \cdot \Delta h}}$$

In den Datenblättern der Transistoren sind die h-Parameter für die Emitterschaltung und für einen bestimmten Arbeitspunkt angegeben. Dieser ist festgelegt durch Kollektorspannung, Emitter- bzw. Kollektorstrom und Umgebungstemperatur. Für andere Arbeitspunkte benötigt man Korrekturfaktoren, die den entsprechenden Kurvenblättern zu entnehmen sind. Zur Berechnung von Transistorstufen in Basisschaltung oder Kollektorschaltung ermittelt man die zugehörigen h-Parameter aus denen der Emitterschaltung mit Hilfe der Umrechnungstabelle 5.6.

Tab. 5.6: Emitter-, Basis- und Kollektorschaltung

	Emitterschaltung	Basisschaltung	Kollektorschaltung
Eingangswiderstand	h_{11e}	$h_{11b} = \dfrac{h_{11e}}{1 + h_{21e}}$	$h_{11c} = h_{11e}$
Spannungsrückwirkung	h_{12e}	$h_{12b} = \dfrac{h_{11e} \cdot h_{22e}}{1 + h_{21e}} - h_{12e}$	$h_{12c} = 1 - h_{12e}$
Stromverstärkung	h_{21e}	$h_{21b} = \dfrac{h_{21e}}{1 + h_{21e}}$	$-h_{21c} = 1 + h_{21e}$
Ausgangsleitwert	h_{22e}	$h_{22b} = \dfrac{h_{22e}}{1 + h_{21e}}$	$h_{22c} = h_{22e}$

5.2.2   Vierpolgrößen der Leitwertmatrix

Während die Vierpoleigenschaften der NF-Transistoren mit Hilfe der h-(Hybrid-)Matrix beschrieben werden, ist bei HF-Transistoren die y-(Leitwert-)Matrix üblich. Nach Abb. 5.22 gilt:

$$i_1 = y_{11} \cdot u_1 + y_{12} \cdot u_2$$

$$i_2 = y_{21} \cdot u_1 + y_{22} \cdot u_2$$

In Matrizenschreibweise erhält man:

$$\begin{pmatrix} i_1 \\ i_2 \end{pmatrix} = (y) \begin{pmatrix} u_1 \\ u_2 \end{pmatrix} \qquad (y) \begin{pmatrix} y_{11} & y_{12} \\ y_{21} & y_{22} \end{pmatrix}$$

Die y-Parameter sind komplexe Größen der Form

$$y_{ik} = g_{ik} + jb_{ik} \qquad \text{mit } b_{ik} = \omega C_{ik} \quad \text{oder} \quad b_{ik} = -\frac{1}{\omega L_{ik}}$$

Durch einen zusätzlichen Index e, b oder c wird gekennzeichnet, für welche der drei Grundschaltungen die Parameter gelten. Die Bedeutung der y-Parameter ist

- Eingangsleitwert bei kurzgeschlossenem Ausgang ($u_2 = 0$): $y_{11} = \dfrac{i_1}{u_1}$

- Rückwärtssteilheit bei kurzgeschlossenem Eingang ($i_1 = 0$): $y_{12} = \dfrac{i_1}{u_2}$

- Vorwärtssteilheit bei kurzgeschlossenem Ausgang ($u_2 = 0$): $y_{21} = \dfrac{i_2}{u_1}$

- Ausgangsleitwert bei kurzgeschlossenem Eingang ($i_1 = 0$): $y_{22} = \dfrac{i_2}{u_2}$

Die Determinante ist $\Delta y = y_{11} \cdot y_{22} - y_{12} \cdot y_{21}$.

Die Umrechnung der y-Parameter in h-Parameter erfolgt nach

$$h_{11} = \frac{1}{y_{11}} \qquad h_{12} = \frac{y_{12}}{y_{11}}$$
$$\qquad\qquad\qquad\qquad\qquad \Delta h = \frac{y_{22}}{y_{11}}$$
$$h_{21} = \frac{y_{21}}{y_{11}} \qquad h_{22} = \frac{\Delta h}{y_{11}}$$

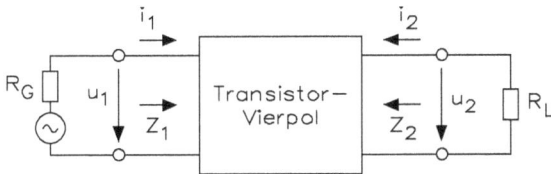

Abb. 5.24: Bezeichnungen für eine Transistorstufe

Berechnungsformeln für eine Transistorstufe lautet nach Abb. 5.24:

- Eingangswiderstand: $\quad Z_1 = \dfrac{u_1}{i_1} = \dfrac{1 + y_{22} \cdot R_L}{y_{11} + \Delta y \cdot R_L}$

- Ausgangswiderstand: $\quad Z_2 = \dfrac{u_2}{i_2} = \dfrac{1 + y_{11} \cdot R_G}{y_{22} + \Delta y \cdot R_G}$

- Stromverstärkung: $\quad v_i = \dfrac{i_2}{i_1} = \dfrac{y_{21}}{y_{11} + \Delta y \cdot R_L}$

- Spannungsverstärkung: $\quad v_u = \dfrac{u_2}{u_1} = \dfrac{-y_{21} \cdot R_L}{1 + y_{22} \cdot R_L}$

- Übertragungsfaktor: $\quad v_p = \dfrac{u_2 \cdot i_2}{u_1 \cdot i_1} = \dfrac{|y_{21}|^2 \cdot R_L}{(1 + y_{22} \cdot R_L)(y_{11} + \Delta y \cdot R_L)}$

- Übertragungsfaktor[1]
  bei Anpassung am Eingang $\quad v_{pmax} = \dfrac{4 \cdot y_{21}^2 \cdot R_G \cdot R_L}{[(y_{11} + \Delta y \cdot R_L) \cdot R_G + 1 + y_{22} \cdot R_L]^2}$

- Optimaler Übertragungsfaktor[1]: $\quad v_{p\,opt} = \left(\dfrac{y_{21}}{\sqrt{\Delta y} + \sqrt{y_{11} \cdot y_{22}}} \right)^2$

---

[1] Bei niedrigen Frequenzen, falls alle y-Parameter reell sind, hat man eine Leistungsverstärkung.

$V_{p\,opt}$ wird bei Anpassung am Ein- und Ausgang erreicht. Dabei sind:

$$R_G = Z_1 = \sqrt{\frac{y_{22}}{y_{11}} \cdot \frac{1}{\Delta y}}$$

$$R_L = Z_2 = \sqrt{\frac{y_{11}}{y_{22}} \cdot \frac{1}{\Delta y}} \qquad \text{mit } \Delta y = y_{11} \cdot y_{22} - y_{12} \cdot y_{21}$$

5.2.3 Kennlinienfelder eines NPN-Transistors in Emitterschaltung

Im Transistor stehen folgende vier Größen zueinander in Beziehung:
- Eingangsstrom I_1 oder Basisstrom I_B
- Eingangsspannung U_1 oder Basis-Emitter-Spannung U_{BE}
- Ausgangsstrom I_2 oder Kollektorstrom I_C
- Ausgangsspannung U_2 oder Kollektor-Emitter-Spannung U_{CE}

Wegen der internen Verkopplungen der einzelnen Sperrschichten sind alle vier Größen untereinander abhängig.

In Abb. 5.25 sind vier Kennlinien des Transistors vorhanden:
- Eingangskennlinie: Diese Kennlinie zeigt den Zusammenhang von $I_B = f(U_{BE})$ bei $U_{CE} =$ konstant und hat den Verlauf einer Siliziumdiode.
- Stromverstärkungskennlinie: Diese Kennlinie zeigt den Zusammenhang von $I_C = f(I_B)$ bei $U_{CE} =$ konstant. Aus der Stromverstärkungskennlinie kann die Stromverstärkung B (statischer Wert) oder β (dynamischer Wert) eines Transistors ermittelt werden. In der analogen Schaltungspraxis setzt man die Bedingung voraus: $B \approx \beta$.
- Ausgangskennlinie: Diese Kennlinie zeigt den Zusammenhang von $I_C = f(U_{CE})$ mit $I_B =$ konstant. Die Ausgangskennlinie stellt für den praktischen Entwurf die wichtigsten Kenngrößen zur Verfügung.
- Rückwirkungskennlinie: Diese Kennlinie zeigt den Zusammenhang von $U_{BE} = f(U_{CE})$ bei $I_B =$ konstant. Aus dieser Kennlinie ist zu entnehmen, dass eine Änderung der Kollektor-Emitter-Spannung nur einen sehr geringen Einfluss auf die Eingangsspannung U_{BE} hat. Diese Kennlinie wird für den praktischen Schaltungsentwurf nicht benötigt.

Zur Aufnahme des Ausgangskennlinienfeldes der Emitterschaltung misst man den Ausgangsstrom I_C als Funktion der Ausgangsspannung U_{CE} bei verschiedenen Eingangsströmen I_B und ermittelt so $I_C = f(U_{CE})$ bei $I_B =$ konstant.

Als Ergebnis erhält man ein Kennlinienfeld wie in Abb. 5.26. Es ist zu erkennen, dass zunächst bis zu einer gewissen Grenze eine geringe Änderung von U_{CE} eine relativ große Änderung des Kollektorstroms I_C bewirkt. Die Spannung, bei der die Kennlinien abknicken, wird als Sättigungsspannung U_{CEsat} bezeichnet.

Oberhalb dieser Spannung bewirkt eine Erhöhung von U_{CE} nur ein geringes Ansteigen des Kollektorstroms.

Aus der Kennlinie kann für die Aussteuerung um einen festgelegten Arbeitspunkt A der differentielle Ausgangsleitwert $h_{22e} = \Delta I_C / \Delta U_{CE}$ ($I_B =$ konstant) bestimmt werden.

Das Eingangskennlinienfeld erhält man durch Messung $I_B = f(U_{BE})$ für verschiedene Werte von U_{CE}. Abb. 5.27 zeigt die Eingangskennlinien.

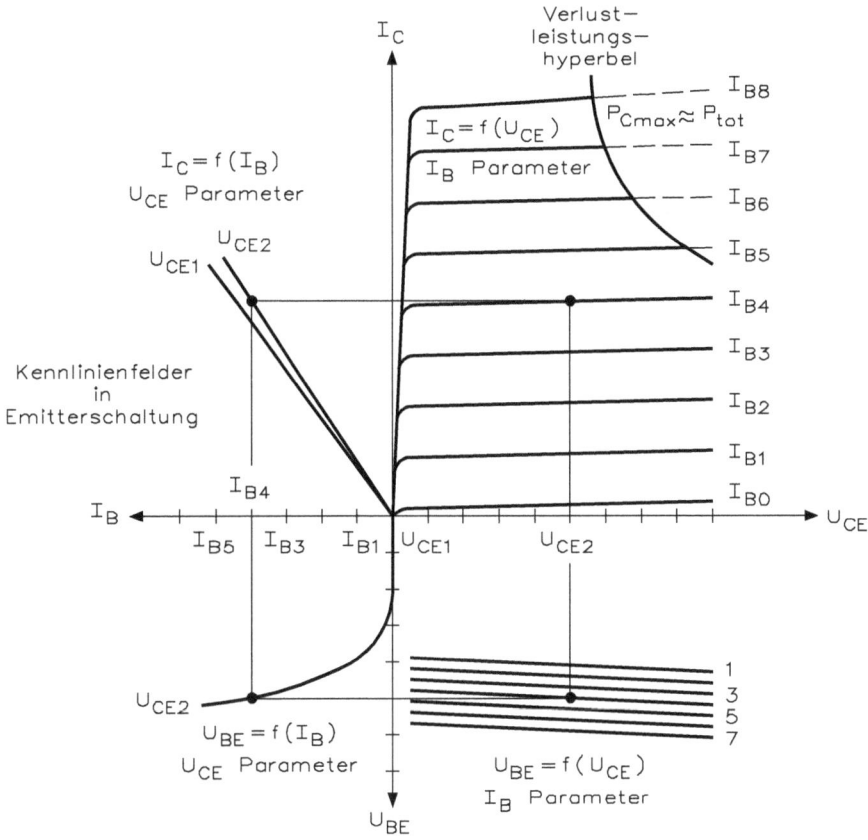

Abb. 5.25: Kennlinienfelder eines NPN-Transistors in Emitterschaltung

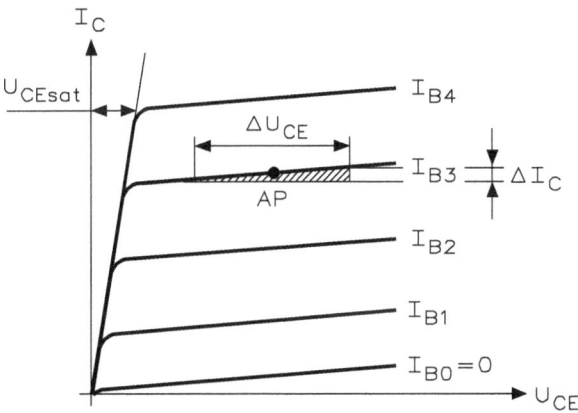

Abb. 5.26: Ausgangskennlinienfeld eines NPN-Transistors

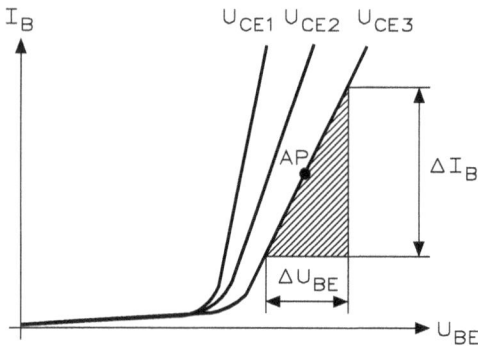

Abb. 5.27: Eingangskennlinien eines NPN-Transistors

Die Transistor-Eingangskennlinie entspricht der Kennlinie einer Diode in Durchlassrichtung. Sie wird aufgrund der Spannungsrückwirkung vom Ausgang geringfügig beeinflusst.

Analog zum differentiellen Ausgangsleitwert gilt für den differentiellen Eingangswiderstand im Arbeitspunkt:

$$h_{11e} = \left. \frac{\Delta U_{BE}}{\Delta I_B} \right|_{U_{CE}=\text{konstant}}$$

Die Stromsteuerungskennlinie gibt den Zusammenhang zwischen dem Basisstrom I_B und dem resultierenden Kollektorstrom I_C an. Die Kennlinie verläuft nur näherungsweise linear. Abb. 5.28 zeigt die Stromsteuerkennlinien.

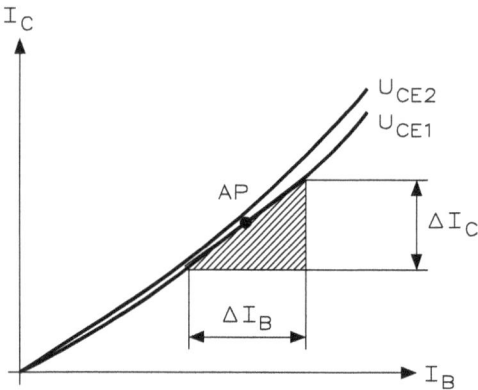

Abb. 5.28: Stromsteuerkennlinien eines NPN-Transistors

Wie bei der Aufnahme der Eingangskennlinien wird auch hier U_{CE} als Parameter der Kennlinienschar bei verschiedenen Werten jeweils konstant gehalten.

Für die Gleichstromverstärkung im Arbeitspunkt gilt:

$$B = \frac{I_C}{I_B}$$

Der differentielle Stromverstärkungsfaktor berechnet sich nach:

$$h_{21e} = \left.\frac{\Delta I_C}{\Delta I_B}\right|_{U_{CE}=\text{konstant}}$$

Die Rückwirkung der Ausgangsspannung U_{CE} auf die Eingangsspannung U_{BE} erfolgt über die Kollektor-Basis-Sperrschicht. Für den differentiellen Rückwirkungsfaktor gilt:

$$h_{12e} = \left.\frac{\Delta U_{BE}}{\Delta U_{CE}}\right|_{I_B=\text{konstant}}$$

Die Funktion wird bei verschiedenen Werten von I_B als Parameter der Kennlinienschar aufgenommen und Abb. 5.29 zeigt die Rückwirkungskennlinien

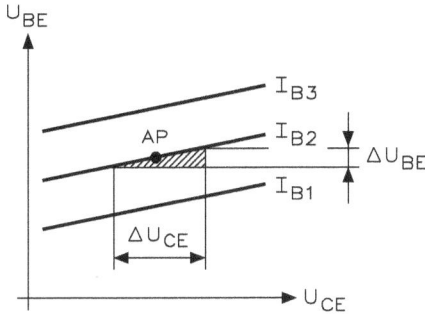

Abb. 5.29: Rückwirkungskennlinien

5.2.4 Statische Kennlinienaufnahme eines NPN-Transistors in Emitterschaltung

Bei einer Emitterschaltung sind der Basisstrom I_B und die Basis-Emitter-Spannung U_{BE} die Eingangsgrößen, der Kollektorstrom I_C und die Kollektor-Emitter-Spannung U_{CE} sind die Ausgangsgrößen. Die Zusammenhänge zwischen diesen Eingangs- und Ausgangsgrößen werden durch Kennlinien der Emitterschaltung dargestellt. Abb. 5.30 zeigt die Messschaltung für die statische Aufnahme der Kennlinien.

Bei der Untersuchung der Eingangskennlinie lässt sich die Abhängigkeit des Basisstroms I_B von der Basis-Emitter-Spannung U_{BE} ermitteln. Bedingung ist hier, dass die Kollektor-Emitter-Spannung U_{CE} einen konstanten Wert für die Kennlinienaufnahme hat. Tabelle 5.7 zeigt die Werte für die statische Aufnahme der Eingangskennlinie bei dem Transistor BC107, wenn die Bedingung $U_{CE} = +5\,\text{V}$ beträgt.

Tab. 5.7: Werte für die statische Aufnahme der Eingangskennlinie des Transistors BC107 bei einer konstanten Kollektor-Emitter-Spannung von $U_{CE} = +5\,\text{V}$

U_{BE} in mV	400	450	500	550	600	650	700	750	800	850	900
I_B in µA	0,028	0,055	0,111	0,278	1,77	11	69	314	938	2056	3736

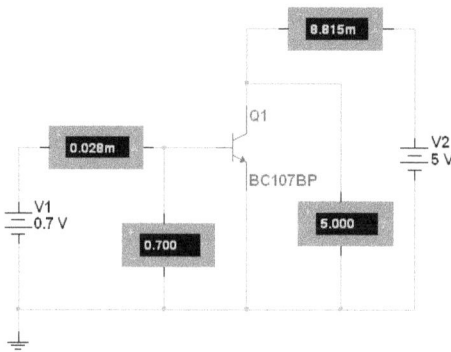

Abb. 5.30: Messschaltung für die statische Aufnahme der Kennlinien

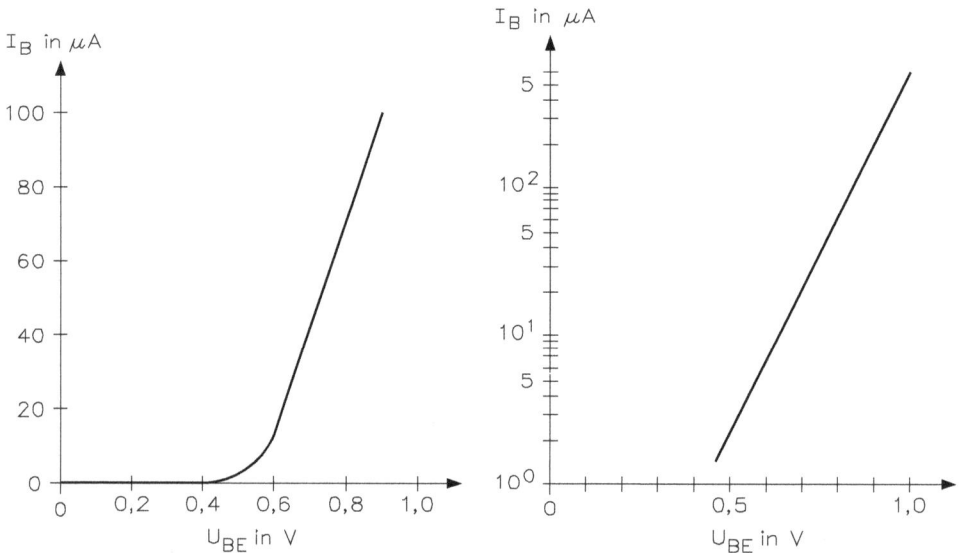

Abb. 5.31: Eingangskennlinie des Transistors BC107 im doppelt-linearen Maßstab (links) und im linear-logarithmischen Maßstab

Aus Tabelle 5.7 lässt sich die Eingangskennlinie im doppelt-linearen Maßstab (links) und im linear-logarithmischen Maßstab darstellen, wie Abb. 5.31 zeigt.

Man benötigt die Eingangskennlinie aus zwei Gründen in der analogen Schaltungstechnik:

- Die Kennlinie gibt Aufschluss über die Belastung bzw. das Ansteuerverhalten der Signalquelle am Eingang der Transistorstufe.
- Man muss den zur Basis-Emitter-Spannung fließenden Basisstrom kennen, um die Stromquelle dieser Signalerzeugung richtig zu berechnen und damit die erforderlichen Bauelemente dimensionieren zu können.

Aus der Basis-Emitter-Spannung U_{BE} und dem Basisstrom I_B kann man den statischen und den dynamischen Eingangswiderstand ermitteln mit

$$R_{ein} = \frac{U_{BE}}{I_B} \qquad r_{ein} = \frac{\Delta U_{BE}}{\Delta I_B}$$

Es wird zwischen dem Eingangswiderstand für den reinen Gleichstrombetrieb und dem Signalstrom- bzw. Wechselstrombetrieb unterschieden.

Bei der Untersuchung der Steuerkennlinie bzw. Stromverstärkungskennlinie lässt sich der Kollektorstrom I_C in Abhängigkeit des Basisstroms I_B ermitteln. Bedingung ist hier, dass die Kollektor-Emitter-Spannung U_{CE} einen konstanten Wert für die Kennlinienaufnahme hat. Tabelle 5.8 zeigt die Werte für die statische Aufnahme der Steuerkennlinie bei dem Transistor BC107, wenn die Bedingung $U_{CE} = +5\,V$ beträgt.

Aus Tabelle 5.8 lässt sich die Steuerkennlinie bzw. Stromverstärkungskennlinie des Transistors BC107 bei $U_{CE} = +5\,V$ im doppelt-linearen Maßstab darstellen, wie Abb. 5.32 zeigt.

Aus dieser Kennlinie lässt sich die Stromverstärkung des Transistors ermitteln. Dabei unterscheidet man zwischen der

- statischen Stromverstärkung (Gleichstromverstärkung) mit

$$B = \frac{I_C}{I_B} = \frac{2,42\,mA}{11\,\mu A} = 220$$

- dynamischen Stromverstärkung (Wechselstromverstärkung) mit

$$B = \frac{\Delta I_C}{\Delta I_B} = \frac{15\,mA - 2,62\,mA}{69\,\mu A - 11\,\mu A} = 217$$

Da sich die statische und dynamische Stromverstärkung sehr ähnlich sind, denn die Differenzen treten im Wesentlichen durch menschliche Messfehler und Messungenauigkeiten auf, gilt in der analogen Schaltungstechnik immer die Bedingung:

$$B \approx \beta$$

Die Ausgangskennlinie stellt dagegen den Zusammenhang zwischen den beiden Ausgangsgrößen von Kollektorstrom I_C und Kollektor-Emitter-Spannung U_{CE} dar, wobei entweder der Basisstrom I_B oder die Basis-Emitter-Dioden-Spannung U_{BE} auf einem konstanten Wert gehalten wird. Statt einer Konstantspannungsquelle setzt man eine Konstantstromquelle ein, wie Abb. 5.33 zeigt.

Für die Untersuchung der Ausgangskennlinie stellt man den Basisstrom I_B auf einen bestimmten Wert ein und erhöht dann die Ausgangsspannung. Tabelle 5.9 zeigt die Einstellungen und die Messergebnisse.

Tab. 5.8: Werte für die statische Aufnahme der Steuerkennlinie bzw. Stromverstärkungskennlinie des Transistors BC107 bei einer konstanten Kollektor-Emitter-Spannung von $U_{CE} = +5\,V$

U_{BE} in mV	500	550	600	650	700	750	800	850	900
I_B in μA	0,12	0,28	1,77	11	69	314	938	2056	3736
I_C in mA	8 μ	52 μ	360 μ	2,42	15	62	159	292	446

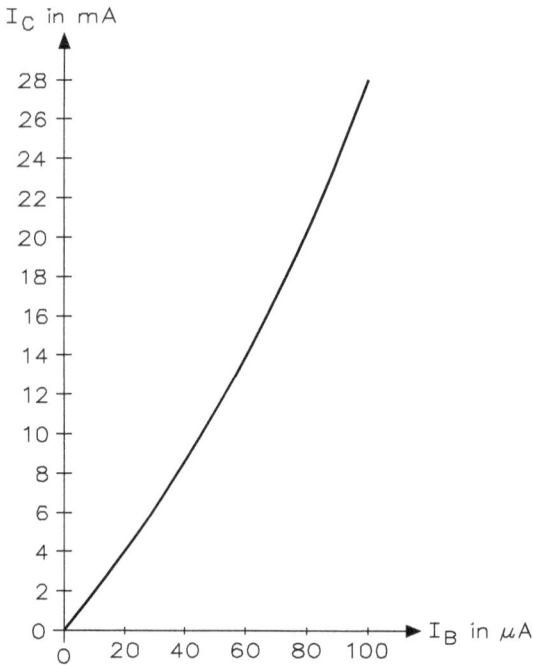

Abb. 5.32: Steuerkennlinie bzw. Stromverstärkungskennlinie des Transistors BC107 bei einer konstanten Kollektor-Emitter-Spannung von $U_{CE} = +5\,V$ im doppelt-linearen Maßstab

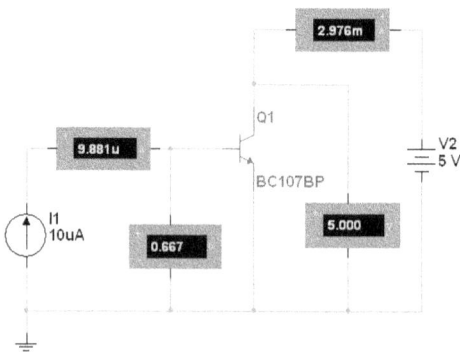

Abb. 5.33: Schaltung zur Untersuchung der Ausgangskennlinie

Aus Tabelle 5.9 lässt sich die Ausgangskennlinie des Transistors BC107 im doppelt-linearen Maßstab darstellen, wie Abb. 5.34 zeigt.

Über die Ausgangskennlinie lässt sich der statische und dynamische Ausgangswiderstand berechnen mit

$$R_{aus} = \frac{U_{CE}}{I_B} \qquad r_{aus} = \frac{\Delta U_{CE}}{\Delta I_B}$$

Tab. 5.9: Einstellungen und Messergebnisse für die Untersuchung der Ausgangskennlinie.

$I_B = 0{,}5\,\mu A$	U_{CE} in V	0,5	1	2	3	4	5
	I_C in μA	73	73	73	75	75	77
$I_B = 1\,\mu A$	U_{CE} in V	0,5	1	2	3	4	5
	I_C in μA	194	195	197	200	202	206
$I_B = 1{,}5\,\mu A$	U_{CE} in V	0,5	1	2	3	4	5
	I_C in μA	324	326	330	335	338	344
$I_B = 2\,\mu A$	U_{CE} in V	0,5	1	2	3	4	5
	I_C in μA	460	465	469	475	481	488
$I_B = 3\,\mu A$	U_{CE} in V	0,5	1	2	3	4	5
	I_C in μA	740	744	754	764	774	784
$I_B = 4\,\mu A$	U_{CE} in V	0,5	1	2	3	4	5
	I_C in μA	1027	1034	1047	1061	1074	1089
$I_B = 5\,\mu A$	U_{CE} in V	0,5	1	2	3	4	5
	I_C in μA	1319	1338	1345	1363	1379	1398

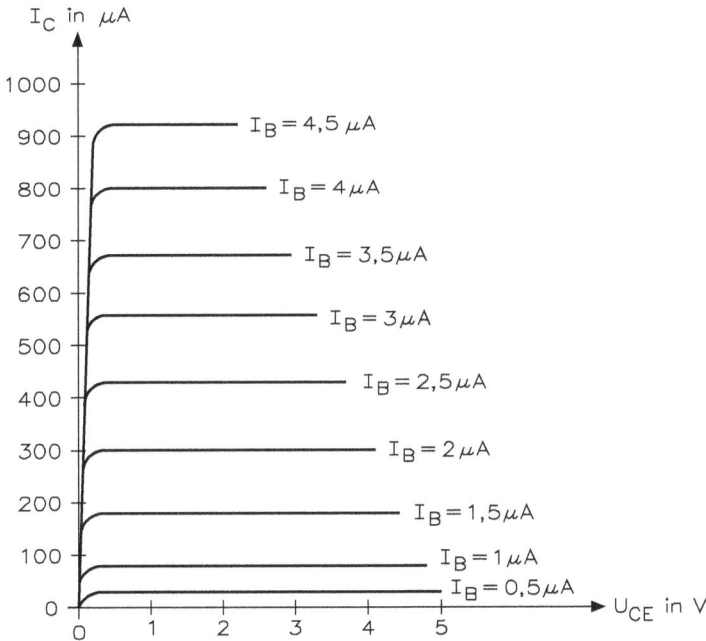

Abb. 5.34: Ausgangskennlinie des Transistors BC107

Auf die Untersuchung der Rückwirkungskennlinie, die den Zusammenhang zwischen $U_{BE} = f(U_{CE})$ mit I_B = konstant darstellt, wird verzichtet, da diese Kennlinie keine praktische Bedeutung hat.

5.2.5   Dynamische Kennlinienaufnahme eines NPN-Transistors in Emitterschaltung

Für die Realisierung eines simulierten Kennlinienschreibers für einen NPN-Transistor verwendet man die Schaltung von Abb. 5.35.

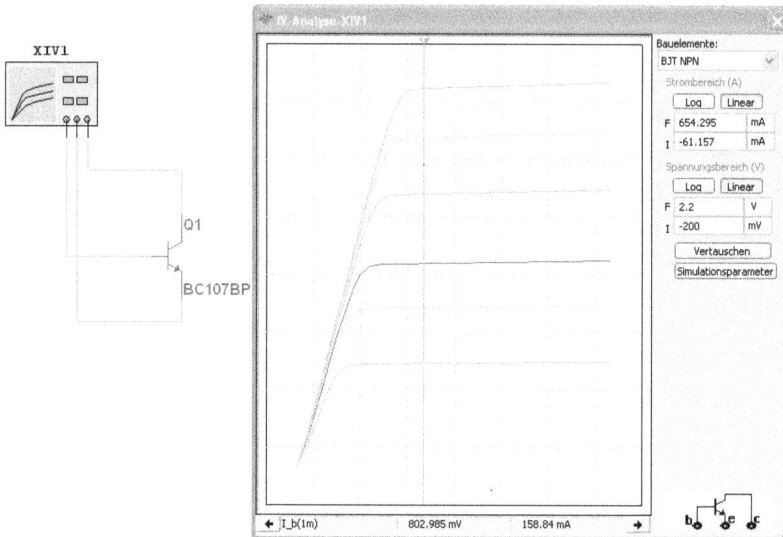

Abb. 5.35: Simulationsschaltung zur dynamischen Kennlinienaufnahme eines NPN-Transistors

5.2.6   Ermittlung der h-Parameter aus dem Kennlinienfeld

Aus dem Ausgangs- und dem Spannungsrückwirkungskennlinienfeld lässt sich das h-Parameter ermitteln, wie Abb. 5.36 zeigt.

Folgender Ablauf ist einzuhalten mit

1. Festlegung des Arbeitspunktes

2. Senkrechte durch den Arbeitspunkt legen ($R_L = 0$)

3. Ermitteln von $\Delta I'_C$ mit zugehörigem $\Delta I'_B$

4. Berechnung von $h'_{21} = \dfrac{\Delta I'_C}{\Delta I'_B}$

5. Aus dem unteren Kennlinienfeld $\Delta I'_{Be}$ und $\Delta I'_B$ ermitteln

6. Berechnung von $h'_{11} = \dfrac{\Delta U'_{BE}}{\Delta I'_B}$

7. Steigungsdreiecke im Arbeitspunkt A einzeichnen

8. Ermitteln von $\Delta I''_C$ und U''_{CE}

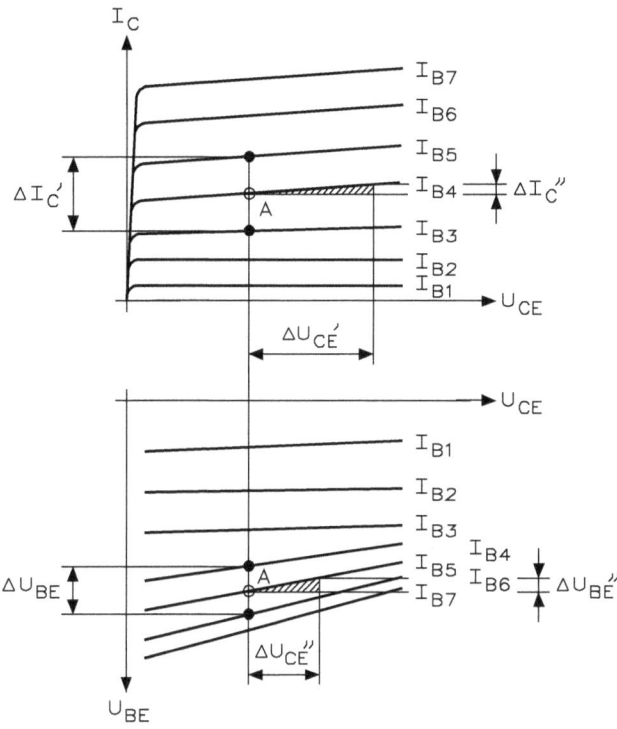

Abb. 5.36: Ermittlung der h-Parameter aus dem Ausgangs- und dem Spannungsrückwirkungskennlinienfeld

9. Berechnung von $h'_{22} = \dfrac{\Delta I''_C}{\Delta U''_{CE}}$

10. Ermittlung von U''_{BE} und U''_{CE}

11. Berechnung von $h'_{12} = \dfrac{\Delta U''_{BE}}{\Delta U_{CE}}$

Beispiel: Wird bei einem Transistor mit U_{CE} = konstant der Basisstrom I_B um 10 μA erhöht, so misst man $\Delta U_{BE} = 17\,\text{mV}$ und $\Delta I_C = 1,3\,\text{mA}$. Wird I_B = konstant gehalten und $U_{CE} = 1\,\text{V}$ erhöht, ergeben sich $\Delta I_C = 12\,\mu\text{A}$ und $\Delta U_{BE} = 400\,\mu\text{V}$. Die Parameter h_{11e}, h_{21e}, h_{22e} und h_{12e} sind zu berechnen!

$$h_{11e} = \frac{\Delta U_{BE}}{\Delta I_B} = \frac{17\,\text{mV}}{10\,\mu\text{A}} = 1,7\,\text{k}\Omega \qquad h_{21e} = \frac{\Delta I_C}{\Delta I_B} = \frac{1,3\,\text{mA}}{10\,\mu\text{A}} = 130$$

$$h_{22e} = \frac{\Delta I_C}{\Delta U_{CE}} = \frac{12\,\mu\text{A}}{1\,\text{V}} = 12\,\mu\text{S} \qquad h_{12e} = \frac{\Delta U_{BE}}{\Delta U_{CE}} = \frac{0,4\,\text{mV}}{1\,\text{V}} = 4 \cdot 10^{-4}$$

Beispiel: Der Transistor BC107 hat die Werte: $h_{11e} = 2,7\,\text{k}\Omega$, $h_{12e} = 1,5 \cdot 10^{-4}$, $h_{21e} = 220$, $h_{22e} = 18\,\mu\text{S}$. Welchen Wert weisen die h-Parameter für die Kollektor- und die Basisschaltung auf?

$$\det h_e = h_{11e} \cdot h_{22e} - h_{12e} \cdot h_{21e} = 2,7\,\text{k}\Omega \cdot 18\,\mu\text{S} - 1,5 \cdot 10^{-4} \cdot 220 = 0,0816$$

Kollektorschaltung:

$$h_{11c} = h_{11e} = 2{,}7\,k\Omega$$

$$h_{12c} = 1$$

$$h_{21c} = -1(+h_{21e}) = -1(+220) = -221$$

$$h_{22c} = h_{22e} = 18\,\mu S$$

Basisschaltung:

$$h_{11b} = \frac{h_{11e}}{1 + h_{21e}} = \frac{2{,}7\,k\Omega}{1 + 220} = 12\,\Omega$$

$$h_{12b} = \frac{\det h_e - h_{12e}}{1 + h_{21e}} = \frac{0{,}0816 - 1{,}5 \cdot 10^{-4}}{1 + 220} = 3{,}7 \cdot 10^{-4}$$

$$h_{21b} = \frac{h_{21e}}{1 + h_{21e}} = \frac{220}{1 + 220} = -0{,}995$$

$$h_{22b} = \frac{h_{22e}}{1 + h_{21e}} = \frac{18 \cdot 10^{-6}\,S}{1 + 220} = 8{,}18 \cdot 10^{-8}\,S$$

5.2.7   Arbeitspunkteinstellung

Für die Arbeitspunkteinstellung kann man die Schaltung von Abb. 5.37 wählen. Durch den Basisvorwiderstand R_1 und R_2 wird der Basisstrom festgelegt mit

$$I_B = \frac{U_{R1}}{R_1}$$

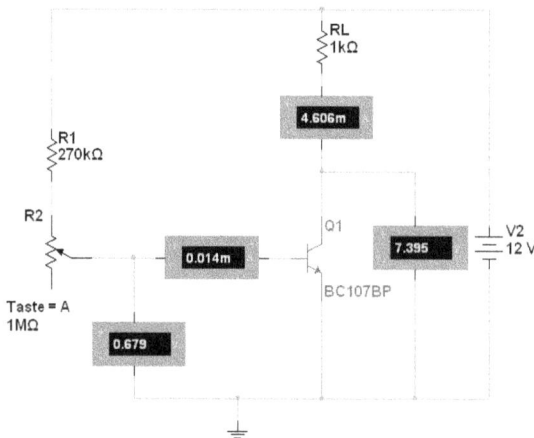

Abb. 5.37: Arbeitspunkteinstellung mittels Basisvorwiderstand

Es fließt ein Basistrom von $I_B = 14\,\mu A$ bei einer Spannung von $U_{BE} = 0{,}679\,V$. Damit kann man die Eingangsimpedanz berechnen mit

$$Z_1 = \frac{U_{BE}}{I_B} = \frac{0{,}679\,V}{14\,\mu A} = 48{,}5\,k\Omega$$

Die Spannung $U_{R1} = U_b - U_{BE} = 12\,V - 0{,}679\,V = 11{,}321\,V$. An dem Widerstand R_L fällt eine Spannung von $12\,V - 7{,}395\,V = 4{,}605\,V$ ab. Dadurch lässt sich die Ausgangsimpedanz berechnen mit

$$Z_2 = \frac{U_{CE}}{I_C} = \frac{7{,}395\,V}{4{,}606\,mA} = 1{,}605\,k\Omega$$

Die Stromverstärkung erhält man durch

$$v_1 = \frac{I_C}{I_B} = \frac{4{,}606\,mA}{14\,\mu A} = 329.$$

Beispiel: Die Betriebsspannung beträgt $U_b = 12\,V$, $U_{BE} = 0{,}7\,V$ und $I_B = 100\,\mu A$. Welchen Wert hat Widerstand R_1?

$$U_{R1} = U_b - U_{BE} = 12\,V - 0{,}7\,V = 11{,}3\,V$$
$$R_1 = \frac{U_{R1}}{I_B} = \frac{11{,}3\,V}{100\,\mu A} = 113\,k\Omega$$

Durch den Emitterwiderstand R_E ergibt sich eine Stromgegenkopplung, wie Abb. 5.38 zeigt. Der Spannungsfall am Widerstand R_1 errechnet sich aus

$$U_{R1} = U_b - U_{BE} - U_{RE} = 12\,V - 0{,}7\,V - 0{,}836\,V = 10{,}464\,V$$

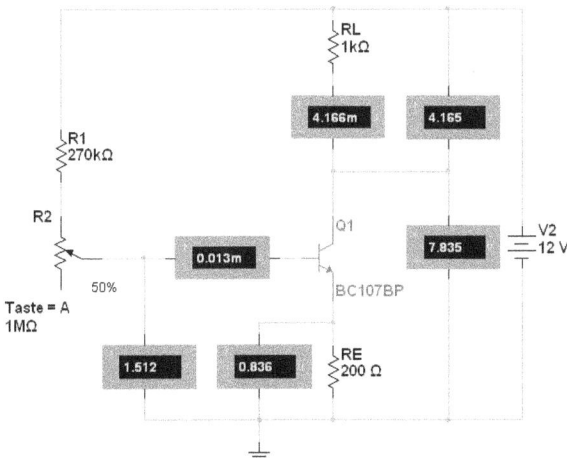

Abb. 5.38: Arbeitspunkteinstellung mit Basisvorwiderstand und Emitterwiderstand

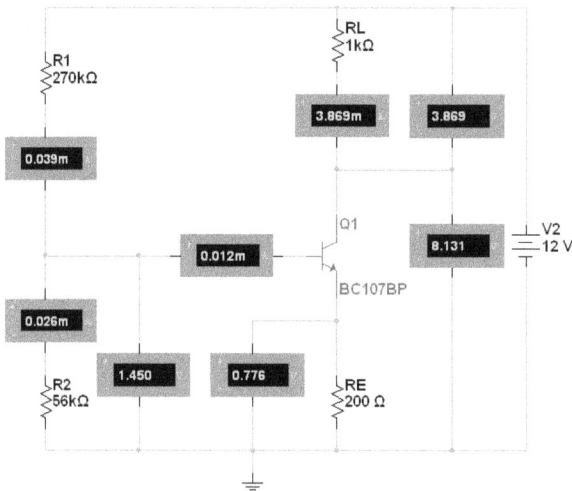

Abb. 5.39: Arbeitspunkteinstellung mittels Spannungseinsteller

Abb. 5.39 zeigt die praxisnahe Arbeitspunkteinstellung mittels Spannungseinsteller. Durch den Widerstand R_1 fließt der Basisstrom für den Transistor und der Querstrom I_q durch den Widerstand R_2. In der Praxis gilt

$$I_q = (2 \ldots 10) \cdot I_B$$

Durch den Widerstand R_1 fließt ein Strom von 39 µA und dieser teilt sich in den Basisstrom von 12 µA und dem Querstrom von 26 µA.

Beispiel: Für die simulierte Schaltung sind die Werte zu berechnen.

$$U_{R1} = U_b - U_{BE} = 12\,V - 1{,}464\,V = 10{,}536\,V$$

$$I_{R1} = \frac{U_{R1}}{R_1} = \frac{10{,}536\,V}{270\,k\Omega} = 39\,\mu A$$

$$I_{R2} = I_{R1} - I_B = 39\,\mu A - 12\,\mu A = 27\,\mu A$$

$$R_2 = \frac{U_{R2}}{I_q} = \frac{1{,}464\,V}{27\,\mu A} = 56\,k\Omega$$

$$R_L = \frac{U_{RL}}{I_C} = \frac{3{,}936\,V}{3{,}936\,mA} = 1\,k\Omega$$

$$R_E = \frac{U_{RE}}{I_C} = \frac{0{,}79\,V}{3{,}936\,mA} = 200\,\Omega$$

Hieraus lässt sich die Bestimmung des Emitterwiderstands ableiten:

$$R_E \approx \frac{U_{RE}}{I_C}, \qquad \text{in der Praxis gilt } R_E \approx 0{,}1 \cdot R_L$$

5.2.8 Arbeitsgerade für Gleich- und Wechselstrom

Für eine analoge und verzerrungsfreie Verstärkung liegt der Arbeitspunkt AP etwa in der Mitte der Arbeitsgeraden. Durch den Einsteller lässt sich der Arbeitspunkt auf der Arbeitsgeraden verschieben, bis man die optimale Einstellung gefunden hat. Als Messgerät für die Einstellung des Arbeitspunktes eignet sich ein 2-Kanal-Oszilloskop.

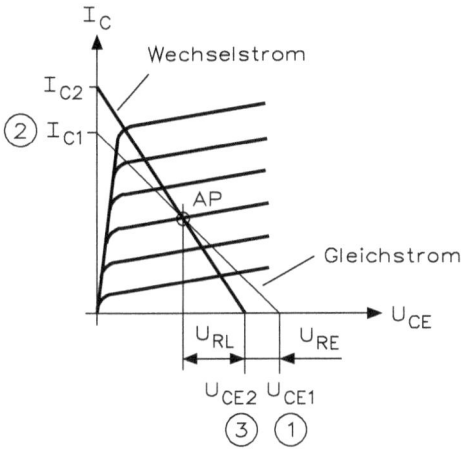

Abb. 5.40: Arbeitsgerade für Gleich- und Wechselstrom

Abb. 5.40 zeigt eine Arbeitsgerade für Gleich- und Wechselstrom. Man unterscheidet zwischen Gleich- und Wechselstrom.

Für Gleichstrom:

Punkt 1: $\quad U_{CE1} = U_b, \quad$ da $I_C = 0$

Punkt 2: $\quad I_{C1} = \dfrac{U_b}{R_L + R_E}, \quad$ da $U_{CE} = 0$

ohne R_E: $\quad I_{C1} = \dfrac{U_b}{R_L}$

Beispiel: Die Spannungsversorgung beträgt $U_b = 12\,V$; $U_{RE} = 1\,V$; $R_L = 1\,k\Omega$; $R_E = 200\,\Omega$; $U_{CE1} = 12\,V$

Welchen Wert hat $I_{C1} = ?$; $U_{CE2} = ?$; $I_{C2} = ?$

$$I_{C1} = \frac{12\,V}{1\,k\Omega + 200\,\Omega} = 10\,mA$$

$$U_{CE2} = U_b - U_{RE} = 12\,V - 1\,V = 11\,V$$

$$I_{C2} = \frac{U_{CE2}}{R_L} = \frac{11\,V}{1\,k\Omega} = 11\,mA$$

Für Wechselstrom bei ohmscher Belastung:

Punkt 3: $\quad U_b - U_{RE} = U_{CE2}$

Die Verbindung mit A ergibt die Wechselstromarbeitsgerade

$$I_{C2} = \frac{U_{CE2}}{R_L} \qquad \text{oder} \qquad I_C = \frac{U_{RL}}{R_L}$$

Für die Kleinsignalverstärkung in der Emitterschaltung von Abb. 5.41 gilt

$$v_i = \beta \cdot \frac{R_C}{R_C + R_L} \qquad v_p = v_u \cdot v_i$$

$$v_u = v_i \cdot \frac{R_L}{r_{ee}} \qquad \text{oder} \qquad v_u = \frac{\beta}{r_e} \cdot \frac{R_C \cdot R_L}{R_C + R_L}$$

v_i = Stromverstärkung

r_e = Eingangswiderstand

$\beta = h_{21e}$ = Kurzschluss-Stromverstärkung

$R_C = \frac{1}{h_{22}}$ = Leerlauf-Ausgangswiderstand

R_L = Lastwiderstand

$r_{ee} = h_{11}$ = Kurzschluss-Eingangswiderstand

v_u = Spannungsverstärkung

v_p = Leistungsverstärkung

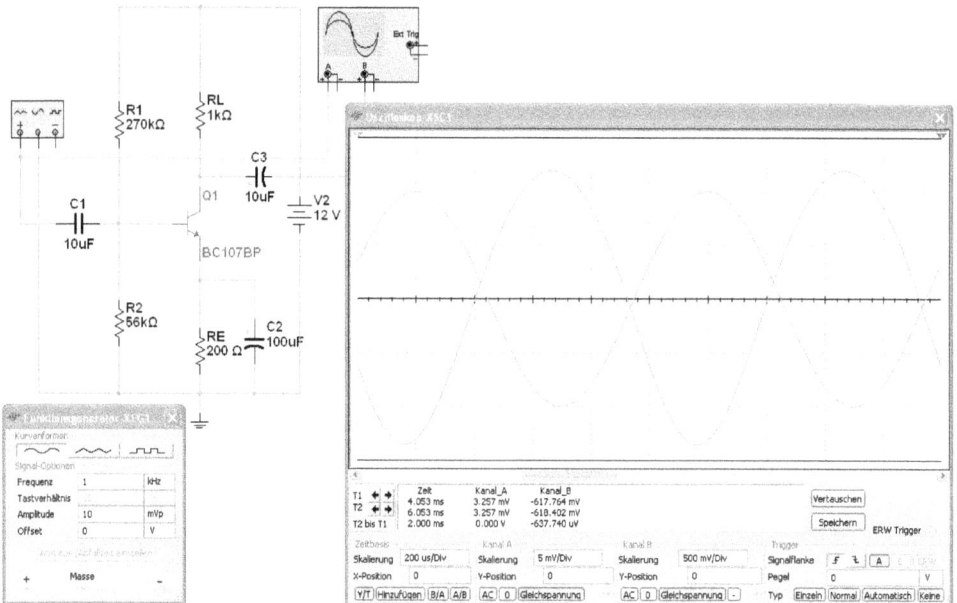

Abb. 5.41: Kleinsignalverstärkung in Emitterschaltung

Beispiel: Ein Transistor in einer Schaltung hat $h_{11e} = 2{,}7\,k\Omega$; $h_{21} = 220$; $h_{22e} = 40\,\mu S$; $R_L = 5\,k\Omega$. Welche Werte ergeben sich für $v_i = ?$; $v_u = ?$; $v_p = ?$

$$v_i = \beta \cdot \frac{R_C}{R_C + R_L} = 220 \cdot \frac{\frac{1}{40\,\mu S}}{\frac{1}{40\,\mu S} + 5\,k\Omega} = 183$$

$$v_u = v_i \cdot \frac{R_L}{h_{11e}} = 183 \cdot \frac{5\,k\Omega}{2{,}7\,k\Omega} = 340$$

$$v_p = 340 \cdot 183 = 62\,220$$

Obwohl die Basisschaltung als Kleinsignalverstärker schaltungstechnisch keine große Rolle spielt, wird er in Abb. 5.42 simuliert.

$$r_{eB} \approx \frac{r_{ee}}{\beta} r_{eB} \qquad r_{eB} \approx \frac{r_{ee}}{\beta} \qquad \alpha = \frac{\beta}{1+\beta} \approx 1 \approx v_{iB} \qquad v_{uB} \approx \frac{R_L}{r_{eB}} v_{pB} \approx \frac{R_L}{r_{eB}}$$

v_{pB} = Leistungsverstärkung (Basisschaltung)

r_{eB} = Eingangswiderstand in Basisschaltung

r_{ee} = h_{11e} = Kurzschluss-Eingangswiderstand

α = Stromverstärkung

v_{uB} = Spannungsverstärkung (Basisschaltung)

v_{pB} = Leistungsverstärkung (Basisschaltung)

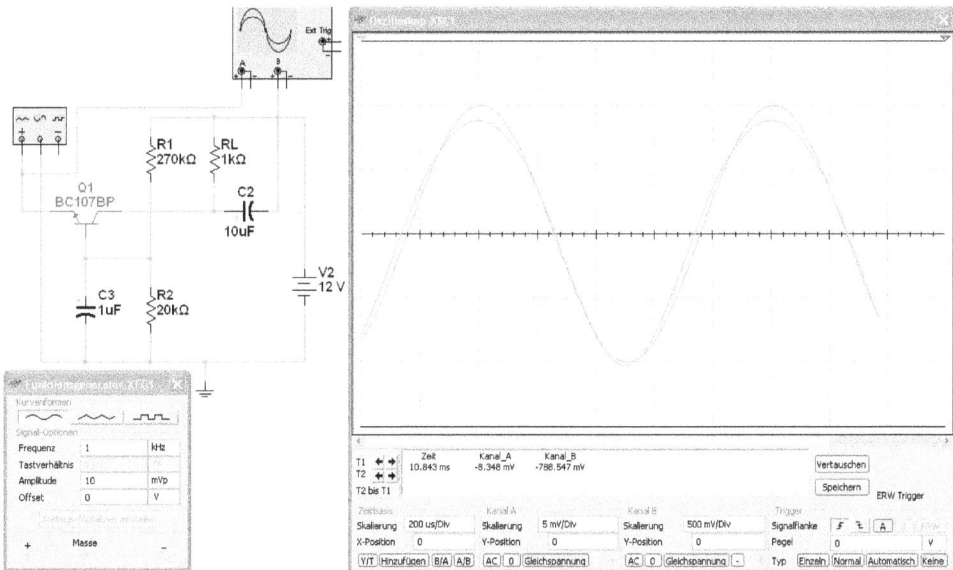

Abb. 5.42: Kleinsignalverstärker in Basisschaltung

Beispiel: Ein Transistor in Basisschaltung hat die Daten $h_{11e} = 2,7\,\text{k}\Omega$; $h_{21} = 220$; $h_{22e} = 40\,\text{mS}$; $R_L = 5\,\text{k}\Omega$. Wie groß sind die Werte für $v_{iB} = ?$; $v_{uB} = ?$; $v_{pB} = ?$

$$r_{eB} \approx \frac{r_{ee}}{\beta} = \frac{h_{11e}}{h_{21e}} = \frac{2,7\,\text{k}\Omega}{220} = 12,3\,\Omega$$

$$v_{uB} \approx \frac{R_L}{r_{eB}} = \frac{5\,\text{k}\Omega}{12,3\,\Omega} = 406,5$$

$$v_{iB} \approx 1$$

$$v_{pB} \approx V_{uB}$$

Abb. 5.43 zeigt eine Kleinsignalverstärkung in Kollektorschaltung und die Berechnung lautet

$$r_{ek} \approx \beta \cdot R_L \qquad \frac{1}{r_{ein}} = \frac{1}{r_{ek}} + \frac{1}{R_1} + \frac{1}{R_2} \qquad r_{ak} \approx \frac{R_i + r_{ee}}{\beta}$$

$$\gamma = \beta + 1 \approx v_{iK} \qquad v_{uk} \approx 1 \qquad v_{pk} \approx \gamma$$

r_{ek} = Eingangswiderstand in Kollektorschaltung

r_{ak} = Ausgangswiderstand

r_{ein} = Gesamteingangswiderstand

γ = Stromverstärkungsfaktor

v_{uk} = Spannungsverstärkung

v_{pk} = Leistungsverstärkung

v_{ik} = Stromverstärkung

R_i = Innenwiderstand der Signalquelle

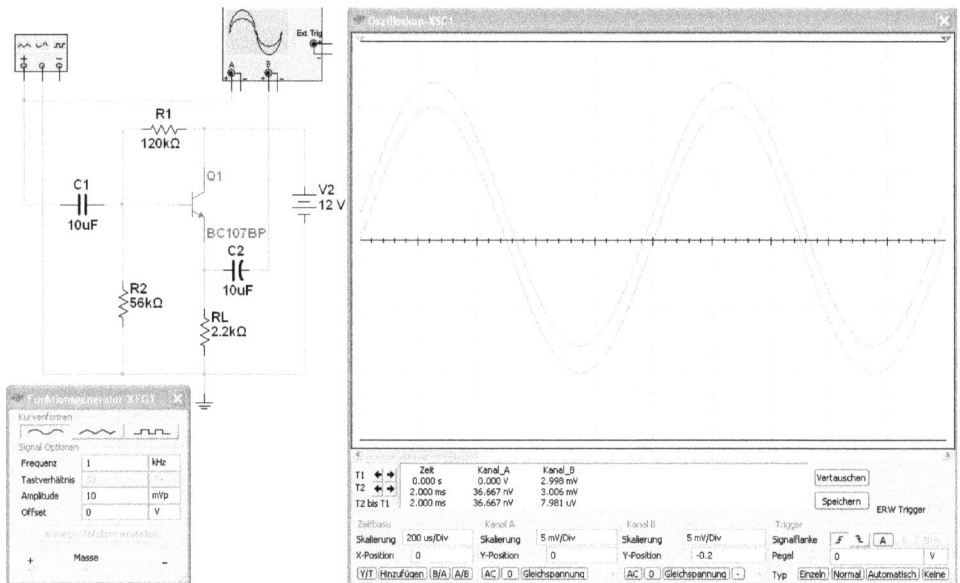

Abb. 5.43: Kleinsignalverstärkung in Kollektorschaltung

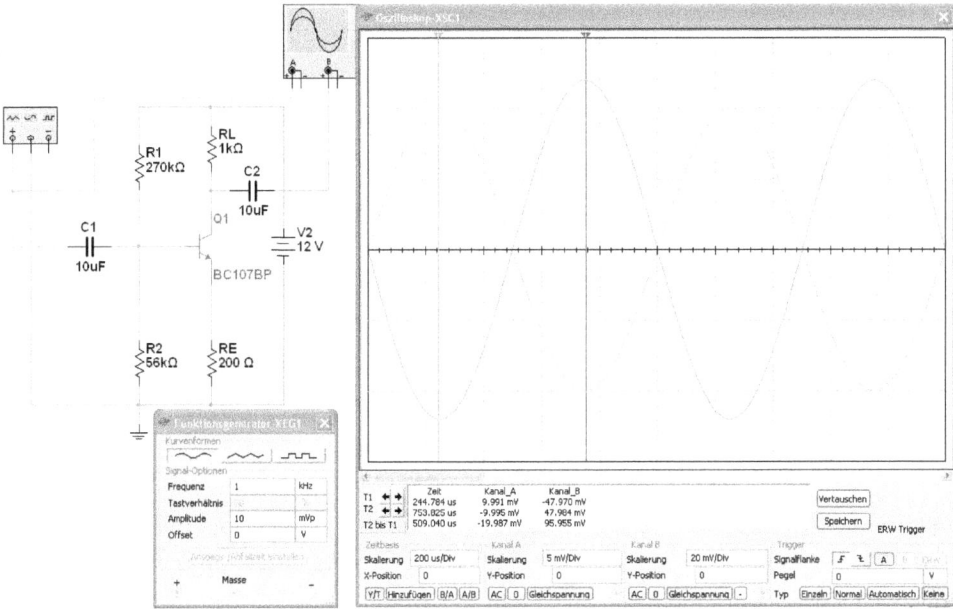

Abb. 5.44: Stromgegenkopplung

Abb. 5.44 zeigt eine Stromgegenkopplung mit dem Transistor BC107. Die Schaltung berechnet sich nach

$$\alpha = \frac{U_{gk}}{U_{a\sim}} = \frac{U_{RE\sim}}{U_{a\sim}} \qquad v'_u = \frac{v_u}{1 + \alpha \cdot v_u} \qquad k' = \frac{k}{1 + \alpha \cdot v_u}$$

$$\text{Für die Praxis:} \quad v_u \approx \frac{R_L}{R_E}$$

α = Teil der rückgekoppelten Spannung
U_{gk} = rückgekoppelte Spannung
$U_{a\sim}$ = Ausgangswechselspannung
$U_{RE\sim}$ = Emitterwechselspannung
v_u = Spannungsverstärkung
v'_u = Spannungsverstärkung bei Gegenkopplung
k = Klirrfaktor
k' = Klirrfaktor bei Gegenkopplung

Beispiel: Bei einer Transistorschaltung wird gemessen mit $U_{gk} = 0{,}2\,V$; $U_{a\sim} = 5\,V$; $v_u = 50$. Welchen Wert hat $\alpha = ?$ und $v'_u = ?$

$$\alpha = \frac{U_{gk}}{U_{a\sim}} = \frac{0{,}2\,V}{5\,V} = 0{,}04$$

$$v'_u = \frac{v_u}{1 + \alpha \cdot v_u} = \frac{50}{1 + 0{,}04 \cdot 50} = 16{,}6$$

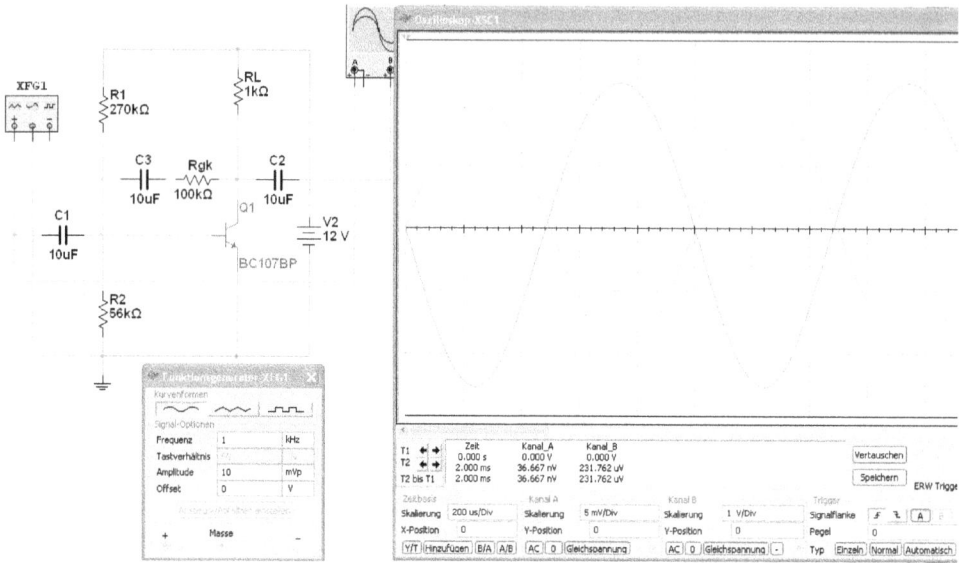

Abb. 5.45: Spannungsgegenkopplung

Abb. 5.45 zeigt eine Spannungsgegenkopplung mit dem Transistor BC107. Die Schaltung berechnet sich nach

$$\alpha = \frac{U_{gk}}{U_{a\sim}} \qquad v'_u = \frac{v_u}{1 + \alpha \cdot v_u} \qquad k' = \frac{k}{1 + \alpha \cdot v_u}$$

α = Teil der rückgekoppelten Spannung

U_{gk} = rückgekoppelte Spannung

$U_{a\sim}$ = Ausgangswechselspannung

v_u = Spannungsverstärkung

v'_u = Spannungsverstärkung bei Gegenkopplung

k = Klirrfaktor

k' = Klirrfaktor bei Gegenkopplung

R_{gk} = Widerstand für Gegenkopplung

5.3   Kleinsignalverstärker

Beim Einsatz von bipolaren Transistoren in Verstärkerschaltungen ist im Wesentlichen zu unterscheiden zwischen Gleichspannungsverstärkern, Wechselspannungsverstärkern, Leistungsverstärkern und Schaltverstärkern. Gleichspannungsverstärker werden immer dann eingesetzt, wenn Gleichspannungen oder Spannungsschwankungen sehr niedriger Frequenz verstärkt werden müssen. Mit Wechselspannungsverstärkern lassen sich Signale mit Frequenzen von einigen Hertz bis zu mehreren Gigahertz verstärken, aber Gleichspannungsänderungen werden nicht übertragen. Leistungsverstärker sollen eine möglichst große Signalleistung an einen Verbraucher abgeben. Eingesetzt werden hierfür meistens Transistoren mit hohen Kollektorströmen und Verlustleistungen.

5.3.1 Gleichspannungsverstärker

Damit auch Gleichspannungsänderungen übertragen werden können, dürfen Gleichspannungsverstärker keine frequenzabhängigen Bauteile wie z. B. Kondensatoren enthalten.

Abb. 5.46 zeigt die Schaltung eines Gleichspannungsverstärkers.

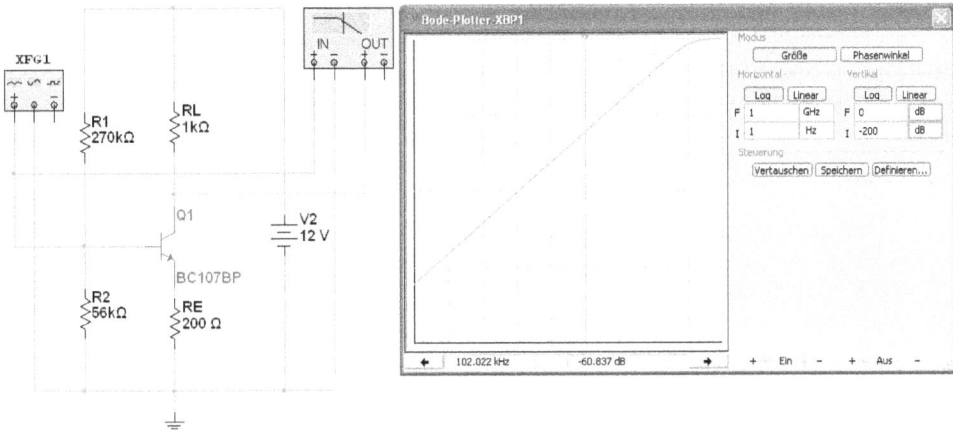

Abb. 5.46: Schaltung eines Gleichspannungsverstärkers

Die Basisvorspannung des Gleichspannungsverstärkers wird durch den Spannungsteiler aus R_1 und R_2 erzeugt. Um eine wirksame thermische Stabilisierung des Arbeitspunktes zu erhalten, wird ein Emitterwiderstand R_E benutzt. Damit die Verstärkung aber frequenzunabhängig bleibt, darf der Emitterwiderstand hier nicht durch einen Emitterkondensator überbrückt werden. Ohne diesen Emitterkondensator liegt jedoch eine Gegenkopplung vor.

Für eine Emitterschaltung mit Emitterkondensator gilt bei $r_{CE} \gg R_C$ entsprechend

$$v_U = \frac{\beta \cdot R_C}{r_{BE}} \approx \frac{\beta \cdot R_C}{r_e}$$

Da bei einem Gleichspannungsverstärker kein Emitterkondensator vorhanden ist, geht der um den Faktor β vergrößerte Emitterwiderstand mit in die Gleichung ein. Daher wird

$$v_U = r_{BE} + \beta \cdot R_E$$

Für die Spannungsverstärkung einer Emitterschaltung ohne Emitterkondensator gilt

$$v_U = \frac{\beta \cdot R_C}{r_{BE} + \beta \cdot R_E}$$

Beispiel: Der Transistor BC107A hat für den Arbeitspunkt $U_{CE} = 5\,V$, $I_C = 2\,mA$ und $U_{BE} = 0{,}62\,V$ folgende Daten: $h_{11e} = 2{,}7\,k\Omega$; $h_{21e} = 220$. Der Kollektorwiderstand wurde mit $R_C = 1\,k\Omega$ und der Emitterwiderstand $R_E = 200\,\Omega$ gewählt. Wie groß ist die Spannungsverstärkung, wenn der aufgebaute Verstärker a) als Wechselspannungsverstärker mit Emitterkondensator und b) als Gleichspannungsverstärker ohne Emitterkondensator betrieben wird?

a) $\quad v_U = \dfrac{\beta \cdot R_C}{r_{BE}} = \dfrac{220 \cdot 1\,k\Omega}{2{,}7\,k\Omega} = 81{,}5 \qquad\qquad$ (mit Emitterkondensator)

b) $\quad v_U = \dfrac{\beta \cdot R_C}{r_{BE} + \beta \cdot R_E} = \dfrac{220 \cdot 1\,k\Omega}{2{,}7\,k\Omega + 220 \cdot 200\,\Omega} = 4{,}7 \quad$ (ohne Emitterkondensator)

In dem Beispiel ist deutlich zu erkennen, dass ein Gleichspannungsverstärker eine sehr viel kleinere Spannungsverstärkung als ein gleichartig aufgebauter Wechselspannungsverstärker hat. Um eine ausreichend große Spannungsverstärkung auch bei Gleichspannungsverstärkern zu erzielen, müssen in der Regel mehrere Verstärkerstufen hintereinander geschaltet werden. Dabei ergeben sich aber erhebliche schaltungstechnische Probleme wegen der Potentialanpassung der Eingangs- und Ausgangssignale und der thermischen Arbeitspunktverschiebungen.

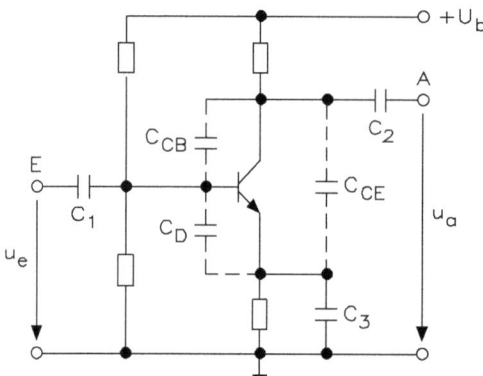

Abb. 5.47: Emitterschaltung mit frequenzbestimmenden Kapazitäten

Das Ersatzschaltbild nach Abb. 5.47 hat verdeutlicht, dass in der Emitterschaltung eine ganze Reihe von Kapazitäten auftreten, die einerseits zum Schaltungsaufbau gehören, zum anderen dem Transistor anhaften.

Da bei Kapazitäten frequenzabhängige Widerstandswerte auftreten, werden die Eigenschaften der Schaltung wesentlich von der Frequenz der Eingangsspannung u_e mitbestimmt.

Soll ein Verstärker nicht nur Wechselspannungen einer bestimmten Frequenz übertragen, sondern für einen ganzen Frequenzbereich brauchbar sein, so muss er als Breitbandverstärker entwickelt werden. Je nachdem, ob das Frequenzband im NF- oder HF-Gebiet liegt, spricht man von NF- oder HF-Verstärkern. Verstärker, die der Übertragung von Sprach- oder Musiksignalen dienen, sind NF-Breitband-Verstärker.

Der Niederfrequenzbereich (NF) umfasst nach DIN 40 015 Frequenzen von 0 Hz bis 3 kHz. Nachdem sich die nachstehenden Ausführungen aber auf Wechselstromverstärker beziehen, kann man den Tonfrequenzbereich von 20 Hz bis 20 kHz für die folgenden Betrachtungen zugrunde legen.

Der Arbeitsbereich des Breitbandverstärkers umfasst das Frequenzspektrum zwischen der unteren Grenzfrequenz f_{ug} und der oberen Grenzfrequenz f_{og}.

Die Grenzfrequenzen werden bestimmt, indem man die Ausgangsspannung des Verstärkers bei einer Nennfrequenz – bei NF-Verstärkern meist 1 kHz – ermittelt und bei konstanter Größe des Eingangssignals dessen Frequenz so lange zu tiefen, bzw. hohen Werten hin verändert, bis die Ausgangsspannung nur noch das 0,707-fache ($1/\sqrt{2}$) des Nennwertes besitzt.

Mit abnehmender Frequenz werden die Blindwiderstände der Kapazitäten immer größer und sie wirken sich deshalb auf die Kondensatoren aus, die in Serie zum Signalverlauf liegen.

Vom Eingang E der Schaltung ausgehend wird sich einmal ein Spannungsfall über dem Einkoppelkondensator C_1 ergeben, der die zur Ansteuerung des Transistors wirksame Spannung u_{BE} mindert ($u_{BE} < u_E$), zum anderen liegt der Emitter über C_3 wechselstrommäßig nicht mehr auf Masse.

Bei angeschlossener Last am Ausgang A wird darüber hinaus auch C_2 einen Spannungsfall hervorrufen. C_2 soll jedoch als Einkoppelkondensator dem Lastwiderstand zugerechnet und deshalb hier nicht betrachtet werden. Beispielsweise könnte die angeschlossene Last eine weitere Verstärkungsstufe sein. Für diese ist der Einkoppelkondensator C_2 und deshalb müssen diese berücksichtigt werden.

Die Auswirkungen der Kondensatoren C_1 und C_3 sollen nun getrennt und völlig unabhängig voneinander betrachtet werden: Zu tiefen Frequenzen hin wird X_{C3} immer hochohmiger, bis schließlich der Emitterwiderstand R_3 auch wechselstrommäßig voll wirksam wird. Damit erhöht sich der Eingangswiderstand der Schaltung und der Basiswechselstrom nimmt ab. Als Folge davon verringern sich auch der Ausgangsstrom i_C und die Ausgangsspannung u_a.

Um niedrige Grenzfrequenzen – wie sie bei NF-Verstärkern üblich sind – zu erreichen, müssen sehr große Kondensatoren verwendet werden (z. B. mehrere hundert µF).

Ausgegangen wird von dem Wechselstromersatzschaltbild der Emitterschaltung (Abb. 5.39). Die Diffusionskapazität C_D weist bei niedrigen Frequenzen einen hohen Widerstandswert auf und kann deshalb vernachlässigt werden. Die parallel liegenden Widerstände R_1, R_2 und r_{BE} werden zum Gesamteingangswiderstand r_E zusammengefasst. Damit ergibt sich die Signalersatzschaltung nach Abb. 5.48.

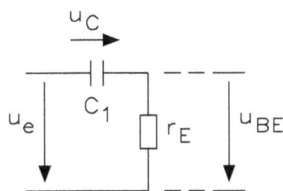

Abb. 5.48: Hochpass-Ersatzschaltbild der C-Kopplung

Hieraus ist ersichtlich, dass der Einkoppelkondensator C_1 in Verbindung mit dem Eingangs-widerstand der Schaltung

$$r_E = R_1 \parallel R_2 \parallel r_{BE}$$

einen Hochpass darstellt.

Die Grenzfrequenz eines Hochpasses ist dann gegeben, wenn die Spannungsfälle über Kondensator und ohmschen Widerstand dem Betrag nach gleich groß sind, d. h., wenn

$$X_{C1} = r_E$$

Da

$$X_{C1} = \frac{1}{2 \cdot \pi \cdot f \cdot C_1}$$

ist, ergibt sich für die Grenzfrequenz f_u

$$r_E = \frac{1}{2 \cdot \pi \cdot f_u \cdot C_1} \qquad f_u = \frac{1}{2 \cdot \pi \cdot r_E \cdot C_1}$$

Da die Signalquelle, mit der die Verstärkerschaltung angesteuert wird, einen bestimmten Innenwiderstand hat, muss eigentlich zum Widerstand r_E noch dieser Innenwiderstand hinzu-addiert werden.

In Abb. 5.49 ist das Hochpassverhalten der Schaltung dargestellt. U_{aNenn} ist dabei der Wert der Ausgangsspannung bei der Nennfrequenz (1 kHz).

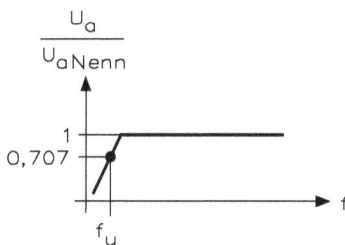

Abb. 5.49: Frequenzgang des Spannungsverhältnisses U_a/U_{aNenn}

Mit ansteigender Frequenz nehmen die Widerstandswerte von Kapazitäten ab. Die in Serie zum Signalverlauf liegenden Koppelkondensatoren C_1 und C_2 sowie der Emitterkondensator C_3 können auf Grund ihrer hohen Werte nun als Kurzschlüsse betrachtet werden. Bedeutsam ist jedoch jetzt, dass die Kapazitäten C_D, C_{CB} und C_{CE} immer mehr zu leitenden Verbindungen werden.

Für höhere Frequenzen kann deshalb – ausgehend von der Abb. 5.44 – folgendes Ersatzschalt-bild (Abb. 5.50) gezeichnet werden.

Es sei hier kurz vermerkt, dass die Schaltung neben den oben gezeichneten Kapazitäten noch sogenannte Schaltkapazitäten C_S aufweist, die sich durch Zuleitungen, Lötstellen und der-gleichen ergeben. Diese Kapazitäten sind jedoch im NF-Bereich so gering, dass man sie ver-nachlässigen kann.

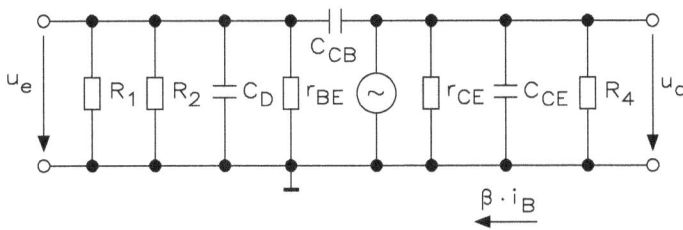

Abb. 5.50: Ersatzschaltbild der Emitterschaltung bei höheren Frequenzen

Die obere Grenzfrequenz f_o wird durch zwei Faktoren bestimmt:
- die Stromverstärkung
- die Transistorkapazitäten C_{CB} und C_{CE}

a) Durch Verringerung der Stromverstärkung β bei höheren Frequenzen: Es wird als bekannt vorausgesetzt, dass sich die Stromverstärkung mit steigender Frequenz verringert, wie dies Abb. 5.51 nochmals verdeutlicht. Die Ursache hierfür ist die Diffusionskapazität C_D. Geht man, um dies möglichst einfach zu begründen, von einer konstanten Stromeinspeisung der Schaltung nach Abb. 5.50 aus, so wird mit konstantem Eingangsstrom i_e und steigender Frequenz die über r_{BE} wirksame Steuerspannung u_e (bzw. der Steuerstrom i_e) immer kleiner. Mit kleiner werdender Ansteuerung sinkt jedoch auch der Ausgangswechselstrom, was – legt man den konstanten Eingangsstrom zugrunde – gleichbedeutend mit einer Abnahme des Stromverstärkungsfaktors ist.

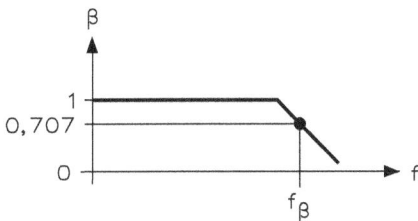

Abb. 5.51: Frequenzgang der Stromverstärkung

Die obere Grenzfrequenz des Verstärkers wird damit in erster Linie durch die Grenzfrequenz f_β des Transistors bestimmt.

b) Wirkung der Transistorkapazitäten C_{CB} und C_{CE}: Der Kondensator C_{CB} bildet bei hohen Frequenzen eine stark wirkende Spannungsgegenkopplung und erniedrigt gleichzeitig den Eingangswiderstand der Schaltung, während C_{CE} ausgangsseitig den Kollektorwiderstand R_4 immer mehr überbrückt . Die Spannungsverstärkung V_u die ja von der Größe des Kollektorwiderstandes abhängt, wird damit kleiner.

Für die Bandbreite Δf des Verstärkers ergibt sich aus Abb. 5.52

$$\Delta f = f_o - f_u$$

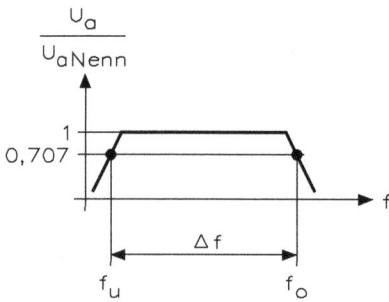

Abb. 5.52: Spannungsfrequenzgang eines Verstärkers

5.3.2 Ansteuerung mit Rechtecksignalen

Legt man an den Eingang einer Verstärkerschaltung eine rechteckförmige Spannung u_e und verändert (im Rahmen des NF-Bereiches) deren Frequenz von sehr niedrigen bis zu sehr hohen Werten, dann ist die Ausgangsspannung u_a entweder auch rechteckförmig oder auf zwei verschiedene Arten verformt. Die Schaltung soll deshalb im niedrigen, hohen und mittleren Frequenzbereich genauer betrachtet werden. Der Einfluss von Kondensator C_3 wird dabei vernachlässigt. Abb. 5.53 zeigt die Schaltung eines Hochpasses.

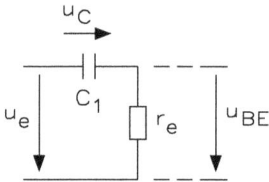

Abb. 5.53: Schaltung eines Hochpasses

a) Niedriger Frequenzbereich: Wie bei der Ermittlung der unteren Grenzfrequenz f_u bereits erwähnt wurde, stellt der Einkoppelkondensator C_1 in Verbindung mit dem Eingangswiderstand r_e der Emitterschaltung einen Hochpass dar.

Diesen Hochpass kann man auch als Differenzierglied betrachten.

Differenzierglieder verformen Rechtecksignale, wobei das Ausmaß der Verformung von dem Verhältnis der Zeitkonstanten $\tau = r_e \cdot C_1$ zur Impulsdauer abhängt.

Da ein Kondensator zur Aufladung die Zeit $5 \cdot \tau$ benötigt, ergibt sich beispielsweise der in Abb. 5.54 dargestellte Spannungsverlauf für u_{BE}, wenn folgende Voraussetzung getroffen wird:

$$t_1 = t_2 = 5 \cdot \tau$$

Die Größe der Amplitude von u_{BE} wird hierbei als nebensächlich angesehen und nicht weiter untersucht.

Der Kondensator kann sich also während der Zeit t_1 bzw. t_2 gerade auf den Wert der Eingangsspannung u_e aufladen, wodurch u_{BE} bis auf 0 V absinkt. Erhöht man den Wert der Zeit-

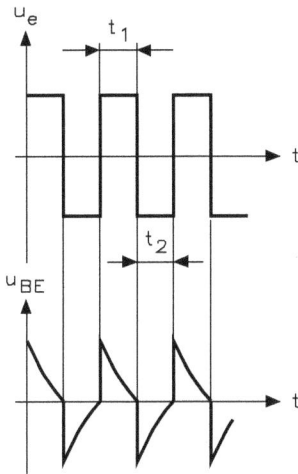

Abb. 5.54: Verlauf der Spannung u_{BE} für $\tau = 5 \cdot t_1 = 5 \cdot t_2$

konstanten τ, indem man den Koppelkondensator C_1 vergrößert (der Eingangswiderstand r_e ist durch die Schaltung fest vorgegeben), so benötigt der Kondensator zur Aufladung eine längere Zeitspanne. Er wird sich demzufolge in der Zeit t_1 bzw. t_2 nicht mehr voll auf den Wert des Eingangsimpulses u_e aufladen. Die Spannung u_{BE} wird demzufolge nur auf einen Wert

$$u_{BE} = u_e - u_C$$

ungleich 0 V absinken, wie dies in Abb. 5.55 dargestellt ist.

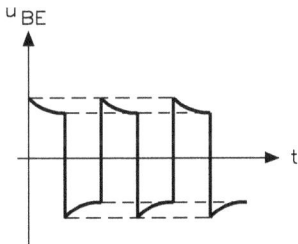

Abb. 5.55: Verlauf der Spannung u_{BE} für $\tau > 5 \cdot t_1$

Da u_{BE} die am Transistor wirksame Steuerspannung darstellt, wird die Ausgangsspannung u_a – unter Vernachlässigung von Transistorschaltzeiten – den gleichen Verlauf zeigen. Es ist lediglich die Phasendrehung von 180° zu berücksichtigen.

Der Einfluss des Auskoppelkondensators C_2 wird hier nicht untersucht, da C_1 wieder als Einkoppelkondensator der Last zugeschrieben wird. Die Ausgangsspannung kann ja auch vor dem Kondensator C_2 abgegriffen werden. Gegenüber Abb. 5.56 wird u_a dann lediglich um die Gleichspannung im Arbeitspunkt angehoben.

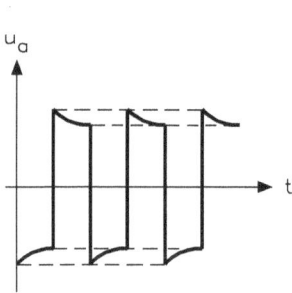

Abb. 5.56: Verlauf der Ausgangsspannung u_a

b) Mittlerer Frequenzbereich: Erhöht man nicht – wie vorher angenommen – den Wert des Kondensators C_1, sondern die Frequenz der Eingangsspannung, so werden die Impulszeiten t_l kürzer. Der Kondensator C_1 hat nun immer weniger Zeit sich aufzuladen. Die Spannung u_e, auf die sich der Kondensator während der Zeiten t_1 und t_2 auflädt, wird also mit steigender Frequenz immer kleiner und schließlich nahe zu Null werden. Jetzt gilt

$$u_{BE} = u_e$$

Die Ausgangsspannung u_a gleicht dann – wiederum unter Vernachlässigung der Transistor-schaltzeiten – im Verlauf der Eingangsspannung u_e unter Berücksichtigung der Phasendrehung von 180° aus, wie Abb. 5.57 zeigt.

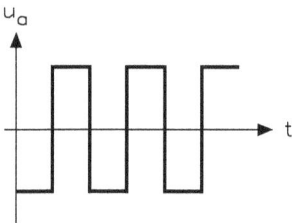

Abb. 5.57: Verlauf der Ausgangsspannung im mittleren Frequenzbereich

c) Hoher Frequenzbereich: Erhöht man die Frequenz über den mittleren Frequenzbereich hinaus, so macht sich der Einfluss der Diffusionskapazität C_D in zunehmendem Maße bemerkbar. Mit dem Kondensator C_1 als Kurzschluss ist jetzt das Ersatzschaltbild von Abb. 5.58 b) zu zeichnen.

Fasst man die Widerstände R_1, R_2 und r_{BE} der Ersatzschaltung nach Abb. 5.58 a) zu dem Eingangswiderstand r_e zusammen, so erhält man die vereinfachte Ersatzschaltung nach Abb. 5.58 b). Darüberhinaus wurde in Abb. 5.58 b) noch die Signalquelle für die Eingangsspannung u_e mit ihrem Innenwiderstand r_i gezeichnet. Der Innenwiderstand r_i stellt einen Tiefpass bzw. ein Integrierglied dar. Abb. 5.59 zeigt den Verlauf von u_{BE} bei höheren Frequenzen.

Mit steigender Frequenz macht sich demzufolge die Aufladekurve der Kapazität C_D immer mehr bemerkbar wie Abb. 5.60 zeigt.

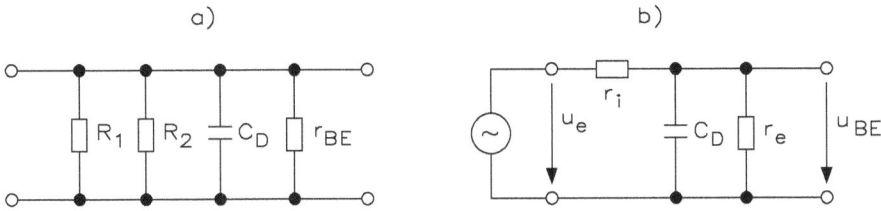

Abb. 5.58: a) Ersatzschaltbild für höhere Frequenzen, b) vereinfachtes Ersatzschaltbild mit Signalgenerator

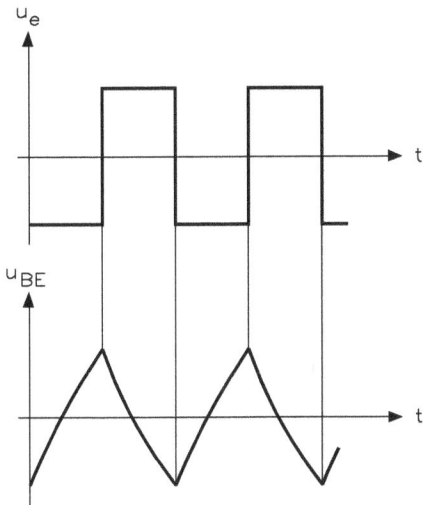

Abb. 5.59: Verlauf von u_{BE} bei höheren Frequenzen

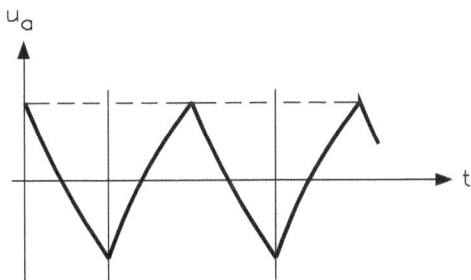

Abb. 5.60: Verlauf der Ausgangsspannung bei höheren Frequenzen

Zusammenfassend lässt sich bei der Verstärkung von Rechtecksignalen folgendes feststellen:

Zu Abb. 5.61 a): Für das zu verstärkende Rechtecksignal ist die untere Grenzfrequenz f_u des Verstärkers zu hoch. Durch Vergrößerung von C_1 kann f_u herabgesetzt werden.

Zu Abb. 5.61 b): Für das zu verstärkende Rechtecksignal ist die obere Grenzfrequenz f_o des Verstärkers zu niedrig. Eine Verbesserung ist nur durch Verwendung eines anderen Transistors, oder durch spezielle Schaltungserweiterungen zu erreichen.

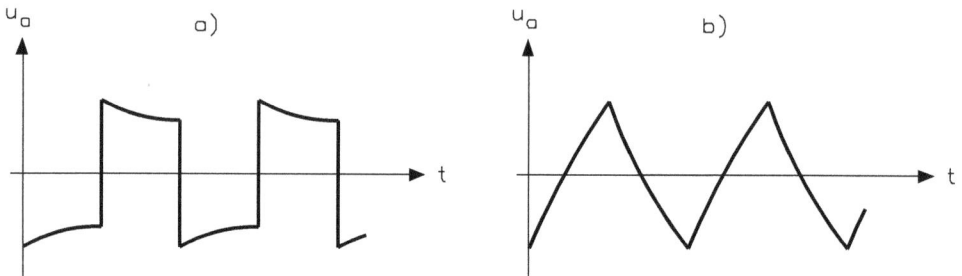

Abb. 5.61: a) Ausgangsspannung für zu tiefe Frequenzen, b) Ausgangsspannung für zu hohe Frequenzen

5.3.3   Gegenkopplung bei der Emitterschaltung

Die Gegenkopplung ist eine Sonderform der Rückkopplung. Unter Rückkopplung versteht man die Rückführung eines Teiles der Ausgangsgröße (Strom oder Spannung) auf den Eingang eines Verstärkers. Je nach Phasenlage des rückgekoppelten Signals unterscheidet man Mitkopplung oder Gegenkopplung.

a) Mitkopplung: Diese Art der Rückkopplung unterstützt die Wirkung des Eingangssignals, da Eingangssignal und rückgekoppeltes Signal gleiche Phasenlage haben. Die Amplitude der Ausgangsgröße wächst und das System beginnt bei genügend großer Grundverstärkung (Verstärkung ohne Rückkopplung) und genügend starker Mitkopplung zu schwingen. Die Mitkopplung wird bei allen Schwingschaltungen (Oszillatoren) ausgenutzt.

b) Gegenkopplung: Die rückgekoppelte Ausgangsgröße wirkt dem Eingangssignal entgegen, da Eingangssignal und rückgekoppeltes Signal gegeneinander um 180° phasenverschoben sind. Daraus resultiert, dass die Verstärkung verringert wird. Von den vier möglichen Gegenkopplungsgrundschaltungen werden zwei in diesem Rahmen behandelt, nämlich die Stromgegenkopplung und die Spannungsgegenkopplung, wobei die eben genannten zwei Bezeichnungen keinen Anspruch auf unbedingte Richtigkeit erheben.

Man muss nun noch unterscheiden zwischen gleichstrommäßiger Gegenkopplung und wechselstrommäßiger Gegenkopplung. Die gleichstrommäßige Gegenkopplung dient der Stabilisierung des Arbeitspunktes. Sie wird als bekannt vorausgesetzt. Es wird deshalb im Rahmen dieser Ausführungen nur auf die wechselstrommäßige Gegenkopplung eingegangen. Abb. 5.62 zeigt die Prinzipschaltung eines gegengekoppelten Verstärkers.

Die am Verstärkereingang wirkende Spannung U_2 ergibt sich dadurch als Differenz von U_e und U_1

$$U_2 = U_e - U_1$$

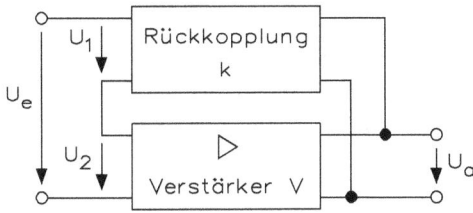

Abb. 5.62: Prinzipschaltung eines gegengekoppelten Verstärkers

Diese Spannung wird vom Verstärker mit dem Faktor V verstärkt:

$$U_2 \cdot V = U_1 \qquad \text{oder} \qquad U_2 = \frac{U_1}{V}$$

V ist dabei der Verstärkungsfaktor des Verstärkers ohne Gegenkopplung. Das Gegenkoppel-netzwerk teilt U_a mit dem Faktor k auf den Wert U_1 herunter.

$$U_a \cdot k = U_1 \qquad \text{oder} \qquad k = \frac{U_1}{U_a}$$

Setzt man nun in die erste Gleichung für U_a und U_e die gefundenen Beziehungen ein, erhält man

$$\frac{U_a}{V} = U_e - U_a \cdot k$$

$$\frac{U_a}{V} + U_a \cdot k = U_e$$

$$U_a \cdot \left(\frac{1}{V} + k \right) = U_e$$

$$\frac{U_a}{U_e} = \frac{1}{\frac{1}{V} + k}$$

Das Verhältnis U_a/U_e ist der Verstärkungsfaktor V^*, der gesamten Schaltung, also einschließlich Gegenkoppelnetzwerk:

$$V^* = \frac{1}{\frac{1}{V} + k} = \frac{V}{1 + V \cdot k}$$

Hieraus ersieht man, dass der Gesamtverstärkungsfaktor V^* vom Verstärkungsfaktor V des Verstärkers und vom Koppelfaktor k abhängt. Interessant ist beispielsweise, dass für sehr großes V die Gesamtverstärkung lediglich von k abhängig ist

$$V^* \approx \frac{1}{k} \qquad \text{für } V \to \infty$$

Durch die Gegenkopplung wird zwar einerseits die Verstärkung herabgesetzt, andererseits hat sie jedoch einige Eigenschaften, die bei Verstärkern vorteilhaft ausgenutzt werden können.

Solche Vorteile sind – je nach Schaltungsart – beispielsweise:

- Herabsetzen der Spannungsverstärkung auf einen definierten Wert, wobei dieser Wert fast unabhängig von verwendeten Halbleiterbauelementen mit ihrer hohen Exemplarstreuung sein kann
- Stabilisierung der Spannungsverstärkung (z. B. bei Laständerung)
- Erweiterung der Bandbreite, sowie Linearisierung des Frequenzganges
- Reduzierung der durch Kennlinienkrümmung hervorgerufenen Verzerrungen
- Erhöhung des Eingangswiderstandes
- Verkleinerung des Ausgangswiderstandes

Einige dieser Eigenschaften lassen sich bereits mit der Prinzipschaltung recht einfach erklären:

- Wird beispielsweise die am Ausgang angeschlossene Last verkleinert, so wird im ersten Moment die Ausgangsspannung U_a absinken. Damit wird aber auch U_1 kleiner, wodurch die am Verstärker wirksame Eingangsspannung

$$U_2 = U_e - U_1$$

ansteigt. Da $U_a = V \cdot U_2$ ist, wird U_a wieder größer.
- In der Nähe der Grenzfrequenzen wird die Ausgangsspannung ebenfalls kleiner. Es spielt sich dann der gleiche Vorgang ab, der eben beschrieben wurde.

Der Entzerrungseffekt lässt sich zeichnerisch mit Hilfe der Eingangskennlinie erklären. Darauf sei jedoch hier verzichtet. Die Änderung des Eingangs- und Ausgangswiderstandes wird bei den jeweiligen Schaltungen erläutert.

Um die Erklärungsweise möglichst einfach zu gestalten, werden die folgenden Schaltungen nur wechselstrommäßig betrachtet.

Der Basisspannungsteiler zur Einstellung des Arbeitspunktes wird als sehr hochohmig angenommen und deshalb nicht eingezeichnet. C_1 und C_2 stellen Kurzschlüsse dar. Die Gegenkopplung wird durch den Ausgangsstrom $i_E \approx i_C$ hervorgerufen, der mit dem Emitterwiderstand R_E die Spannung u_{R3} erzeugt. Abb. 5.63 zeigt eine stromgegengekoppelte Transistorstufe.

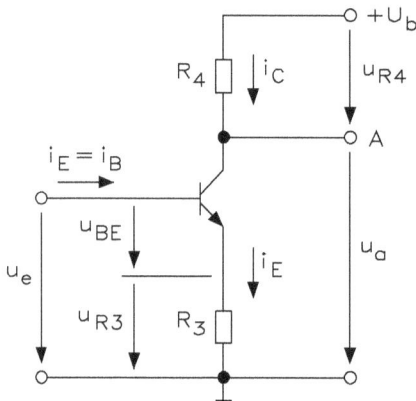

Abb. 5.63: Stromgegengekoppelte Transistorstufe

Die Spannung u_{R3} wirkt der zu verstärkendem Eingangsspannung u_e entgegen und beeinflusst somit die am Transistoreingang liegende Spannung u_{BE}.

$$u_{BE} = u_e - u_{R3}$$

Zur Ermittlung der Schaltungsgrößen wird noch eine vereinfachende Annahme getroffen: Der Basisspannungsteiler, der ja bereits vernachlässigt wurde, wirkt sich nicht auf den Eingangswiderstand der Schaltung aus. Der Eingangsstrom i_e ist damit gleichzeitig der Basisstrom i_B.

Um die Größen der Schaltung mit und ohne Gegenkopplung auseinanderzuhalten, wird folgendes festgelegt: Die Größen bei Gegenkopplung werden mit einem Stern gekennzeichnet.

Bei der Spannungsverstärkung mit Stromgegenkopplung ergibt sich

$$V_u^* = \frac{u_a}{u_e} \qquad V_u = \frac{u_a}{u_{BE}} \qquad u_e = u_{BE} + u_{R3}$$

Da die Spannungsquelle $(+U_b)$ wechselstrommäßig einen Kurzschluss darstellt ist

$$u_a = u_{R4}$$

Damit erhält man

$$V_u = \frac{u_{R4}}{u_{BE}} \qquad u_{BE} = u_e + u_{R3}$$

$$V_u = \frac{u_{R4}}{u_e - u_{R3}}$$

$$u_e - u_{R3} = \frac{u_{R4}}{V_u}$$

$$u_e = \frac{u_{R4}}{V_u} + u_{R3}$$

Mit diesem Wert geht man in die Gleichung für V_u^*

$$V_u^* = \frac{u_{R4}}{\frac{u_{R4}}{V_u} + u_{R3}} = \frac{u_{R4} \cdot V_u}{u_{R4} + V_u \cdot u_{R3}} = \frac{V_u}{1 + V_u \cdot \frac{u_{R3}}{u_{R4}}}$$

Da sich die Spannungen wie die dazugehörigen Widerstände verhalten, ist:

$$\frac{u_{R3}}{u_{R4}} = \frac{R_3}{R_4}$$

$$V_u^* = \frac{V_u}{1 + \frac{V_u \cdot R_3}{R_4}} = \frac{V_u}{1 + V_u \cdot k} \qquad \text{mit } k = \frac{R_3}{R_4}$$

$$V_u^* = \frac{1}{\frac{1}{V_u} \cdot k}$$

V_u ist dabei die Spannungsverstärkung mit

$$V_u \approx \beta \cdot \frac{R_4}{r_{BE}}$$

Für genügend großer V_u lässt sich näherungsweise schreiben

$$V_u^* = \frac{1}{k} \qquad k = \frac{R_3}{R_4} \qquad V_u^* = \frac{R_4}{R_3}$$

Anhand dieser Näherungsgleichung kann man bereits erwähnte Vorteile begründen:
• Die Spannungsverstärkung lässt sich auf einen gewünschten Wert einstellen, nämlich auf das Verhältnis R_4/R_3.
• Die Spannungsverstärkung wird praktisch unabhängig von den Daten des Transistors und hängt nur von den Widerständen R_3 und R_4 ab.

Sind Kollektor- und Emitterwiderstand gleich groß, so ergibt sich für die Spannungsverstärkung

$$V_u^* = \frac{R_4}{R_3} = 1 \qquad R_3 = R_4$$

Damit ist die Ausgangsspannung u_{a1} in der Schaltung nach dem Betrag nach gleich groß mit der Eingangsspannung u_e. Die Phasenlage dieser beiden Spannungen beträgt $180°$. Die Schaltung bewirkt also lediglich eine Phasenumkehr und man bezeichnet sie deshalb als Phasenumkehrstufe. Abb. 5.64 zeigt eine Transistorstufe mit zwei Ausgängen.

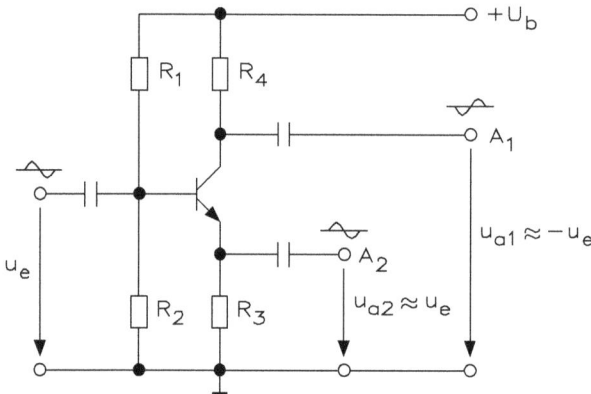

Abb. 5.64: Transistorstufe mit zwei Ausgängen

Greift man die Ausgangsspannung nicht am Kollektor sondern am Emitter ab, so liegt eine Kollektorschaltung vor, bei der die Ausgangsspannung u_a etwa gleich groß wie die Eingangsspannung u_e ist:

$$u_{a2} \approx u_e$$

Zwischen Eingangs- und Ausgangsspannung besteht keine Phasenverschiebung. Damit sind die Ausgangsspannungen u_{a1} und u_{a2} dem Betrage nach gleich groß. Ihre Phasenverschiebung beträgt $180°$.

A_1 wird als invertierender Ausgang, A_2 als nicht invertierender Ausgang bezeichnet. Die Schaltung wird zur Aussteuerung von Gegentaktendstufen verwendet.

Eingangsstrom i_e und Ausgangsstrom i_C bestimmen die Stromverstärkung V_i^*

$$V_i^* = \frac{i_C}{i_e}$$

Mit der getroffenen Annahme $i_e = i_B$ erhält man

$$V_i^* = \frac{i_a}{i_B}$$

Dies ist jedoch genau die Stromverstärkung, die man auch ohne Gegenkopplung erhält

$$V_i^* = V_i \approx \beta$$

Die Stromverstärkung dieser gegengekoppelten Schaltung ändert sich also nicht gegenüber dem Wert bei einer nicht gegengekoppelten Schaltung.

Der Eingangswiderstand der stromgegengekoppelten Emitterschaltung entspricht dem Eingangswiderstand der Kollektorschaltung. Die Schaltung lässt sich eingangsseitig in folgende einfache Ersatzschaltung (Abb. 5.65) umwandeln.

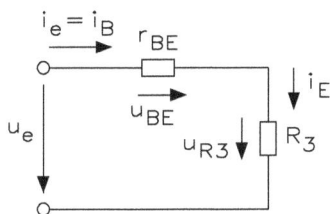

Abb. 5.65: Eingangsseitige Ersatzschaltung

Zu beachten ist, dass über den dynamischen Eingangswiderstand r_{BE} des Transistors der Eingangsstrom i_B fließt, während der Emitterwiderstand R_3 vom Emitterstrom i_E durchflossen wird. Die Eingangsspannung teilt sich auf die Widerstände r_{BE} und R_3 auf.

$$u_e = u_{BE} + u_{R3}$$

Darin ist

$$u_{BE} = i_B \cdot r_{BE} \qquad \text{und} \qquad u_{R3} = i_E \cdot R_3 = (i_C + i_B) \cdot R_3$$

Mit

$$i_C = \beta \cdot i_B$$

wird

$$
\begin{aligned}
u_{R3} &= (\beta \cdot i_B + i_B) \cdot R_3 \\
&= \beta \cdot i_B \cdot R_3 + i_B \cdot R_3 \\
&= i_B(\beta \cdot R_3 + R_3) \\
u_e &= i_B \cdot r_{BE} + i_B \cdot (\beta \cdot R_3 + R_3) \\
u_e/i_B &= r_{BE} + \beta \cdot R_3 + R_3
\end{aligned}
$$

Der Quotient aus Eingangsspannung und Eingangsstrom ist jedoch der Eingangswiderstand r_E^* der Schaltung

$$r_E^* = r_{BE} + \beta \cdot R_3 + R_3$$

Vergleicht man diesen Widerstand mit dem vorher gefundenen Widerstand der Schaltung ohne Gegenkopplung

$$r_E \approx r_{BE}$$

so sieht man, dass der Eingangswiderstand erheblich größer geworden ist. Da $\beta \cdot R_3 \gg R_3$ ist, ergibt sich näherungsweise

$$r_E^* \approx r_{BE} + \beta \cdot R_3$$

Die Eingangsspannung u_e teilt sich danach auf die Widerstände r_{BE} und $\beta \cdot R_3$ auf. Meistens ist $\beta \cdot R_3 \gg r_{BE}$, so dass also der größte Teil der Eingangsspannung über den Emitterwiderstand abfällt.

$$u_{R3} \approx u_e$$

Auf Grund dieser Erkenntnis wird die Kollektorschaltung auch als Emitterfolger bezeichnet. Der hohe Eingangswiderstand wird natürlich durch den Basisspannungsteiler wieder herabgesetzt. Nimmt man für $\beta = 180$ und für $R_3 = 250\,\Omega$ an, so ist

$$r_E^* \approx \beta \cdot R_3 = 45\,k\Omega$$

Da die Basiswiderstände z. B. folgende Werte aufweisen können:

$$R_2 = 56\,k\Omega \qquad \text{und} \qquad R_1 = 10\,k\Omega$$

wird der Gesamteingangswiderstand

$$r_E^* \parallel R_1 \parallel R_2$$

ersichtlich kleiner. Um dies zu vermeiden wird beispielsweise die Kollektorschaltung zur sogenannten Bootstrap-Schaltung erweitert.

5.3.4   Ausgangswiderstand bei Stromgegenkopplung

Vom Ausgang A bei einer stromgegengekoppelten Transistorstufe aus gesehen liegt wechselstrommäßig die Kollektor-Emitter-Strecke des Transistors mit nachfolgendem Emitterwiderstand R_3 und dem Widerstand R_4 parallel zueinander. Anhand eines etwas aufwendigen Verfahrens, auf das hier verzichtet wird, kann man den Widerstand r^* der erstgenannten Strecke errechnen.

$$r^* = r_{CE} \cdot \left(1 + \beta \cdot \frac{R_3}{r_{BE}}\right)$$

Für den Ausgangswiderstand der Schaltung erhält man dann

$$r_a^* = R_4 \parallel r^* = R_4 \parallel r_{CE} \cdot \left(1 + \beta \cdot \frac{R_3}{r_{BE}}\right)$$

Da der zweite Teil dieser Parallelschaltung sehr große Werte annimmt, kann man mit sehr guter Näherung schreiben:

$$r_a^* \approx R_4$$

Der Widerstandswert der Strecke vom Kollektor nach Masse wird also gegenüber der Schaltung ohne Gegenkopplung erheblich vergrößert, während der Widerstand der Schaltung – also mit R_4 – etwa gleich geblieben ist.

Der Innenwiderstand des einspeisenden Signalgenerators soll bei Stromgegenkopplung möglichst niederohmig sein, damit der Generator an die Schaltung – unabhängig von ihrem Eingangswiderstand – eine konstante Spannung u_e abgibt. Nur unter dieser Voraussetzung kann die über dem Emitterwiderstand R_3 auftretende Gegenspannung sich auf den Transistoreingang derartig auswirken, dass der Ansteuerstrom kleiner wird.

Liegt eine Stromeinspeisung (Stromsteuerung) vor, so hätte die Gegenkopplung (mit ihrer Erhöhung des Eingangswiderstandes) keinen Einfluss auf die Größe des den Transistor ansteuernden Signals.

Im Gegensatz zur Stromgegenkopplung, bei der eine dem Ausgangsstrom proportionale Spannung zum Eingang zurückgekoppelt wird, koppelt man hier einen Teil der gegenphasigen Ausgangsspannung zum Eingang zurück. Dies geschieht durch den Widerstand R_2, der auch den Basisstrom zur Arbeitspunkteinstellung liefert. Da der Widerstand R_2 gleich- und wechselspannungsmäßig wirksam ist, handelt es sich um eine Gleich- und Wechselspannungsgegenkopplung. Abb. 5.66 zeigt eine Emitterschaltung mit Spannungsgegenkopplung.

Vergrößert sich z. B. der Kollektorstrom durch Temperaturerhöhung oder durch Austausch des Transistors (Exemplarstreuung) bzw. durch entsprechende eingangsseitige Ansteuerung, so vergrößert sich damit auch der Spannungsfall am Kollektorwiderstand und das Kollektorpotential wird niedriger. Als Folge davon werden auch das Basispotential und damit der Basisstrom des Transistors geringer. Der Transistor wird also zugesteuert.

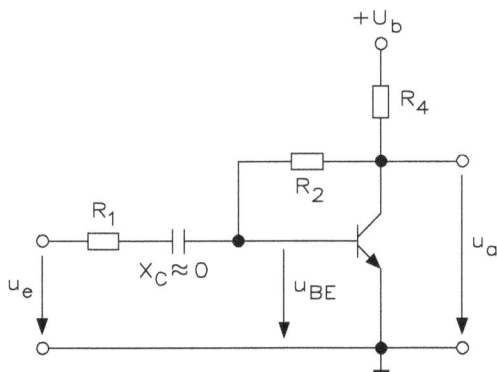

Abb. 5.66: Emitterschaltung mit Spannungsgegenkopplung

Die Abhandlung der Schaltungsgrößen, wie Verstärkungsfaktoren und Widerstände kann auf zwei Arten erfolgen, die je nach Betrachtungsweise bei der Spannungsverstärkung V_u^* und dem Eingangswiderstand r_E^* zu unterschiedlichen Ergebnissen führen. Beide Versionen sollen nachstehend erklärt werden.

Da die Herleitung der Gleichungen für die Schaltungsgrößen hier aufwendiger ist, als bei der im vorigen Abschnitt besprochenen Stromgegenkopplung, soll darauf verzichtet werden.

Darstellungsart 1: Diese Version bezieht sich auf eine Schaltung mit der Spannungsverstärkung bei Spannungsgegenkopplung:

$$V_u^* = \frac{V_u}{1 + k_U \cdot V_u} = \frac{1}{\frac{1}{V_u} + k_U}$$

V_u ist dabei die Spannungsverstärkung ohne Gegenkopplung.

$$V_u \approx \beta \cdot \frac{R_4}{r_{BE}}$$

Für den Kopplungsfaktor k_U ist zu setzen

$$k_U - \frac{R_1}{R_2}$$

Für genügend großes V_u erhält man näherungsweise

$$V_u^* \approx \frac{R_2}{R_1}$$

Die Spannungsverstärkung hängt also von der Größe der Widerstände R_1 und R_2 ab. Je kleiner beispielsweise R_1 und je größer R_2 ist, umso kleiner wird die Spannungsverstärkung.

$$V_i^* \approx \frac{V_i}{1 + k_i \cdot V_i}$$

V_i ist dabei wiederum die Stromverstärkung, die die Schaltung ohne Gegenkopplung hätte. Der Kopplungsfaktor k_i ist näherungsweise

$$k_i \approx \frac{R_4}{R_2}$$

Aus der Schaltung mit Spannungsgegenkopplung ist ersichtlich, dass sich der Signalwechselstrom hinter R_1 aufteilt und zum einen über R_2 und R_4 nach Masse fließen kann, zum anderen über die Basis-Emitter-Strecke.

Da R_1 im Allgemeinen sehr groß ist gegenüber dem dynamischen Eingangwiderstand r_{BE} des Transistors (und der dazu parallel liegenden Strecke R_2 und R_4), gilt näherungsweise für den Wechselstromeingangswiderstand der Schaltung:

$$r_e^* \approx R_1$$

Der Ausgangswiderstand ist wesentlich niederohmiger als bei der nicht gegengekoppelten Schaltung. Dies kann man erkennen, wenn man die Schaltung vom Ausgang her betrachtet.

Darstellungsart 2: Ist $R_1 = 0$, so wird der Koppelfaktor $k_U = R_1/R_2$ ebenfalls zu Null. Da die Spannungsverstärkung der Schaltung gemäß der Darstellungsart 1

$$V_u^* = \frac{V_u}{1 + k_U \cdot V_u}$$

ist, ergibt sich in diesem Fall

$$V_u^* = \frac{V_u}{1 + 0 \cdot V_u} = V_u$$

d. h. die Gegenkopplung ist unwirksam geworden. Der Widerstand R_1 ist also erforderlich, damit die Gegenkopplung überhaupt zur Wirkung kommen kann. R_1 kann jedoch auch (ganz oder teilweise) aus dem Innenwiderstand R_i des speisenden Generators bestehen.

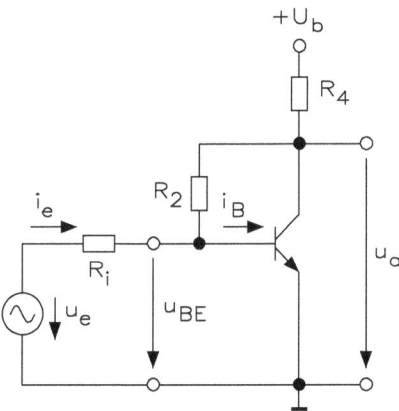

Abb. 5.67: Spannungsgegenkopplung mit Spannungseinspeisung

Ist der Funktionsgenerator aber eine Konstantstromquelle mit $R_i = 0\,\Omega$ (Spannungseinspeisung), so wird die Gegenkopplung wiederum unwirksam. Dies ist auch aus Abb. 5.67 zu ersehen, denn mit $R_i = 0\,\Omega$ ist, die am Transistor wirksame Steuerspannung u_{BE} immer gleich der Eingangsspannung u_e ($u_{BE} = u_e$). Damit erhält der Transistor mit und ohne R_2, den gleichen Basisstrom.

$$i_B = \frac{u_e}{r_{BE}}$$

und wird somit in keiner Weise auf die Gegenkopplung reagieren.

Verwendet man jedoch eine Konstantstromquelle, so teilt sich der konstante Eingangsstrom i_e je nach Größe von R_2 in einen Strom über R_2 auf (Abb. 5.68).

Eine Konstantstromquelle lässt sich ersatzschaltbildmäßig so darstellen, dass R_i parallel zur Stromquelle liegt. Da hier $u_e = u_{BE}$ ist, erhält man für die Spannungsverstärkung der Schal-

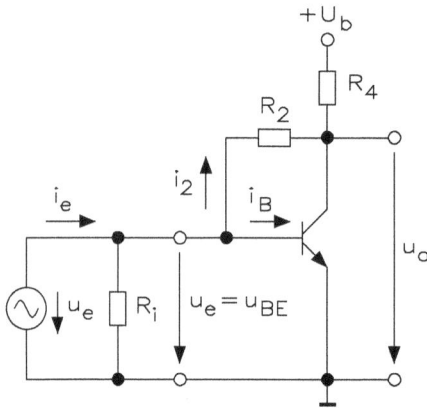

Abb. 5.68: Spannungsgegenkopplung mit Stromeinspeisung

tung

$$V_u^* = \frac{u_a}{u_{BE}} = \frac{u_{CE}}{u_{BE}}$$

u_{CE} und u_{BE} sind jedoch genau die Größen, durch die die Spannungsverstärkung des nicht gekoppelten Verstärkers ausgedrückt wird, d. h. die Spannungsverstärkung ist mit und ohne Gegenkopplung gleich groß.

$$V_u^* = V_u$$

Der Eingangswiderstand wird in Abb. 5.68 nicht mehr durch den Widerstand R_1 bestimmt, sondern ergibt sich aus der Spannung

$$u_e = u_{BE}$$

und dem Strom

$$i_e = i_B + i_2 \qquad \text{mit } r_E^* = \frac{u_{BE}}{i_B + i_2}$$

Hieraus ist schon ersichtlich, dass der Eingangswiderstand der Schaltung kleiner als der Eingangswiderstand

$$r_{BE} = \frac{u_{BE}}{i_B}$$

des Transistors und damit kleiner als der Eingangswiderstand einer nicht gegengekoppelten Schaltung ist.

Will man nur eine Gleichspannungs- und keine Wechselspannungsgegenkopplung durchführen, so bietet sich beispielsweise die Gleichspannungsgegenkopplung an. Hier bewirkt die Gegenkopplung lediglich eine Stabilisierung des Arbeitspunktes. Der Kondensator C_4 schließt die vom Ausgang zurückgekoppelte Signalspannung kurz, bevor sie zum Eingang gelangt. Abb. 5.69 zeigt die Gleichspannungsgegenkopplung.

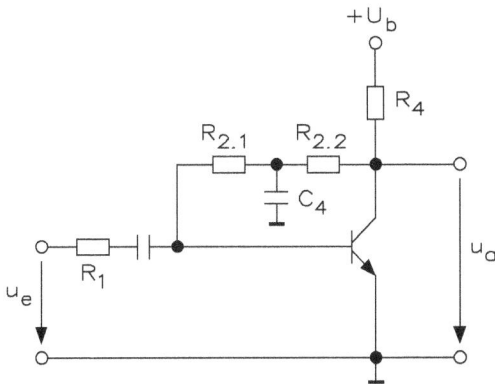

Abb. 5.69: Gleichspannungsgegenkopplung

Soll die Verstärkerstufe nur für Wechselspannungen gegengekoppelt werden, muss ein Kondensator C_5 eingefügt werden. Da der Widerstand des Kondensators C_5 mit steigender Frequenz kleiner wird, ist die Gegenkopplung umso stärker, je höher die Frequenz ist, auf der die Schaltung arbeitet. Dadurch können eventuell auftretende Schwingneigungen der Schaltung unterdrückt werden. Abb. 5.70 zeigt die Wechselspannungsgegenkopplung.

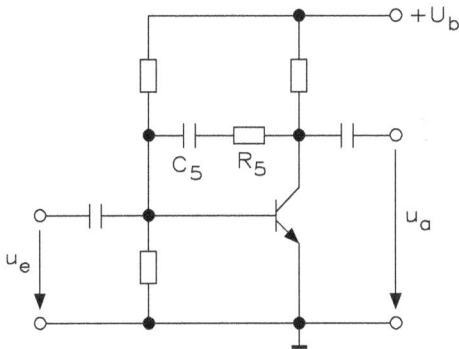

Abb. 5.70: Wechselspannungsgegenkopplung

5.3.5 Wechselspannungs- und Stromanpassung

Als Beispiel für die Anpassung dient Abb. 5.71. Die Eingangsstufe hat die Aufgabe zur Anpassung des Verstärkers an die Steuerquelle, die Treiberstufe benötigt man zur Ansteuerung der Leistungsendstufe und die Leistungsendstufe zur Erzeugung einer großen Leistung für den Endverbraucher.

Bei der Kopplung mehrerer Verstärkerstufen wirkt die vorhergehende Stufe jeweils als Generator mit einem bestimmten Innenwiderstand, dargestellt durch den Ausgangswiderstand dieser Stufe, der durch den Eingangswiderstand der darauffolgenden Stufe belastet wird.

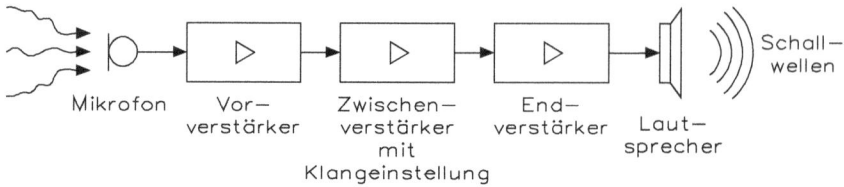

Abb. 5.71: Blockschaltbild eines einfachen Verstärkers

Je nachdem in welchem Verhältnis diese beiden Widerstandswerte r_a und r_e zueinander stehen, oder anders ausgedrückt, je nachdem, ob es sich bei der ansteuernden Größe der einzelnen Verstärkerstufe um eine Wechselspannung oder um einen Wechselstrom handelt, spricht man von Spannungs- oder Stromsteuerung.

Maßgebend ist nun, dass das Signal der Steuerquelle (in Abb. 5.71 ist die Steuerquelle ein Mikrofon) möglichst unverzerrt und entsprechend verstärkt zum Verbraucher (dem Lautsprecher) gelangt, wobei die Endstufe eine hohe Leistung erzielen soll, die durch richtige Anpassung der Endstufe an den Verbraucher auch in maximaler Höhe von letzterem aufgenommen werden kann.

Um dieser Forderung gerecht zu werden, müssen sämtliche Bausteine der Abb. 5.71 einander angepasst werden. Ferner ist bei den Verstärkerstufen auf richtige Wahl des Arbeitspunktes zu achten.

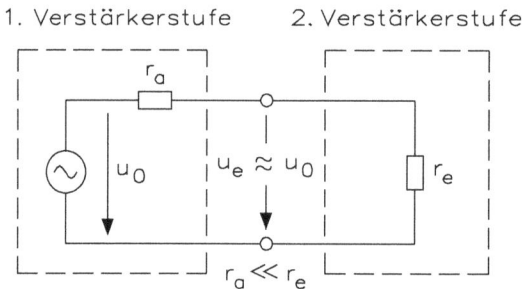

Abb. 5.72: Schematische Darstellung der Spannungssteuerung

In dem Anpassungsfall nach Abb. 5.72 ist der Ausgangswiderstand r_a der 1. Verstärkerstufe (hier als Generator dargestellt) sehr klein gegenüber dem Eingangswiderstand der darauffolgenden Stufe, die als Verbraucher anzusehen ist. Dadurch liegt nahezu die gesamte, von der 1. Stufe erzeugte Spannung am Eingang der

2. Stufe. Wäre beispielsweise $r_a = r_e$, so würde die Hälfte der Spannung u_0 an r_a abfallen, also sozusagen im Innern der ersten Stufe verbraucht. Zur Ansteuerung der zweiten Stufe stände demzufolge nur $u_0/2$ zur Verfügung. Das ist natürlich nicht im Sinne einer effektiven Ausnutzung der Verstärkereigenschaften.

Diese „Signalverschwendung" lässt sich auch auf eine andere Art herleiten. Vorher wurde die Spannungsverstärkung einer einfachen Emitterschaltung berechnet zu

$$v_u \approx \beta \cdot \frac{R_4}{r_{BE}}$$

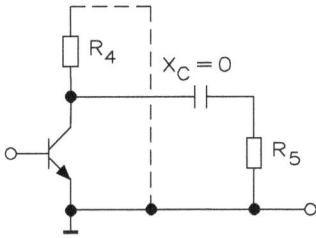

Abb. 5.73: Emitterverstärker (ausgangsseitig) mit Last R_5

Danach ist die Spannungsverstärkung umso größer, je größer der Kollektorwiderstand R_4 ist. Da die Last R_5 wechselstrommäßig parallel zu R_4 liegt wird der Emitterverstärker in Abb. 5.73 mit dem Gesamtkollektorwiderstand

$$R_4 \parallel R_5$$

belastet und der Widerstand R_5 kann selbstverständlich auch der Eingangswiderstand der nächsten Stufe sein.

Die größte Spannungsverstärkung erhält man, wenn R_5 unendlich groß ist oder wenn zumindest

$$R_5 \gg R_4 \qquad \text{bzw.} \qquad R_4 \ll R_5 \,,$$

denn nur dann ist $R_4 \parallel R_5 \approx R_4$ und nicht kleiner. Da der Ausgangswiderstand der Emitterschaltung

$$r_a \approx R_4$$

ist, gilt

$$r_a \approx R_5 \qquad (\text{bzw.} \ll r_e)$$

für die Spannungssteuerung und man hat die maximale Spannungsverstärkung. Auf eine Problematik sei hier noch hingewiesen, und zwar ist dies die Signalverzerrung.

Zu beachten ist nämlich die richtige Wahl des Arbeitspunktes. Wird der Arbeitspunkt in den gekrümmten Teil der Eingangskennlinie gelegt, so ist bereits der Eingangswechselstrom i_B verzerrt. Unter der Annahme, dass die Steuerkennlinie zumindest im Aussteuerbereich ziemlich linear verläuft, ergibt sich dann die verzerrte Ausgangswechselspannung. Eine Spannungssteuerung (Abb. 5.74) ist daher bei größeren Amplituden zu verhindern.

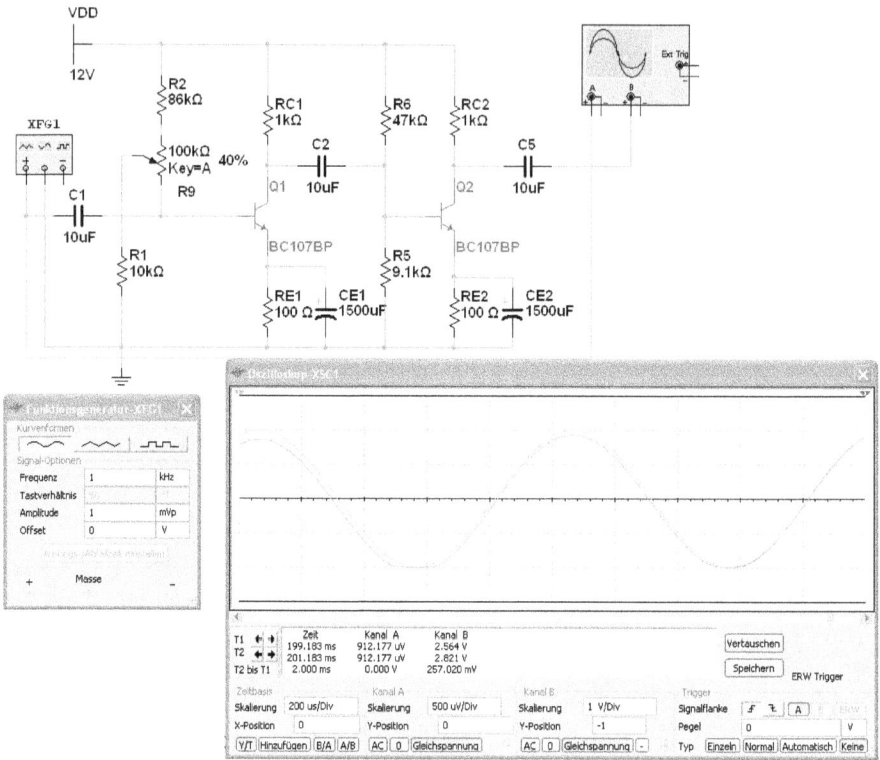

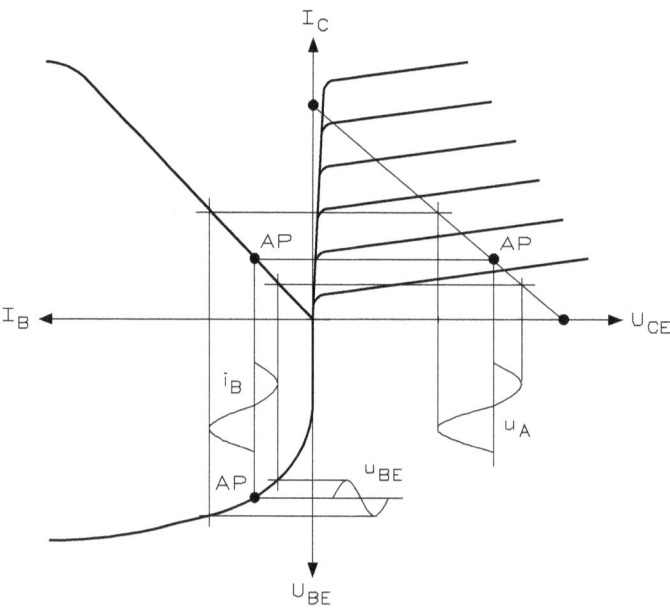

Abb. 5.74: Spannungssteuerung im Kennlinienfeld

Stromanpassung ist immer dann gegeben, wenn der Innenwiderstand sehr groß ist gegenüber dem angeschlossenen Lastwiderstand. Der Generator ist dann als Stromquelle anzusehen. Nach den Erkenntnissen kann im Ersatzschaltbild der Innenwiderstand der Stromquelle parallel zu dieser gezeichnet werden. Somit ist gewährleistet, dass gemäß Abb. 5.75 der gesamte Strom i_0, den die 1. Stufe erzeugt, über den Eingang der 2. Stufe (bzw. über die Last) fließt. Man erzielt damit die bestmögliche Ansteuerung der 2. Stufe.

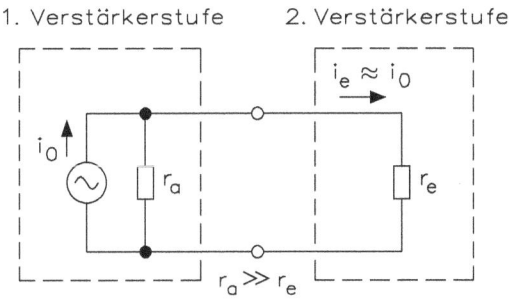

Abb. 5.75: Schematische Darstellung der Stromsteuerung

Wäre beispielsweise $r_a = r_e$, so würde über den Eingang der 2. Stufe nur der Signalstrom $i_e = i_0/2$ fließen. Auch die Stromanpassung lässt sich mit Hilfe der gefundenen Erkenntnisse auf eine zweite Art erklären.

Aus der Gleichung für die Stromverstärkung

$$V_i = \beta \cdot \frac{r_{CE}}{r_{CE} + R_4}$$

ersieht man, dass V_i dann am größten ist, wenn der Kollektorwiderstand $R_4 = 0$ ist. Da die Last R_5 wechselstrommäßig parallel zu R_4 liegt, ist für den Gesamtkollektorwiderstand zu setzen:

$$R_4 \parallel R_5$$

Ist $R_5 = 0$ bzw. sehr klein, dann gilt also

$$R_5 \gg R_4$$

und der Widerstand $R_4 \parallel R_5 = 0$ oder sehr klein.

Die Stromverstärkung V_i ist dann:

$$V_i = \beta \qquad \text{(Kurzschlussstromverstärkung)}$$

Da der Ausgangswiderstand der Emitterschaltung $r_a \approx R_4$ ist, kann man folgende Feststellung treffen:

$$r_a \gg R_5 \qquad \text{(bzw.} \ll r_e) \qquad \text{Stromsteuerung bei maximaler Stromverstärkung}$$

Die Signalübertragung bei der Stromanpassung ist in Abb. 5.76 dargestellt.

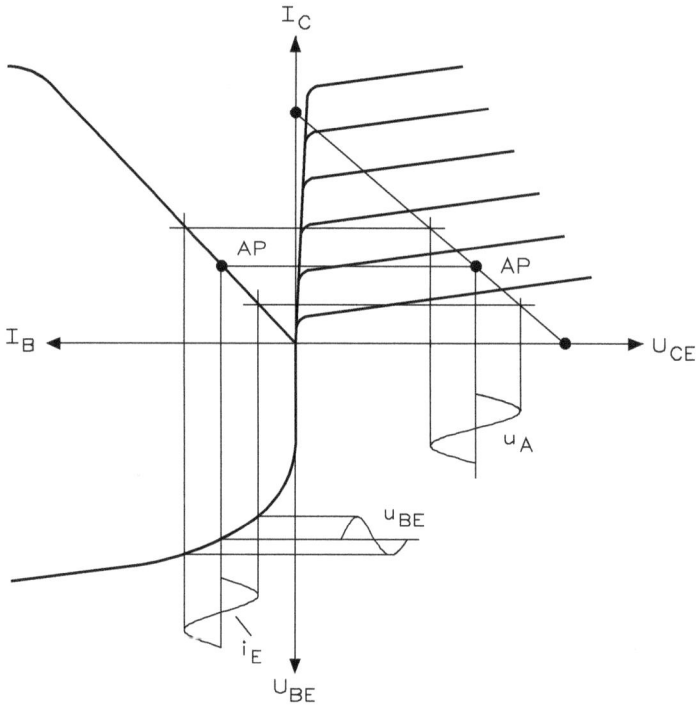

Abb. 5.76: Stromsteuerung im Kennlinienfeld

Wie aus Abb. 5.77 ersichtlich ist, wird durch i_e bei der 2. Stufe ausgangsseitig eine Spannung u_a hervorgerufen, die – geht man wieder von einer etwa linearen Steuerkennlinie aus – ebenfalls sinusförmig ist. Die Verzerrung ist also sehr gering. Die Eingangsspannung u_e (u_e entspricht bei der nicht stromgegengekoppelten Emitterschaltung u_{BE}) hat dabei einen nicht sinusförmigen Verlauf.

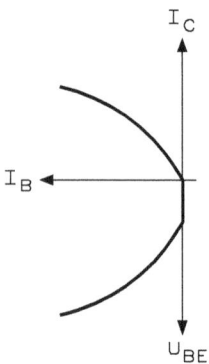

Abb. 5.77: Eingangs- und Steuerkennlinie

Eine reine Spannungs- bzw. Stromsteuerung lässt sich auf Grund der tatsächlichen Widerstände von den jeweils verwendeten Generatoren und Verbrauchern nicht erreichen. Da jedoch die Steuerkennlinie nicht genau linear, sondern etwa entgegengesetzt gekrümmt ist wie die Eingangskennlinie, ergeben sich die geringsten Verzerrungen dann, wenn weder eine reine Spannungssteuerung noch eine Stromsteuerung vorliegt. Durch geeignete Wahl des Strom-Spannungs-Aussteuerverhältnisses kann man nämlich erreichen, dass sich die Verzerrung auf Grund der in Abb. 5.77 angedeuteten Kennlinienkrümmungen wieder aufheben. Die Krümmung der Steuerkennlinie ist besonders bei Leistungstransistoren stark ausgeprägt.

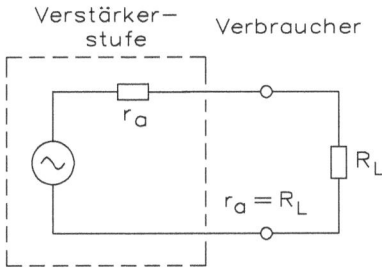

Abb. 5.78: Leistungsanpassung

Ein Verbraucher nimmt dann die maximale Leistung auf, wenn sein Widerstandswert dem Innenwiderstand des Generators entspricht. Nach Abb. 5.78 gilt demzufolge:

$$r_a = R_L$$

Vermerkt sei noch, dass Leistungsverstärker einen hohen Eingangswiderstand haben sollen, um die sie ansteuernde Signalquelle wenig zu belasten. Dies ist mit ein Grund, weswegen (neben der Emitterschaltung) hier häufig die Kollektorschaltung Verwendung findet. Da deren Spannungsverstärkung in der Größenordnung von eins liegt, muss ein Vorverstärker eine Spannung liefern, die etwa so groß ist, wie die gewünschte Ausgangsspannung.

5.3.6   Zweistufiger Verstärker

Bei der Realisierung eines zweistufigen Verstärkers muss zuerst die Gesamtverstärkung betrachtet werden, und erst dann beginnt man mit der Realisierung der einzelnen Verstärkerstufen.

In der Ersatzschaltung von Abb. 5.79 hat man eine Eingangsspannung von $U_{e1} = 5\,\text{mV}$ und eine Ausgangsspannung von $U_{a2} = 1\,\text{V}$. Man benötigt also eine Gesamtverstärkung von $V = 200$, wobei in der Ersatzschaltung die erste Stufe eine Verstärkung von $V = 20$ und die in der zweiten Stufe $V = 10$ aufweist. Da die einzelnen Verstärkungen von dem Verhältnis zwischen Kollektorwiderstand und Emitterwiderstand abhängig sind, lässt sich die Berechnung vereinfachen. Den Aufbau des zweistufigen Verstärkers zeigt Abb. 5.80.

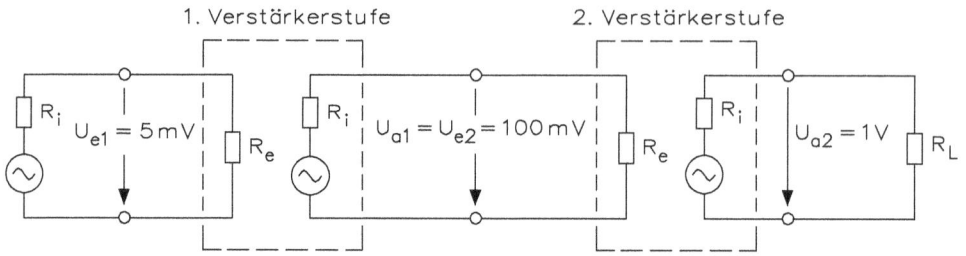

Abb. 5.79: Ersatzschaltbild eines zweistufigen Verstärkers

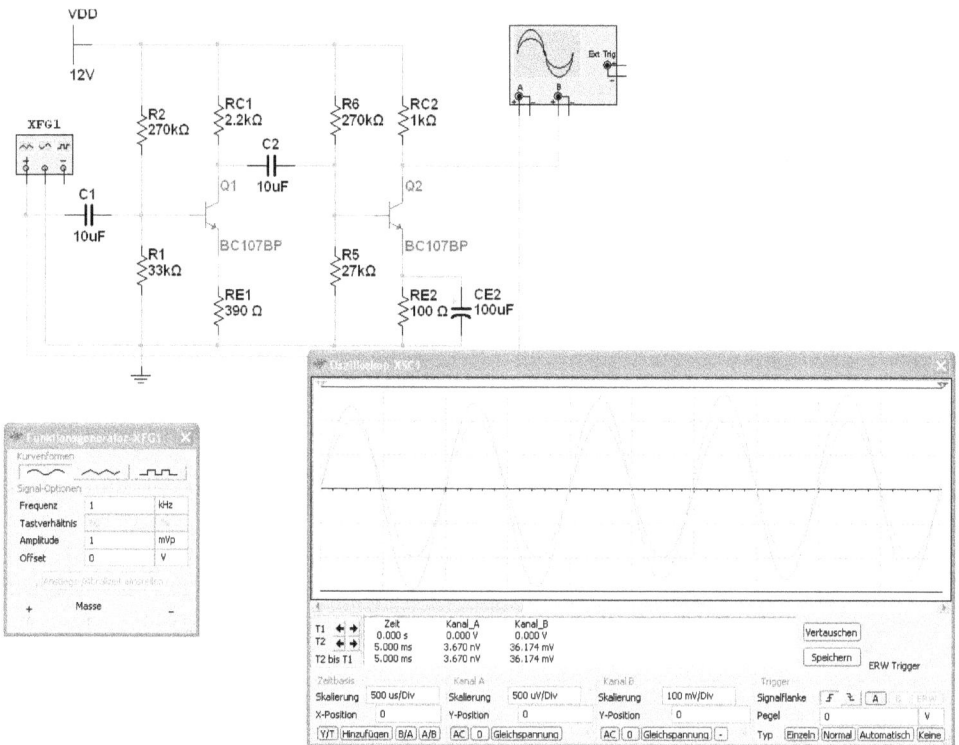

Abb. 5.80: Realisierung eines zweistufigen Verstärkers in RC-Kopplung

Für die erste Verstärkerstufe wurde ein Verhältnis von R_C zu R_E von $1\,\text{k}\Omega$ zu $100\,\Omega$ gewählt, womit sich eine Verstärkung von $V_U = 10$ ergibt. In der zweiten Stufe hat man $1\,\text{k}\Omega$ zu $100\,\Omega$ und eine Verstärkung von $V_2 = 10$. Multipliziert man die beiden Einzelverstärkungen, ergibt sich $V_{ges} = 100$.

Wird für jede Verstärkerstufe eine untere Frequenz von $f_u = 10\,\text{Hz}$ festgelegt, berechnet sich der Kondensator C_{E1} und C_{E2} für die Wechselstromgegenkopplung aus

$$C_{E1} \text{ oder } C_{E2} = \frac{10}{2 \cdot \pi \cdot f_u \cdot R_E} = \frac{10}{2 \cdot 3{,}14 \cdot 10\,\text{Hz} \cdot 100\,\Omega} = 1592\,\mu\text{F} \ (1500\,\mu\text{F})$$

Für diese Verstärkerstufe benötigt man zwei Kondensatoren von $C_{E1} = C_{E2} = 1500\,\mu F$.

Als Transistoren werden in der Schaltung zwei BC107 eingesetzt, die sich für rauscharme Vorstufenverstärker besonders eignen. Das Kollektor-Basis-Gleichstromverhältnis wird in den Datenbüchern mit einem typischen Wert von $h_{FE} = 290$ angegeben.

Für die Berechnung des Widerstandes R_1 der ersten Stufe benötigt man den Spannungsfall am Widerstand R_E:

$$U_{RE} = \frac{U_b \cdot R_E}{R_C + R_E} = \frac{12\,V \cdot 100\,\Omega}{1\,k\Omega + 100\,\Omega} = 1,09\,V$$

Der Basisvorwiderstand R_2 errechnet sich aus

$$R_2 = \frac{(U - U_{BE0} - U_{RE}) \cdot B}{(1 + n)I_{C0}} = \frac{(12\,V - 0,6\,V - 1,09\,V) \cdot 290}{(1 + 5) \cdot 6\,mA} = 83\,k\Omega \ (86\,k\Omega)$$

Für den Wert n wurde 5 gewählt, und der mittlere Kollektorstrom beträgt ca. 6 mA. Der Basisvorwiderstand R_2 der zweiten Verstärkerstufe hat einen Wert von 47 kΩ. Um die Toleranz bei den Transistoren auszugleichen, wurde ein Potentiometer oder Einsteller mit 100 kΩ eingeschaltet. Mit diesem lässt sich der Basisstrom entsprechend einstellen.

Der Basisquerwiderstand R_1 für die erste Verstärkerstufe errechnet sich aus

$$R_1 = \frac{(U_{BE0} + U_{RE}) \cdot B}{n \cdot I_{C0}} = \frac{(0,6\,V + 1,09\,V) \cdot 290}{5 \cdot 6\,mA} = 16\,k\Omega \ (15\,k\Omega)$$

In der Praxis verwendet man für die erste Verstärkerstufe eine Reihenschaltung eines Festwiderstandes mit 68 kΩ und eines Einstellers mit 100 kΩ. Damit kann der Arbeitspunkt exakt über ein Oszilloskop eingestellt werden.

Für die zweite Verstärkerstufe errechnet sich ein Basisquerwiderstand von $R_2 = 9,1\,k\Omega$. Auch hier kann man für den Abgleich des Arbeitspunktes einen Festwiderstand mit 33 kΩ und einen Einsteller mit 50 kΩ einsetzen.

Die Messung hat eine Eingangsspannung von $U_{eS} = 1\,mV_S$ und die Ausgangsspannung von $U_{aS} = 750\,mV_S$. Es ergibt sich eine Verstärkung von 750.

Beim Abgleich eines Verstärkers schließt man am Eingang einen Funktionsgenerator (Sinusausgang) und einen Kanal des Oszilloskops an. Die Sinusspannung wird entsprechend eingestellt, und am Ausgang der Verstärkerstufe erscheint eine Sinuskurve, wie Abb. 5.81 zeigt.

Wenn man den Arbeitspunkt durch den Einsteller in den optimalen Betrieb gebracht hat, erhöht man die Eingangsspannung, damit es zu einer Übersteuerung kommt. Tritt eine lineare Übersteuerung auf, ist der Arbeitspunkt richtig eingestellt.

Der statische und der dynamische Eingangswiderstand eines Transistors berechnen sich aus

$$R_{BE} = \frac{U_{BE}}{I_B} \qquad \text{und} \qquad r_{BE} = \frac{u_{BE}}{i_B}$$

Diese Beziehungen gelten jedoch nur für eine bestimmte Ausgangsspannung.

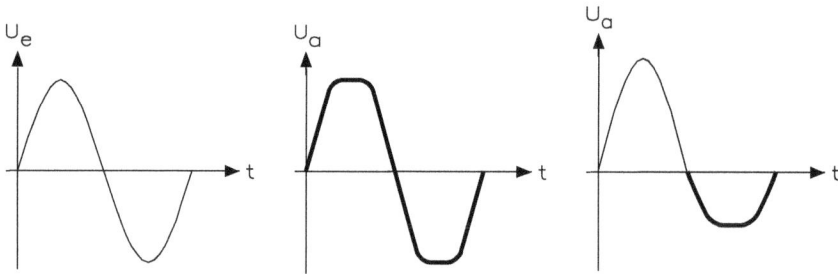

Abb. 5.81: Ausgangsspannungen für einen optimalen Betrieb (links), einer linearen Übersteuerung (Mitte) und einer verzerrten Übertragung (rechts)

Beispiel: Bei einer Schaltung sind die Werte für den Spannungsteiler $R_2 = 86\,\text{k}\Omega$ und $R_1 = 15\,\text{k}\Omega$ gegeben. Der Transistorwert r_{BE} für den BC107 entstammt dem Datenblatt. Der Eingangswiderstand r_{ein} errechnet sich aus folgender Parallelschaltung:

$$\frac{1}{r_{ein}} = \frac{1}{r_{BE}} + \frac{1}{R_1} + \frac{1}{R_2} = \frac{1}{4,5\,\text{k}\Omega} + \frac{1}{15\,\text{k}\Omega} + \frac{1}{86\,\text{k}\Omega} \quad \Rightarrow \quad r_{ein} = 3,3\,\text{k}\Omega$$

Der Wert C_1 des Koppelkondensators am Eingang der Schaltung von Abb. 5.80 beträgt damit

$$C_1 = \frac{1}{2 \cdot \pi \cdot f_u \cdot r_{ein}} = \frac{1}{2 \cdot 3,14 \cdot 10\,\text{Hz} \cdot 3,3\,\text{k}\Omega} = 4,8\,\mu\text{F} \; (10\,\mu\text{F})$$

Bei dieser Berechnung ist jedoch der Innenwiderstand der Signalquelle am Eingang nicht berücksichtigt. Abb. 5.82 zeigt die Frequenzabhängigkeit der Ausgangsspannung eines Verstärkers.

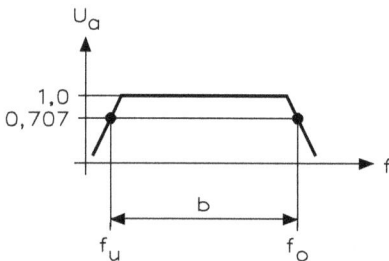

Abb. 5.82: Frequenzabhängigkeit der Ausgangsspannung eines Verstärkers

Die untere Grenzfrequenz wird mit f_u und die obere mit f_o angegeben. Aus diesen beiden Werten lässt sich die Bandbreite $B = \Delta f$ des Verstärkers berechnen:

$$B = \Delta f = f_o - f_u$$

Während die untere Grenzfrequenz von den Kapazitäten des Transistors und Kondensatoren im Wesentlichen bestimmt wird, ist die obere Grenzfrequenz von der Stromverstärkung und ebenfalls von den Transistorkapazitäten abhängig.

5.3.7 Zweistufiger Verstärker mit Gegenkopplung

Die Gegenkopplung ist eine Form der Rückkopplung, bei der das Ausgangssignal eines Verstärkers gegenphasig an den Eingang des Verstärkers zurückgeführt wird. Die allgemeine Gleichung für die Rückkopplung lautet

$$\underline{V}^* = \frac{\underline{X}_2}{\underline{X}_1^*} = \frac{\underline{V}}{1 - \underline{K} \cdot \underline{V}}$$

Aus dieser allgemeinen Gleichung für die Rückkopplung lässt sich der Signalflussplan von Abb. 5.83 definieren.

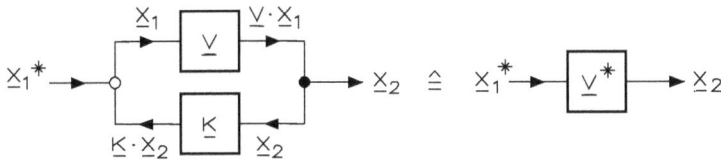

Abb. 5.83: Signalflussplan für einen rückgekoppelten Verstärker

Für diesen Signalflussplan gelten folgende Bedingungen:

Keine Rückkopplung:	$K = 0$	$V^* = V$
Negative Rückkopplung (Gegenkopplung):	$\|1 - K \cdot V\| > 1$	$\|V^*\| < \|V\|$
Positive Mitkopplung (Mitkopplung):	$0 < \|1 - K \cdot V\| < 1$	$\|V^*\| > \|V\|$
Selbsterregung (Schwingbedingung):	$\|K \cdot V\| = 1$	$\|V^*\| \to \infty$
Verstärkung bei phasenrichtiger Gegenkopplung:	$V^* = \dfrac{1}{1 + \underline{K} \cdot \underline{V}}$	mit $K \cdot V = -K \cdot V$
Verstärkung bei inversem Rückführverhalten:	$V^* = \dfrac{1}{K}$	für große Schleifenverstärkung $K \cdot V \gg 1$

Die Aufgabe des Verstärkers V ist die Verstärkung eines Eingangssignals X_1 auf den Ausgangswert X_2. X_2 ist zugleich das Ausgangssignal der Schaltung und der Eingangswert für das Kopplungsnetzwerk K. Am Ausgang des Kopplungsnetzwerkes K liegt der reduzierte Wert $K \cdot X_2$ vor. Es werden immer passive Kopplungsnetzwerke eingesetzt, bei denen die Bedingung $K < 1$ ist.

Beim Aufbau eines zweistufigen Verstärkers lassen sich prinzipiell vier Schaltungsvarianten realisieren, die ihre Vor- und Nachteile aufweisen. Je nach Verstärkermodell ändern sich die Anschlusswiderstände Z_1, Z_2 und die Verstärkungsfaktoren V_u, V_i unter dem Einfluss der Gegenkopplung.

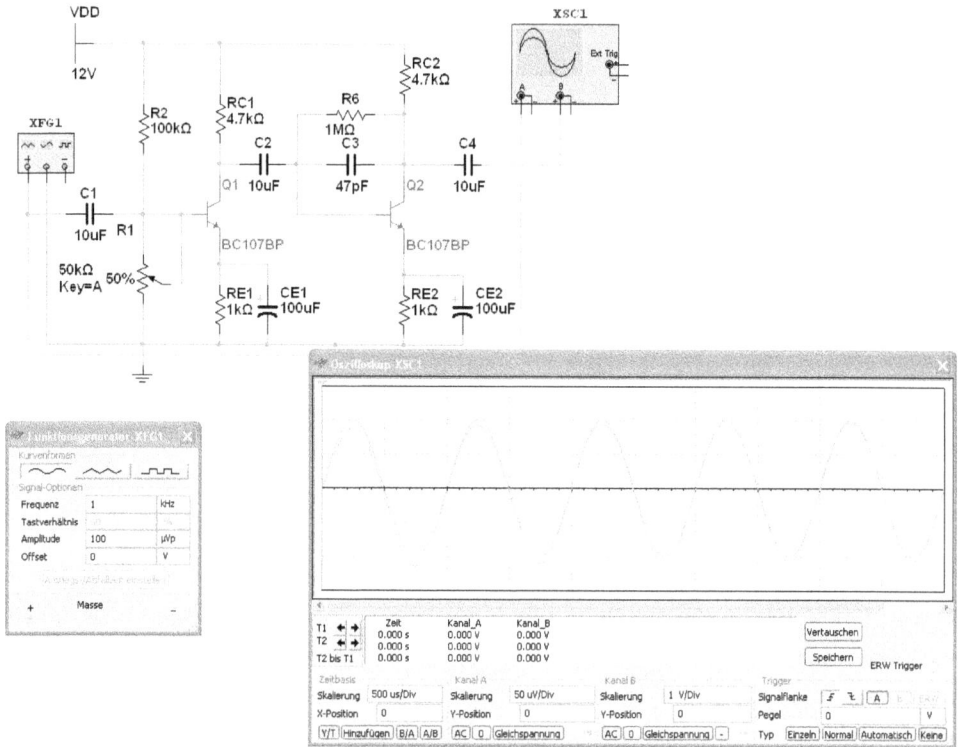

Abb. 5.84: Zweistufiger NF-Verstärker (ohne Gegenkopplung) mit kapazitiver Kopplung der beiden Stufen

Die Schaltung von Abb. 5.84 zeigt einen zweistufigen NF-Verstärker mit kapazitiver Kopplung. Beide Transistorstufen arbeiten in Wechselstromgegenkopplung, wobei die untere Grenzfrequenz von mehreren Schaltungselementen abhängig ist. Das erste Element ist der Kondensator C_1, der zusammen mit dem Widerstand R_2, dem Trimmer R_9 und dem Basis-Emitter-Widerstand r_{BE} einen Tiefpass bildet. Der Emitterkondensator C_{E1} bzw. der Emitterkondensator C_{E2} sind ebenfalls für die untere Grenzfrequenz zu beachten, denn die Emitterkondensatoren heben die Wechselstromgegenkopplung der beiden Emitterwiderstände R_{E1} bzw. R_{E2} auf. Über den Kondensator C_2 wird die Wechselspannung von der ersten in die zweite Stufe gekoppelt. Auch dieser Kondensator C_2 bildet zusammen mit dem Basis-Emitter-Widerstand r_{BE} des Transistors T_2 einen Tiefpass. Die obere Grenzfrequenz wird von dem Kondensator C_3 bestimmt. Für diese Schaltung ergeben sich folgende Werte:

$V_{ges} \approx 200$ (bei $u_e = 100\,\mu V_S$)

$f_u \quad \approx 40\,\text{Hz}$

$f_o \quad \approx 80\,\text{kHz}$

Bei der Kopplung zweier oder mehrerer Verstärkerstufen arbeitet die vorhergehende Stufe jeweils als Generator mit einem entsprechenden Innenwiderstand für die nächste Stufe. Der Arbeitspunkt für jede Verstärkerstufe soll möglichst separat einstellbar sein. Man kann aber diesen recht aufwendigen Vorgang umgehen, wenn man eine Gegenkopplung über zwei Stufen realisiert.

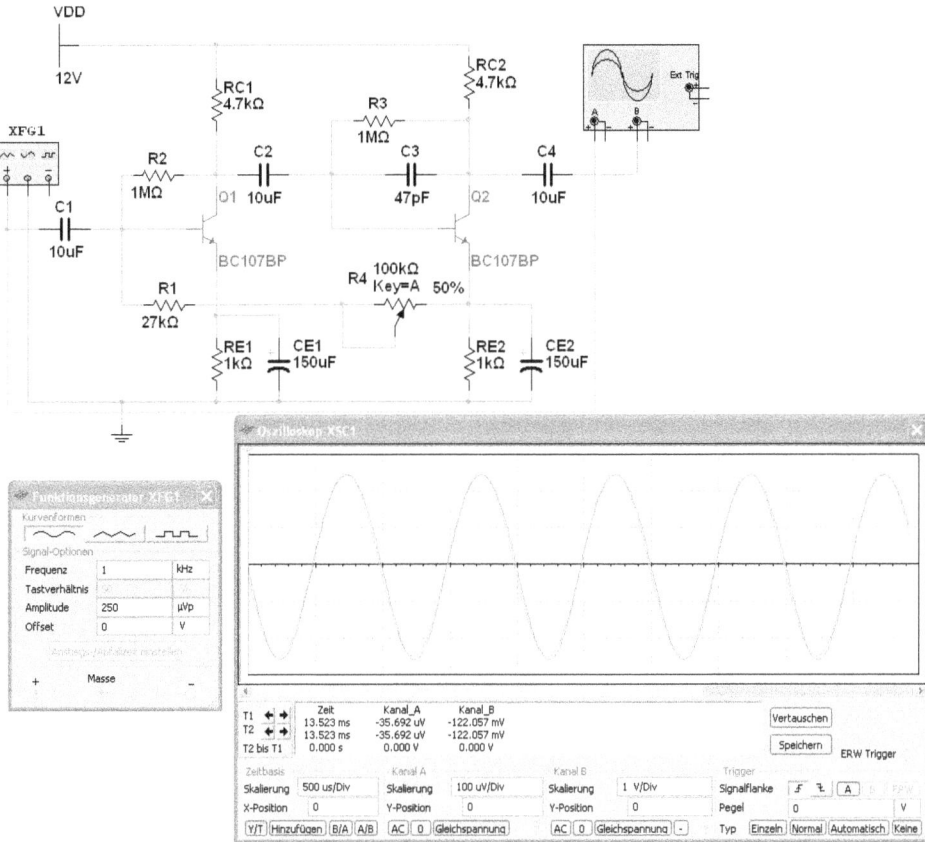

Abb. 5.85: Zweistufiger NF-Verstärker mit einer Stromgegenkopplung über zwei Stufen und einer gemeinsamen Arbeitspunktstabilisierung

Bei der Schaltung von Abb. 5.85 hat man eine Stromgegenkopplung über zwei Stufen und damit einen Verstärker mit gemeinsamer Arbeitspunktstabilisierung. Durch diese Schaltungsvariante kann man mit zwei Transistoren eine hohe Verstärkung erzielen, wobei sich eine konstante Stabilisierung des gesamten Arbeitspunktes ergibt. Die Schaltung stellt einen Wechselspannungsverstärker mit direkter Kopplung der Transistoren und Arbeitspunktstabilisierung durch Gegenkopplung dar. Es gilt:

$$V_{ug}^* \approx V_u \qquad Z_1^* > Z_1$$
$$V_i^* \approx V_i \qquad Z_2^* < Z_2$$

Die Spannung U_a ist zur Eingangsspannung U_e um 180° phasenverschoben. Steigt die Eingangsspannung, wird der Transistor T_1 leitender und demzufolge der Transistor T_2 zugesteuert. Die Spannung verringert sich, und über die beiden Widerstände R_1 und R_4 fließt ein kleinerer Strom für die Gegenkopplung. Durch den Widerstand R_4 lässt sich der Strom für die Gegenkopplung einstellen, und man erhält folgende Werte:

- $R_4 = 0\,\Omega$ und $U_e = 250\,\mu V_S$:
  $V_{ges} = 20$
  $f_u \approx 50\,Hz$
  $f_o \approx 300\,kHz$
- $R_4 = 100\,k\Omega$ und $U_e = 250\,\mu V_S$:
  $V_{ges} = 200$
  $f_u \approx 50\,Hz$
  $f_o \approx 150\,kHz$

Während die untere Grenzfrequenz wieder von mehreren Faktoren abhängig ist, wird die obere Grenzfrequenz weitgehend vom Kondensator C_3 bestimmt. Ohne diesen Kondensator erreicht man eine obere Grenzfrequenz von 1 MHz. Mit zunehmender Frequenz verringert sich der kapazitive Blindwiderstand, und damit reduziert sich die Gegenkopplung entsprechend. Damit werden unerwünschte HF-Signale nicht verstärkt, sondern unterdrückt.

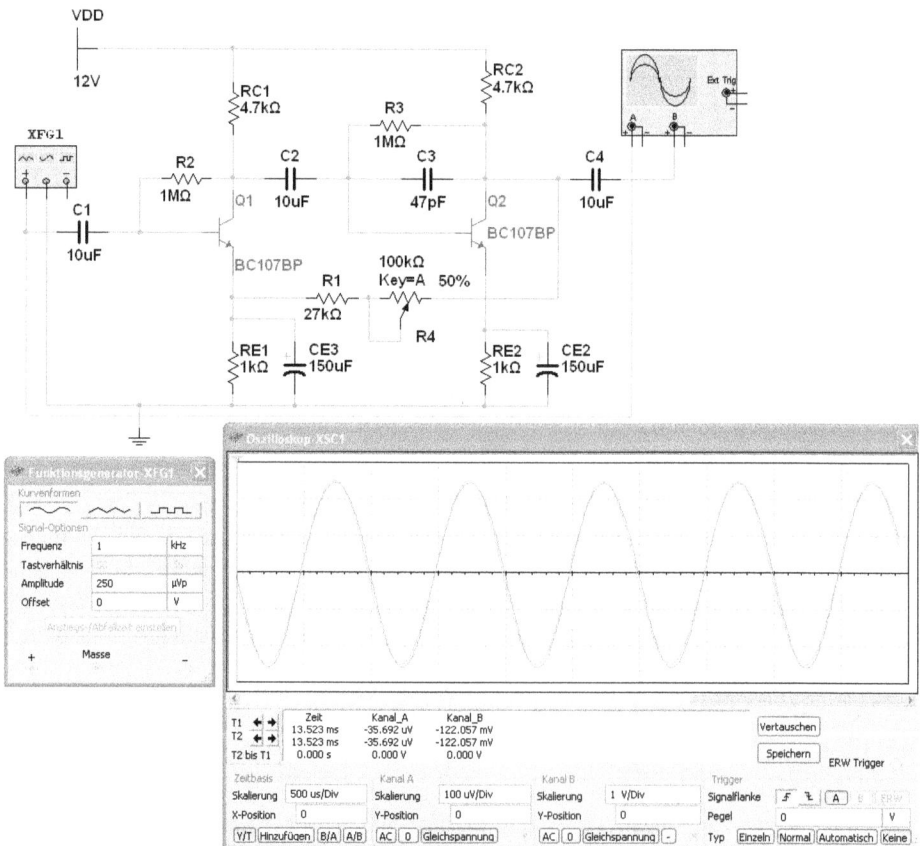

Abb. 5.86: Zweistufiger NF-Verstärker mit einer Spannungsgegenkopplung über zwei Stufen und einer gemeinsamen Arbeitspunktstabilisierung

Bei der Schaltung von Abb. 5.86 wird die Ausgangsspannung der zweiten Stufe auf den Emitter der ersten Transistorstufe gegengekoppelt. Durch diese Art der Kopplung erreicht man eine Spannungsgegenkopplung, mit der sich die Gesamtverstärkung dieses zweistufigen NF-Verstärkers über den Widerstand R_4 einstellen lässt. Außerdem erreicht man eine gemeinsame Arbeitspunktstabilisierung. Durch den Widerstand R_4 lässt sich der Strom für die Gegenkopplung einstellen, und man erhält folgende Werte:

- $R_4 = 0\,\Omega$ und $U_e = 250\,\mu V_S$:

  $V_{ges} = 20$

  $f_u \approx 50\,\text{Hz}$

  $f_o \approx 300\,\text{kHz}$

- $R_4 = 100\,\text{k}\Omega$ und $U_e = 250\,\mu V_S$:

  $V_{ges} = 200$

  $f_u \approx 50\,\text{Hz}$

  $f_o \approx 150\,\text{kHz}$

Während die untere Grenzfrequenz wieder von mehreren Faktoren abhängig ist, wird die obere Grenzfrequenz weitgehend vom Kondensator C_3 bestimmt.

Bei dem komplementären NF-Verstärker von Abb. 5.86 hat man eine spannungsabhängige Spannungsgegenkopplung, denn die Ausgangsspannung U_a wird auf dem Emitter des Eingangstransistors gegengekoppelt. Damit ergeben sich folgende Werte:

$$V_{ug}^* \approx V_u \qquad Z_1^* > Z_1$$
$$V_i^* \approx V_i \qquad Z_2^* < Z_2$$

5.4 Leistungsverstärker

Nach der Lage des Arbeitspunktes im Kennlinienfeld unterscheidet man bei den Leistungsverstärkern zwischen dem A-, B-, AB- und C-Betrieb. Beim A-Betrieb befindet sich der Arbeitspunkt in der Mitte des Aussteuerbereiches. Die Aussteuerung erfolgt symmetrisch zum Arbeitspunkt. Die Endstufe für den A-Betrieb besteht aus nur einem Transistor. Charakteristisch für diese Betriebsart ist der hohe Ruhestrom, die damit verbundene große Verlustleistung und ein daraus resultierender geringer Wirkungsgrad. Der Vorteil des A-Betriebs ist der niedrige Klirrfaktor.

Kennzeichen des B-Betriebs sind zwei Transistoren in der Endstufe, wobei man einen npn- und einen pnp-Transistor einsetzt. Der Arbeitspunkt AP befindet sich jeweils im unteren Teil des Aussteuerbereiches, weshalb nur ein geringer Ruhestrom fließt. Der Wirkungsgrad ist erheblich besser als beim A-Betrieb, jedoch verschlechtert sich der Klirrfaktor durch die Übernahmeverzerrungen.

Beim AB-Betrieb sind die Vorteile des A- mit denen des B-Betriebs kombinierbar, d. h., man erreicht einen hohen Wirkungsgrad bei gleichzeitig sehr kleinem Klirrfaktor.

Den C-Betrieb findet man nur bei den Sendeverstärkern. Der Arbeitspunkt liegt im Sperrbereich der Transistoren, so dass die aktiven Bauelemente erst durch ein Steuersignal impulsförmig aufgetastet werden müssen. Man hat zwar einen hohen Wirkungsgrad, aber es treten große und nicht lineare Verzerrungen auf.

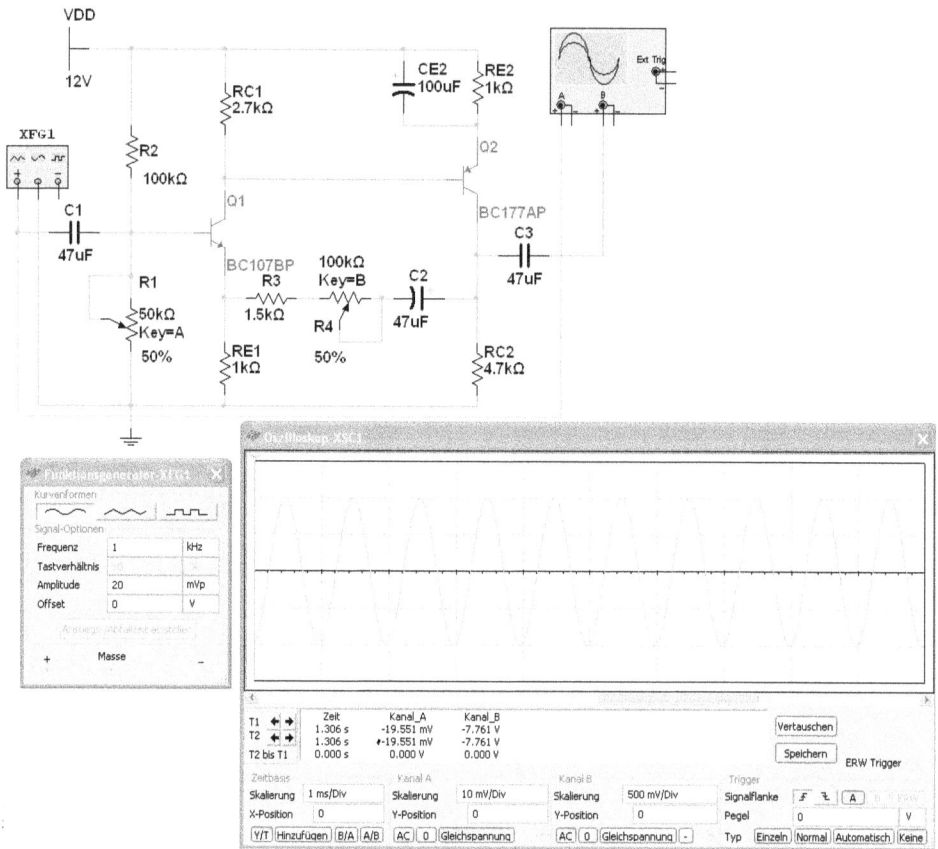

Abb. 5.87: Zweistufiger NF-Verstärker mit Komplementärtransistoren einer Spannungsgegenkopplung über zwei Stufen und einer gemeinsamen Arbeitspunktstabilisierung

5.4.1   Leistungsverstärker im A-Betrieb

Arbeitet ein Transistor in Emitterschaltung und wird dieser als Großsignalverstärker betrieben, ergibt sich ein Eintakt-A-Betrieb.

Wie Abb. 5.88 zeigt, liegt der Arbeitspunkt beim A-Betrieb in der Mitte der Arbeitsgeraden, und es fließt ein Kollektorstrom mit $I_{Cmax}/2$. Der Lastwiderstand R_L kann z. B. ein Lautsprecher ($<100\,mW$) sein. In der Simulation ist $R_L = R_3$. Dies bedeutet, dass am Ausgang eine Spannung von $U_b/2$ vorhanden ist. Für diese Schaltung ergeben sich folgende Werte:

$$U_{CEmax} = U_b \qquad I_{Cmax} = \frac{U_b}{2 \cdot R_3}$$

$$P_{\sim max} = \frac{U_b^2}{8 \cdot R_3} \qquad P_{Cmax} = \frac{U_b^2}{4 \cdot R_3}$$

$$P_{Cmax} \text{ je Transistor} = 2 \cdot P_{\sim max}$$

$$\eta_{max} = 0{,}25$$

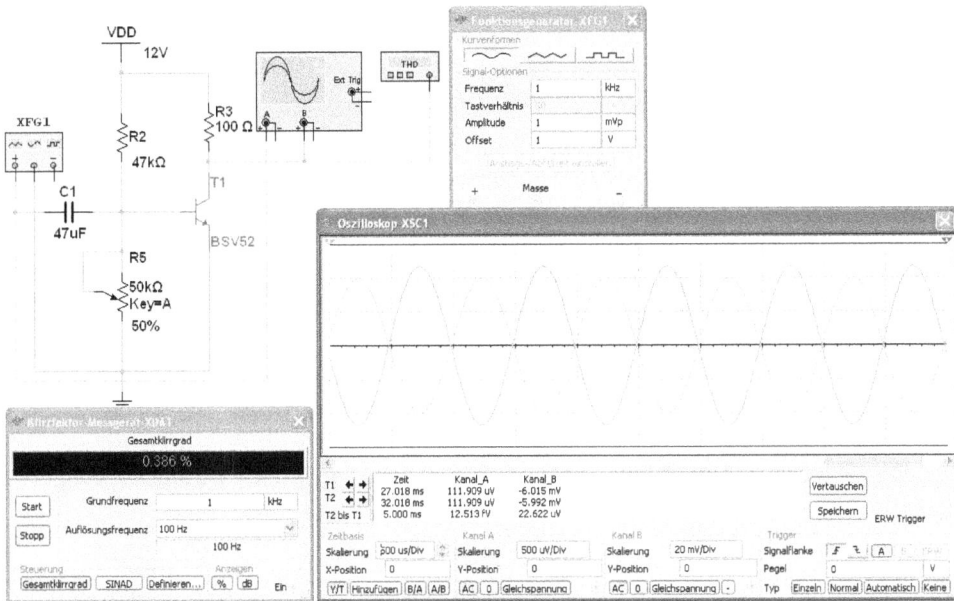

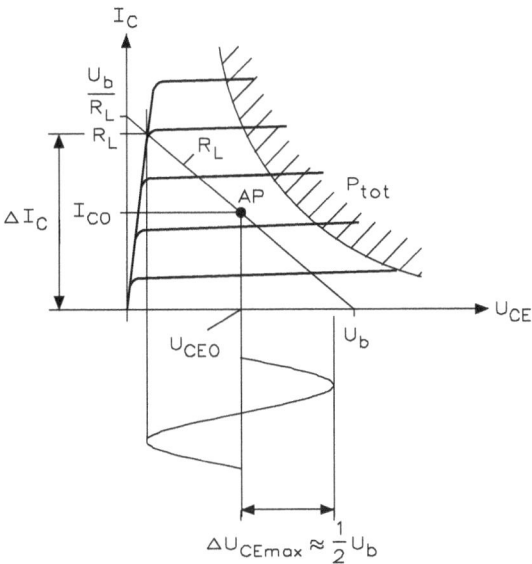

Abb. 5.88: Emitterschaltung mit Ausgangskennlinienfeld für einen Eintakt-A-Betrieb

Durch den hohen Ruhestrom ergibt sich ein recht ungünstiger Wirkungsgrad. Daher wird der A-Betrieb nur für kleine Ausgangsleistungen eingesetzt.

In der Schaltung von Abb. 5.88 ist ein Messgerät für den Klirrfaktor vorhanden. Die Grundform der Wechselspannung verläuft sinusförmig, d. h. ihre Augenblickswerte steigen und fallen entsprechend einer mathematischen Sinusfunktion. In einem rechtwinkligen Dreieck ist der Sinus des Winkels φ

$$\sin \varphi = \frac{a}{c}$$

Zeichnet man dieses Dreieck in einen Kreis mit dem Radius r = 1 (Einheitskreis) ein und lässt den Radius oder Zeiger gleichmäßig herumkreisen, dann entspricht die Seitenlänge a dem zahlenmäßigen Sinuswert. Überträgt man die Werte für a aus diesem Kreisdiagramm und verbindet die Punkte in dem Liniendiagramm, erhält man die charakteristische Sinuskurve. Eine Umdrehung um 360° oder um 2 · π ergibt eine volle Sinusschwingung oder eine Periode. Die Zahl der Perioden pro Sekunde entspricht der Frequenz.

Während einer Umdrehung in einem Einheitskreis mit 2 · r legt die Zeigerspitze im Kreisdiagramm den Weg 2 · π zurück. Innerhalb einer Sekunde dreht sie sich f-mal und der gesamte Drehwinkel beträgt 2 · π · f. Diesen Wert bezeichnet man als Winkelgeschwindigkeit oder Kreisfrequenz ω.

Die Zeit für eine Schwingungsperiode ist die Periodendauer T. In einer Sekunde werden f Perioden durchlaufen, d. h.:

$$f = \frac{1}{T} \qquad T = \frac{1}{f}$$

Mit Rücksicht auf andere Schwingungsformen (Rechteckschwingungen, Impulsreihen, Sägezahnschwingungen) wird die Abszisse im Liniendiagramm vorzugsweise mit t = Zeit bezeichnet, da keine Winkelfunktionen, sondern Zeitabläufe vorliegen.

Gehen zwei Schwingungen gleicher Frequenz zum gleichen Zeitpunkt und in gleicher Richtung durch Null, sind diese phasengleich oder „in Phase". Eine Sinuskurve kann gegen den Nullpunkt oder gegen eine andere Sinuskurve um den Phasenwinkel φ verschoben sein. Die vor- oder nacheilende Kurve für den Wert „i" geht später durch die Nulllinie, d. h. sie eilt vor oder nach. Eine solche Phasenverschiebung zwischen den Nulldurchgängen kann auch bei andersartigen periodischen Kurven vorliegen, z. B. bei Rechteck- oder Sägezahnschwingungen.

Um phasenverschobene Sinusschwingungen gleicher Frequenz darzustellen, wäre es aufwendig, stets das vollständige Liniendiagramm zu zeichnen. Es genügt, wenn man den Zeigerwert ihrer Amplituden im richtigen Winkel in das Kreisdiagramm einträgt. Da definitionsgemäß diese Zeiger bzw. Vektoren links herumkreisen, eilt der Zeiger vom Wert „u_1" (Eingangsspannung) vor. Man sagt, diese Spannung ist voreilend oder hat einen voreilenden Phasenwinkel, während „u_2" nacheilt.

Um zwei Sinusschwingungen zu addieren, muss man die einzelnen Momentanwerte vorzeichenrichtig addieren. Sind die Frequenzen der beiden Sinusspannungen gleich, dann ist das Ergebnis wieder eine Sinuslinie von derselben Frequenz.

Die Addition zweier oder mehrerer Spannungen oder Ströme gleicher Frequenz kann zu einem beliebigen Zeitpunkt auch im Zeigerdiagramm durchgeführt werden. Dazu verschiebt man den zweiten Zeiger so weit (Parallelverschiebung), dass er mit seinem Fußpunkt an die Spitze des ersten Zeigers zu liegen kommt. Ein dritter Zeiger würde entsprechend mit seinem Fußpunkt an die Spitze des zweiten Zeigers angesetzt usw. Zeichnet man einen Pfeil vom Fußpunkt des ersten Pfeils zum Endpunkt des letzten Pfeils, stellt diese Größe und Phasenlage die Summenspannung oder den Summenstrom dar.

Die Addition sinusförmiger Wechselgrößen unterschiedlicher Frequenz ergeben keine reinen Sinuskurven, so dass eine Darstellung im Zeigerdiagramm entfällt.

Für periodisch wiederkehrende Schaltvorgänge benötigt der Elektrotechniker häufig eine rechteckig verlaufende Wechselspannung. In Fernsehgeräten und Elektronenstrahloszilloskopen dient eine sägezahnförmig verlaufende periodische Wechselspannung zur Ablenkung des Elektronenstrahls. Alle nicht sinusförmigen, periodisch verlaufenden Wechselgrößen lassen sich nach einem mathematischen Verfahren (dem Fourier-Prinzip) durch Addition sinusförmiger Wechselgrößen erzeugen. Nach diesem Verfahren überlagert (addiert) man der Grundschwingung eine Wechselspannung oder einem Wechselstrom bestimmte Oberschwingungen (Schwingungen, deren Frequenzen ganzzahlige Vielfache der Grundfrequenz sind) zu einer Summenschwingung. Im gleichen Verhältnis, wie die Frequenzen der Oberschwingung zunehmen (und entsprechend die Periodendauern abnehmen), werden die Amplituden der Oberschwingung verkleinert (die 1. Oberschwingung hat die doppelte Frequenz, also die halbe Periodendauer und damit die halbe Amplitudenhöhe der Grundschwingung).

Durch Amplitudenbegrenzer oder durch Übersteuern von Verstärkern werden die Maximal- und die Minimalspannungen von Sinuskurven abgeschnitten. Durch dieses Abschneiden oder Begrenzen entstehen zusätzliche Sinusschwingungen höherer Frequenz. Wird diese zur Grundschwingung addiert, entsteht dort durch die Abschneidungen eine weitere Schwingung oder umgekehrt: Eine Kurve mit Abschneiden der Maximal- und der Minimalspannung muss aus mehreren reinen Sinusschwingungen bestehen. Diese beim symmetrischen Abkappen unerwünscht auftretenden Oberschwingungen oder Harmonische sind stets ungeradzahlige Vielfache der Grundfrequenz. Eine unsymmetrische Abschneidung erzeugt auch geradzahlige Vielfache der Grundfrequenz. Ihre Amplituden nehmen mit höherer Frequenz ab. Man unterscheidet

f = Grundschwingung

2f = 2. Harmonische

3f = 3. Harmonische

4f = 4. Harmonische

oder

f = Grundschwingung

2f = 1. Oberschwingung

3f = 2. Oberschwingung

4f = 3. Oberschwingung

Bei Verwendung des Begriffes „Harmonische" ist die Frequenzangabe eindeutiger. Der alte Ausdruck „Oberwellen" ist möglichst zu vermeiden.

Nicht sinusförmige Schwingungen bestehen aus einer Summe von Sinusschwingungen verschiedener Frequenz, Phasenlage und Amplitude. Ungeradzahlige Harmonische schneiden die Maximal- und die Minimalspannung der Grundschwingung ab und formen diese in Flanken. Daher enthalten Rechteckschwingungen vorwiegend ungeradzahlige Harmonische. Geradzahlige Harmonische verursachen spitzzackige Summenkurven und im Extremfall Sägezahnschwingungen.

Eine verzerrte Sinusschwingung klingt in der Wiedergabe unsauber. Man definiert diese Verzerrungen durch den Klirrgrad oder Klirrfaktor. Bei guten Verstärkeranlagen sollen die Verzerrungen so klein sein, dass der Effektivwert aller entstandenen Harmonischen weniger als 1 % des gesamten Effektivwertes beträgt. Der Klirrfaktor ist dann kleiner als 1 %.

Bei einem Klirrfaktormessgerät wird ebenfalls der Effektivwert des gesamten Eingangssignals gemessen und die Anzeige auf eine Vollausschlagsmarke (100 %) eingestellt. Das Klirrfaktormessgerät ist jedoch nicht mit einem Bandpass, sondern mit einer Bandsperre versehen, die anschließend auf die Grundschwingung des Messvorgangs abgestimmt wird. Dadurch wird die Grundschwingung unterdrückt, während das gesamte Oberschwingungsspektrum die Bandsperre passieren kann. Der Effektivwert zeigt also jetzt den eigentlichen Effektivwert des vorher erfassten gesamten Frequenzgemisches an. Dieses Verhältnis entspricht der Definition des Klirrfaktors (Oberschwingungsgehaltes) nach DIN 40 110.

Verzerrungen nicht sinusförmiger gegenüber reinsinusförmiger Wechselspannung werden durch den Klirrfaktor k beschrieben. Der Klirrfaktor ist das Verhältnis der Effektivwerte (quadratische Mittelwerte) der Oberschwingung zum Gesamtwert der Wechselgröße. Der Klirrfaktor k lässt sich errechnen aus

$$k = 100\% \cdot \sqrt{\frac{U_2^2 + U_3^2 + \cdots + U_n^2}{U_1^2 + U_2^2 + U_3^2 + \cdots + U_n^2}}$$

$1, 2 = $ Index für Schwingungen (laufende Nummern)

Der Klirrfaktor wird meistens in % angegeben:

$U_1 = $ Effektivwert der 1. Harmonischen (Grundwelle)

$U_2 = $ Effektivwert der 2. Harmonischen (1. Oberwelle)

Der Teilklirrfaktor ist

$$k_m = \frac{U_m}{\sqrt{U_1^2 + U_2^2 + U_3^2 + \cdots + U_n^2}}$$

Das Klirrdämpfungsmaß errechnet sich aus

$$a_k = 20 \cdot \lg \frac{1}{k} \ dB$$

Das Teilklirrdämpfungsmaß ist

$$a_{km} = 20 \cdot \lg \frac{1}{k_m} \ dB$$

Die Grundschwingung ist $f = 1\,kHz$ mit ihren vier Oberwellen $f_1 = 2\,kHz$, $f_2 = 3\,kHz$, $f_3 = 4\,kHz$ und $f_4 = 5\,kHz$ mit passend verkleinerter Amplitude. Je mehr bestimmte Oberwellen zur Grundschwingung addiert werden, desto mehr nähern sich die entstehenden Summenkurven der idealen Rechteck- bzw. Sägezahnschwingung. Die Verzerrungen gegenüber „reinen" Sinusgrößen beschreibt man durch den Klirrfaktor. Der Klirrfaktor ist das Verhältnis der Effektivwerte (quadratische Mittelwerte) der Oberschwingung zum Gesamtwert der Wechselgröße. Der Klirrfaktor kann durch die entsprechenden Anteile berechnet werden.

Gesucht wird der Klirrfaktor einer Rechteckschwingung.

Die Amplitude der Grundschwingung von 1 kHz beträgt u_0 = 4 V,

die der 2. Oberschwingung von 3 kHz $\quad\quad\quad\quad\quad$ u_2 = 1,33 V

die der 4. Oberschwingung von 5 kHz $\quad\quad\quad\quad\quad$ u_4 = 0,8 V

die der 6. Oberschwingung von 7 kHz $\quad\quad\quad\quad\quad$ u_6 = 0,57 V

die der 8. Oberschwingung von 9 kHz $\quad\quad\quad\quad\quad$ u_8 = 0,44 V

die der 10. Oberschwingung von 11 kHz $\quad\quad\quad\quad$ u_{10} = 0,36 V

$$k = \sqrt{\frac{1{,}33^2 + 0{,}8^2 + 0{,}57^2 + 0{,}44^2 + 0{,}36^2}{4^2 + 1{,}33^2 + 0{,}8^2 + 0{,}57^2 + 0{,}44^2 + 0{,}36^2}} = 0{,}4 \text{ oder } 40\%$$

Der Klirrfaktor einer Rechteckschwingung beträgt ca. 40 %. Das ist gleichzeitig der größte Wert eines Klirrfaktors, der durch Verzerrungen einer sinusförmigen Schwingung entstehen kann.

Intermodulation (Störsignale) entstehen durch unerwünschte Modulationseffekte. Eine Intermodulation liegt vor, wenn zwei Störsignale (f_{S1} und f_{S2}) durch Mischung ein nicht vorhandenes Netzsignal (f_N) vortäuschen. Der Intermodulationsabstand ist der Abstand zwischen Stör- und dem Nutzsignal in dB. Bei der Messung von f_{S1} und f_{S2} ist darauf zu achten, dass die gleich großen Signale f_{S1} und f_{S2} nicht als vorgetäuschte Störsignale auftreten. Die Intermodulation errechnet sich aus

Intermodulation 2. Ordnung: $f_N = |f_{S1} \pm f_{S2}|$

Intermodulation 3. Ordnung: $f_N = |f_{S1} \pm 2f_{S2}|$ oder $|2f_{S1} \pm f_{S2}|$

Ein Klirrfaktormessgerät dient zur Messung der Intermodulations-Verzerrungen und der nicht linearen Verzerrung von Signalen. Die Einstellungen erfolgen nach:

• IEEE-Norm:

$$\text{Gesamtklirrgrad} = \frac{\sqrt{f_1 \cdot f_1 + f_2 \cdot f_2 + f_3 \cdot f_3 + \cdots}}{|f_0|}$$

• ANSI-, CSA- und IEC-Norm:

$$\text{Gesamtklirrgrad} = \frac{\sqrt{f_1 \cdot f_1 + f_2 \cdot f_2 + f_3 \cdot f_3 + \cdots}}{|f_0 \cdot f_0 + f_1 \cdot f_1 + f_2 \cdot f_2 + \cdots|}$$

Bei beiden Normen arbeitet das Klirrfaktormessgerät in der Grundeinstellung mit zehn Oberwellen und 1024 FFT-Punkten. Man kann die Oberwellen ändern und bei den FFT-Punkten nach sechs Einstellkriterien arbeiten. Für die Einstellungen muss man nur das Fenster „Definieren" anklicken.

Mit einem Klirrfaktormessgerät kann man nicht lineare Verzerrungen (Klirrfaktor) messen und die Erhöhung der Aussteuerbarkeit durch eine Linearisierung der Kennlinie eines Verstärkers korrigieren. Es gilt die Formel nach der ANSI-, CSA- und IEC-Norm

$$k = 100\% \cdot \sqrt{\frac{U_2^2 + U_3^2 + \cdots}{U_1^2 + U_2^2 + U_3^2 + \cdots}}$$

Der Klirrfaktor wird meistens in % angegeben.

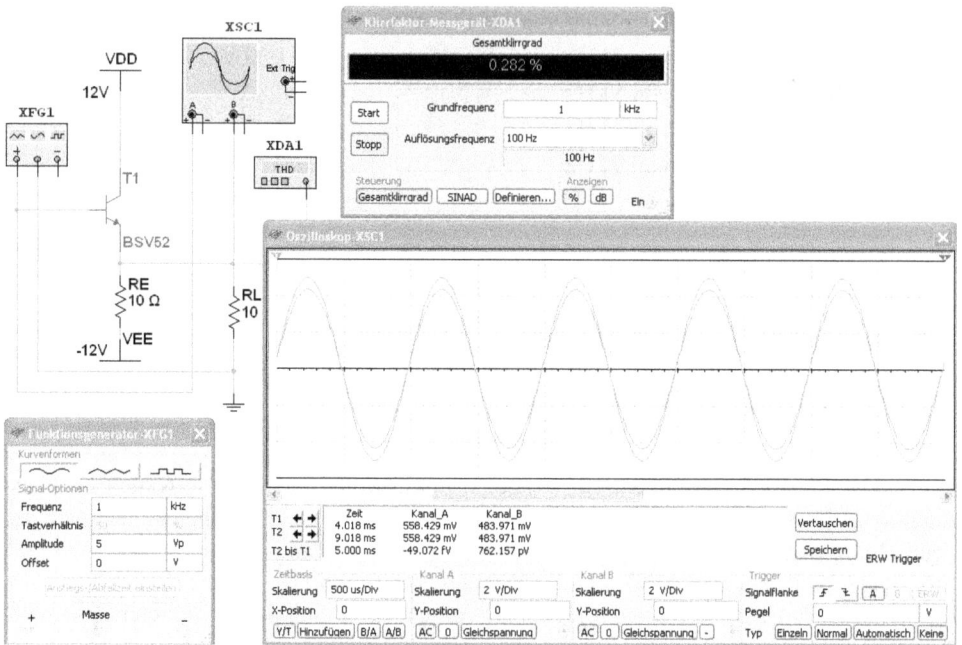

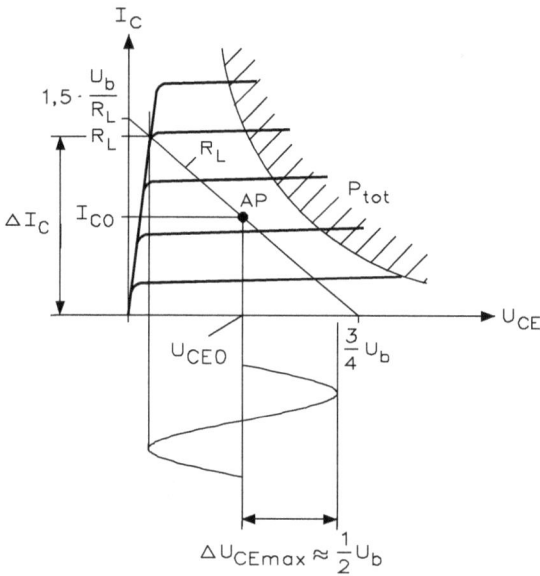

Abb. 5.89: Kollektorschaltung mit Ausgangskennlinienfeld für einen Eintakt-A-Betrieb

Ein A-Betrieb lässt sich auch mit einer Kollektorschaltung realisieren, wie Abb. 5.89 zeigt. Der Kollektor des Transistors ist direkt mit $+U_b$ verbunden, während der Emitteranschluss über den Widerstand R_E an $-U_b$ angeschlossen wird. Die Schaltung funktioniert aber nur bei vorhandener Leistungsanpassung, d. h., R_E muss gleich R_L sein. Für diese Schaltung ergeben sich damit folgende Werte:

$U_{CEmax} = 0{,}75 \cdot U_b$

$I_{Cmax} = 1{,}5 \cdot U_b/R_L$

$P_{\sim max} = U_b^2/(32 \cdot R_L)$

$P_{Cmax} = U_b^2/(4 \cdot R_L)$

$P_{Cmax} = 8 \cdot P_{\sim max}$ pro Transistor

$\eta = 0{,}0625$

Der Wirkungsgrad verringert sich nochmals erheblich. Zwischen dem Anschluss des Lastwiderstandes R_E, des Leistungstransistors und des Lastwiderstandes R_L (Lautsprecher) kann noch ein Elektrolytkondensator eingeschaltet werden.

5.4.2 Leistungsverstärker im B-Betrieb

Durch die Einführung des B-Betriebs lässt sich der Wirkungsgrad erheblich steigern und zwar bis auf $\eta_{max} = 0{,}785$. Dafür sind zwei Transistoren und zwei Betriebsspannungen erforderlich, wie die Schaltung von Abb. 5.90 zeigt. Der Klirrfaktor beträgt 9,559 % und die beiden Sinuskurven zeigen die Übernahmeverzerrungen.

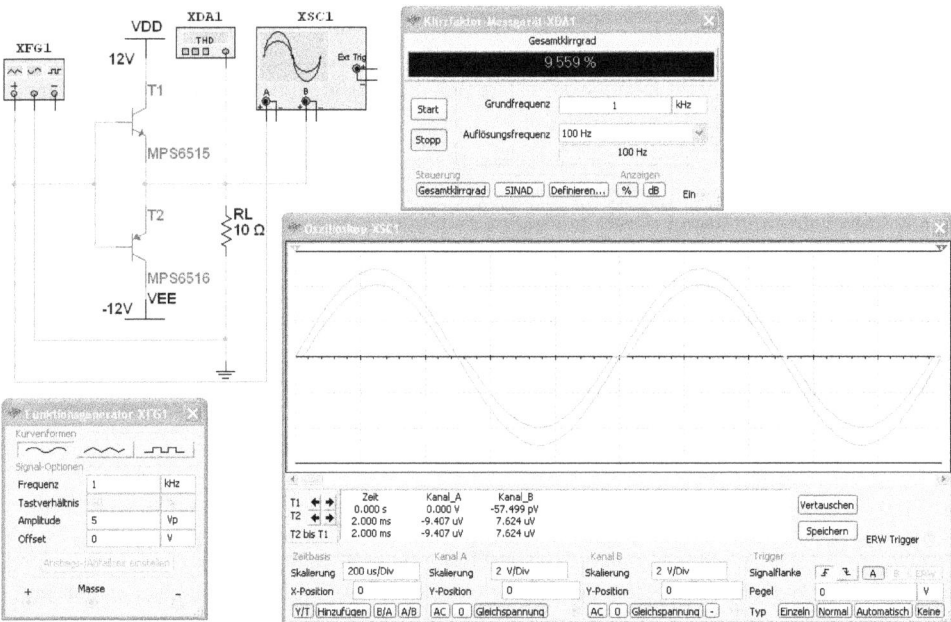

Abb. 5.90: Leistungsverstärker in Kollektorschaltung mit Komplementärtransistoren im B-Betrieb

Der NPN-Transistor (oben) steuert durch, wenn die Eingangsspannung positiv wird. Je nach Basisstrom fließt der verstärkte Laststrom von $+U_b$ über den NPN-Transistor und den Lastwiderstand R_L nach Masse ab, während der PNP-Transistor voll gesperrt ist. Ist die Eingangsspannung negativ, sperrt der NPN-Transistor, und aus dem PNP-Transistor fließt ein entsprechender Basisstrom heraus. Dieser Basisstrom wird verstärkt, und der Laststrom fließt von Masse über den PNP-Transistor nach $-U_b$ ab.

Bei der Kennlinie für den B-Betrieb sieht man die beiden Arbeitspunkte in dem Kennlinienfeld $I_C = f(U_{BE})$. Wesentlich ist hierbei die Basis-Emitter-Spannung der beiden Transistoren. Erst wenn diese Spannung überwunden ist, beginnt der lineare Verstärkerbetrieb. Innerhalb dieser beiden Spannungsbereiche arbeiten die beiden Transistoren nicht, und es treten Übernahmeverzerrungen auf. Bei sehr großen Ausgangsspannungen sind diese Verzerrungen relativ gering, aber bei kleinen Ausgangsspannungen ergibt sich ein großer Übertragungsfehler, d. h., man hat einen entsprechend großen Klirrfaktor.

Da die beiden Transistoren in Kollektorschaltung arbeiten, ergibt sich der Vorteil eines hohen Eingangswiderstandes, d. h., die Signalquelle wird kaum belastet. Im Kollektorbetrieb hat man aber nur eine Spannungsverstärkung von $V_U < 1$, und daher muss die Eingangsspannung entsprechend hoch sein. Aufgrund der Stromgegenkopplung ist die Verstärkung sehr linear, wenn man von den Übernahmeverzerrungen im Nulldurchgang absieht. Es ergeben sich folgende Werte:

$$U_{CEmax} = 2 \cdot U_b$$
$$I_{Cmax} \quad = U_b^2/(2 \cdot R_L)$$
$$P_{\sim max} \quad = U_b^2/(8 \cdot R_L)$$
$$\eta \qquad\quad = 0{,}785$$

Der Nachteil des B-Betriebs sind die beiden Betriebsspannungen. Um mit nur einer Betriebsspannung arbeiten zu können, benötigt man in der Verstärkerschaltung eine Ersatzstromquelle, beispielsweise einen Kondensator. Die Schaltung von Abb. 5.91 zeigt eine B-Gegentaktendstufe für einen Leistungsverstärker.

An dem Eingang des Verstärkers liegt eine Wechselspannung. Wird diese positiv, schaltet der NPN-Transistor durch, und es fließt ein Strom $I_C = I_E$ von $+U_b$ durch den Transistor, durch den Kondensator und weiter durch den Lautsprecher nach Masse ab. Während dieses Stromflusses kann sich der Kondensator aufladen. Nimmt die Eingangsspannung einen negativen Wert an, sperrt der NPN-Transistor, während der PNP-Transistor in den leitenden Zustand übergeht. Der Kondensator entlädt sich über den PNP-Transistor nach Masse, es fließt Strom I_2, und der Lautsprecher kann arbeiten. Der Kondensator arbeitet als Ersatzstromquelle. Zusammen mit dem Lautsprecher bildet er einen Hochpass, dessen untere Grenzfrequenz f_u sich aus

$$f_u = \frac{1}{2 \cdot \pi \cdot R_L \cdot C_L}$$

errechnet. In der Praxis kennt man die untere Grenzfrequenz und die Impedanz des Lautsprechers ($Z = 4\,\Omega$). Durch Umstellen der Formel lässt sich dann die Kapazität des Kondensators berechnen.

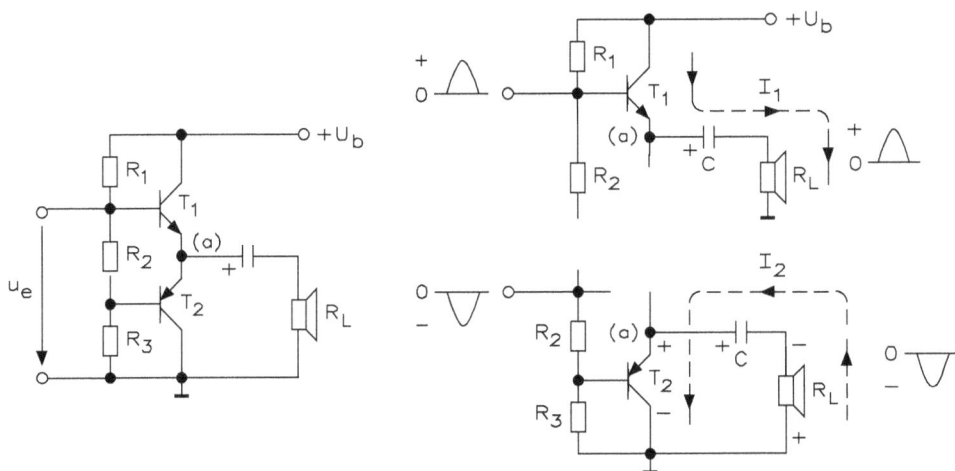

Abb. 5.91: Aufbau einer B-Gegentaktendstufe mit dem Diagramm für den Umladevorgang am Elektrolytkondensator, der die Ersatzstromquelle bildet

Beispiel: Die Endstufe soll mit einer unteren Grenzfrequenz von $f_u = 15\,\text{Hz}$ und einem Lautsprecher mit $R_L = 4\,\Omega$ (Wirkwiderstand) betrieben werden. Welche Kapazität muss der Kondensator aufweisen?

$$C_L = \frac{1}{2 \cdot \pi \cdot R_L \cdot f_u} = \frac{1}{2 \cdot 3{,}14 \cdot 4\,\Omega \cdot 15\,\text{Hz}} = 2654\,\mu\text{F} \ (2700\,\mu\text{F})$$

Der Koppelkondensator wird im Wesentlichen von der unteren Arbeitsfrequenz der Endstufe bestimmt.

5.4.3 Leistungsverstärker im AB-Betrieb

Beim B-Betrieb treten unerwünschte Übernahmeverzerrungen auf, die sich aber durch einen Vorruhestrom beseitigen lassen, und man kommt zum AB-Betrieb. Die Schaltung für den AB-Betrieb ist in Abb. 5.92 gezeigt.

Über den Spannungsteiler, der aus einer Reihenschaltung von zwei Widerständen und zwei Dioden besteht, fließt ein kleiner Ruhestrom, der die Basis-Emitter-Spannung U_{BE} der beiden Transistoren durch den Spannungsfall an den zwei Dioden anhebt. Durch diesen Ruhestrom verringert sich zwar der Wirkungsgrad, aber es treten keine Übernahmeverzerrungen mehr auf.

Die Kennlinie für diesen AB-Betrieb ist in Abb. 5.92 gezeigt. Durch die Verschiebung der beiden Basis-Emitter-Spannungen erhält man aber eine lineare Charakteristik für die Verstärkung. Bei der Einstellung des Vorstromes durch den Spannungsteiler schiebt man die Arbeitspunkte so übereinander, bis sich diese auf der linearen Verstärkerkennlinie befinden. Der Vorstrom soll etwa 1 % bis 2 % des Kollektorstromes I_{Cmax} sein. Der Klirrfaktor verringert sich bei richtiger Einstellung auf unter 0,1 %, wobei aber der Wirkungsgrad reduziert wird.

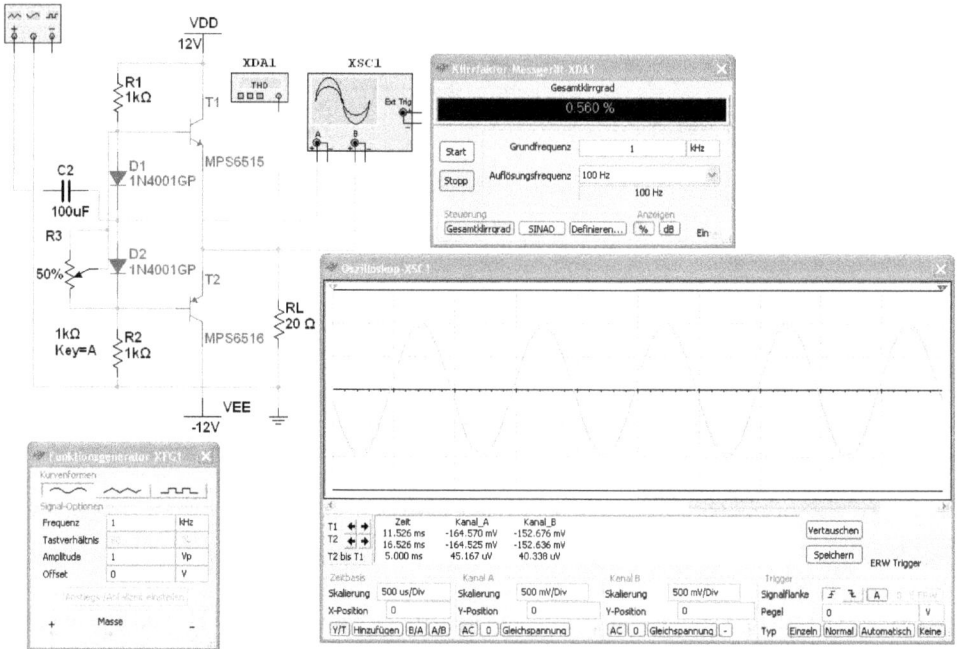

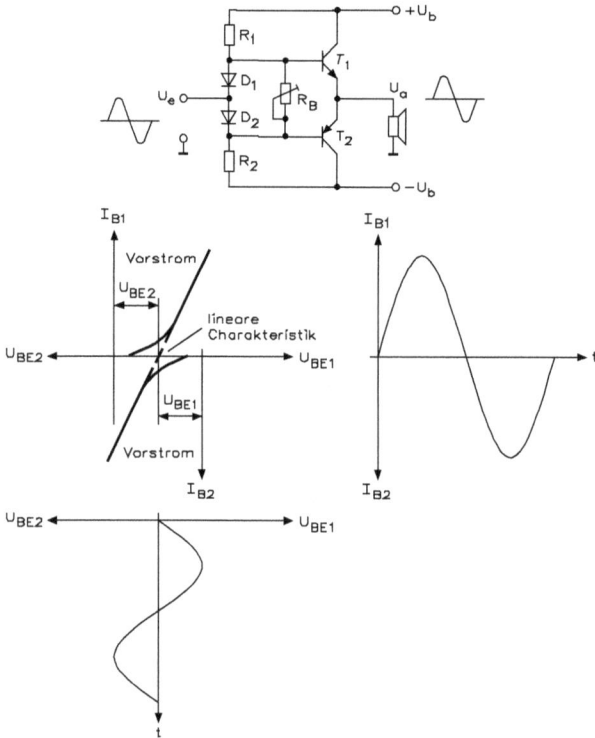

Abb. 5.92: Schaltung und Kennlinie einer Leistungsendstufe für den AB-Betrieb

Da die beiden Widerstände und die zwei Dioden gleiche Werte aufweisen, sind die Basis-Emitter-Strecken der Endstufentransistoren in Durchlassrichtung vorgespannt. Beide Transistoren sind gesperrt, wenn $U_e = 0\,V$ ist. Ändert sich die Ausgangsspannung in positiver Richtung, verringert sich der Vorstrom, und es fließt für den NPN-Transistor ein Basisstrom. Wird dagegen die Eingangsspannung negativ, vergrößert sich der Vorstrom, und aus dem PNP-Transistor kann ein entsprechender Basisstrom herausfließen.

Bei der Schaltung von Abb. 5.93 bildet der Elektrolytkondensator C_2 die Ersatzstromquelle, wodurch man wieder nur mit einer Betriebsspannung arbeiten kann.

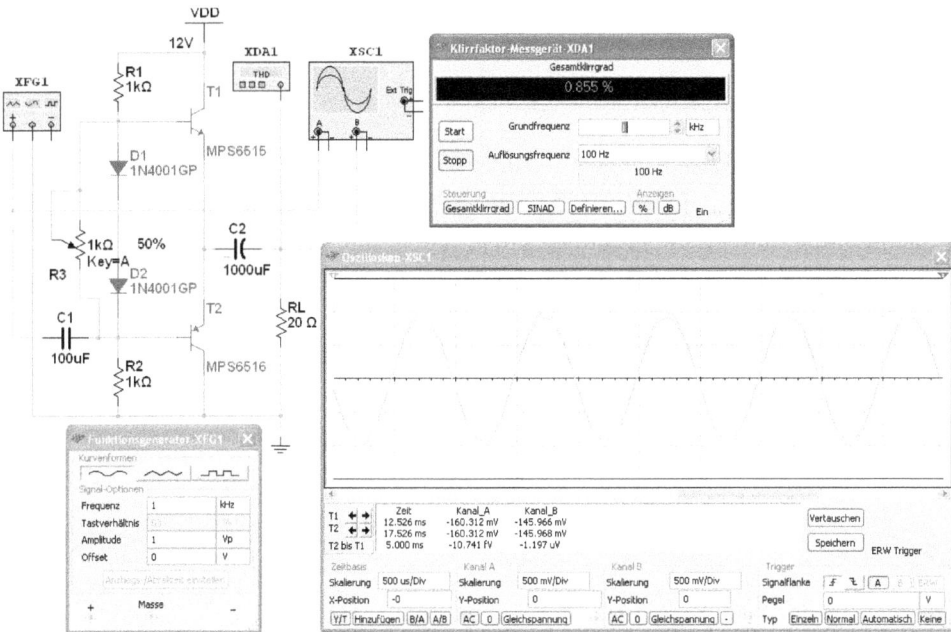

Abb. 5.93: Aufbau einer AB-Gegentaktendstufe mit Elektrolytkondensator am Ausgang

Den C-Betrieb findet man nur in HF-Leistungsverstärkern. Der Arbeitspunkt auf der U_{BE}/I_C-Kennlinie befindet sich links vom Kennlinienknick, also bei einer Basisspannung, die den Kollektorstrom I_C vollkommen sperrt. Bei fehlender Ansteuerung ist $I_C = 0$. Von der an der Basis anliegenden Wechselspannung erreicht nur ein Teil der positiven Halbwelle den Aussteuerbereich. Der Kollektorwechselstrom ist somit noch mehr verzerrt und hat noch mehr Oberwellen, als dies beim B-Betrieb der Fall ist. Jedoch wird der Kollektorschwingkreis in seiner Eigenfrequenz angestoßen und erzeugt ein sinusförmiges Ausgangssignal.

6 Unipolare Transistoren (FETs und MOSFETs)

Unipolare Transistoren bestehen im Wesentlichen aus einem N- oder P-Kanal, der mit Hilfe eines elektrischen Feldes über einen Gateanschluss enger oder breiter gesteuert werden kann. Damit wird dieser Transistor, den man folgerichtig als Feldeffekttransistor (FET) bezeichnet, nicht leitender oder leitender gesteuert. Dabei findet eine leistungslose Steuerung statt, denn über den Gateanschluss fließt nahezu kein Strom, lediglich das elektrische Feld steuert den Kanal enger und breiter. Zum Stromfluss im Kanal werden bei diesem Transistortyp Majoritätsladungsträger (beim P-Kanal sind dies die Löcher bzw. Defektelektronen und beim N-Kanal die Elektronen) benutzt. Da dieser gesamte Vorgang innerhalb einer Schicht (Kanal) erfolgt, bezeichnet man den Feldeffekttransistor im Gegensatz zum NPN- oder PNP-Transistor als unipolaren Transistor.

Man unterscheidet grundsätzlich zwei Typen. Während der Sperrschicht-FET (PN-FET) zwischen Kanal und Gate als Isolation einen gesperrten PN-Übergang verwendet, besitzen die IG-FETs (insulated gate) eine dünne SiO_2-Schicht als Isolator zwischen Gate und Kanal.

6.1 FET und MOSFET

Sperrschicht- bzw. PN-FETs können deshalb wegen ihres Aufbaues nur mit einer Gatepolarität betrieben werden, weil die Gate-Kanal-Schichtenfolge stets gesperrt gepolt sein muss. Mit dieser Polarität lässt sich die Ladungsträgerkonzentration im Kanal nur verarmen, also der Kanal nicht leitender gesteuert werden. IG-FETs können sowohl verarmt als auch angereichert werden, weil zwischen Gate und Kanal durch die Isolationsschicht ohnehin kein Strom fließen kann. Es gibt deshalb selbstleitende (depletion-type) und selbstsperrende (enhacement-type) IG-FETs, jedoch nur selbstleitende PN-FETs. Als IG-FET sind heute die sogenannten MOSFETs (metal-oxid-semiconductor) als selbstsperrende N-Kanal-IG-FETs am gebräuchlichsten.

Der Sperrschicht-Feldeffekttransistor kann als P- oder N-Typ hergestellt werden. Die Steuerung erfolgt über einen in Sperrrichtung betriebenen PN-Übergang auf den Source-Drain-Kanal vom Gate (G) aus. Dadurch ergibt sich automatisch, dass dieser sogenannte PN-FET zwischen Gate und Kanal (S-D-Strecke) ein Diodenverhalten aufweist, das allerdings für die normale Aussteuerung nicht zur Geltung kommt, da der Aussteuerbereich zwischen G- und S- bzw. D-Anschluss immer im Sperrbereich liegt. Wichtig wird sie erst als Schutzdiode, wenn z. B. bei einem NP- oder PN-FET die Gate-Spannung $> 0,6\,V$ positiver wird als die Spannung U_D, also bei $U_{GD} > 0,6\,V$ ein Diodenstrom fließt, der den FET durch geeignete

unipolare Transistoren

Isolierschicht−FET
(MOSFET oder IG−FET)

Sperrschicht−FET   Depletion−MOSFET   Enhancement−MOSFET
(J−FET)   (Verarmungstyp)   (Anreicherungstyp)

N−Kanal P−Kanal   N−Kanal P−Kanal   N−Kanal P−Kanal

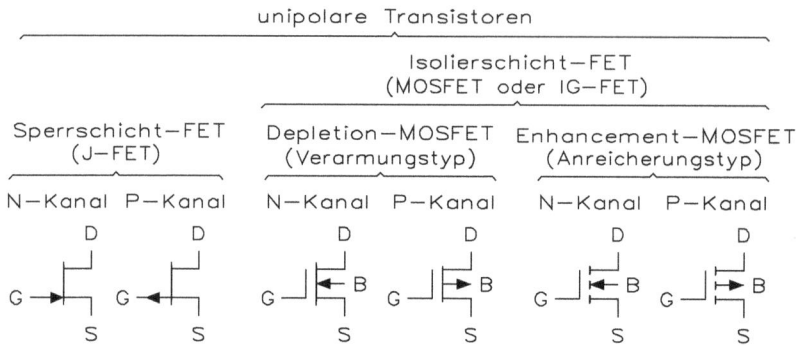

Abb. 6.1: Arten und Symbole von FET und MOSFET

Schaltungsmaßnahmen am Eingang (Begrenzungswiderstand) vor Spannungsüberlastungen schützen kann, anders ist es beim IG-FET.

Bei den Isolierschicht-Feldeffekttransisten (IG-FET) wirkt die Steuerspannung vom Gate über eine extrem dünne, äußerst hochohmige Isolierschicht $> 10 \cdot 10^{14}\,\Omega$ auf den Kanal. Der Name IG-FET (insulated-gate) wurde entsprechend dem Verhalten abgeleitet. Bei einer besonderen Gruppe von IG-FETs, deren Gate-Isolierung aus einem Metalloxid besteht, spricht man vom MOSFET (Metall-Oxid-Semiconductor).

Bei IG-FETs ist während der Handhabung äußerste Vorsicht geboten. Das gilt auch für Transistoren und integrierten Schaltkreisen mit IG-FET-Eingängen. Die dünne Isolierschicht kann bei elektrostatischer Aufladung bereits bei einigen 10 V zerstört werden. Deshalb werden IG-FETs häufig mit kurzgeschlossenen Elektroden (Ring oder leitender Kunststoff) geliefert und erst nach dem Einlöten soll man diese aus der Schaltung entfernen. Daher ist es sinnvoll, das Arbeitswerkzeug, auch die Lötkolbenspitze zu erden und leitend mit der Schaltung des IG-FET zu verbinden.

Ende der 70er Jahre wurde mit den V-MOS-Power-FETs und einem Drainstromgebiet bis über 20 A erweitert mit Verlustleistungen bis $P_{tot} = 125\,W$. Diese Transistoren werden je nach Leistung z. B. im TO-220- oder TO3-Gehäuse geliefert. Power-FETs können bevorzugt als Schalter, aber auch als lineares Verstärkerelement eingesetzt werden. Letzteres sowohl im NF-Leistungsbereich, als auch bei Sendeendstufen im HF-Bereich mit Leistungen $> 20\,W$ sowie für Frequenzbereiche $> 400\,MHz$ und Leistungen bis etwa $100\,W$. Von den typischen V-MOS-Power-FETs lassen sich die D-MOS-Power-FETs für unteren Frequenzbereich einsetzen.

Gallium-Arsenid-FETs werden bevorzugt im HF-Gebiet bis über 20 GHz eingesetzt. Bei Strömen 100 mA werden Verstärkungswerte bis 15 dB Rauschzahlen $< 1\,dB$ erreicht.

6.1.1   Physikalische Funktionsweise des Sperrschicht-FET

Der wesentlichste Bestandteil eines FET ist sein Kanal. Er wird allseitig, von den beiden Kanalanschlüssen S (Source = Quelle) und D (Drain = Senke) abgesehen, von einer Gateschicht umgeben. Besteht der Kanal aus einem N-Material, so ist die den Kanal umgebende Gateschicht aus P-Material gefertigt.

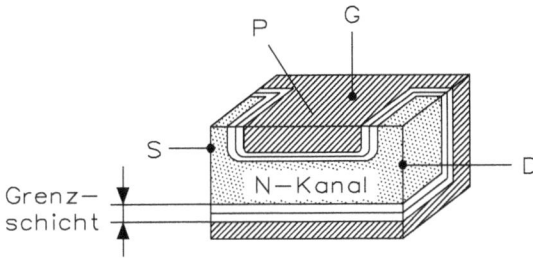

Abb. 6.2: Schnitt durch einen PN-FET mit N-Kanal

Zwischen dem Kanal und der Gateschicht bildet sich eine Grenzschicht oder ladungsträger-verarmte Zone aus. Legt man nun zwischen dem Kanal und der Gateschicht bei einem PN-FET eine Sperrspannung an, d. h., in dem in der Abb. 6.2 dargestellten Beispiel wird an den Kanal über seinen Sourceanschluss S eine positive und an die Gateschicht über den Gateanschluss G eine negative Spannung angeschaltet, so wird die Sperrschicht breiter und der Kanal dadurch enger. Diese Spannung zwischen Gate und Source bezeichnet man Gate-Source-Spannung $-U_{GS}$. Das negative Vorzeichen deutet an, dass am Gateanschluss das tiefere Potential und damit eine Sperrspannung angelegt werden muss.

Da die FETs meist über sehr schmale Kanäle (weniger als 2 μm) verfügen, ist der Kanal bereits bei relativ kleinen Spannungen von 2 V bis 5 V über seine ganze Länge abgeschnürt. Es kann dann kein Strom mehr durch den Kanal fließen. Diese Spannung $-U_{GS}$, bei der über den gesamten Kanal abgeschnürt wird, bezeichnet man als U_p (pinch-off-voltage). In der Abb. 6.3 ist dieser Fall dargestellt.

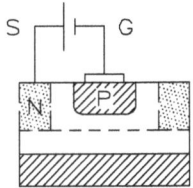

Abb. 6.3: Abschnürung des Kanals über seine ganze Länge

Legt man dagegen zwischen Source S und Drain D eine Spannung U_{DS} bei $-U_{GS} = 0$ V an, so wird Strom durch den Kanal fließen. Wird diese Drain-Source-Spannung U_{DS} erhöht, so führt dies bei Spannungen von etwa 1 V bis 5 V ebenfalls zu einer Abschnürung am drainseitigen Ende des Kanals, weil dieses Kanalende gegenüber dem Gate G positiv ist. Das hat zur Folge, dass der Drainstrom I_D von dieser drainseitigen Abschnürung des Kanals an nicht mehr steigt, d. h., der Drainstrom I_D bleibt nahezu konstant, wenn die Drain-Source-Spannung $U_{DS} > U_p$ wird.

Wird also die Drain-Source-Spannung U_{DS} bei einer Gatevorspannung $-U_{GS} = 0$ V von 0 V ausgehend erhöht, so wird der Drainstrom I_D zunächst ansteigen, bis U_{DS} die Spannung U_p erreicht. Von diesem Moment an steigt der Drainstrom I_D nicht mehr weiter an. Da diese drain-seitige Abschnürung durch eine Erhöhung der Gate-Source-Spannung $-U_{GS}$ eher einsetzt als bei $-U_{GS} = 0\,V$, also der Kanal dann durch $-U_{GS}$ enger wird, tritt diese Sättigungserscheinung bei einem geringeren Drainstrom I_D als bei $-U_{GS} = 0\,V$ ein. Der Drainstrom I_D ist also bei einem Kurzschluss zwischen Gate und Source ($-U_{GS} = 0\,V$) am größten und wird mit I_{DS} (Drain-Source-Strom bei Kurzschluss zwischen Gate und Source) bezeichnet.

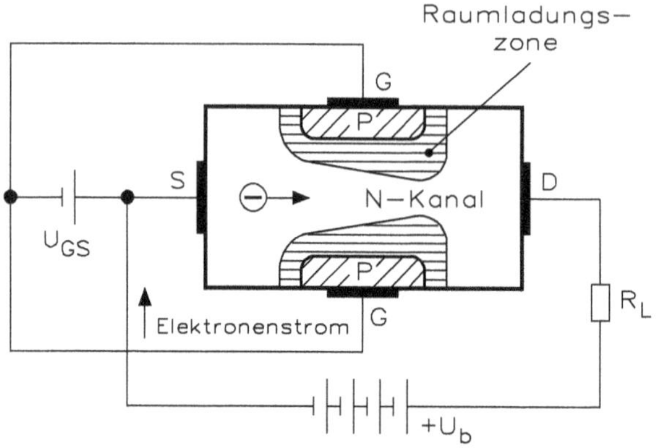

Abb. 6.4: Drainseitige Abschnürung des Kanals bei $U_{DS} > U_p$

Der Drainstrom I_D, der bei einer Spannung $U_{DS} > U_p$ fließt, also oberhalb der drainseitigen Abschnürung, kann durch eine Gate-Source-Spannung $-U_{GS}$ leistungslos verringert werden. Als Vorwärtssteilheit g_m gemessen in mA/V = mS bezeichnet man die Steuerfähigkeit des FET. Sie gibt an, um wieviel mA sich der Drainstrom I_D bei einer Erhöhung der Gate-Source-Spannung $-U_{GS}$ um 1 Volt vermindert.

$$g_m = \frac{I_D}{U_{GS}} = \frac{i_D}{u_{GS}} \qquad \text{in mA/V} = \text{mS}$$

Lässt man nun den Drainstrom über einen Arbeitswiderstand (Abb. 6.5) in der Drainleitung fließen, so lässt sich die Spannungsverstärkung des FET errechnen zu:

$$V_u = \frac{u_{RD}}{u_{GS}} = \frac{i_D \cdot R_D}{u_{GS}} = g_m \cdot R_D$$

Bei diesen FET-Arten ist es möglich, den Kanal durch eine positive Gate-Source-Spannung leitender und durch eine negative nicht leitender zu steuern, d. h., der Drainstrom kann über I_{DS} hinaus ansteigen oder auch abgesenkt werden, weil über den Gateanschluss ohnehin wegen der Isolationsschicht kein Strom fließen kann. Stellt man den IG-FET so her, dass er einen Kanal besitzt, so bezeichnet man ihn als selbstleitenden IG-FET. Er kann also neben der Anreicherung des Kanals mit Ladungsträgern auch verarmt werden. Es gibt aber auch IG-FETs, die durch ihre Konstruktion über keinen leitenden Kanal verfügen. Sie sind selbstsperrende IG-FETs und lassen sich nur anreichern.

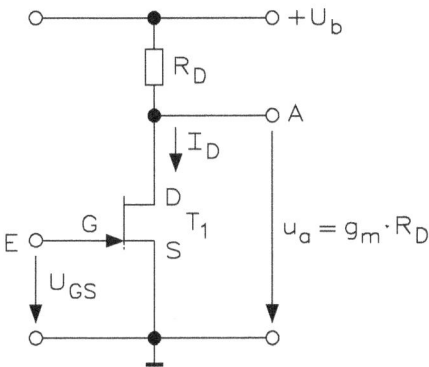

Abb. 6.5: Source-Grundschaltung eines PN-FET

6.1.2   Untersuchung eines N-Kanal-FET

Der Unterschied zwischen einem bipolaren Transistor und einem Feldeffekttransistor ist die leistungslose Ansteuerung des FET. Während beim Transistor ein Basisstrom fließen muss, benötigt man beim FET nur eine Spannung.

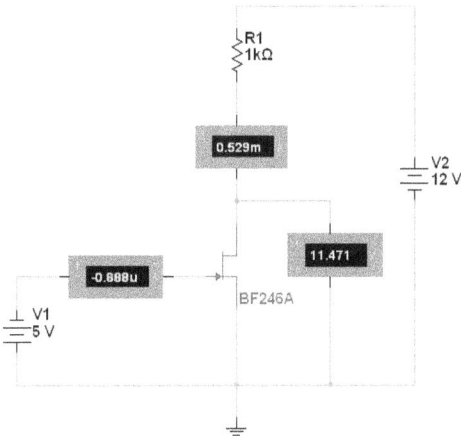

Abb. 6.6: Schaltung zur statischen Untersuchung eines N-Kanal-FET

Der N-Kanal-FET BF246A arbeitet in Abb. 6.6 in Sourceschaltung, da der Sourceanschluss mit Masse verbunden ist. Diese Schaltung ist identisch mit dem Emitterbetrieb eines bipolaren Transistors. Mittels der Gleichspannungsquelle zwischen Gate und Source lässt sich die Wirkungsweise dieser Schaltung untersuchen, wie Tabelle 6.1 zeigt.

Aus Tabelle 6.1 erkennt man, wie sich der Kanalwiderstand R_K des N-Kanal-FET von 200 Ω bis auf 1 MΩ vergrößert, wenn die Gate-Source-Spannung von 0 V auf -5 V geändert wird.

Tab. 6.1: Untersuchung des N-Kanal-FET BF246A bei einer konstanten Betriebsspannung von $+U_b = 12\,V$

$-U_{GS}$ in V	U_{DS} in V	I_D in mA	Kanalwiderstand in Ω
0	0,42	12	35
0,5	0,46	12	38,6
1	0,51	11	46,8
1,5	0,58	11	52,9
2	0,67	11	61
2,5	0,81	11	73,1
3	1,03	11	33,5
3,5	1,69	10	169,1
4	6,37	6,64	959,3
4,5	8,97	3,03	2,96 k
5	11,47	9,53	21,68 k

Der Kanalwiderstand errechnet sich aus

$$R_K = \frac{U_{DS}}{I_D}$$

Der Kanalwiderstand R_K in einem Feldeffekttransistor ist abhängig vom Kanalquerschnitt A, von der Kanallänge l und vom Leitwert γ (der Wert γ ist abhängig vom Herstellungsprozess, aber unabhängig vom Transistoraufbau). Die Berechnung erfolgt nach

$$R_K = \frac{l}{\gamma \cdot A}$$

Es ergeben sich je nach Transistortyp für den Kanal Werte zwischen $1\,\Omega$ und $1\,k\Omega$.

Während dieser Messung fließt praktisch kein Gatestrom (0,26 pA zeigt die Messung). In dem Datenblatt ist der Reststrom mit kleiner 1 pA angegeben, d. h. der Widerstand zwischen Gate und Kanal liegt in der Größenordnung von $10^{10}\,\Omega$ bis $10^{12}\,\Omega$.

Legt man eine positive Spannung von $U_{GS} = +1\,V$ an, fließt ein Gatestrom von $I_G = 126\,mA$! Betreibt man den BF246A in dieser Betriebsart, wird er unweigerlich durch einen relativ hohen Stromfluss zerstört.

Die Wirkungsweise eines FET lässt sich auch untersuchen, wenn man die Gatespannung $-U_{GS}$ konstant hält und die Spannung U_{DS} erhöht, wie die Tabelle 6.2 zeigt.

Aus dieser Tabelle lässt sich das Kennlinienfeld aufstellen, wie Abb. 6.7 zeigt.

Das Kennlinienfeld von Abb. 6.7 ist unterteilt in das Übertragungskennlinienfeld (oben) mit $I_D = f(U_{GS})$ und U_{DS} als Parameter und in das Ausgangskennlinienfeld (unten mit $I_D = f(U_{DS})$) und U_{GS} als Parameter.

Das Ausgangskennlinienfeld ist in einen ohmschen und einen aktiven Bereich (Abschnürbereich) unterteilt. Bei der Abschnürspannung U_p (pinch-off) erreicht der Drainstrom I_D seinen Sättigungswert. Durch die Abschnürgrenzspannung erfolgt die Trennung zwischen den beiden Bereichen. Für den ohmschen Bereich gilt:

$$U_{DS} < U_{GS} - U_p \qquad \text{bzw.} \qquad U_{DS} < U_{GS} - U_{T0}$$

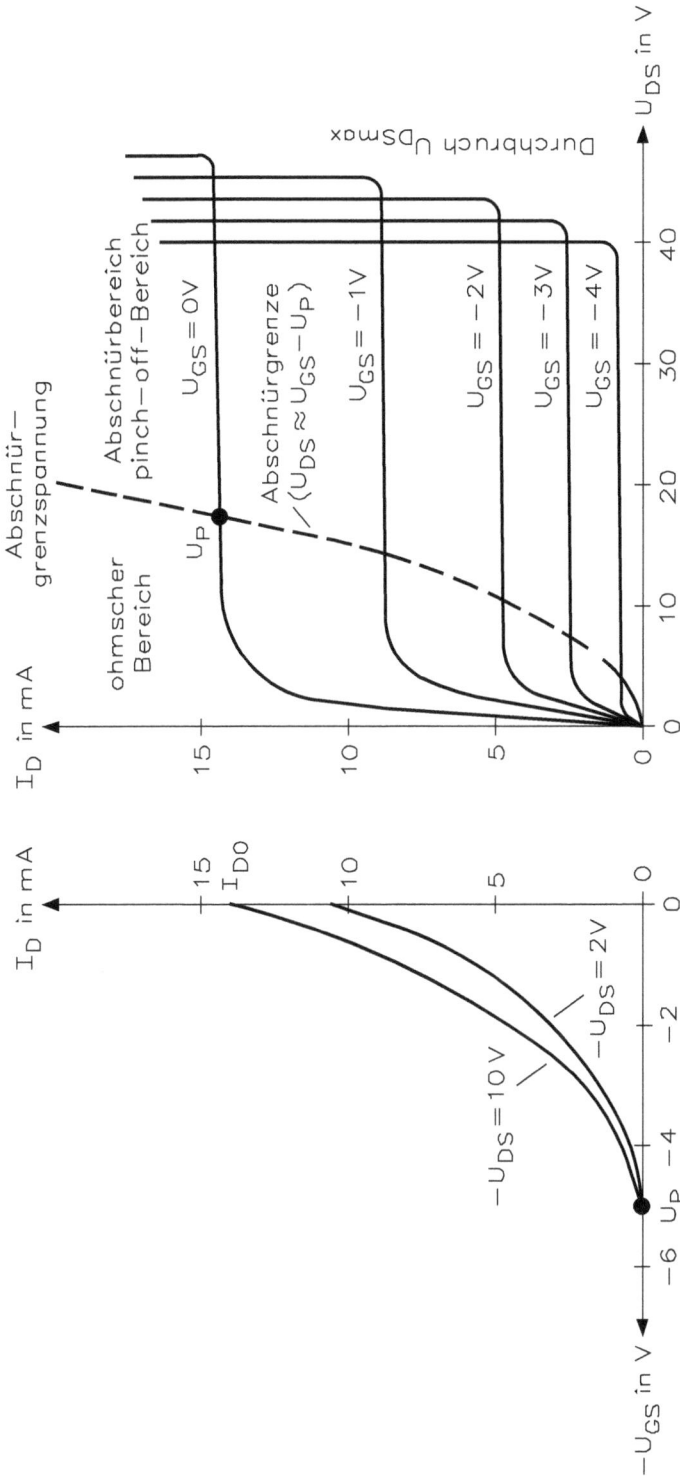

Abb. 6.7: Kennlinienfeld eines N-Kanal-FET mit dem Übertragungskennlinienfeld (links) und dem Ausgangskennlinienfeld (rechts)

Tab. 6.2: Wirkungsweise des BF246A, wenn die Gatespannung $-U_{GS}$ konstant gehalten und die Spannung U_{DS} erhöht wird

$+U_b$ in V	+5	+10	+15	+20	+25
U_{DS} in V	0,175	0,35	0,53	0,83	84
I_D in mA	4,25	9,48	14	19	24
$+U_b$ in V	+5	+10	+15	+20	+25
U_{DS} in V	0,21	0,42	0,65	0,88	1,12
I_D in mA	4,79	9,57	14	8,72	24
$+U_b$ in V	+5	+10	+15	+20	+25
U_{DS} in V	0,27	0,55	10,8	1,18	1,54
I_D in mA	4,73	9,44	14	19	23
$+U_b$ in V	+5	+10	+15	+20	+25
U_{DS} in V	0,38	0,83	1,38	2,51	5,13
I_D in mA	4,62	9,17	14	17	20
$+U_b$ in V	+5	+10	+15	+20	+25
U_{DS} in V	0,76	3,83	7,67	11,5	15,36
I_D in mA	4,24	6,17	7,33	8,49	9,65

Der Transistor verhält sich wie ein ohmscher Widerstand. Dieser Widerstand lässt sich durch ein Ohmmeter messen. Der Wert U_{T0} entspricht der Schwellspannung des FET. In der Nähe des Koordinatenursprungs ($U_{DS} = 0{,}1$ V) entsprechen die Kennlinien bereits Geraden.

Für den Abschnürbereich gilt:

$$U_{DS} > U_{GS} - U_p \qquad \text{bzw.} \qquad U_{DS} > U_{GS} - U_{T0}$$

Der Drainstrom I_D vergrößert sich im Abschnürbereich trotz Erhöhung der Drain-Source-Spannung kaum noch. Der Kanal ist am drainseitigen Ende abgeschnürt.

Die selbstsperrenden FETs müssen also durch eine positive Gate-Source-Spannung U_{GS} (bei N-Kanal-Typen), bevor sie gesteuert werden können, auf einen Drainruhestrom eingestellt werden. Selbstleitende FETs verfügen auch bei $U_{GS} = 0$ V über einen Kanal, der etwas angereichert oder aber vor allem verarmt werden kann. Beide Typen sind in ihrer Steuerfähigkeit durch die Vorwärtssteilheit g_m in mA/V bzw. mS gekennzeichnet. Lediglich die Ruhestromeinstellung ist bei den beiden Typen unterschiedlich vorzunehmen.

Beschränkt man sich zunächst auf die Sperrschicht- bzw. PN-FET, wird der Übergang zwischen Gate und Source immer gesperrt, d. h., die Sperrspannung wird zwischen Gate und Source betrieben. Abb. 6.8 zeigt die Spannungen und Ströme am Sperrschicht-FET.

Wesentlich für beide Grundtypen (N-Kanal oder P-Kanal) ist, dass der Gatestrom nahezu Null ist. Die Restströme am Gate sind bei PN-FETs kleiner als 10 nA. Der Widerstand zwischen Gate und Kanal beträgt also 10^{10} Ω bis 10^{12} Ω. Daher sind die beiden Ströme I_D und I_S gleich groß, jedoch in ihrer Stromrichtung entgegengesetzt. Während der Drainstrom bei einem N-Kanal-PN-FET in den Transistor hineinfließt, strömt er am Sourceanschluss heraus.

$$I_D = -I_S$$

a) N–Kanal–PN–FET   b) P–Kanal–PN–FET

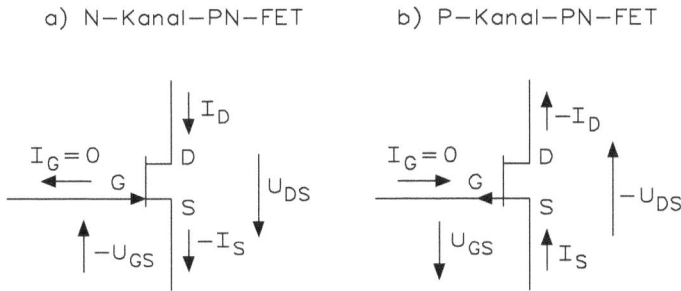

Abb. 6.8: Spannungen und Ströme am Sperrschicht-FET

Die Vorzeichen vor den Spannungs- und den Strombezeichnungen geben auch bei den FETs wie bei den bipolaren Transistoren die Richtungen an.

Bei den IG-FETs zeigen die Symbole der Transistortypen die Isolation zwischen Gate und dem Kanal dadurch an, dass der Gateanschluss vom Kanal getrennt dargestellt wird. Je nachdem, ob der Kanal durchgezeichnet (selbstleitende IG-FETs) oder gestrichelt ist (selbstsperrende IG-FETs), wird deutlich, ob es sich um Verarmungs- oder Anreicherungstypen handelt. Die Abb. 6.9 zeigt die zwei Varianten von IG-FETs mit ihren Spannungen und Strömen.

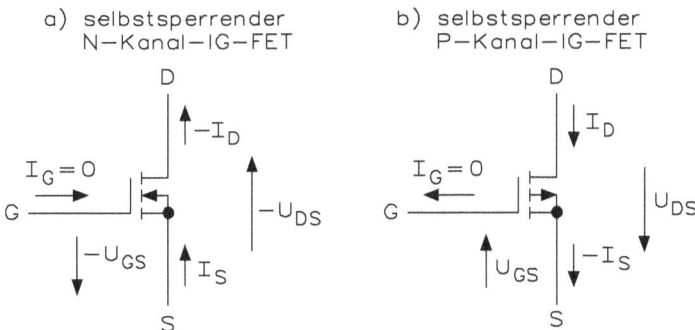

a) selbstsperrender   b) selbstsperrender
   N–Kanal–IG–FET   P–Kanal–IG–FET

Abb. 6.9: Spannungen und Ströme bei IG-FETs

Die Restströme der IG-FETs am Gateanschluss sind um den Faktor 10^3 noch kleiner als bei den PN-FETs, d. h. kleiner als 1 nA! Ihre Eingangswiderstände sind selbst bei Anreicherungstypen größer als 10^{15} Ω.

6.1.3   Herstellungsverfahren und Bauformen von FETs

Feldeffekttransistoren in moderner Form als IG-FETs werden aus Silizium im Diffusionsverfahren hergestellt. Bei der Entwicklung der Technologie war man zunächst gezwungen, P-Kanal-IG-FETs herzustellen. Die moderne optische Messtechnik hat es aber möglich gemacht, den wegen der Benutzung von Elektronen als wirksame Ladungsträger im Kanal schnelleren N-Kanal-IG-FET problemlos herstellen zu können.

Die Schwierigkeiten bestanden hauptsächlich darin, die isolierende SiO_2-Schicht zwischen Kanal und Gate von nur 70 nm Dicke mit einer Genauigkeit von $\pm 2{,}5$ nm herzustellen, wo doch die Si-Atome einen Durchmesser von bereits 0,5 nm aufweisen. Die erforderliche Genauigkeit beträgt also nur einige Atomdicken!

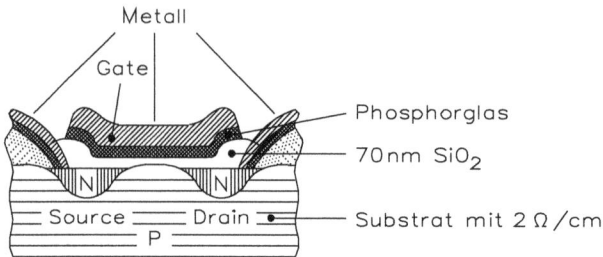

Abb. 6.10: Schnitt durch einen selbstsperrenden N-Kanal-IG-FET

Bei dem in Abb. 6.10 dargestellten N-Kanal-IG-FET als Anreicherungstyp dient die Phosphorglasschicht zwischen der Oxidationsschicht und den aufgedampften Metallschichten für die Kontaktierung dazu, die in der Siliziumoxidschicht als Isolation durch den Oxidationsprozess mit Sauerstoff eingedrungenen Alkalimetalle wie z. B. Natrium als positives Ion durch das fünfwertige Phosphor abzuschirmen. Besondere Schwierigkeiten bildet auch die Ätzung mit Flusssäure. Damit die Oberfläche durch Arsenatome nicht elektrisch leitfähig ist, die immer in der Flusssäure vorhanden ist, muss eine Flusssäure mit weniger als ein millionstel Prozent Arsenanteil verwendet werden. Es bedarf also viel Erfahrung bei der Aufbereitung der Flusssäure, um die Arsenatome auf chemischem Wege weitgehendst aufzufinden und zu beseitigen.

Nach der Herstellung der Bauelemente müssen alle ihre Anschlüsse von außen elektrisch leitend miteinander verbunden werden. Das ist notwendig, weil schon geringe elektrische Felder in der Umgebung der Bauelemente unzulässig hohe Spannungen zwischen Gate und Kanal aufkommen lassen. Die dünne Isolationsschicht aus SiO_2 kann sonst durchschlagen und das ganze System im Innern des Kristalls zerstören. IG-FETs und integrierte Bausteine mit solchen Transistoren werden deshalb in graphitgetränkten Schaumstoffen oder mit Kurzschlussringen geliefert. Zum Einbau von IG-FET in Schaltungen müssen die Montageanleitungen der Hersteller genau beachtet werden, da die Bauelemente durch unsachgemäße Behandlung bereits zerstört worden sein können, bevor sie ihre eigentliche Arbeit aufnehmen können.

Bei Sperrschicht-FETs sind diese Vorsichtsmaßnahmen nicht nötig, da hier keine Isolierschichten mit Übergangswiderständen von bis zu 10^{15} Ω zwischen Gate und Kanal liegen.

Die Bauformen von Feldeffekt- bzw. unipolaren Transistoren unterscheiden sich nicht von denen bipolarer Typen.

6.1.4   Grenz- und Kenndaten

Nachdem die Wirkungsweise und der Aufbau von unipolaren Transistoren oder FETs aufgezeigt wurde, soll nun beschrieben werden, welche maximalen Werte mit den einzelnen

FET-Typen erreichbar sind. Hierüber geben die Grenzdaten für die diskreten und integrierten Bauelemente Auskunft. Die Kenndaten der FETs beschreiben dagegen (wie bei den bipolaren Transistoren) das Signalverhalten dieser Transistoren. Auch hierbei muss man zwischen den statischen und den dynamischen Kenndaten unterscheiden.

Bemerkenswert ist dabei die Tatsache, dass FETs einen leicht positiven Temperaturgang oberhalb eines Drainstromes von etwa $I_D = 1$ mA aufweisen. Schaltungen mit FETs und MOS-FETs benötigen keine Temperaturstabilisierung.

In den Datenblättern der Hersteller von FETs findet man neben der Allgemeinen Beschreibung des Bauelementes zunächst seine Grenzdaten. Diese Grenzdaten sind Garantiewerte des Herstellers.

Die wichtigsten sind:

I_G = maximaler Gatestrom bei Sperrschicht-FETs in Flussrichtung des PN-Überganges (meist nicht über 10 mA),

$-U_{GS}$ = maximale Gate-Source-Spannung zur Sperrung des PN-Überganges zwischen Gate und Kanal,

U_{DS} = maximale Drain-Source-Spannung (beim Überschreiten dieser Spannung kann der Kanal trotz der drainseitigen Abschnürung schlagartig niederohmig werden!),

P_{tot} = maximale Verlustleistung der Drain-Source-Strecke,

T_J = maximale Kristalltemperatur.

Bei der Angabe des maximalen Gatestromes I_G handelt es sich um den Gatestrom der bei durchlässig gepoltem Gate-Source-PN-Übergang nicht überschritten werden darf. Bei den IG-FETs gibt es diese Angabe nicht, da ja durch die SiO_2-Schicht als Isolator zwischen Kanal und Gate ohnehin kein Strom fließen kann. Die maximale Verlustleistung P_{tot} lässt sich auch bei den FETs durch geeignete Kühlkörper vergrößern.

Bei den statischen Kenndaten ist zwischen den On- und den Off-Charakteristiken zu unterscheiden, also zwischen den typischen Daten des leitenden und des gesperrten FET. Der wichtigste Wert für den leitenden FET ist der höchste Drainstrom I_{DS} bei $-U_{GS} = 0$ V. Hierbei treten jedoch Exemplarstreuungen von mehr als 100 % auf.

Wesentlich ist auch die Angabe der Pinch-off-Spannung U_p. Dieser wird meist für eine Drain-Source-Spannung von $U_{DS} = 15$ V und einem Drainstrom von 5 % des I_{DS} ($U_D = 0,05 \cdot I_{DS}$) angegeben, z. B.:

$U_p = 2,0$ V bis 5,2 V bei $U_{DS} = 15$ V
und $I_D = 400\,\mu A$ (wobei $I_{DS} = 4$ bis 8 mA beträgt)

Für den gesperrten FET wird neben der maximalen Gate-Source-Spannung $-U_{GS}$ der dazugehörige Drain- und Gatestrom angegeben. Während U_{GS} (Gate-Source-Strom bei kurzgeschlossenem Kanal und dieser ist kleiner als 10 nA!) die Isolationseigenschaften des Gates gegenüber dem Kanal darstellt, kennzeichnet die Angabe des Drainstromes $I_{D(off)}$ (Drain-Cutoff-Current) die Sperrfähigkeit des FET zwischen Drain und Source bei völlig abgeschnürtem Kanal. Das ist der Fall, wenn $-U_{GS}$ größer als U_p ist. Auch dieser Strom ist kleiner als 10 nA.

Die interessanteste Angabe über die Steuerfähigkeit des FET ist seine Vorwärtssteilheit g_m, die in μS oder mS gemessen wird. Im Allgemeinen wird sie für den günstigsten Betriebspunkt angegeben. Sie kennzeichnet die Drainstromänderung i_D im Verhältnis zur Gate-Source-Spannungsänderung u_{GS}. Die Datenbücher der Hersteller geben aber durch entsprechende

Kennlinien gut Auskunft darüber, wie diese Vorwärtssteilheit in Abhängigkeit von U_{GS} abnimmt.

$$g_m = \frac{I_D}{u_{GS}} \quad \text{in } \mu S \text{ oder mS}$$

In den englischen Publikationen wird sie als „forward-transadmittance" gemessen in μmhos (Mehrzahl von Ω im Kehrwert rückwärts geschrieben) angegeben.

In der Regel wird auch zumindest die Eingangskapazität C_{GS} angegeben und die Kapazität ist sehr gering. Selbst bei PN-FETs sind die Eingangskapazitäten zwischen Gate und Source kleiner als 5 pF, weil die Abmessungen der FETs so klein sind.

Wird der FET als Schalter verwendet, so interessieren die Angaben über die Ein- und die Ausschaltzeiten des Transistors t_{on} und t_{off}. Im Allgemeinen schalten FET, die für Schalteranwendungen hergestellt wurden, mit einer Geschwindigkeit von 15 ns ein. Ihre Ausschaltzeit ist etwas größer.

6.1.5   Kennlinien in Source-Grundschaltung

Grundsätzlich gibt es auch bei den unipolaren oder Feldeffekttransistoren drei Grundschaltungen wie bei den bipolaren Transistoren. Von wesentlicher Bedeutung sind jedoch nur
- die Sourceschaltung
- die Drainschaltung bzw. Source-Folger-Schaltung.

Beide Varianten sind in Abb. 6.11 dargestellt.

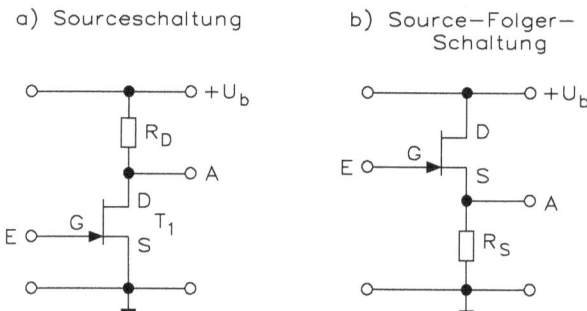

Abb. 6.11: Grundschaltungen mit PN-FETs (links: Sourceschaltung, rechts: Source-Folger-Schaltung)

Als Kennlinien der Sourcegrundschaltung sind bei den FETs nur die Ausgangskennlinienschar als Verhältnis des Drainstroms I_D zur Drain-Source-Spannung U_{DS} in Abhängigkeit von der Gate-Source-Spannung U_{GS} und die Steuerkennlinie als Verhältnis des Drainstroms I_D von der Gate-Source-Spannung U_{GS} von Interesse. Abb. 6.12 zeigt das Ausgangskennlinienfeld eines N-Kanal-PN-FET mit der Abschnürgrenze des Kanals.

Im Abschnürbereich des Kennlinienfeldes nach Abb. 6.12 bleibt der Drainstrom I_D trotz steigender Drain-Source-Spannung U_{DS} konstant. Der Arbeitspunkt eines PN-FET wird daher im Allgemeinen in den Abschnürbereich gelegt. Die Steuerkennlinie zeigt die Steilheit des FET.

I_D in mA

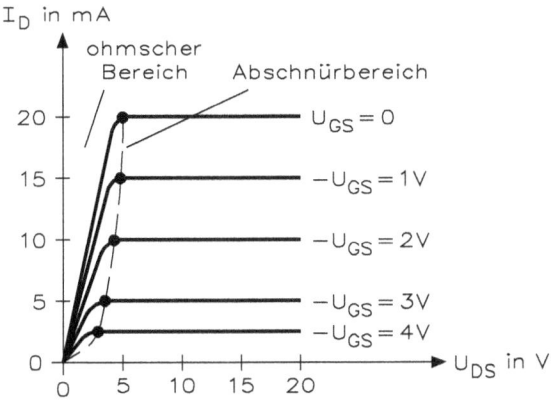

Abb. 6.12: Ausgangskennlinienfeld eines N-Kanal-PN-FET

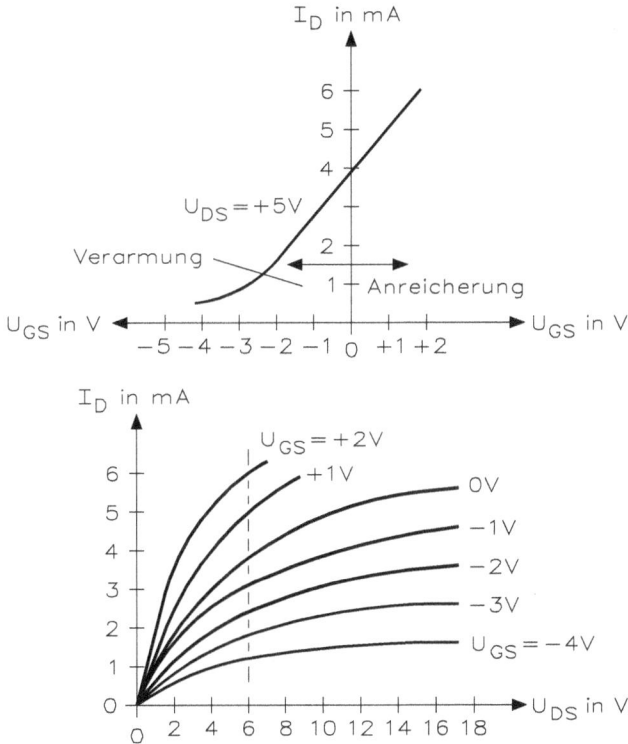

Abb. 6.13: Steuer- und Ausgangskennlinie eines selbstleitenden N-Kanal-MOSFET (IG-FET)

In Abb. 6.13 ist die Steuer- und Ausgangskennlinie eines selbstleitenden N-Kanal-MOSFET (IG-FET) als Verarmungstyp dargestellt.

Die Abb. 6.14 zeigt dagegen alle Kennlinien der FET-Typen als P- und N-Kanal-PN- und
IG-FETs sowohl als Verarmungs- als auch als Anreicherungstypen.

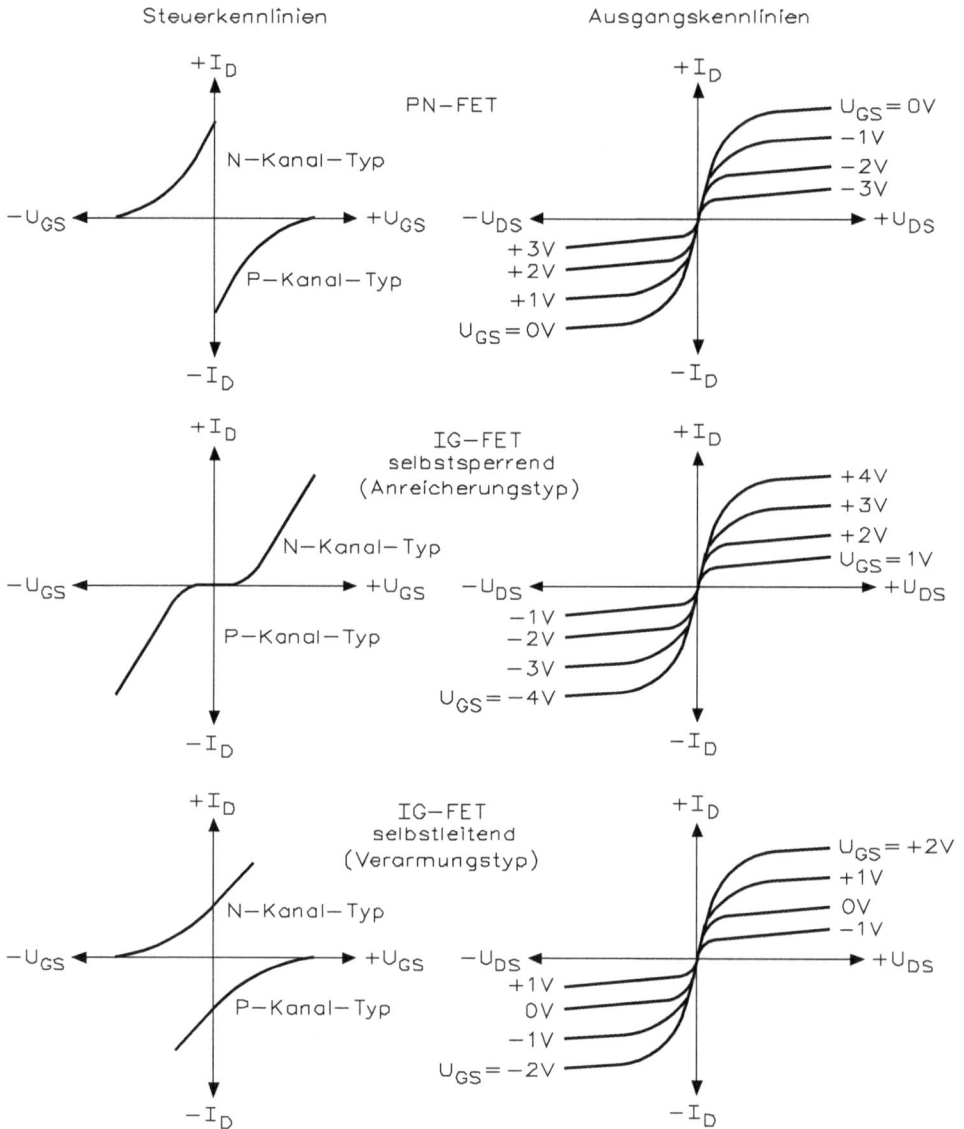

Abb. 6.14: Kennlinien von FETs

6.1.6 Verstärkerschaltungen mit FET

Für eine Sourcegrundschaltung eines FET als Verstärker nach Abb. 6.11 ergibt sich als Spannungsverstärkung die Beziehung

$$V_u = g_m \cdot R_D$$

aus der Vorwärtssteilheit g_m des FET. Wird der Stufe jedoch ein Lastwiderstand R_L in kapazitiver Kopplung angeschaltet, so muss dies bei der Verstärkung der Stufe berücksichtigt werden. Es gilt dann die folgende Beziehung:

$$V_u = g_m \cdot R_D \parallel R_L$$

Der Eingangswiderstand des FET ist nahezu unendlich groß. Als Ausgangswiderstand einer Verstärkerstufe mit einem FET ergibt sich R_D, da an ihm ja als Quellwiderstand aus dem Drainsignalstrom die Ausgangsspannung u_2 entsteht.

Bei der Source-Folger-Schaltung nach Abb. 6.11 ist die Spannungsverstärkung wie bei der Emitter-Folger-Schaltung mit bipolaren Transistoren nahezu 1. Der Eingangswiderstand des FET ist dabei besonders hoch, und der Sourcewiderstand R_S bildet bei dieser Schaltung den Ausgangswiderstand R_{out}. Die Ruhestromeinstellung eines FET richtet sich nach der FET-Art.

Bei der Ruhestromeinstellung muss auf die FET-Art geachtet werden. Während Sperrschicht-FET (PN-FET) mit sperrenden Gate-Spannungen versorgt werden müssen, die meist durch Sourcewiderstände aus dem Drainruhestrom abgeleitet werden, benutzt man bei IG-FETs oft Spannungsteiler oder bei selbstleitenden IG-FETs wiederum Source- oder Drainwiderstände zur Gate-Vorspannungserzeugung. In Abb. 6.15 ist die Gate-Spannungserzeugung durch einen Sourcewiderstand R_S dargestellt, nach deren Prinzip PN-FETs und selbstleitende IG-FETs als Verarmungstypen gespeist werden können.

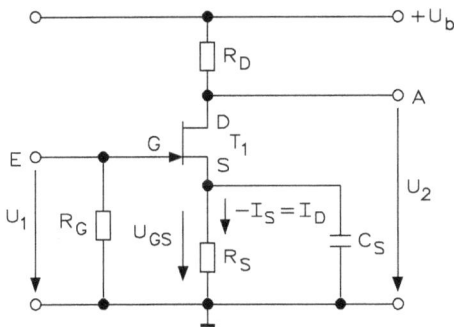

Abb. 6.15: Gate-Spannungserzeugung bei selbstleitendem FET durch Stromgegenkopplung

Bei PN- und selbstleitenden IG-FETs (Verarmungstypen) wird der gewünschte und durch die Gatespannung festgelegte Ruhearbeitspunkt durch einen Sourcewiderstand R_S mit dem Drainstrom $I_D = -I_S$ erzeugt. Der Spannungsfall an R_S wird über den Gatewiderstand R_G, der dann gleichzeitig den Eingangswiderstand R_{in} der Stufe bildet, auf das Gate übertragen, da über das Gate kein Strom fließt.

$$-U_{GS} = I_D \cdot R_S$$

Für einen bestimmten Ruhearbeitspunkt ergibt sich demnach R_S zu:

$$R_S = \frac{-U_{GS}}{I_D}$$

Der Kondensator C_S verhindert eine gleichzeitige Signalstromgegenkopplung des Sourcewiderstandes R_S. Bei der Dimensionierung dieses Überbrückungskondensators C_S ist nach der Beziehung zu verfahren:

$$C_S = \frac{1}{2 \cdot \pi \cdot f_u \cdot \tan \varphi \cdot R_S}$$

Der Winkel φ ergibt sich aus der Anzahl der die untere Grenzfrequenz f_u verursachenden Kondensatoren. Der Sourcewiderstand R_S hat durch seine stromgegenkoppelnde Wirkung auch zur Folge, dass Exemplarstreuungen ausgeglichen werden.

Beispiel: Der N-Kanal-PN-FET BSR58 soll auf einen Ruhestrom von $I_D = 3\,\text{mA}$ eingestellt werden. Aus seiner Steuerkennlinie ergibt sich dafür eine Gatespannung von $-U_{GS} = 2\,\text{V}$ ($U_p = 4\,\text{V}$). Die Stufe soll einen Ausgangswiderstand von $R_{out} = 3,3\,\text{k}\Omega$ und einen Eingangswiderstand von $R_{in} = 1\,\text{M}\Omega$ aufweisen.

Der Ausgangswiderstand wird durch R_D als Quellwiderstand und der Eingangswiderstand durch den Gatewiderstand R_G gebildet, weil über das Gate kein Strom fließen kann (Sperrspannung $-U_{GS}$). Daher ergeben sich diese beiden Widerstände zu:

$$R_D = R_{out} = 3,3\,\text{k}\Omega \qquad R_G = R_{in} = 1\,\text{M}\Omega$$

Der erforderliche Sourcewiderstand ergibt sich aus

$$R_S = \frac{-U_{GS}}{I_D} = \frac{2\,\text{V}}{3\,\text{mA}} = 667\,\Omega \qquad \text{gewählt: } 670\,\Omega$$

und Abb. 6.16 zeigt die dimensionierte PN-FET-Verstärkerstufe.

Bei selbstsperrenden IG-FETs werden die Ruhearbeitspunkte durch Spannungsteiler eingestellt. Bei der Wahl der Widerstandswerte hat man nahezu freie Hand, es muss nur darauf geachtet werden, dass sie nicht in die Größenordnung der FET-Eingangswiderstände von $10^{10}\,\Omega$ geraten.

Aus Abb. 6.17 lassen sich folgende Beziehungen ableiten:

$$\frac{1}{R_{in}} = \frac{1}{R_1} + \frac{1}{R_2}, \qquad \text{wobei } R_1 = S \cdot R_2 \text{ und } S = \frac{U_S - U_{GS}}{U_{GS}}$$

$$\text{(Spannungsteilerverhältnis)}$$

Daraus ergibt sich:

$$R_2 = R_{in} \left(\frac{1}{S} + 1 \right) \qquad \text{und} \qquad R_1 = S \cdot R_2$$

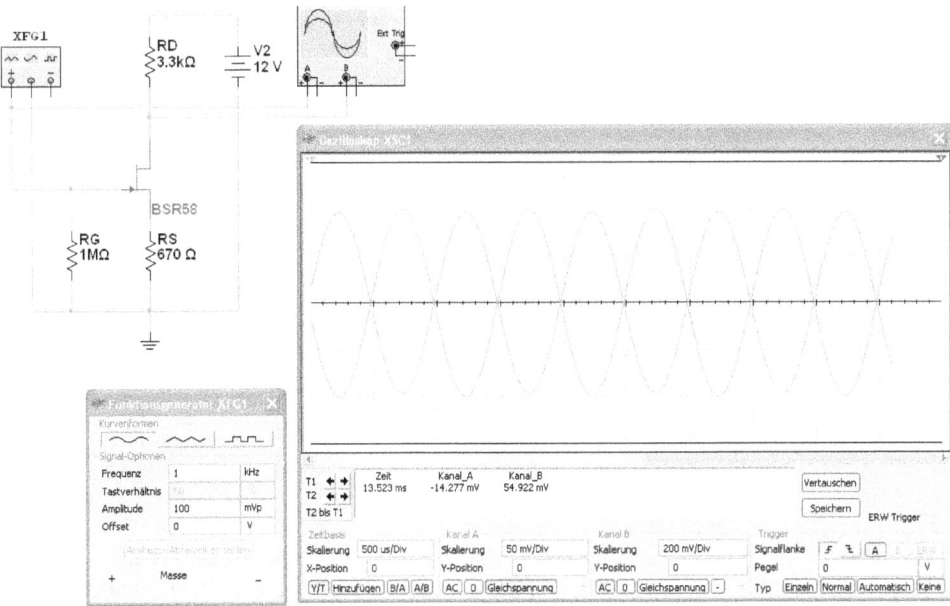

Abb. 6.16: Dimensionierte PN-FET-Verstärkerstufe mit dem BSR58

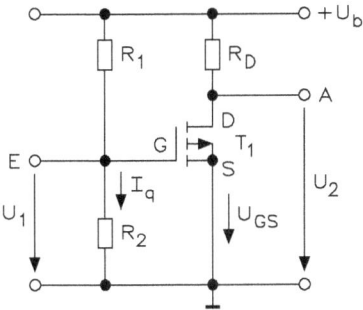

Abb. 6.17: Gate-Spannungserzeugung bei selbstsperrendem IG-FET durch Spannungsteiler

Beispiel: Ein N-Kanal-MOSFET als Anreicherungstyp soll auf einen Ruhestrom von $I_D = 1\,\text{mA}$ eingestellt werden. Aus seiner Steuerkennlinie ergibt sich dafür eine Gatespannung von $U_{GS} = 1\,\text{V}$. Die Stufe soll einen Ausgangswiderstand von $R_{out} = 4{,}7\,\text{k}\Omega$ und einen Eingangswiderstand von $R_{in} = 1\,\text{M}\Omega$ haben. Die Betriebsspannung ist gegeben mit $+U_b = 9\,\text{V}$.

Der Ausgangswiderstand wird durch R_D als Quellwiderstand gebildet. Daher ergibt sich dieser Widerstand zu:

$$R_D = R_{out} = 4{,}7\,\text{k}\Omega$$

Die beiden Spannungsteilerwiderstände R_1 und R_2 ergeben sich aus dem Spannungsteilerverhältnis S und dem Eingangswiderstand R_{in} zu:

$$S = \frac{U_S - U_{GS}}{U_{GS}} = \frac{9\,V - 1\,V}{1\,V} = 8$$

$$R_2 = R_{in}\left(\frac{1}{S} + 1\right) = 1\,M\Omega\left(\frac{1}{8} + 1\right) = 1{,}125\,M\Omega \qquad \text{gewählt: } 1{,}1\,M\Omega$$

$$R_1 = S \cdot R_2 = 8 \cdot 1{,}1\,M\Omega = 8{,}8\,M\Omega \qquad\qquad \text{gewählt: } 8{,}2\,M\Omega$$

Bei der Signalkopplung gelten die gleichen Prinzipien wie bei den bipolaren Transistoren. Es kann die kapazitive, die induktive und auch die galvanische Kopplung gewählt werden. Bei der galvanischen Kopplung sind wiederum lediglich die Potentialunterschiede zwischen den zu koppelnden Baugruppen zu berücksichtigen und durch geeignete Maßnahmen auszugleichen. Abb. 6.18 zeigt die dimensionierte PN-FET-Verstärkerschaltung.

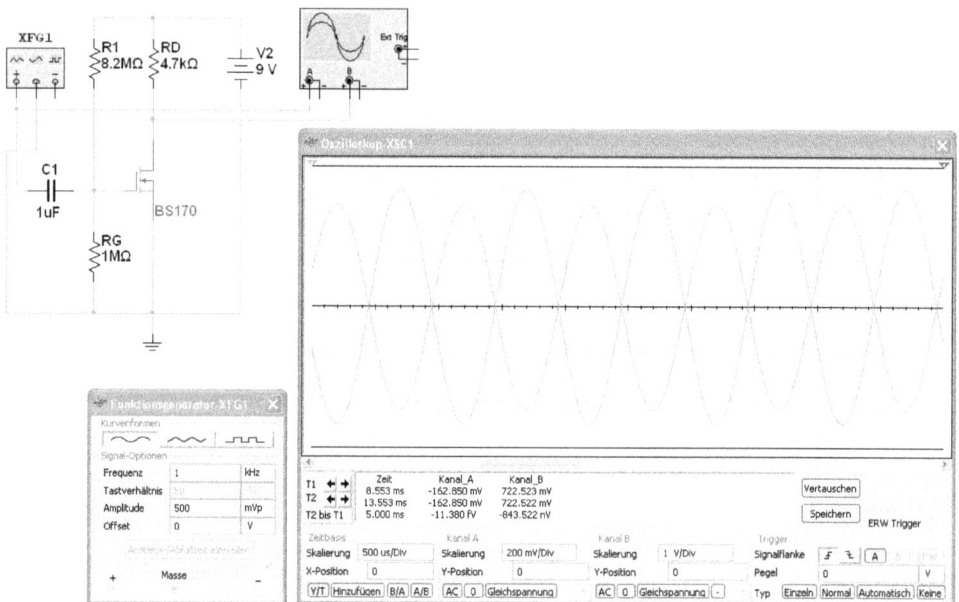

Abb. 6.18: Dimensionierte PN-FET-Verstärkerschaltung

Eine Besonderheit bilden die Konstantstromquellen mit PN- oder auch mit selbstleitenden IG-FETs. In Abb. 6.19 sind für beide Typen die entsprechenden Aufbauten dargestellt.

Entsprechend der Schaltungen ist der eingestellte Drainstrom I_D konstant und dies ergibt sich aus der Beziehung:

$$I_D = \frac{-U_{GS}}{R_S}$$

Die für den gewünschten Drainstrom erforderliche Gatespannung U_{GS} muss aber dem Datenblatt des FET (Steuerkennlinie $I_D = f(U_{GS})$) entnommen werden. Die dargestellten Konstant-

a) mit PN-FET   b) mit selbstleitendem
                          IG-FET

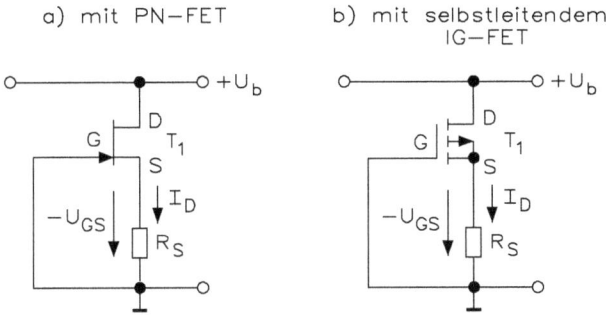

Abb. 6.19: FET und MOSFET als Konstantstromquelle

stromquellen benötigen zur Stromeinstellung keine zusätzliche Spannungsversorgung, so dass sie sich als Zweipole für jeden ohmschen Widerstand einsetzen lassen.

6.1.7   Signalgegenkopplung

Zur Gegenkopplung einer FET-Verstärkerstufe ist die Stromgegenkopplung mit einem Sourcewiderstand R_S oder eine Spannungsgegenkopplung des Drainpotentials möglich. Im Allgemeinen wird die Stromgegenkopplung bevorzugt. In Abb. 6.20 ist eine entsprechende Schaltung mit einem PN-FET dargestellt.

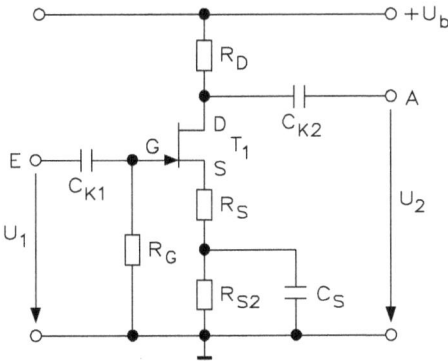

Abb. 6.20: Stromgegenkopplung eines FET-Verstärkers

Da dem FET durch den Signalspannungsfall am Sourcewiderstand $u_{RS} = i_D \cdot R_S$ ein Teil der Eingangsspannung u_1 zur Steuerung verlorengeht, kann man folgende Beziehung ansetzen:

$$u_{GS} = U_1 - i_D \cdot R_S = \frac{i_D}{g_m} = \frac{i_D}{g_m'} - i_D \cdot R_S$$

Darin ist g_m' die Steilheit der Stufe, also indirekt die geforderte Spannungsverstärkung des Verstärkers. Hierzu ergibt sich der für die gewünschte Verstärkung erforderliche Gegenkopplungswiderstand in der Sourceleitung zu:

$$R_S = \frac{1}{g'_m} - \frac{1}{g_m}$$

Hierbei ist g_m die Vorwärtssteilheit des FET und g'_m die geforderte Stufe. Aus der Beziehung $V_u = g'_m \cdot R_D \parallel R_L$ lässt sich die geforderte Steilheit g'_m ermitteln.

$$g'_m = \frac{V_u}{R_D \parallel R_L}$$

Beispiel: Es ist ein einstufiger FET-Verstärker mit Stromgegenkopplung und den nachfolgend dargestellten Daten nach Abb. 6.20 zu dimensionieren.

Geforderte Daten:

- Eingangsspannung $u_{1SS} = 25\,\text{mV}$ an $R_{in} = 1\,\text{M}\Omega$
- Ausgangsspannung $u_{2SS} = 150\,\text{mV}$ an $R_{out} = 6,8\,\text{k}\Omega$
- untere Grenzfrequenz $f_u = 50\,\text{Hz}$

Die von der Stufe erwartete Spannungsverstärkung beträgt:

$$V_U = \frac{u_{2SS}}{u_{1SS}} = \frac{150\,\text{mV}}{25\,\text{mV}} = 6\text{fach}$$

Daraus ergibt sich die erforderliche Steilheit g'_m des Verstärkers (Lastwiderstand R_L gleich Arbeitswiderstand R_D)

$$g'_m = \frac{V_u}{R_D \parallel R_L} = \frac{6}{0,5 \cdot 6,8\,\text{k}\Omega} = 1,76\,\text{mS} \qquad \text{bei } R_D = R_L \text{ gilt: } R_D \parallel R_L = 0,5 \cdot R_L$$

Der Arbeitswiderstand R_D wird also gewählt zu $R_D = 6,8\,\text{k}\Omega$

Als FET wird der folgende N-Kanal-PN-FET gewählt:

FET: 2N5362 mit $g_m = 4,0\,\text{mS}$ bei $I_D = 3\,\text{mA}$ und $-U_{GS} = 2\,\text{V}$

                    $U_p = 4\,\text{V}$ und Grenzwert $U_{DS} = 40\,\text{V}$

Mit der Vorwärtssteilheit g_m des gewählten FET ergibt sich der für die Gegenkopplung erforderliche Sourcewiderstand R_S zu:

$$R_S = \frac{1}{g'_m} - \frac{1}{g_m}$$

$$= \frac{1}{1,76\,\text{mS}} - \frac{1}{4,0\,\text{mS}} = 570\,\Omega - 250\,\Omega = 320\,\Omega \qquad \text{gewählt: } R_S = 330\,\Omega$$

Die für den Drainstrom $I_D = 3\,\text{mA}$ erforderliche Betriebsspannung $+U_b$ ergibt sich dann zu:

$$U_b = 3/2 \cdot I_D \cdot R_D + I_D \cdot R_S$$

$$= 3/2 \cdot 3\,\text{mA} \cdot 6,8\,\text{k}\Omega + 3\,\text{mA} \cdot 330\,\Omega = 31,6\,\text{V} \qquad \text{gewählt: } U_b = 32\,\text{V}$$

Um nun die erforderliche Gatespannung $-U_{GS} = 2\,\text{V}$ mit dem Drainstrom einzustellen, ist ein zweiter Sourcewiderstand R_{S2} notwendig, der mit einem Überbrückungskondensator C_S

signalmäßig kurzgeschlossen werden muss.

$$R_{S2} = \frac{-U_{GS}}{I_D} - R_S = \frac{2\,V}{3\,mA} - 330\,\Omega = 337\,\Omega \qquad \text{gewählt: } R_{S2} = 330\,\Omega$$

$$C_S = \frac{1}{2 \cdot \pi \cdot f_u \cdot \tan\varphi \cdot R_{S2}}$$

$$= \frac{1}{2 \cdot 3{,}14 \cdot 50\,Hz \cdot \tan 15° \cdot 330\,\Omega} = 37{,}5\,\mu F \qquad \text{gewählt: } C_S = 33\,\mu F$$

Um die durch die beiden Sourcewiderstände R_{S1} und R_{S2} erzeugte Gatespannung $-U_{GS}$ auf das Gate zu übertragen, wird ein Gatewiderstand R_G benutzt. Abb. 6.21 zeigt die Schaltung eines dimensionierten FET-Verstärkers.

Dieser Widerstand bildet gleichzeitig den Eingangswiderstand R_{in} der Stufe, deshalb wird er gewählt zu:

$$R_G = 1\,M\Omega$$

Die beiden Koppelkondensatoren C_{K1} und C_{K2} ergeben sich zu:

$$C_{K1} = \frac{1}{2 \cdot \pi \cdot f_u \cdot \tan\varphi \cdot R_S}$$

$$= \frac{1}{2 \cdot 3{,}14 \cdot 50\,Hz \cdot \tan 15° \cdot 1\,M\Omega} = 11{,}8\,nF \qquad \text{gewählt: } C_{K1} = 22\,nF$$

$$C_{K2} = \frac{1}{2 \cdot \pi \cdot f_u \cdot \tan\varphi \cdot R_S}$$

$$= \frac{1}{2 \cdot 3{,}14 \cdot 50\,Hz \cdot \tan 15° \cdot 6{,}8\,k\Omega} = 1{,}73\,\mu F \qquad \text{gewählt: } C_{K2} = 2{,}2\,\mu F$$

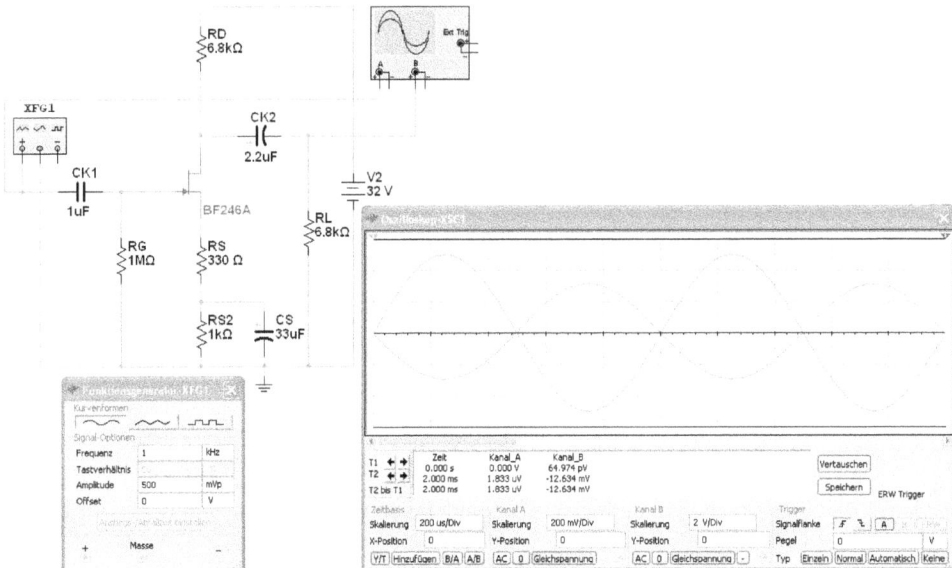

Abb. 6.21: Schaltung des dimensionierten FET-Verstärkers

Die Betriebsspannungen für FET-Verstärkerstufen ergeben sich im Vergleich zu ihrer tatsächlichen Aussteuerung im Allgemeinen immer sehr hoch. Um dies zu vermeiden, kann man den Arbeitswiderstand R_D in der Drainleitung durch eine Konstantstromquelle gemäß Abb. 6.19 zur Einstellung des gewünschten Ruhestroms ersetzen. Die so geänderte Schaltung, deren Dimensionierung für die gleichen geforderten Daten des vorangegangenen Beispiels vorgenommen wurde, ist in Abb. 6.22 dargestellt.

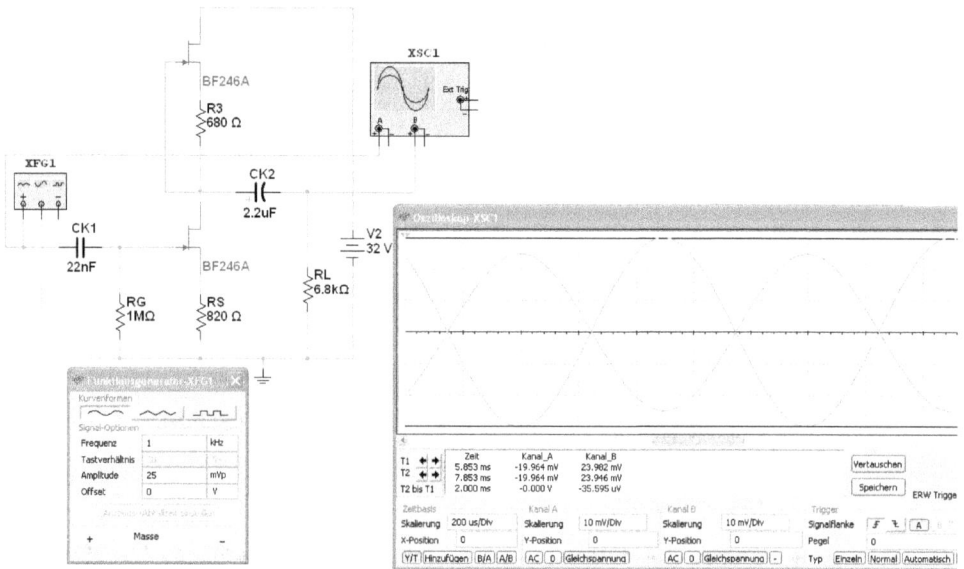

Abb. 6.22: Schaltung des dimensionierten FET-Verstärkers mit Konstantstromquelle

6.1.8   Der FET als Schalter und einstellbarer Widerstand

Wie auch bei den bipolaren Transistoren lassen sich mit FETs sowohl Schalter als auch regelbare Widerstände realisieren. Dabei haben die unipolaren Transistoren (FET) gegenüber den bipolaren Typen sogar noch den Vorteil der leistungslosen Steuerung, weil über ihr Gate im Gegensatz zum Basisanschluss bipolarer Transistoren kein Strom fließt.

Die Schaltung von Abb. 6.23 besteht aus einer FET-Schaltstufe mit dem Transistor T_1 als Schalttransistor und der Transistor T_2 arbeitet als Konstantstromquelle für den Arbeitswiderstand. Diese Schaltung eignet sich hervorragend für integrierte Schaltkreise, weil keine Widerstände in der Schaltung auftauchen, die erhebliche Kristallflächen benötigen. Besonders hochintegrierte Schaltungen bestehen fast ausnahmslos aus MOSFET-Schaltstufen.

Leider behalten FETs trotz hoher Übersteuerung im leitenden Zustand eine Restspannung von 0,5 V bis 3 V. Außerdem liegen die Betriebsspannungen von FET-Schaltstufen höher als bei Schaltstufen mit bipolaren Transistoren.

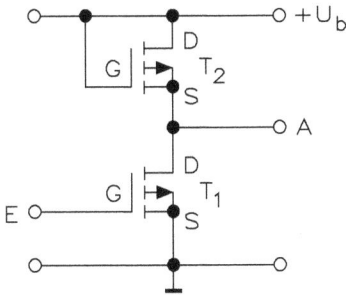

Abb. 6.23: FET-Schaltstufe mit selbstsperrenden IG-FETs

Wird an den Eingang E der dargestellten Schaltstufe ein Potential von 0 V gelegt, so sperrt T_1, und am Ausgang A erscheint ein Potential von ($U_S - U_{P2}$), da T_2 als Arbeitswiderstand der Stufe ständig leitend vorgespannt ist. Wird dagegen der Eingang E mit einem Potential von U_b angesteuert, so wird T_1 leitend, und das Ausgangspotential sinkt auf etwa U_p ab.

Beträgt beispielsweise die Betriebsspannung $U_b = 15$ V, und U_p der beiden MOSFETs ist etwa 4 V, so ergeben sich folgende Zustände:

- 15 V an E → etwa 4 V an A
- 0 V an E → etwa 11 V an A

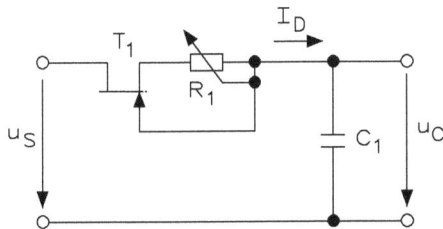

Abb. 6.24: Kondensatorladung mit Konstantstrom

Die Schaltung von Abb. 6.24 wird als N-Kanal-PN-FET T_1 bezeichnet, während der Kondensatorladung $u_C < U_b$ als selbsteinstellbarer Vorwiderstand bzw. Konstantstromquelle benutzt wird, so dass die Ausgangsspannung beim Ladevorgang linear ansteigt. Mit Hilfe des Widerstandes R_1 lässt sich eine bestimmte Steigung der Ausgangsspannung beim Ladevorgang des Kondensators C_1 einstellen.

6.2   VMOS-Leistungstransistor

Leistungs-MOSFETs sind seit Mitte der 70er Jahre erhältlich. Es handelt sich dabei um „enhancement"-MOSFETs, überwiegend in N-Kanal-Ausführung, entsprechend dem Kennlinienverlauf der Abb. 6.25. Durch entsprechenden Chipaufbau sind die Transistoren je nach ihrer Gehäusegröße bis zu Leistungen > 250 W, bei Drainströmen > 60 A und Durchlasswiderständen $r_{D(on)}$ < 0,035 Ω einzusetzen.

Wegen der Wärme- und Leistungsverteilung sind PMF (Power-MOSFETs) auf dem Chip nicht flächenmäßig (horizontal), sondern vertikal aufgebaut, wie Abb. 6.25 zeigt.

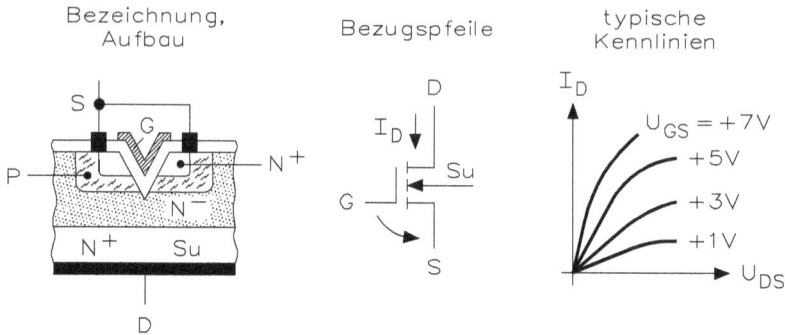

Abb. 6.25: Aufbau von V-Power-MOSFETs mit N-Kanal

Die Leistungs-MOSFETs sind oftmals als linearer Verstärker bei Grenzfrequenzen bis 500 MHz besser einsetzbar als die konventionelle MOSFET-Technik, da ihre Kapazität C_G am Eingang wie auch die Drainrückwirkungskapazität (Miller-Effekt) noch relativ gering sind. Auch für sehr schnelle Schaltzwecke lassen sich diese Transistoren bei höheren Leistungen in der Digitaltechnik einsetzen.

Die anfängliche Entwicklung ging von der V-Struktur des Gateaufbaues aus. Diese VMOS erreichen relativ kleine Schaltzeiten (< 10 ns). Wegen der geometrischen V-Struktur waren jedoch Drainspannungen > 100 V schwer zu erreichen. Aus diesem Grunde wurde der Versuch über die U-Struktur des Gateaufbaues verfolgt. Hier konnten zwar Drainspannungen > 100 V erzielt werden, allerdings gab es dann thermische Probleme, die teilweise zu mechanischen Defekten des U-Grabens führten. Bis auf die HF-Typen, die eine Verwandtschaft mit dem V/U-Aufbau aufweisen und wegen des geforderten geringen Kanalwiderstandes R_G einen Metall-Gate aufweisen, wird deshalb von allen Herstellern heute beim PMF die konventionelle MOSFET-Technik ein Chip-Aufbau benutzt. Hier ergeben sich hohe Leistungen sowie große Drainspannungen, allerdings mit dem Nachteil größerer Kapazitäten und somit etwas längere Schaltzeiten. Wegen der relativ hohen Eingangskapazitäten kann beim D-PMF auf eine Gateschutzdiode verzichtet werden, während die Inversdiode D_2 wegen des Aufbaus immer vorhanden ist und dies gilt auch für die HF-Typen. Diese Inversdiode kann bei extrem großen Strömen einen bipolaren Transistor bilden, der sich dem PMF parallel schalten lässt.

Die erste Gruppe der V/U-Power-MOSFETs (PMF) lässt sich einteilen in

- HF-Leistungstransistoren (P > 40 W, HF > 175 MHz, I > 8 A, P > 160 W_{DC})
- Breitbandausgangsverstärker
- schnelle Leistungsschalter (t_r und t_f < 5 ns bei I_D > 2 A).

PMF werden heute nicht mehr in großen Stückzahlen gebaut und man findet sie in speziellen Anwendungen in der HF-, Impuls- und Messtechnik.

Sie eignen sich in schnellen Leistungssteuerungen peripherer Verbraucher in der Digitaltechnik mit direkter Pegelanpassung an TTL, DTL oder CMOS-Kreise.

PMF-Bausteine vom Typ T dienen als Leistungsschalter und Leistungssteuerungen und sind oftmals über Z-Dioden am Eingang gegen Überspannungen geschützt.

Die heutigen D-PMF-Transistoren und auch VMOSFETs werden überwiegend für Schaltanwendungen und Verstärkertechnik im niederfrequenten Bereich eingesetzt. Sie weisen wegen ihres Aufbaus eine Inversdiode zwischen Drain und Source auf, die mit der Katode (Drain) und Anode (Source) verbunden sind. Diese Inversdiode kann getrennt als Leistungsdiode benutzt werden. Ihr maximaler Strom entspricht der Datenangabe von I_{Dmax} und die Durchlassspannung liegt bei $1,5\,V < U_D < 2,1\,V$.

Ein weites Anwendungsgebiet für die Schaltungstechnik dieser Transistoren bietet sich dem Benutzer an. Die MOS-Technologie eignet sich besonders für das schnelle Schalten hoher Leistungen bei kleiner Steuerleistung. Die PMF-Bauelemente weisen hohe Eingangswiderstände auf und in einigen Fällen sind diese mit einem Eingangsschutz (Z-Diode) versehen. Die Bahnwiderstände betragen im eingeschalteten Zustand einige Hundertstel Ohm bis zu einigen Ohm – je nach Leistung. Speicherzeiten, wie sie bei den bipolaren Transistoren als Schalter bekannt sind, entfallen. Es tritt kein zweiter Durchbruch auf wie bei den bipolaren Transistoren, da sie u. a. durch den negativen Temperaturkoeffizienten des $r_{D(on)}$ gegen thermische Überlastung geschützt sind.

PMF werden als schnelle Schalter in der Elektronik eingesetzt. In Netzgeräten, Gleichspannungswandlern, Schaltnetzteilen, Leistungsinvertern, Breitbandverstärkern, Audio-Verstärkern, Schnittstellen aller Art in Verbindung mit Mikroprozessoren und Mikrocontrollern zum leistungslosen Schalten hoher Ströme (VLSI-kompatibel). Besonders auffallend sind die Vorteile im Vergleich mit bipolaren Leistungstransistoren. PMF sind spannungsgesteuert und die Eingangssteuerung hat im Wesentlichen nur kapazitive Ladeströme zu liefern, da keine Ruheströme erforderlich sind. Sie lassen sich problemlos, ohne Stromverteilungswiderstände, parallel schalten. Die Ansteuerleistung hängt nicht von der geschalteten Leistung ab und die Ansteuerschaltung kann für eine Stufe mit $P = 10\,W$ ebenso ausgelegt werden wie für eine Stufe mit $200\,W$.

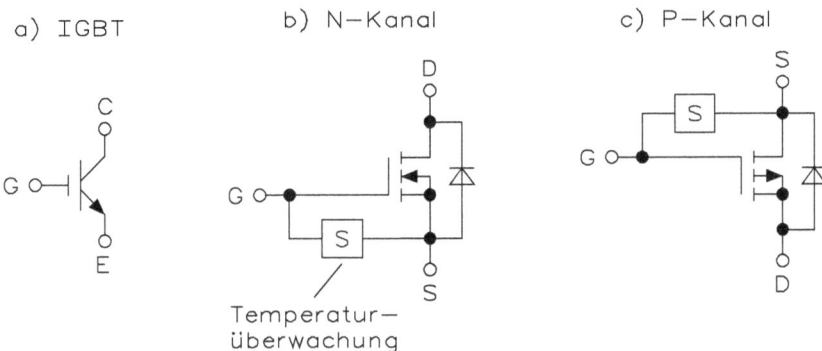

Abb. 6.26: Symbole für N- bzw. P-Kanal-VMOS und einem IGB

Abb. 6.26 zeigt die Symbole für N- bzw. P-Kanal-VMOS und IGBT (Insulated Gate Bipolare Transistoren). IGBTs können als vorteilhafte Kombinationen von MOSFET und bipolaren Transistoren angesehen werden. Die Schaltgeschwindigkeit und Ansteuerungsleistung entsprechen denen der Power-MOSFETs. Der Einschaltwiderstand ist jedoch deutlich geringer, vergleichbar dem Eingangswiderstand eines bipolaren Darlingtontransistors.

6.2.1 Aufbau von VMOS-Transistoren

VMOS-Transistoren sind vertikal aufgebaut und weisen eine doppelt implantierte Kanalstruktur auf. Bei einem N-Kanal-Transistor dient das N^+-Substrat mit der darunterliegenden Drainmetallisierung als Träger. Über dem N^+-Substrat schließt sich eine N^--Epitaxieschicht an, die je nach Sperrspannung verschieden dick und entsprechend dotiert ist. Das darüberliegende Gate aus N^+-Polysilizium ist in isolierendes Siliziumdioxid eingebettet. Die Sourcemetallisierung überdeckt die gesamte Struktur und schaltet die einzelnen Transistorzellen des integrierten Bausteins parallel.

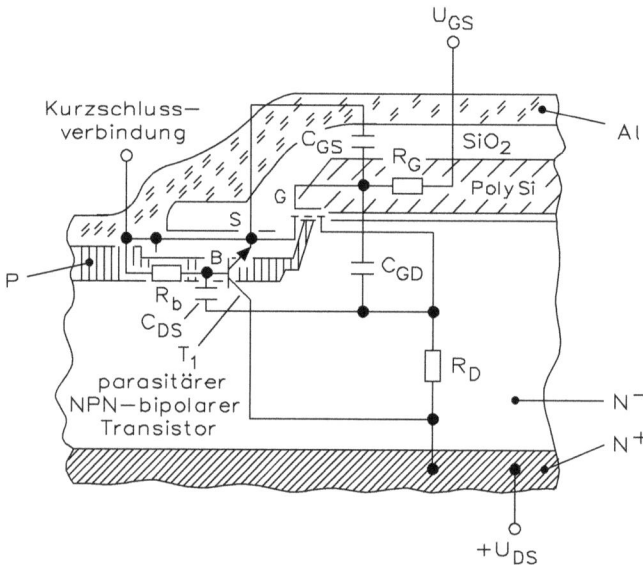

Abb. 6.27: Parasitärer Bipolartransistor im Schnittbild eines N-Kanal-VMOS

Die Sourcemetallisierung bildet in Abb. 6.27 einen sicheren Kurzschluss zwischen dem N^+- und P-Sourcegebiet. Dadurch wird die Basis-Emitter-Strecke des parasitären vertikalen N^+-P-N^--Bipolartransistors kurzgeschlossen, wie Abb. 6.28 zeigt. Das ist notwendig, um ein ungewolltes Einschalten des Transistors bei dynamischen Vorgängen zu vermeiden. Dieser Effekt muss beachtet werden, wenn in der Inversdiode hohe Kommutierungssteilheiten auftreten. Die Basis-Kollektor-Diode (PN$^-$-Übergang) entspricht dabei der VMOS-Inversdiode.

Die vertikale Zonenfolge N^+-P^+-N^- innerhalb des Sourcekontakts in Abb. 6.27 bildet einen parasitären NPN-Transistor, der dem MOSFET parallel geschaltet ist. Obwohl die Basis-

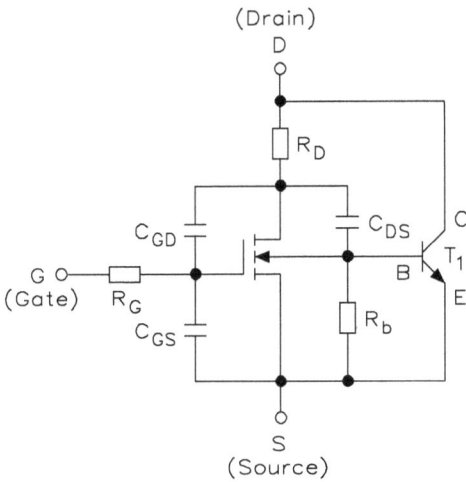

Abb. 6.28: Ersatzschaltbild des VMOS-Transistors mit parasitärem bipolaren Transistor

Kollektor-Diode dieses Transistors und die Inversdiode den gleichen PN-Übergang besitzen, ist es dennoch zweckmäßig, gedanklich zwischen diesen beiden parasitären Komponenten zu unterscheiden. Abb. 6.27 zeigt den vertikalen Bipolartransistor in einem Schnitt sowie in der Ersatzschaltung in Abb. 6.28.

Um das unerwünschte Einschalten des parasitären bipolaren Transistors zu verhindern, werden die P^+- und N^+-Sourcezone (und damit die Basis-Emitter-Strecke) durch die Sourcemetallisierung kurzgeschlossen. Bei einem Transistorbetrieb wird der parasitäre NPN-Transistor selbst durch hohe Spannungssteilheiten zwischen Drain und Source (z. B. in der Größenordnung $> 2 \cdot 10^4$ V/µs) nicht eingeschaltet.

Wenn jedoch in der Inversdiode hohe Kommutierungssteilheiten auftreten, kann unter ungünstigen Betriebsbedingungen ein hoher Querstrom in der P^+-Zone dazu führen, dass aufgrund des endlichen Bahnwiderstands R_B dieser Zone der parasitäre Bipolartransistor durchschaltet. Die bei Inversbetrieb auftretenden Rückwärtserholströme (bedingt durch die Speicherladung im P^+N^--Übergang) in Verbindung mit den kapazitiven Verschiebungsströmen durch Umladen der Drain-Source-Kapazität C_{DS}, können die Ursache für derartige, gefährlich hohe Querströme in der P^+-Zone sein.

Der vertikale Transistoraufbau gewährleistet eine optimale Chipflächen-Ausnutzung, garantiert eine gute Wärmeableitung und ermöglicht hohe Sperrspannungen. Die Doppelimplantation mit den extrem kurzen Kanallängen erlaubt sehr hohe Stromsteilheiten. Der VMOS-Transistor ist mit der Drainseite (Drain-Metallisierung) durch ein spezielles Verfahren aufgebracht. Die Kontaktierung von Source und Gate auf der Chip-Oberseite erfolgt durch Ultraschallbonden mit Aluminiumdrähten.

Es ist davon auszugehen, dass zwischen den Anschlüssen komplexe Leitwerte und Bahnwiderstände auftreten. Dabei zeigen die Leitwerte zwischen den Anschlüssen bei gesperrtem Transistor kapazitives Verhalten. Diese Kapazitäten bezeichnet man als Drain-Source-Kapazität C_{DS}, Gate-Source-Kapazität C_{GS} und Gate-Drain-Kapazität C_{GD} (auch Miller-Kapazität C_{Mi}). Der Gate-Bahnwiderstand R_G in der Größenordnung von einigen Ohm ist

stark von der Chipgeometrie abhängig. In der Drain-Source-Strecke befindet sich im eingeschalteten Zustand der Drain-Source-Widerstand $R_{DS(on)}$, der sich im Wesentlichen aus der
Summe des N^--Epitaxieschicht-Widerstandes R_D und dem Kanalwiderstand R_K zusammensetzt.

Bei Niederspannungstransistoren ($U_{DS} \leq 100\,V$) dominiert der Kanalwiderstand R_K, bei höher sperrenden Typen ($U_{DS} > 100\,V$) der Expitaxieschicht-Widerstand R_D (Ersatzschaltbilder
in Abb. 6.29). Bei den Ersatzschaltbildern handelt es sich um Näherungen, da auf einem Chip
bis zu 10 000 Transistoren-Einzelzellen parallel geschaltet sind. Man hat also mit verteilten
Kapazitäten und Kanalwiderständen zu tun, und diese ändern sich teilweise in Abhängigkeit
der Drain-Source-Spannung.

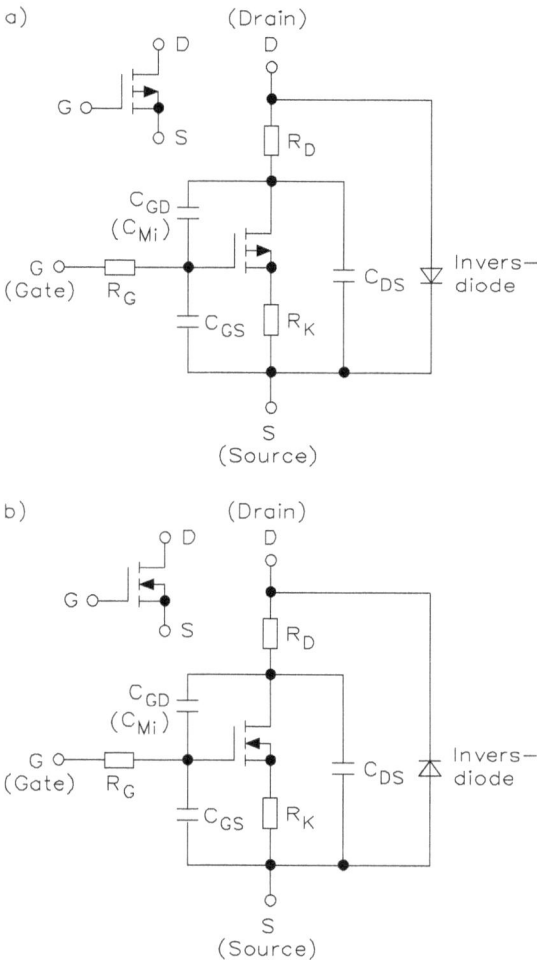

Abb. 6.29: Schaltsymbole und Ersatzschaltungen für P- (oben) und N- (unten)-VMOS-Transistoren

Die Spannungsabhängigkeit der Gate-Drain- oder Miller-Kapazität hat auf das Schaltverhalten wesentlichen Einfluss. Bei einer vereinfachten Darstellung ergibt sich bei Drain-Source-Spannungen kleiner gleich der Gate-Source-Steuerspannung ein sprunghaftes Ansteigen der Miller-Kapazität (etwa Faktor 10). Tatsächlich setzt die Kapazitätserhöhung schon etwas früher ein und nimmt zur idealisierten Sprungstelle exponentiell zu.

Die im Ersatzschaltbild angegebenen Kapazitäten sind nur als verknüpfte Größen zu betrachten und nicht einzeln messbar. Zwischen den Kapazitäten besteht unter Vernachlässigung der Bahnwiderstände folgender Zusammenhang:

- Eingangskapazität: $C_{iss} \approx C_{GS} + C_{GD}$
- Rückwirkungskapazität: $C_{rss} \approx C_{GD}$
- Ausgangskapazität: $C_{OSS} \approx C_{DS} + C_{GD}$ $(C_{GD} = C_{Mi})$

Dabei beziehen sich die tabellierten Datenblattangaben immer auf einen bestimmten Arbeitspunkt.

6.2.2   Kennlinienfelder

Bei der Eingangskennlinie liegt positive Drain-Source-Spannung bei Steuerspannung $U_{GS} = 0$ an einem N-Kanal-Transistor, so ist der Transistor gesperrt und es fließt nur ein temperatur- und spannungsabhängiger Sperrstrom. Dieser Sperrstromgrenzwert ist in den Datenblättern spezifiziert und beträgt typisch wenige nA. Steigert man die Gate-Source-Steuerspannung, so bleibt der Transistor gesperrt bis ca. 0,8 V unter der Gate-Schwellenspannung und erst danach beginnt der Transistor zu leiten. Die definierte Schwellenspannung wird wirksam, wenn ein Strom $I_D = 1\,mA$ erreicht ist.

Die Schwellenspannung U_{GSth} liegt bei Leistungs-MOSFETs zwischen 2,1 V und 4 V. Die Schwellenspannung ist temperaturabhängig und der Koeffizient beträgt $-5\,mV/°C$, d. h. U_{GSth} sinkt mit steigender Temperatur. Erhöht man die Steuerspannung über die Einsatzspannung, so nimmt der Drainstrom nach der Transferkennlinie zu ($I_D = f[U_{GS}]$). Die Steilheit nimmt mit dem Strom I_D überproportional zu, bis die Sättigung erreicht ist. Die Steilheit ist vom Transistortyp abhängig und liegt zwischen 1 S und 35 S.

Eine negative Gate-Source-Spannung erhöht die Sperrfähigkeit nicht, d. h. das gesamte Kennlinienfeld mit Steuerspannungen einer Polarität muss durchfahren werden. Der Maximalwert der Gate-Source-Spannung beträgt $\pm 20\,V$. Dieser Wert darf nicht überschritten werden, da sonst der Transistor zerstört wird.

Misst man den Drainstrom I_S in Abhängigkeit zur Drain-Source-Spannung U_{DS} mit dem Parameter Gate-Source-Steuerspannung U_{GS}, so erhält man das Ausgangskennlinienfeld. Im Einzustand verhält sich der Transistor wie ein ohmscher Widerstand, d. h. es fließen positive und negative Drainströme. Im 3. Quadranten des Kennlinienfeldes tritt selbstverständlich nur insoweit ein ohmsches Verhalten auf, wie die Schwellenspannung der Inversdioden noch nicht überschritten ist. Dieses Verhalten ist besonders dann wichtig, wenn Gleichrichterschaltungen mit extrem niederen Durchlassspannungen realisiert werden sollen, oder wenn die Inversdioden-Sperrverzögerungszeit durch das Aufsteuern des Transistors verkürzt werden soll.

Die Steuerkennlinien unterscheiden sich bis auf die Stromwerte kaum von denen der „enhancement"-MOSFETs. Bei Dauerströmen > 60 A und Spitzenströmen im gepulsten Be-

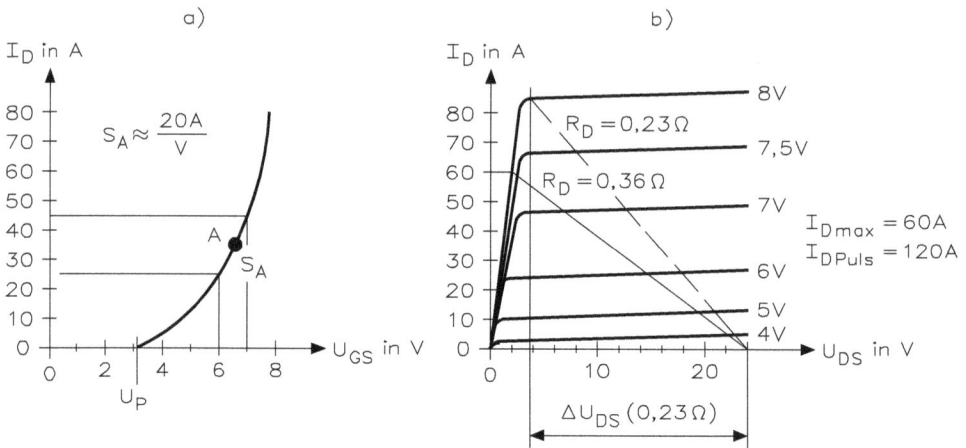

Abb. 6.30: Steuerkennlinie eines VMOS

trieb > 100 A sind entsprechend niedrige Lastwiderstände Voraussetzung. Für eine Betriebs-spannung von 24 V wurde ein Lastwiderstand von 0,23 Ω in Abb. 6.30 verwendet. Hier beträgt bei Impulsbetrieb die Ausgangsspannung $\Delta U_{DS} \approx 20\,V_{SS}$. Für den maximalen Dauerstrom von 60 A ist eine Lastlinie von 0,36 Ω eingezeichnet. In beiden Fällen sind die Werte für den linearen Betrieb innerhalb des Abschnürbereiches vorgegeben, also $U_{DS} > U_p$. Auffallend sind auch die hohen Werte der Steilheit mit z. B. 20 A/V. Die Größen von Drainstrom und Steilheit erfordern präzise Anpassung bei dem Layout der gedruckten Schaltung. Einmal müssen die Leiterbahnen entsprechenden Querschnitt, also Breite, aufweisen. Des weiteren ist aber auch die Leiterbahn extrem kurz, also gezielt induktionsarm, vorzunehmen. Eine Leiterbahn mit einer Länge von l = 50 mm weist bei einer Breite von b = 10 mm (hohe Strombelastung) eine Induktivität von ca. 30 nH auf. Werden z. B. 100 A an dieser Leitung in 50 ns abgeschaltet, so entsteht eine Induktionsspannung von

$$\Delta u = \frac{100\,A}{50\,ns} \cdot 30\,nH \approx 60\,V$$

Obwohl diese Spannung je nach Größe von U_{DS} über die Inversdiode begrenzt wird, können erhebliche Systemstörungen auch im Bereich der Kleinsignalsysteme auftreten.

Steigert man die Gate-Source-Spannung hin zu positiven Werten, bleibt der Transistor im gesperrten Zustand, bis die Schwellenspannung $U_{GS(TO-)}$ erreicht ist. Wie anhand von Datenblättern erkennbar ist, besitzt die Schwellenspannung einen negativen Temperaturkoeffizienten von ca. −5 mV/K. Bei einer Sperrschichttemperatur von 25 °C liegt $U_{GS(TO)}$ in einem Streubereich von 2,1 V bis 4 V. Der Temperaturfluss auf Schwellenspannung muss bei der Ansteuerung des VMOS-Transistors beachtet werden. Damit der Transistor auch bei hohen Sperrschichttemperaturen sicher ausschaltet, ist eine entsprechend niedrige Gate-Source-Spannung notwendig.

Die Transfer-Kennlinie $I_D\,(U_{GS})$ zeigt das Ansteigen des Drainstroms I_D bei weiterer Zunahme der Gate-Source-Spannung. Der Drainstrom besitzt – bedingt durch den Einfluss der Ladungsträgerbeweglichkeit – einen negativen Temperaturkoeffizienten. Die Stromabnahme bei wachsenden Temperaturen tritt in der Transfer-Kennlinie jedoch erst bei höheren Strömen in Erscheinung, da die Schwellenspannung ebenfalls mit wachsenden Temperaturen abnimmt und im unteren Teil der Kennlinie zu einem Anstieg des Drainstroms – bezogen auf feste Gate-Source-Spannung U_{GS} – führt. Insgesamt ergibt sich gleichsam eine Drehung der Transferkennlinie mit wachsender Temperatur im Uhrzeigersinn um einen Fixpunkt, in dem sich beide Effekte kompensieren.

Die Steigerung der Transfer-Kennlinie definiert die Übertragungssteilheit g_{fs} des VMOS-Transistors:

$$g_{fs} = \frac{d/D}{dU_{GS}}$$

In den Kennlinien wird die Steilheit als Funktion des Drainstroms aufgetragen. Sie erreicht bei hohen Strömen einen Sättigungswert, der – je nach Transistortyp – zwischen ca. 2,3 A/V und 20 A/V liegt. Aus den Kennlinien hat das ersichtliche Temperaturverhalten einen negativen Temperaturkoeffizient an der Übertragungssteilheit.

Die Gate-Source-Spannung darf – auch kurzzeitig – den Grenzwert $U_{GSmax} = \pm 20\,V$ nicht überschreiten, da sonst der Transistor zerstört werden kann (Durchbruch des Gateoxids).

VMOS-Transistoren sind bei positiven Spannungen $0 < U_{GS} < U_{GS(TO-)}$ bereits vollkommen gesperrt. Im Gegensatz zu bipolaren Leistungstransistoren, die zum schnellen Ausräumen und Abschalten eine negative Basis-Emitter-Spannung benötigen, verbessert eine negative Gate-Source-Spannung die Sperreigenschaften der Drain-Source-Strecke hier nicht. Es kann aber das Entladen der Eingangskapazität durch eine negative (Impuls) Gate-Source-Steuerspannung beschleunigt werden.

Die Ausgangskennlinie wird bei einem festen Wert der Gate-Source-Spannung $U_{GS} > U_{GS(TO)}$ die Drain-Source-Spannung beginnend bei 0 V hin zu positiven Werten vergrößert, setzt sofort der Drainstrom I_D ein. Im zunächst steil verlaufenden Kennlinienabschnitt ist der Stromanstieg dem Spannungszuwachs proportional. Bei weiterer Steigerung der Drain-Source-Spannung flacht die Kurve zunehmend ab und erreicht schließlich einen horizontalen Verlauf. Dementsprechend unterscheidet man bei der Ausgangskennlinie den ohmschen Bereich vom Sättigungsbereich. Wie die Kennlinie zeigt, schiebt sich bei zunehmender Gate-Source-Spannung der Einsatz der Sättigung hin zu höheren Spannungen. Bei statischem Betrieb darf das Produkt aus I_D und U_{DS} die maximal zulässige Verlustleistung P_{tot} nicht überschreiten. Um dennoch die volle Kennlinienschar darstellen zu können, wurden die Werte der Kurve mit langen Pulsen gemessen.

Der 3. Quadrant des Ausgangskennlinienfelds I_D (U_{DS}), d. h. der Bereich negativer Drain-Source-Spannungen und Drainströme, beschreibt das Durchlassverhalten der Inversdiode und hier gelten die Bezeichnungen $-I_D = I_F$ sowie $-U_{DS} = U_{SD}$.

6.2.3   Kennlinien des IGBT

Im Wesentlichen ist der IGBT (Insulatet Gate Bipolar-Transistor) ein modifizierter VMOS-Transistor. Ein besonderer PN-Übergang des IGBT bewirkt im eingeschalteten Zustand die Reduzierung des Einschaltwiderstandes durch Ladungsträgerinjektion. IGBT sind als Einzeltransistoren im Gehäuse TO-218 und als Module mit parallel geschalteter Freilaufdiode lieferbar.

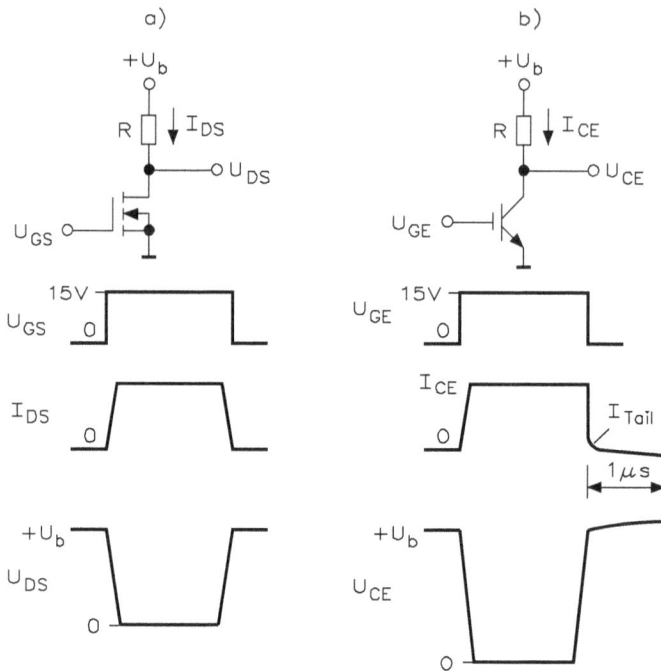

Abb. 6.31: Schaltverhalten eines VMOS (a) und eines IGBT (b) im Vergleich bei gleicher Chipgröße

Das Schaltverfahren eines VMOS und eines IGBT unterscheidet sich hauptsächlich durch den Spannungsfall im eingeschalteten Zustand und durch den sogenannten Tailstrom des IGBT, wie dies in Abb. 6.31 dargestellt ist. In der Praxis bedeutet dies, dass bei höheren Taktfrequenzen die Tailverluste berücksichtigt werden müssen. Das ist der Preis für die deutlich geringere Sättigungsspannung des IGBT gegenüber des MOSFET. Bei Taktfrequenzen bis etwa 20 kHz und höheren Spannungen > 500 V ist der IGBT in der Praxis günstiger.

IGBTs weisen im Gegensatz zu VMOS-Transistoren keine integrierte Inversdiode auf. Deshalb wird in Brückenschaltungen mit induktiven Lasten für jeden IGBT eine separate Freilaufdiode benötigt. Zu diesem Zweck wurde die FRED-Freilaufdiode entwickelt.

Abb. 6.32 zeigt das Kommutierungsverhalten von einer BYP102- und einer BYP103-Diode bei einer Kommutierungs-Stromsteilheit von 1000 A/μs und hat eine Funktionstemperatur von 100 °C. Die Stromfunktion beweist die relativ geringe Speicherladung und das beachtenswerte sanfte Abschalten durch den gemäßigten Stromfall bei Ausräumung der Restladung.

Der Durchlasswiderstand stellt bei Leistungshalbleitern eine wichtige Größe dar, da er für die statischen Verluste P_{on} im eingeschalteten Zustand verantwortlich ist:

$$P_{on} = I^2_{D(RMS)} \cdot R_{DS(on)}$$

Möglichst hohe Sperrspannung und zugleich niedriger Durchlasswiderstand sind – bei realistischen Chipflächen – stets konkurrierende Forderungen, d. h. höhere maximal zulässige Drain-Source-Spannungen benötigen bei VMOS-Transistoren entsprechend höhere Durchlasswiderstände. Der Durchlasswiderstand hängt ferner vom Drainstrom, von der angelegten

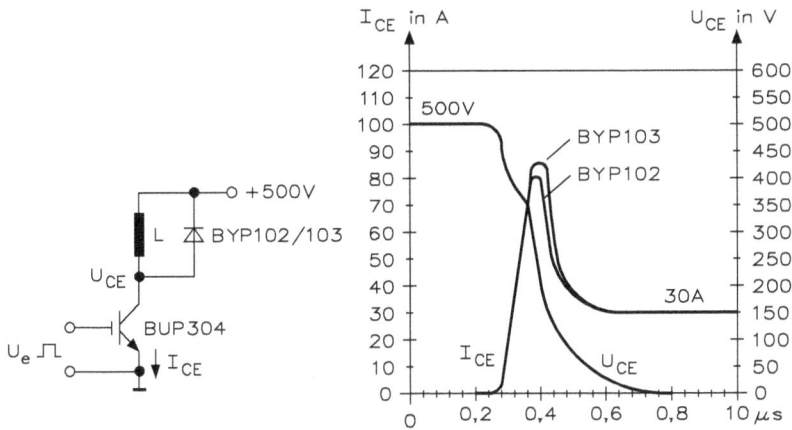

Abb. 6.32: Kommutierungsverhalten von einer BYP102- und einer BYP103-Diode

Gate-Source-Spannung sowie von der Sperrschichttemperatur ab:

$$R_{DS(on)} = \frac{d_{UDS}}{d_{ID}}$$

Für den Einfluss der Sperrschichttemperatur auf den Durchlasswiderstand gilt die Beziehung mit t_1 = Anfangstemperatur und t_2 = erhöhte Temperatur sowie $R'_{DS(on)}$ bei der höheren Temperatur:

$$R'_{DS(on)} = R_{DS(on)} \cdot \left(1 + \frac{\alpha}{100}\right)^a \qquad \text{mit } a = t_2 - t_1$$

Die Zunahme des Durchlasswiderstands bei einer Erhöhung der Sperrschichttemperatur von t_1 nach t_2 folgt also einem exponentiellen Gesetz.

6.2.4   Schaltvorgänge bei verschiedenen Anwendungen

Da die Eingangskapazität C_{iss} spannungsabhängig und daher ungünstig zu bestimmen ist, stößt die Dimensionierung der Ansteuerschaltung anhand einfacher Formeln auf Schwierigkeiten. Die in den Datenblättern angegebenen Gate-Ladekurven zeigen die Abhängigkeit der Gateladung Q_G von der Gate-Source-Spannung und gestatten daher die Berechnung des Steuerstroms und der Steuerleistung, die zum Schalten des spezifizierten Stroms erforderlich sind.

Bei den Diagrammen der Gate-Ladekurve lässt sich erkennen, dass die zum sicheren Schalten aufzubringende Ladung $Q_{G(tot)}$ aus mehreren Beiträgen besteht, entsprechend den verschiedenen Phasen des Einschaltvorgangs: Zum Laden der Gate-Source-Kapazität im Zeitabschnitt von t_0 bis t_2 wird Q_{GS} benötigt. Die anschließende Umladung der Gate-Drain-Kapazität entnimmt der Stromquelle die Ladung Q_{GD}. Die Summe dieser Ladungen $Q_G = Q_{GS} + Q_{GD}$ reicht jedoch nicht aus, um den Durchlasswiderstand auf den Minimumwert $R_{DS(on)}$ zu bringen. Erst eine weitere Erhöhung der Gate-Source-Spannung (und damit der Gateladung) führt zur Reduktion des Durchlasswiderstands und der damit verbundenen statischen Verluste.

Beispiel: Anwendung der Gate-Ladekurve. Der VMOS-Transistor soll einen Pulsstrom von $I_{DPmax} = 18\,A$ bei einer Frequenz von $f = 100\,kHz$ schalten. Im ersten Schritt wird der Scheitelwert der Gate-Source-Spannung, die den Anforderungen an den maximalen Drainstrom sowie an den Durchlasswiderstand entspricht, festgelegt. Gegeben sind daher folgende Werte:

$$U_{DS} = 40\,V, \quad t_{on} = 100\,ns, \quad f = 100\,kHz, \quad I_{DP} = 18\,A, \quad U_{GS} = 10\,V$$

Als zweiter Schritt wird anhand der Gate-Ladekurve der zu $U_{DS} = 40\,V$ und $U_{GS} = 10\,V$ korrespondierende Werte der Gesamtladung ermittelt:

$$Q_{GTO-t} = 24{,}5\,nC$$

Der Steuerstrom beträgt dann:

$$I_S = \frac{Q_{G(tot)}}{t_{on}} = 0{,}245\,A$$

Die mittlere Leistung P_S, die die Ansteuerschaltung für den Einschaltvorgang aufbringen muss, errechnet sich zu:

$$P_S = Q_{G(tot)} \cdot U \cdot f = 24{,}5\,nC \cdot 10\,V \cdot 100\,kHz = 24{,}5\,mW$$

Beim Schalten einer ohmscher Last kommt ein Ansteuergenerator mit definiertem Innenwiderstand R_i zum Einsatz, der eine Rechteckausgangsspannung liefert.

Der Einschaltvorgang wird zum Zeitpunkt t_0 der Transistor angesteuert. Die Gate-Source-Spannung U_{GS} steigt entsprechend dem Ladevorgang, der durch die Eingangskapazität C_{iss} und den Innenwiderstand R_i der Steuerschaltung entsteht.

Sobald die Einsatzspannung im Zeitpunkt t_1 erreicht ist, beginnt der Transistor Strom zu führen. Die Drain-Source-Spannung sinkt entsprechend dem zunehmenden Spannungsfall am Lastwiderstand. Im Zeitschnitt t_1 bis t_2 steigt der Drainstrom. Dabei wird die zu diesem Zeitpunkt kleine Miller-Kapazität mit dem Drain-Source-Spannungshub entladen und gleichzeitig nimmt die Gate-Source-Spannung entsprechend der Transfer-Kennlinie zu.

Im Zeitpunkt t_2 ist die Drain-Source-Spannung U_{DS} gleich der Gate-Source-Spannung U_{GS}. Nun wirkt die stark erhöhte Miller-Kapazität.

Im Zeitpunkt t_2 bis t_3 arbeitet der Transistor als Miller-Integrator, d. h. die Gate-Source-Spannung bleibt konstant, während der Gate-Ladestrom über die Miller-Kapazität fließt und zu einer weiteren Drain-Source-Spannungsabsenkung führt.

Im Zeitpunkt t_3 hat die Drain-Source-Spannung das Analogbereichsende des Ausgangs-Kennlinienfeldes und die Miller-Kapazität ihren größten Wert erreicht. Im Verlauf von t_3 bis t_4 wird die Eingangskapazität C_{iss}, auf das Niveau der angelegten Steuerspannung geladen. Dabei verringert sich der Kanalwiderstand weiter. Dies ist im Kennlinienfeld an der Kurvenschar im ohmschen Bereich ersichtlich.

Im Zeitpunkt t_4 hat der Transistor seinen niedrigsten Durchlasswiderstand (Einschaltwiderstand $R_{DS(on)}$) erreicht (entspricht der Drain-Source-Restspannung dividiert durch den Drainstrom).

Der Abschaltvorgang wird im Zeitpunkt t_5 durch Ausschalten der Steuerspannung eingeleitet. Die zu diesem Zeitpunkt höchste Eingangskapazität C_{iss} entlädt sich über den Innenwiderstand R_i des Ansteuergenerators. Die Gate-Source-Spannung sinkt auf einen Wert, bei dem der momentane Drainstrom gerade noch im ohmschen Bereich des Kennlinienfeldes geführt werden kann. Dies ist im Zeitpunkt t_6 erreicht, wobei der Durchlasswiderstand geringfügig zugenommen hat.

Im Zeitabschnitt t_6 bis t_7 wirkt der Transistor wiederum als Miller-Integrator, d. h. die Gate-Source-Spannung bleibt konstant, während der Gate-Steuerstrom vollständig über die noch immer erhöhte Miller-Kapazität fließt und zu einem Drain-Source-Spannungsanstieg führt.

Im Zeitpunkt t_7 herrscht Spannungsgleichheit zwischen der momentanen Gate-Source-Spannung und der Drain-Source-Spannung, d. h. die Miller-Kapazität sinkt auf einen kleinen Wert.

Im Zeitabschnitt t_7 bis t_8 erfolgt die Ladung der nun kleineren Miller-Kapazität entsprechend der rasch ansteigenden Drain-Source-Spannung. Gleichzeitig nimmt der Drainstrom entsprechend dem sinkenden Spannungsfall am Lastwiderstand ab, ebenso die Gate-Source-Spannung. Im Zeitpunkt t_8 ist die Einsatzspannung erreicht und der Transistor vollständig gesperrt. Danach folgt die Entladung der Eingangskapazität auf das Steuerspannungsniveau im Zeitabschnitt t_8 bis t_9.

In vielen Anwendungen werden VMOS-Transistoren zum Schalten induktiver Lasten eingesetzt. Abb. 6.33 zeigt daher im Lastkreis anstelle des ohmschen Widerstands eine Parallelkombination aus Lastinduktivität L_L und Freilaufdiode D. Zur Vereinfachung der Betrachtung

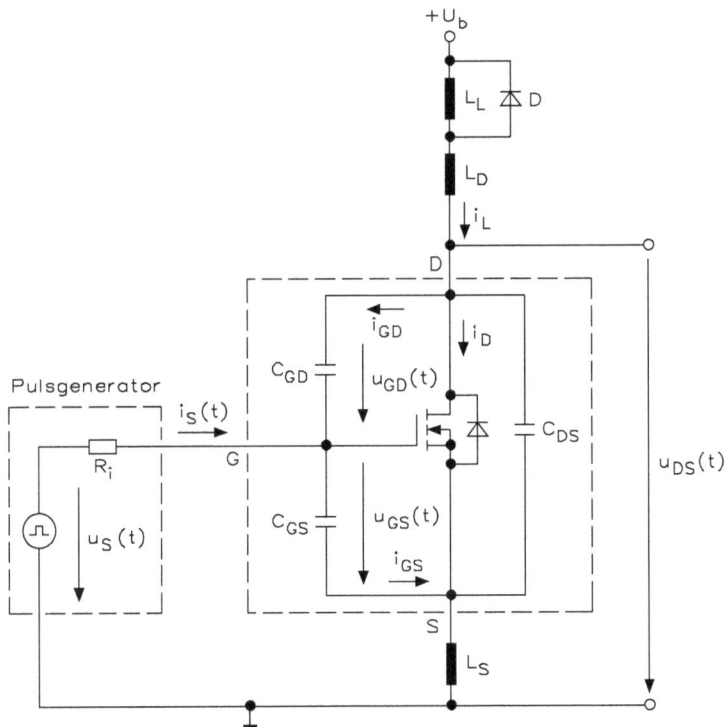

Abb. 6.33: Ansteuerung des VMOS-Transistors zur Untersuchung des Schaltverhaltens bei induktiver Last mit Berücksichtigung parasitärer Serieninduktivitäten im Lastkreis

wird eine große Induktivität L_L angenommen, dass der durch sie fließende Strom während der untersuchten Schaltintervalle einen konstanten Wert I_L beibehält.

Weiterhin werden – im Unterschied zu Abb. 6.34 für den Schaltvorgang bei ohmscher Last – die parasitären Serieninduktivitäten im Source- und Gatekreis mit in die Diskussion einbezogen (L_D und L_S), da sie wegen der kurzen Schaltzeiten von VMOS-Tranistoren einen nicht unerheblichen Einfluss auf die Schaltvorgänge ausüben.

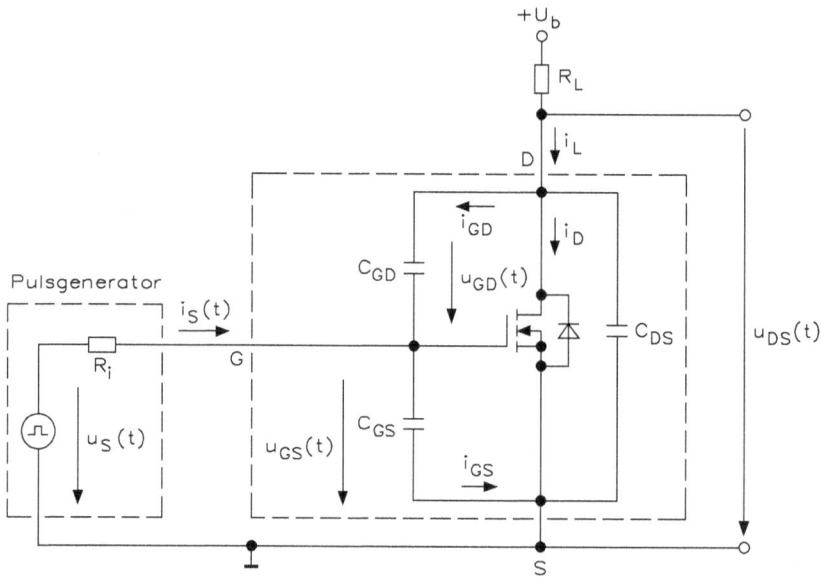

Abb. 6.34: Ansteuerung und Darstellung des VMOS-Transistors zur Untersuchung des Schaltverhaltens bei ohmscher Last. Die Darstellung beschränkt sich auf die wichtigsten parasitären Komponenten des Transistors.

Die folgenden Betrachtungen basieren auf den Annahmen, dass der extern fließende Drainstrom entsprechend der Transfer-Charakterisik zu jedem Zeitpunkt unmittelbar mit dem Momentanwert der Gate-Source-Spannung verknüpft ist und die internen kapazitiven Ströme keinen Einfluss auf diese direkte Kopplung von $u_{GS}(t)$ und $i_D(t)$ nehmen.

Sowohl der Einschalt- als auch der Abschaltvorgang läuft in mehreren Phasen ab.

Nachdem der Transistor zum Zeitpunkt t_0 mit der positiven Flanke des Rechteckpulses angesteuert wird, lädt sich die Gate-Source-Kapazität über den Innenwiderstand der Signalquelle auf.

Solange $u_{GS(t)}$ die Schwellenspannung noch nicht erreicht hat, sperrt der Transistor. Die Freilaufdiode nimmt während dieser Phase den Laststrom auf und befindet sich daher im leitenden Zustand; über der Drain-Sourcestrecke fällt also die gesamte Betriebsspannung U_b ab. Mit dem Anwachsen des Gatepotentials findet gleichzeitig die Entladung der Gate-Drain-Kapazität statt. Der Steuerstrom setzt sich daher aus den Beiträgen $i_S(t) = i_{GS}(t) + i_{GD}(t)$ zusammen.

Im Lastkreis des Intervalls 2 (t_1 bis t_2) erfolgt keine Änderung, bis im Zeitpunkt t_1 die Gate-Source-Spannung den Schwellwert erreicht hat und der Transistor leitend wird. Dadurch beginnt der Laststrom von der Freilaufdiode in den Transistor zu kommutieren. Da jedoch in diesem Zeitabschnitt der Drainstrom $i_D(t)$ stets deutlich kleiner als I_L bleibt, befindet sich die Freilaufdiode weiterhin im leitenden Zustand, so dass ihre Katode auf dem Potential der positiven Betriebsspannung liegt.

Der einsetzende Drainstrom bewirkt in der parasitären Drain-Induktivität eine Spannung in Abhängigkeit Zeit t von:

$$u_{LD} = L_D \cdot \frac{di_D}{dt}$$

welche die Drain-Source-Spannung U_{DS} absinken lässt. Mit

$$u_{DS} = U_b - u_{LD}$$

als Funktion der Zeit. Dies wiederum reduziert die Gate-Drain-Spannung und erzwingt einen Entladestrom von

$$i_{GD} = C_{GD} \cdot \frac{du_{DS}}{dt}$$

wieder in Abhängigkeit von t, durch die Gate-Drain-Kapazität C_{GD}. Dadurch steht für die Aufladung der Gate-Source-Kapazität nur noch ein entsprechend verminderter Ladestrom $I_{GS}(t)$ zur Verfügung, d. h. der Anstieg von $u_{GS}(t)$ verlangsamt sich.

Durch die Gate-Drain-Kapazität wird also eine negative dynamische Rückkopplung wirksam, die für den Betrieb von VMOS-Transistoren von großer Bedeutung ist. Diese Vorgänge sind analog zum Miller-Effekt bei Vakuum-Röhren. Der Wert C_{GD} wird daher oft auch Miller-Kapazität (C_{MI}) bezeichnet.

Wird zwecks Verkürzung der Schaltzeiten

$$t_{on} = \frac{Q_G}{i_S}$$

der Steuerstrom erhöht (durch Wahl eines kleineren Innenwiderstands), nimmt die Steilheit d_{ID}/dt des Drainstroms und damit auch die in der Drain-Induktivität L_D induzierte Spannung zu. Dieses wiederum beschleunigt das Absinken der Drain-Source-Spannung sowie die Entladung der „Rückkopplungskapazität" C_{GD} und vermindert so den Ladestrom der Gate-Source-Kapazität.

Die Stärke der Rückkopplung (und damit die Zeitfunktionen $U_{DS}(t)$, $U_{GS}(t)$ und $i_0(t)$ im Intervall 2) hängen vom Verhältnis der parasitären Serieninduktivität in der Drainleitung zum Innenwiderstand der Signalquelle (bzw. Ausgangsimpedanz, der Ansteuerschaltung) ab.

Eine große Induktivität L_D bewirkt eine große Impedanz im Lastkreis gegenüber Stromänderungen, ein kleiner Widerstand R_i bedeutet eine kleine Zeitkonstante im Gatekreis und bietet folglich die Voraussetzung zum schnellen Wechsel des Drainstroms. Bei einem großen Verhältnis L_D/R_i wird der Schaltvorgang daher maßgeblich durch den oben erwähnten „Miller-Effekt" bestimmt, d. h., die zeitliche Rate der Drainstromänderung d_{ID}/dt kann der schnellen

Steuerung im Gatekreis nicht folgen. Die Schaltgeschwindigkeit ist durch die vom Drainkreis auferlegten Beschränkungen stark begrenzt.

Im anderen Extremfall, d. h. bei einem kleinen Verhältnis L_D/R_i, übt der „Miller-Effekt" einen nur geringen Einfluss aus, und der Drainstrom vermag sich schneller zu ändern, als es der langsame Drainkreis erlaubt. Die Schaltzeit wird daher vom Drainkreis bestimmt.

Eine konsequente mathematische Behandlung der hier nur qualitativ beschriebenen Schaltvorgänge zeigt, dass eine gute Anpassung des Drainkreises an den Gatekreis dann vorliegt, wenn das Verhältnis L_D/R_i die Bedingung

$$\frac{C_{GS}^2}{10 \cdot C_{GD} \cdot g_{fs}} < \frac{L_D}{R_i} < \frac{10 \cdot C_{GS}^2}{C_{GD} \cdot g_{fs}}$$

erfüllt. Damit lässt sich das zeitliche Verhalten beider Kreise aufeinander abstimmen. Die Kurvenverläufe gehen von der genannten Voraussetzung aus.

Neben der parasitären Drain-Induktivität L_D beeinflusst unabhängig davon die parasitäre Source-Induktivität L_S denn zeitlichen Ablauf der Schaltvorgänge. Die Änderung sowohl des Kommutierungsstroms (di_{DS}/dt) als auch des Ladestroms der Gate-Source-Kapazität (di_{GS}/dt) induziert in L_S eine Spannung

$$u_{LS} = L_S \cdot \frac{d(i_D + i_{GS})}{dt}$$

die so gerichtet ist, dass sie die effektive Spannung zwischen Gate und Source des Transistors wie folgt reduziert:

$$u_{GS} = U - R_i \cdot i_S - u_{LS}$$

Ähnlich wie der „Miller-Effekt" eine dynamische Rückkopplung zwischen Drain und Gate über die Kapazität C_{GD} bewirkt, führt auch die dem Ansteuer- und Lastkreis gemeinsame Induktivität L_S zu einer Rückkopplung, die ebenfalls die zeitliche Änderung des Drainstroms und damit den Einschaltvorgang verlangsamt.

Durch größere parasitäre Source-Induktivitäten können Oszillationen auftreten und diese müssen unbedingt auf ein Minimum reduziert werden. Während dies allein durch einen sorgfältigen Schaltungsaufbau ohne großen Aufwand herbeigeführt werden kann, bereitet die Verkleinerung von der Drain-Induktivität L_D – da sie die gesamte parasitäre Induktivität des Lastkreises darstellt – in der Praxis oft größere Schwierigkeiten.

Am Ende dieses Zeitabschnitts hat der Transistor den Laststrom vollständig übernommen ($i_D(t_2) = I_L$), die Gate-Source-Spannung beträgt dann

$$u_{GS} = U_{GS(TO)} + \frac{I_L}{g_{fs}}$$

Bevor im Zeitpunkt t_3 das Zeitintervall 3 (t_2 bis t_3) die sperrende Wirkung der Freilaufdiode einsetzen kann, muss die in ihr gespeicherte Sperrverzögerungsladung Q_{rr} abgebaut werden. Im vorliegenden Zeitabschnitt steigt der Drainstrom wieder an, da sich zum Laststrom der Diodenrückstrom $i_{rr}(t)$ addiert. Im Umkehrpunkt des Diodenrückstroms (t_3) hat der Drainstrom sein Maximum $I_L + I_{rrm}$ erreicht. Bis zu diesem Zeitpunkt steigt auch die Gate-Source-Spannung entsprechend der Transfer-Charakteristik auf einen Wert an, bei dem der Transistor den erhöhten Drainstrom mit Daten von t_3 führen kann:

$$u_{GS} = U_{GS(TO)} + \frac{I_L + I_{rrm}}{g_{fs}}$$

Nachdem der Umkehrpunkt des Diodenrückstroms im Zeitintervall 4 (t_3 bis t_4) erreicht ist, beginnt die Freilaufdiode Sperrspannung aufzunehmen. Im Zeitintervall von t_3 bis t_4 sinkt die Drain-Source-Spannung in dem Maße, wie die Diodensperrspannung zunimmt. Gleichzeitig mit dem Rückgang des Drainstroms nimmt auch die Gate-Source-Spannung wieder ab.

Ist der Drainstrom und damit auch u_{GS} in diesem Zeitintervall konstant (ideale Freilaufdiode mit $Q_{rr} = 0$ vorausgesetzt), ist die Änderungsgeschwindigkeit du_{DS}/dt allein von der Drain-Source-Spannung des Scheitelwerts des zur Verfügung stehenden Steuerstroms abhängig:

$$\frac{du_{DS}}{dt} = \frac{du_{GD}}{dt} = \frac{1}{C_{GD}} + \frac{dC_{GD}}{dt} = \frac{I_S}{C_{GD}}$$

Der gesamte Steuerstrom dient zum Entladen der – zunächst noch kleinen, bei $U_{DS} \leq U_{GS(TO)}$ aber sprunghaft ansteigenden – Gate-Drain-Kapazität.

Fällt nun zusätzlich das Gatepotential – bedingt durch den rückläufigen Drainstrom im Intervall 4 –, addiert sich zum Steuerstrom I_S der Entladestrom

$$i_{GS} = C_{GD} + \frac{du_{GS}}{dt} \qquad \text{mit} \quad \frac{dU_{GD}}{dt} = \frac{1}{C_{GD}} + \frac{dC_{GD}}{dt} = \frac{I_S + i_{GS}}{C_{GD}}$$

Insgesamt verursacht der abklingende Diodenrückstrom also eine steilere Flanke der Drain-Source-Spannung. Reißt der Diodenrückstrom nach Erreichen des Maximums abrupt ab („Snap off"-Effekt), führt dies zu sehr hohen du_{DS}/dt-Werten, die insbesondere bei Brückenschaltungen (wo die Freilaufdiode durch die Inversdiode des jeweils anderen Transistors ersetzt wird) im Hinblick auf mögliches Einschalten des parasitären Bipolartransistors kritisch sind.

Passiert die Drain-Source-Spannung im Zeitintervall 5 (t_4 bis t_5) den Schwellenwert $U_{GS(TO)}$, steigt die Gate-Drain-Kapazität sprunghaft an, wodurch sich das Absinken der Drain-Source-Spannung aufgrund der ersten Gleichung „Zeitintervall 4" verlangsamt (konstanter Steuerstrom vorausgesetzt).

Während dieser Phase arbeitet der Transistor als Miller-Integrator, d. h. die Gate-Source-Spannung bleibt konstant, und der gesamte Steuerstrom fließt in die Gate-Drain-Kapazität und bewirkt ein Absenken des Drainpotentials.

Nachdem der eigentliche Einschaltvorgang im Zeitpunkt t_5 abgeschlossen ist, wird im folgenden Zeitintervall 6 (t_5 ist t_6) die Eingangskapazität $C_{iss} = C_{GS} + C_{GD}$ auf den Wert der Steuerspannung U_S aufgeladen. Wegen der nunmehr vergrößerten Eingangskapazität ergibt sich eine größere Zeitkonstante als in den Intervallen 1 und 2.

Im Zeitpunkt t_6 hat der Transistor seinen minimalen Durchlasswiderstand $R_{DS(on)}$ erreicht.

Der Abschaltvorgang findet im Zeitintervall 7 (t_7 bis t_8) statt. Mit diesem Abschalten der Steuerspannung ($u_S(t_7) = 0$) beginnt der Entladevorgang der Eingangskapazität, während die Ausgangsgrößen nahezu unverändert bleiben.

Die Gate-Source-Spannung sinkt mit der Zeitkonstante $\tau = R_i(C_{GD} + C_{GS})$ auf den Wert $U_{GS(TO)} + I_L/g_{fs}$, der zur Aufrechterhaltung des Laststroms gerade erforderlich ist.

Im Zeitintervall 8 (t_7 bis t_8), solange die Drain-Source-Spannung kleiner als die Summe aus der Betriebsspannung U_b und der Durchlassspannung U_F der Freilaufdiode ist, bleibt die Freilaufdiode gesperrt und der gesamte Laststrom fließt unverändert durch den Transistor. Ein konstanter Laststrom bedeutet eine ebenfalls konstante Gate-Source-Spannung, so dass der gesamte Steuerstrom i_S im Entladen in die Gate-Drain-Kapazität fließt und ein lineares Ansteigen des Drainpotentials bewirkt. Wegen des konstanten Drainstroms üben die parasitären Induktivitäten in diesem Zeitabschnitt noch keinen Einfluss aus.

Innerhalb des Zeitintervalls 9 (t_9 bis t_{10}) hat der Zeitpunkt t_9 gerade den Wert der Betriebsspannung erreicht. Sobald die Drain-Source-Spannung den Wert $U_b + U_F$ überschreitet, beginnt die Freilaufdiode zu leiten, d. h. der Laststrom kommutiert vom Transistor in die Freilaufdiode. Da der Drainstrom $i_D(t)$ während dieses Kommutierungsvorgangs abnimmt, wird in der parasitären Drain-Induktivität L_D eine Spannung $U_{LD} = L_D di_D/dt$ induziert, die die Ausgangskapazität C_{DS} auf einen wesentlich höheren Wert als die Betriebsspannung zur Zeit t_{10} wie folgt auflädt:

$$u_{DS} = U_b + U_F + u_{LD}$$

Die aufgebaute Spannungsspitze hängt neben dem Laststrom I_L und der parasitären Induktivität entscheidend von der gewählten Schaltgeschwindigkeit ab. Um Schäden im Transistor durch Lawinendurchbruch zu verhindern, muss der Lastkreis bei einer kurzen Ausschaltzeit daher extrem induktionsarm aufgebaut werden.

Analog zum Zeitintervall 2 wird auch hier durch die gleichzeitige Änderung von $i_D(t)$ und $u_{DS}(t)$ der Effekt der dynamischen negativen Rückkopplung wirksam, für deren Stärke wiederum das Verhältnis L_D/R_i maßgebend ist. Die Gleichung lautet:

$$\frac{C_{GS}^2}{10 \cdot C_{GD} \cdot g_{fs}} < \frac{L_D}{R_i} < \frac{10 \cdot C_{GS}^2}{C_{GD} \cdot g_{fs}}$$

und hat auch hier für eine optimale Anpassung der Zeitverhalten von Gate- und Drainkreis Gültigkeit.

Im Zeitpunkt t_{10}, wenn die Gate-Source-Spannung den Schwellenwert $u_{GS(TO)}$ erreicht hat, ist die Kommutierung des Laststromes vom Transistor in die Freilaufdiode beendet ($i_D(t_{10}) = 0$).

Im Zeitintervall 10 (t_{10} bis t_{11}) bilden die parasitären Drain- und Source-Induktivitäten zusammen mit der Drain-Source-Kapazität C_{DS} des nun abgeschalteten VMOS-Transistors einen Serienschwingkreis, der durch den Widerstand R_1 im Kreis bedämpft wird.

Die zu Beginn dieses Zeitabschnitts vollständig in den Induktivitäten gespeicherte Energie bewirkt einen Ausschwingvorgang mit der Kreisfrequenz

$$\omega = \frac{\sqrt{4 \cdot (L_D + L_S) \cdot C_{DS} - R_i^2 \cdot C_{DS}^2}}{2(L_D + L_S) \cdot C_{DS}}$$

und der Dämpfung

$$\delta = \frac{R_1}{2(L_D + L_S)}$$

Die dabei auftretende Rückkopplung dieser oszillierenden Spannung über die Gate-Drain-Kapazität auf den Eingang des FET verdient besondere Beachtung. Insbesondere bei einer hohen Ausgangsimpedanz der Ansteuerschaltung und einer hohen Amplitude der Drain-Source-Spannung kann die auf den Eingang rückgekoppelte Spannung so große Amplitudenwerte annehmen, dass der Transistor unkontrolliert wieder eingeschaltet oder sogar der Eingang zerstört wird.

6.3   Anwendungen von FET und MOSFET

Die Grundschaltungen der unipolaren Transistoren und ihre Erweiterungen weisen ähnliche Eigenschaften wie die bipolaren Typen auf. Aber aufgrund der günstigen FET-Merkmale, wie hoher Eingangswiderstand, nur leicht gekrümmte Kennlinie und geringes Rauschen lassen sich bessere Schaltungsbeispiele für die Praxis realisieren.

6.3.1   FET-Verstärker in Sourceschaltung

Für die Sourceschaltung ergibt sich als Spannungsverstärkung die Beziehung

$$v_U = g_m \cdot R_D$$

Die Vorwärtssteilheit g_m multipliziert man mit dem Wert des Drainwiderstands R_D und es ergibt sich die Spannungsverstärkung. Aus dem Datenblatt ergibt sich unter der Bezeichnung „Transkonduktanzkoeffizient" ein Wert von $g_m = 747\,\mu mhO$. Wenn man diesen Wert mit dem Drainwiderstand multipliziert, erhält man eine Verstärkung von $v_U = 0{,}747$. Der Faktor g_m ist ein Leitwert und daher ergibt sich für die Spannungsverstärkung ein dimensionsloser Wert.

Der Eingangswiderstand des FET ist nahezu unendlich groß, da bei dem BF245C ein Gatestrom von $I_G = 2{,}63 \cdot 10^{-14}\,A$ oder $0{,}026\,pA$ fließt.

Für den praktischen Betrieb eines Feldeffekttransistors sind einige Besonderheiten zu beachten. Hierzu gehört der Gitterableitwiderstand R_G am Gateanschluss. Ohne diesen Widerstand kann sich das Gate durch statische Felder aufladen, wenn kein Anschluss des Gates erfolgt. Lädt sich das Gate eines N-Kanal-FET z. B. positiv auf, arbeitet der PN-Übergang zwischen Gate und Kanal, was innerhalb der Schaltung zu undefinierten Signalen führt.

Die Eingangsspannung für einen N-Kanal-FET muss immer eine negative Polarität aufweisen und daher können sich bei der Ansteuerung erhebliche Probleme ergeben. Durch eine günstige Verschaltung lassen sich diese schaltungstechnischen Probleme lösen.

Bei der Schaltung von Abb. 6.35 sind einige Besonderheiten zu beachten. Hierzu zählt der Gatewiderstand R_G und die automatische Gittervorspannungserzeugung durch den Sourcewiderstand $R_S = 470\,\Omega$. Durch diesen Sourcewiderstand ohne Kondensator ergibt sich eine Gleichstromgegenkopplung und mit dem Kondensator $C_S = 10\,\mu F$ erreicht man dagegen eine typische Wechselstromgegenkopplung.

Die Einstellung des Arbeitspunktes erfolgt über das Voltmeter. Bei einem FET wird der gewünschte und durch die Gatespannung festgelegte Arbeitspunkt durch den Sourcewiderstand

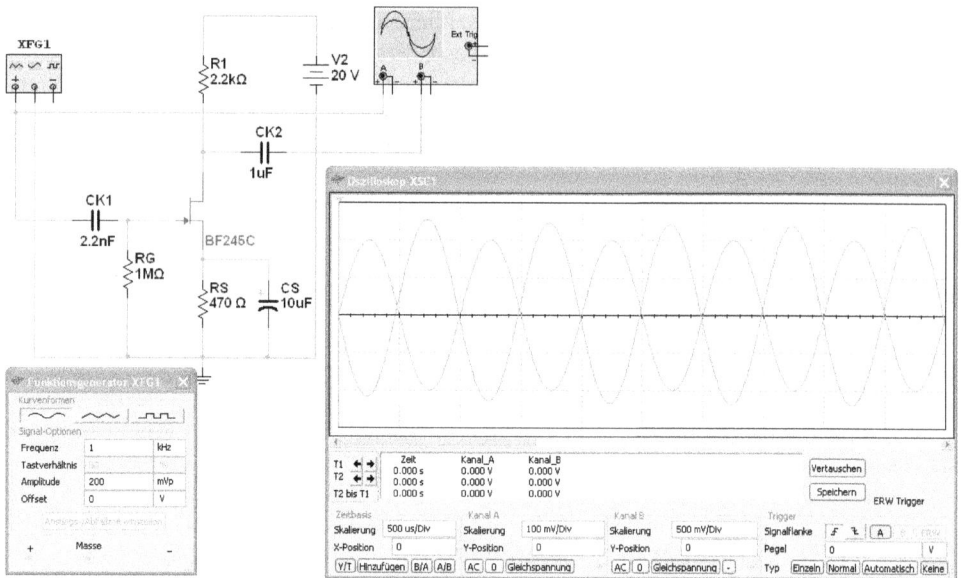

Abb. 6.35: Vorverstärker in Sourceschaltung für den BF245C mit dem Gitterableitwiderstand von $R_G = 1\,M\Omega$ und einer Wechselstromgegenkopplung. Zwischen der Eingangsspannung U_1 und der Ausgangsspannung U_2 tritt eine Phasenverschiebung von $\varphi = 180°$ auf.

R_S in Verbindung mit dem Drainstrom $I_D = -I_S$ bestimmt. Der Spannungsfall an dem Widerstand R_S wird direkt auf die Gatespannung U_{GS} übertragen, da kein Gatestrom fließt. Es gilt daher

$$|-U_{GS}| = I_D \cdot R_S$$

In der Schaltung von Abb. 6.35 zeigt das Voltmeter eine Spannung von $U_D = 1,16\,V$ an, d. h. das Gate ist mit einer Spannung von $U_{GS} = 1,13\,V$ vorgespannt. Für einen bestimmten Arbeitspunkt ergibt sich demnach ein Sourcewiderstand von

$$R_S = \frac{|-U_{GS}|}{I_D}$$

Durch diese Schaltungsmaßnahme erreicht man eine automatische Gittervorspannungserzeugung, die bei bipolaren Transistoren nicht erforderlich ist.

Der Eingangskoppelkondensator C_K errechnet sich aus

$$C_K = \frac{1}{2 \cdot \pi \cdot f_u \cdot R_G}$$

Bei einer unteren Grenzfrequenz von $f_u = 100\,Hz$ und einem Gitterableitwiderstand von $R_G = 1\,M\Omega$ erhält man eine Kapazität von

$$C_K = \frac{1}{2 \cdot \pi \cdot f_u \cdot R_G} = \frac{1}{2 \cdot 3,14 \cdot 100\,Hz \cdot 1\,M\Omega} = 1,59\,nF\ (2,2\,nF)$$

Der Koppelkondensator von 10 nF bei einem FET-Verstärker hat eine wesentlich geringere Kapazität als dies bei einem bipolaren Verstärker der Fall ist.

Der Kondensator C_S verhindert eine gleichzeitige Signalstromgegenkopplung des Widerstands R_S. Der Kondensator C_S berechnet sich aus

$$C_S = \frac{1}{2 \cdot \pi \cdot f_u \cdot \tan\varphi \cdot R_S}$$

Bei einer unteren Grenzfrequenz von $f_u = 100$ Hz, $\tan\varphi = 45°$ und einem Sourcewiderstand von $R_S = 470\,\Omega$ erhält man eine Kapazität von

$$C_S = \frac{1}{2 \cdot \pi \cdot f_u \cdot \tan\varphi \cdot R_S}$$
$$= \frac{1}{2 \cdot 3,14 \cdot 100\,\text{Hz} \cdot \tan 45° \cdot 470\,\Omega} = 3,4\,\mu\text{F (4,7}\,\mu\text{F oder 10}\,\mu\text{F)}$$

Der Koppelkondensator von 10 μF bei einem FET-Verstärker hat eine wesentlich geringere Kapazität als dies bei einem bipolaren Verstärker der Fall ist.

Die Spannungsverstärkung für die Schaltung von Abb. 6.35 errechnet sich aus

$$v_U = \frac{|\Delta U_{DS}|}{|\Delta U_{GS}|} = \frac{1,12\,\text{V}_S}{200\,\text{mV}_S} = 5,6$$

In dem Kennlinienfeld ist die Steuerkennlinie gezeigt. In Verbindung mit dieser Kennlinie lässt sich die Vorwärtssteilheit des Feldeffekttransistors mit

$$S = \frac{|\Delta I_D|}{|\Delta U_{GS}|}$$

berechnen. Dieser Wert ist entweder aus dem Datenblatt zu entnehmen oder als Steigungsfaktor aus der Steuerkennlinie zu ermitteln. Aus Tabelle 6.1 des Herstellers erhält man folgende Werte:

$$S = \frac{|\Delta I_D|}{|\Delta U_{GS}|} = \frac{8,12\,\text{mA} - 4,07\,\text{mA}}{-1\,\text{V} - (-2\,\text{V})} = \frac{4,05\,\text{mA}}{1\,\text{V}} = 4,05\,\text{mA/V}$$

Dieser Wert wird auch als 4,05 mS oder 4,05 mmhO bezeichnet. Die Spannungsverstärkung errechnet sich aus

$$v_U \approx S \cdot R_D \approx 4,05\,\text{mA/V} \cdot 2,2\,\text{k}\Omega \approx 8,9$$

Vergleicht man den gemessenen Wert von 5,6 mit dem errechneten Wert von 8,9, ergibt sich ein geringfügiger Fehler.

6.3.2 FET-Verstärker in Drainschaltung

Betreibt man einen FET-Verstärker in Drainschaltung bzw. als Sourcefolger wie Abb. 6.36 zeigt, verhält sich diese Schaltung wie die Kollektorgrundschaltung. Es tritt keine Phasenverschiebung auf und die Verstärkung ist $v < 1$.

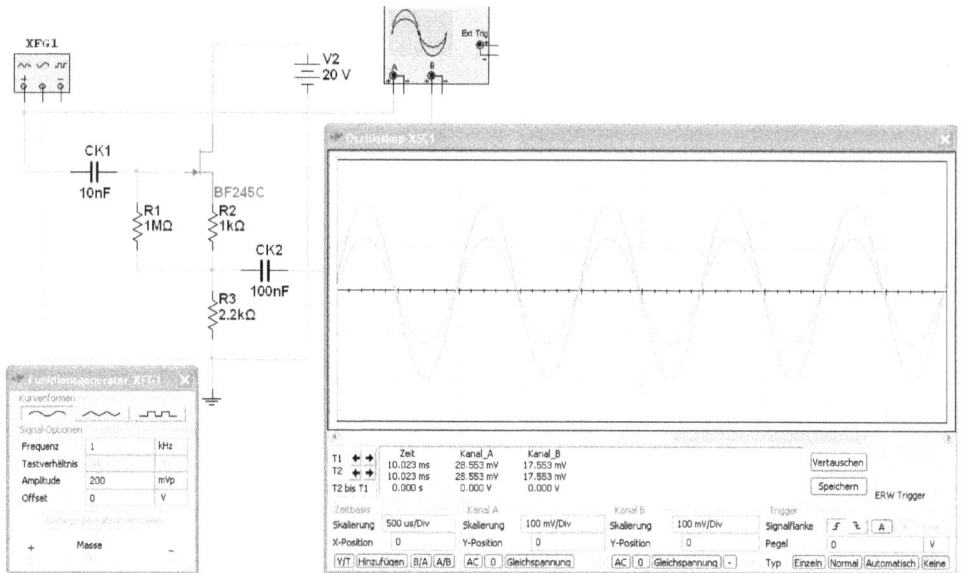

Abb. 6.36: FET-Verstärker in Drainschaltung. Die Gatespannungserzeugung erfolgt über einen Spannungsteiler.

Bei der Drainschaltung soll am Sourcewiderstand die halbe Betriebsspannung abfallen, damit eine optimale Einstellung des Arbeitspunktes möglich ist. Aus diesem Grund besteht der Spannungsteiler für die Gatespannung aus zwei fast gleichgroßen Widerständen. Das Spannungspotential an dem Gate ist negativer als das an Source. Der Gatestrom ist so gering, dass dieser keinen Einfluss auf den Spannungsteiler bewirkt. Der Wechselstromeingangswiderstand entspricht einer Parallelschaltung der beiden Spannungswiderstände und hat $r_{ein} \approx 500\,k\Omega$. Wenn man für den Spannungsteiler hochohmigere Werte wählt, z. B. $12\,M\Omega$ und $10\,M\Omega$, ergibt sich $r_{ein} \approx 5\,M\Omega$.

Trägt man die Arbeitsgerade in das Ausgangskennlinienfeld des BF245C ein, kann man U_{GS0} bei I_{D0} ablesen. In diesem Fall gilt die Bedingung:

$$\frac{R_2}{R_G} = \frac{U_b - 2 \cdot |U_{GS0}|}{U_b + 2 \cdot |U_{GS0}|}$$

Das Ausgangskennlinienfeld ist nur innerhalb der für den jeweiligen Transistortyp zulässigen Grenzwerte von I_{Dmax}, U_{DSmax}, U_{GSmax} und P_{tot} einsetzbar.

Bei der Schaltung von Abb. 6.37 befindet sich der Gitterableitwiderstand R_G zwischen den beiden Sourcewiderständen. Der untere Sourcewiderstand bewirkt hier eine Gegenkopplung, die den Eingangswiderstand erheblich erhöht. Der obere Sourcewiderstand erzeugt dagegen eine Vorspannung für das Gatepotential, d. h. in diesem Fall hat man wieder eine automatische Gittervorspannungserzeugung.

Mit der Bootstrap-Schaltung wird der dynamische Eingangswiderstand vergrößert. Es gilt:

$$R_G = \frac{|U_{GS0}|}{I_{D0}} \qquad R_2 = \frac{U_b - 2 \cdot |U_{GS0}|}{2 \cdot I_{D0}}$$

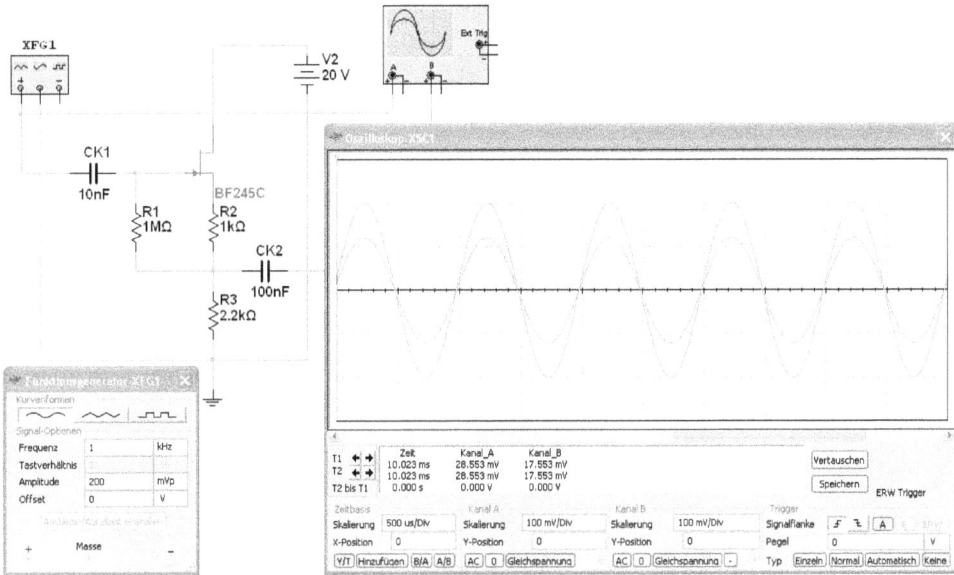

Abb. 6.37: FET-Verstärker in Drainschaltung. Durch die Spannungsteilung an dem Sourcewiderstand hat man eine automatische Gittervorspannungserzeugung.

Der Eingangswiderstand errechnet sich dann aus

$$r_{ein} \approx (1 + S \cdot R_3)\, R_G$$

Es lassen sich Werte bis mehrere $100\,M\Omega$ erreichen.

6.3.3   FET-Verstärker in Gateschaltung

In der Praxis setzt man die Gateschaltung mit einem Feldeffekttransistor kaum ein, da der hohe Gatewiderstand nicht zur Wirkung kommt.

Bei der Gateschaltung von Abb. 6.38 handelt es sich prinzipiell um die Basisschaltung, d. h. man hat einen niedrigen Eingangswiderstand. Im Gegensatz zur Basisschaltung erreicht man mit der Gateschaltung eine höhere Grenzfrequenz und daher findet man die Gateschaltung in Hochfrequenzverstärkern. Außerdem ist das Rauschen bei FETs erheblich geringer als bei den bipolaren Transistoren.

6.3.4   Konstantstromquelle mit FET

Eine ideale Stromquelle prägt für den Verbraucher (angeschaltete Last) einen Strom ein, der unabhängig vom Spannungsfall am Verbraucher ist.

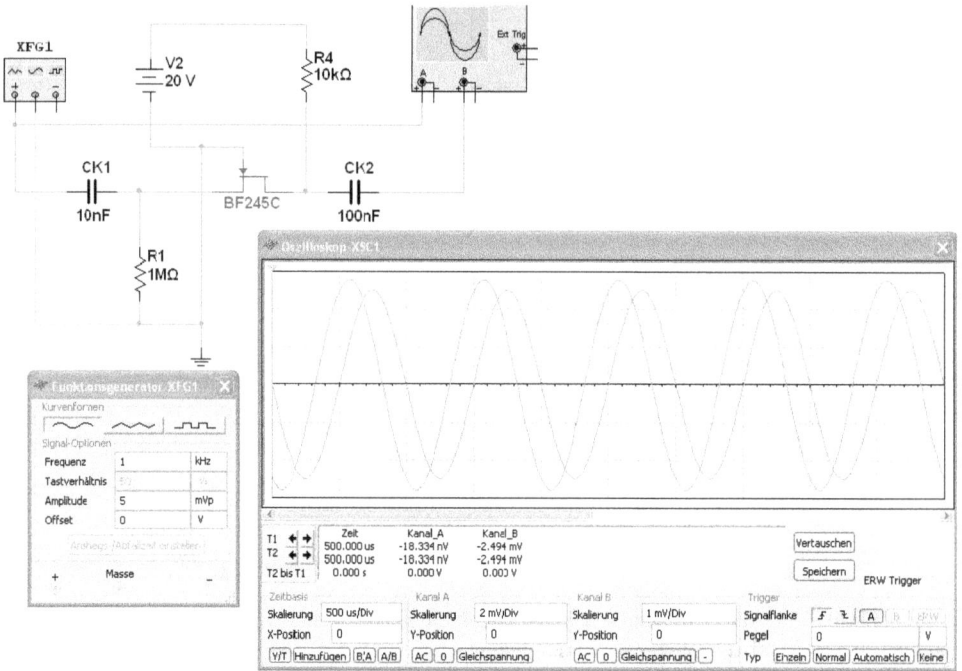

Abb. 6.38: FET-Verstärker in Gateschaltung

Die Schaltung von Abb. 6.39 arbeitet analog zu der Transistorstromquelle. Der Sourcewiderstand R_S errechnet sich aus

$$R_S = \frac{U_Z + |U_{GS}|}{I_D} = \frac{4,04\,V + |4,04\,V - 5,7\,V|}{5,7\,mA} = \frac{4,04\,V + |-1,66\,V|}{5,7\,mA} = 1\,k\Omega$$

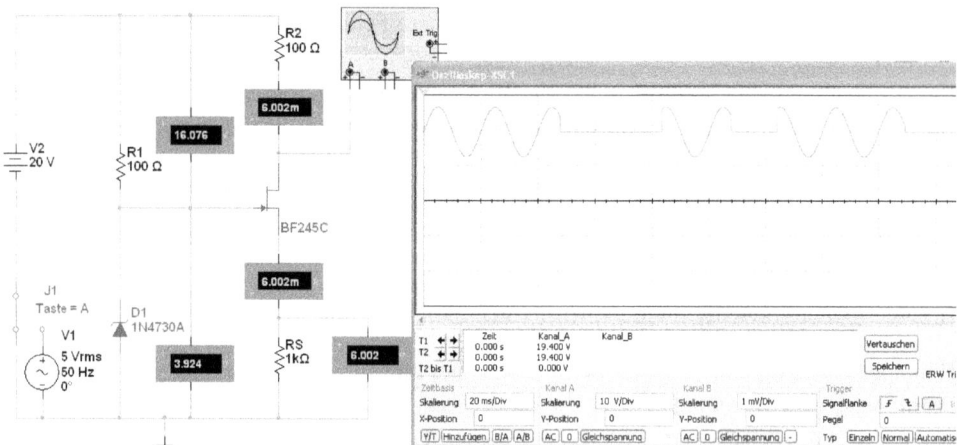

Abb. 6.39: Konstantstromquelle mit FET und Z-Diode

Auch hier erkennt man die Arbeitsweise für die automatische Gittervorspannungserzeugung. Aus dieser Erkenntnis lässt sich nun die Schaltung erheblich verbessern und in ihrer Funktion vereinfachen.

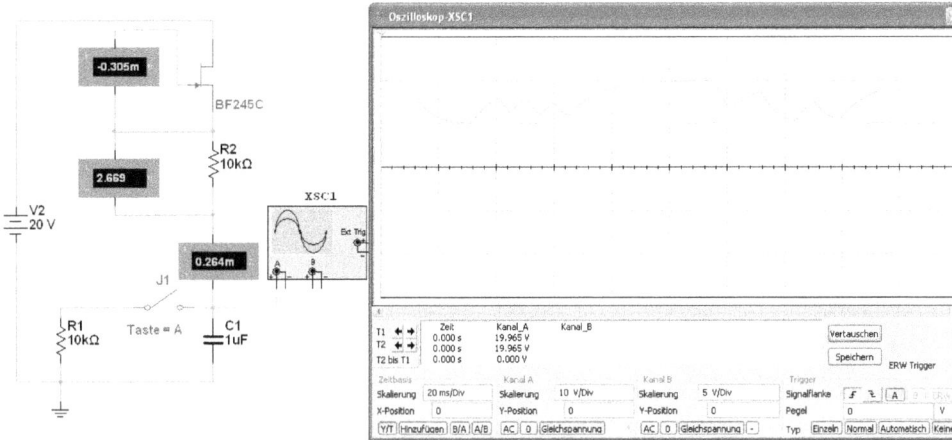

Abb. 6.40: Konstantstromquelle mit FET

Für eine Konstantstromquelle mit FET kann man die Schaltung von Abb. 6.40 wählen. Der Strom errechnet sich aus

$$I_D = \frac{|-U_{GS}|}{R_S}$$

Durch den Sourcewiderstand wird die Gatespannung automatisch erzeugt, d. h. da der ohmsche Widerstand ein lineares Bauelement ist, erhält man für den Drainstrom I_D einen konstanten Wert. Aus der Messung ergibt sich eine Gatespannung von $-U_{GS} = 3,6\,V$ und damit ein Konstantstrom von

$$I_D = \frac{|-U_{GS}|}{R_S} = \frac{|-3,6\,V|}{10\,k\Omega} = 360\,\mu A$$

Mit der in Abb. 6.40 gezeigten Konstantstromquelle wird ein Kondensator geladen. Man erkennt aus dem Oszillogramm, dass die Aufladung linear erfolgt, während die Entladung eine e-Funktion zeigt. Diese Konstantstromquelle benötigt zur Stromeinstellung keine zusätzliche Spannungsversorgung, so dass man diese auch als Zweipole in einer Schaltung einsetzen kann.

Durch die Kombination eines NPN-Transistors und eines FET ergibt sich eine Kaskadierung von zwei Stromquellen, wie Abb. 6.41 zeigt. Der Strom über den Widerstand R_5 mit $100\,\Omega$ errechnet sich aus

$$I = \frac{U_b - U_{BE}}{R_5} = \frac{10\,V - 0,7\,V}{100\,\Omega} = 9,3\,mA$$

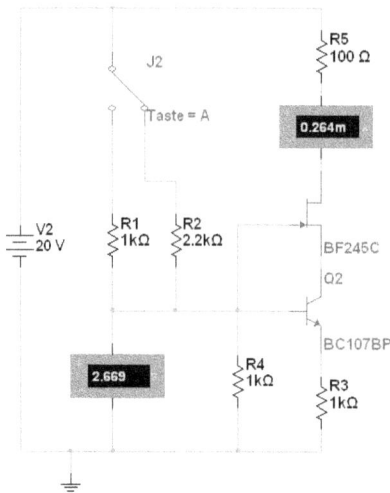

Abb. 6.41: Kaskadierung von Stromquellen

Durch den Umschalter verändert man die Spannung U_S am Spannungsteiler. In der linken Stellung ergibt sich daher eine Spannung von $U_S = 10$ V und ein Konstantstrom von 9,3 mA, während man in der rechten Stellung eine Spannung von $U_S = 6,23$ V hat und daher einen Konstantstrom von 5,6 mA erzeugt.

6.3.5   FET-Vorverstärker

Bei der Entwicklung eines FET-Vorstärkers muss man zwischen den statischen und dynamischen Kenndaten unterscheiden. Bei den statischen Kenndaten ist noch die nieder- und hochohmige Kanalcharakteristik zu berücksichtigen, also zwischen den typischen Daten des leitenden (niederohmigen) und des gesperrten (hochohmigen) Feldeffekttransistors. Achtung!!! Hier treten Exemplarstreuungen von mehr als 100 % auf. Daher ergeben sich erhebliche Unterschiede zwischen der theoretischen und der praktischen Schaltungslehre.

Bei den dynamischen Kenndaten ist die Steuerfähigkeit, also seine Vorwärtssteilheit g_m (forward-transadmittance), interessant. Der Wert „g_m" wird entweder in mS bzw. μS oder in mmhO (Kehrwert von Ohm ist rückwärts geschrieben) oder μmho angegeben. Die Berechnung erfolgt nach

$$g_m = \frac{i_D}{u_{GS}}$$

Bei der Schaltung von Abb. 6.42 sind eine Gleich- und Wechselspannungsquelle in Reihe geschaltet. Damit kann man das Verhalten dieser Schaltung optimal untersuchen, da sich alle möglichen Spannungswerte (Mischspannungen) beliebig einstellen lassen.

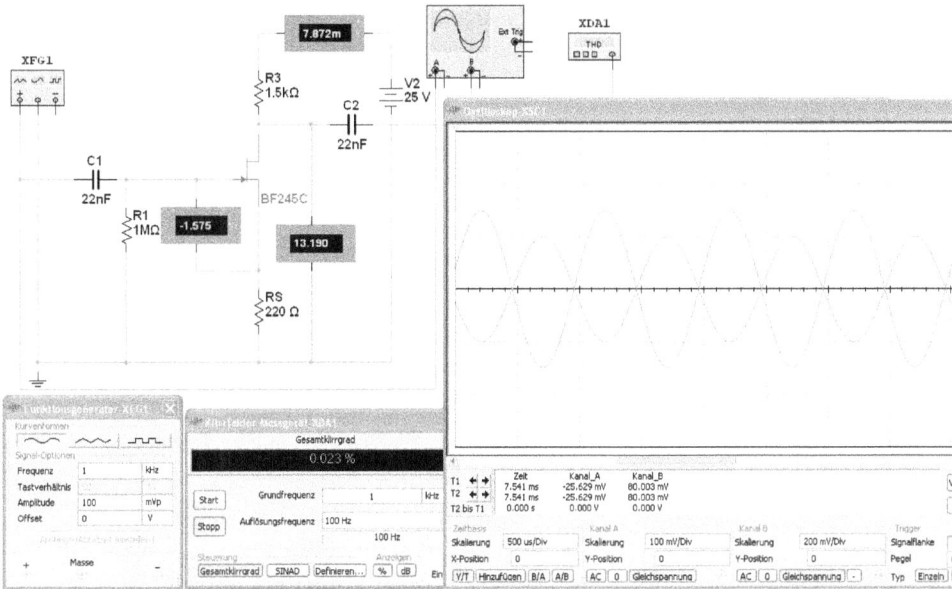

Abb. 6.42: Schaltung eines FET-Vorverstärkers

Bei der Schaltung von Abb. 6.42 arbeitet der FET-Typ BF245C mit einer Vorwärtssteilheit von $g_m = 1,024$ mmhO. Die einzelnen Werte berechnen sich aus

$$R_D = \frac{U_b - U_2}{I_D} = \frac{25\,V - 9,34\,V}{10,4\,mA} = 1,5\,k\Omega$$

Für den Drainwiderstand wird $R_D = 1,5\,k\Omega$ verwendet und für den Sourcewiderstand

$$R_S = \frac{U_S}{I_D} = \frac{2,29\,V}{10,4\,mA} = 220\,\Omega$$

Der maximale Drainstrom I_{Dmax} ergibt sich aus

$$I_{Dmax} = \frac{U_b}{R_D + R_S} = \frac{25\,V}{1,5\,k\Omega + 220\,\Omega} = 14,5\,mA$$

Trägt man die beiden Werte der Betriebsspannung und des Drainstroms in das Ausgangskennlinienfeld ein, kann man das Ausgangskennlinienfeld mit der Arbeitsgeraden für den FET-Vorverstärker erstellen.

Die Drain-Source-Spannung U_{DS} errechnet sich aus

$$U_{DS} = U_2 - U_S = 13,2\,V - (52\,mA \cdot 220\,\Omega) = 1,76\,V$$

und damit lässt sich zeichnerisch ein Drainstrom aus dem Diagramm ermitteln. Bei der Bestimmung von $-U_{GS}$ ergeben sich geringe Unterschiede. Laut Messung hat man $-U_{GS} = 1,76\,V$ und laut Diagramm $-U_{GS} \approx 1,4\,V$.

Laut Datenblatt des BF245C beträgt der Kanalwiderstand $r_K = r_{DS} = 4,2\,\Omega$ und damit kann man die Spannungsverstärkung v_U berechnen mit

$$v_U = g_m \cdot \frac{r_K \cdot R_D}{r_K + R_D} = 1\,\text{mS} \cdot \frac{4,2\,\Omega \cdot 1,5\,\text{k}\Omega}{4,2\,\Omega + 1,5\,\text{k}\Omega} \approx 4,2$$

Vergleicht man den Rechenwert mit dem Messwert, ergibt sich eine Übereinstimmung.

6.3.6   FET-Vorverstärker mit Stromgegenkopplung

Zur Gegenkopplung in einer FET-Vorverstärkerstufe ist die Stromgegenkopplung mit einem Sourcewiderstand R_S ohne Schwierigkeiten zu lösen.

Bei der Schaltung von Abb. 6.43 wurde der Sourcewiderstand in zwei Werte aufgeteilt, wobei an dem unteren Widerstand der Kondensator für die Wechselstromgegenkopplung vorhanden ist. Die Verstärkung dieser Stufe lässt sich errechnen aus

$$v_U = \frac{U_{2SS}}{U_{1SS}} = \frac{60\,\text{mV}_{SS}}{20\,\text{mV}_{SS}} = 3$$

Hieraus lässt sich die erforderliche Steilheit g_m des Verstärkers berechnen, vorausgesetzt $R_L = R_D$ (Lastwiderstand = Drainwiderstand), damit eine Leistungsanpassung vorhanden ist:

$$g_m = \frac{v_U}{R_L \parallel R_D} = \frac{3}{0,5 \cdot 3,3\,\text{k}\Omega} = 1,8\,\text{mS}\ (1,8\,\text{mmhO})$$

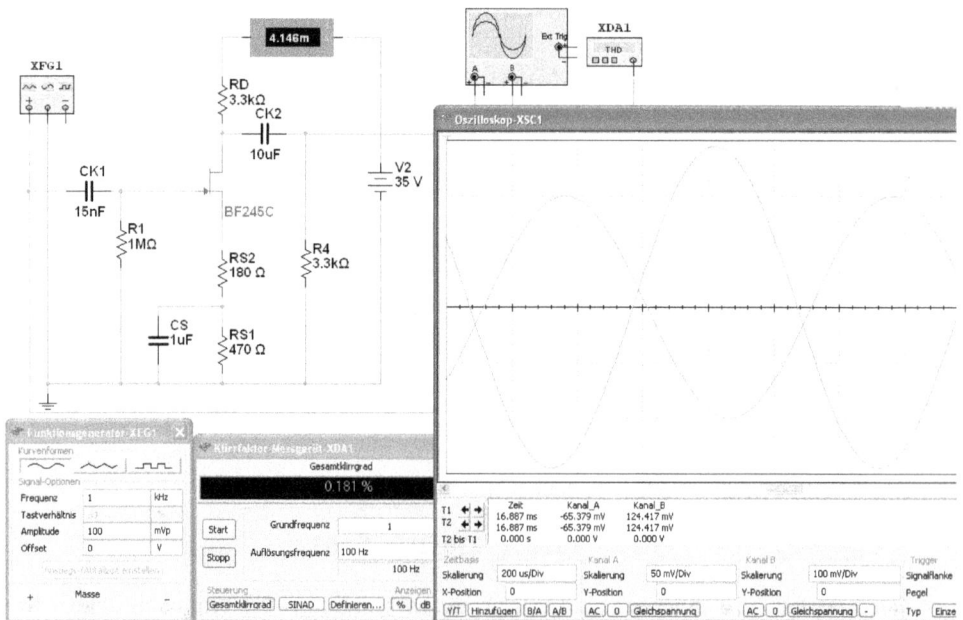

Abb. 6.43: Einstufiger FET-Vorverstärker mit Stromgegenkopplung

Bei $R_L = R_D$ gilt auch $0{,}5 \cdot R_L$ oder $0{,}5 \cdot R_D$.

Aus der Vorwärtssteilheit g_m ergibt sich für die Gegenkopplung ein Sourcewiderstand von

$$R_{S1} = \frac{1}{g_{m\,BF245C}} - \frac{1}{g_m} = \frac{1}{1\,\text{mS}} - \frac{1}{1{,}8\,\text{mS}} = 444\,\Omega$$

Für den gemessenen Drainstrom von $I_D = 5{,}87\,\text{mA}$ lässt sich die Betriebsspannung berechnen aus

$$U_b = 1{,}5 \cdot I_D \cdot R_D + I_D \cdot R_S$$
$$= 1{,}5 \cdot 5{,}87\,\text{mA} \cdot 3{,}3\,\text{k}\Omega + 5{,}87\,\text{mA} \cdot 330\,\Omega = 31\,\text{V}\ (32\,\text{V})$$

Durch den Erfahrungswert von 1,5 ergibt sich für den Schaltungsentwurf eine praxisübliche Korrektur. Um die erforderliche Gatespannung mit dem Drainstrom einzustellen, ist ein zweiter Sourcewiderstand R_{S2} notwendig, der mit seinem Kondensator C_S die Wechselspannung kurzschließt.

$$R_{S1} = R_{S2} - \frac{-U_{GS}}{I_D} = 180\,\Omega - \frac{|-1{,}75\,\text{V}|}{5{,}87\,\text{mA}} = 478\,\Omega\ (470\,\Omega)$$

Selbst wenn man diese Werte verändert, ergeben sich keine erheblichen Beeinflussungen innerhalb der Schaltungen. Der Kondensator C_S berechnet sich aus

$$C_S = \frac{1}{2 \cdot \pi \cdot f_u \cdot R_S \cdot \tan 30°} = \frac{1}{2 \cdot 3{,}14 \cdot 20\,\text{Hz} \cdot 470\,\Omega \cdot 0{,}577} = 45\,\mu\text{F}\ (47\,\mu\text{F})$$

Für den Koppelkondensator C_{K1} am Eingang gilt

$$C_{K1} = \frac{1}{2 \cdot \pi \cdot f_u \cdot R_{ein} \cdot \tan 30°} = \frac{1}{2 \cdot 3{,}14 \cdot 20\,\text{Hz} \cdot 1\,\text{M}\Omega \cdot 0{,}577} = 13{,}8\,\text{nF}\ (15\,\text{nF})$$

Für den Koppelkondensator C_{K2} am Ausgang gilt

$$C_{K2} = \frac{1}{2 \cdot \pi \cdot f_u \cdot R_{aus} \cdot \tan 30°} = \frac{1}{2 \cdot 3{,}14 \cdot 20\,\text{Hz} \cdot 3{,}3\,\text{k}\Omega \cdot 0{,}577} = 4{,}18\,\mu\text{F}\ (10\,\mu\text{F})$$

Ein direkter Einfluss der beiden Sourcewiderstände und die Werte der Kondensatoren sind bei dem FET-Vorverstärker kaum festzustellen.

6.3.7 Zweistufiger FET-Vorverstärker

Um einen Verstärker in seinen Verstärkungsfaktoren und seinen Eingangswiderstand exemplarstreuungsfrei zu entwickeln, muss er gegengekoppelt sein, damit sowohl die Stufenverstärkung als auch der Eingangswiderstand direkt vom Signalverstärkungsfaktor des Feldeffekttransistors abhängt. Koppelt man zwei Verstärkerstufen gegen, d. h. lässt man über eine Rückkopplungsleitung ein Signal mit einer Phasenverschiebung von 180° vom Ausgang auf das Eingangssignal einwirken, koppelt man bei einem hohen Verstärkungsfaktor stärker und bei einem kleinen dagegen schwächer gegen und gleicht damit automatisch die Exemplarstreuungen der aktiven Bauelemente aus.

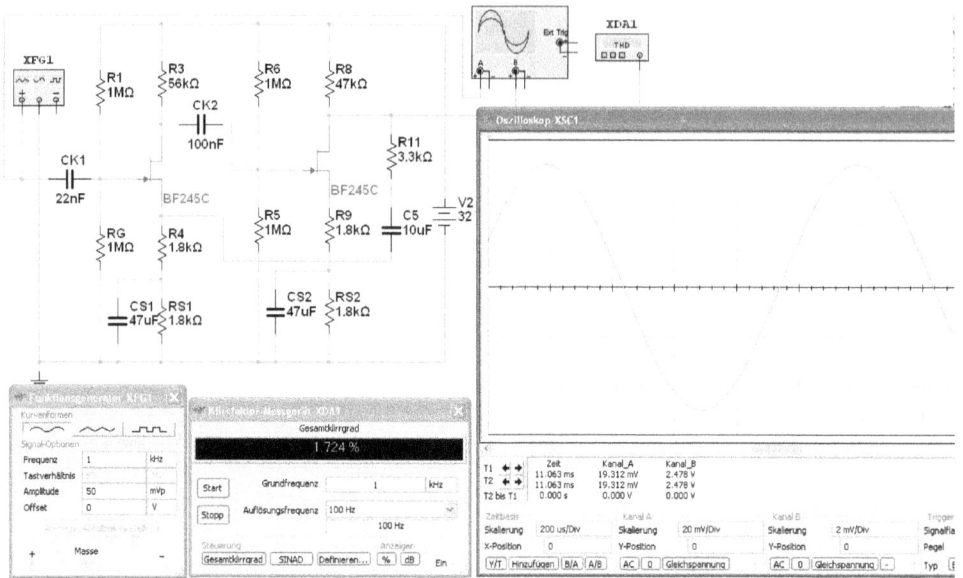

Abb. 6.44: Zweistufiger FET-Vorverstärker

Bei der Schaltung von Abb. 6.44 sind zwei FET-Vorverstärker vorhanden. Das Ausgangssignal wird auf das Eingangssignal gegengekoppelt, wobei der Drainstrom des ersten Transistors beeinflusst wird. Es ergibt sich eine Stromgegenkopplung vom Ausgangssignal zum Eingangssignal, denn die Stromgegenkopplung verwendet man immer, wenn mit einem hochohmigen Ein- und Ausgangswiderstand gearbeitet wird. Eine Spannungsgegenkopplung wird nur bei einem niederohmigen Ein- und Ausgangswiderstand eingesetzt. Durch die Arbeitsweise des Feldeffekttransistors muss man daher die Stromgegenkopplung einsetzen.

Bei einer Stromgegenkopplung wirkt der Eingang des Verstärkers wie bei einer gegenphasigen Rückkopplung des Signalstroms auf die gleichbleibende Eingangsspannung ohne Gegenkopplung. Am Arbeitswiderstand des Verstärkers wird dadurch nur ein geringer Signalstrom wirksam. Die Ausgangsspannung verringert sich also bei gleichbleibender Eingangsspannung, d. h. die Spannungsverstärkung sinkt. Soll nun aber der gleiche Strom durch den ersten Verstärker ohne Gegenkopplung fließen, muss die Eingangsspannung erhöht werden, d. h. der Eingangswiderstand vergrößert sich.

Da sich alle Werte in der Schaltung von Abb. 6.44 ändern lassen, kann man den Verstärker in allen möglichen Bereichen untersuchen. Die Spannungsverstärkung beträgt

$$v_U = \frac{U_{2SS}}{U_{1SS}} = \frac{2{,}3\,V_{SS}}{40\,mV_{SS}} = 57{,}5$$

bzw.

$$v_U = 20 \cdot \log \frac{U_{2SS}}{U_{1SS}} = 20 \cdot \log \frac{2{,}3\,V_{SS}}{40\,mV_{SS}} = 20 \cdot \log 57{,}5 = 20 \cdot 1{,}759 = 35{,}2\,dB$$

Der Frequenzgang reicht von $f_u \approx 3\,Hz$ bis $f_o \approx 300\,kHz$.

6.3.8   FET-Vorverstärker mit Klangregler

Für einen Vorverstärker mit Klangregler benötigt man in diesem Fall keine hochwertigen Transistorstufen, denn das Klangeinstellnetzwerk mit seiner Doppel-T-Struktur lässt sich relativ hochohmig in Verbindung mit den Feldeffekttransistoren auslegen. Das Doppel-T-Filter eignet sich zur Unterdrückung eines bestimmten Frequenzbereichs. Die hohen Frequenzen werden über die beiden Kondensatoren voll übertragen und die tiefen Frequenzen über die beiden Widerstände. Die Berechnung und die Besonderheiten von Doppel-T-Filtern wurden bereits ausführlich beschrieben.

Das Klangreglernetzwerk von Abb. 6.45 und Abb. 6.46 besteht aus zwei Netzwerken, wobei der linke Teil für das Anheben bzw. Absenken der tiefen Frequenzen und der rechte Teil für das Anheben bzw. Absenken der hohen Frequenzen verantwortlich ist. Sowohl der Bassregler (T) als auch der Höhenregler (H) ermöglichen eine Absenkung bzw. Anhebung um jeweils 20 dB.

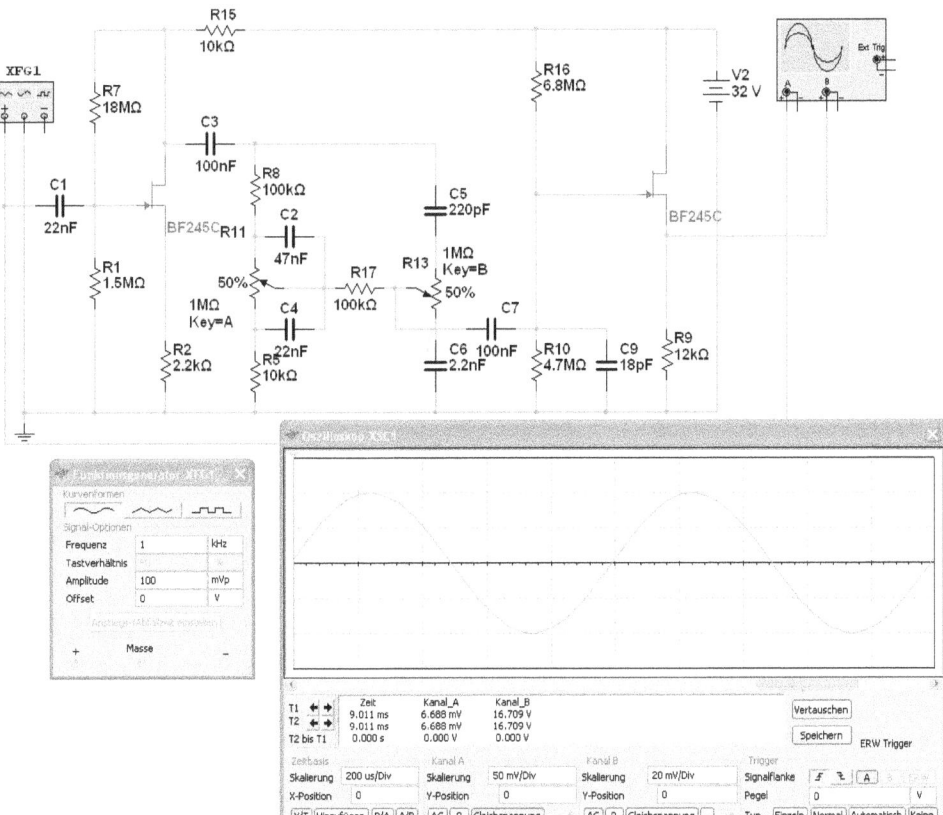

Abb. 6.45: NF-Vorverstärker mit Klangreglernetzwerk zum Anheben bzw. Absenken der Höhen und der Tiefen mit Oszilloskop

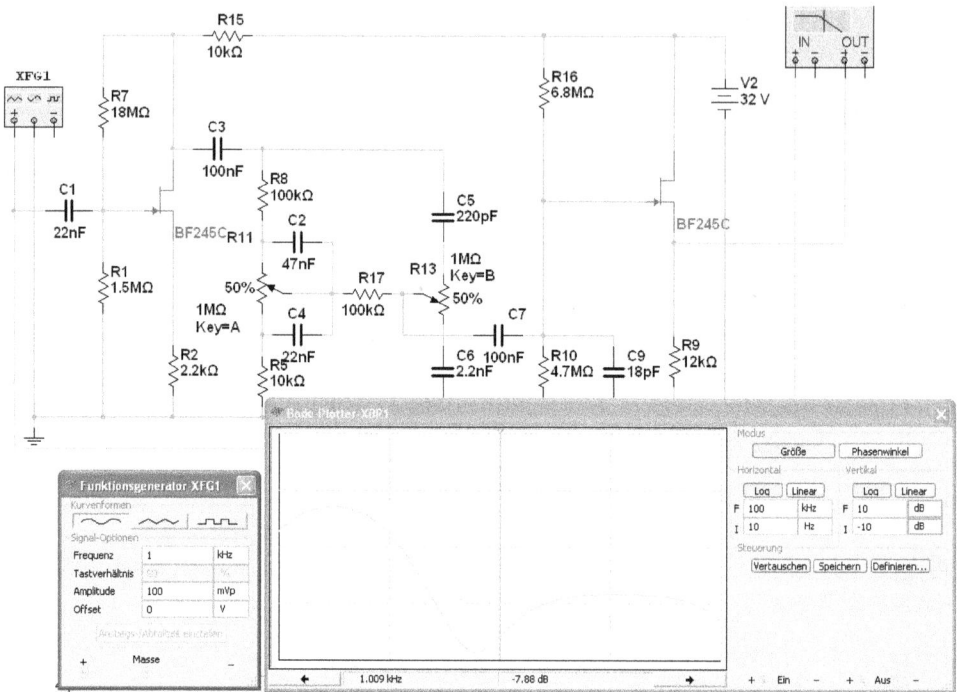

Abb. 6.46: NF-Vorverstärker mit Klangreglernetzwerk zum Anheben bzw. Absenken der Höhen und der Tiefen mit Bode-Plotter

Tab. 6.3: Charakteristische Messpunkte in Dezibel (dB) aus dem Frequenzgang des Klangreglernetzwerks

		50 Hz	100 Hz	500 Hz	1 kHz	5 kHz	10 kHz	50 kHz
T = 100 %	H = 50 %	−51,8	−47	−36,4	−33,3	−30,6	−30,5	−31,1
T = 75 %	H = 50 %	−33,5	−35,3	−35,6	−33,6	−30,6	−30,5	−31,1
T = 50 %	H = 50 %	−31	−34,5	−36	−33,7	−30,6	−30,5	−31,2
T = 25 %	H = 50 %	−27,3	−32,2	−36,5	−33,9	−30,6	−30,5	−31,2
T = 0 %	H = 50 %	−20,3	−23,8	−35,6	−34,4	−30,7	−30,5	−31,2
T = 50 %	H = 100 %	−31	−34,4	−36,2	−33,5	−22,4	−19,2	−17,7
T = 50 %	H = 75 %	−31	−34,5	−36	−33,1	−27,3	−26,8	−27,3
T = 50 %	H = 50 %	−31	−34,5	−36	−33,7	−30,6	−30,5	−31,2
T = 50 %	H = 25 %	−30,9	−34,5	−36,7	−35,2	−33,6	−33,6	−34,2
T = 50 %	H = 0 %	−30,8	−34,2	−36,5	−37,9	−48,5	−54,5	−68,5
T = 50 %	H = 0 %	−30,8	−34,2	−36,5	−37,9	−48,5	−54,5	−68,5
T = 100 %	H = 100 %	−52	−47,1	−35,8	−32,1	−22,2	−19,3	−17,7
T = 0 %	H = 100 %	−20	−23,6	−36,3	−35,3	−22,4	−19,3	−17,7

Die Eingangsspannung U_1 wird durch die Transistorstufe verstärkt und am Ausgang befindet sich das Klangreglernetzwerk mit den beiden Potentiometern. Je nach Stellung des einzelnen Potentiometers lassen sich die Frequenzkorrekturen durchführen. Am Ausgang befindet sich ein FET in Drainschaltung, damit das Klangreglernetzwerk nur geringfügig belastet wird.

Mittels eines Bode-Plotters kann man die Wirkungsweise des Klangreglers untersuchen. Es sind die Umhüllungskurven für den einstellbaren Frequenzgang dargestellt, wenn beide Potentiometer auf 50 % (25 kΩ) eingestellt sind. Mit Hilfe der Fadenkreuzsteuerung des Bode-Plotters erhält man charakteristische Merkmale für die Umhüllungskurven, wie diese in Tabelle 6.3 aufgelistet sind.

Der Einstellbereich erstreckt sich von $f_u \approx 10\,\text{Hz}$ bis $f_o \approx 100\,\text{kHz}$. Befinden sich beide Einsteller auf Mitte (50 %) ergibt sich eine große Linearität über diesen Frequenzbereich.

6.3.9 Messvorverstärker

Der Vorteil eines Feldeffekttransistors ist sein hoher Eingangswiderstand. Wenn man den Feldeffekttransistor in seiner Drainschaltung betreibt, ergibt sich eine automatische Gittervorspannungserzeugung. Das Amperemeter mit einem Widerstand wird zwischen dem Sourceanschluss und Masse eingeschaltet. Mit diesem einfachen Messvorverstärker lassen sich kleine Gleichspannungen messen. Der Drainstrom I_D verläuft dabei linear zur angelegten Eingangsspannung. Der Eingangswiderstand für diesen Messvorverstärker liegt bei fast unendlich, d. h. es fließt nur ein sehr geringer Strom und trotzdem kann man ein einfaches Amperemeter als Messgerät für die Gleichspannungsmessung verwenden. Störend bei diesem Messvorverstärker ist jedoch, dass der Nullpunkt in der Mitte der Skala liegt.

Um diesen Ruhestrom wirksam zu unterdrücken, verwendet man eine Brückenschaltung. Der linke Brückenzweig wird von dem Messgerät und dem Feldeffekttransistor gebildet, während der rechte Brückenzweig das Potentiometer für den Abgleich darstellt.

Liegt bei der Schaltung von Abb. 6.47 eine Eingangsspannung von 100 mV an, sollte über die PC-Tastatur der Schalter 1 eingeschaltet sein. Die Eingangsspannung liegt über dem 1-MΩ-Widerstand an einer Schutzschaltung. Die Schutzschaltung besteht aus zwei Dioden und verhindert, dass die Eingangsspannung größer als +9 V (obere Diode leitend) oder kleiner als −0,7 V (untere Diode leitend) werden kann. Damit ist der Feldeffekttransistor vor Überspannungen in positiver und negativer Richtung geschützt.

Liegt eine Spannung von $U_1 = 100\,\text{mV}$ an, zeigt das Amperemeter einen Wert von 1 mA an. Wenn nicht, erfolgt der Grobabgleich über den N-Einsteller (Nulleinstellung) und der Feinabgleich über den D-Einsteller.

Der Spannungsteiler von Abb. 6.47 besteht aus mehreren Widerständen und einem Schalter mit sechs Stellungen. Da ein solcher Schalter nicht vorhanden ist, lässt er sich einfach über die Simulation realisieren. Im Bereich von $U_1 = 250\,\text{mV}$ liegt die Eingangsspannung über dem 6-MΩ-Widerstand an dem Schalter, während sich für die Reihenschaltung zur Masse ein Wert von R = 4 MΩ ergibt. Mit der Gleichung

$$U_2 = 250\,\text{mV} \cdot \frac{4\,\text{M}\Omega}{6\,\text{M}\Omega + 4\,\text{M}\Omega} = 100\,\text{mV}$$

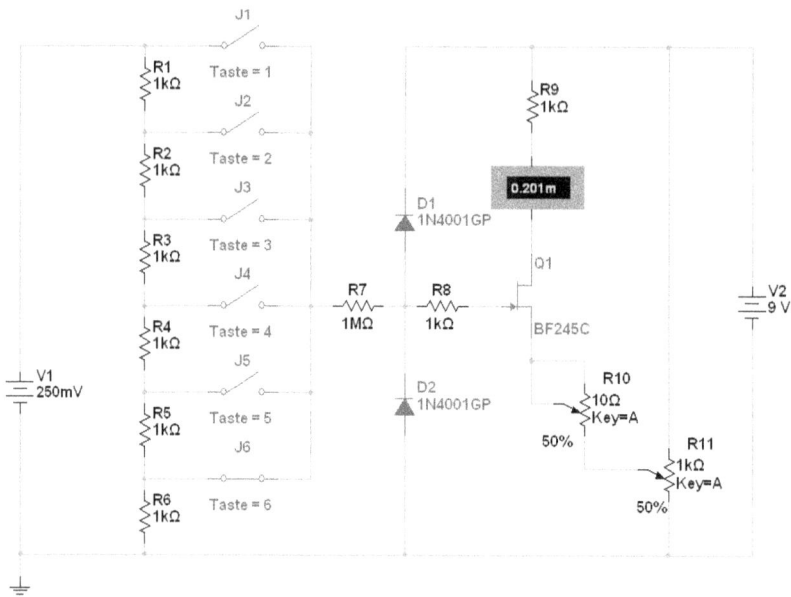

Abb. 6.47: Elektronischer Gleichspannungsmesser mit einstellbarem Spannungsteiler

wird die Eingangsspannung von $U_1 = 250\,\text{mV}$ auf $100\,\text{mV}$ heruntergeteilt. Wenn man die Eingangsspannung auf $U_1 = 500\,\text{mV}$ erhöht und den Schalter 3 betätigt, Schalter 2 ist wieder auf seine AUS-Stellung zu bringen, ergibt sich eine Messspannung von

$$U_2 = 500\,\text{mV} \cdot \frac{2\,\text{M}\Omega}{8\,\text{M}\Omega + 2\,\text{M}\Omega} = 100\,\text{mV}$$

Diese Berechnung lässt sich auch für die anderen Schalterstellungen durchführen und die maximale Eingangsspannung liegt bei $U = 100\,\text{mV}$.

Der Messbereich der Eingangsspannung kann auf $100\,\text{V}$, $500\,\text{V}$, $1\,\text{kV}$ usw. ohne Schwierigkeiten erweitert werden. Man muss nur die Schalterstellungen und den Spannungsteiler entsprechend erweitern.

6.3.10   Feldeffekttransistor als Analogschalter

Seit 1970 dient der Analogschalter als wichtiger Grundbaustein in der analogen Schaltungstechnik. Während man Digitalschalter einfach über Gatterfunktionen lösen kann, gibt es beim Schalten analoger Spannungen erhebliche Probleme. Verwendet man ein Relais, lassen sich zwar Signalfrequenzen aller Art schalten, aber es ergeben sich nur geringe Schaltfrequenzen. Erst durch den Einsatz von Feldeffekttransistoren konnte man sehr schnell analoge Signalfrequenzen ein- und ausschalten.

Mit der Schaltung von Abb. 6.48 kann man z. B. modulierte Sprachsignale auf Träger von $1\,\text{MHz}$ und darüber verarbeiten, wenn die Schalt- und Isolationserfordernisse dies zulassen. Analogschalter bieten die Vorteile eines geringen Leistungsverlustes und einer einfachen lo-

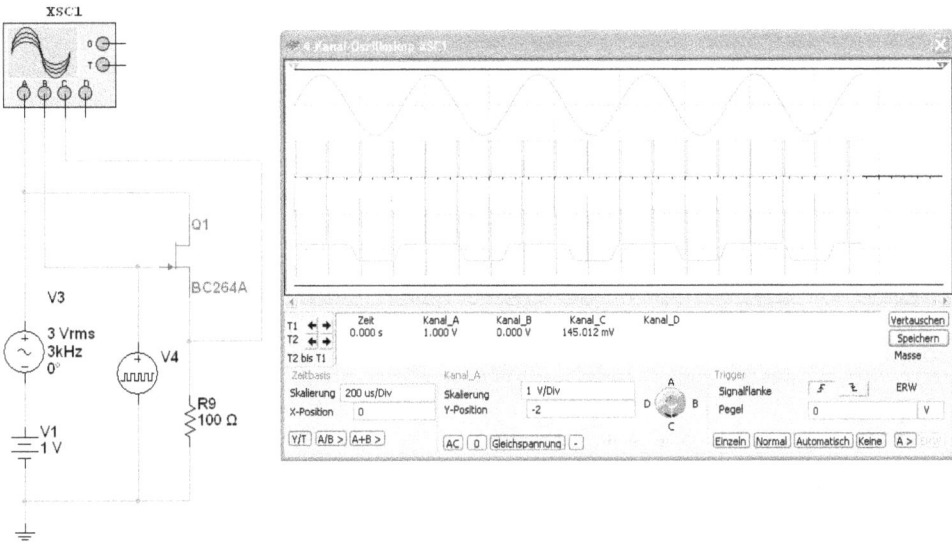

Abb. 6.48: Analogschalter mit Feldeffekttransistor zum Ein- und Ausschalten einer sinusförmigen Signalspannung

gische Schnittstelle. Das Leistungsverhalten hängt vom Signalstrom im Schaltelement ab, der im Allgemeinen auf wenige Milliampere reduziert ist, um diverse Übertragungsverluste zu minimieren.

Der Feldeffekttransistor verhält sich im Analogschalter wie ein ohmscher Widerstand, wenn die Drain-Source-Spannung einen geringen Wert hat. Die Ansteuerung des FET erfolgt über das Gate in Verbindung mit einem Rechteckgenerator. Dieser Rechteckgenerator schaltet den Analogschalter ein bzw. aus und je nach Schaltverhalten kann die Wechselspannung den Analogschalter passieren oder nicht.

6.3.11 Differenzverstärker mit Konstantstromquelle

Bei einem Gleichspannungs- oder Differenzverstärker besteht die Eingangsstufe aus zwei bipolaren Transistoren und einem gemeinsamen Emitterwiderstand. Da der Emitterwiderstand ein passives Bauelement darstellt, kann man kaum von einem eingeprägten Emitterstrom sprechen. Durch den Einsatz einer Konstantstromquelle mit Feldeffekttransistor verbessert sich das Verhalten eines Differenzverstärkers erheblich.

Wie das Amperemeter in Abb. 6.49 zeigt, fließt ein konstanter Strom von $I_E = 1,42$ mA durch die Konstantstromquelle. Damit fließt in den beiden Gleichspannungsverstärkern je ein Strom von 0,71 mA. Bei dieser Schaltung wird davon ausgegangen, dass die beiden Transistoren und die beiden Kollektorwiderstände in ihren Werten weitgehend übereinstimmen, was in der Simulation kein Problem darstellt. Um günstige Verstärkereigenschaften zu erzielen, benötigt man an einigen Stellen der Verstärkerschaltung hochohmige Widerstände. Da hochohmige Widerstände einerseits hohe Betriebsspannungen erfordern, um die notwendigen Ströme zu erzeugen, und andererseits bei integrierten Schaltungen eine beträchtliche Fläche auf dem

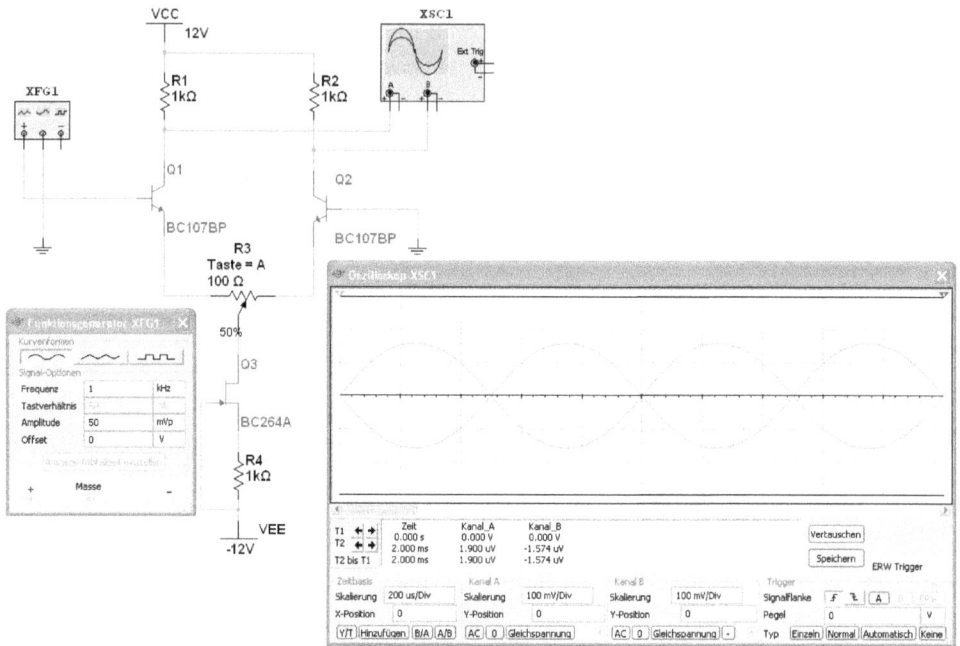

Abb. 6.49: Optimierter Differenzverstärker mit Konstantstromquelle

Halbleiterkristall beanspruchen, verwendet man anstelle von ohmschen Widerständen die Konstantstromquellen. Auch die beiden Kollektorwiderstände lassen sich durch Konstantstromquellen ersetzen und damit verbessert sich das Verhalten des Differenzverstärkers weiter. Konstantstromquellen besitzen im Gegensatz zu den ohmschen Widerständen bei relativ geringen Gleichspannungsfällen sehr hohe differentielle Widerstände.

Die Konstantstromquelle in der Schaltung von Abb. 6.49 benötigt keine Hilfsspannung und wird als reiner Zweipol betrieben. Anstelle eines ohmschen Widerstands erzeugt diese Konstantstromquelle immer einen konstanten Wert.

6.3.12   Differenzverstärker mit Darlington-FET-Eingängen

Die meisten Operationsverstärker sind in der Eingangsstufe mit bipolaren Transistoren aufgebaut. Die Eingangswiderstände dieser Stufen sind zwar nicht sehr groß ($r_{ein} \approx 100 \, \text{k}\Omega$ bis $10 \, \text{M}\Omega$) und die notwendigen Eingangsruheströme nicht sehr klein ($I_{IR} \approx 1 \, \text{nA}$ bis $10 \, \mu\text{A}$), jedoch reichen diese Werte in der Praxis in den meisten Fällen aus. Durch die Verwendung von komplementären Transistorstufen lässt sich der Eingangswiderstand ohne Probleme erhöhen, besser dagegen ist der Einsatz von Feldeffekttransistoren. Mittels der Feldeffekttransistoren erzielt man bessere Ergebnisse bezüglich Eingangsstrom, Bandbreite und Rauschen.

Verwendet man einen Differenzverstärker mit Feldeffekttransistoren, lassen sich Eingangswiderstände bis $10^{12} \, \Omega$ und extrem kleine Eingangsruheströme (unter 1 pA) erreichen, ohne große Kosten zu verursachen. Dieser Differenzverstärker ist vor allem dort zweckmäßig, wo es auf eine sehr geringe Belastung der Signalquelle ankommt.

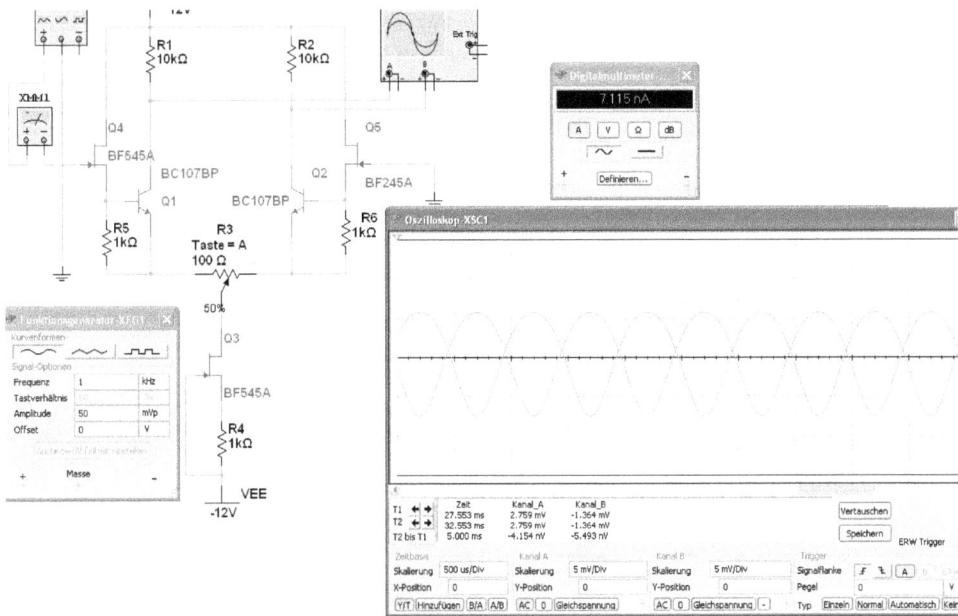

Abb. 6.50: Konventioneller Differenzverstärker mit Darlington-FET-Eingängen

Die Eingangsschaltung von Abb. 6.50 besteht aus einer Darlington-FET-Stufe, d. h. am Eingang befindet sich ein N-Kanal-FET, der direkt einen NPN-Transistor ansteuert. Die Feldeffekttransistoren arbeiten in der Drainschaltung und damit ergibt sich eine Spannungsverstärkung von

$$v_U = \frac{1}{1 + \dfrac{1}{S\,(R_S \parallel r_{DS})}} = \frac{1}{1 + \dfrac{1}{1\,\text{mS}\,(1\,\text{k}\Omega \parallel 4\,\Omega)}} = 0{,}8$$

Die beiden wesentlichen Faktoren in der Spannungsverstärkung sind die Steilheit und der Kanalwiderstand r_{DS}, während der Sourcewiderstand R_S zu vernachlässigen ist. Der Ausgangswiderstand der Sourceschaltung ist

$$r_{aus} = R_S \parallel \frac{1}{S} = 1\,\text{k}\Omega \parallel \frac{1}{1\,\text{mS}} = 500\,\Omega$$

Der Feldeffekttransistor erzeugt für den NPN-Transistor BC107 den Basisstrom und es erfolgt eine Änderung des Kollektorstroms in dem Differenzverstärker. Das Multimeter zeigt keinen Eingangsstrom an, denn dieser liegt unter 1 nA.

6.3.13 Differenzverstärker in FET-Technologie

In diesem Teilkapitel liegt der Schwerpunkt auf der Betrachtung von einfachen Differenzverstärkern, die aus diskreten Bauelementen aufgebaut sind. Da es bei einem solchen Verstärker möglich ist, durch entsprechendes Aussuchen paarweise auftretende Bauelemente mit nahezu gleichen Eigenschaften zu verwenden, kann man hier relativ einfache Schaltungsvarianten verwenden.

In der integrierten Schaltungstechnik ist dies nicht möglich und daher musste man auf andere Schaltungskonzepte ausweichen. Durch die Verwendung von drei Konstantstromquellen und zwei Feldeffekttransistoren lässt sich die Eingangsstufe eines modernen FET-Operationsverstärkers realisieren.

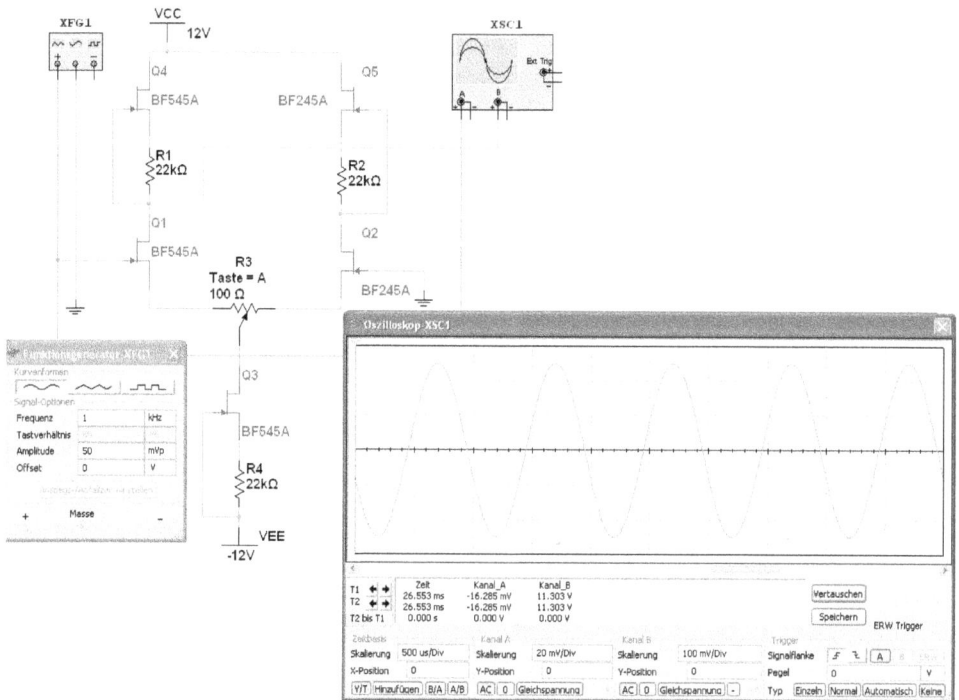

Abb. 6.51: Differenzverstärker in FET-Technologie

Durch die Verwendung von Feldeffekttransistoren vom Typ BF245 in Abb. 6.51 wird erreicht, dass der Eingangsruhestrom in den pA-Bereich (10^{-12} A) kommt und die Differenz- und Gleichtakt-Eingangsimpedanz sehr groß werden. Mit dem Einsteller zwischen den Sourceanschlüssen lässt sich die Eingangsfehlspannung auf Null abgleichen. Den gemeinsamen Emitterstrom erzeugt die untere Konstantstromquelle, während die Kollektorwiderstände ebenfalls durch jeweils eine Konstantstromquelle ersetzt wurde. Damit hat man die Vorstufe für einen modernen FET-Operationsverstärker.

Durch die Hintereinanderschaltung von zwei MOSFETs kann man einen zweistufigen Vorverstärker mit einer hohen Spannungsverstärkung von $v_U \approx 100$ realisieren. Um eine Arbeitspunktstabilisierung zu erreichen, soll der Verstärker mit einer Spannungsgegenkopplung versehen sein.

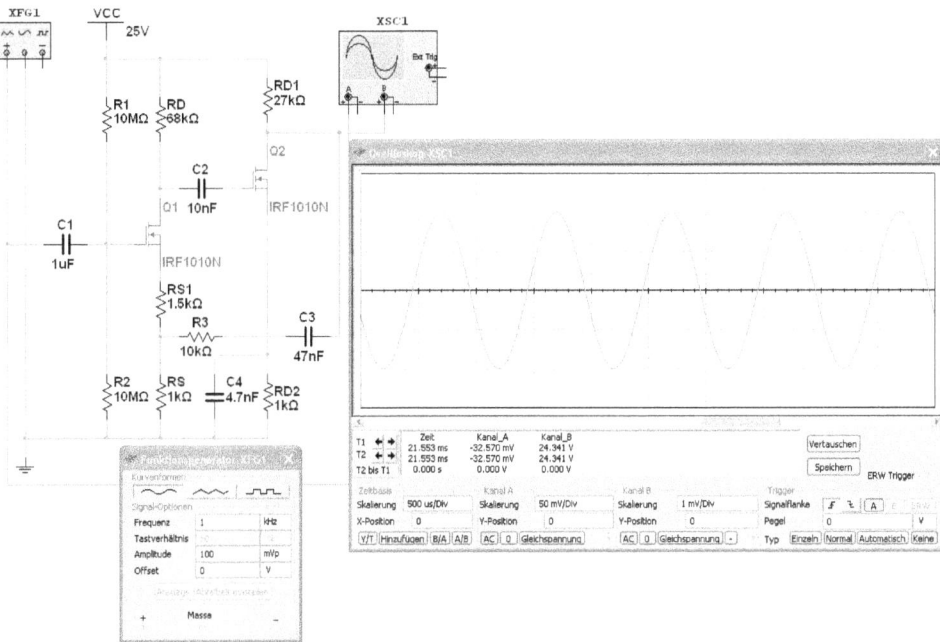

Abb. 6.52: Zweistufiger Vorverstärker mit Arbeitspunktstabilisierung durch eine Spannungsgegenkopplung

Die beiden Transistorstufen in Abb. 6.52 arbeiten in Sourceschaltung mit zwei frequenzabhängigen Gegenkopplungen. Die eine Gegenkopplung besteht aus dem RC-Glied mit $10\,\text{k}\Omega$ und $47\,\text{nF}$ und koppelt einen Teil der Ausgangswechselspannung zum Sourcewiderstand der ersten Verstärkerstufe. Durch dieses RC-Glied wird die Verstärkung etwas verringert, gleichzeitig der Klirrfaktor verbessert. Die zweite Gegenkopplung befindet sich in der zweiten Verstärkerstufe am Sourcewiderstand.

6.3.14 Drainschaltung mit N-Kanal-MOSFET-Anreicherungstyp

Die Drainschaltung (Sourcefolger) arbeitet direkt als Impedanzwandler, d. h. man hat einen sehr hochohmigen Eingangswiderstand und einen niederohmigen Ausgangswiderstand. Die Spannungsverstärkung ist $v_U < 1$.

In der Schaltung von Abb. 6.53 lässt sich der Widerstand R_2 abschalten und man erkennt aus dem Oszillogramm, dass dieser Widerstand nicht unbedingt erforderlich ist. Der Widerstand R_1 ist wie der R_2 frei wählbar und sollte möglichst hochohmig ($> 10\,\text{M}\Omega$) sein. Es fließt kein Gatestrom und daher können hochohmige Widerstände gewählt werden.

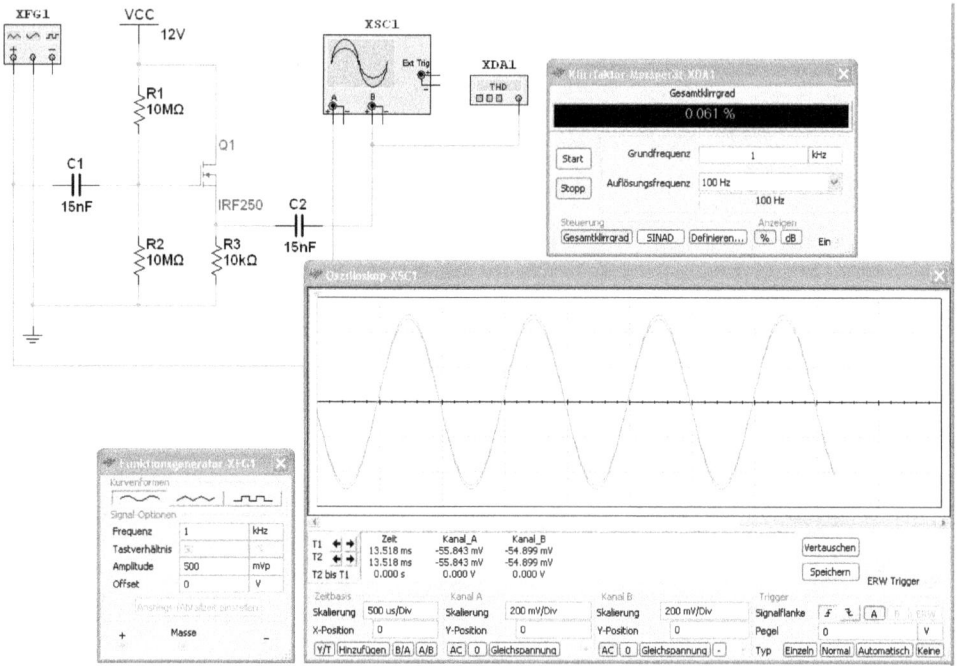

Abb. 6.53: Drainschaltung (Sourcefolger) mit N-Kanal-MOSFET-Anreicherungstyp

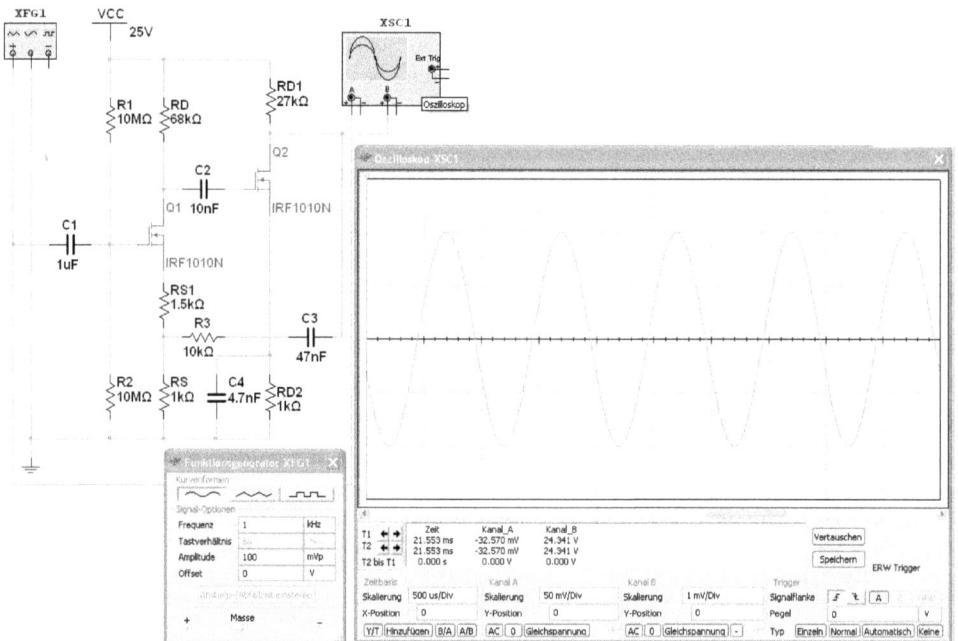

Abb. 6.54: Zweistufiger Vorverstärker mit Arbeitspunktstabilisierung durch eine Spannungsgegenkopplung

Die Spannungsverstärkung ergibt sich aus

$$v_U \approx \frac{R_D}{\dfrac{1}{S} + R_S} \approx \frac{10\,k\Omega}{\dfrac{1}{1,7343} + 10\,k\Omega} \approx 0,999$$

Zwischen Ein- und Ausgang tritt keine Phasenverschiebung auf.

Durch die Hintereinanderschaltung von zwei MOSFETs kann man einen zweistufigen Vorverstärker mit einer hohen Spannungsverstärkung von $v_U \approx 100$ realisieren. Um eine Arbeitspunktstabilisierung zu erreichen, soll der Verstärker mit einer Spannungsgegenkopplung versehen sein.

Die beiden Transistorstufen in Abb. 6.54 arbeiten in Sourceschaltung mit zwei frequenzabhängigen Gegenkopplungen. Die eine Gegenkopplung besteht aus dem RC-Glied mit $10\,k\Omega$ und $47\,nF$ und koppelt einen Teil der Ausgangswechselspannung zum Sourcewiderstand der ersten Verstärkerstufe. Durch dieses RC-Glied wird die Verstärkung etwas verringert, gleichzeitig der Klirrfaktor verbessert. Die zweite Gegenkopplung befindet sich in der zweiten Verstärkerstufe am Sourcewiderstand.

6.3.15 Sourceschaltung mit N-Kanal-Verarmungstyp

Legt man an einen N-Kanal-Verarmungstyp eine Gatespannung an, so muss man zwischen den beiden Betriebsarten des Kanals unterscheiden. Bei einer Spannung von $U_{GS} = 0\,V$ fließt ein bestimmter Drainstrom I_{DS}. Verringert man die Spannung auf $U_{GSP} = -5\,V$ beim MOSFET-Typ IRF250, befindet sich der Transistor im „pinch-off"-Bereich, d. h. er hat die Abschnürspannung erreicht, bei der kein Drainstrom I_D mehr fließen kann. Durch die negative Spannung am Gate werden praktisch alle Elektronen, die durch den Kanal fließen, in das Substrat abgedrängt. Durch die Isolation zwischen Gate und Kanal kann dieser Baustein auch mit positiver Spannung betrieben werden. In diesem Fall werden durch das elektrische Feld aus dem Substrat zusätzliche negative Ladungsträger (Minoritätsträger im Substrat) angezogen und der Kanal vergrößert sich. Es kommt zum Anreicherungseffekt und der Drainstrom vergrößert sich.

Durch den Spannungsteiler an dem Gate von Abb. 6.55 erzeugt man eine bestimmte Vorspannung. Über den Kondensator wird die Signalspannung eingekoppelt und ändert auf diese Weise den Drainstrom. Die Signalspannung sollte in beiden Richtungen nicht größer als die Gateabschnürspannung sein. Andernfalls kommt es zu Verzerrungen.

Auch hier hat man das Problem mit dem Arbeitspunkt auf der Arbeitsgeraden, wie dies bereits bei der Sourceschaltung mit dem N-Anreicherungstyp beschrieben wurde. Da die Steuerkennlinie $I_D = f(U_{GS})$ im Bereich $U_{GS} \approx 0\,V$ die höchste Steilheit erreicht, befindet sich meistens auch hier der Arbeitspunkt. Die Gatespannung wird dann durch das Verhältnis der beiden Gatewiderstände bestimmt. Die Werte für die beiden Gatewiderstände sind frei wählbar, sollten aber möglichst hochohmig ausgelegt sein. Wichtig bei dieser Schaltungsvariante ist nur, dass die Bedingung $U_{GS} = U_D$ eingehalten wird. Der Sourcewiderstand dient außerdem zur Stabilisierung des Arbeitspunktes.

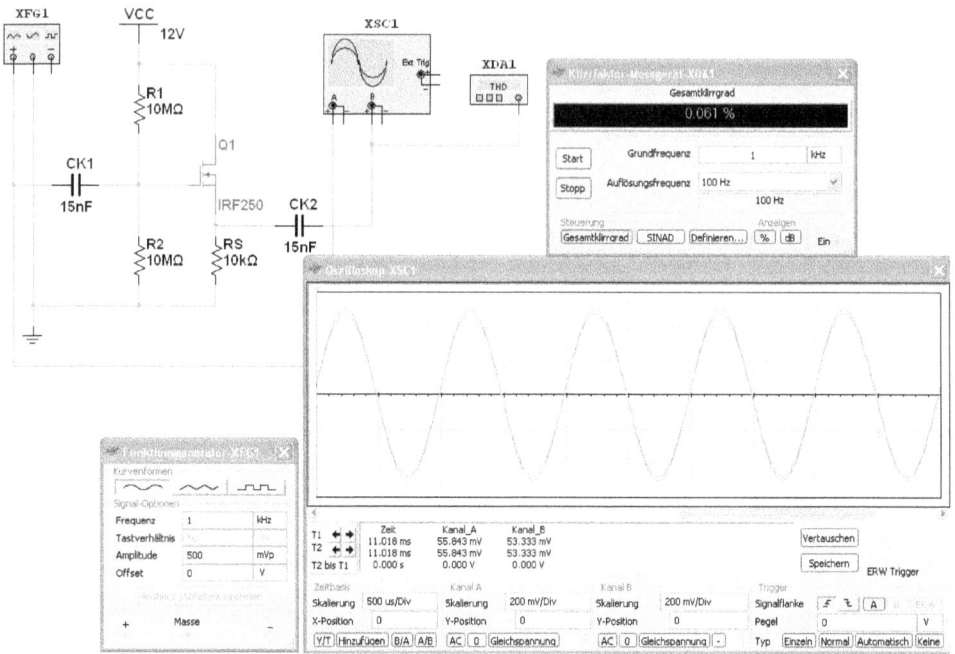

Abb. 6.55: Vorverstärker in Sourceschaltung mit einem N-Kanal-MOSFET-Anreicherungstyp

6.3.16 MOSFET als Analogschalter

Bei den meisten Analogschaltern wird das eigentliche Schaltelement durch ein MOSFET-Paar gebildet. Im Gegensatz zu bipolaren Transistoren können MOSFETs bidirektionale Ströme auf dem Drain-Source-Kanal verarbeiten. Darüber hinaus treten bei spannungsgesteuerten MOSFETs, die bei einem bipolaren Transistor durch Basis-Emitter-Ströme bedingten Fehler nicht auf.

Durch seine besseren Eigenschaften und einfachere Herstellung ist der MOSFET als Anreicherungstyp für Schaltanwendungen dem Verarmungstyp vorzuziehen. Der Anreicherungstyp ist selbstisolierend, und die Drain- und Source-Region werden in einem einzigen Diffusionsschritt gebildet.

Im Prinzip stellt die Schaltung von Abb. 6.56 einen Spannungsteiler mit Längstransistor dar. Durch die Ansteuerung mit dem Rechteckgenerator wird der Längstransistor ein- oder ausgeschaltet und verändert damit seinen Kanalwiderstand. Aus diesem Grund hat man einen Spannungsteiler und die Ausgangsspannung an dem 1-kΩ-Lastwiderstand berechnet sich aus

$$U_2 = U_1 \frac{R_L}{R_L + R_{DS}}$$

Bei der Schaltung in Abb. 6.56 erkennt man auch die Nachteile dieses Analogschalters. Die Eingangssignalspannung muss durch eine Gleichspannung auf ein bestimmtes Potential angehoben werden, damit es zu keinen Verzerrungen kommt. Außerdem tritt beim Einschalten ein Überschwingen auf, das Störungen hervorrufen kann. Bei dieser Technik ist zu beachten,

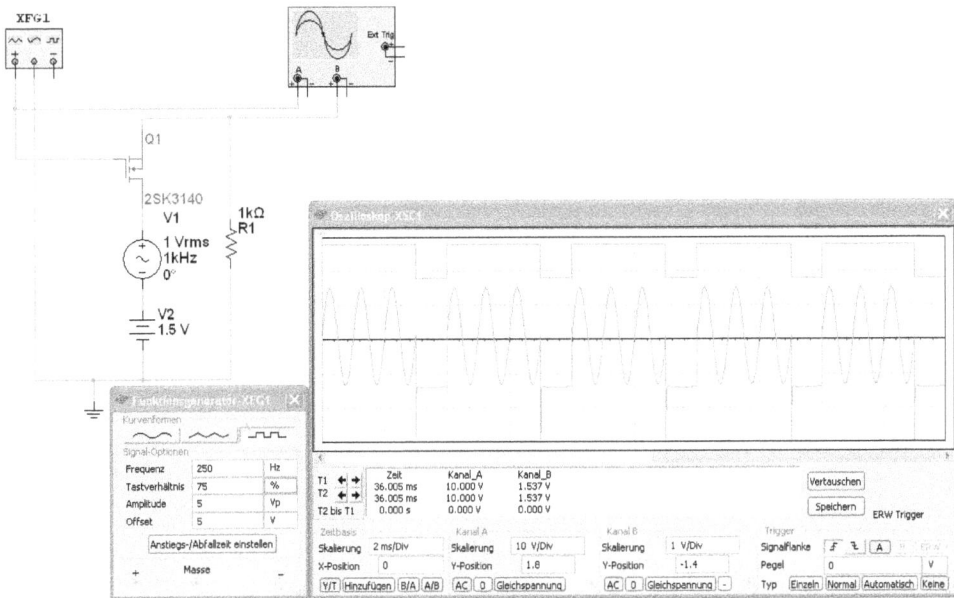

Abb. 6.56: N-Kanal-MOSFET-Anreicherungstyp als steuerbarer Schalter

dass man keine technologische Optimierung vornehmen kann, wie dies bei der Herstellung von integrierten Schaltkreisen der Fall ist.

Bei der Schaltung von Abb. 6.57 ist der MOSFET parallel zum Lastwiderstand geschaltet. Dadurch ergibt sich folgende Berechnung:

$$U_2 = U_1 \frac{R_L \cdot R_{DS}}{R_V \cdot R_L + R_{DS}(R_V + R_L)}$$

Mit dem Vorwiderstand $R_V = 1\,k\Omega$ und dem Lastwiderstand R_L hat man einen Spannungsteiler. Ist der MOSFET gesperrt, kann über den Lastwiderstand ein Strom fließen. Sind die beiden Widerstände gleich groß, ergibt sich $U_2 = 0{,}5 \cdot U_1$. Steuert der MOSFET dagegen durch, fließt über den MOSFET der Strom ab und die Ausgangsspannung hat $U_2 \approx 0\,V$. Eine Restspannung am Ausgang ist auch hier vorhanden, da der MOSFET zwischen Source und Drain immer einen bestimmten Kanalwiderstand aufweist.

6.3.17 CMOS-Analogschalter

Ein einziger N-Kanal- oder P-Kanal-MOSFET des Anreicherungstyps kann bereits als Analogschalter fungieren. Der Übergangswiderstand variiert jedoch beträchtlich in Verbindung mit der Signalspannung. Die Parallelschaltung einer N-Kanal- und einer P-Kanal-Version – eine nahezu universelle Konfiguration für CMOS-Analogschalter – verringert diese Variation erheblich. Komplementäre Steuersignale am Gate schalten beide MOSFETs gleichzeitig ein oder aus.

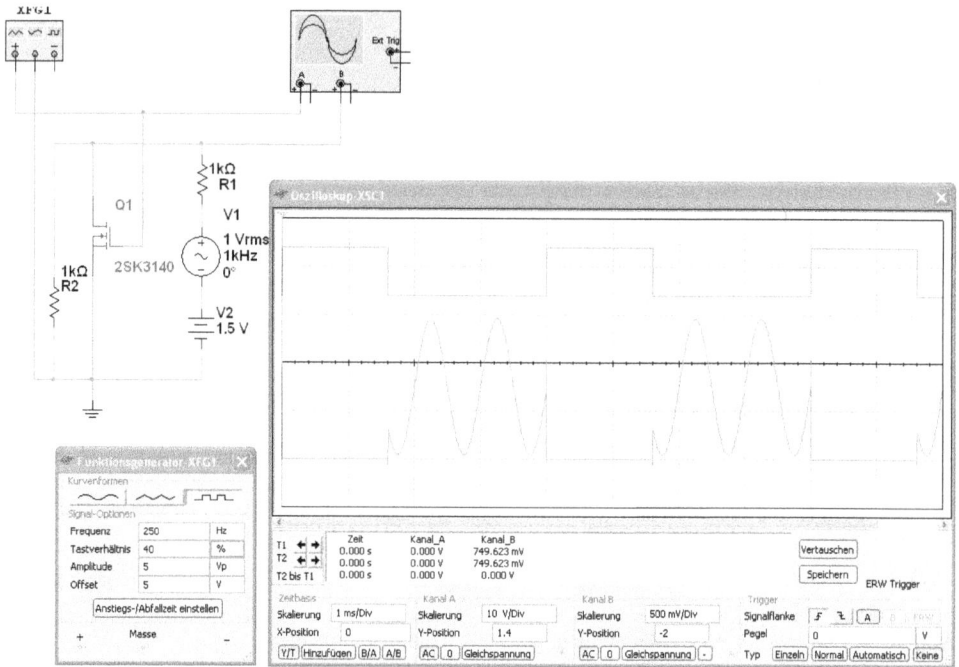

Abb. 6.57: N-Kanal-MOSFET-Anreicherungstyp als steuerbarer Schalter, der parallel zum Lastwiderstand geschaltet ist

Die Schaltung von Abb. 6.58 zeigt einen CMOS-Analogschalter, den man auch als Transmissionsgatter bezeichnet. Der obere MOSFET ist ein N-Kanal- und der untere ein P-Kanal-MOSFET. Das Verhalten des Übergangswiderstands R_{DS} ist die Grundlage zum Verständnis der Schalterfunktion. Dieser Übergangswiderstand in einem MOSFET ist nämlich in hohem Maße von der Gate-Source-Spannung abhängig. Aus der Parallelschaltung dieser beiden MOSFETs ergibt sich jedoch ein Übergangswiderstand, der für den größten Teil des analogen Signalsbereichs konstant ist.

Die Ansteuerung der beiden MOSFETs ist unterschiedlich. Durch das Hinzufügen von Pegelumsetzern ist eine Ansteuerung des CMOS-Analogschalters möglich. Der Funktionsgenerator erzeugt hierzu eine Ausgangsspannung von ±5 V, die direkt an dem N-Kanal-MOSFET (oberer Transistor) anliegt. Für die Ansteuerung des P-Kanal-MOSFET (unterer Transistor) benötigt man dagegen Signalpegel, die um 180° invertiert sein müssen.

Bei der Schaltung von Abb. 6.58 erzeugt das NICHT-Gatter den entsprechenden Pegel für den unteren P-Kanal-MOSFET. Dieses NICHT-Gatter hat damit zwei Funktionen, es negiert das Steuersignal und erzeugt die richtige Gatespannung.

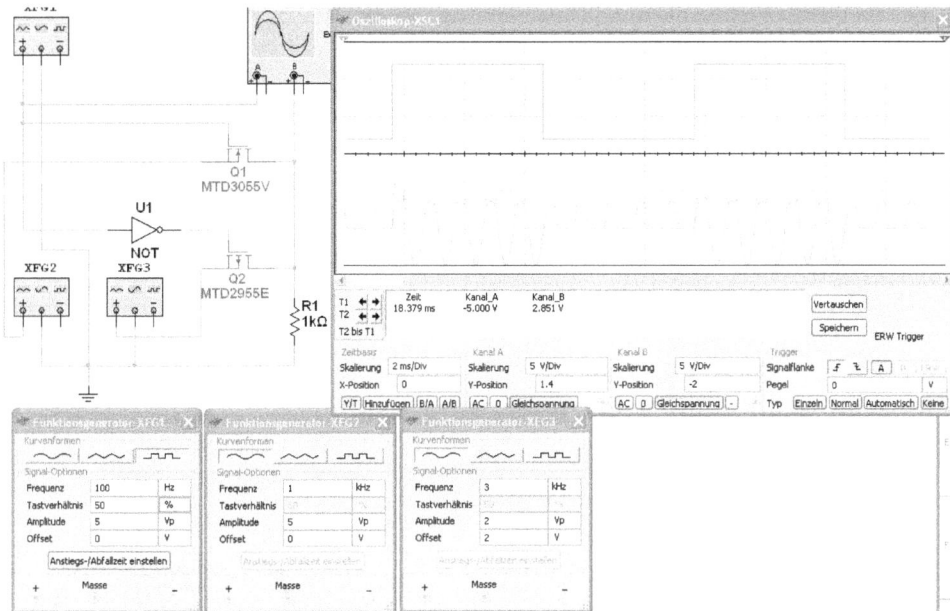

Abb. 6.58: CMOS-Analogschalter oder Transmissionsgatter

Beim Umschalten der Steuerspannung tritt durch die Gate-Kanal-Kapazität immer eine kleine Spannungsspitze auf, die das Signal am Ausgang nachteilig verändert. Wenn man mit diesem Aufbau Signalamplituden unter 100 mV schaltet, werden diese Spannungsspitzen als sehr störend empfunden. Abhilfe bringt nur eine niederohmige Signalspannungsquelle oder ein integrierter CMOS-Analogschalter, der diesen Nachteil nicht kennt.

6.3.18 NICHT-Gatter in CMOS-Technik

Die komplementäre MOS-Technik (CMOS) bildet seit 1970 die Grundlage hochintegrierter Schaltungen. Die wesentlichen Vorteile der CMOS-Technik liegen in dem Betriebsspannungsbereich zwischen $+2$ V und $+18$ V und es fließt kaum ein Eingangsstrom.

Für die Schaltung des NICHT-Gatters in Abb. 6.59 benötigt man einen P-Kanal-MOSFET (oben) und einen N-Kanal-MOSFET (unten). Hat der Eingang des CMOS-Inverters ein 0-Signal, ist der obere MOSFET leitend, der untere gesperrt. Dadurch besteht zwischen $+U_b$ und dem Ausgang eine leitende Verbindung und der Ausgang hat ein 1-Signal. Hat der Eingang des CMOS-NICHT-Gatters dagegen ein 1-Signal, ist der untere MOSFET leitend, der obere gesperrt. Zwischen dem Ausgang und Masse besteht eine leitende Verbindung und der Ausgang hat ein 0-Signal.

Die Ausgangsspannung ist weitgehend abhängig von der Eingangsspannung. Hieraus ergeben sich Anwendungsbeispiele für die analoge Schaltungstechnik. Man kann den Funktionsgenerator auf die Sinusspannung umschalten und eine Eingangsspannung von $U = 1$ V einstellen. Bei einer Offsetspannung von $U_{DC} = 3$ V wird die Sinusspannung übertragen.

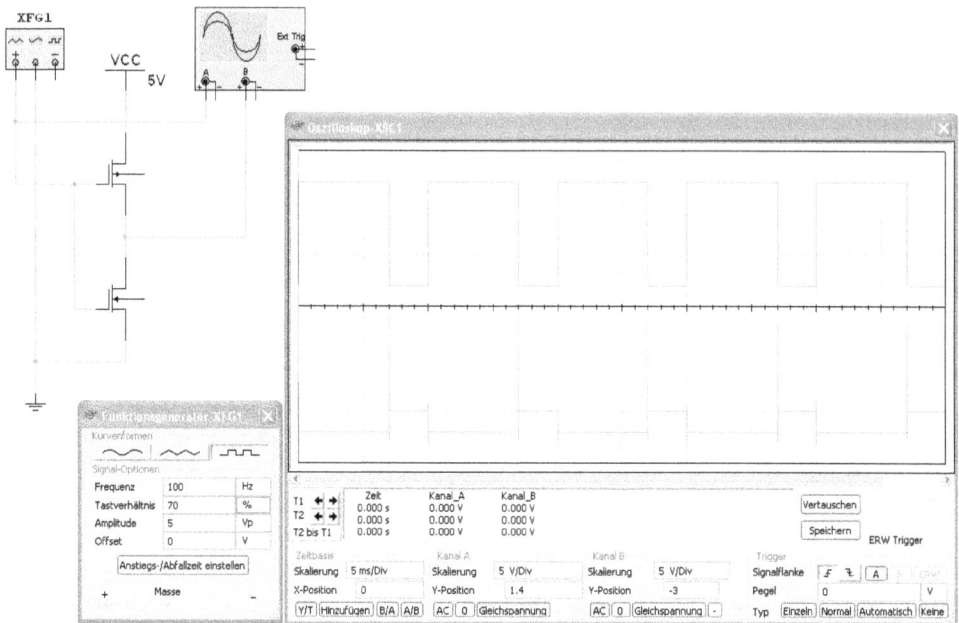

Abb. 6.59: NICHT-Gatter in CMOS-Technik

6.3.19   NAND-Gatter in CMOS-Technik

Bei der modernen Digitaltechnik setzt man hauptsächlich die CMOS-Technik ein. Die Vorteile sind

- niedriger Leistungsverbrauch
- höchste Störsicherheit
- großer Signalhub
- großer Betriebsspannungsbereich, so dass man auf eine Stabilisierung der Betriebsspannung verzichten kann
- Kompatibilität zu den TTL-Bausteinen
- hohes „fan-out" (Ausgangsfächer)
- Resistenz gegenüber Einfluss von α- und β-Strahlung

Die Nachteile sind:

- Frequenzabhängigkeit der dynamischen Verlustleistung
- gegenüber der Einkanal-MOS-Technologie geringere Packungsdichte (≥ 2 Transistoren je Grundbaustein)
- höherer technologischer Aufwand

Bei dem NAND-Gatter von Abb. 6.60 arbeiten die beiden oberen P-Kanal-MOSFETs parallel, während die beiden unteren N-Kanal-MOSFETs in Reihe geschaltet sind. Liegt an den beiden Eingängen jeweils ein 0-Signal an, sind die oberen Transistoren durchgeschaltet und die beiden unteren gesperrt. Am Ausgang des NAND-Gatters ist ein 1-Signal vorhanden. Legt man einen der beiden Eingänge auf 1-Signal, ist der entsprechende obere Transistor gesperrt und der untere leitend, aber da es sich unten um eine Reihenschaltung handelt, müssen beide

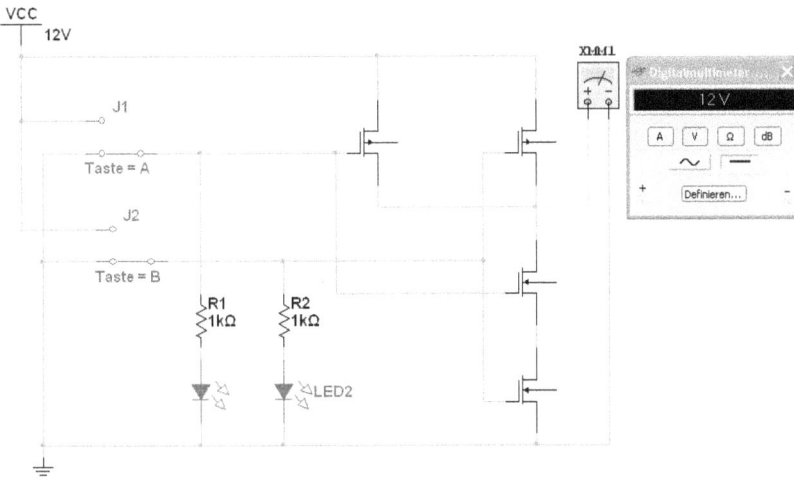

Abb. 6.60: NAND-Gatter in CMOS-Technik

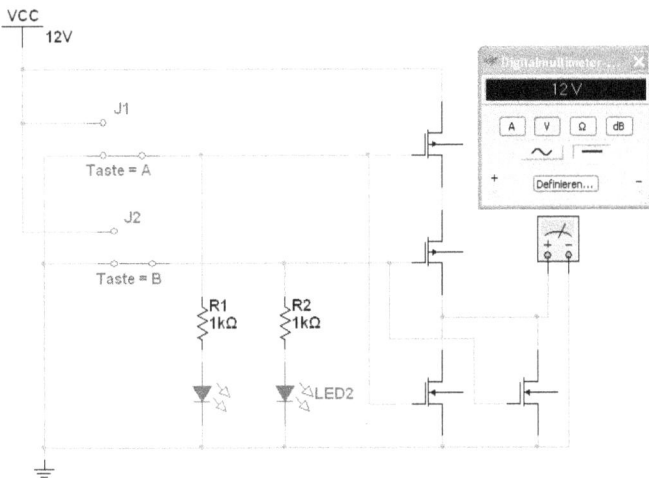

Abb. 6.61: NOR-Gatter in CMOS-Technik

Transistoren leitend sein. Dies ist nur der Fall, wenn an beiden Eingängen jeweils ein 1-Signal liegt.

Tabelle 6.4 zeigt die Wirkungsweise des NAND-Gatters. Nur wenn an den beiden unteren Transistoren am Gate ein 1-Signal liegt, besteht eine Verbindung zwischen dem Ausgang und Masse. Zu diesem Zeitpunkt sind die beiden oberen Transistoren gesperrt.

Tab. 6.4: Untersuchung eines NAND-Gatters

a	b	x
0	0	1
0	1	1
1	0	1
1	1	0

6.3.20   NOR-Gatter in CMOS-Technik

Bei einem NOR-Gatter sind die beiden oberen P-Kanal-MOSFETs in Reihe geschaltet, während die beiden unteren N-Kanal-MOSFETs parallel betrieben werden. Dadurch verändert sich das Ausgangsverhalten erheblich.

Vergleicht man Abb. 6.61 und Abb. 6.60, erkennt man aus der Anordnung der MOSFETs, dass sich eine andere Logikschaltung ergeben muss.

Tab. 6.5: Untersuchung eines NOR-Gatters

a	b	x
0	0	1
0	1	0
1	0	0
1	1	0

Wie Tabelle 6.5 zeigt, hat der Ausgang ein 1-Signal, wenn die beiden oberen Transistoren durchgeschaltet und die beiden unteren gesperrt sind. Dadurch besteht eine leitende Verbindung zwischen der Betriebsspannung und dem Ausgang. Hat einer der beiden Eingänge ein 1-Signal, ist einer der beiden oberen Transistoren gesperrt und einer der beiden unteren leitend. Damit hat der Ausgang ein 0-Signal.

7 Integrierte Operationsverstärker

Ein Operationsverstärker ist ein universeller integrierter Baustein, dessen Eigenschaften im Wesentlichen von einer externen Beschaltung abhängig sind. Besteht die externe Beschaltung aus passiven Bauelementen (Widerstände, Kondensatoren und Spulen), ergeben sich bereits einfache, aber hochwirksame Schaltungsvarianten, die sich in einem weiten Bereich der Steuer-, Mess- und Regelungstechnik einsetzen lassen. Setzt man dagegen aktive Bauelemente (Dioden, Z-Dioden und Transistoren) für die externe Beschaltung ein, lassen sich analoge Rechenelemente, wie Multiplizierer, Dividierer usw. realisieren. Während man herkömmliche Verstärker in diskreter Technik auf den jeweiligen Anwendungszweck abstimmt, kann ein Operationsverstärker durch entsprechende Beschaltung nahezu jeder gewünschten analogen und digitalen Funktion angepasst werden. Wegen der universellen Verwendbarkeit findet man den Operationsverstärker in nahezu allen Bereichen der Elektronik.

Wenn die untere Grenzfrequenz eines Verstärkers von $f_{gu} = 0$ ist, spricht man von einem Gleichspannungsverstärker. Arbeitet man dagegen mit NF-Verstärkern, werden die einzelnen Stufen direkt miteinander gekoppelt. Mit solchen Anordnungen lassen sich auch Gleichspannungssignale verstärken, jedoch nur mit begrenzter Genauigkeit, weil jede Schwankung die Eigenschaften der einzelnen Bauelemente stark verändert. Jede interne bzw. externe Temperaturänderung und die Alterung, verursachen besonders große Veränderungen in den Eingangsstufen.

Jede Temperaturänderung bei den Transistorparametern wirkt sich äußerst störend aus. Dies gilt besonders bei der Verwendung von Silizium-Planar-Transistoren, da sich hier vor allem die Temperaturabhängigkeit der Stromverstärkung und zu einem konstanten Kollektorstrom gehörende Basis-Emitter-Spannung verändert. Diese Auswirkung der Stromverstärkungsänderung lässt sich aber durch entsprechende Gegenkopplung intern und extern erheblich reduzieren. Der Temperaturgang der Basis-Emitter-Spannung beträgt etwa $-2\,\text{mV}$ pro Grad und ist nur sehr geringen Exemplarstreuungen unterworfen. Sein Einfluss lässt sich daher weitgehend beseitigen, wenn eine Verstärkerstufe mit zwei Transistoren so aufgebaut wird, der Temperaturgang des einen den des anderen kompensiert.

Eine solche Schaltung stellt die Differenzverstärkerstufe dar, wie diese bereits beschrieben wurde. Wesentliches Merkmal einer Differenzverstärkerstufe ist ein gemeinsamer Emitterwiderstand R_E der beiden Transistoren. Zur Einstellung der Arbeitspunkte sind Basis-Spannungsteiler erforderlich. Die Eingangsspannung wird zwischen den beiden Basisanschlüssen der Transistoren zugeführt und das verstärkte Ausgangssignal zwischen den beiden Kollektoren abgegriffen.

Liegen an den beiden Eingängen E_1 und E_2 zwei Eingangsspannungen, die einen Pol mit der Masse der beiden Betriebsspannungen aufweisen, so wird nur die Differenz der beiden Signale verstärkt. Anders ausgedrückt: Nur der Gegentaktanteil wird verstärkt, der Gleichtaktanteil aber nicht. Die gleichsinnige Änderung der Schwellenspannungen mit der Temperatur kann als ein solches Gleichtaktsignal aufgefasst werden. Sie hat also keinen Einfluss auf das Ausgangssignal. Völlige Unterdrückung des Gleichtaktsignals erreicht man nur bei absoluter Symmetrie, die sich jedoch wegen der stets vorhandenen Toleranzen der Bauelemente nicht verwirklichen lassen. Der deshalb verbleibende Rest des Gleichtaktsignals am Ausgang ist umso kleiner, je hochohmiger der gemeinsame Emitterwiderstand gewählt wird. Das bedingt bei unverändertem Arbeitsstrom eine Erhöhung der Betriebsspannung. Dies kann aber vermieden werden, wenn man statt des Emitterwiderstands eine Konstantstromquelle einsetzt, deren differentieller Innenwiderstand nahezu unendlich groß ist.

7.1 Analoge Verstärkerfamilien

Soll der Entwurf einer analogen Schaltung in integrierter Form realisiert werden, muss man andere Prinzipien als bei der diskreten Technik anwenden. Dies ist nicht dadurch bedingt, dass bei integrierten Schaltungen gewisse Einschränkungen hinsichtlich der Einzelparameter berücksichtigt werden müssen, sondern auch durch die größere Freiheit beim Auslegen einer integrierten Schaltung.

Geht man vom Kostenfaktor einer mit diskreten Elementen aufgebauten Schaltung aus, wird der Gesamtpreis durch die einzelnen Elemente bestimmt, wie Transistoren, Kondensatoren und Widerstände, wobei die Reihenfolge die abnehmenden Kosten andeuten. Dabei können sowohl NPN- als auch PNP-Transistoren vorgesehen werden. Besonders lohnkostenintensiv wird für den Anwender das Paaren von NPN- und PNP-Transistoren, falls dies in der Schaltung gefordert wird (z. B. identische Werte für die Basis-Emitter-Spannung U_{BE} oder für die Kurzschluss-Stromverstärkung h_{FE} der Emitterschaltung).

Bei integrierten Analogschaltungen ist es möglich, PNP- und NPN-Transistoren herzustellen. Da NPN-Transistoren einfacher zu fertigen sind, werden zur besseren Schaltungsübersicht zunächst nur NPN-Transistoren verwendet. Dies ist insbesondere für einfache Schaltungen interessant. Bei integrierten Schaltungen hat man weitaus mehr Freiheiten bezüglich der Anzahl der aktiven Elemente. Beim Planarprozess werden beispielsweise Transistoren durch drei zusammenwirkende Sperrschichten und Dioden mittels zweier Sperrschichten realisiert. Verdoppelt man die Anzahl dieser Sperrschichten, und setzt man voraus, dass diese im gleichen Prozessschritt hergestellt werden können, ohne dass die Ausbeute dabei wesentlich beeinflusst wird, entstehen dadurch keine proportional steigenden Kosten. Dies gilt nicht in gleichem Maße für Schaltungen mit diskret aufgebauten Elementen. Hier bedeutet in der Regel die Verdopplung der aktiven und passiven Elemente auch eine Verdopplung der Kosten.

Die derzeit üblichen Techniken bei integrierten Analogschaltungen erlauben es nicht Widerstandswerte mit einer kleineren Toleranz als 10 % herzustellen. Die relative Toleranz von Widerständen, die auf einem gemeinsamen Halbleitersubstrat (Chip) unmittelbar nebeneinander angeordnet sind und gleichen Wert bei gleicher Geometrie aufweisen, lässt sich mit einer Toleranz von 2 % herstellen. Verglichen mit Präzisionswiderständen ist der Temperaturkoeffizient von Halbleiterwiderständen aber groß (typisch 0,2 % °C). Wenn im Schaltungsentwurf die relative Toleranz von Widerständen wichtig ist, muss man darauf achten, dass die Widerstände so weit wie möglich von den Elementen platziert werden, die hohe Verlustleistungen erzeugen. Dabei sollte die geometrische Achse der Widerstände einen rechten Winkel mit den isothermischen Linien der Wärmequelle bilden. Je näher die Widerstände aneinander liegen, umso kleiner ist ihre relative Widerstandsänderung. Dies führt zu einem geringeren Temperaturgang der Schaltung.

Die Herstellung von Kapazitäten und Induktivitäten mit kleinen Werten, wie sie z. B. in VHF/UHF-Schaltungen vorkommen, ist grundsätzlich möglich, aber sie komplizieren den Fertigungsprozess erheblich. Daher sollten Kapazitäten und Induktivitäten beim Schaltungsentwurf weitgehend vermieden werden. Dioden und Z-Dioden mit einer standardisierten Z-Spannung von $U_Z = 6\,V$ lassen sich mit geringen Kosten realisieren, indem man die Basis-Emitter-Strecke eines Transistors verwendet. Dabei dient der Vorwärtsbetrieb als Diode und der Sperrbetrieb als Z-Diode. Die Verwendung eines Transistors als Z-Diode reduziert den dynamischen Innenwiderstand dieser Z-Diode.

Es leuchtet somit ein, dass beim Entwurf von integrierten Analogschaltungen nach Möglichkeit ein symmetrischer Schaltungsaufbau gewählt werden sollte, um die Einflüsse der absoluten Toleranz zu umgehen. Dies gilt besonders für die Widerstände.

Die Stufen der einzelnen Verstärker in einer integrierten Analogschaltung sollten galvanisch gekoppelt ein, um diverse Kapazitäten zu vermeiden. Die Eingangs-Nullspannung lässt sich durch Verwendung von Differenzeingangsstufen auf ein Minimum reduzieren. Dabei können die Basis-Emitter-Spannungen U_{BE} und deren dazugehörige Temperaturkoeffizienten durch eine gut kontrollierte Diffusion und die Geometrie der jeweiligen Transistoren vorher bestimmt werden. Die Geometrie der Transistor-Sperrschichten ist entsprechend dem gewünschten Strom festgelegt. Abb. 7.1 zeigt die Innenschaltung eines Operationsverstärkers.

Abb. 7.1: Innenschaltung eines Operationsverstärkers

7.1.1   Integrierte Verstärker

Die Qualität einer Anwendung in der analogen Elektronik wird von den Spezifikationen der verschiedenen verwendeten Verstärkertypen bestimmt. In der Praxis unterscheidet man zwischen den einzelnen Verstärkertypen, die in Tabelle 7.1 zusammengefasst sind.

Tab. 7.1: Bezeichnungen für die einzelnen Betriebsarten von diskreten, hybriden und integrierten Verstärkerschaltungen

Verstärkerbezeichnungen nach...	
Bauelement	Differenzverstärker
	Operationsverstärker
	Instrumentenverstärker
	Trennverstärker
Leistung	Vorverstärker
	Zwischenverstärker
	Klangregelverstärker
	Endverstärker
	Leistungsverstärker
	Schaltverstärker
Frequenz	Gleichspannungsverstärker
	Wechselspannungsverstärker
	Impulsverstärker
	NF-Verstärker
	HF-Verstärker
Bandbreite	Breitbandverstärker
	Selektiver Verstärker
	Frequenzabhängige Verstärker
Kopplung	Gleichstrom gekoppelt
	Wechselstrom gekoppelt
	RC-gekoppelt
	Trennverstärker
Arbeitsweise	Eintaktverstärker
	Gegentaktverstärker
	Komplementärer Verstärker
Betriebsart	A-Betrieb
	B-Betrieb
	AB-Betrieb
	Komplementäre Betriebsarten

Unter einem Differenzverstärker versteht man eine Schaltung, die in konventioneller, also diskreter Transistortechnik aufgebaut ist. Dieser Verstärker ermöglicht eine hohe Gleichspannungsverstärkung und unterdrückt weitgehend den Einfluss der Arbeitspunktänderung auf das Ausgangssignal. Ein Differenzverstärker besteht in seinem Schaltungsaufbau aus zwei identischen Transistorstufen mit zwei separaten Ein- und Ausgängen.

Der Operationsverstärker stellt die integrierte Variante eines schaltungstechnisch verbesserten Differenzverstärkers dar. Detaillierte Kenntnisse der internen Schaltung sind für den Praktiker nicht unbedingt erforderlich, aber um die Funktionsweise einer Schaltung verstehen zu können, muss man allerdings die wichtigsten Eigenschaften kennen. Der interne Aufbau ist im Wesentlichen in drei Funktionsblöcke unterteilt. Durch die Eingangsstufe wird der Eingangswiderstand und damit der Eingangsstrom bestimmt. Die verwendete Technologie der Eingangsstufe legt das Verhalten des Bausteins fest, ob man einen relativ niederohmigen (10^6 Ω) oder einen hochohmigen (10^{25} Ω) Eingangswiderstand hat, ein bestimmtes NF- oder HF-Verhalten mit einem breit- oder schmalbandigen Verhalten vorliegt usw. Nach der Eingangsstufe folgt die Spannungsverstärkerstufe. Auch hier hat man sehr unterschiedliche Schaltungsvarianten, die im Wesentlichen die Eigenschaften des Operationsverstärkers bestimmen. Die Spannungsverstärkerstufe steuert dann die Endstufe an, wobei man zwischen einem Gegentakt- und einem Eintaktausgang unterscheidet. Bei einer Gegentaktstufe hat man einen AB-Betrieb der Leistungsverstärker und bei einer Eintaktstufe einen Transistor mit offenem Kollektor. Bei einer Gegentaktendstufe ist kein externes Bauelement erforderlich, während man bei der Eintaktendstufe immer einen Arbeitswiderstand (Relais, Lampe usw.) benötigt.

Ein Elektrometerverstärker weist nur einen minimalen Eingangsruhestrom von üblicherweise kleiner 1 pA auf. Dieser Verstärker setzt einen sehr kleinen Messstrom in einen hohen und damit leicht zu verarbeitenden Spannungspegel um. In der Praxis ist jeder Impedanzwandler mit einem FET- oder MOSFET am Eingang ein Elektrometerverstärker. Mit einer Verstärkung von V = 1 liegt ein sehr hoher Eingangswiderstand vor, der Ausgang weist einen standardisierten Wert von $R_a = 75$ Ω auf.

Seit über 30 Jahren bietet die bipolare Technologie wegen ihrer anwendungs- und fertigungstechnischen Vorteile eine der bedeutendsten OP-Familien. Der Vorteil dieser Technik ist eine ausgereifte und gut beherrschbare Technologie, die durch eine kontinuierliche Weiterentwicklung zum Standard wurde. Als Nachteile gelten die relativ große Verlustleistung im Ruhebetrieb und der große Flächenbedarf für Widerstände und Transistoren, wenn man diese beispielsweise mit der CMOS-Technik direkt vergleicht.

Die unipolare Technologie basiert im Wesentlichen auf der FET- und MOSFET-Technik. Durch die hochohmigen Eingangswiderstände fließt ein nur sehr geringer Strom und daher tritt eine erheblich geringere Verlustleistung im Betrieb auf. Wegen der hohen Impedanz lassen sich diese Transistoren unmittelbar zusammenschalten und benötigen keine separaten Zwischenverstärker.

In der Praxis kombiniert man die FET- bzw. MOSFET-Technik mit der bipolaren Technik. Die Eingangsstufe wird aus Gründen des hochohmigen Eingangswiderstands mit FET- oder MOSFET-Transistoren realisiert, während man für die Leistungsendstufe die bipolaren Transistoren einsetzt. Auf diese Weise können die Vorteile der einzelnen Technologien genutzt und die Nachteile auf ein Minimum reduziert werden.

Seit den letzten Jahren werden immer mehr Operationsverstärker in CMOS-Technik gefertigt, wobei diese CMOS-Schaltkreise mit komplementären MOSFET-Transistoren (selbstsperrende N- und P-Kanal-Typen) arbeiten. Bis 1980 war die Herstellung von CMOS-Operationsverstärkern nur mit aufwendigen und komplizierten Prozessschritten möglich. Seit dieser Zeit aber bietet diese Technologie nur Vorteile, denn die Leistungsaufnahme im passiven Betrieb liegt im μW-Bereich. Außerdem ist keine konstante Betriebsspannung mehr erforderlich. Während man früher mit einer konstanten Spannung von $U_b = \pm 12$ V arbeitete, reicht heute bereits eine minimale Betriebsspannung von $U_b = \pm 1,5$ V aus, wie dies bei den Rail-to-Rail-Operationsverstärkern der Fall ist.

Wie bei jeder integrierten Schaltung stellen auch die Eigenschaften der einzelnen Operationsverstärker einen Kompromiss zwischen zahlreichen Parametern dar. Jeder Schaltungsentwickler kennt einige dieser Restriktionen:

- Die CMOS-Technologie mit ihrer nahezu unendlich hohen Eingangsimpedanz erlaubt den Einsatz in sehr hochohmigen Schaltungen, in denen bisher diskrete Transistoren eingesetzt wurden. Nachteilig an dieser Technologie ist hingegen, dass es sehr schwierig ist, einen sehr geringen Rauschfaktor zu erzielen.
- Hat man in den Endstufen MOSFETs, verhalten sich diese anders als bipolare Ausführungen. Diese verhalten sich wie ein veränderlicher Widerstand, dessen Minimalwert (Kanalwiderstand) umgekehrt proportional zur Größe des Transistors ist. Der Spannungsfall am Ausgang hängt nach dem Ohmschen Gesetz direkt vom Ausgangsstrom ab und ist bei geringer Last sehr klein. Ohne Umstieg auf eine andere Technologie lässt sich der Spannungshub am Ausgang bei niederohmigen Lasten am besten dadurch erhöhen, dass man den Ausgangstransistor vergrößert, was aber in der Fertigung sehr kostspielig ist.

Wie bei vielen anderen Schaltungen auch, muss in der CMOS- oder BiCMOS-Technologie sichergestellt sein, dass die Betriebsspannung auf ein bestimmtes Maß begrenzt wird, z. B. ± 8 V, während die „klassische" bipolare Technologie auch mit ± 18 V betrieben werden kann. Ein Nachteil ist dies aber nicht, da viele Rail-to-Rail-Produkte hauptsächlich mit geringen Betriebsspannungen versorgt werden müssen, um den Ausgangsspannungsbereich zu vergrößern.

In einigen Anwendungen muss der Entwickler einer analogen Schaltung dafür Sorge tragen, dass die Obergrenze von 16 V oder ± 8 V niemals überschritten wird. Es empfiehlt sich in der Kfz-Elektronik, einen Spannungsbegrenzer (Z-Diode oder Festspannungsregler) zwischen der positiven Betriebsspannung und Masse einzuschalten und in die Zuleitungen zur Fahrzeugbatterie einen niederohmigen Widerstand einzufügen. Damit kann auch ein versehentliches Verpolen der Batteriespannung dem Operationsverstärker nicht mehr schaden. Der Serienwiderstand begrenzt die Stromstärke bei verpolter Batteriespannung und die Z-Diode bzw. die Konstantspannungsquelle sorgen für Schutz bei vertauschter Polarität. Spannungsspitzen lassen sich mit Kondensatoren dämpfen. Obwohl diese Rail-to-Rail-Operationsverstärker hergestellt werden, sind sie sehr gut gegen elektrostatische Entladungen ESD (Electrostatic Discharge) und Latch-up-Effekte geschützt. Diese Bausteine sind gegen Spannungen bis zu 3 kV (von Pin zu Pin) geschützt und das Latch-up-Verhalten entspricht der Klasse A. Damit muss der Anwender keine speziellen Maßnahmen treffen.

7.1.2   Interner Schaltungsaufbau von Operationsverstärkern

Der integrierte Standard-Operationsverstärker ist seit Jahren ein wesentlicher Bestandteil in vielen elektronischen Systemen. Bis etwa 1970 war es üblich, für jede Anwendung einen individuellen Verstärker zu entwickeln. Seit 1970 ist man immer mehr dazu übergegangen, die Teile des Verstärkers, die die eigentliche Verstärkung bewirken, in einem integrierten Schaltkreis zu konzentrieren und die speziell gewünschten Eigenschaften durch eine äußere Beschaltung zu erreichen. Solche aktiven Schaltkreise, die alle für die Signalverstärkung notwendigen Bauelemente enthalten, bezeichnet man als Operationsverstärker. Diese Bezeichnung kommt aus der analogen Rechentechnik, in der diese Verstärker in größerem Stil eingesetzt wurden (Operational Amplifier = Rechenverstärker oder kurz OP). Seit über 30 Jahren gehen aber die Anwendungen weit über den Rahmen von Rechenoperationen hinaus.

Durch geeignete äußere Beschaltung eines Operationsverstärkers lassen sich speziell gewünschte Übertragungseigenschaften erzielen, wodurch erst eine universelle Einsatzfähigkeit von Operationsverstärkern möglich ist. Damit die Eigenschaften des beschalteten Verstärkers möglichst nur von der äußeren Beschaltung abhängen, müssen an den OP-Schaltkreis diverse Forderungen gestellt werden. Deshalb hat ein OP-Schaltkreis einen recht komplizierten inneren Aufbau und besteht aus einer Vielzahl von Transistoren, Dioden, Kondensatoren und Widerständen.

Eine detaillierte Kenntnis über den internen Aufbau eines OP-Schaltkreises und der internen Funktionen ist für den Praktiker nicht unbedingt erforderlich. Der Techniker oder Ingenieur sollte die internen Funktionen kennen, damit er die externe Beschaltung optimal an das Innenleben anpassen kann. Es reicht deshalb nicht unbedingt aus, den OP-Schaltkreis als „schwarzen Kasten" zu betrachten. Neben dem Schaltsymbol sollte ein technisches Hintergrundwissen für die einzelnen Typenbezeichnungen vorhanden sein. Um die Funktionsweise einer mit Standard-Operationsverstärkern aufgebauten Schaltung zu verstehen, muss man die wichtigsten Eigenschaften kennen.

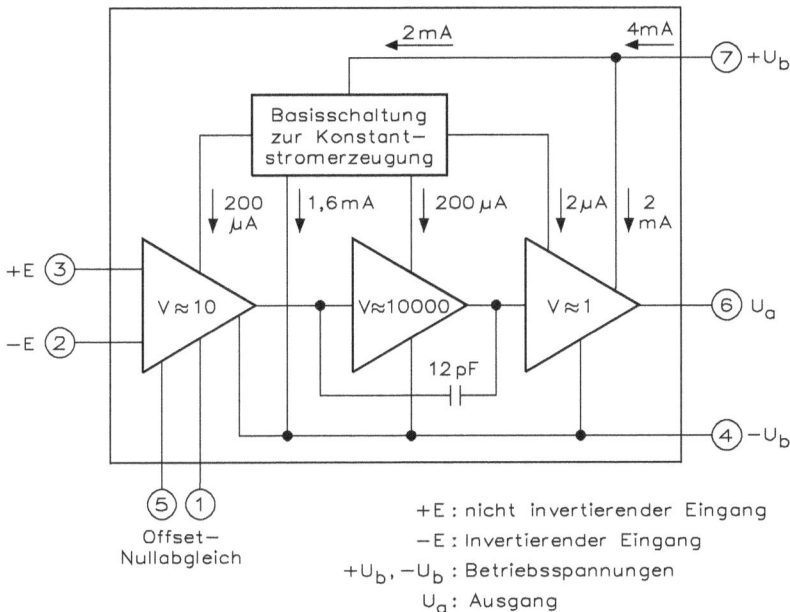

Abb. 7.2: Blockdiagramm für den internen Aufbau eines hochwertigen Operationsverstärkers mit seinen einzelnen Funktionseinheiten

Das interne Blockdiagramm von Abb. 7.2 zeigt, dass im Prinzip ein hochwertiger Operationsverstärker aus vier Funktionsgruppen besteht:
- Eingangsstufe
- Spannungsverstärkerstufe
- Leistungsendstufe
- Konstantstromquellen, die jedoch nur in den hochwertigen Operationsverstärkern vorhanden sind

Die Zahl der integrierten Transistorendstufen, Dioden und Widerstände ist bei den einzelnen Operationsverstärkern teilweise sehr unterschiedlich. In der Eingangsstufe befinden sich zur Erhöhung des Eingangswiderstands je nach Typ des Operationsverstärkers entweder Transistoren oder Darlingtonstufen, FET- oder MOSFET-Transistoren, bei denen Widerstandswerte bis 10^{25} Ω erzielt werden. Jeder OP-Typ hat eine andere Spannungsverstärkerstufe mit recht unterschiedlichen und aufwendigen Schaltungsvarianten. Bei den Leistungsendstufen wird im Wesentlichen zwischen zwei Ausführungen unterschieden, der Schaltung mit Gegentaktendstufe oder der Schaltung mit offenem Kollektor.

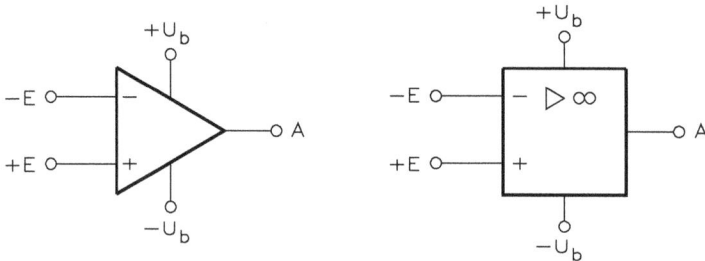

Abb. 7.3: Schaltzeichen für einen Operationsverstärker

Das Schaltzeichen für einen Operationsverstärker ist in Abb. 7.3 dargestellt. Wie bereits aus Abb. 7.2 ersichtlich, verfügt der OP-Schaltkreis über zwei Eingänge, von denen einer invertierende und der andere nicht invertierende Wirkung auf den Ausgang hat. Wird an den invertierenden Eingang ($-$E) eine positive Spannung angelegt, hat der Ausgang einen negativen Spannungswert, da die Spannung um $180°$ phasenverschoben wird. Zwischen dem nicht invertierenden Eingang ($+$E) und dem Ausgang resultiert keine Phasenverschiebung. Wird also an den nicht invertierenden Eingang ($+$E) eine positive Spannung angelegt, hat der Ausgang einen positiven Spannungswert.

Operationsverstärker werden entweder mit zwei symmetrischen Betriebsspannungen von $+U_b$ und $-U_b$ betrieben, wenn der Ausgang mit einer Gegentaktendstufe ausgerüstet ist, oder mit nur einer Betriebsspannung und Masse, wenn der Baustein mit einem Eintakt-Ausgang arbeitet, also einen Ausgang mit offenem Kollektor hat. In diesem Fall ist ein externer Arbeitswiderstand erforderlich.

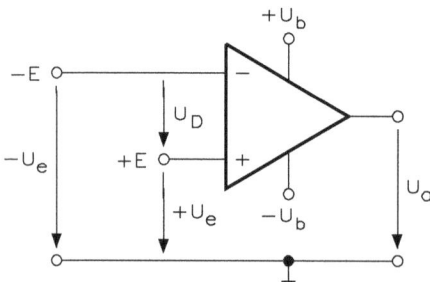

Abb. 7.4: Bezeichnungen der einzelnen Spannungen an einem Operationsverstärker

Wie Abb. 7.4 zeigt, werden die an den Eingängen $+E$ und $-E$ liegenden Spannungen $+U_e$ bzw. $-U_e$, sowie die Ausgangsspannung U_a auf einen gemeinsamen Bezugspunkt (Masse) bezogen.

7.1.3 Betriebsarten eines Operationsverstärkers

Der ideale OP verstärkt nun, da eingangsseitig gemäß Blockschaltbild ein Differenzverstärker vorliegt, lediglich die Differenzspannung

$$U_D = (+U_e) - (-U_e)$$

mit einem Verstärkungsfaktor, der mit V_0 bezeichnet wird. Der Wert V_0 wird als Leerlaufverstärkung, Differenzverstärkung oder offene Schleifenverstärkung definiert. Der Begriff „Leerlaufverstärkung" bedeutet nicht, dass der Ausgang unbelastet ist. Der Wert V_0 wird vom Hersteller angegeben und liegt je nach Typ etwa in der Größenordnung von $2 \cdot 10^4$ bis 10^6.

Sind die Eingangsspannungen $+U_e$ und $-U_e$, sowie die Leerlaufspannungsverstärkung V_0 bekannt, so lässt sich die Ausgangsspannung U_a berechnen:

$$U_a = V_0 \cdot U_D = V_0[(+U_e) - (-U_e)]$$

Zur Festlegung der Bezeichnung der Eingänge werden nun zwei vereinfachende Annahmen getroffen:

Wird der Eingang $-E$ auf Masse gelegt, d. h. $-U_e = 0\,V$, so ergibt sich für die Ausgangsspannung

$$U_a = V_0 \cdot U_D = V_0 \cdot [(+U_e) - (-U_e)] = V_0 \cdot +U_e$$

Die Ausgangsspannung U_a ist also gleichphasig zur Eingangsspannung $+U_e$. Der Eingang $+E$ wird deshalb als nicht invertierend bezeichnet und kennzeichnet ihn durch ein Pluszeichen im Schaltsymbol.

Wird der Eingang $+E$ auf Masse gelegt, d. h. $+U_e = 0\,V$, so ergibt sich für die Ausgangsspannung

$$U_a = V_0 \cdot U_D = V_0 \cdot [(+U_e) - (-U_e)] = V_0 \cdot -U_e$$

Die Ausgangsspannung U_a ist nun gegenphasig zur Eingangsspannung $-U_e$ an dem invertierenden Eingang. Der Eingang $-E$ wird daher als invertierender Eingang bezeichnet und hat ein Minuszeichen im Schaltsymbol.

Wird an den $+E$- und $-E$-Eingang die gleiche Spannung $+U_e = -U_e = U_{gl}$ angelegt, ist $U_D = 0\,V$. Diese Betriebsart bezeichnet man als Gleichtaktaussteuerung. Gemäß $U_a = V_0 \cdot U_D$ müsste dabei $U_a = 0$ bleiben. Dies ist beim realen Operationsverstärker jedoch nicht der Fall. Man spricht in diesem Zusammenhang von einer Gleichtaktverstärkung

$$V_{gl} = \frac{U_a}{U_{gl}}$$

Der Wert V_{gl} sollte zumindest sehr klein sein. Die Hersteller geben in den Datenblättern die sogenannte Gleichtaktunterdrückung G an:

$$G = \frac{V_0}{V_{gl}}$$

Typische Werte für G sind 10^3 bis 10^5.

Aus der Gleichung $U_a = V_0 \cdot U_D$ ist ersichtlich, dass die Ausgangsspannung U_a (bei konstantem V_0) linear mit der Differenzeingangsspannung ansteigt bzw. abfällt. Allerdings nur so lange, bis ausgangsseitig der Wert der Betriebsspannung erreicht ist. Eine weitere Vergrößerung von U_D bewirkt dann keine Veränderung von U_a mehr. Der Operationsverstärker ist übersteuert, d. h. der Ausgang befindet sich in der positiven oder negativen Sättigung. Die Höhe der Sättigung ist von der Betriebsspannung abhängig. In Abb. 7.5 sind diese Zusammenhänge für die Übertragungskennlinie am Ausgang eines Operationsverstärkers gezeigt.

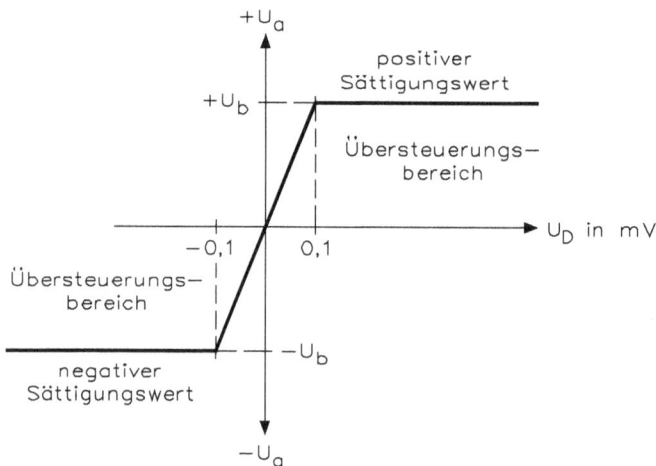

Abb. 7.5: Typische Übertragungskennlinie eines Operationsverstärkers

Durch die hohe Leerlaufverstärkung eines Operationsverstärkers reicht eine geringe Spannungsdifferenz an den beiden Eingängen aus, da sich der Verstärker im positiven bzw. negativen Sättigungsbereich befindet. Durch eine externe Rückkopplung lässt sich die interne Leerlaufverstärkung entsprechend den Schaltungsanforderungen reduzieren. Hierzu kann der Anwender zwischen einem frequenzabhängigen Wechselstrombetrieb oder einem frequenzunabhängigen Gleichstrombetrieb wählen.

7.1.4 Übertragungscharakteristik bei Operationsverstärkern

Die Anwendungsmöglichkeiten eines Operationsverstärkers lassen sich in folgende vier allgemeine Betriebsarten unterteilen:
- Spannungsverstärker (Voltage Amplifier)
- Stromverstärker (Current Amplifier)
- Spannungs-Strom-Verstärker (Transconductance Amplifier)
- Strom-Spannungs-Verstärker (Transimpedance Amplifier)

Als Kriterium für die Betriebsart dient die jeweilige Übertragungscharakteristik zwischen Ein- und Ausgang. In Abb. 7.6 sind die typischen Merkmale für die unterschiedlichen Kriterien dargestellt.

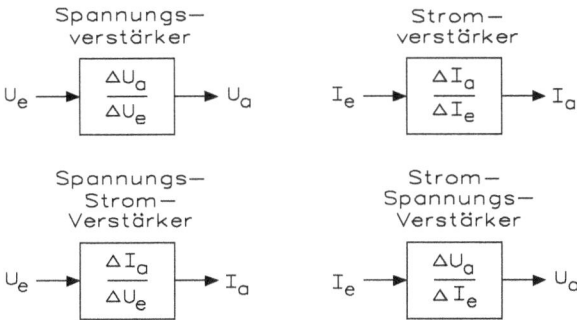

Abb. 7.6: Übertragungscharakteristik bei Operationsverstärkern

Fast 99 % aller analogen Anwendungen werden in der Praxis mit dem Spannungsverstärker (Voltage Amplifier) durchgeführt. Die Eingangsspannung wird um einen bestimmten Faktor verstärkt, den man durch die externe Beschaltung des OP-Bausteins bestimmt. Der Stromverstärker (Current Amplifier) kommt nur in speziellen Anwendungen der Messtechnik vor, während der Spannungs-Strom-Verstärker (Transconductance Amplifier) und der Strom-Spannungs-Verstärker (Transimpedance Amplifier) eine Sonderstellung in der analogen Schaltungstechnik einnehmen. Die idealen Eigenschaften und deren Ersatzschaltbilder sind in Abb. 7.7 dargestellt.

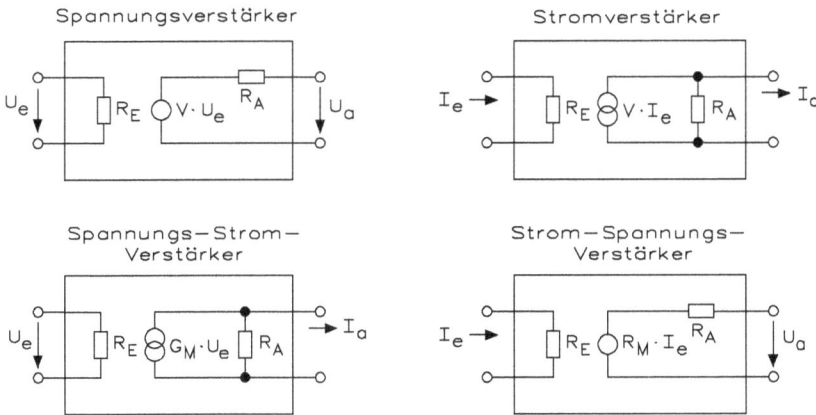

Abb. 7.7: Ersatzschaltbilder der einzelnen Verstärkerarten

Bei den einzelnen Ersatzschaltbildern muss man zwischen den Eingangs- bzw. Ausgangskennlinien, den Innenwiderständen und den Verstärkungsfaktoren unterscheiden. Entsprechend verhalten sich dann die einzelnen Verstärkerarten.

7.1.5   Betriebsarten für eine Mit- und Gegenkopplung

Der ideale Spannungsverstärker verstärkt lediglich die Differenzspannung mit einem Verstärkungsfaktor, der mit V_0 bezeichnet wird. Der Wert V_0 wird als Leerlaufverstärkung, Differenzverstärkung oder offene Schleifenverstärkung bezeichnet. Der Begriff der Leerlaufverstärkung bedeutet dabei nicht, dass der Ausgang des OP unbelastet ist. Sind die beiden Eingangsspannungen $+U_e$ und $-U_e$, sowie die Leerlaufspannungsverstärkung V_0 bekannt, lässt sich die Ausgangsspannung U_a berechnen:

$$U_a = V_0 \cdot U_D = V_0[(+U_e) - (-U_e)]$$

Aus der Gleichung $U_a = V_0 \cdot U_D$ ist ersichtlich, dass die Ausgangsspannung U_a (bei konstantem V_0) linear mit der Differenzeingangsspannung ansteigt bzw. abfällt. Allerdings ist das nur so lange der Fall, bis ausgangsseitig der Wert der Betriebsspannung erreicht ist. Eine weitere Vergrößerung von U_D bewirkt dann keine Veränderung von U_a mehr und der Operationsverstärker ist übersteuert. Der Ausgang befindet sich in der positiven bzw. negativen Sättigung.

Unbeschaltete Operationsverstärker weisen eine hohe Leerlaufverstärkung V_0 auf. Diese hohe Verstärkung wird nur in einer Grundschaltung, dem Komparator, voll ausgenutzt. Bei allen anderen OP-Einsatzbereichen bereitet die hohe Leerlaufverstärkung erhebliche Schwierigkeiten. So könnte z. B. eine kleine Störspannung von nur 0,1 mV bei $V_0 = 5 \cdot 10^4$ bereits eine Änderung der Ausgangsspannung von 5 V bewirken. Die hohe Verstärkung bei Operationsverstärkern wird in der Praxis nicht benötigt, außer bei den Komparatoren. Der große Vorteil des Operationsverstärkers liegt darin, dass man durch eine einfache äußere Beschaltung den Verstärkungsfaktor auf jeden gewünschten Wert herabsetzen kann. Bei der externen Beschaltung muss zwischen linearen und nicht linearen Bauelementen unterschieden werden. Die Ausgangsfunktion von Operationsverstärkern ist weitgehend von diesen Bauelementen mit ihren spezifischen Kennlinien abhängig.

Die äußere Beschaltung wird in der Praxis fast immer als Gegenkopplung ausgeführt. Um nur von der äußeren Beschaltung abhängig zu sein, muss der Operationsverstärker ideale Eigenschaften aufweisen. Dadurch wird die Betrachtungsweise erheblich vereinfacht.

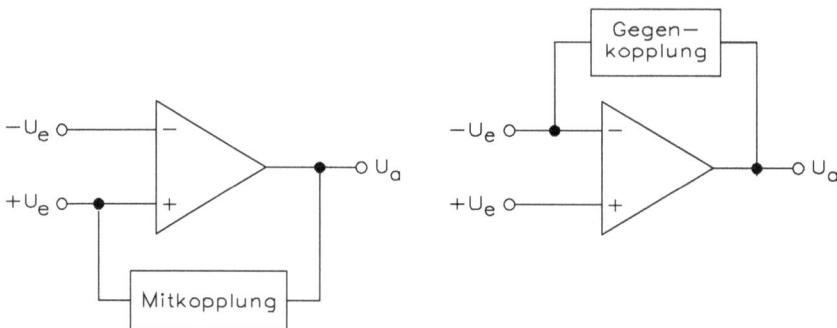

Abb. 7.8: Mit- und Gegenkopplung bei Operationsverstärkern

Der Operationsverstärker hat zwei Eingänge, den invertierenden und den nicht invertierenden. Wie Abb. 7.8 zeigt, lassen sich Mit- und Gegenkopplung sehr einfach realisieren. Führt man das Ausgangssignal oder einen Teil des Ausgangssignals auf den nicht invertierenden Eingang zurück, so sind Eingangssignal und rückgeführtes Signal gleichphasig und man erhält die Mitkopplung. Wird das Ausgangssignal oder ein Teil auf den invertierenden Eingang zurückgeführt, so sind Eingangssignal und rückgekoppeltes Signal gegenphasig und man hat eine Gegenkopplung.

Die Arbeitsweise lässt sich am einfachsten verstehen, wenn man sich den Ablauf eines Einschwingvorgangs betrachtet. Wird zu einem bestimmten Zeitpunkt eine positive Gleichspannung an den Eingang E gelegt, so ändert sich, wie bei allen herkömmlichen Verstärkerschaltungen auch, die Ausgangsspannung nicht sprunghaft, also zeitverzugslos, sondern mit einer, dem jeweiligen OP-Typ typischen Abfallgeschwindigkeit. Zu bestimmten Zeitpunkten werden also bestimmte negative Ausgangsspannungswerte auftreten, die sich durch die Gegenkopplung auf die Größe von U_D auswirken. Für jeden Spannungswert U_a ergibt sich also ein daraus resultierender Wert für U_D. Dabei wird U_D umso kleiner, je negativer U_a wird.

7.1.6   Invertierender Betrieb

Die jeweilige Spannung U_D wird bekanntlich durch den Operationsverstärker mit dem Leerlaufverstärkungsfaktor V_0 verstärkt. Solange nun der Betrag $U_D \cdot V_0$ größer als der Betrag der zeitlich zugehörigen Ausgangsspannung U_a (z. B. $U_{D2} \cdot V_0 > U_{a2}$) ist, läuft der Verstärkungsvorgang weiter ab. Erst wenn U_a einen genügend großen negativen Wert erreicht hat und damit U_D genügend klein geworden ist, so dass der Betrag aus $U_D \cdot V_0$ genau der zugehörigen Ausgangsspannung U_a entspricht, ist der Ruhezustand erreicht.

Wird im Ruhezustand die Ausgangsspannung U_a gemessen, so kann mit bekanntem V_0 die Differenzspannung U_D berechnet werden. Es gilt:

$$U_a = V_0 \cdot [(+U_e) - (-U_e)]$$

In der Praxis wird fast nur die Gegenkopplung eingesetzt. Abb. 7.9 zeigt einen invertierenden Operationsverstärker mit Gegenkopplung. Die Eingangsspannung beträgt $U_e = +1$ V und bei einer Verstärkung von $v = 1$ wird die Ausgangsspannung zu $U_a = -1$ V.

Da $+U_e = 0$ V ist, gilt für die Schaltung die Bedingung $U_D = -U_e$. Somit ergibt sich

$$U_a = -V_0 \cdot U_D \qquad \text{oder} \qquad U_D = -\frac{U_a}{V_0}$$

Das negative Vorzeichen bedeutet, dass U_a und U_D um $180°$ phasenverschoben sind. Da V_0 sehr groß ist, wird U_D sehr klein. In der Praxis ist bei gegengekoppelter OP-Schaltung der Ruhezustand dann erreicht, wenn

$$U_D \approx 0\,\text{V}$$

ist. Dieser Ruhezustand wird als „virtueller" Kurzschluss bezeichnet. Nach dieser Erkenntnis lässt sich der invertierende Verstärker einfach berechnen. Mit $U_D \approx 0$ V liegt der invertierende

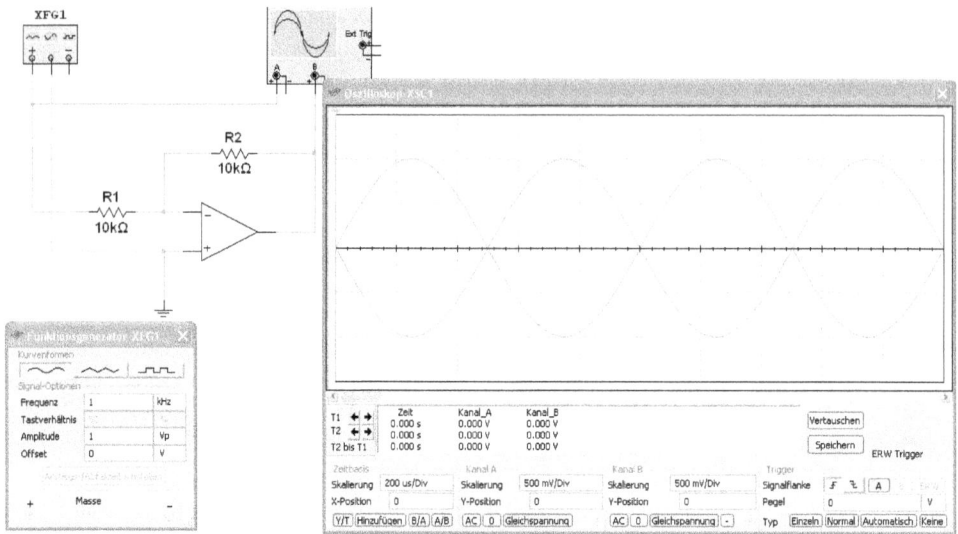

Abb. 7.9: Operationsverstärker in invertierender Betriebsart an Wechselspannung

Eingang auf Masse oder 0 V, woraus

$$U_{R1} = U_e \qquad \text{und} \qquad U_{R2} = -U_a$$

folgt.

Betrachtet man die Reihenschaltung von R_1 und R_2, erkennt man, dass der Strom, der über R_1 fließt, auch über R_2 fließen muss, denn der Eingangswiderstand des Operationsverstärkers ist theoretisch unendlich hoch. Die beiden Widerstände R_1 und R_2 stellen einen Spannungsteiler dar:

$$\frac{U_{R2}}{U_{R1}} = \frac{R_2}{R_1} \qquad U_{R2} = U_{R1} \cdot \frac{R_2}{R_1}$$

Mit den Beziehungen $U_{R1} = U_e$ und $U_{R2} = -U_a$ folgt

$$-U_a = U_e \cdot \frac{R_2}{R_1} \qquad U_a = -U_e \cdot \frac{R_2}{R_1}$$

Diese Gleichung bedeutet:

a) Die Eingangsspannung wird mit dem Faktor $V = R_2/R_1$ verstärkt.

b) Das negative Vorzeichen deutet darauf hin, dass zwischen Eingangs- und Ausgangsspannung eine Phasenverschiebung von $\varphi = 180°$ vorliegt. Diese Gleichung kann auch geschrieben werden als

$$U_a = -U_e \cdot V$$

wobei $V = R_2/R_1$ die Verstärkung im invertierenden OP-Betrieb darstellt. Die Verstärkung des invertierenden OP-Betriebs ist also nur von der äußeren Beschaltung abhängig. Die Wahl des Widerstandsverhältnisses lässt sich daher in weiten Grenzen unabhängig von der Leerlaufspannungsverstärkung frei festlegen bzw. einstellen.

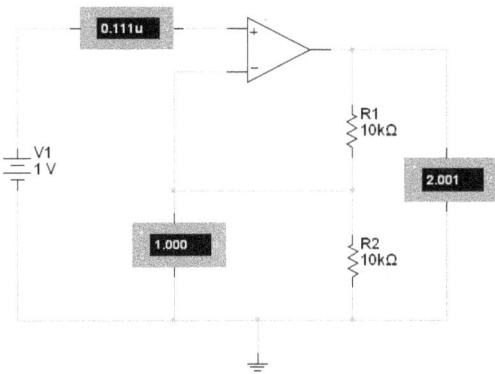

Abb. 7.10: Operationsverstärker in nicht invertierender Betriebsart an Wechselspannung

Durch die Simulationsschaltung von Abb. 7.10 kann man das Verhalten für einen nicht invertierend arbeitenden Operationsverstärker untersuchen. Für statische Untersuchungen verwendet man die Gleichspannung und kann auf diese Weise den Eingangsstrom, den Strom der Rückkopplung und die Differenzspannung messen. Da sich alle Werte ändern lassen, kann man die statische Arbeitsweise entsprechend untersuchen.

Verwendet man den Funktionsgenerator, kann man die dynamischen Werte des Operationsverstärkers untersuchen. Das Oszilloskop verwendet man für die dynamische Untersuchung der Übertragungskennlinie, wenn man den X-Y-Betrieb verwendet. Auch die Flankensteilheit kann über die Rechteckfunktion untersucht werden. Für die Erfassung der Frequenzabhängigkeit setzt man den Bode-Plotter ein, der aber noch verdrahtet werden muss.

7.1.7   Nicht invertierender Betrieb

Wenn in der Praxis mit dem nicht invertierenden OP-Betrieb gearbeitet wird, kommt man von den Standardtypen, wie z. B. dem 741 schnell zu den Spezial-Operationsverstärkern mit sehr hohem Eingangswiderstand. Aus Gründen der Kompatibilität sind alle, bis auf den Eingangswiderstand, elektrischen Spezifikationen identisch.

Da die Widerstände gleich groß sind, ergibt sich eine Verstärkung von $v = 2$.

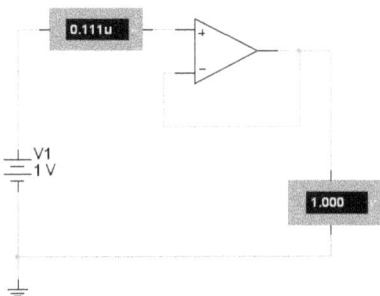

Abb. 7.11: Operationsverstärker im nicht invertierenden Betrieb (Elektrometer)

Die Schaltung von Abb. 7.10 zeigt einen nicht invertierenden Verstärkerbetrieb. Die Eingangsspannung liegt direkt an dem nicht invertierenden Eingang, womit der hohe Eingangswiderstand des Operationsverstärkers voll zur Wirkung kommt. Setzt man den Standard-Operationsverstärker 741 ein, erreicht man einen Eingangswiderstand in der Größenordnung von $500\,\text{k}\Omega$. Bei dem Typ ICL8007 mit FET-Eingängen kommt man auf $10^{12}\,\Omega$, und verwendet man den ICL8500 mit MOSFET-Eingängen, erreicht man bis zu $10^{25}\,\Omega$. Wichtig bei diesen Operationsverstärkern sind nicht nur die Anschlussbelegung und die Gehäuseform, sondern auch die elektrischen Spezifikationen. Diese sind heute bei den Standardtypen identisch, wobei nur der Eingangswiderstand je nach Eingangsstufe einen anderen Wert hat.

Für die Schaltung von Abb. 7.11 bedeutet dies, dass in der Praxis je nach Anwendungsfall einfach nur der Operationsverstärker ausgetauscht werden muss. Die Gegenkopplung erreicht man durch den Spannungsteiler am Ausgang des Operationsverstärkers. Durch diesen Spannungsteiler wird ein bestimmter Spannungswert gegengekoppelt, wodurch die Schaltung ihren Verstärkungsfaktor erhält.

Die Ausgangsspannung des Spannungsteilers in der nicht invertierenden Betriebsart bezeichnet man einfachhalber mit U_x und als Eingangsspannung verwendet man die eigentliche Ausgangsspannung. Die Spannung U_x lässt sich dann berechnen aus

$$U_x = U_a \cdot \frac{R_2}{R_1 + R_2}$$

Die Spannung U_x stellt die Eingangsspannung am invertierenden OP-Eingang dar. Die Spannungsdifferenz zwischen den beiden Eingängen ist $U_D = 0\,\text{V}$. Da $U_x = U_e$ ist, folgt

$$U_e = U_a \cdot \frac{R_2}{R_1 + R_2}$$

Stellt man diese Formel um, kommt man auf

$$\frac{U_e}{U_a} = \frac{R_2}{R_1 + R_2}$$

Das Verhältnis zwischen U_e/U_a ist nicht die Verstärkung einer Schaltung, sondern die Dämpfung. Um die Verstärkung $V = U_a/U_e$ zu erhalten, muss man die Formel nach U_a/U_e umstellen.

$$\frac{U_a}{U_e} = \frac{R_1 + R_2}{R_2} \qquad \text{oder} \qquad V = \frac{R_1 + R_2}{R_2}$$

Eine weitere Umformung ergibt

$$V = \frac{R_1}{R_2} + 1 \qquad \text{oder} \qquad V = 1 + \frac{R_1}{R_2}$$

Beispiel: Für die beiden Widerstände in der Schaltung wählt man identische Werte von $R_1 = R_2 = 10\,\text{k}\Omega$ aus. Die Verstärkung ergibt sich zu

$$V = 1 + \frac{R_1}{R_2} = 1 + \frac{10\,\text{k}\Omega}{10\,\text{k}\Omega} = 2$$

Sind beide Widerstände gleich groß, ergibt sich somit in der Praxis eine Verstärkung von V = 2.

Aus diesem Beispiel kann man nun folgendes erkennen: Vergrößern wir den Widerstand R_1 entsprechend, ergibt sich eine größere Verstärkung, da R_1 im Zähler des Bruches steht. Vergrößert man dagegen den Widerstand R_2 entsprechend, verringert sich die Verstärkung, da der Widerstand R_2 im Nenner des Bruches steht.

Durch die Simulationsschaltung von Abb. 7.10 kann man das Verhalten einer nicht invertierenden Schaltung untersuchen. Für statische Untersuchungen verwendet man die Gleichspannung und kann auf diese Weise den Eingangsstrom, die Ausgangsspannung, die Spannung am Spannungsteiler und die Differenzspannung messen. Da sich alle Werte ändern lassen, kann man die statische Arbeitsweise entsprechend untersuchen.

Verwendet man den Funktionsgenerator, lassen sich die dynamischen Werte des Operationsverstärkers untersuchen. Das Oszilloskop verwendet man für die dynamische Untersuchung der Übertragungskennlinie, wenn man den X-Y-Betrieb verwendet. Auch die Flankensteilheit kann über die Rechteckfunktion untersucht werden.

In der Messpraxis benötigt man oft Impedanzwandler. Impedanzwandler sind Verstärker mit V = 1, die das Eingangssignal nicht invertieren, einen extrem hohen Eingangswiderstand aufweisen und einen Ausgangswiderstand mit dem Standardwert von $R_a = 75\,\Omega$ besitzen. Diese Impedanzwandler bezeichnet man auch als „Elektrometerverstärker". Dieser Begriff wurde aus der Röhrentechnik übernommen.

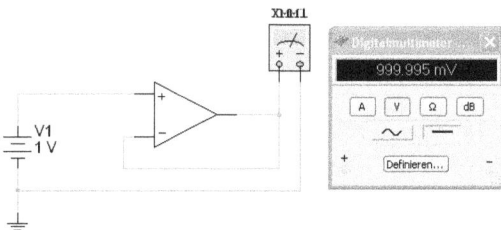

Abb. 7.12: Schaltung eines Elektrometerverstärkers

Abb. 7.12 zeigt den Aufbau eines Elektrometerverstärkers, wobei der Widerstand R_1 einen Wert von $0\,\Omega$ hat und R_2 unendlich groß ist. Aus diesem Grunde ergibt sich eine Verstärkung von V = 1. Es kommt der volle Eingangswiderstand zur Wirkung, während der Ausgangswiderstand bei $75\,\Omega$ liegt.

Durch die Simulationsschaltung von Abb. 7.11 kann man das Verhalten eines Elektrometerverstärkers untersuchen. Für statische Untersuchungen verwendet man die Gleichspannung und kann auf diese Weise den Eingangsstrom, die Differenzspannung und die Ausgangsspannung messen. Da sich alle Werte ändern lassen, kann man die statische Arbeitsweise entsprechend untersuchen.

Verwendet man den Funktionsgenerator, kann man die dynamischen Werte des Operationsverstärkers untersuchen. Das Oszilloskop verwendet man für die dynamische Untersuchung der Übertragungskennlinie, wenn man den X-Y-Betrieb verwendet. Auch die Flankensteilheit kann über die Rechteckfunktion untersucht werden.

7.2   Lineare Schaltungsbeispiele

Operationsverstärker können zum Verarbeiten und Erzeugen zeitlich unveränderlicher (statischer) und zeitlich veränderlicher (dynamischer) Signale eingesetzt werden. Dabei arbeitet der Operationsverstärker im einfachen Betrieb in Verbindung mit einem entsprechenden externen Netzwerk aus Widerständen, Kondensatoren und Spulen. Setzt man den Operationsverstärker als Differenzverstärker ein, lassen sich erweiterte Funktionen durchführen, denn diese Verschaltung sorgt dafür, dass die Spannung zwischen den beiden Eingängen immer Null beträgt. Dieser Grundgedanke bildet die Funktion für zahlreiche Anwendungen.

Setzt man Dioden, Z-Dioden oder Transistoren in den externen Netzwerken ein, lassen sich nicht lineare Verstärkerfunktionen realisieren, die eine mathematische, nicht lineare Funktion ausführen können. Vorzugsweise setzt man diese analogen nicht linearen Verstärker in der Steuerungs-, Mess- und Regelungstechnik ein, beispielsweise zur Leistungserfassung (Multiplikation von Spannung und Strom) oder zur Darstellung eines äquivalenten Widerstands (Division von Spannung durch Strom). Diese schaltungstechnischen Maßnahmen stellen überall dort optimale Lösungen dar, wo der Einsatz digitaler Rechensysteme nicht vorgesehen ist.

Durch die Verstärkereigenschaften in Verbindung mit der Gegenkopplung bzw. Mitkopplung mit frequenzunabhängigen bzw. frequenzabhängigen passiven Bauelementen lassen sich einfache Rechenschaltungen realisieren. Diese Schaltungen stellen wegen der großen Bedeutung in der gesamten Elektronik das Fundament in der analogen Schaltungstechnik mit Operationsverstärkern dar.

7.2.1   Addierer oder Summierer

Die invertierende Grundschaltung eines Operationsverstärkers eignet sich gut als Addierverstärker, da der invertierende Eingang nahezu auf Masse (virtuelle Erde) liegt. Dadurch tritt keine gegenseitige Beeinflussung der verschiedenen Eingangsspannungen auf. Jeder Eingangsstrom ist nur von der zugehörigen Eingangsspannung und dem entsprechenden Eingangswiderstand abhängig.

Bei der Schaltung von Abb. 7.13 handelt es sich um einen invertierenden Addierer bzw. um eine Summierschaltung. Die beiden Spannungen werden addiert und es entsteht eine Ausgangsspannung, die die Summe der beiden Eingangsspannungen unter Berücksichtigung der

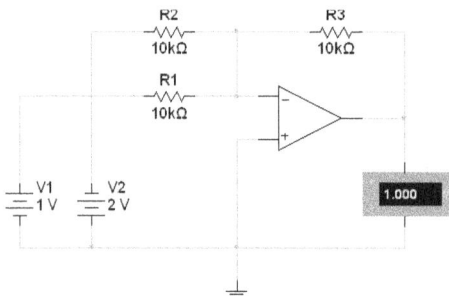

Abb. 7.13: Schaltung zur dynamischen Untersuchung eines Addierers mit zwei Eingängen.

Vorzeichen darstellt. Die beiden Eingangsspannungen werden durch diese Schaltung unter Berücksichtigung der Vorzeichen addiert. Hierbei handelt sich um einen Sonderfall für den invertierenden Verstärkerbetrieb. Diese Schaltung stellt im Prinzip einen Strom-Spannungs-Wandler dar. Jede Eingangsspannung wird mit Hilfe des Eingangswiderstands in einen proportionalen Eingangsstrom umgesetzt, der dann über den Rückkopplungswiderstand zur Ausgangsspannung führt. Am virtuellen Nullpunkt werden die einzelnen Eingangsströme addiert bzw. summiert und führen dann zu einem Ausgangssignal, das der Summe der Eingangsspannungen unter Berücksichtigung der Vorzeichen entspricht. Die Ströme am Summenpunkt bzw. am virtuellen Nullpunkt berechnen sich aus

$$I_2 + I_{E1} + I_{E2} = 0$$

Die einzelnen Ströme berechnen sich aus

$$I_2 = \frac{U_2}{R_2} \qquad I_{E1} = \frac{U_{E1}}{R_{E1}} \qquad I_{E2} = \frac{U_{E2}}{R_{E2}}$$

Setzt man die Spannungen und Widerstände in die Gleichung für die Ströme ein, ergibt sich

$$\frac{U_2}{R_2} + \frac{U_{E1}}{R_{E1}} + \frac{U_{E2}}{R_{E2}} = 0$$

und ist die Bedingung $R_2 = R_{E1} = R_{E2} = R$ erfüllt, gilt die Bedingung

$$U_2 + U_{E1} + U_{E2} = 0 \qquad \text{oder umgestellt } -U_2 = U_{E1} + U_{E2}$$

Aus dieser Gleichung und der Schaltung ist zu erkennen, dass die unterschiedlichen Eingangsspannungen addiert werden, ohne dass sie sich gegenseitig beeinflussen. Mittels des Widerstands R_2 in der Gegenkopplung kann man den Verstärkungsfaktor beeinflussen. Die Schaltung lässt sich beliebig erweitern.

7.2.2 Subtrahierer oder Differenzverstärker

Mit der Schaltung von Abb. 7.13 lässt sich eine Subtraktion durchführen, wenn man die Vorzeichen der Eingangsspannung berücksichtigt. Ein Subtrahierer bzw. Differenzverstärker ist dagegen eine Schaltung, die die Differenz zwischen zwei Eingangssignalen bildet und gemeinsam verstärkt, die in der Gesamtschaltung in keiner Verbindung zu einem Bezugspunkt stehen.

Die Bezeichnung des Differenzverstärkers von Abb. 7.14 darf nicht mit dem „differenzierenden Verstärker" verwechselt werden. Die Schaltung entsteht einer Kombination zwischen einem Umkehrverstärker und einem Elektrometerverstärker. Zur Berechnung geht man wieder vom idealen OP-Betrieb aus, d. h. die Differenzspannung zwischen dem invertierenden und dem nicht invertierenden Eingang hat den Wert von $U_D \approx 0$ V. Damit lässt sich die Ausgangsspannung berechnen mit

$$U_2 = \frac{R_2}{R_1} \cdot (U_{E1} - U_{E2})$$

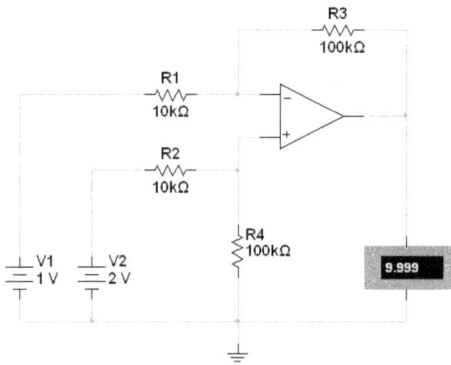

Abb. 7.14: Subtrahierer oder Differenzverstärker

Wichtig für diese Gleichung: $R_1 = R_3$ und $R_2 = R_4$. Damit gilt:

$$U_2 = U_{E1} - U_{E2}$$

Eine Spannungsänderung am nicht invertierenden Eingang ruft eine gleichsinnige Spannungsänderung am Ausgang hervor. In erster Linie reagiert ein Operationsverstärker direkt auf die
Differenzspannung zwischen seinen beiden Eingängen. Der Bereich der Differenzspannung,
in dem der Verstärker jedoch wirklich arbeitet, ist bei der hohen Verstärkung verhältnismäßig gering. Bei Überschreiten dieses Bereichs gerät die Ausgangsspannung unmittelbar in
die positive oder negative Sättigung, d. h. die Ausgangsspannung kann nicht mehr auf eine
Änderung der Eingangsspannung reagieren.

Beide Eingangsspannungen werden mit dem gleichen Faktor verstärkt und der Subtrahierer
arbeitet korrekt. Die Schaltung von Abb. 7.14 lässt sich wie der Addierer einfach erweitern
und es ergibt sich ein Mehrfachsubtrahierer.

In der elektronischen Messtechnik stellt die Schaltung von Abb. 7.15 einen wichtigen Mess-
verstärker dar. Vor den beiden Eingängen befindet sich eine Brückenschaltung und die Differenzspannung zwischen den beiden Spannungsteilern wird durch den Subtrahierer entspre-

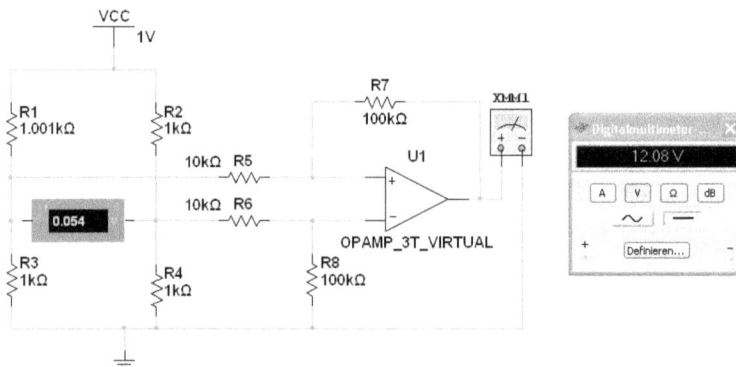

Abb. 7.15: Subtrahierer als Brückenspannungsverstärker

chend verstärkt. Die Differenzspannung in einer abgeglichenen Brückenschaltung beträgt $U_D = 0\,V$, wenn die Bedingung

$$\frac{R_1}{R_2} = \frac{R_3}{R_4}$$

vorhanden ist. Bei der Schaltung hat der Widerstand R_1 einen Wert von $1,001\,k\Omega$ und damit ergibt sich eine Verstimmung der Brückenspannung, die von den beiden Voltmetern am Eingang nicht angezeigt wird. Die Differenzspannung zwischen den beiden Spannungsteilern beträgt $U_D = 54\,mV$ und die Differenzspannung wird durch den Operationsverstärker auf $U_2 = 12,08\,V$ verstärkt.

Bei dieser Schaltung kann man alle Widerstandswerte ändern und damit den Subtrahierer als Brückenspannungsverstärker untersuchen.

7.2.3 Integrator

Ersetzt man den Rückkopplungswiderstand eines nicht invertierenden Verstärkers durch einen Kondensator, erhält man einen Integrator, den man eigentlich als Umkehrintegrator bezeichnen muss. Der Integrator stellt in der analogen Rechentechnik einen wichtigen Grundbaustein dar und in der Regelungstechnik gehört dieser zu den meist verwendeten Regelschaltungen. Außerdem verwendet man den Integrator zur Erzeugung zeitlinearer veränderlicher Spannungen, z. B. bei Sägezahngeneratoren, Zeitgebern, Analog-Digital-Umsetzern und bei den U/f-Wandlern (Spannung-Frequenz-Umsetzer). Betreibt man die Schaltung eines Integrators an Wechselspannung, ergibt sich ein frequenzabhängiger Verstärker bzw. ein aktives Filter 1.Ordnung.

Zur Ansteuerung des Integrators in Abb. 7.16 benötigt man eine symmetrische Rechteckspannung. Hat die Eingangsspannung einen positiven Wert, lädt sich der Kondensator mit einem konstanten Strom auf. Da $U_D = 0\,V$ ist, fällt am Widerstand R_1 die gesamte Eingangsspannung U_1 ab und der Eingangsstrom muss $I_1 = U_1/R_1$ sein. Da die Eingangsspannung einen konstanten Wert hat, ist auch der Eingangsstrom konstant. Dieser Strom fließt auch über den

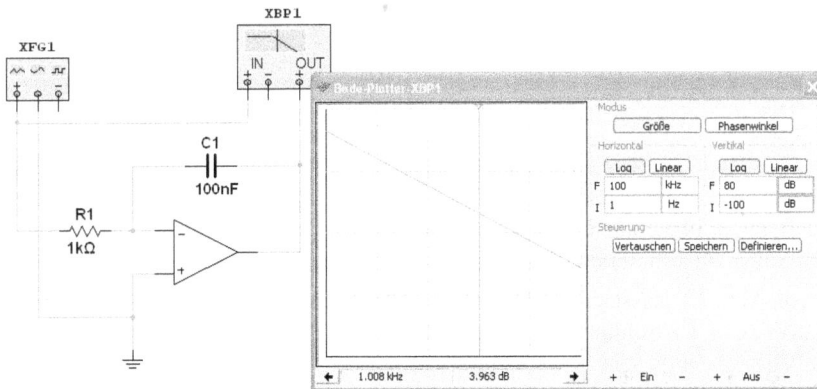

Abb. 7.16: Aufbau eines Integrators mit dem zeitlichen Verlauf der Ein- und Ausgangsspannung

Kondensator und lädt diesen auf mit

$$I_C = I_R \cdot \frac{U_1}{R_1} = \text{konstant}$$

Lädt man einen Kondensator mit einem konstanten Strom auf, ergibt sich keine e-Funktion für die Spannung (Ladung) am Kondensator, sondern ein linearer Verlauf, wie auch das Oszillogramm zeigt. Die Spannung an dem Kondensator errechnet sich aus

$$u_C = \frac{Q}{C} = \frac{I_C \cdot t}{C} = \frac{U_1}{R \cdot C} \cdot t$$

Da $u_C = -u_2$ ist, ergibt sich für die Ausgangsspannung

$$-u_2 = \frac{U_1}{R \cdot C} \cdot t$$

Die Integrationskonstante errechnet sich aus $\tau = R \cdot C$.

Die Steilheit der Geraden für die Anstiegs- und Abfallzeit ist umso steiler, je größer die Eingangsspannung U_1 ist und je kleiner man die Integrationskonstante wählt. Für die Schaltung aus Abb. 7.15 errechnet sich die Änderungsgeschwindigkeit der Ausgangsspannung zu

$$-u_2 = \frac{U_1}{R \cdot C} \cdot t = \frac{1\,\text{V}}{100\,\text{k}\Omega \cdot 100\,\text{nF}} = 100\,\text{V/s}$$

Die Änderungsgeschwindigkeit der Ausgangsspannung für diese Integrationskonstante beträgt $-u_2 = 100\,\text{V/s}$. Tritt am Eingang eine negative Spannung auf, verläuft die Ausgangsspannung in die positive Richtung. Schaltet man das Oszillogramm auf Zoom um, lässt sich die Änderungsgeschwindigkeit mit

$$v = \frac{\Delta U}{\Delta t} = \frac{1\,\text{V}}{1\text{s}} = 100\,\text{V/s}$$

grafisch ermitteln. Das Messergebnis ist mit der Rechnung identisch.

Die Ausgangsspannung für diese einfachste Ausführung berechnet sich aus

$$-u_2 = \frac{1}{R \cdot C} \int U_1 \cdot dt$$

Setzt man den Integrator bei Sägezahngeneratoren, Zeitgebern, Analog-Digital-Umsetzern, U/f-Wandlern und Steuer-, Mess- bzw. Regelungstechnik ein, kann man mit dieser Schaltung ohne Probleme arbeiten. In der analogen Rechentechnik muss die Schaltung jedoch erweitert werden, da man mit exakt definierten Ausgangsbedingungen arbeiten muss.

Die Schaltung von Abb. 7.16 lässt sich ohne weiteres durch mehrere Eingangswiderstände erweitern und man erhält einen Summenintegrator. Die Gleichungen für die Ausgangsspannung lauten dann

$$-u_2 = \frac{1}{C} \int \left(\frac{U_{E1}}{R_{E1}} + \frac{U_{E2}}{R_{E2}} + \cdots + \frac{U_{En}}{R_{En}} \right) dt$$

bzw.

$$-u_2 = \frac{1}{R \cdot C} \int (U_{E1} + U_{E2} + \cdots + U_{En}) \, dt$$

für $R_{E1} \cdot C = R_{E2} \cdot C = R \cdot C$.

Hinweis: Bei der Auswahl des Operationsverstärkers müssen die Signale am Eingang beachtet werden. Treten Rechtecksignale mit hoher Flankensteilheit auf, so kann die Spannung am Summenpunkt einen kritischen Wert für den OP-Eingang annehmen. Verantwortlich dafür ist die bereits erörterte begrenzte Anstiegsgeschwindigkeit am Ausgang des Operationsverstärkers, die die Spannung am Summenpunkt nicht auf Nullpotential halten kann. Deshalb empfehlen sich für diese Anwendungen schnelle OP-Typen mit hoher zuverlässiger Differenz- und Gleichtakt-Eingangsspannung.

Der Operationsverstärker 741 ist gegen die beiden Betriebsspannungen und gegen 0 V kurzschlussfest. Die Eingangsnullspannung lässt sich einfach kompensieren. Durch die interne Frequenzkompensation ist der externe Bauteileaufwand sehr gering. Die Verstärkungsabsenkung um 6 dB pro Oktave ergibt eine sehr gute Stabilität für den praktischen Einsatz.

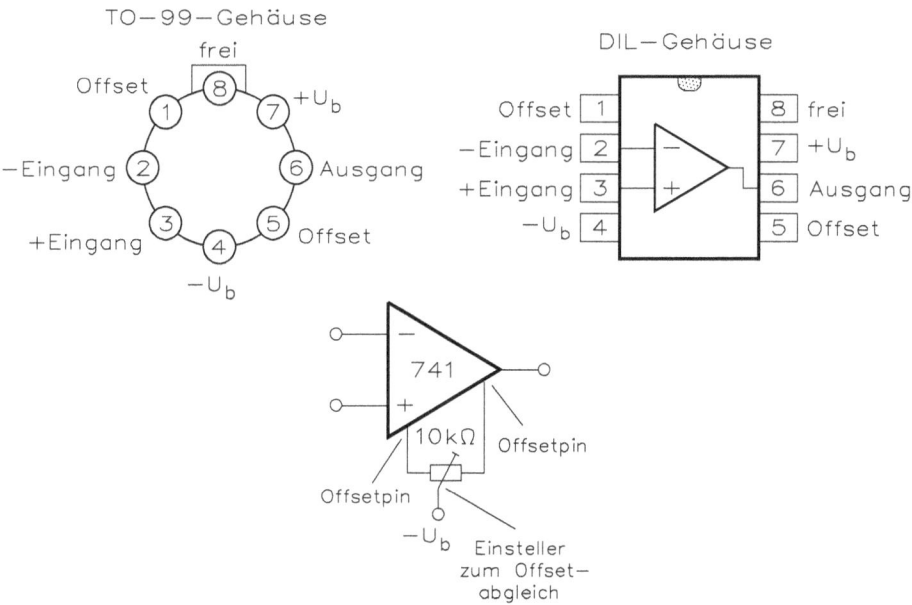

Abb. 7.17: Anschlussschema des 741 und Realisierung des Offsetabgleichs mittels externem Einsteller

Der Operationsverstärker wird im runden TO-99- oder im DIL-Gehäuse geliefert. Abb. 7.17 zeigt das Anschlussschema.

Eine Fehlermöglichkeit bei Operationsverstärkern besteht in der sogenannten Offset- oder Eingangsnullspannung. Diese Spannung kann positiv oder negativ sein und liegt bei Operationsverstärkern mit bipolaren Transistoren in der Größenordnung von einigen Millivolt. Die Offsetspannung ergibt sich daraus, dass die Eingangstransistoren auch bei integrierten Differenzverstärkern normalerweise nicht völlig identisch sind und sich zum Beispiel in Bezug auf ihre Basis-Emitter-Spannung geringfügig unterscheiden. Das Schaltbild des idealen Operationsverstärkers muss daher durch eine Spannungsquelle in einem der Eingänge erweitert werden, die die Eingangsnullspannung $\pm U_{E0}$ charakterisiert. Man kann dies auch so deuten, dass man eine solche Spannungsquelle zuschalten kann, um die innere Nullspannung des Verstärkers zu eliminieren.

Die Offsetspannung ist nur dann zu vernachlässigen, wenn die Eingangsspannung der Schaltung ausreichend groß ist. Ist dies nicht der Fall, muss man die Offsetspannung, so gut es geht, durch äußere Schaltungsmaßnahmen ausgleichen. Für den Betrieb des 741 ist ein externer Einsteller mit $10\,\text{k}\Omega$ für den Abgleich der Offsetspannung erforderlich. Hierzu legt man beide Eingänge auf $0\,\text{V}$ und gleicht solange ab, bis die Ausgangsspannung einen Wert von $0\,\text{V}$ erreicht hat. Exakt gelingt der Ausgleich der Offsetspannung nur für eine bestimmte Temperatur, denn diese Nullspannung hat einen gewissen (maximalen) Temperaturbeiwert, und der Abgleich gelingt auch nur für eine begrenzte Zeit. In der Praxis ergeben sich hieraus geringfügige Fehler, die man vernachlässigen kann, außer in der Messtechnik.

Der Ausgang des 741 ist dauerkurzschlussfest. Das wird durch eine Strombegrenzung des Ausgangsstroms erreicht. Überschreitet der positive Ausgangsstrom eine Größe von etwa $15\,\text{mA}$, dann wird der Spannungsfall über den Widerstand R_5 so groß, dass der Transistor T_8 einen Basisstrom erhält. Damit wird der Transistor T_8 leitend und entzieht dem Transistor T_4 der Endstufe den Basisstrom, so dass sich der Ausgangsstrom nicht mehr vergrößern kann. Es handelt sich um eine elektronische Sicherung, die die Endstufe für Überlastung schützt. Ein negativer Ausgangsstrom wird bei zunehmender Größe immer mehr vom Transistor T_{13} übernommen. Dies ruft an dem Widerstand R_7 einen Spannungsfall hervor und der Transistor T_{14} wird leitend, wodurch der Strom der Transistoren T_{11} und T_{12} nicht mehr ansteigen kann. Zusätzlich hält der Widerstand R_6 eine größere Verlustleistung vom Endstufen-Transistor T_{13} fern. Auch hier ist eine elektronische Sicherung vorhanden.

Verpolt man einen Operationsverstärker, d. h. man vertauscht die beiden Betriebsspannungen, geht der 741 in seine Sättigung und wird zerstört. Will man diesen Vorgang verhindern, setzt man in der Praxis eine Schutzschaltung mit zwei Dioden ein. Es fließt nur ein Strom für den Operationsverstärker, wenn die richtige Polarität anliegt. Andernfalls befinden sich die Dioden in Sperrrichtung.

Der Operationsverstärker ist normalerweise ein Differenzverstärker mit zwei Eingängen, über die die Abweichung zwischen der gewünschten Spannung und der tatsächlichen Spannung festgestellt wird. Der gewünschte Wert kann dabei zeitlich unveränderlich (Gleichspannung oder $0\,\text{V}$) oder zeitlich veränderlich (Wechselspannung) sein. Das Erfassen der Spannungsdifferenz erfolgt mit mehr oder weniger großer Genauigkeit und mit mehr oder weniger großer Geschwindigkeit. Hierbei tritt ein unerwünschter Effekt auf, der zur Zerstörung der Eingangsstufe führen kann. Um dies zu vermeiden, verwendet man zwei Schutzschaltungen. Bei der Schutzschaltung mit den zwei antiparallel geschalteten Dioden wird verhindert, dass die Differenzspannung zwischen den beiden Eingängen einen Wert von $\pm 0{,}7\,\text{V}$ übersteigt.

Diese Schutzschaltung mit den beiden Dioden zwischen den Eingängen ist aber bei einem nicht invertierenden Betrieb bzw. beim Spannungsfolger nicht verwendbar und daher muss man eine andere Schutzschaltung wählen. Die obere Diode wird leitend, wenn die Eingangsspannung um $0{,}7\,\text{V}$ größer als die Betriebsspannung wird. Damit entsteht durch den Stromfluss ein Spannungsfall über den Eingangswiderstand und die Spannung am Eingang des Operationsverstärkers kann nur um 0,7 V größer werden als die positive Betriebsspannung. Dies gilt auch im umgekehrten Sinne, wenn die Eingangsspannung um $-0,7$ V negativer wird als $-U_b$. In diesem Fall wird die untere Diode leitend.

Betreibt man den Operationsverstärker als Differenzverstärker, schaltet man ebenfalls zwei Dioden antiparallel, benötigt aber zwei Eingangswiderstände. Übersteigt die Spannung an den beiden Eingängen des Operationsverstärkers den Wert von $\pm 0,7$ V, wird eine der beiden Dioden leitend und damit wird die Eingangsstufe gegen zu große Differenzspannungen geschützt.

Ein Operationsverstärker 741 und die anderen Standardtypen bestehen im Prinzip aus drei Funktionsgruppen:
- Eingangsstufe,
- Verstärkerstufe
- Leistungsendstufe

Die Eingangsstufe beinhaltet im Wesentlichen einen Differenzverstärker mit zwei Eingängen, dem invertierenden und dem nicht invertierenden Eingang. Der Verstärkungsfaktor der Eingangsstufe liegt bei $V \approx 5$. Die hohe Verstärkung eines Operationsverstärkers wird in einer speziellen Verstärkerstufe mit $V \approx 10\,000$ erreicht. Den Abschluss des Operationsverstärkers bildet die Leistungsendstufe mit $V \approx 1$.

Vergleicht man die einzelnen Operationsverstärker untereinander, ergeben sich größere Unterschiede in den drei internen Funktionsgruppen. Der Eingangswiderstand reicht von 10^5 Ω bis 10^{24} Ω und der Verstärkungsfaktor liegt bei $V_{max} \approx 10^4$ bis 10^5. Die Spannungsverstärkerstufe enthält im Prinzip mehrere Differenzverstärker, die sich durch unterschiedliche Schaltungsvarianten unterscheiden. Bei der Leistungsendstufe hat man entweder einen Gegentaktbetrieb oder eine Endstufe mit offenem Kollektor.

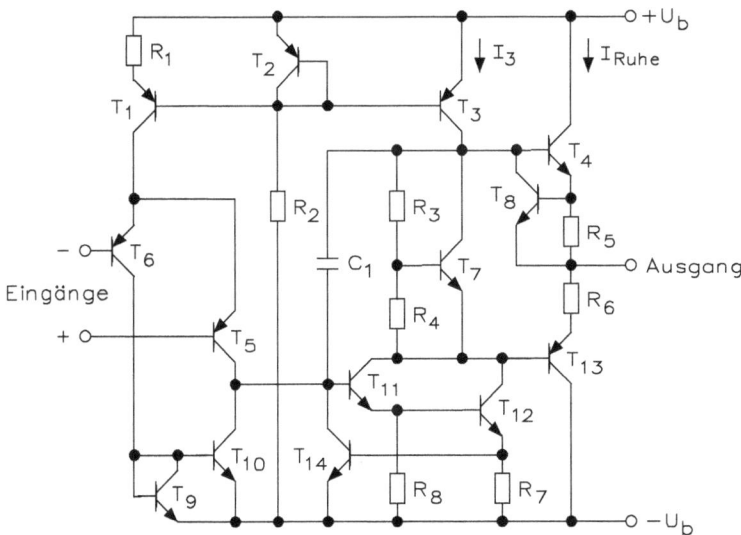

Abb. 7.18: Innenschaltung des Operationsverstärkers 741

Abb. 7.18 zeigt ein vereinfachtes Schaltbild des Operationsverstärkers 741, in dem die tatsächlich geschaltete Eingangsstufe des Operationsverstärker 741 durch einen etwas modifizierten Differenzverstärker ersetzt wurde. Der einzige durch diese Änderung bedingte wesentliche Unterschied besteht darin, dass der sehr geringe Eingangsruhestrom des CA741 im Gegensatz zum 741 aus den Eingangsklemmen herausfließt. Für den Anwender ist dieser Unterschied in der Praxis nicht zu erkennen. Die Schaltung besteht aus einer Differenzverstärker-Eingangsstufe mit PNP-Transistoren, einem Darlington-Paar als zweite Stufe und einer kurzschlussfesten AB-Ausgangsstufe.

Die Ruhestromeinstellung erfolgt über Konstantstromquellen. Der Strom durch den T_2 wird bestimmt durch die Betriebsspannung und den Widerstand R_2. Dieser Strom erscheint gespiegelt im Transistor T_3, der damit den Ruhestrom für das Darlington-Paar der zweiten Stufe und die Ansteuerungsmöglichkeit für die Endstufe liefert. Der Transistor T_1 und der Widerstand R_1 „spiegeln" einen geringen Bruchteil des Stromes durch die Diode in die Differenzverstärker-Eingangsstufe hinein. Damit bilden T_1 und R_1 die Emitter-Konstantstromquelle für diese Stufe.

Die Eingangsstufe der Schaltung nach Abb. 7.18 ist den bisher gezeigten Differenzverstärkern sehr ähnlich. Wie schon erwähnt, bilden T_1 und R_1 die Konstantstromquelle. Die PNP-Transistoren T_5 und T_6 bilden die Differenz-Eingangsstufe, und die NPN-Transistoren T_9 und T_{10} bilden einen Stromspiegel, der die Aufgabe hat, die durch die Ansteuerung bedingten Stromdifferenzen in den Eingangstransistoren zusammenzufassen, um den doppelten Strom einer Stufe in A-Betrieb zu liefern und um die Ansteuerbarkeit der zweiten Stufe in beiden Richtungen zu gewährleisten. Das aus T_{11} und T_{12} bestehende Darlington-Paar bietet die für die Ansteuerung der Endstufe erforderliche sehr hohe Stromverstärkung.

Die AB-Ausgangsstufe besteht im Wesentlichen aus den Ausgangstransistoren T_4 und T_{13} sowie der aus Transistor T_7 und den Widerständen R_3 und R_4 gebildeten Konstantspannungsquelle. Der Ruhestrom wird durch diese Konstantspannungsquelle bestimmt, wobei sich die äußere Spannung zusammensetzt aus den beiden Basis-Emitter-Spannungen von T_4 und T_{13} sowie dem Spannungsfall, den der Ruhestrom in den Widerständen R_5 und R_6 hervorruft.

Die Kurzschlusssicherung für den NPN-Ausgangstransistor T_4 wird gebildet aus Transistor T_8 und Widerstand R_5. Erreicht der Spannungsfall über R_5 einen bestimmten Wert, so wird T_8 leitend, und der Basisstrom von T_4 reduziert sich entsprechend. Die Kurzschlusssicherung des PNP-Ausgangstransistors ist etwas komplizierter. Der Basisstrom von T_{13} muss über das Darlington-Paar T_{11} und T_{12} fließen. Die Kurzschlussstrombegrenzung geschieht dadurch, dass der Basisstrom dieses Darlington-Paares in prinzipiell der gleichen Weise reduziert wird wie der von T_4. Das wird durch den Transistor T_{14} und den Widerstand R_7 erreicht.

Der Verstärkermechanismus der Schaltung funktioniert wie folgt: Liegt am nicht invertierenden Eingang (+E) eine bezogen auf den invertierenden Eingang (−E) positive Spannung, so sinkt der Kollektorstrom von Transistor T_5. Dadurch muss der Kollektorstrom von T_6 steigen, da der gemeinsame Emitterstrom aus einer gemeinsamen Konstantstromquelle erzeugt wird. Der Stromanstieg in T_6 erscheint gespiegelt auch in T_{10}. Der Strom in die Basis von T_{11} muss also absinken sowohl um den Stromabfall in T_5 als auch um den Stromanstieg von T_6. Durch den Stromrückgang im Darlington-Paar sinkt der Basisstrom von T_{13} und steigt der von T_4. Das Ausgangspotential verlagert sich in positiver Richtung, und der Ausgang liefert einen Strom für die Last.

Wird ein negatives Signal an den nicht invertierenden Eingang (+E) gelegt, so reagiert die Schaltung in prinzipiell gleicher Weise, nur umgekehrt. Das Ausgangspotential verlagert sich in negativer Richtung, und der Ausgang nimmt Strom aus der Last auf. Dabei wird bei hinreichend hohem Strom der Spannungsfall am Widerstand R_6 so groß, dass der Transistor vollständig gesperrt wird. Der Widerstand R_6 ist so bemessen, dass im Ruhezustand die Basisströme von T_{11} und vom T_9 einander gleich sind. Durch diese Maßnahme wird der Eingangsdifferenzverstärker symmetrisch.

Der Kondensator C_1 dient zur Phasenkompensation des Operationsverstärkers und bestimmt die Anstiegsgeschwindigkeit. Eine Frequenzgangmessung des Verstärkers ohne Phasenkompensation würde einen Anstieg der Verstärkung bei hohen Frequenzen ergeben. Da Phasengang und Amplitudengang in unmittelbarer Beziehung zueinander stehen, ändert sich die Phasenbeziehung zwischen der Ausgangs- und der Eingangsspannung stark mit der Frequenz, wobei der Winkel von $\varphi = 180°$ erreicht und sogar überschritten wird.

Würde man einen unkompensierten Operationsverstärker extern gegenkoppeln, so würde die Anordnung bei der Frequenz schwingen, bei der die Phasendrehung des Verstärkers allein $180°$ beträgt. Dies gilt unter der Annahme, dass das Gegenkopplungsnetzwerk selbst keine zusätzlichen Phasendrehungen bewirkt, die Ausgangs- und die Eingangsspannung miteinander in Phase sind, und aus der Gegenkopplung eine Mitkopplung geworden ist. Durch Einfügen eines Kondensators in die Verstärkerschaltung kann dafür gesorgt werden, dass die Verstärkung auf einen Wert unter Eins absinkt, bevor eine Phasendrehung von $180°$ erreicht wird. Dann arbeitet die Schaltung stabil, da bei der kritischen Phasenlage keine ausreichende Spannung auf den Eingang zurückgekoppelt wird.

Diese Maßnahme wird als Phasenkompensation bezeichnet. Der Kondensator lässt sich auf zweierlei Weise in die Schaltung einfügen: Von einem Schaltungsknotenpunkt gegen Masse oder unter Ausnutzung eines Phänomens, das als „Miller-Effekt" bezeichnet wird. In letzterem Fall wird der Kondensator zwischen Eingang und Ausgang einer invertierenden Spannungsverstärkerstufe gelegt. Durch die gegenphasige Spannung am Ausgang entsteht dabei ein sehr viel größerer Blindstrom durch den Kondensator als dieser fließen würde, wenn der Kondensator vom Eingang der betrachteten Stufe gegen Masse geschaltet wird. Praktisch wirkt sich das so aus, als wenn ein um die Spannungsverstärkung der betrachteten Stufe größerer Kondensator gegen Masse geschaltet wäre. Durch Ausnutzung dieses Effektes kann es gelingen, den benötigten Kapazitätswert so klein zu halten, dass der Kondensator, wie heute fast bei allen Operationsverstärkern üblich, in die Schaltung integriert werden kann.

Bei der Auswahl der Spannungsverstärkerstufe, die für die Ausnutzung des Miller-Effektes verwendet werden soll, ist Sorgfalt geboten. Ist der Frequenzgang dieser Stufe so, dass eine (gegenüber $180°$) zusätzliche Phasendrehung von $180°$ auftreten kann, so kann die Einführung einer Miller-Kapazität ein Schwingen dieser Stufe zur Folge haben.

Die Anstiegsgeschwindigkeit eines Verstärkers ist definiert als die maximal mögliche Änderung der Ausgangsspannung pro Zeiteinheit. Sie wird begrenzt durch das Laden und Entladen von Schalt- und Phasenkompensationskapazitäten. Eine einfache Beziehung für die Berechnung der Anstiegsgeschwindigkeit lässt sich gewinnen, indem man beginnt bei

$$Q = C \cdot U$$

Durch Differentiation nach der Zeit und Umstellen erhält man

$$\frac{dI}{dt} \quad \text{oder} \quad \frac{dU}{dt} = \frac{I}{C}$$

Nach dieser Beziehung lässt sich die Anstiegsgeschwindigkeit abschätzen, indem der für die Umladung der kritischen Kapazität maximal zur Verfügung stehende Strom bestimmt wird. Als Beispiel soll man die Schaltung des 741 betrachten. Der untere Anschluss von C_1 liegt auf annähernd konstantem Potential, der obere muss beim Übergang der Ausgangsspannung vom niedrigsten zum höchsten Wert eine Potentialänderung von etwa einem Volt im ersten Grenzfall bis auf etwa den Wert der Betriebsspannung im zweiten Grenzfall durchlaufen. Dafür steht auf der einen Seite der Strom durch T_3, auf der anderen Seite der Ausgangsstrom des Eingangsdifferenzverstärkers zur Verfügung. Da letzterer der kleinere ist, bestimmt er die Anstiegsgeschwindigkeit. Wird beispielsweise der Kondensator C_1 mit 30 pF und der Ausgangsstrom des Differenzverstärkers mit 15 μA spezifiziert, so ergibt sich eine Anstiegsgeschwindigkeit von

$$\frac{dU}{dt} = \frac{15\,\mu A}{30\,pF} = 0{,}5\,V/\mu s$$

Die Abhängigkeit der Leerlauf-Spannungsverstärkung in Abhängigkeit der Frequenz ist in Abb. 7.19 gezeigt.

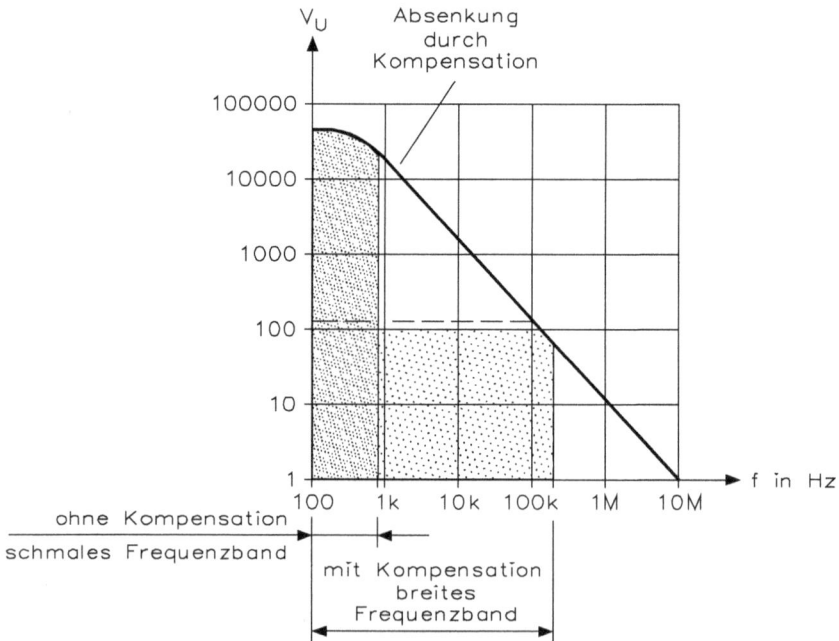

Abb. 7.19: Leerlaufverstärkung in Abhängigkeit von der Frequenz

Die Leerlaufverstärkung eines Operationsverstärkers ist die Differenzspannungsverstärkung, die sich ohne externe Gegenkopplung ergibt. Bei den meisten Operationsverstärkern hat man einen Wert von $V \approx 50 \cdot 10^3$ bis $V \approx 100 \cdot 10^3$. Mit zunehmender Frequenz nimmt jedoch die Verstärkung ab und damit kann man bereits auf die mögliche Anwendung des Operationsverstärkers schließen. Soll ein möglichst breites Frequenzband auch noch möglichst gleichmäßig verstärkt übertragen werden, so muss man den Frequenzgang mittels der Gegenkopplung oder einer externen Frequenzkompensation einschränken.

Ein passiver Tiefpass 1. Ordnung besteht in der Praxis aus einem Widerstand und einem Kondensator.

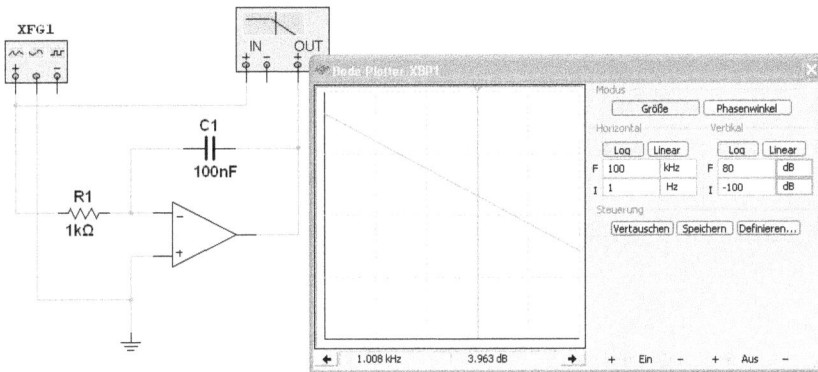

Abb. 7.20: Schaltung eines Tiefpassfilters 1. Ordnung mit Übertragungskennlinie

In Abb. 7.20 ist die Schaltung eines Tiefpassfilters mit der dazugehörigen Kennlinie gezeigt. Die Amplitude der Eingangsspannung U_1 wird als konstant angenommen. Hat die Eingangsspannung eine niedrige Frequenz, hat der Kondensator einen großen kapazitiven Blindwiderstand X_C, der sich aus

$$X_C = \frac{1}{2 \cdot \pi \cdot f_g \cdot C}$$

errechnet. Damit hat man einen frequenzabhängigen Widerstand, der als kapazitiver Blindwiderstand bezeichnet wird. Die Grenzfrequenz für Abb. 7.20 berechnet sich aus

$$f_g = \frac{1}{2 \cdot \pi \cdot X_C \cdot C} = \frac{1}{2 \cdot 3{,}14 \cdot 1\,k\Omega \cdot 100\,nF} = 1{,}59\,kHz$$

Mittels der Fadenkreuzsteuerung lässt sich die Richtigkeit dieser Rechnung überprüfen.

Abb. 7.21 zeigt die Schaltung eines Hochpassfilters 1. Ordnung mit Übertragungskennlinie.

7.2.4   Differenzierer

Diesen Differenzierer darf man nicht mit dem Differenzverstärker verwechseln und daher hat diese Schaltung in der Analogrechentechnik die Bezeichnung „Differentiator".

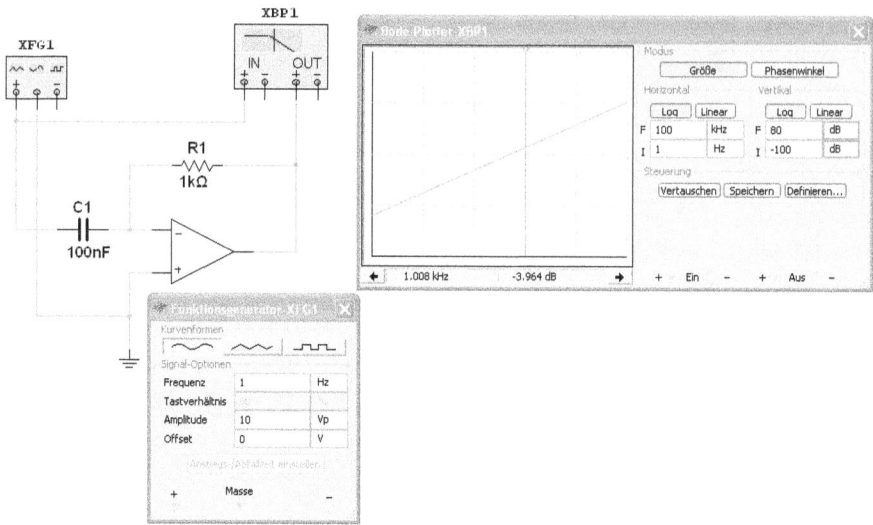

Abb. 7.21: Schaltung eines Hochpassfilters 1. Ordnung mit Übertragungskennlinie

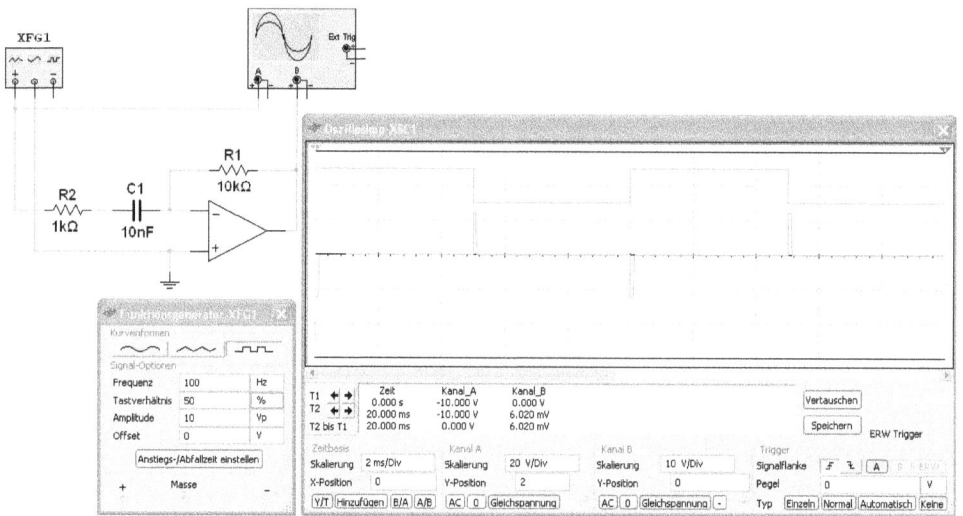

Abb. 7.22: Schaltung eines Differenzierers oder Differentiators

Vergleicht man die Schaltung des Integrators mit der Schaltung des Differentiators von Abb. 7.22 erkennt man, dass die Anordnung des Widerstands und des Kondensators vertauscht worden sind.

Befindet sich die Eingangsspannung U_1 auf 0 V, ist der Kondensator C entladen und hat einen sehr niederohmigen Innenwiderstand. Ändert man nun sprunghaft die Eingangsspannung, geht der Ausgang des Operationsverstärkers sofort in seine positive oder negative Sättigung.

In dem vorliegenden Beispiel tritt ein positiver Spannungssprung auf und der Ausgang des Operationsverstärkers geht in die negative Sättigung.

Durch die negative Ausgangsspannung kann sich der Kondensator C über den Widerstand R nach einer e-Funktion aufladen. Durch diese Aufladung ändert sich die Spannung an dem Kondensator und die Ausgangsspannung am Operationsverstärker geht auf 0 V zurück. Es entsteht am Ausgang des Operationsverstärkers ein negativer Spannungsimpuls, den man auch als „Spike" bezeichnet. Die Ausgangsspannung lässt sich berechnen nach

$$-u_2 = R \cdot C \cdot \frac{dU_1}{dt}$$

Bei der Schaltung von Abb. 7.22 handelt es sich um eine Grundschaltung, die sich zwar verbessern lässt, aber in der Praxis finden Differenzierer keine vernünftigen Anwendungsmöglichkeiten.

Bei der Realisierung eines Differenzierers ergeben sich schaltungstechnische Schwierigkeiten, die man in der Schaltung simulieren kann. Überbrückt der Schalter am Eingang den Widerstand, liegt die Eingangsspannung direkt am Kondensator. Am Ausgang tritt ein undefiniertes Schwingen auf, da das Gegenkopplungsnetzwerk eine Phasenverschiebung von 90° verursacht. Eine Abhilfe gegen diese instabile Funktion übernimmt der Eingangswiderstand, wenn der Schalter geöffnet ist.

7.3 Statische Schaltungen mit Operationsverstärkern

Unbeschaltete Operationsverstärker weisen eine hohe Leerlaufverstärkung auf, die sich zum Verarbeiten und Erzeugen zeitlich unveränderlicher (statischer) und zeitlich veränderlicher (dynamischer) Signale einsetzen lässt. Diese Schaltungen arbeiten entweder als einfacher Spannungsvergleicher in Verbindung mit einer externen Mit- oder Gegenkopplung in Kippschaltungen aller Art.

7.3.1 Operationsverstärker als Komparator

Wenn man einen Operationsverstärker als Komparator oder Schmitt-Trigger verwendet, hat man am Ausgang entweder eine positive oder negative Sättigungsspannung. Durch eine Gegenkopplung ergibt sich die Funktion eines Komparators, bei einer Mitkopplung die Funktion eines Schmitt-Triggers.

Komparatoren und Schmitt-Trigger vergleichen im Wesentlichen eine Eingangsspannung mit der externen Referenzspannung oder mit der Ausgangsspannung des Operationsverstärkers. Durch lineare Bauelemente, wie mit einem Widerstand, befindet sich die Ausgangsspannung des Operationsverstärkers in der positiven oder negativen Sättigung, deren Höhe durch die Betriebsspannung bestimmt wird. Es tritt ein gesättigter Verstärkerbetrieb auf. Setzt man nicht lineare Bauelemente, wie Si-Dioden oder Z-Dioden ein, lässt sich die Ausgangsspannung auf bestimmte Werte begrenzen, die nicht mehr direkt von der Betriebsspannung abhängig sind. In diesem Fall spricht man von einem ungesättigten Verstärkerbetrieb.

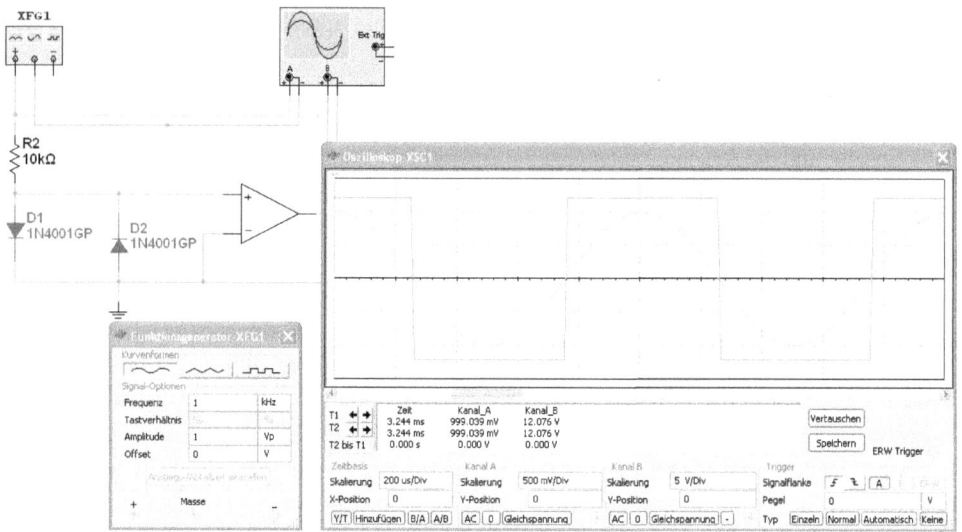

Abb. 7.23: Operationsverstärker als invertierender Komparator

Bei einem einfachen Spannungsvergleicher arbeitet man im Wesentlichen mit dem gesättigten Verstärkerbetrieb, d. h. die Ausgangsspannung befindet sich in der positiven bzw. negativen Sättigung. Die Höhe der Sättigung ist nur von der Betriebsspannung abhängig.

Der Operationsverstärker in der Schaltung von Abb. 7.23 hat keine externen Bauelemente zur Begrenzung der Leerlaufverstärkung, die daher voll zur Wirkung kommt. Sind die beiden Eingangsspannungen unterschiedlich, befindet sich der Ausgang des Operationsverstärkers entweder in der positiven oder negativen Sättigung.

Die Schaltung arbeitet als Differenzverstärker, wobei die Leerlaufverstärkung des Operationsverstärkers das Schaltverhalten bestimmt. Mit Masse als Bezugspunkt wird der Umschaltpunkt des Operationsverstärkers festgelegt. Es gilt:

$$U_1 < 0\,V, \qquad U_2 = +U_{\text{sätt}} \approx +U_b$$
$$U_1 > 0\,V, \qquad U_2 = -U_{\text{sätt}} \approx -U_b$$

Ist die Eingangsspannung negativ, befindet sich der Ausgang in der positiven Sättigung, denn die Eingangsspannung liegt am invertierenden Eingang. Die Eingangsspannung wird mit $V_0 = 10^6$ verstärkt. Da eine Eingangsspannung von $U_1 = 1\,\text{mV}$ anliegt, ergibt sich eine theoretische Ausgangsspannung von $U_2 = 1000\,\text{V}$. Die Ausgangsspannung kann aber nur einen Wert von $\pm U_b$ erreichen.

Ein Problem dieser Schaltungen ist die Differenzspannung zwischen den beiden Eingängen. Wird die Differenzspannung zu groß, kann eine Zerstörung der OP-Eingangsstufe die Folge sein. In der Praxis hat man einen Eingangswiderstand und danach kommen zwei Dioden in einer Antiparallelschaltung. Ist die Spannungsdifferenz zwischen den beiden Eingängen größer $\pm 0{,}6\,\text{V}$, wird eine der beiden Dioden leitend und begrenzt die Differenzspannung entsprechend. Damit ergibt sich ein Überspannungsschutz für den Operationsverstärker.

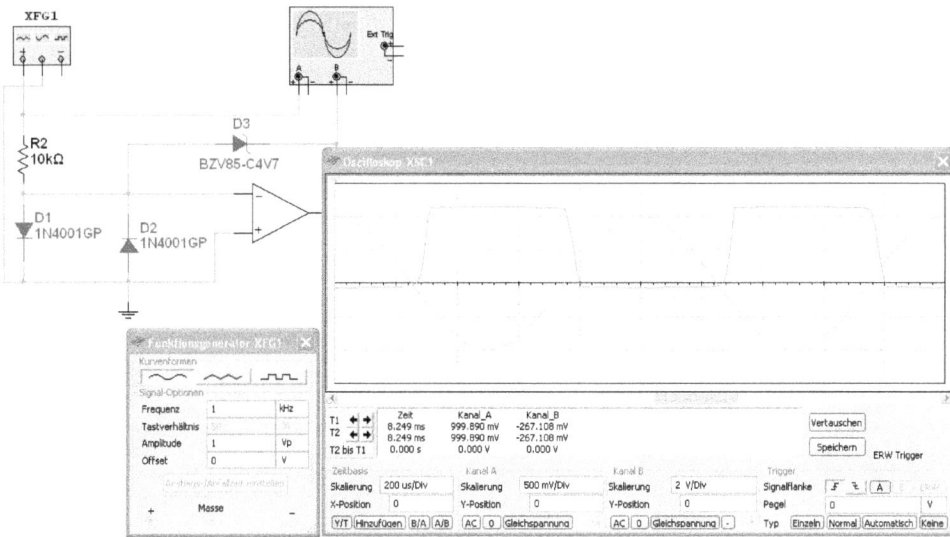

Abb. 7.24: Operationsverstärker als nicht invertierender Komparator

Bei der Schaltung von Abb. 7.24 arbeitet der Operationsverstärker im nicht invertierenden Betrieb, denn die Eingangsspannung liegt an dem nicht invertierenden Eingang. Mit Masse als Bezugspunkt wird der Umschaltpunkt des Operationsverstärkers festgelegt. Es gilt:

$$U_1 > 0\,V, \qquad U_2 = +U_{sätt} \approx +U_b$$
$$U_1 < 0\,V, \qquad U_2 = -U_{sätt} \approx -U_b$$

Ist die Eingangsspannung positiv, befindet sich der Ausgang in der positiven Sättigung, denn die Eingangsspannung liegt am nicht invertierenden Eingang. Die Eingangsspannung wird mit $v_0 = 10^6$ verstärkt. Da eine Eingangsspannung von $U_1 = 1\,mV$ anliegt, ergibt sich eine theoretische Ausgangsspannung von $U_2 = 1000\,V$. Die Ausgangsspannung kann immer nur einen Wert von maximal $\pm U_b$ erreichen.

7.3.2 Spannungsvergleicher im gesättigten Verstärkerbetrieb

Die Schaltungen in Abb. 7.22 und 7.23 haben einen entscheidenden Nachteil: Ändert man die Eingangsspannung, kippt der Ausgang des Operationsverstärkers entweder auf $+U_b$ oder $-U_b$. Damit ist diese Schaltung nicht geeignet zur Ansteuerung von digitalen Schaltkreisen.

In der Schaltung von Abb. 7.25 befindet sich in der Gegenkopplung eine Z-Diode vom Typ C4V7. Ist die Ausgangsspannung größer als $U_z = 4,7\,V$, leitet die Z-Diode und es fließt ein Strom über die Gegenkopplung zum invertierenden Eingang. Dadurch kann die Ausgangsspannung nicht größer werden als $U_2 = +4,7\,V$. Hat man dagegen eine negative Sättigungsspannung, kann diese nicht größer als $U_2 = -0,6\,V$ werden, da dann die Z-Dioden ebenfalls leiten. In diesem Fall arbeitet die Z-Diode als normale Siliziumdiode.

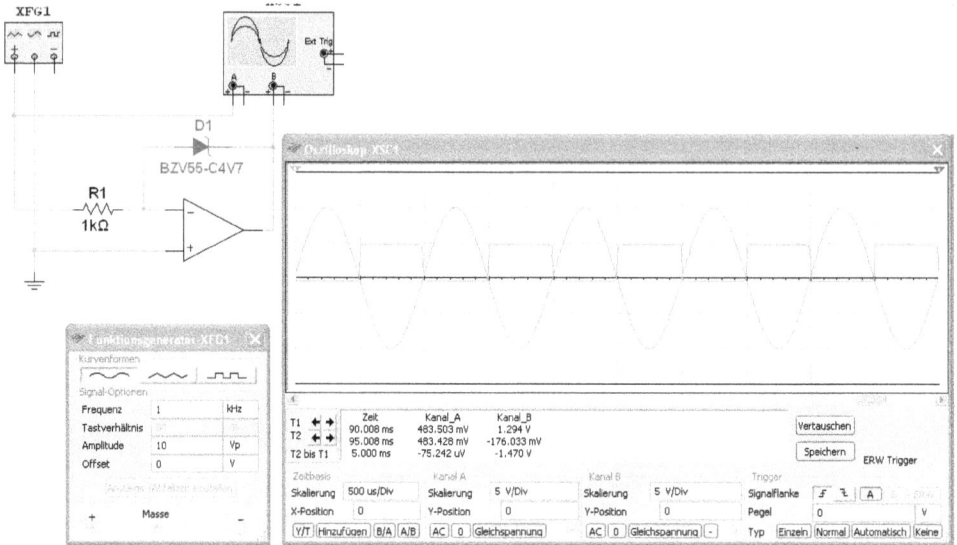

Abb. 7.25: Schaltung eines Komparators für die Ansteuerung von digitalen Schaltkreisen (TTL- oder CMOS-Bausteine) mit dem Spannungsdiagramm

Bedingt durch die nicht lineare Kennlinie der Z-Diode geht der Ausgang des Operationsverstärkers sofort in die positive und negative Sättigungsspannung, die dann von der Z-Diode auf $+4,7\,\text{V}$ und $-0,6\,\text{V}$ begrenzt wird. Die Eingangsspannung U_1 wirkt auf den invertierenden OP-Eingang, während der nicht invertierende OP-Eingang mit Masse verbunden ist. Jede Spannungsdifferenz zwischen diesen beiden Eingängen bringt die Ausgangsspannung auf $+4,7\,\text{V}$ oder $-0,6\,\text{V}$. Es gilt:

$$U_1 < 0\,\text{V}, \qquad U_2 = -0,6\,\text{V}$$
$$U_1 > 0\,\text{V}, \qquad U_2 = +4,7\,\text{V}$$

Durch die entsprechende Z-Diode lässt sich die Höhe der Ausgangsspannung in positiver und negativer Richtung bestimmen. Schaltet man zwei Z-Dioden oder eine Z-Diode mit einer normalen Diode in Reihe, ergeben sich entsprechende Ausgangsspannungen.

7.3.3 Fenster-Komparator

Durch die Parallelschaltung von zwei Komparatoren ergibt sich ein Fenster- bzw. Window-Komparator, dessen Schaltung in Abb. 7.26 gezeigt ist.

Die Eingangsspannung U_1 wird über die beiden Operationsverstärker mit der unteren und der oberen Referenzspannung verglichen. Die Bedingungen für die Referenzspannungen müssen eingehalten werden, damit die Umschaltpunkte für das Spannungsdiagramm gelten. Es gilt:

$$U_{\text{ref1}} \leq U_1 \leq U_{\text{ref2}}$$

Die Eingangsspannung U_1 ist mit dem nicht invertierenden Eingang des K_1 und mit dem invertierenden Eingang des K_2 verbunden. Entsprechend hierzu sind die Vergleichsspannungen

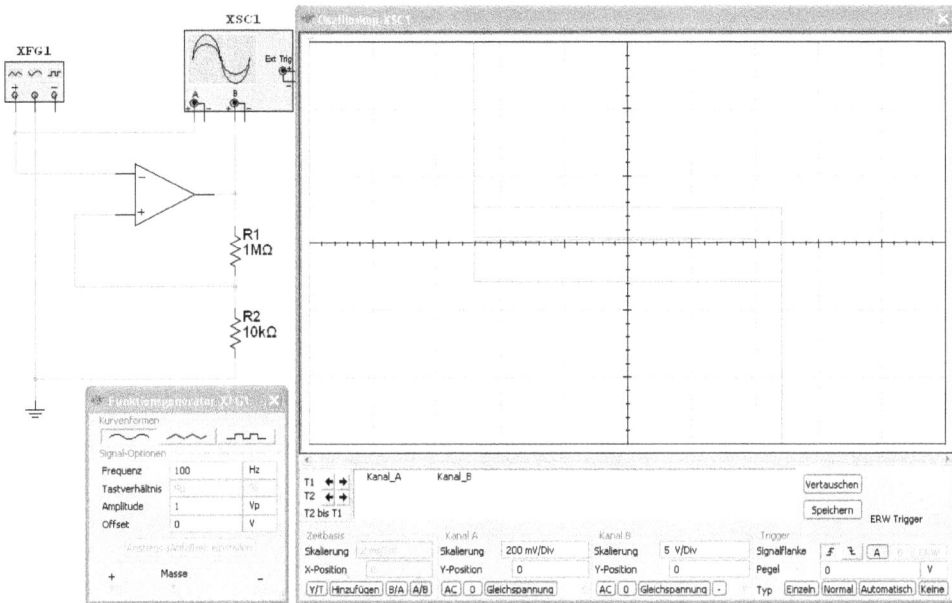

Abb. 7.26: Schaltung und Spannungsdiagramm für einen Fenster-Komparator

U_{V1} und U_{V2} an den beiden Operationsverstärkern angeschlossen. Die beiden OP-Ausgänge steuern ein UND-Gatter an und hier erfolgt die digitale Verknüpfung zur Erzeugung eines Ausgangssignals. Die Schaltung hat am Ausgang ein 1-Signal, wenn die Eingangsbedingungen der beiden Referenzspannungen eingehalten werden.

7.3.4 Schmitt-Trigger

Während man beim Komparator ohne Schalthysterese auskommt, wird beim Schmitt-Trigger durch schaltungstechnische Maßnahmen eine Hysterese erzeugt, die in der Praxis zahlreiche Vorteile ermöglicht. Bei den Grundschaltungen des Schmitt-Triggers unterscheidet man zwischen der invertierenden bzw. der nicht invertierenden Betriebsart und einem gesättigten bzw. nicht gesättigtem Verhalten am Ausgang.

In der Schaltung von Abb. 7.27 liegt die Eingangsspannung U_1 direkt am invertierenden Eingang des Operationsverstärkers, während über den Spannungsteiler ein Teil der Ausgangsspannung U_2 auf den nicht invertierenden Eingang mitgekoppelt wird. Hat die Eingangsspannung U_1 einen negativen Wert, befindet sich die Ausgangsspannung U_2 in der positiven Sättigungsspannung. Ein Teil der positiven Ausgangsspannung $U_{2sätt}$ liegt über den Spannungsteiler an dem nicht invertierenden Eingang. Die Spannung am nicht invertierenden Eingang des Operationsverstärkers errechnet sich aus

$$U_x = \frac{R_1}{R_1 + R_2} \cdot (+U_{2sätt})$$

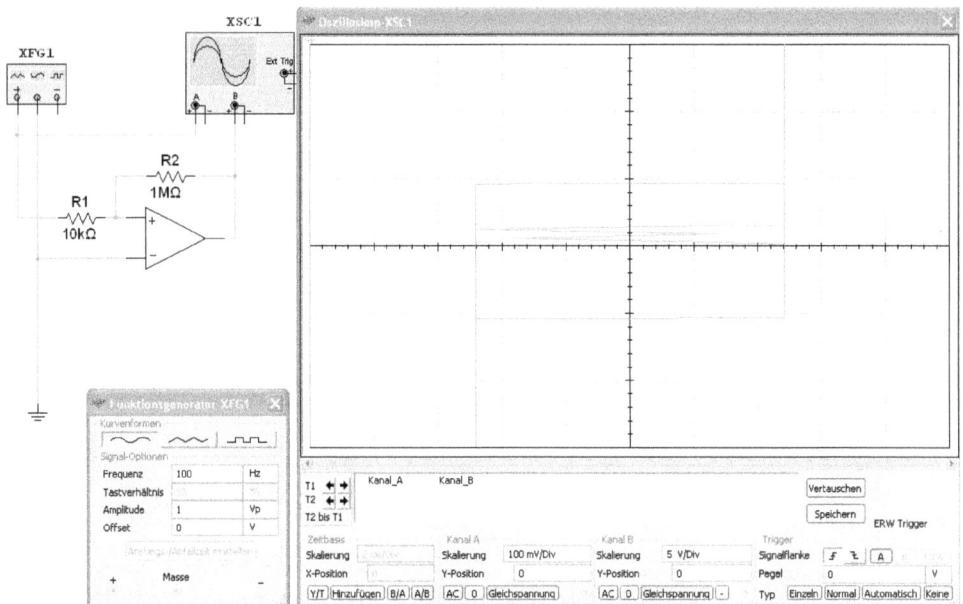

Abb. 7.27: Schaltung und Übertragungskennlinie eines Schmitt-Triggers

Die Bedingung am Ausgang ändert sich erst, wenn die Eingangsspannung einen bestimmten positiven Wert überschritten hat. Befindet sich die Eingangsspannung auf negativem Wert und wird diese erhöht, bleibt die positive Ausgangsspannung stabil in ihrer Sättigung. Erst wenn die Eingangsspannung U_1 positiver als die Spannung U_x wird, schaltet der Ausgang U_2 um und befindet sich in der negativen Sättigung. Durch den Spannungsteiler hat der nicht invertierende Eingang jetzt eine negative Spannung, die sich aus

$$U_x = \frac{R_1}{R_1 + R_2} \cdot (-U_{2\text{sätt}})$$

errechnet. Die Ausgangsspannung bleibt solange in der negativen Sättigung, bis die Eingangsspannung wieder negativer als die Spannung U_x wird. Die beiden Umschaltpunkte bestimmen die Hysterese, die sich folgendermaßen errechnen lässt:

$$U_H = \frac{R_1}{R_1 + R_2} \cdot [(+U_{2\text{sätt}}) - (-U_{2\text{sätt}})]$$

Bei der Schaltung in Abb. 7.28 wird die Spannung am nicht invertierenden Eingang mit Masse (0 V) verglichen. Man hat im Prinzip einen Nullpunkt-Schmitt-Trigger.

Liegt die Eingangsspannung U_1 bei dem Schmitt-Trigger von Abb. 7.28 auf negativem Potential, befindet sich der Ausgang des Operationsverstärkers in seiner negativen Sättigung und über den Spannungsteiler liegt ein Teil der Ausgangsspannung an dem nicht invertierenden Eingang des Operationsverstärkers. Diese Spannung errechnet sich aus

$$U_x = \frac{R_1}{R_2} \cdot (-U_{2\text{sätt}})$$

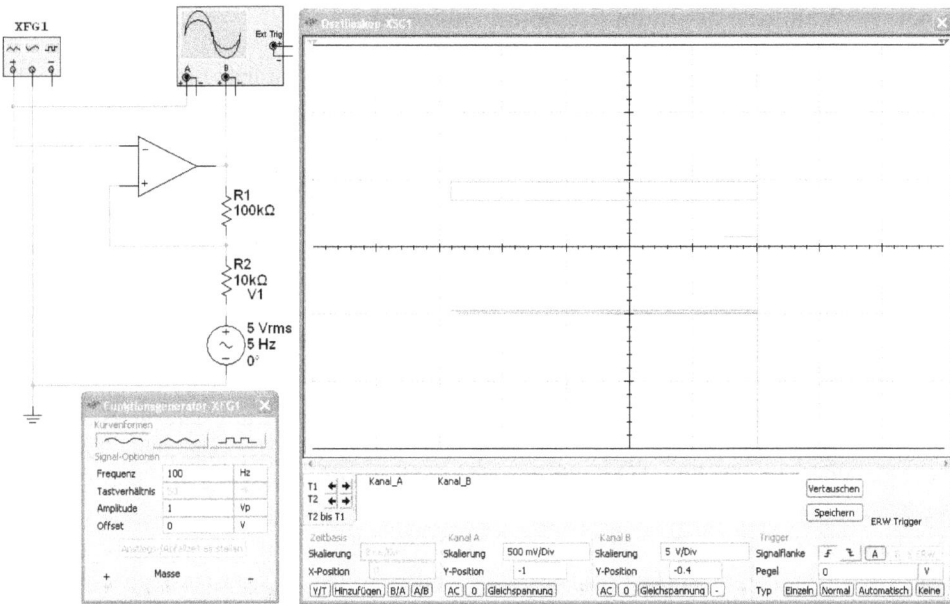

Abb. 7.28: Schaltung und Übertragungskennlinie eines Schmitt-Triggers mit nicht invertierendem Ausgang

Erhöht sich die Eingangsspannung, wird auch die Spannung U_x positiver. Überschreitet diese Spannung die 0-V-Grenze, kippt der Ausgang des Operationsverstärkers in die positive Sättigung. Damit ändert sich auch das Vorzeichen für die Spannung U_x. Verringert sich die Eingangsspannung, bleibt der Ausgang stabil in seiner Sättigung und die Spannung U_x errechnet sich aus

$$U_x = \frac{R_1}{R_2} \cdot (+U_{2sätt})$$

Durch die Verringerung der Eingangsspannung wird die Spannung U_x negativ und unterschreitet diese die 0-V-Grenze des invertierenden Eingangs, schaltet der Operationsverstärker um und die Ausgangsspannung befindet sich wieder in der negativen Sättigung. Durch diese Art der Mitkopplung entsteht eine Schalthysterese, die sich berechnen lässt aus

$$U_H = \frac{R_1}{R_2} \cdot [(+U_{2sätt}) - (-U_{2sätt})]$$

Die Schaltung lässt sich durch einen zweiten Eingangswiderstand ohne Problem erweitern und man erhält dann einen Additions-Schmitt-Trigger.

7.4 Netzgeräte mit Operationsverstärker

In Verbindung mit Operationsverstärkern lassen sich sehr einfach elektronische Netzgeräte aller Art entwickeln. Dabei sind jedoch einige spezifische Besonderheiten zu beachten.

7.4.1   Wahl der richtigen Spannungsreferenz

Spannungsreferenzen sind in der Praxis einfache Bausteine, wenn man die Vor- und Nachteile kennt. Es kann aber für den Anwender sehr mühsam sein, die richtige Referenz für eine gegebene Anwendung auszuwählen, es sei denn, man geht dabei methodisch vor.

Im Gegensatz zu den meisten elektronischen Netzgeräten hat eine Spannungsreferenz nur eine konstante Ausgangsspannung. Eine ideale Spannungsreferenz erzeugt eine konstante Ausgangsspannung, unabhängig von der Zeit, der Temperatur, der Eingangsspannung oder dem Lastwiderstand am Ausgang. Verschiedene Referenzen weisen unterschiedliche Methoden zur Annäherung an dieses ideale Modell auf, so dass es für eine optimale Wahl notwendig ist, die verfügbaren Typen und deren Leistungsmerkmale zu kennen.

Vor der Erfindung der Spannungsreferenz mit Transistoren musste der Entwickler diverse Batterien oder Spannungselemente als eine stabile Spannungsquelle verwenden. Beide Quellen sind netzunabhängig und bieten eine stabile und genau definierte Spannung, wenn man diese nicht belastet. Da ihre Ausgangsspannung jedoch stark temperaturabhängig ist, muss jeweils eine bestimmte Betriebstemperatur angenommen werden.

Ein genormtes Spannungselement besteht aus flüssigem Quecksilber und einer Elektrolytflüssigkeit in einem H-förmigen Glasbehälter. Obwohl dieses Element auf wenige ppm (parts per million) genau ist, kann es Wochen oder Monate dauern bis es sich von einer Überlast oder einer Seitenlage des Glasbehälters erholt!

Quecksilberelemente (Batterien) sind robuster. Neue Elemente können auf 2,5 Stellen genau sein und mehrere Jahre halten. Diese liefern jedoch nur einen Strom von einigen wenigen Milliampere. Obwohl sie noch immer in einigen tragbaren Geräten angewendet werden, wurden sie zum größten Teil durch moderne Referenzen mit geringem Eigenstromverbrauch (10 μA) ersetzt.

Die erste moderne Referenz ist die Z-Diode. Sie wird hauptsächlich zum Begrenzen einer Spannung sowie in Stromversorgungen verwendet und ist in einer Vielzahl von Spannungswerten, Gehäusetypen und Leistungsbereichen. Obwohl die Z-Diode selbst nicht stabil oder genau genug ist, um als Spannungsreferenz zu gelten, kann sie in einer Reihenschaltung mit einem Widerstand und einer ungeregelten Spannungsquelle eine sehr konstante Spannung erzeugen.

Der Temperaturkoeffizient der Z-Diode ist von ihrer Durchbruchspannung abhängig und ist bei einer Spannung von 6,3 V sehr gering. Ein gewöhnlicher pn-Übergang, in Reihe mit einer Z-Diode geschaltet, ergibt eine Schaltung, deren Spannungsfall (bei einem bestimmten Betriebsstrom) auf extrem geringe Temperaturkoeffizienten zugeschnitten werden kann. Diese Schaltungsweise ist als Referenzdiode bekannt und wurde bereits in vielen Entwicklungen eingesetzt. Wenn jedoch Temperaturkoeffizienten von weniger als 25 ppm/°C gefordert sind, wird das Prüfen, Abgleichen und Aussuchen geeigneter Dioden zu teuer.

Z-Dioden durchlaufen einen wohlbekannten Alterungsprozess und daher werden die besten Referenzdioden einem jahrelangen Fertigungsprozess (burn in) unterworfen, die durch Alterung verursachte Änderung der Ausgangsspannung auf ein Minimum zu begrenzen. Solche Bauelemente werden daher nicht von Herstellern der Z-Dioden gefertigt, sondern von Spezialfirmen sowie von Herstellern hochgenauer Spannungsmessgeräte und Spannungsreferenzen für Laboranwendungen.

Die Kombination einer Referenzdiode mit einem Operationsverstärker in einem hybriden Schaltkreis bezeichnet man als „verstärkende" Diode. Diese Spannungsreferenz hat in der analogen Schaltungstechnik viele Vorteile, aber nur wenige Nachteile. Anstatt Dioden zu prüfen und abzugleichen (ein Verfahren, das tausende von erfassten Messwerten für einige Bausteine bei vielen Temperaturen erfordert) kann man Operationsverstärker mit Referenzdioden verbinden und den Temperaturkoeffizienten mit herkömmlichen Abgleichmethoden für Operationsverstärker einstellen.

Um eine korrekte Einstellung zu gewährleisten, erfordert jede Referenzdiode zwar einen vollständigen Temperaturdurchgang, gefolgt von mehreren Abgleichvorgängen und einem zweiten Temperaturdurchgang, jedoch beträgt der resultierende Temperaturkoeffizient weniger als 1 ppm/°C. Die Hybrid-Referenzen MAX670 von Maxim werden auf diese Weise hergestellt und getestet. Der MAX670 verstärkt die Ausgangsspannung mittels eines internen Widerstandsnetzwerks auf $10,000\,\mathrm{V} \pm 1\,\mathrm{mV}$, unabhängig vom genauen Z-Strom und der für einen minimalen Temperaturkoeffizienten erforderlichen Spannung. Darüberhinaus ist der Operationsverstärker als 4-Draht-Versorgung mit getrennten Kontakten für Treiberstrom und Last ausgelegt, so dass der Einfluss von Spannungsfällen entlang der Verbindungsleitung eliminiert wurde. Demzufolge ist die Referenzspannung genau da verfügbar, wo sie benötigt wird und nicht nur an den Abgreifkontakten der „verstärkten" Diode. Dieses Merkmal ist äußerst wichtig für Anwendungen mit geringen ppm-Werten, da es Fehler durch Masseschleifen, thermische Spannungen und ohmsche Spannungsfälle in den Verbindungen – einschließlich (falls vorhanden) des Sockels der Referenzspannung selbst – ausschließt. Bei einem Ausgangsstrom von 1 mA erzeugt ein Leitungswiderstand der gedruckten Schaltung von $10\,\mathrm{m\Omega}$ einen Fehler von $10\,\mu\mathrm{V}$ (1 ppm).

Die Kelvin-Verbindungen erlauben des weiteren auch die Abgabe größerer Lastströme. Falls notwendig, kann der Laststrom durch Hinzufügen eines externen Durchlasstransistors in der Rückführungsschleife auf mehrere Ampere (ohne Einfluss der Genauigkeit) erhöht werden. Die verstärkte Referenzdiode erlaubt die Realisierung einer hochgenauen Spannungsquelle, da ein nachträgliches Abstimmen der Platinen nach der Fertigung überflüssig wird. Sie gewährleistet darüber hinaus eine Wiederholbarkeit der Leistungswerte, sowohl in der Serienfertigung als auch später am Einsatzort.

Der Nachfolger der Z-Diode ist die Bandgap-Referenz. Eine Bandgap-Referenz kann praktisch nicht aus Einzelbauelementen hergestellt werden und wurde erst durch die Technologie der integrierten Bausteine möglich. Bandgap-Referenzen basieren auf einem sowohl einfachen als auch wirkungsvollen Prinzip. Das Problem besteht darin, dass vorwärts gepolte Dioden aus Silizium einen genau definierten Temperaturkoeffizienten von $2\,\mathrm{mV/°C}$, aber eine schwer zu kontrollierende Offsetspannung aufweisen. Die Lösung besteht darin, beispielsweise 11 identische Dioden für guten thermischen Abgleich dicht beieinander auf einem Siliziumträger herzustellen. Schaltet man nun diese mit Ausnahme einer zentral gelegenen Diode alle anderen parallel und betreibt dann die zentrale Diode und die restliche Gruppe mit jeweils einem identischen Strom, so wird die zentrale Diode mit einer etwa zehnfachen Stromdichte betrieben. Die Spannung der zentralen Diode hat einen negativen Temperaturkoeffizienten, während die Differenzspannung (zwischen der einzelnen Diode und der Gruppe) einen positiven Temperaturkoeffizienten aufweist.

Wenn man die Schaltung nun so einstellt, dass die Summe aus der Spannungsdifferenz (multipliziert mit einem Verstärkungsfaktor) und der Spannung der zentralen Diode gleich der Bandgap-Spannung von Silizium ist (1,205 V), dann wird der Temperaturkoeffizient der Summe idealerweise einen Wert von Null aufweisen. Man hat eine Bandgap-Schaltung für eine Referenz.

Der zweipolige Baustein ICL8069 von Maxim arbeitet wie eine Z-Diode, stellt aber eine Bandgap-Referenz dar. Im Gegensatz zu Z-Dioden weist eine Bandgap-Referenz jedoch eine niedrige Spannung (1,23 V) sowie einen scharfen Knick im unteren Betriebsspannungsbereich auf. Die Spannung ändert sich für Ströme zwischen 20 μA und 5 mA nur um weniger als 15 mV. Durch ihre geringe Spannung und den kleinen Ausgangsströmen eignen sich Bandgap-Referenzen für Rückkopplungsnetzwerke, als Vorspannung für Operationsverstärker und für andere Schaltungen, in denen eine Z-Diode auf Grund der Spannung von 6 V nicht geeignet ist.

Zur Auswahl der optimalen Referenzspannungsquelle für bestimmte Anwendungen ist es notwendig, nicht nur die unterschiedlichen Typen von Referenzen, sondern auch die jeweiligen Definitionen zu kennen, die die Hersteller zur Kennzeichnung der Leistungsmerkmale der Referenzen verwendet. Die einzelnen Parameter werden im Folgenden beschrieben.

- Genauigkeit: Dies ist ein vieldeutiger Ausdruck. Genaugenommen wird die Genauigkeit berechnet als 1 minus dem Bruch aus der Summe aller Abweichungen vom idealen Ausgangswert dividiert durch den Idealwert, multipliziert mit 100 %. Eine ideale Referenz besitzt daher eine Genauigkeit von 100 %. Im allgemeinen Gebrauch werden jedoch die Ausdrücke „Genauigkeit" und „Gesamtfehler" gleichermaßen benutzt. Eine Referenz mit 1-%-Genauigkeit wird normalerweise als eine Referenz mit einem Gesamtfehler von 1 % verstanden.

- Fehler: Hierbei handelt es sich um eine Abweichung vom Idealwert. Fehler von Spannungsreferenzen werden entweder als Absolutfehler ausgedrückt (z. B. in Millivolt), in Prozent oder als „Parts per Million" (ppm).

- Anfangsgenauigkeiten: Hinter diesem Begriff versteht man die Toleranz der Ausgangsspannung nach dem Einschalten der Betriebsspannung. Dieser Wert wird normalerweise ohne Last oder über einen bestimmten Lastbereich gemessen. Für viele Anwendungen stellt die Anfangsgenauigkeit den wichtigsten Wert dar. Bei preiswerten Referenzen kann dies die einzige Angabe zur Genauigkeit sein.

- Einschaltdrift: In der Praxis bezeichnet man diesen Wert als eine Abweichung der Ausgangsspannung über einen bestimmten Zeitbereich nach dem Einschalten der Betriebsspannung. Die Anfangsgenauigkeit wird selten über einen definierten Zeitraum gemessen, d. h. bei den modernen ICs handelt es sich fast immer nur um wenige Sekunden. Eine Ausnahme ist die Referenz mit Substratheizung, die mehrere Minuten bis zur völligen Stabilisierung benötigt. Mit oder ohne Heizung zeigen die meisten Referenzen gewisse Änderungen während der ersten Sekunden oder Minuten nach dem Einschalten. Die Einschaltdrift ist normalerweise asymptotisch und stellt einen wichtigen Kennwert für tragbare Geräte dar, die die Referenz, zur Verlängerung der Batterielebensdauer, jeweils nur kurzfristig einschalten.

- Kurzzeitdrift: Ähnlich der Einschaltdrift, diese wird jedoch für einen kurzen Zeitraum (bis zu einigen Minuten) zu jeder beliebigen Zeit nach dem Einschalten angegeben. Sie ist in Datenblättern oft als Messkurve oder Oszillogramm dargestellt. Die Kurzzeitdrift unterscheidet sich nur durch ihre Maßeinheit vom Rauschen. Beide Werte sind gering, unvorhersehbar und zufällig.

- Langzeitdrift: Hierbei handelt es sich um eine langsame Änderung der Referenzspannung, die im Dauerbetrieb über Minuten, Tage oder Monate stattfindet. Die Langzeitdrift, im Allgemeinen in ppm/1000 h angegeben, stellt eine Form von Rauschen dar und ist daher ebenfalls zufällig bzw. unvorhersehbar. Da Messungen der Langzeitdrift zeitaufwendig und teuer sind, wird diese Kenngröße lediglich durch Stichprobenversuche ermittelt. Es ist zu beachten, dass diese Ermittlung keine Garantie für zukünftiges Verhalten abgeben kann, die statistische Datenanalyse belegt jedoch die Vertrauenswürdigkeit dieser Versuchsergebnisse.

- Alterung: Hierunter versteht man eine langsame Änderung der Referenzspannung durch Langzeitänderungen für den Kennwert im Referenzbaustein. Alterung und Langzeitdrift sind jedoch nicht identisch. Alterung bewirkt eine langsame Änderung der Referenzspannung in eine bestimmte Richtung, während Langzeitdrift zufällige Abweichungen erzeugt.

- Rauschen: Durch den Referenzbaustein wird ein elektrisches Rauschen am Ausgang erzeugt, das meistens der Referenzspannung überlagert ist. Es kann sich dabei um thermisches Breitbandrauschen handeln, um Spitzen des Breitbandrauschens mit niedriger Frequenz (Popcorn-Rauschen), oder um $1/f$-Schmalbandrauschen. Das thermische Rauschen ist gering und lässt sich mittels einer einfachen RC-Schaltung herausfiltern, es sei denn, die Anwendung erlaubt diese Möglichkeit nicht. Bei Anwendungen, bei denen die Referenz nur kurzzeitig eingeschaltet wird, fallen die meisten Formen von Rauschen unter die Kategorie der Anfangsgenauigkeit.

- Temperaturdrift: Änderung der Ausgangsspannung über der Temperatur, gemessen in ppm/°C oder %/°C. Dieser Wert ist normalerweise die zweitwichtigste Kenngröße nach der Anfangsgenauigkeit und wird bei Anwendungen, bei denen die Anfangsgenauigkeit mittels einer einstellbaren Verstärkung kompensiert werden kann, die Wichtigste. Drei Verfahren zur Kennzeichnung sind in der Praxis üblich:

  1. Beim Gradientenverfahren handelt es sich um eine Kurve, die das ungünstigste (höchste) dv/dt-Verhältnis über dem nutzbaren Temperaturbereich darstellt. Dieses Verfahren, das zum größten Teil für ältere Militärprodukte verwendet wird, erlaubt Berechnungen für den schlimmsten Fall und geht (fälschlicherweise) davon aus, dass sich die Drift linear verhält. Es tritt in der Praxis aber folgendes Problem auf: Der Ort des Maximalwerts innerhalb der Steigung lässt sich nämlich nicht definieren.

  2. Beim Rahmenverfahren wird ein Rahmen an der Unter- und Obergrenze der Ausgangsspannung über den nutzbaren Temperaturbereich gelegt. Diese Methode entspricht dem Testverfahren und liefert bessere Abschätzungen des wirklichen Fehlers als das Gradientenverfahren. Der Rahmen garantiert Grenzwerte für den Temperaturfehler, sagt aber ebenso wenig über die genaue Form und die Steigung des Ausgangssignals aus wie dies beim Gradientenverfahren der Fall ist.

  3. Beim Schmetterlingsverfahren hat man genau definierte Grenzwerte, die einen Referenzpunkt (bei 25 °C) durch eine Maximal- und eine Minimalkurve führen, und zwei weitere Messpunkte entlang der Kurve beinhalten. Nimmt man Messkurven auf und zeichnet diese in ein Diagramm ein, ergibt sich die Form eines Schmetterlings. Beachten Sie bei den einzelnen Diagrammen, dass dargestellte numerische Fehlerwerte nicht einfach zu vergleichen sind, jedoch kann man diese in einen Rahmen umwandeln, indem man eine Diagonale durch dem Messpunkt zieht. Die Steigung erlaubt dem Anwender dann einen genauen Vergleich der einzelnen Verfahren zu erzielen.

- Selbsterwärmung: Eine Temperaturänderung und eine resultierende Abweichung der Ausgangsspannung wird durch das Fließen des Laststroms durch die Referenz verursacht. Dieser Effekt ist trügerisch, da er mehrere Zeitkonstanten aufweist, die sich im Bereich von Mikrosekunden bis Sekunden bewegen. Selbsterwärmung findet man in den Datenblättern nur sehr selten, da sich diese nicht in schnellen Messungen der Leitungs- und Lastausregelung zeigen. Als Anwender kann man eine Referenz wählen, die für den höchsten Laststrom der Schaltung spezifiziert ist oder man kann eine Selbsterwärmung ausschließen, indem man einen externen Transistor oder Verstärker für den Laststrom nachschaltet. Die monolithische 1-ppm-Referenz MAX676 bietet dem Anwender eine weitere Möglichkeit, denn dieser Baustein beinhaltet eine aktive Schaltung, die auch intern eine konstante Leistungsverteilung aufrecht erhält, wenn sich der Laststrom ändert.
- Lastausregelung: Durch eine Änderung des Laststroms wird ein Fehler verursacht. Ebenso wie die Ausregelung von Betriebsschwankungen erfasst dieser Gleichstromkennwert den Effekt von Lastspitzen nicht.
- Ausregelung von Schwankungen der Betriebsspannung: Es handelt sich um einen Fehler, der durch eine Änderung der Eingangsspannung verursacht wird. Dieser Gleichstromkennwert erfasst jedoch nicht die Wirkungen der Spannungswelligkeit und der Leistungsspitzen. Die modernen IC-Spannungsreferenzen für batteriebetriebene Geräte sind ihren Vorfahren sowohl bezüglich der Leistungsausregelung als auch bezüglich der damit nahe verwandten Kenngröße der Dropout-Spannung (die mit der zulässigen Mindesteingangsspannung zusammenhängt) weit überlegen.
- Dropout-Spannung: Die Mindestdifferenz zwischen Ein- und Ausgangsspannung, bei der ein ordnungsgemäßer Betriebszustand noch gewährleistet ist. Die Dropout-Spannung wird manchmal im Datenblatt mit angegeben, aber meistens erscheint dieser Wert als der untere Signalspannungspegel in den Randbedingungen auf dem Datenblatt der Leistungsausregelung. Die Angabe der Dropout-Spannung ist besonders wichtig, wenn eine Referenz mit einer Ausgangsspannung von 4,096 V (für 12-Bit-Wandler erforderlich) an einer Betriebsspannung von +5 V betrieben wird.
- Schwankungsverhalten: Hierunter versteht man das Verhalten des Ausgangs einer Spannungsreferenz in Abhängigkeit von einer schnellen Schwankung der Eingangsspannung oder des Ausgangsstroms. Spannungsreferenzen sind nämlich keine Stromversorgungen und diese eignen sich auch nicht zum Ausgleichen von Signalschwankungen. Einige Datenblätter zeigen Oszillogramme oder typische Kurven des Transienten- und Wechselstromverhaltens, aber nur selten werden diese Werte garantiert. Im Allgemeinen ist es erforderlich, zusätzliche Schaltungen zum Schutz der Referenz für Last- und Leistungsschwankungen vorzusehen.

Dieser Überblick für die unterschiedlichen Spannungsreferenzen und ihre Kenndaten bietet dem Anwender den größten Teil der Information, die man zur Auswahl einer Referenz für seine bestimmte Anwendung benötigt.

7.4.2   Einfache Referenzspannungsquellen

Bei der einfachen Spannungsstabilisierung arbeitet man mit Referenzdioden, wie dies bei der 1N4632 der Fall ist. Durch den nachgeschalteten Operationsverstärker lassen sich dann die unterschiedlichen Ausgangsspannungen erreichen.

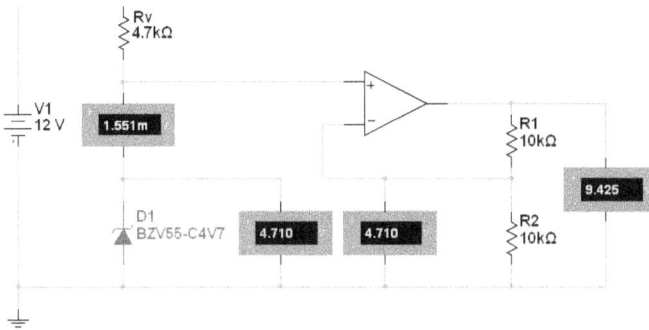

Abb. 7.29: Konstantspannungsquelle für positive Ausgangsspannungen

Bei der Schaltung in Abb. 7.29 liegt die Spannung der Z-Diode direkt an dem nicht invertierenden Eingang. Die Verstärkung der Ausgangsspannung wird durch die beiden Widerstände in der Rückkopplung bestimmt. Die Ausgangsspannung errechnet sich aus

$$U_2 = U_z \left(\frac{R_2}{R_1} + 1 \right)$$

Wählt man die beiden Widerstände gleich groß, ergibt sich eine Verdopplung der Z-Diodenspannung. Die Ausgangsspannung lässt sich im Bereich zwischen der Z-Diodenspannung und der Sättigungsspannung am Ausgang des Operationsverstärkers durch das Verhältnis der beiden Widerstände entsprechend einstellen. Eine Ausgangsspannung unter der Z-Diodenspannung ist aber nicht möglich.

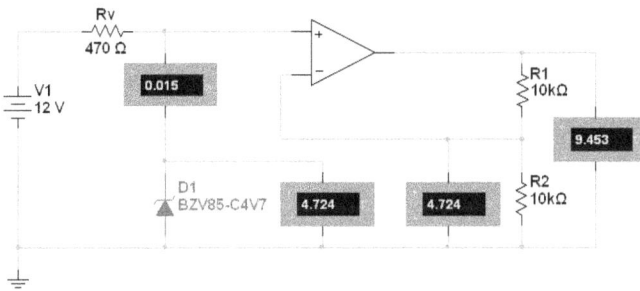

Abb. 7.30: Konstantspannungsquelle mit nachgeschaltetem Spannungsfolger

Wenn man eine Konstantspannung benötigt, die identisch mit der Z-Diodenspannung ist, verwendet man die Schaltung von Abb. 7.30. Der Operationsverstärker arbeitet als Elektrometerverstärker und durch den sehr hohen Eingangswiderstand wird die Z-Diodenschaltung nicht belastet. Es kann auch zu keiner Eigenerwärmung der Z-Diode kommen. Am Ausgang kann je nach Operationsverstärkertyp ein entsprechend hoher Strom fließen. Ändert sich die Betriebsspannung des Operationsverstärkers, bleibt die Ausgangsspannung konstant, außer die Betriebsspannung erreicht den Wert der Z-Spannung.

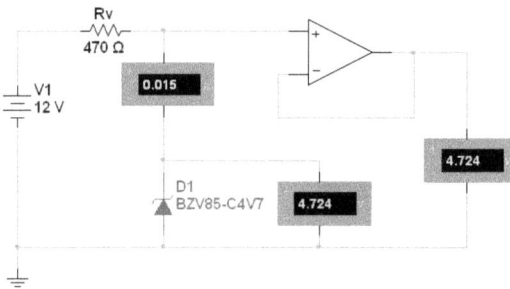

Abb. 7.31: Invertierende Konstantspannungsquelle

Benötigt man eine negative Konstantspannungsquelle, setzt man die Schaltung von Abb. 7.30 ein. Die Z-Diode erzeugt am Eingang einen konstanten Spannungswert, der vom Operationsverstärker invertiert und verstärkt wird. In diesem Fall arbeitet die Schaltung mit einem Verstärkungsfaktor von $V = 2$. Durch die beiden Widerstände lässt sich jede beliebige negative Ausgangsspannung zwischen 0 V und dem negativen Sättigungswert des Operationsverstärkers erzeugen.

Die Arbeitsweise dieser drei Schaltungen ist optimal, aber durch Fehler in der Realisierung können folgende Probleme auftreten:

- Masse: Bei einem Rauschen oder einer Offsetspannung am Masseknoten treten Fehler im Messergebnis auf. Alle Messungen sollten den gleichen Referenzpunkt benutzen, der an dem Massekontakt der Referenz angeschlossen ist.

- Rauschen und Störimpulse: Stellen Sie mittels eines Oszilloskops sicher, dass die Ausgangsspannung am Referenzausgang stabil und dass kein Rauschen vorhanden ist. Wie auch bei Operationsverstärkern, können Lasten mit sehr hoher Kapazität diverse Schwingungen bewirken. Betrachtet man sich den Spannungswert an dem Referenzausgang mit seinen hochfrequenten Schwingungen nur mittels eines Digitalvoltmeters oder mit einem langsamen Oszilloskop, kann es erscheinen, dass die Anfangsgenauigkeit und seine Stabilität in Ordnung sind. Im Betrieb treten aber durch die nicht erkannten HF-Schwingungen unerwünschte Effekte in der Schaltung auf. Suchen Sie mit dem Oszilloskop auch nach Spitzen auf dem Referenzausgang, die durch schnell wechselnde Lastströme auftreten, wie diese beispielsweise an Referenzeingängen einiger AD-Wandler entstehen.

- AD-Wandler: Diese Bausteine, speziell die nach der sukzessiven Annäherung arbeiten, beinhalten schnelle Schalter, die an der Spannungs- bzw. Stromquelle und den Referenzeingängen extrem schmale, aber energiereiche Stromimpulse erzeugen können. Diese Fehlerquelle kann man mit einem Referenzpuffer in Form eines Verstärkers mit einer Ausgangsleistung von 1 W bis 10 W unterbinden. Entgegen erster Intuition kann man durch Zuschalten einer Kapazität zwischen der Referenzspannungsleitung und Masse die Situation noch verschlechtern.

- Pufferung: Die Genauigkeit der Referenz wird durch die Anfangsoffsetspannung, die Temperaturdrift der Offsetspannung und die Verstärkungsfehler der meisten Puffer drastisch reduziert, wenn der Puffer einfach an den Referenzausgang angeschlossen wird. Der Puffer wird günstigerweise direkt in die Rückkopplungsschleife der Referenz eingeschaltet.

Einige Spezifikationen lassen sich nicht durch Schaltungsänderungen verbessern. Andere können jedoch durch Modifikationen der externen Beschaltung verbessert werden. Dieses Verfahren kann dem Anwender beim Kauf einer Qualitätsreferenz viel Zeit und Geld sparen.

- Temperatur: Im unwahrscheinlichsten Fall, dass ein Temperaturkoeffizient von 0,6 ppm/ °C der Spannungsquellen nicht ausreicht, kann man durch einen zusätzlichen Ofen die Umgebungstemperatur der Referenzdiode regeln. Viele Referenzen weisen einen praktischen PTAT-Ausgang (Proportional To Absolute Temperature = proportional zur absoluten Temperatur) auf. Mit dessen Hilfe, einem Operationsverstärker und einem Leistungstransistor, in engem thermischen Kontakt mit der Referenz, lässt sich die Genauigkeit erhöhen. Für batteriebetriebene Geräte, die von einer Person bedient werden, kann die PTAT-Spannung wahlweise auch einen Komparator treiben, der auf dem Bedienerpult ein Warnsignal anzeigt, wenn die Ergebnisse möglicherweise außerhalb des zulässigen Messbereichs liegen.
- Leitungsausregelung: Eine Z-Diode oder ein IC-Regler kann durch seine Filter- und Aufbereitungswirkung der Leitungsausregelung sowie die Ausfilterung von Leitungsschwankungen und Leitungswelligkeit beträchtlich verbessern. Andererseits liefern die meisten Referenzen nur wenige Milliampere, so dass ein einfacher und preiswerter RC-Ausgangsfilter möglicherweise genügt.
- Rauschen: Durch Zuschalten eines einfachen RC-Tiefpassfilters kann das Ausgangsrauschen reduziert werden, jedoch sollte der Kondensator einen geringen ESR-Wert aufweisen, um auch im hörbaren Bereich wirksam zu sein. Überprüfen Sie das Datenblatt bevor Sie einen Kondensator zuschalten, denn eine zu große Kapazität kann zu undefinierten Schwingungen führen.
- Abgabe- und Aufnahmefähigkeit sowie Lastausregelung: Ein externer Pufferverstärker kann einen höheren Laststrom abgeben. Stellen Sie jedoch sicher, dass die benutzte Referenz diverse Treiber- und Messanschlüsse besitzt, damit man das Durchlass- bzw. Verstärkerelement innerhalb der Rückkopplungsschleife betreiben kann.

7.4.3 Konstantspannungsquellen

Spannungsstabilisierungsschaltungen erzeugen eine annähernd konstante Ausgangsspannung bei schwankender Eingangsspannung und veränderlichem Laststrom. Die Güte der Stabilisierung wird ausgedrückt durch den Ausgangswiderstand der Schaltung und durch den Stabilisierungsfaktor. Bei der Serienstabilisierung ist das Stabilisierungsglied (Längstransistor) in Reihe mit dem Verbraucher geschaltet. An diesem Längstransistor fällt die Differenz zwischen Eingangs- und Ausgangsspannung ab. Es muss nur für die meist kleine Differenzspannung, aber für den vollen Laststrom ausgelegt sein. Diese Stabilisierungsschaltung ist leerlauffest, im Allgemeinen jedoch nicht ohne besondere Schutzmaßnahme kurzschlussfest. Die in ihr umgesetzte Verlustleistung ist bei Leerlauf minimal, steigt mit wachsendem Laststrom aber erheblich an. Diese ist jedoch in der Regel bei Höchststrom nur ein Bruchteil der Netzleistung.

Bei der Schaltung in Abb. 7.32 arbeitet der Operationsverstärker als Differenzverstärker und diese Referenzspannungsquelle ist in vielen IC-Reglern vorhanden. Während bei den Schaltungen von Abb. 7.29, 7.30 und 7.31 die Betriebsspannung für die Z-Diode verwendet wurde, hat man in diesem Fall die Ausgangsspannung des Operationsverstärkers zur Verfügung. Der

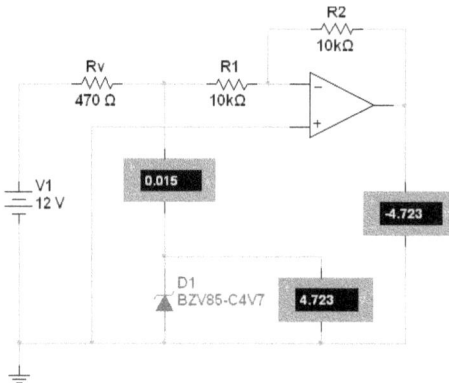

Abb. 7.32: Referenzspannungsquelle für IC-Regler

Glättungsfaktor wird daher durch die Betriebsspannungsunterdrückung und der Offsetspannung mit

$$G = \frac{\Delta U_b}{\Delta U_0}$$

bestimmt. Bei dieser Schaltung erkennt man wieder die Zusammenhänge der Differenzspannung zwischen den beiden Eingängen des Operationsverstärkers mit $U_D \approx 0\,V$.

Bei der Schaltung von Abb. 7.33 stehen zwei Ausgangsspannungen zur Verfügung. Entweder man greift direkt die Ausgangsspannung an der Z-Diode ab und erhält $U_2 = 4,73\,V$ oder am Ausgang des Operationsverstärkers mit $U'_2 = 5,99\,V$. Die Ausgangsspannung U'_2 errechnet sich aus

$$U'_2 = U_z \left(\frac{R_2 + R_3}{R_2} \right) = 4,63\,V \left(\frac{6,8\,k\Omega + 1,8\,k\Omega}{6,8\,k\Omega} \right) = 5,99\,V$$

Durch die beiden Widerstände R_2 und R_3 lässt sich die Eingangsspannung entsprechend einstellen.

Schaltet man einen Pufferverstärker für die Referenzspannungsquelle von Abb. 7.33 nach, erhält man die Schaltung von Abb. 7.32. Zwischen der Referenzspannungsquelle und dem Pufferverstärker befindet sich ein RC-Tiefpass, der nicht nur das Rauschen um etwa 60 dB weitgehend unterdrückt, sondern auch Spannungsschwankungen zwischen den beiden Schaltkreisen ausgleichen kann.

Durch die direkte Ansteuerung des Längstransistors über den Operationsverstärker lässt sich der Laststrom entsprechend anheben. Bei der Schaltung in Abb. 7.34 ist der Transistor eingeschaltet. Am Kollektor des Längstransistors befindet sich die Gleichspannung von $+9\,V$, die in Verbindung mit der Wechselspannung eine Mischspannung für die Untersuchung der Stabilität erzeugt. Wie das Oszillogramm zeigt, ergibt sich eine Glättungsfaktor von

$$G = \frac{\Delta U_B}{\Delta U_0} = \frac{1\,V}{1\,\mu V} = 1\,000\,000$$

und damit ein sehr hohes Regelverhalten der Schaltung. Die Änderung der Ausgangsspannung ist praktisch nicht messbar.

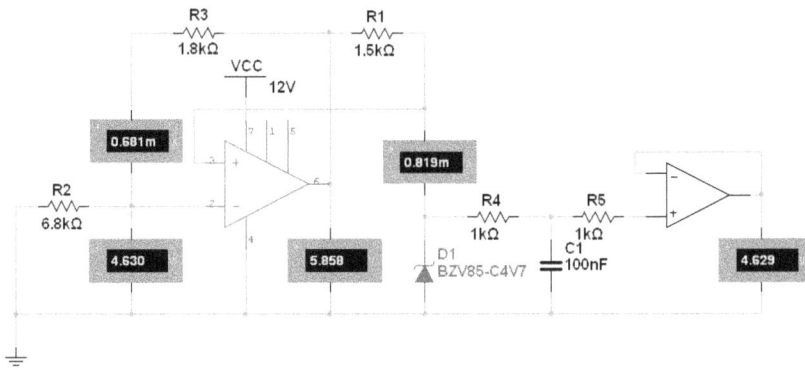

Abb. 7.33: Referenzspannungsquelle mit nachgeschaltetem Pufferverstärker

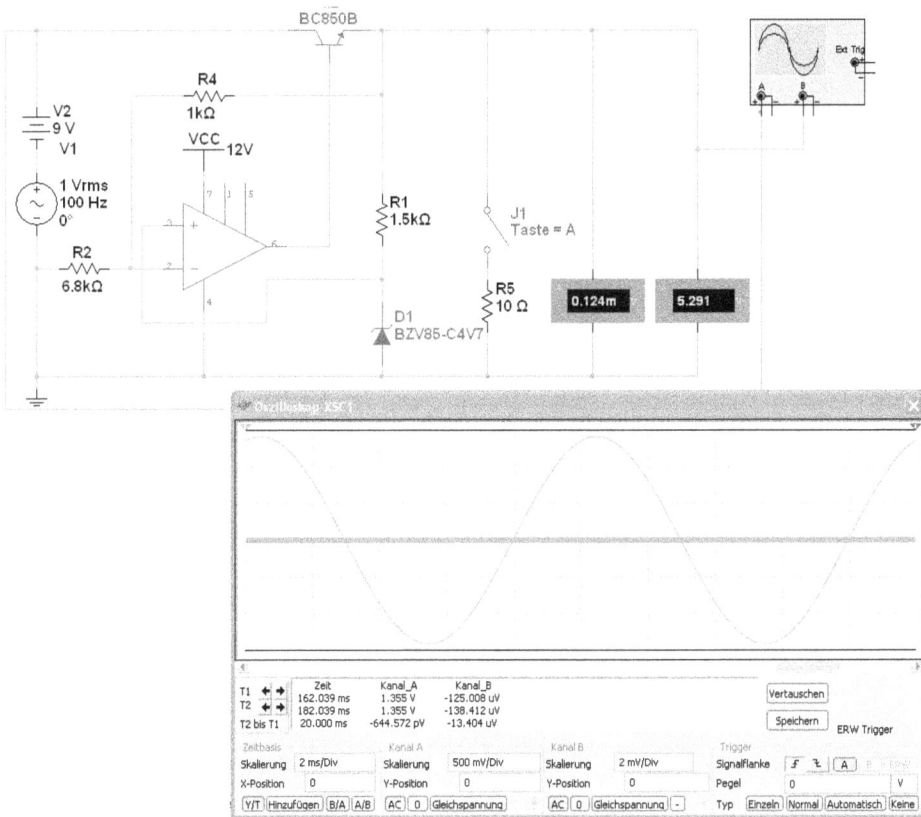

Abb. 7.34: Referenzspannungsquelle mit Längstransistor

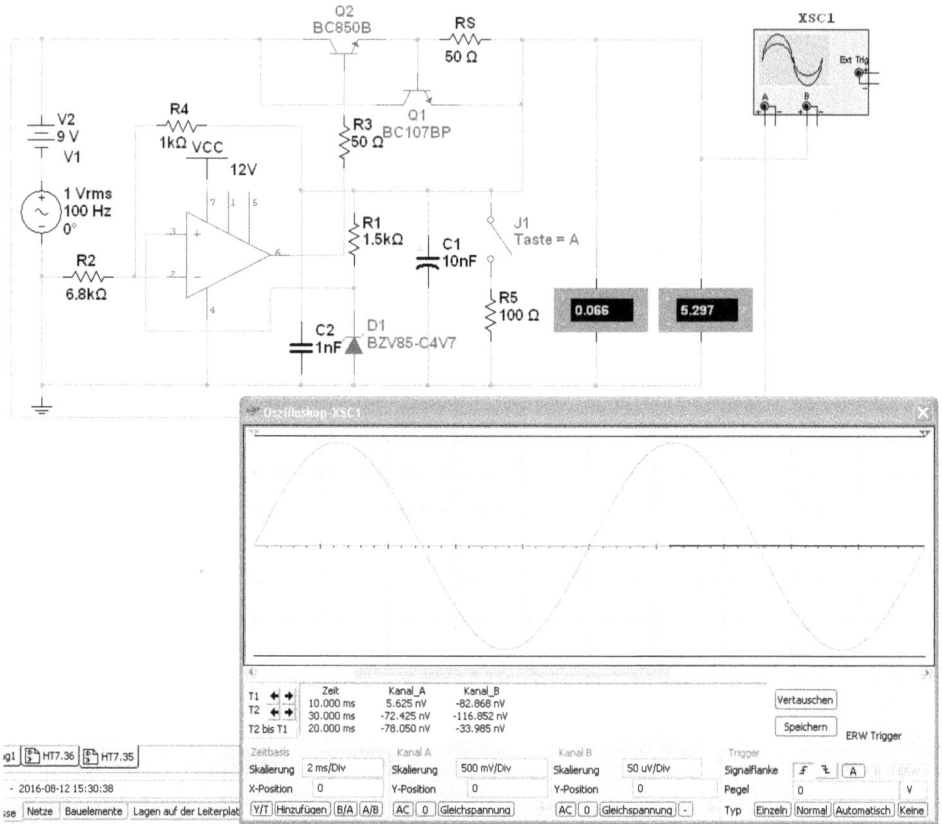

Abb. 7.35: Referenzspannungsquelle mit elektronischer Sicherung

Die Schaltung von Abb. 7.34 hat einen Nachteil, denn es fehlt die elektronische Sicherung, wie sie in Abb. 7.35 vorhanden ist. Durch den Widerstand R_S der elektronischen Sicherung fließt ein Strom und dieser verursacht einen Spannungsfall. Wird dieser Spannungsfall größer als $U_{BE} \approx 0{,}6\,V$, schaltet der Transistor BC107 durch und der Basisstrom für den BC141 reduziert sich entsprechend. Der Auslösestrom berechnet sich aus

$$I_L \approx \frac{U_{BE}}{R_S}$$

Durch den Schalter kann man den Lastwiderstand zu- oder abschalten. Auch lässt sich der Lastwiderstand nach den Wünschen des Anwenders simulieren.

7.4.4 Einstellbares Netzgerät

Operationsverstärker eignen sich durch die hohe Leerlaufverstärkung als Fehlerverstärker zur Erzeugung konstanter Gleichspannungen am Ausgang.

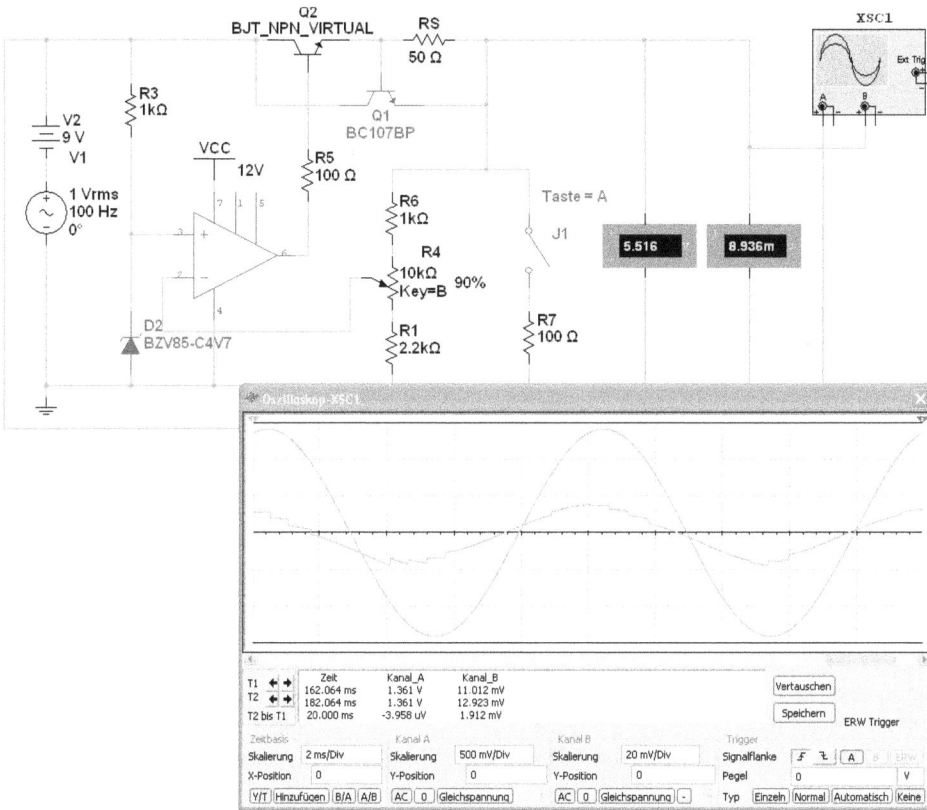

Abb. 7.36: Einstellbares Netzgerät von 6 V bis 12 V mit elektronischer Sicherung

Bei dem einstellbaren Netzgerät in Abb. 7.36 besteht die Schaltung aus mehreren Teilen. Die Z-Diode erzeugt den Sollwert für das Netzgerät, während der Spannungsteiler am Ausgang den Istwert liefert. Der Operationsverstärker bildet aus dem Soll- und Istwert die Regeldifferenz, die den Längstransistor ansteuert. Die Ausgangsspannung U_2 ist vom Verhältnis der beiden Widerstände und der Stellung des Potentiometers abhängig. Befindet sich der Schleifer des Potentiometers oben, liegt die Ausgangsspannung an und an dem invertierenden Eingang des Operationsverstärkers befindet sich der höchste Spannungswert für den Sollwert. Die Ausgangsspannung des Netzgeräts hat einen Wert von 6 V. Verstellt man den Schleifer, verringert sich die Spannung an dem invertierenden Eingang und damit steigt die Ausgangsspannung an. Je nach Stellung des Potentiometers erreicht man einen Wert zwischen 6 V und 12 V.

7.4.5 Endstufe mit Darlingtonschaltung

Sollen nun größere Leistungen an einem niederohmigen Lastwiderstand entstehen, so müssen in der Endstufe Leistungstransistoren verwendet werden, die aber einen relativ niedrigen Stromverstärkungsfaktor B haben. Man verwendet daher in Endstufen meist Darlingtonschaltungen. Sie bestehen aus je zwei Transistoren und sind hintereinandergeschaltet.

In der Elektronik kennt man folgende Darlingtonschaltung:
- Darlingtonschaltung mit zwei NPN-Transistoren
- Darlingtonschaltung mit zwei PNP-Transistoren
- Darlingtonschaltung mit einem NPN- und PNP-Transistor

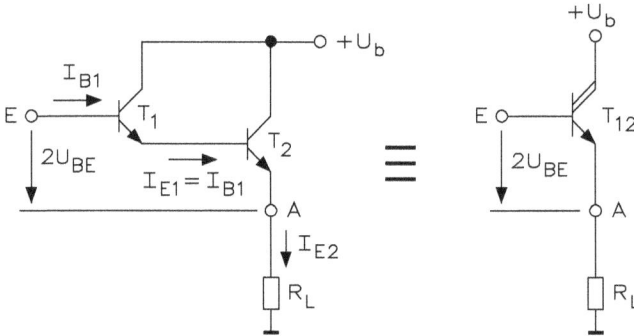

Abb. 7.37: Darlingtonschaltung mit zwei NPN-Transistoren

Da der Basisstrom des Endtransistors T_2 in Abb. 7.37 gleichzeitig der Emitterstrom des Transistors T_1 ist, beträgt der Ausgangsstrom $I_{E2} = B_1 \cdot B_2$. Die Stromverstärkung der Darlingtonschaltung ist also sehr groß. Mit $B_1 = 100$ und $B_2 = 30$ erreicht man eine Gesamtstromverstärkung von $B = B_1 \cdot B_2 = 100 \cdot 30 = 3000$fach. Dieser hohe Stromverstärkungsfaktor übersetzt einen Lastwiderstand von $4\,\Omega$ auf einen Eingangswiderstand der Endstufe von

$$R_{in} = B \cdot R_L = 3000 \cdot 4\,\Omega = 12\,k\Omega$$

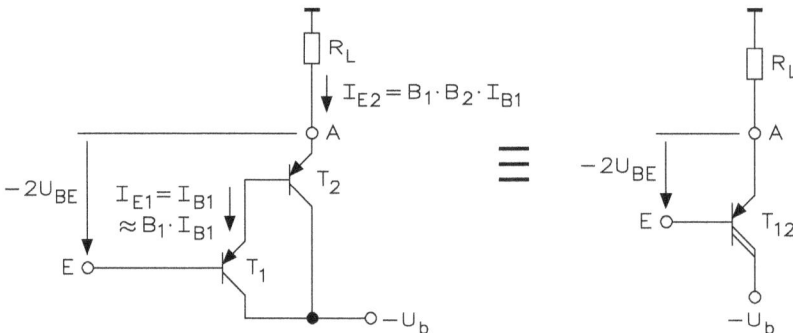

Abb. 7.38: Darlingtonschaltung mit zwei PNP-Transistoren

Abb. 7.37 ist eine Stromquelle gezeigt, da der Strom aus dem Transistor T_2 über den Widerstand R_L nach Masse abfließt. In der Schaltung von Abb. 7.38 ist das Verhalten genau umgekehrt, denn es lässt sich eine Stromsenke realisieren, d. h. der Strom fließt von 0 V durch den Transistor T_2 nach $-U_b$ ab.

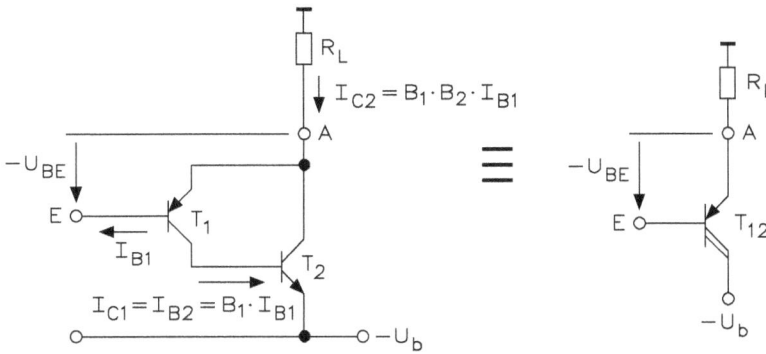

Abb. 7.39: Quasidarlingtonschaltung

Für eine Endstufe wird auch eine Quasidarlingtonschaltung (Komplementärstufe) aus einem PNP- und einem NPN-Leistungstransistor eingesetzt, wie Abb. 7.39 zeigt.

7.4.6 Einstellbares Netzgerät mit gepuffertem Ausgang

Wenn man die Grundschaltung für ein stabilisiertes Netzgerät mit einem zweiten Operationsverstärker erweitert, erhält man ein einstellbares Netzgerät, wie Abb. 7.40 zeigt.

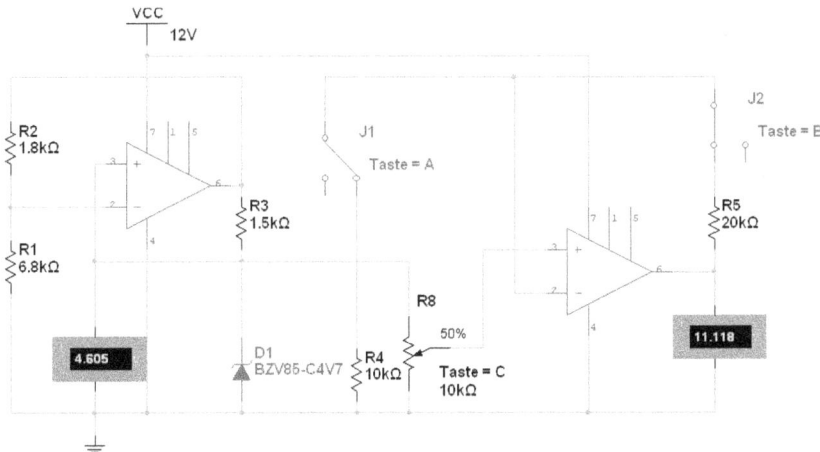

Abb. 7.40: Einstellbares Netzgerät von 0 V bis 4,4 V bzw. 13,2 V mit gepuffertem Ausgang. Durch den Umschalter kann man zwischen den beiden Verstärkungsbereichen wählen.

Bei dem linken Operationsverstärker lässt sich entweder der direkte Ausgang verwenden oder man greift die Spannung an der Z-Diode ab. Da die Z-Diode C4V7 verwendet wird, ergibt sich eine Spannung von $U_Z = 4,7\,V$. Diese Spannung liegt über einem Potentiometer an dem nicht invertierenden Verstärker.

Der rechte Operationsverstärker arbeitet im nicht invertierenden Betrieb, wobei man zwischen einer Verstärkung von V = 1 und V = 3 wählen kann. In der Verstärkung von V = 1 arbeitet der Operationsverstärker in seiner Elektrometerverstärkung. Die Verstärkung von V = 3 errechnet sich aus

$$V = 1 + \frac{20\,k\Omega}{10\,k\Omega} = 1 + 2 = 3$$

Damit wird die Spannung am Schleifer des Potentiometers um V = 3 verstärkt.

7.4.7 Einstellbares Netzgerät mit Längstransistor

Die Ausgangsleistung eines Operationsverstärkers lässt sich durch einen Längstransistor vervielfachen. Reicht die Ausgangsleistung nicht aus, setzt man eine Darlingtonstufe ein. Damit lassen sich ohne Probleme einstellbare Netzgeräte bis zu einem maximalen Ausgangsstrom von 2 A realisieren. Durch weitere Schaltungsmaßnahmen kann man aber Werte bis zu 10 A erreichen.

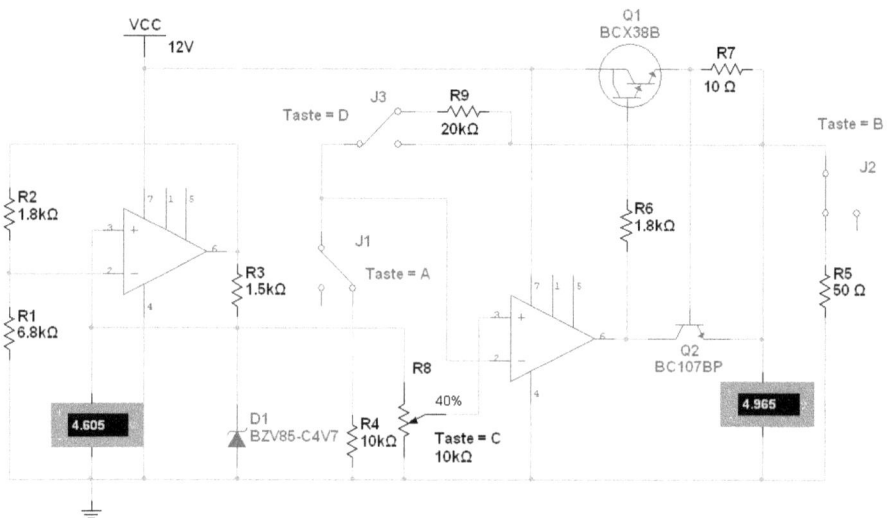

Abb. 7.41: Einstellbares Netzgerät mit Längstransistor

Tab. 7.2: Bauelemente für die Schaltung von Abb. 7.41.
Der Kondensator am Ausgang wurde nicht eingezeichnet

	100 mA	2,0 A
Längstransistor	BC140	2N3055
Shunt für Sicherung	4,7 Ω	0,25 Ω
Kondensator	100 µF	1000 µF

Bei der Schaltung von Abb. 7.41 ist eine elektronische Sicherung vorhanden, die im Überlastungsfall die Ausgangsspannung entsprechend reduziert. Diese Netzgeräte arbeiten nach der „fold-back"-Charakteristik, d. h. die Ausgangsspannung reduziert sich immer soweit, wie die Stromansprechschwelle in der elektronischen Sicherung eingestellt ist. Tabelle 7.2 zeigt die Bauelemente für diese Schaltung.

Das Netzgerät hat zwei Ausgangsbereiche. Arbeitet der rechte Operationsverstärker als Elektrometerverstärker, ergibt sich $V = 1$ und der Ausgangsbereich lässt sich zwischen 0 V und 4,4 V einstellen. Wählt man die Verstärkung $V = 3$, ergibt sich ein Ausgangsbereich zwischen 0 V und 13,2 V.

Im Zusammenhang mit Regelschaltungen kann hier nur ein Teil der Problematik gezeigt werden. An dieser Stelle soll noch auf die Möglichkeiten der Störgrößenaufschaltung hingewiesen werden, die bereits in der Simulation gezeigt wurde. Viele Störgrößen sind der Art und Wirkung nach bekannt. In solchen Fällen braucht man sich nicht darauf zu beschränken, diese auszuregeln, sondern man kann diese so in den Regelkreis eingreifen lassen, dass diese ihre Wirkung von vornherein selbst aufheben. Der Regler erkennt diese Wirkung immer erst an einer Veränderung der Regelgröße. Bleibt die Kreisverstärkung mit Rücksicht auf die Stabilität begrenzt, dann kann man die Wirkung der Störgrößen oft nur unvollkommen beseitigen.

Bei Spannungsreglern arbeitet man mit Proportionalreglern. Im Längszweig der Schaltung befindet sich ein Leistungstransistor, der von einem Operationsverstärker angesteuert wird. Jede Änderung der Ausgangsspannung wird durch den Proportionalregler weitgehend ausgeglichen, wie auch die Simulationsversuche gezeigt haben. Am Ausgang der Schaltung befindet sich in der Praxis aber immer noch ein Kondensator mit einer größeren Kapazität, damit lassen sich größere Lastströme (Impulsbelastbarkeit) weitgehend ausgleichen. Befindet sich innerhalb des Regelkreises ein Kondensator, bekommt die Strecke ein integrierendes Verhalten mit einer gewissen Totzeit. Damit die Regelschleife stabil arbeitet, muss das Zeitverhalten des Operationsverstärkers ausgeschaltet sein und dieser arbeitet dann als Proportionalregler.

Als Störgrößen für einen Spannungsregler treten in erster Linie der Belastungsstrom und Änderungen der Eingangsspannung auf. Da bei diesen Netzgeräten mit Operationsverstärkern keine begrenzte Kreisverstärkung auftritt, können diese Störgrößen schnell ausgeregelt werden. Bei einer optimalen Kreisverstärkung kann auf diese Weise nicht nur der Innenwiderstand Null erreichen, sondern bei Überkompensation auch einen negativen Innenwiderstand erhalten, mit dem sich dann beispielsweise der Widerstand der Zu- und Ableitungen ausgleichen lässt.

7.4.8   Parallelstabilisierung mit Operationsverstärker

Bei der Parallelstabilisierung ist ein Stabilisierungsglied parallel zum Verbraucher geschaltet. Der Strom durch dieses Glied gleicht Laststromschwankungen aus und über den Spannungsfall am Innenwiderstand der Betriebsspannungsquelle oder an einem Vorwiderstand auch Schwankungen der Eingangsspannung. Schaltungen für die Parallelstabilisierung eignen sich besonders für konstante Lastströme. Sie müssen nur auf einen Bruchteil des Laststroms ausgelegt sein, wohl aber für die volle Ausgangsspannung. Sie sind kurzschlussfest, aber nicht unbedingt leerlauffest.

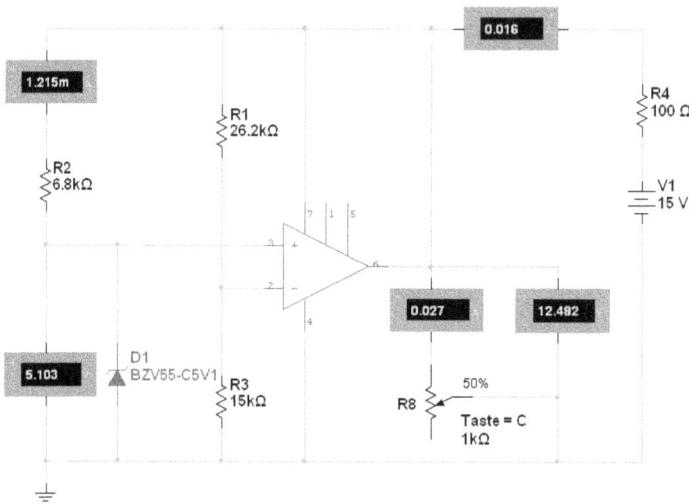

Abb. 7.42: Parallelstabilisierung mit Operationsverstärker

Die Ausgangsspannung für die Parallelstabilisierung in Abb. 7.42 errechnet sich aus

$$U_2 = U_z \left(\frac{15\,k\Omega + 26{,}2\,k\Omega}{15\,k\Omega} \right) = 4{,}36\,V \cdot 2{,}746 = 12\,V$$

Die Ausgangsspannung ist vom Widerstandsverhältnis abhängig und der Operationsverstärker arbeitet im nicht invertierenden Betrieb. Die Spannung durch die Z-Diode berechnet sich aus

$$I_Z = \frac{U_2 - U_Z}{6{,}8\,k\Omega} = \frac{12\,V - 4{,}36\,V}{6{,}8\,k\Omega} = 1{,}12\,mA$$

Der Strom, der von der Spannungsquelle über den Widerstand fließt, errechnet sich aus

$$I_B = \frac{U_b - U_2}{100\,\Omega} = \frac{15\,V - 12\,V}{100\,\Omega} = 30\,mA$$

Aus der Messung erkennt man deutlich, wie sich die Ströme verzweigen, d. h. durch den Lastwiderstand fließt ein Strom von 12 mA und in den Operationsverstärker ein Strom von 16,7 mA.

$$I_{ges} = I_Z + I_L + I_{OP} = 1{,}12\,mA + 12\,mA + 16{,}7\,mA = 29{,}8\,mA$$

Messergebnis und Rechnung sind weitgehend identisch.

Verringert man nun den Lastwiderstand kontinuierlich, erkennt man, wie der Strom durch den Lastwiderstand zunimmt, während der Strom durch den Operationsverstärker abnimmt. Die Ausgangsspannung bleibt weitgehend konstant.

7.4.9   Parallelstabilisierung für höhere Ausgangsströme

Bei der Schaltung von Abb. 7.42 übernimmt der Operationsverstärker die Funktion einer Stromsenke, d. h. fließt über den Verbraucher weniger Strom ab, wird der Ausgang des Operationsverstärkers niederohmiger. Da aber dieser Strom durch den Operationsverstärker sehr begrenzt ist, muss man einen Transistor als Treiber nachschalten.

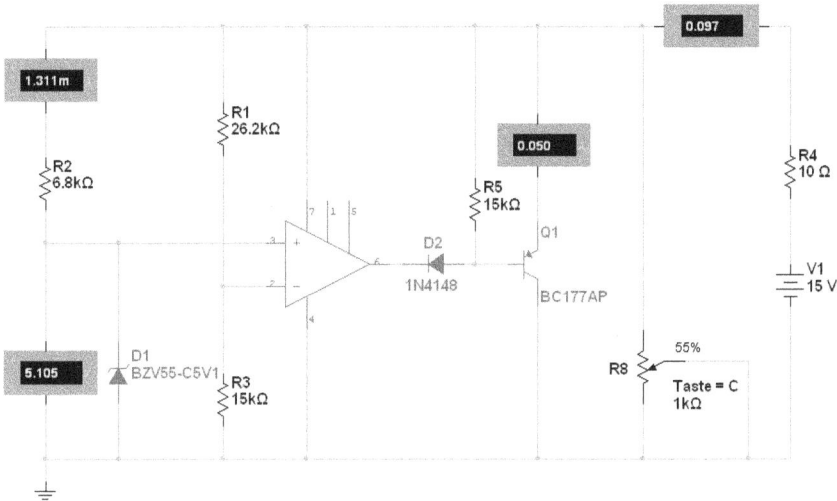

Abb. 7.43: Parallelstabilisierung mit Treiberstufe

Die Schaltung von Abb. 7.43 ist eine Erweiterung von Abb. 7.42. Als Treiberstufe eignet sich ein PNP-Transistor, denn aus der Basis kann ein Strom über die Diode und den Operationsverstärker fließen. Je größer der Basisstrom wird, umso mehr Strom fließt über den Transistor nach Masse ab.

Der Strom, der von der Spannungsquelle über den Widerstand fließt, errechnet sich aus

$$I_B = \frac{U_B - U_2}{10\,\Omega} = \frac{15\,V - 12\,V}{10\,\Omega} = 300\,mA$$

Aus der Messung erkennt man deutlich, wie sich die Ströme verzweigen, d. h. durch den Lastwiderstand fließt ein Strom von 120 mA und durch den Treibertransistor ein Strom von 180 mA. Öffnet man das Fenster für diesen „idealen" Transistor, erhält man eine Stromverstärkung von B = 49 und damit fließt in den Ausgang des Operationsverstärkers ein Basisstrom von

$$I_B = \frac{I}{B} = \frac{180\,mA}{49} = 3{,}67\,mA$$

Dieser Strom stellt für den Operationsverstärker keine Belastung dar.

7.4.10   Konstantstromquelle mit Operationsverstärker

Die ideale Konstantstromquelle hat einen Innenwiderstand von $R_i = \infty$ und damit ist die Größe des Laststroms I_L weitgehend unabhängig vom ohmschen Wert des Lastwiderstands. Die Realisierung einer Konstantstromquelle bedeutet immer, dass man eine Spannungsquelle mit einem großen ohmschen Innenwiderstand realisieren muss. Ein hoher Innenwiderstand hat jedoch zur Folge, dass selbst der Kurzschlussstrom sehr klein wird, außer man erhöht die Spannung der Konstantstromquelle entsprechend.

Mit verhältnismäßig geringem Aufwand lassen sich mit einem Operationsverstärker stabile Konstantstromquellen aufbauen. Diese Konstantstromquellen sind jedoch mit zwei entscheidenden Nachteilen behaftet: einmal kann die Last nicht geerdet werden, und zum anderen muss die Spannungsquelle in voller Höhe den Laststrom erzeugen, was für kleine Ströme zwar akzeptabel ist, jedoch nicht bei größeren Strömen.

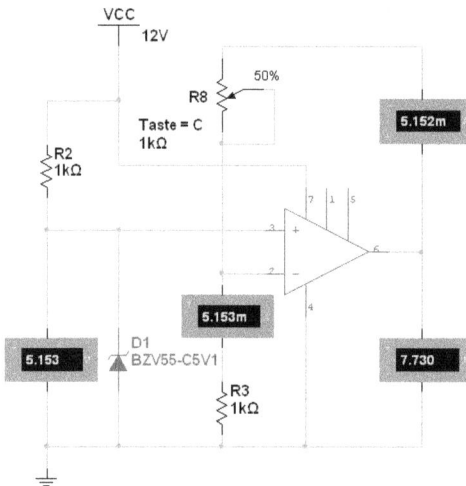

Abb. 7.44: Konstantstromquelle mit Operationsverstärker

Der Ausgangsstrom von Abb. 7.44 berechnet sich aus

$$I_L = \frac{U_1}{R} = \frac{4{,}71\,V}{1\,k\Omega} = 4{,}71\,mA$$

Ändert man den Lastwiderstand R, bleibt der Strom durch diesen Widerstand immer konstant, während sich die Ausgangsspannung entsprechend verringert. Selbst wenn der Widerstand einen Wert von $R = 0\,\Omega$ hat, fließt ein konstanter Strom, der nur von der Höhe der Eingangsspannung bestimmt wird.

Der Operationsverstärker in Abb. 7.45 arbeitet als Differenzverstärker, wobei der invertierende Eingang an einer geerdeten Spannungsquelle liegt und die Last zwischen dem nicht invertierenden Eingang und der Erde (Masse) liegt. Da zwischen den beiden Eingängen des Operationsverstärkers die Bedingung $U_D \approx 0\,V$ gilt, muss über den Lastwiderstand ein weitgehend konstanter Strom nach Masse abfließen.

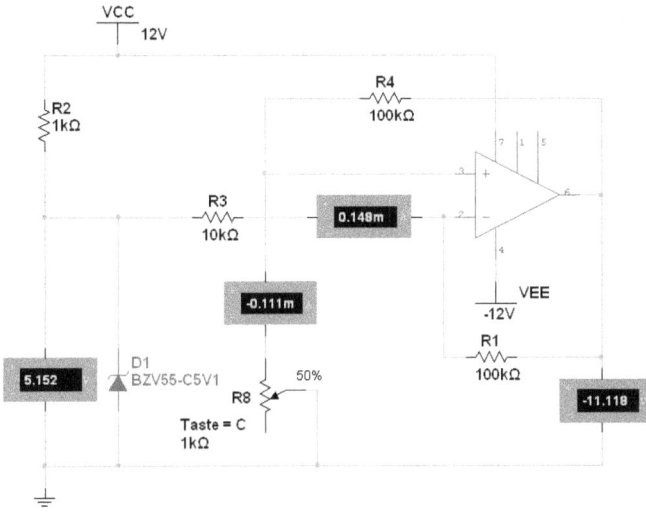

Abb. 7.45: Konstantstromquelle mit geerdeter Spannungsquelle und geerdeter Last

7.4.11 Konstantstromquelle mit Transistor

Durch einen externen Transistor kann man in Verbindung mit einem Operationsverstärker einen höheren Konstantstrom erzeugen. Die Forderung, für einen bestimmten Ausgangsspannungsbereich einen hohen dynamischen Innenwiderstand zu erreichen, wobei der statische Innenwiderstand ohne weiteres klein sein darf, denn dies ermöglicht die Ausgangskennlinie des Transistors. Arbeitet der Operationsverstärker als Impedanzwandler und steuert direkt einen externen Transistor an, erhält man eine hochwertige Konstantstromquelle.

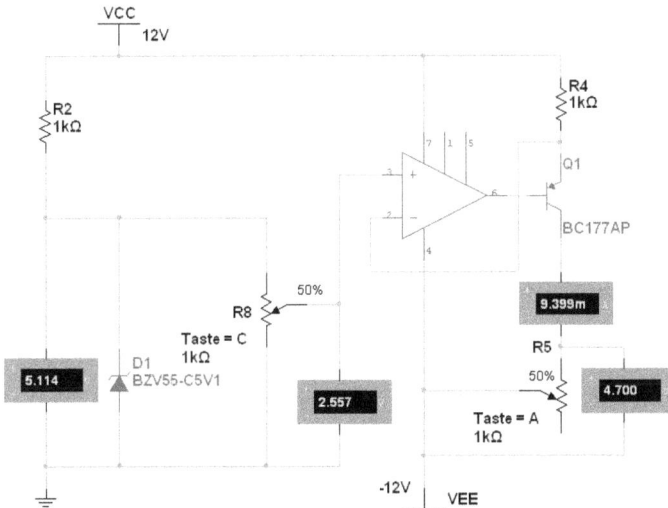

Abb. 7.46: Konstantstromquelle mit Transistor zur Erhöhung des Konstantstroms

Wenn man den Lastwiderstand R_L in der Schaltung von Abb. 7.46 verringert, fließt ein Konstantstrom, der sich berechnen lässt aus

$$I_K = \frac{+U_b - U_1}{R_L} = \frac{12\,V - 2\,V}{1\,k\Omega} = 10\,mA$$

Wie aus der Messung zu ersehen ist, bleibt der Kollektorstrom konstant, selbst wenn der Lastwiderstand $R_L = 0\,\Omega$ (R_4) wird. Man muss nur darauf achten, dass der Eingangsstrom I_B bzw. die Eingangsspannung U_{BE} des Transistors weitgehend konstant gehalten wird.

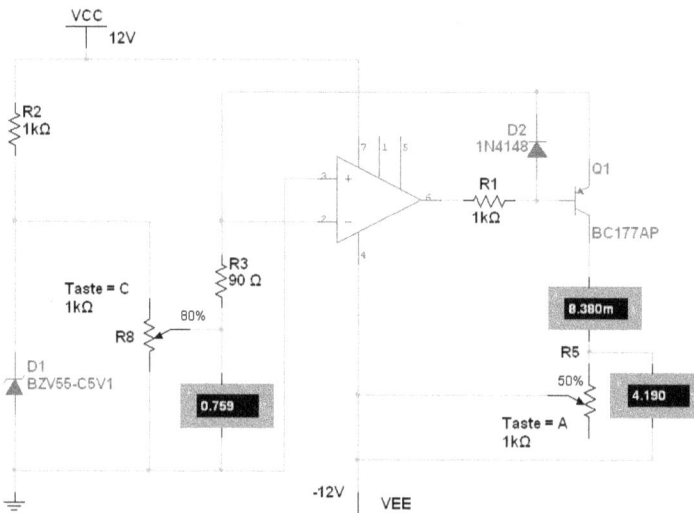

Abb. 7.47: Einstellbare Konstantstromquelle bis 10 mA

Bei der Konstantstromquelle aus Abb. 7.47 lässt sich der Strom zwischen 0 A und 10 mA stufenlos einstellen, wobei der Lastwiderstand keinen Einfluss auf den fließenden Strom darstellt. Der Strom errechnet sich aus

$$I_K = \frac{U_1}{R_3} = \frac{915\,mV}{90\,\Omega} \approx 10\,mA$$

Aus dieser Formel erkennt man, dass der Konstantstrom nur von der Eingangsspannung abhängig ist.

7.5   Messtechnik mit Operationsverstärker

Die Messtechnik in Verbindung mit einem Operationsverstärker stellt seit 1970 eine wichtige Schnittstelle zwischen der Sensorik und der digitalen Datenverarbeitung dar. Einfach durch Ausnutzung grundlegender physikalischer Gesetze lassen sich Schaltungen realisieren, die die unterschiedlichsten mathematischen Operationen ausführen – angefangen bei einfachen

Rechenarten wie Addition, Subtraktion, Multiplikation und Division bis hin zu trigonometrischen, logarithmischen und exponentiellen Funktionen. Derartige Schaltungen arbeiten rein analog und bieten häufig entscheidende Vorzüge gegenüber der digitalen Rechentechnik mit Mikroprozessoren bzw. Mikrocontrollern.

Die analoge Verarbeitung von Signalen kann der digitalen Rechentechnik in Bezug auf Genauigkeit, Kostenaufwand, Komplexität, Geschwindigkeit und verschiedenen Kombinationen mit ihren Parameter durchaus überlegen sein. Zu den Anwendungen, in denen die analoge Rechentechnik der digitalen vorzuziehen ist, gehören immer die Fälle, in denen die Eingangssignale in analoger Form vorliegen und auch ein analoges Ausgangssignal benötigt wird. Außerdem setzt man die analoge Schaltungstechnik ein, wenn in den Eingangsstufen bereits begrenzte Verarbeitungsaufgaben vorgenommen werden sollen und keine digitalen Schaltkreise zur Verfügung stehen. Wichtig ist auch, dass sich vor bzw. nach einem Operationsverstärker das Signal differenzieren lässt, um eine Änderungsrate zu extrahieren, wenn es gilt, schnelle Analogsignale in Echtzeit zu verarbeiten. Interessant sind auch Eingangsstufen, bei denen große Dynamikbereiche eine wichtige Rolle spielen und überall dort, wo komplexe oder transzendente Funktionen zu berechnen sind.

Es ist wichtig, jeden einzelnen Anwendungsfall entsprechend den individuellen Gegebenheiten zu beurteilen. Ebenso wie der spezialisierte Analogtechniker nahezu jedes Verarbeitungsproblem in seiner Disziplin lösen kann, vermag der Digitaltechniker beinahe jede Aufgabe mit den von ihm bevorzugten Bits und Bytes zu bewältigen. Es geht somit darum, eine größtmögliche Ausgewogenheit zu erzielen, die alle relevanten Faktoren berücksichtigt und dann zu einer Entscheidung für eine bestimmte Technik führt. Soll beispielsweise ein einfacher Wechselstrom-Leistungsmesser realisiert werden, der das Produkt aus Strom und Spannung an einer Last integrieren und anzuzeigen hat, so wäre hier ein einfacher Analogmultiplizierer ein geeigneter Baustein, denn ein digitales System müsste zunächst die Spannung und den Strom digitalisieren, wobei die zeitliche Koordination der AD-Wandler wegen der kritischen zeitlichen Beziehung dieser beiden Größen für die Leistung eine große Bedeutung hätte. Anschließend wäre die digitale Multiplikation im Mikroprozessor bzw. Mikrocontroller auszuführen, bevor das Resultat auf einer LCD- oder LED-Anzeige sichtbar wird.

7.5.1 Verstärker mit differentiellem Ausgang

Ein analoges Datenerfassungssystem bezieht seine Messspannungen über verschiedene Sensoren. Die physikalischen Messergebnisse, von den Sensoren in elektrische Signale umgesetzt, müssen dann verstärkt und gefiltert werden. Verstärker und Filter sind die bestimmenden Bauteile am Beginn einer Datenerfassungskette. Die Hauptanwendungsgebiete eines Verstärkers sind Signalverstärkung, Impedanzwandlung, Strom-/Spannungswandlung und die Minimierung der Einflüsse des Gleichtaktrauschens.

Ein Sensor erzeugt eine bestimmte Spannung, die durch einen nachgeschalteten Verstärker auf ein entsprechendes Signal angehoben wird. Da zahlreiche AD-Wandler über differentielle Eingänge verfügen, stellt sich die Frage, wie kann man aus einem Eingangssignal ein differentielles Ausgangssignal erzeugen. Der linke Operationsverstärker in Abb. 7.48 erzeugt eine Ausgangsspannung, die um $180°$ zur Eingangsspannung phasenverschoben ist. Diese Ausgangsspannung steht direkt zur Verfügung, wird aber durch den rechten Operationsverstärker nochmals invertiert und am Ausgang hat man nur zwei Signale zur Verfügung. Die

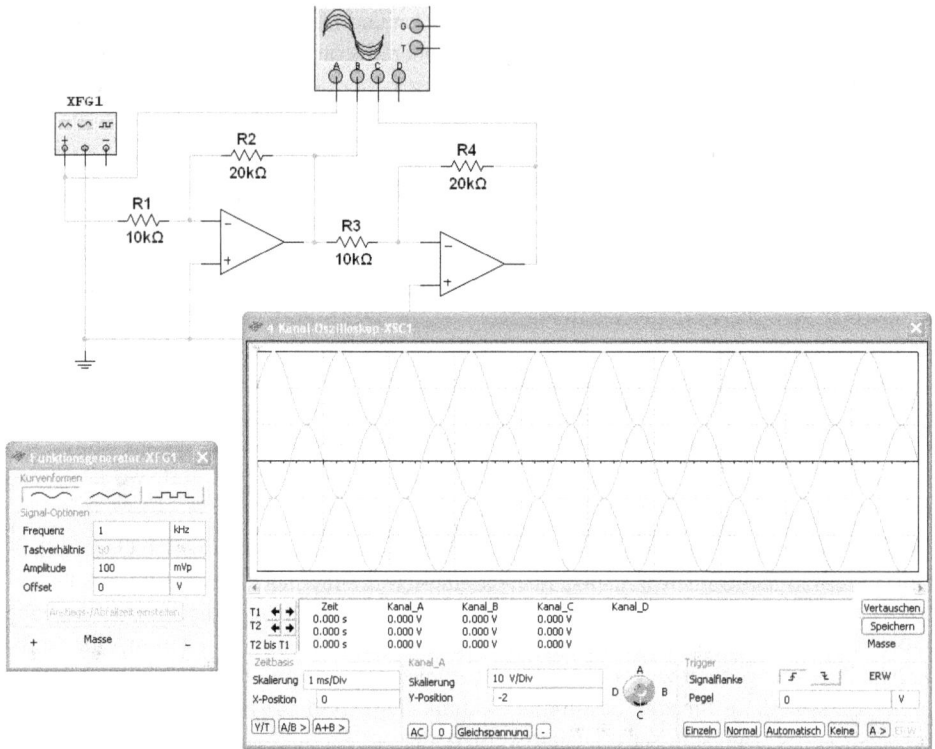

Abb. 7.48: Verstärker mit differentiellem Ausgang durch Reihenschaltung von zwei Operationsverstärkern

Ausgangsspannung errechnet sich aus

$$U_2 = 2 \cdot U_1 \cdot \frac{R_2}{R_1} = 2 \cdot 1\,V \cdot \frac{20\,k\Omega}{10\,k\Omega} = 2 \cdot 1\,V \cdot 2 = 4\,V$$

Die Schaltung von Abb. 7.48 ist eine Reihenschaltung von zwei Operationsverstärkern, wobei sich die Verstärkung durch den ersten Operationsverstärker beeinflussen lässt.

7.5.2   Differentieller Verstärker mit differentiellem Ausgang

Schaltet man zwei Operationsverstärker parallel, kann ein differentieller Betrieb mit differentiellem Ausgang ohne großen technischen Aufwand realisiert werden. Diese Art des Verstärkers benötigt man, wenn die Differenzspannung einer Messbrücke in ein differentielles Ausgangssignal für einen AD-Wandler umgesetzt werden muss.

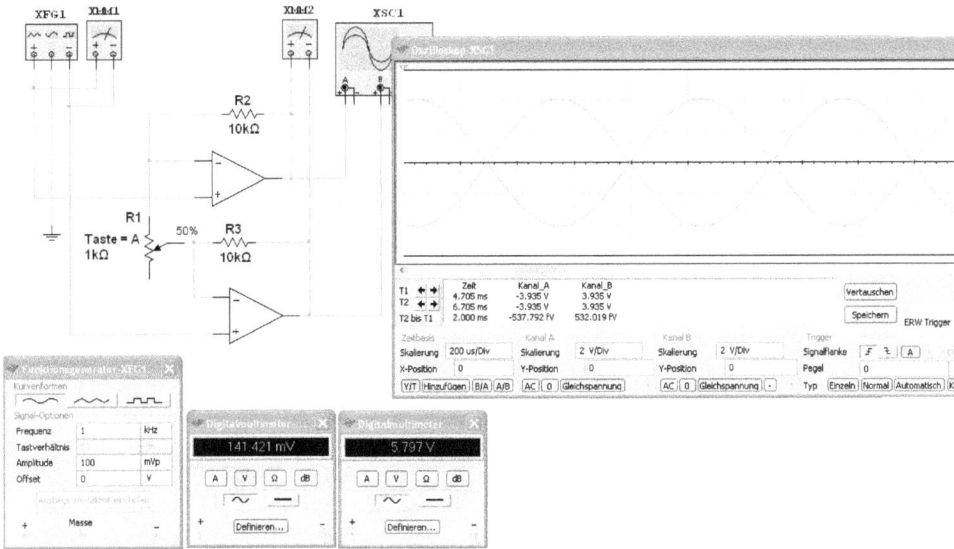

Abb. 7.49: Differentieller Verstärker mit differentiellem Ausgang durch Parallelschaltung von zwei Operationsverstärkern

Wenn man einen sehr hochohmigen Eingangswiderstand benötigt, betreibt man den Operationsverstärker als Elektrometerverstärker, wie die Schaltung von Abb. 7.49 zeigt. Die Ausgangsspannung errechnet sich aus

$$U_2 = U_1 \cdot \left(1 + 2\frac{R_2}{R_1}\right) = 1{,}41\,V \cdot \left(1 + 2\frac{10\,k\Omega}{5\,k\Omega}\right) = 1{,}41\,V(1 + 4) = 7{,}05\,V$$

Damit ist das Rechenergebnis mit der Messung identisch.

7.5.3 Instrumentenverstärker

Die Schaltung eines Subtrahierers bzw. Differenzverstärkers lässt sich erheblich verbessern, wenn diese Schaltung durch zwei zusätzliche Operationsverstärker erweitert wird. In der Schaltung von Abb. 7.50 bildet ein Subtrahierer die Grundschaltung, die mit den beiden Operationsverstärkern ergänzt wird.

Wichtig bei der Realisierung eines Instrumentenverstärkers ist der Einsatz von hochwertigen Operationsverstärkern. Das sind Bausteine mit einer extrem niedrigen Drift ($0{,}1\,\mu V/°C$), geringem Rauschen ($< 0{,}35\,\mu V_{ss}$), einer extrem hohen Gleichtaktunterdrückung ($140\,dB\,@\,V = 1000$) und sehr kleinen Eingangsströmen ($1\,pA$).

Die Eingangsstufe des Instrumentenverstärkers (A_1 und A_2) benötigt hochwertige Verstärker, da Offset, Drift und Rauschen mit der eingestellten Verstärkung multipliziert werden. Die Gleichtaktverstärkung der zweiten Stufe wird mit Hilfe des Einstellers R_M mit $250\,\Omega$ bestimmt, indem eine Wechselspannung mit niedriger Frequenz auf die Eingänge U_{e1} und U_{e2} gelegt und die Ausgangsspannung zu Null abgeglichen wird. Die Widerstände müssen

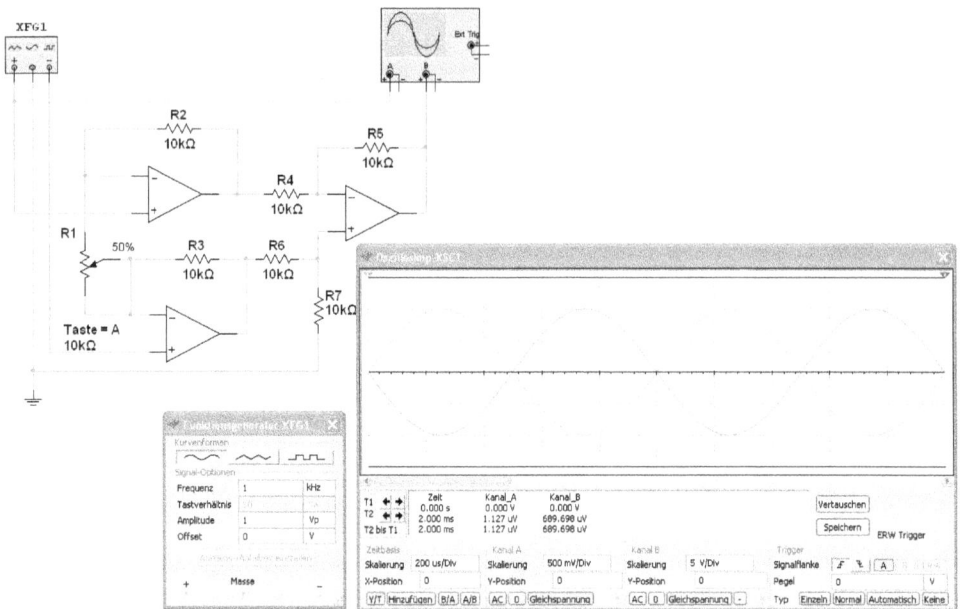

Abb. 7.50: Aufbau eines Instrumentenverstärkers

kleine Toleranzen aufweisen, um ein Abgleichpotentiometer mit kleinem Widerstandswert verwenden zu können (Drift!). Ferner sollten diese eine geringe Drift aufweisen (R_1/R_2 und R_3/R_4), um eine hohe Gleichtaktunterdrückung über dem Temperaturbereich zu ermöglichen. Die Ausgangsspannung errechnet sich für die Bedingung $R_1 = R_2 = R_3 = R_4 = R$ aus

$$U_2 = (U_{E2} - U_{E1}) \cdot \left(1 + \frac{2 \cdot R}{R_G}\right)$$

Ist die Bedingung $R_1 = R_2 = R_3 = R_4$ nicht erfüllt, kommt es im Subtrahierer zu einer weiteren, unerwünschten Verstärkung. Der Widerstand R_G hat einen Wert von 25 Ω.

Zur Unterdrückung kapazitiver Einwirkungen sollten die Eingangsleitungen aktiv abgeschirmt werden. Die Signalleitungen und die Abschirmungen liegen bei dieser Maßnahme auf gleichem Potential. Auf einen Strompfad für die Eingangsströme (bias-current) der OP-Bausteine ist zu achten, da sonst ein unzulässiger Betriebszustand für die Eingangsstufe eintritt. Für hohe Verstärkungen wird der Widerstand R_G sehr niederohmig gewählt. Übergangswiderstände nehmen direkten Einfluss auf die Verstärkung und Drift. Die Abgriffe zu den invertierenden Eingängen sind daher möglichst nahe an den verstärkerbestimmenden Widerstand anzulegen. Bei umschaltbaren Verstärkern sind gegebenenfalls besondere Schaltungsmaßnahmen durchzuführen. Eine niederohmige, sternförmige Masseverbindung ist für die Verarbeitung kleiner Signale und für Auflösungen mit hoher Dynamik erforderlich. Bei großen Verstärkungen ist ein Abgleich der Eingangsoffsetspannung notwendig.

7.5.4   Strom-Spannungs- und Spannungs-Strom-Wandler

Spannung und Strom lassen sich über einen Widerstand verknüpfen und können somit ineinander übergeführt werden. Verwendet man zusätzlich einen Operationsverstärker, so lassen sich besondere Funktionen erfüllen, wie Eingangswiderstand und/oder Ausgangswiderstand in der Größenordnung gegen Null bzw. Unendlich.

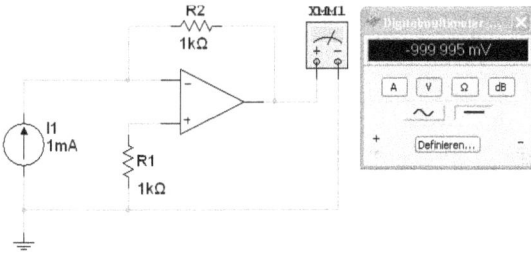

Abb. 7.51: Schaltung eines Strom-Spannungs-Wandlers

Die Schaltung von Abb. 7.51 zeigt einen Strom-Spannungs-Wandler mit sehr kleinen Ein- und Ausgangswiderständen, d. h. bei kleinster Eingangsleistung wird eine hohe Ausgangsleistung erreicht, bis zur Strom- und Spannungsbegrenzung durch den Operationsverstärker. Der Eingang der Schaltung belastet die angeschlossene Stromquelle kaum, und die Ausgangsspannung wird durch die Belastung nicht verändert. Die Ausgangsspannung errechnet sich aus

$$U_2 = I_1 \cdot R$$

wobei die beiden Widerstände gleich große Werte aufweisen sollen.

In Abb. 7.52 sind zwei Spannungs-Strom-Wandler gezeigt. In der Variante a wird die Spannungs-Strom-Wandlung durch den Widerstand R_1 hervorgerufen, indem dieser Widerstand mit einem Anschluss auf den virtuellen Nullpunkt des invertierenden Verstärkers gehalten wird. Der Ausgangsstrom I_2 muss bereits am Eingang zur Verfügung stehen, denn es gilt:

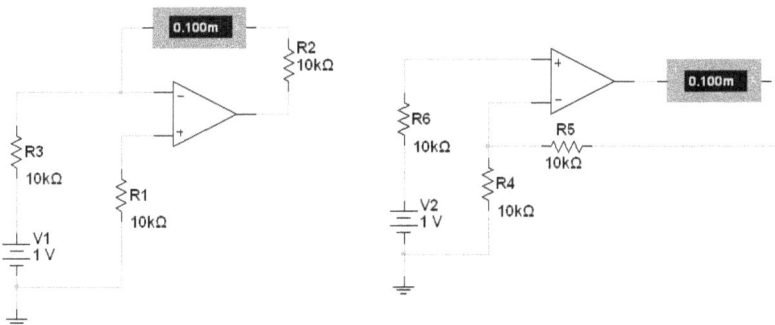

Abb. 7.52: Realisierung von zwei Spannungs-Strom-Wandlern, wobei die Variante a (links) ein niederohmiges und Variante b (rechts) ein hochohmiges Verhalten hat

$I_1 = I_2$. Der Strom errechnet sich aus

$$I_1 = I_2 = \frac{U_1}{R_1} = \frac{1\,V}{10\,k\Omega} = 100\,\mu A$$

Das Rechenergebnis ist identisch mit dem Messergebnis.

Die Schaltung von Variante b hat dagegen einen hochohmigen Eingang. Der Unterschied besteht dadurch, dass die Eingangs- und die Nullspannung vertauscht sind. Die unterschiedliche Richtung des Ausgangsstroms I_2 bei gleicher Eingangsspannung U_e ist zu beachten. Der Strom errechnet sich aus

$$I_2 = \frac{U_1}{R_1} = \frac{1\,V}{10\,k\Omega} = 100\,\mu A$$

Das Rechenergebnis ist identisch mit dem Messergebnis, wobei man das Vorzeichen des Stroms noch berücksichtigen muss. Der Operationsverstärker arbeitet im invertierenden Betrieb!

7.5.5 Spannungs- und Strommessung

Durch den Einsatz von Operationsverstärkern lässt sich das Verhalten von analogen Messgeräten erheblich verbessern. Abb. 7.53 zeigt eine Verstärkerschaltung für ein Spannungsmessgerät. Der Operationsverstärker ist als Elektrometer geschaltet, d. h. man hat eine Verstärkung von $V = 1$ und der hohe Eingangswiderstand des Operationsverstärkers kommt voll zur Wirkung.

Normalerweise hat ein analoges Messinstrument einen Kennwiderstand von $10\,k\Omega/V$. Mit der in Abb. 7.53 gezeigten Zusatzschaltung lässt sich der Wert auf $10\,M\Omega/V$ erhöhen. Befindet sich der Schalter in Stellung 1, liegt die Spannung direkt an dem nicht invertierenden Eingang.

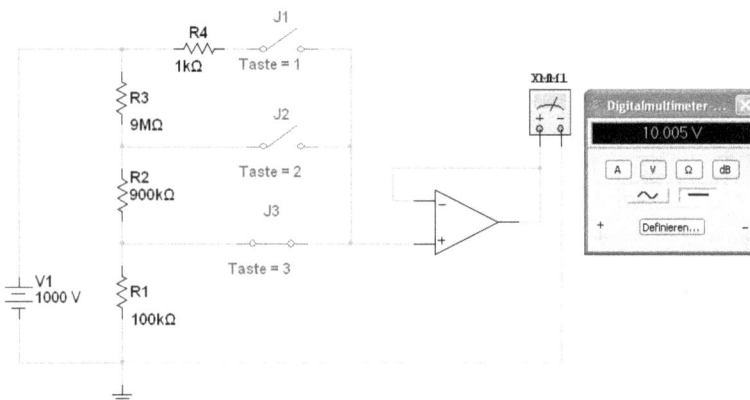

Abb. 7.53: Zusatzschaltung für ein Voltmeter mit den folgenden drei Eingangsbereichen:
Stellung 1: 10 V
Stellung 2: 100 V
Stellung 3: 1000 V

Da bei den Operationsverstärkern nur sehr kleine Eingangsströme fließen, ist der Spannungsfall an den $10\,k\Omega$ sehr gering und entsprechend niedrig fällt der Messfehler aus. Durch die Umschaltung auf Stellung 2 und 3 wird der Spannungsteiler an bestimmten Punkten abgegriffen, wodurch die Eingangsspannung entsprechend heruntergeteilt wird. Die Berechnung für die Stellung 2 erfolgt nach

$$U_2 = U_1 \cdot \frac{R_1^*}{R_1^* + R_2} = 100\,V \left(\frac{900\,k\Omega + 100\,k\Omega}{9\,M\Omega + 900\,k\Omega + 100\,k\Omega} \right) = 10\,V$$

Die Schaltung für den Messbereich lässt sich nach oben erweitern, wenn man die Spannungsteiler entsprechend berechnet. Das Messergebnis und die Berechnung sind identisch.

Wichtig bei dieser Zusatzschaltung sind die beiden Dioden zwischen dem invertierenden und nicht invertierenden Eingang. Tritt eine Spannung auf, die größer als $+0{,}6\,V$ ist, ist eine der beiden Dioden leitend, wodurch die Differenzspannung nicht größer als $+0{,}6\,V$ werden kann.

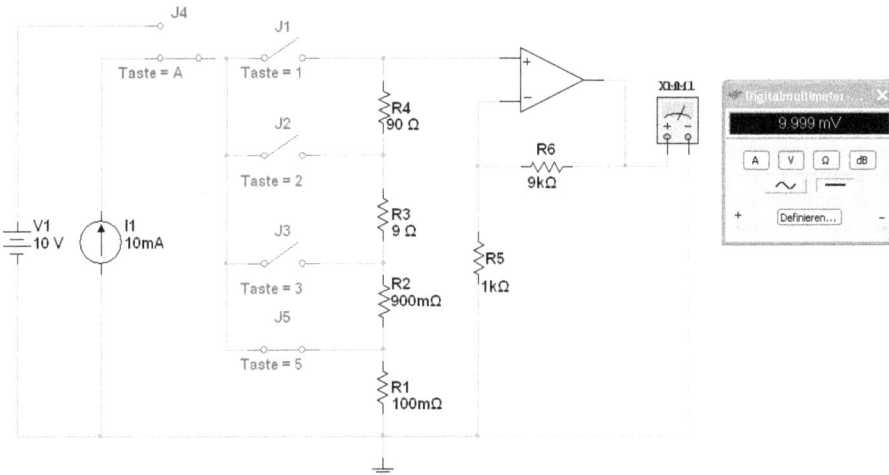

Abb. 7.54: Zusatzschaltung für ein Amperemeter mit folgenden vier Messbereichen:
Stellung 1: 1,999 mA
Stellung 2: 19,99 mA
Stellung 3: 199,9 mA
Stellung 4: 1,999 A

Die Schaltung des Amperemeters in Abb. 7.54 besteht aus zwei Teilen: dem Stromteiler am Eingang und dem Operationsverstärker, der mit einer Verstärkung von

$$V = 1 + \frac{9\,k\Omega}{1\,k\Omega + 9\,k\Omega} = 1{,}9$$

arbeitet. Befindet sich der Schalter in der Stellung 1, hat der Spannungsteiler einen Wert von $100\,\Omega$ und es fließt ein Strom von 2 mA, wenn die maximale Eingangsspannung 2 V beträgt. Da die Eingangsspannung direkt am nicht invertierenden Eingang des Operationsverstärkers anliegt, ergibt sich am Ausgang des Operationsverstärkers eine Spannung von 3,8 V.

Schaltet man den Schalter auf Stellung 2 um, ergibt sich zwischen dem Schalter und Masse ein Widerstand von $10\,\Omega$ und bei einer Eingangsspannung von 2 V fließt ein Strom von 20 mA. Es stellt sich am Ausgang des Operationsverstärkers eine Spannung von 3,8 V ein. Wenn der Schalter auf Stellung 3 weitergeschaltet wird, hat man einen Widerstand von $1\,\Omega$ gegen Masse und es fließt ein Strom von 200 mA, der am Ausgang des Operationsverstärkers die maximale Spannung von 3,8 V erzeugt. Der größte Strom fließt, wenn sich die Schaltung in Stellung 4 befindet. Bei einer Eingangsspannung von 2 V fließt ein Strom von 2 A nach Masse ab und am Ausgang des Operationsverstärkers misst man 3,8 V. Die Ausgangsspannung des Operationsverstärkers ist immer abhängig von der Eingangsspannung und damit indirekt vom Strom, der über den Schalter nach Masse abfließt.

Literaturverzeichnis

Baumann, P.; Möller; W.: Schaltungssimulation mit Design Center, Fachbuchverlag, Köln, Leipzig

Bernstein, H.: Analoge Schaltungstechnik mit diskreten und integrierten Bauelementen, Hüthig, Heidelberg

Bernstein, H.: Handbuch der praktischen Elektronik, Franzis, München

Bernstein, H.: Grundlagen Elektrotechnik/Elektronik für Maschinenbauer, Springer, Wiesbaden

Bernstein, H.: Grundlagen der Elektrotechnik und Elektronik, Franzis, München

Bernstein, H.: Werkbuch der Messtechnik, Franzis, München

Bernstein, H.: Bauelemente der Elektronik, De Gruyter, Berlin

Bernstein, H.: Elektrotechnik in der Praxis, De Gruyter, Berlin

Bursian, A.: Das Design Center mit PSpice (Deutsches Handbuch), Rosenheim, Thomatronik

Bystron, K.; Borgmeyer; J.: Grundlagen der Technischen Elektronik, Carl Hanser, München

Dietmeier; U.: Formelsammlung für die elektronische Schaltungstechnik, Oldenbourg, München

Duyan, H. u. a.: Design Center PSpice für Windows, Teubner, Stuttgart

Hilberg, W.: Grundlagen elektronischer Schaltungen, Oldenbourg, München

Kühnel, H.: Schaltungssimulation mit Pspice, Franzis, München

Lehmann, C.: Elektronik-Aufgaben Fachbuchverlag, Analoge und digitale Schaltungen, Leipzig; Köln

Tietze, U.; Schenk, Ch.: Halbleiter-Schaltungstechnik, Springer, Berlin

Wupper; H.: Professionelle Schaltungstechnik mit Operationsverstärkern, Franzis, München

Zirpel, M.: Operationsverstärker, Franzis, München

Index